# 指数定理

# 指数定理

古田幹雄

岩波書店

# まえがき

線形微分方程式には，2 つの見方から見える 2 種の骨格がある．

1 つは線形微分方程式を，2 つの無限次元ベクトル空間の間の線形写像とみなす見方による．その線形写像がほとんど線形同型を与える状況を考えよう．「ほとんど」とは，「有限次元の部分ベクトル空間を無視すると」の意である．逆にいえば，その無視された部分は，2 つの無限次元ベクトル空間が，自然には同型でない可能性を担っている．この可能性は，ある有限次元部分ベクトル空間の間の，ある線形写像に集約される．この有限次元近似から決まる骨格が指数とよばれる．

もう 1 つは線形微分方程式を，多様体上の座標を用いて記述する見方による．すると方程式は形式的にはあるファイバー束の切断とみなせる．その切断のホモトピー類が 2 番目の骨格であり，主表象(のホモトピー類)とよばれる．

いずれの骨格も，線形微分方程式を，まともな制限のもとで連続的に動かすとき，不変である．その意味で，両者は位相的な対象である(これが，それらを仮に「骨格」とよんだ理由である)．

2 種の骨格は関連しあっている．作用素としてほとんど線形同型になる 1 つの十分条件は，主表象がほとんど可逆になることである(少なくとも閉多様体上では)．前者は Fredholm 性とよばれる関数解析的概念であり，後者は楕円性とよばれる偏微分方程式論的概念である．楕円性から Fredholm 性が従う．

指数を定義に則って求めるためには，有限次元近似を作るために，線形微分方程式を解かなくてはならない．指数とよばれうる概念のうち最も基本的なものは，線形写像を $P$ と書くと，整数

$$\operatorname{ind} P = \dim \operatorname{Ker} P - \operatorname{Coker} P$$

によって与えられる．

Atiyah–Singer の指数定理とは，楕円型線形微分作用素の指数を，位相的手段だけを用いて主表象から決定する定理である．

標語的に述べるなら，解析的に定義される本来の指数と，位相的な手段で

定義される位相的指数とが一致することである．

2つの量の一致としての指数定理はAtiyah–Singer以来確立されている．定理の出現当時さかんに試みられた，微分トポロジーへの応用も一段落した．近年，指数定理は，むしろ日常的な道具として非線形な微分方程式の現われる大域解析学に用いられる．かつてはそのような大域解析学の成立の大きな流れの焦点が，指数定理であったのだが．

指数定理はもう「終わった」のだろうか．

筆者は，そうでないことを確信している．現在も指数定理の周辺に活発な研究分野が見られることはそのひとつの証であろう．だが，そのようにあからさまな場所とは少し離れたところで，指数定理の背景となるひとつひとつの事項が，次第にくっきり像を結んでいく過程が，今も進行しているように思われる．指数定理自身が，来たるべきどのような理論の最初のステップとされるのかは，定かではない．しかし，確かに待たれるものがあり，その兆候は指数定理の姿を改めて振返るとき，既に仄見えている．これが筆者の印象である．

指数定理を，壮大な理論体系の果てに聳える山頂のようにしてではなく，むしろ，微分方程式がもつ素朴な性質を辿ってゆくとき，自然に目に入る広がりの中で，腑に落ちるように理解することが，現在大切なのだと思う．

指数定理がそのように捉えられることを，できるだけ初等的な証明の述べ方をすることで実地に示してみたい．これが本書の執筆中念頭に置いていたことである．読者の方々の御意見，御批判を伺えれば幸いである．

本書の一部は筆者のMax Planck研究所滞在中に書かれた．良き環境を与えて下さった同研究所に感謝する．

1998年10月

古田幹雄

**追記**

岩波講座『現代数学の展開』の分冊であった「指数定理1, 2」を1冊にして単行本にしたものである．単行本化にあたって，誤植訂正を行なった．

2008年6月

# 理論の概要と展望

### de Rham 複体と Dolbeault 複体

de Rham 複体と Dolbeault 複体は，各々，微分可能多様体の幾何と複素多様体の幾何とに基本的な対象として現われる，2つの複体である．

前者は Cartan による外微分の発見，後者は Cauchy による Cauchy–Riemann の方程式の発見を起源とする*1．前者においては，de Rham の定理によって Betti 数との関係が見出されたとき，また後者においてはさらに古く，Riemann によって Riemann–Roch の定理の祖型が Riemann 面の種数を含む不等式として得られたときに，幾何とのつながりが明かされはじめた．もっとも，前者は多様体の不変量を与えるものと理解され，後者は Riemann 面上に定義される様々な正則直線束(あるいは因子)の性質として把握され，異なる地位を占めてきた．現在もそうである．

両者の軌跡は，Weyl を経て，Hodge，小平の理論において統一的視点のもとに明確な形で交わった．複体にはコホモロジーが付随しており，それが幾何学的意味をもっている(その明確な把握のためには，上述の2種の複体と同値なものとして，層とそのČech コホモロジーの理論の確立もまた必要であった)．Hodge–小平によってそのコホモロジーが Laplace 型方程式の解として表示されたのである．

複体のコホモロジーの個々の次数の次元に代わって，次数について交代和を考えると，多くの精密な情報が失われる反面，(完全系列に関して)簡明な性質をもつようになる．これは代数的には明らかな事実であるが，上述の2つの複体において，この交代和は，互いに離れた歴史を辿った．

de Rham 複体に対して，その交代和は Euler 標数とよばれる．その名が示

*1 起源の同定は恣意を免れ得まいが．この項の他の記述にしても，仮想的な擬似歴史である．

唆するように，Euler 標数自体は昔から知られていた．しかし，Euler 標数の幾何学的意味が明かされだしたのは，Poincaré が現在トポロジーとよばれる分野をホモロジーと共に生み出した後のことである．多様体上のベクトル場の零点の個数との関係として，Poincaré–Hopf の定理は著名であるが，これは Euler 標数が Euler 類とよばれる特性類の積分として表示されることを意味している(一般に特性類の積分を特性数とよぶ)．

Dolbeault 複体(あるいはそれに対応するČech 複体)に対しては，交代和をとる高次のコホモロジーを，まさにそのような交代和をとるべき対象として構成することが，既にひとつの歴史的達成であった．Riemann–Roch の定理は複素 1 次元の場合にその交代和の公式を与える．小平らによる複素曲面などの，次元の低い場合の成果を踏まえ，一般次元の場合の公式を(射影代数多様体に対して)最終的に与えたのが Hirzebruch であった．結果は，様々な特性数の組み合わせの形となる．

不正確な言い方をすると，交代和は，複体をかなり変形しても不変である．この変形の自由度を利用して交代和の性質を調べるためには,「変形」の正確な意味をできるだけ広く見出す必要がある．

後知恵の言い方であるが，代数幾何では「導来圏」，トポロジーでは「安定ホモトピー」という考え方は，ある変形の自由度を許した上で，その変形の同値類を捉えるような言語体系を提供している．代数幾何において，前者の概念に沿う形で(層の)コホモロジーを定式化したのが Grothendieck であった．特に複体のコホモロジーの次元の交代和を考える当面の問題では，これらの言語体系から自然に結実する $K$ 群の概念が有用である．Grothendieck が代数幾何のカテゴリーにおいて，任意の標数に対し，また単一の代数多様体に限らず，代数多様体の族に対してまで Riemann–Roch の定理を拡張したとき，この $K$ 群の概念が使われた．$K$ 群のトポロジー版は，それを受ける形である種の安定ホモトピー類の集合として後に Atiyah によって導入された．

Hirzebruch が，Riemann–Roch の定理を拡張するために利用できた自由度は，後に Grothendieck によって代数幾何のカテゴリーで広範な一般論と共に開発され，上述のように Grothendieck 自身が Riemann–Roch の定理の拡張のために利用した自由度に比べて，かなり限られていた．Hirzebruch は，そのかわりに，微分トポロジーの分野に属する深い定理を本質的なステップにおいて利用した．その定理は，やはり Hirzebruch 自身の手になる符号数定理である．

**Hirzebruch の符号数定理**

Hirzebruch の符号数定理は，純粋に微分トポロジーの定理である．Euler 標数が，多様体の de Rham コホモロジーの次元の情報の一片であるように，符号数は，多様体の de Rham コホモロジーのカップ積構造の情報の一片といえる．その符号数を多様体の特性数を用いて具体的に表示するのがこの定理である．

Hirzebruch は，個々の(向きのある)閉多様体上の命題として定式化できる符号数定理を証明するために，個々の多様体を考察するのではなく，すべての閉多様体を一挙に見渡す Thom の同境理論を用いた．

連結とは限らない閉多様体の微分同相類の全体を，すべての次元にわたって考える．それに和を，空間としての(交わりのない)和集合として定義し，また積を，空間としての積として定義し，代数構造を入れる．この代数を，あるコンパクト多様体の境界となっている多様体の全体を 0 とする関係式によって割って得られるのが同境環である．実際これは空集合を単位元とする可換環となる(次数付環の意味で)．向きのある閉多様体，あるいはその他の適当な構造が付与された閉多様体に対しても，対応する同境環が定義される．一方，特性類の全体は，やはり可換環をなす．(接束の)特性類を閉多様体の上で積分したものが特性数であった．この，特性数を定義する積分は，同境環と特性類のなす環との間の双一次形式を与えている．Thom の理論はこの双一次形式が(向きのある閉多様体の同境環の場合は $\mathbb{Q}$ をテンソルすると)非退化であることを主張する．

Hirzebruch が注目したのは符号数が同境環から $\mathbb{Z}$ への 1 つの環準同型を与えていることである．Thom の理論により，これはただちに符号数が特性数を用いて表示されることを意味している．具体的な表示は，予想さえできれば，同境環の生成元に対して確認することによって容易に確かめられる．

では，Thom の同境理論の証明はどのようになされるのであろうか．これは，論理的には次の 4 ステップからなる．

（1） 特性類全体のなす環を決定すること(任意のベクトル束が自明なベクトル束の部分ベクトル束として実現可能であることがポイント．埋め込みの安定ホモトピー類は一意に定まる．これにより，Grassmann 多様体(分類空間)のコホモロジーの計算に帰着される)．

（2） 同境環の大きさを下から評価すること(生成元の候補を具体的に挙げること．実際には，すべての次元の射影空間たちが候補として挙げられる)．

（3） 同境環の大きさを上から評価すること(任意の多様体が Euclid 空間の閉部分空間として実現可能であることがポイント．Pontrjagin–Thom 構成により，Thom 複体とよばれる空間のホモトピーの計算に帰着される)．

（4） (1)と(2)の間の双一次形式が非退化であることと，(3)の大きさが，(1)の大きさ以下であることとを観察する．

すると(2)と(3)が等しく，しかも(1)と(3)の間の双一次形式が非退化でなくてはならない．これが求める主張であった．

### 指数定理の最初の 2 つの証明

de Rham 複体と Hodge 理論を用いると符号数は，ある楕円型微分作用素の Ker の次元から Coker の次元を引いたものとして，すなわち「指数」として表わされる．

同様に，de Rham 複体と関連した Poincaré–Hopf の定理と，Dolbeault 複体と関連した(一般次元の) Riemann–Roch の定理は，いずれもやはり，これらの $\mathbb{Z}$ 次数付の複体を $\mathbb{Z}_2$ 次数に「折りたたんで」得られる楕円型線形微分作用素の指数の公式として理解できる．

Atiyah–Singer は，これら三者を含むものとして，一般に楕円型線形微分作用素の指数を特性数の組み合わせによって与える公式を証明した．これが「指数定理」である．

指数定理の最初の証明は，Thom の同境理論を用いる Hirzebruch の議論を拡張したものであった．

やがて，Atiyah–Singer によって，指数定理の第二の証明が発表された．そこでは特性数による公式の一歩手前で，(位相的) $K$ 群を用いた，より直接的な定式化がなされている．

第二の証明にはおそらく 3 つのポイントがある．

代数幾何やトポロジーの枠組みを目一杯に駆け巡りながら議論を展開する Grothendieck や Hirzebruch のアプローチに比べ，Atiyah–Singer による指数定理の第二の証明は，本来の対象たる楕円型微分作用素と密着した「擬微分作用素」という自由度を直接利用する．そして，まさに楕円型擬微分作用素の基本的性質を確認することが証明の第一のポイントである．

Hirzebruch が利用した Thom の同境理論では，多様体全体と特性類全体を真に見渡す，超大域的な議論が必要であった．個々の多様体を見る立場からは間接的手段ともいえる．多様体全体を一挙に捉えるために使われた手段は，任意の多様体が次元の大きな Euclid 空間に埋め込める事実である．Atiyah–Singer による指数定理の第二の証明は，幾何学的なアイディアとしては，この事実を直接用いる．個々の多様体を埋め込むことだけが必要であり，すべての多様体を見渡す必要はない．これが第二のポイントである．

第三のポイントは，「Bott の周期性定理」である．これは，Euclid 空間上の場合に帰着された指数定理を最後に確認するために使われる．Atiyah は，位相的 $K$ 群の概念と「楕円型線形微分作用素の族の指数」の概念を用いると，Bott 周期性が簡明に説明されることを指摘した．いずれの概念も，Grothendieck による Riemann–Roch の定理の拡張をモデルとして導入されたものである．現在 Bott 周期性には多くの証明が知られている．しかし(非可換な)コンパクト群作用を伴う場合の証明は，指数を用いるこの Atiyah の議論とその変形しか知られていない．

**Atiyah–Singer の指数定理の他の証明**

第二の証明と，そこでの指数の $K$ 群を用いた定式化は，指数定理をより広い状況に拡張するのに適している．たとえば，族の指数に対する指数定理の定式化と証明はほとんどただちになされる．

一方，数として(あるいは特性数として)の指数を扱う本来の指数定理には，いくつかの別のアプローチがある．

- 熱核の方法*2．指数がもつ局所的な性質を，熱核のトレースの漸近展開を考察することによって実現する．境界のある多様体に対する Atiyah–Patodi–Singer による指数定理の拡張の出発点ともなっている．
- 確率論による証明．熱核の方法と関係するが，ある意味で(擬)微分作用素をさらに溯り，それが現われる場面を直接考察することになっている．
- ループ空間上のシンプレクティック幾何を用いる説明．積分の留数公式にも似た公式(Duistermaat–Heckman の公式)を無限次元の空間の上で形式的に考察するもの．Witten による直観的な議論であり，数学的な枠組みは与えられていない．

Atiyah–Singer による第一，第二の証明は，いずれも，トポロジー的な自由度を駆使したものである．逆にいえば，そうした議論の網の目の粗さが指数定理の証明と最低限の理解には，必要にして十分である．それに対して，これらの別証明は，いずれもより精密な幾何学と結びついた議論である．自由度の利便を用いて簡単な場合に帰着させるのではなく，指数定理を，微分作用素のまさに働く現場で，目に見える幾何学として把握することをめざす議論といったらよいか．

指数定理，あるいはもともと指数の概念において基本的なのは，無限次元部分の相殺によって有限次元の情報が定義されることである．これらの別証明は，いずれもこの相殺のメカニズムを直接把握することをめざしているともいえよう．

指数定理を語るときに，現在では無視できないのは物理との関連である．

*2 吉田朋好『ディラック作用素の指数定理』(共立出版，1998 年)参照．

上の Witten の議論も，その1つである．本書はその関連について述べるべきところではない．ただ関連する物理学者，数学者の名前をいくつか列挙すると，

Alvarez-Gaumé, Witten, Getzler, Quillen, Mathai, Bismut, Berline, Vergne

などである．ただ1つ注意しておくと，物理においては，相殺のメカニズムとして「超対称性」の名で知られる現象がある．指数定理が物理と関係するのはこのメカニズムとの関連においてである*3.

### 本書の特徴

本書では，Atiyah–Singer による指数定理の第二の証明を，擬微分作用素を用いずにすむ範囲に限って紹介する．あわせて，指数定理の応用を説明することも目的である．

これまでの説明では，ほぼ，時間的発展に沿って指数定理について説明し，「理論の概要」に代えてきた．もう少し本格的な「理論の概要」は，第1章の「はじめに」で述べられる．第1章は「お話」である．専門的な用語を定義せずに用いている部分もあるので，はじめは読みとばして下さってかまわない．本論は第2章から始まる．本論を読み進める際に，対応する第1章の部分を見返すと，解説あるいは注釈の役割を果たすかもしれない．

本書では楕円型微分作用素のうち，「$\mathbb{Z}_2$ 次数付 Clifford 加群に対する Dirac 型作用素」に限って扱う．Dirac 型作用素の自乗の Laplace 型作用素の振る舞いが鍵である．指数定理の定式化は，$K$ 群や特性類の導入に先だって行う．

本書の指導原理は「局所化」である．これは指数が，多様体の全体ではなく一部を見るだけでわかる現象である．もともと，この局所化の本質的部分は，指数に対する性質という以前に，ポテンシャルをもつ Laplace 型作用素の固有関数が，ポテンシャルの大きなところで急減少する極めて素朴な現象として現われる．

*3　超対称性が現われるのは必ずしも線形な微分方程式を伴う状況だけではない．

開部分多様体への局所化は,「切除定理」として定式化される.閉部分多様体への局所化は,閉部分多様体上の Dirac 型作用素と,法方向に沿った作用素との(テンソル)積を通じて考察される.

指数定理の証明には,微分作用素のみを用いる(擬微分作用素を用いない).閉多様体のみならず,開多様体上で適当な無限遠での条件をもつ Dirac 型作用素に対しても指数を定義する.また,多様体には向きの存在を特に仮定せず,奇数次元の多様体をも対象とする.こうした対象も,近年は応用上現われることがある(たとえば,3 次元 Euclid 空間上での指数定理はモノポールの解析において必要になる).

そうした実用上のことだけでなく,開多様体上の作用素は理論的にも重要な役割を果たす.本書で最も基本的な,いわば「単位」の役割を果たす Euclid 空間上の Dirac 型作用素は,物理で「超対称調和振動子」とよばれる作用素である.

### 予備知識について

幾何については,多様体,微分形式,ベクトル束の初歩の知識を仮定する.また,トポロジーの若干の知識(被覆空間,ホモトピー群,Poincaré 双対性など)があると読みやすい箇所がある.

代数については,外積やテンソル積などを含めた線形代数の知識を仮定する.また,有限群,コンパクト Lie 群の表現論のごく基礎を,§2.3 と§4.4 で用いる.

解析については,Euclid 空間上の偏微分方程式の局所的な性質の知識を仮定した.ただし,解析の予備知識が必要になるのは,第 5 章のみである(Rellich の定理,アプリオリ評価,楕円型微分作用素の解の正則性など).幾何学的議論のみに興味のある読者は,第 5 章を飛ばして,先を読み続けることもできる.

## 用語，記号について

- $\mathbb{C}, \mathbb{R}, \mathbb{Z}$: 各々複素数，実数，整数の集合．その他，標準的な記号を断らずに用いる．
- $\mathbb{Z}_2$: $\mathbb{Z}/2\mathbb{Z}$ のことをこのように略記する(2 進数のことではない)．
- $\operatorname{Ker} f$, $\operatorname{Coker} f$, $\operatorname{Im} f$: 線形写像 $f$ に対して，各々 $f$ の核，余核，像を表わす．
- $\mathrm{id}_E$: $E$ 上の恒等写像．
- 断らない限り,「ベクトル空間」は有限次元のベクトル空間を意味する．
- 断らない限り,「多様体」は微分可能な多様体,「ベクトル束」は滑らかなベクトル束,「関数」「切断」は滑らかな関数と切断を意味する．
- $F$ が多様体 $X$ 上の滑らかなベクトル束であるとき，$F$ の $x \in X$ 上のファイバーを $(F)_x$ と書く．また，$F$ の滑らかな切断の全体を $\Gamma(F)$ と書く．
- $\epsilon_E$: $\mathbb{Z}_2$ 次数付ベクトル空間(あるいはベクトル束) $E = E^0 \oplus E^1$ 上の自己準同型であって，$E^0$ 上 $\mathrm{id}_{E^0}$ と一致し，$E^1$ 上 $-\mathrm{id}_{E^1}$ と一致するもの．
- 「コンパクトな台をもつ $\mathbb{Z}_2$ 次数付 Clifford 加群」のことを，そうよぶと長いので，本書では単に「ペア」とよぶことにする．
- $H^k(X, \theta)$: $X$ 上の局所系 $\theta$ を係数とする de Rham コホモロジー．
- $E$ は主にベクトル空間あるいは Euclid 空間，$T$ は Euclid 計量をもつベクトル束，$F$ は主に係数としてテンソルされるベクトル束を表わすなど，できるだけ本書を通じて記号の一貫性をはかったが，記号すべてを衝突しないように振り分けることはできなかった．たとえば $F_A$ は曲率の記号となっており，ベクトル束の記号 $F$ と紛らわしい．読者に注意をお願いしたい．

# 目　次

# 1 はじめに

指数とは，線形微分作用素の定める無限次元ベクトル空間の間の写像から，多少の変形によっても不変であるような情報を取り出したものである．その指数の計算法を与えるのが「指数定理」である．1次元多様体の上では，指数定理の定式化と証明はやさしい．この場合にまず説明してみる．

## §1.1 指数とは

### (a) 指数の定義

有限次元のベクトル空間 $E^0, E^1$ の間の線形写像 $f\colon E^0 \to E^1$ が与えられたとする．このとき，

$$\dim \operatorname{Ker} f - \dim \operatorname{Coker} f = \dim E^0 - \dim E^1$$

が成立する．この事実を2通りに解釈してみよう．

（1） 2つのベクトル空間 $E^0$ と $E^1$ の次元の差を求めたいとしよう．$f$ が1つ与えられているときにはこれを補助に使って次のように考察できる．ポイントは $E^0$ の中で $\operatorname{Ker} f$ の補空間 $F$ を任意にとると，$f$ を通じて $F$ と $\operatorname{Im} f$ とが同型になることである．特にそれらの次元は等しく，次元の差を求めるときこれらは相殺し合う．従ってそれらの残り(補空間)の部分の次元の差だけを考えれば全空間の次元の差がわかる．

（2） $\operatorname{Ker} f$ と $\operatorname{Coker} f$ の次元は $f$ に依存して変わる量である．しかし，

それらの次元の差は，$f$ をいろいろ動かしても不変である．従ってこれは，$f$ の骨格のような部分の性質を与える量となっている．

いずれも有限次元のベクトル空間の間の線形写像を考えている限り，自明なことである．しかし，無限次元のベクトル空間を考えると，事態は変わる．

$\mathcal{E}^0$ と $\mathcal{E}^1$ が無限次元のベクトル空間であり，線形写像 $P\colon \mathcal{E}^0 \to \mathcal{E}^1$ が与えられたとしよう．

このとき，上の(1)は出発点からして意味をもたない．というのは，

$$\dim \mathcal{E}^0 - \dim \mathcal{E}^1 \quad (?)$$

の各項は無限大であり，この差を定義することができないからである．

では(2)はどうか．仮に，$\mathrm{Ker}\, P$ および $\mathrm{Coker}\, P$ が有限次元であって，

$$\dim \mathrm{Ker}\, P - \dim \mathrm{Coker}\, P$$

は定義できる状況であったと仮定しよう．このとき $P$ は **Fredholm** であるとよばれる．しかし，$P$ を動かしたとき，この差は必ずしも不変ではない．たとえば，整数 $k$ を添数とする実数列 $(a_k)_{k\in\mathbb{Z}}$ の全体には，自然に実ベクトル空間の構造が入るが，

$$\mathcal{E}^0 = \mathcal{E}^1 = \{(a_k)_{k\in\mathbb{Z}} \mid a_k \in \mathbb{R}\}$$

に対して $P_0, P_1$ を次のように定義してみる．まず，恒等写像をもって $P_0$ の定義とする．このとき，$P_0$ は線形同型であるから

$$\mathrm{Ker}\, P_0 = \{0\}, \quad \mathrm{Coker}\, P_0 = \{0\}$$

となり，従ってそれらの次元の差も 0 である．

$$\dim \mathrm{Ker}\, P_0 - \dim \mathrm{Coker}\, P_0 = 0.$$

一方，$P_1$ を次のように定義する．数列 $(a_k)_{k\in\mathbb{Z}}$ に対して，$k$ がマイナスであるときは，そのまま $b_k = a_k$ とおき，$k$ が 0 以上のときには，ずらして $b_k = a_{k+1}$ とおく．そして

$$P_1((a_k)_{k\in\mathbb{Z}}) = (b_k)_{k\in\mathbb{Z}}$$

と定義する．このとき

$$\mathrm{Ker}\, P_1 = \mathbb{R}(\cdots, \overset{-2}{0}, \overset{-1}{0}, \overset{0}{1}, \overset{1}{0}, \overset{2}{0}, \cdots), \quad \mathrm{Coker}\, P_1 = \{0\}$$

であるから

$$\dim \mathrm{Ker}\, P_1 - \dim \mathrm{Coker}\, P_1 = 1$$

となる．

$P_0$ と $P_1$ とを比べると，基底のうち，無限個のものの行き先を一斉にずらしているという意味で，その違いは「無限次元的」である．「有限次元的」に $P_0$ をずらしても，Ker と Coker の次元の差は変わらない．正確にいうなら，$P$ が Fredholm な線形写像であるとき，$Q$ を $\mathcal{E}^0$ から $\mathcal{E}^1$ への線形写像であって像が有限次元であるものとすると，$P+Q$ も再び Fredholm であり，

$$\dim \mathrm{Ker}(P+Q) - \dim \mathrm{Coker}(P+Q) = \dim \mathrm{Ker}\, P - \mathrm{Coker}\, P$$

となることは，線形代数の演習問題である．

以上により，いずれの解釈もそのままでは成立しないことがわかった．しかし，ここで逆に次のように思いなすことが可能である．

（1）　2つの無限次元ベクトル空間 $\mathcal{E}^0$ と $\mathcal{E}^1$ の次元の差に当たるものを定義したいとしよう．Fredholm な $P$ が1つ与えられているときにはこれを補助に使って次のように定義できる．ポイントは，$\mathcal{E}^0$ の中で $\mathrm{Ker}\, P$ の補空間 $\mathcal{F}$ を任意にとると，$P$ を通じて $\mathcal{F}$ と $\mathrm{Im}\, P$ とが同型になることである．これらは相殺し合うと考えよう．従ってそれらの残り(補空間)の部分の次元の差だけを考えれば全空間の次元の差に当たるものが定義できる．

（2）　Fredholm な $P$ に対して，$\mathrm{Ker}\, P$ と $\mathrm{Coker}\, P$ の次元は $P$ に依存して変わる量である．しかし，それらの次元の差は，$P$ を「少し動かす」とき，より変わりにくい．たとえば，$P$ のかわりに，像が有限次元であるような $Q$ を加えた $P+Q$ を考えてもこの差は不変である．従ってこれは，$P$ の骨格のような部分の性質を与える量とみなされるであろう．

すなわち，三つ組 $(\mathcal{E}^0, \mathcal{E}^1, [P])$ が与えられたとき，$\mathcal{E}^0$ と $\mathcal{E}^1$ との次元の差に当たるものが定義できる．ここで，$P$ は Fredholm 作用素であり，$[P]$ は，$P$ の骨格のような部分だけを見る，ある同値類である．

逆にいえば，無限次元ベクトル空間の次元の差を有限の値に定めるために必要となる補助のデータが，$P$ のある同値類によって与えられるのである．

この同値類の定義はどうしたら都合が良いであろうか．少なくとも，上の

説明における $P$ と $P+Q$ とは同じ同値類に入ってほしい．しかし，それだけの広さではあまりに制限されている．

このような問いを可能な限り一般化して問うための枠組みがある．これは「関数解析」によって与えられる．

たとえば $\mathcal{E}^0, \mathcal{E}^1$ にノルムの存在と完備性を要求して，それらがBanach空間であると仮定しておく．線形写像 $P$ としては連続(すなわち有界)なものに限って考えてみよう．すると,「像が有限次元である線形写像」たちは，閉包をとって「有界集合の像が相対コンパクトである線形写像(コンパクト作用素)」に拡張して置き換えることができる．また，作用素ノルムによって作用素間の距離を計れるので，作用素を「少し動かす」ということの1つの正確な定式化が与えられる．このとき,「Fredholm作用素が連続的に動くとき，Kerの次元とCokerの次元の差が変わらない」ことを証明することが可能である．すると，この関数解析的枠組みにおいては，同値類の定義としては，「Fredholm作用素のなす集合の同じ連結成分に属すること」という，有り得べき最良の定義を採用できることがわかる．しかもFredholm作用素は,「コンパクト作用素(の加減)を無視するとBanach空間間の同型を与えるような線形写像」*1として簡明に特徴づけられる．

**注意1.1**　Kerの次元とCokerの次元の差が0でないとき，これはKerあるいはCokerに0でない要素が存在することを意味している．解析学において，何かの存在を，実際にそれを構成することなく，抽象論のレベルで示すためには，普通，なんらかの完備性が要求される(中間値の定理と実数の完備性との関係を思い出そう)．ノルム空間上に完備性を要求することにより，Fredholmという性質が(上の意味で)それ自身連続変形に関して閉じた性格になるのである．

理論として，これはすっきり美しい．また，解析学では具体的に現われる個々のFredholm作用素を扱う際に，この関数解析的枠組みに帰着させさえすれば，一般論を適用できるので，実用上便利なこともしばしばである．さらに，単なる一般化を越えて，このような枠組みをとことん徹底させ，その

*1　ある $P'$ が存在して $P'P-I, PP'-I$ がコンパクト作用素となること．

中でどこまで幾何が再現できるかを考察し，幾何の意味を書き換えようとする分野も存在する[*2].

だが，Fredholm 作用素が，多様体上のある種の微分作用素として与えられる場合には，関数解析の一般論よりさらに具体的な考察が可能である．本書で解説する「Atiyah–Singer の指数定理」は，そのような具体的な Fredholm 作用素が対象である．具体的 Fredholm 作用素に対する具体的な考察が「無限次元ベクトル空間の次元の差」の計算を可能にするのである．

次節でそれを幾分説明するが，その前に，はじめの(1), (2)に戻り，一般論の説明を完結させておこう．

無限次元ベクトル空間間の線形写像に関する(1), (2)をまとめると，次のように言い換えられる．

- $\mathcal{E}^0$ から $\mathcal{E}^1$ への Fredholm 線形写像 $P$ が与えられたとき，これを次の意味で有限次元の対象によって近似してみよう．すなわち，直和分解
$$\mathcal{E}^0 = E^0 \oplus \mathcal{F}^0,\quad \mathcal{E}^1 = E^1 \oplus \mathcal{F}^1,\quad P = f \oplus P'$$
であって，$E^0, E^1$ は有限次元であり，$P'$ は無限次元ベクトル空間の間の同型であるものを任意にとる．このとき，$f$ が「有限次元の対象による $P$ の近似」である．すると，
$$\dim E^0 - \dim E^1$$
は，この「近似」すなわち直和分解のとり方によらず，$P$ のみから定まる．

特に $E^0 = \mathrm{Ker}\, P$, $\mathcal{E}^1 = \mathrm{Im}\, P$ ととると(1)の説明に対応する．また，(2)の1つの証明は，$P$ と $P+Q$ とに対して共通の $E^0$ と $E^1$ とを選ぶことによってなされる．

さて，いよいよ指数の定義である．

**定義 1.2**　Fredholm 作用素 $P$ の，上の意味での有限次元近似 $f\colon E^0 \to E^1$ に対して $P$ の**指数**(index) $\mathrm{ind}\, P$ を
$$\mathrm{ind}\, P = \dim E^0 - \dim E^1$$

---

*2　非可換微分幾何がそうである．

によって定義する．これは有限次元近似のとり方に依存しない．特に，

$$\operatorname{ind} P = \dim \operatorname{Ker} P - \dim \operatorname{Coker} P$$

が成立する． □

Fredholm 作用素と Banach 空間を用いる枠組みでは，上の定義が基本的なものであろう．一方，内積の入った Hilbert 空間を用いるときには，$\operatorname{Ker} P$ と $\operatorname{Coker} P$ とを対等に扱う次のような定式化もできる．

まず，有限次元の線形写像 $f\colon E^0 \to E^1$ の場合に $E^0, E^1$ に Euclid 計量が与えられたとしてみよう．このとき，転置写像 $f^*\colon E^1 \to E^0$ が定義され，$\operatorname{Coker} f$ と $\operatorname{Ker} f^*$ とは同型になる．また，

$$\operatorname{Ker} f = \operatorname{Ker} f^* f, \quad \operatorname{Ker} f^* = \operatorname{Ker} f f^*$$

であるから，

$$\begin{aligned} \dim \operatorname{Ker} f - \dim \operatorname{Coker} f^* &= \dim \operatorname{Ker} f - \dim \operatorname{Ker} f^* \\ &= \dim \operatorname{Ker} f^* f - \dim \operatorname{Ker} f f^* \end{aligned}$$

となる．これを形式的に次のように整理してみる．

$E = E^0 \oplus E^1$ と直和をとる．直和の構造を覚えておくには，$E$ の自己準同型 $\epsilon_E$ であって，$E^0$ 上 1 をとり，$E^1$ 上 $-1$ をとるものを考えればよい．すると，$\epsilon_E$ の固有空間として $E^0, E^1$ が再現される．このような構造を $\mathbb{Z}_2$ **次数付**のベクトル空間とよぶ．

ここで $E$ の自己準同型を

$$\tilde{f} = \begin{pmatrix} 0 & f^* \\ f & 0 \end{pmatrix}$$

とおくと，これは $\epsilon_E$ と反可換な対称変換である（複素ベクトル空間上で Hermite 計量を用いて平行した構成を行えば，Hermite 変換となる）．

$$\tilde{f}\epsilon_E = -\epsilon_E \tilde{f}.$$

$\epsilon_E$ と反可換な自己準同型のことを**次数 1 である**ということにする．

また

$$\tilde{f}^2 = \begin{pmatrix} f^* f & 0 \\ 0 & f f^* \end{pmatrix}$$

は $\epsilon_E$ と可換な対称変換であり（複素ベクトル空間の場合は Hermite 変換），

固有値はすべて 0 以上である．$\epsilon_E$ と可換な自己準同型を**次数 0 である**ということにする．

このように $\tilde{f}$ を導入すると，

$$\dim \operatorname{Ker} f - \dim \operatorname{Coker} f^* = \dim \operatorname{Ker}(\tilde{f}^2|E^0) - \dim \operatorname{Ker}(\tilde{f}^2|E^1)$$

が成立する．$\tilde{f}^2$ の固有値を $E^0$ 上と $E^1$ 上とに分けて考えると，0 以外の固有値は，重複度も含めて等しい．実際 $f$ あるいは $f^*$ が，0 以外の固有値に対応する固有空間の間の同型を与えている．このことからも

$$\dim \operatorname{Ker}(\tilde{f}^2|E^0) - \dim \operatorname{Ker}(\tilde{f}^2|E^1) = \dim E^0 - \dim E^1$$

がわかる．

これを睨むと，指数を次のように定式化することができる．

**定義 1.3** $\mathcal{E} = \mathcal{E}^0 \oplus \mathcal{E}^1$ が $\mathbb{Z}_2$ 次数付の内積をもつ(無限次元の)実ベクトル空間であり，$\tilde{P}$ が次数 1 の対称な作用素であって $\operatorname{Ker} \tilde{P}^2$ が有限次元であるものとする．このとき，$\tilde{P}$ の**指数**(index) $\operatorname{ind} \tilde{P}$ を

$$\operatorname{ind} \tilde{P} = \dim \operatorname{Ker}(\tilde{P}^2|\mathcal{E}^0) - \dim \operatorname{Ker}(\tilde{P}^2|\mathcal{E}^1)$$

と定義する． □

なお，Hermite 内積をもつ(無限次元の)複素ベクトル空間において上の定義に当たることを考えるときには，$\tilde{P}$ は Hermite と仮定する．

Hilbert 空間上の有界 Fredholm 作用素 $P$ に対しては，$\tilde{P}$ との対応を用いることによって，この定義と先の定義は同等になる．本書では，もっぱら上の形の定義を用いる．

### (b) 指数の変種 1

一般に，Fredholm 作用素 $P$ が与えられたときに有限次元近似のとり方に依存せずに $P$ から定まる量は拡張された指数と考えられる．関数解析的な枠組みを用いるならば，連続変形によって変わらないような量が指数である．

そう思うと，指数の変種を考えることができる．

「おもちゃのモデル(toy model)」として有限次元の場合に例示することにする．

**例 1.4** 複素ベクトル空間 $E^0, E^1$ 上の自己準同型 $g^0, g^1$ が与えられたとし

よう．線形写像 $f\colon E^0\to F^0$ が $fg^0=g^1f$ をみたすとき，

$$\mathrm{trace}(g^0|\operatorname{Ker} f)-\mathrm{trace}(g^1|\operatorname{Coker} f)=\mathrm{trace}(g^0|E^0)-\mathrm{trace}(g^1|E^1).\qquad\square$$

**注意 1.5**　例 1.4 と関連して次のこともいえる．$E^0, E^1$ がコンパクト Lie 群 $G$ の表現空間であり，$f$ が $G$ 同変であるとき，指標環 $R(G)$ の要素として，$[\operatorname{Ker} f]-[\operatorname{Coker} f]=[E^0]-[E^1]$ である．$R(G)$ は $G$ の 2 つの有限次元表現の形式的な差を要素とする加群である．「形式的な差」を用いて可換半群から構成される加群を Grothendieck 群とよぶことがある．

**例 1.6**　$E$ が Euclid 計量をもち，$f$ が反対称変換であるとき，

$$\dim\operatorname{Ker} f=\dim E\mod 2.\qquad\square$$

**注意 1.7**　複素ベクトル空間に対しては，非退化な二次形式と，それに関して反対称な自己準同型 $f$ が与えられれば同様の性質が成立する．いずれも，$f$ の固有値が 0 以外は $\pm\lambda$ のペアとして現われることの反映である．

いずれの場合も，無限次元の Fredholm 作用素に対して類似の状況を仮定するとき，それの有限次元近似を用いて，各々指数を定義できる．前者の場合は指数は複素数値であり，後者の場合は指数は $\mathbb{Z}_2=\mathbb{Z}/2\mathbb{Z}$ に値をとる．

### (c)　Fredholm 作用素の族に対する指数

前節で群作用のある場合の指数を紹介した．もともとの整数値の指数は，$\operatorname{Ker} P$ と $\operatorname{Coker} P$ の次元の差として定義されたが，$P$ に群作用の対称性があるときには，これらの有限次元ベクトル空間から，情報として単に次元だけでなく，それらのもつ対称性をも考慮した量として指数が定義されるのであった．

すなわち，指導原理として，単なる次元の差というより，リアルなベクトル空間 $\operatorname{Ker} P$, $\operatorname{Coker} P$ そのものの差のようなものが念頭にあり，それから数学的にきちんと定義できる量を引き出し，指数の定義としたのだ，と考えられる．このリアルな対象は，$P$ とともに連続的に動くようなものであろう．「連続的に動く」とはどんな意味かは保留するとして．

では，群作用の対称性のない場合に，単なる数値ではなく，$\operatorname{Ker} P$, $\operatorname{Coker} P$ の「差」というべきものを捉えたいとして，それをきちんと数学的に定式化するにはどうしたらよいだろうか．

考えたいのは指数の定義に限らず，だいぶ一般的な問いである．ある対象(たとえば $P$)から，直観的な思いなしによって想定されるもの($\operatorname{Ker} P$ と $\operatorname{Coker} P$ との「差」)を，ある種の手続きによって得られる数学的対象として定式化したいとする．「何を行ったら定式化したことになるのだろうか」というのが問いである．

**注意 1.8** 「想定されるもの」がたとえば「数」のようにはっきりした身分をもっている場合には何も問題はない．また，「手続き」が(たとえば有理係数をもつ 1 つの多項式に，様々な環の要素を代入する手続きのように)，具体的な手続きとして与えられていれば，(有理数体上の代数多様体間の射として)その手続き自体の記述が「思いなし」の内容を与えている．

今問題にしたいのは，住処があらかじめはっきりしない概念の定義の仕方である．

Grothendieck による(と思われる)，このメタな問いに対する 1 つの答は，「対象($P$)を 1 つだけ考えるのではなく，パラメータを伴うような，一群の連続な「族」として対象が与えられた場合を考えよ」というものである．その族に対して一挙に(指数に当たる)概念が再びパラメータを伴うような連続な族，あるいはそれに近いものとして定義されれば，$P$ を動かしたときに，その指数がものとしてどう変わるか，を論じることができる(「連続」の意味は場合に応じて違うであろうが)．この答は最終的なものではない．しかし，族を考えることが，1 つの閉じた理論体系を作る際に最低限必要になることは確かと思われる．

位相空間 $Z$ をパラメータ空間とする Fredholm 作用素の連続な族が与えられたとしよう．簡単のため，その族に属するどの Fredholm 作用素 $P$ に対しても $\operatorname{Ker} P$ の次元が同じであったとしよう．また，$\operatorname{Coker} P$ の次元も同じであったとする．すると，$\operatorname{Ker} P$ をすべての $P$ について束ねたものは，$Z$

上の(有限次元の)ベクトル束になることが示される．Coker $P$ についても同様である．ポイントは，これらのベクトル束は，位相的にねじれている可能性があることである．この2つのベクトル束の形式的な差を Grothendieck 群の考え方を用いて定義すると，これは確かに単なる数より多くの情報を担った概念である．これが(位相的)$\boldsymbol{K}$ 群の考え方である．Fredholm 作用素の族の指数はパラメータ空間 $Z$ の位相的 $K$ 群の要素として定義される．Ker $P$, Coker $P$ の次元が一定でない場合も，指数を適当な意味で定義するためには，概念としてこの $K$ 群以上に拡張する必要はないことが知られている(少なくとも $Z$ がコンパクトのときにはそうである)．

Fredholm 作用素の族に対する指数は，指数の概念の1つの変種である．しかし，それに留まるものではない．

(たとえば1つの Hilbert 空間上の) Fredholm 作用素の全体のなす空間と $K$ 群とは，族の指数を鍵として密接な関係がある．Fredholm 作用素の族から取り出される情報から $K$ 群の要素が得られるだけでなく，逆に，任意の $K$ 群の要素は，Fredholm 作用素の族から得られ，しかも，前者は後者のホモトピー類と一対一に対応しているのである．

ひとことでいえば，Fredholm 作用素の空間は，$K$ 群の分類空間(classifying space)になっているのである．これは，指数の値がそのなかで定義される概念として，$K$ 群こそが，必要にして十分なものであることを意味している．

**注意 1.9**　族の指数の概念は，さらに群作用がある場合，あるいは $\mathbb{Z}_2$ に値をとる指数の場合にも，平行した方法で定義される．

## (d)　指数の変種 2

以上の指数の変種は，いずれも Fredholm 作用素の連続変形によって不変であり，その意味で位相的な対象であった．しかし，Fredholm 作用素の有限次元近似と関連して定義される量で，位相的なデータより踏み込んだ精密な構造に依存するため，連続変形によって不変ではないようなものがある．

「おもちゃのモデル」として，有限次元の場合にだけ例示しよう．

**例 1.10**　Euclid 計量が与えられた実ベクトル空間 $E$ 上の対称変換 $f$ に対

して，行列式 $\det f$ は $f$ から決まる実数である． □

**例 1.11**　Euclid 計量が与えられた実ベクトル空間 $E$ 上の対称変換 $f$ に対して，$f$ の正の固有値の個数から負の固有値の個数を引いた数．これを $f$(から決まる二次形式)の**符号数**(signature)とよぶ． □

いずれも線形写像 $f$ の固有値と関係した量である．また，いずれも $E$ が無限次元であるときにはなんらかの意味で正則化しなくては定義されない量である．単純に有限次元近似に対する値の極限をとるのでは，発散してしまう．

無限個の固有値を用いて定義される $\zeta$ 関数とよばれる関数の解析接続が，正則化の標準的な手段である．もちろん，無限個の固有値が存在してそれらがよい振る舞いをするという前提のもとでの話である．幾何学的に自然な設定のもとで「よい振る舞い」が保証されているのが，実際にこれらの量を考えるときの状況である．

これらの量は指数の次に位階している対象である．逆にいえば，指数とは，こうした高次の諸対象を見渡すとき，それらの手前の最も基本的な地位を占めるものである．指数は，いわば，幾何学的に最も網目の粗い，位相的な篩(ふるい)にかかる量である．それに対して高次の対象の考察のためには，もっと精密な篩を要するのである．

多様体上の幾何学的な設定のもとでは，行列式の比喩で語られるのは，analytic torsion であり，符号数との比喩で語られるのは，$\eta$ 不変量($\eta$ invariant)である．

**analytic torsion** は，状況によっては位相不変量を与えるが，その場合でも，多様体上で指数を表示する指数定理が必要とする位相的な情報(特性類)と比べ，極めて微妙な量(Reidemeister torsion)を反映している．また，より一般には，指数を単なる数でなく，より幾何学的に把握しようとするときに(たとえば族に対する指数を考えるとき)自然に現われるものでもある(Quillen 計量)．

**$\eta$ 不変量**は，指数を，境界のある多様体上で，境界の大域的な情報を反映した境界条件のもとで考察する際に，その境界条件に伴って現われる(Atiyah–Patodi–Singer)．例 1.11 の有限次元のモデルでは符号数は整数だが，それを正則化して定義される$\eta$不変量は必ずしも整数ではない実数となる.

これらは指数の変種ではあるが，トポロジーの立場から線形作用素を考察する本書の範囲外にある.

## §1.2　Atiyah–Singerの指数定理とは

### (a)　楕円型微分作用素

前節では抽象的なFredholm作用素に対して，指数とはどのような概念であるかを見てきた.

Fredholm作用素の典型的な例は，多様体上の楕円型微分作用素によって与えられる.

たとえば，複素平面$X=\mathbb{C}$上の複素数値の急減少関数全体$\mathcal{S}(X)$上の自己準同型$P$をCauchy–Riemann方程式の定める写像

$$P\colon f(x+\sqrt{-1}\,y)\mapsto 2\bar{\partial}f=(\partial_x+\sqrt{-1}\,\partial_y)f$$

で定義する．$\mathcal{S}(X)$の要素を様々な振動数をもつ波に分解して，各々の波への$P$の作用を考えよう．Fourier変換を使うと，$P$は$X$の双対空間$\hat{X}$上の急減少関数全体$\mathcal{S}(\hat{X})$に対して定義された掛け算作用素$p_z=p_x+\sqrt{-1}\,p_y$に化ける．ここで，$p_x, p_y$は双対空間の実座標であり，$p_z$は複素座標である．この掛け算作用素は，微分の係数を見るとただちに見えるであろう．この掛け算作用素は$P$の**主表象**(principal symbol)とよばれる.

$p_z$を掛ける操作はほとんど可逆に見える．$p_z\neq 0$であれば$p_z$で割ることができるからである．Fredholmとは，有限次元を無視すると線形同型であるような線形写像のことであった．よって，$P$はFredholm作用素の候補である.

しかし，すぐに確かめられるように，

$$\dim \operatorname{Ker} P=0,\quad \dim \operatorname{Coker} P=\infty$$

であるからこの$P$はFredholmではない．$p_z$で割る操作は，有限次元の例外を無視したとしても定義できないのである．実際，$p_z=0$の近傍で，$\bar{p}_z$の多項式と同じ振る舞いをする$\mathcal{S}(\hat{X})$の要素は$p_z$で割ることはできない.

$\hat{X}$ 上の関数の $p_z=0$ の近傍の振る舞いを見ることは，はじめの $X$ においては，無限遠にまでたゆたう，ゆっくりした振動の成分を見ることに当たる．たとえば，定数関数を遠くのほうでカットして，台をコンパクトにした関数はそうした成分を多量に含んでいる．$P$ が Fredholm になるためには，この手の関数の存在が邪魔なのである．

逆にいえば，$X$ の無限遠での挙動を制限するように状況を変えれば，Fredholm 作用素が得られる．

そのための1つの方法は，$X=\mathbb{C}$ の代わりにそれを $L=\mathbb{Z}+\mathbb{Z}\tau\ (\mathrm{Im}\,\tau>0)$ で割ったトーラス $\mathbb{C}/L$ を考えることである．このようにコンパクト化しておくと，Cauchy–Riemann 作用素は Fredholm になる．Fourier 展開を見ると，Ker も Coker も1次元になることがわかるので，この Fredholm 作用素の指数は0である．

もう1つの方法は，Cauchy–Riemann 作用素に，微分を含まない項を加えて，それによって自動的に無限遠での振る舞いを統御することである．具体的にどうすればよいかは第3章で説明される．

一般に，$n$ 次元トーラス $(\mathbb{R}/2\pi\mathbb{Z})^n$ 上の関数に作用する定数係数の微分作用素について，いつ Fredholm になるかの判定は，Fourier 変換を使うと比較的容易に見てとれる．座標を $q^1, q^2, \cdots, q^n \mod 2\pi\mathbb{Z}$ とおくと，定数係数の $k$ 階同次微分作用素 $P$ は，$\sigma(\partial_{q^1}, \partial_{q^2}, \cdots, \partial_{q^n})$ と書くことができる．ただし，$\sigma$ は定数係数の $k$ 次同次多項式である．Fourier 展開すると，$X$ 上の滑らかな関数は，整数 $p_1, p_2, \cdots, p_n$ を添数とする多重数列であって「急減少」であるものになる．このとき，その微分作用素の作用は $\sigma(p_1, p_2, \cdots, p_n)$ の掛け算に化ける．これが Fredholm であるための簡明な十分条件は，$(p_1, p_2, \cdots, p_n)$ が $\mathbb{R}^n \setminus \{0\}$ の要素であるとき，$\sigma(p_1, p_2, \cdots, p_n)$ が0でないことである．

閉多様体上のベクトル束の切断の間に定義される一般の $k$ 階線形微分作用素 $P$ に対しても，$\sigma$ にあたるものが定義でき，$P$ の**主表象**(principal symbol) とよばれる．主表象 $\sigma(v)$ が(0以外の $v$ に対して)逆写像をもつとき，$P$ は $k$ 階の**楕円型微分作用素**(elliptic differential operator)であるという．閉多様体上の $k$ 階楕円型微分作用素は滑らかな切断に作用する作用素として Fredholm

であることが知られている．前節に述べたBanach空間の一般論を適用するには，関数空間を適当に完備化する必要がある．しかし，完備化の仕方は一意ではない．むしろ，$P$ は，滑らかな切断に作用する作用素として自然な意味をもち，完備化によって定義される関数空間は，$P$ を調べるための手段であるともいえよう．

実際には，$k$ 階楕円型微分作用素 $P$ に対して，指数は主表象のホモトピー類だけで決まる．

それがどう決定されるのかを述べるのが，Atiyah–Singerの指数定理である．

## (b)　Dirac作用素

微分作用素のなかで，階数が1のものが基本的であると考えるのはおそらく自然であろう．Cauchy–Riemann作用素は1階の楕円型微分作用素の例であった．他の1階の楕円型微分作用素にはどんな例があるだろうか．Euclid空間上では2階の楕円型微分作用素の代表的な例として**Laplace作用素**(Laplacian) $-\sum\partial_{q^k}^2$ がある．実際，関数に作用する2階の線形微分作用素であって，Euclid空間の平行移動と回転とによって不変なものは，定数倍を除いてこれしかない．自乗してLaplace作用素になるような1階の線形微分作用素があれば，それは楕円型である．関数に作用する線形微分作用素だけを考えているのではそのような線形微分作用素は(1次元のときを除き)存在しない．しかし，行列を係数にすればそのような1階微分作用素が存在する．このような1階微分作用素を初めて考察したのは，電子の相対論的な扱いを量子力学の枠組みで模索していたDiracであった．

定数行列 $\gamma^k$ を係数とする線形微分作用素 $D=\sum\limits_k\gamma^k\partial_{q^k}$ を自乗すると，Laplace作用素と一致したと仮定してみよう．すると，$\gamma^k$ たちは，関係式

$$\gamma^k\gamma^l+\gamma^l\gamma^k=-2\delta^{kl}$$

をみたさなくてはならない．ここで $\delta^{kl}$ はKroneckerのデルタである．このような $\gamma^k$ たちが生成する代数を**Clifford代数**(Clifford algebra)という．要するに，Clifford代数の行列表現に付随して得られる形式的自己共役作用素

が **Dirac 作用素**(Dirac operator)である．

一般の多様体に対しても，Dirac 作用素の概念を拡張することができる．

本書で扱うのは，こうした Dirac 型作用素に対する Atiyah–Singer の指数定理である．正確にいうなら，$\mathbb{Z}_2$ 次数付の構造を伴う Dirac 型作用素である．その指数は定義 1.3 のように Dirac 型作用素の自乗を用いて定義することができる．

**注意 1.12**　Dirac が考察したのは，正確にいうなら，$\mathbb{R}\times X$ 上の微分作用素 $\sqrt{-1}\,\partial_{q^0}+D$ に対応するものである．ただし，$\mathbb{R}$ の座標を $q^0$ と書いた．ここで，Riemann 多様体 $X$ 上の，自乗すると Laplace 型作用素になるという意味での Dirac 型作用素の 1 つを $D$ とおいた．$D$ は $\mathbb{Z}_2$ 次数付の構造をもつベクトル束 $W$ の上に作用し，次数 1 をもつものとする．上の微分作用素は，$W$ を $\mathbb{R}\times X$ 上に引き戻したベクトル束の上に作用する．$W$ の $\mathbb{Z}_2$ 次数の構造を表わす，自乗すると 1 になる自己同型を $\epsilon_W$ とおく．このとき，$\sqrt{-1}\,\epsilon_W$ を $q^0$ 方向に対応する $\gamma^0$ と同一視することにより，$\mathbb{R}\times X$ 上の Clifford 代数を構成できる．さらに，

$$\tilde{D} = \epsilon_W(\sqrt{-1}\,\partial_{q^0} + D)$$

は，$\mathbb{R}\times X$ 上の Dirac 型作用素となる．Dirac 型作用素の概念は，$\mathbb{R}\times X$ を $\mathbb{R}$ と $X$ とに分解するやり方に依存しないものである．これは，Dirac が発見した方程式が「相対論的」であること，すなわち時間($\mathbb{R}$)と空間($X$)の軸のとり方に依存しないものであることに対応している[*3]．

## (c)　量子力学と局所性

Dirac 型作用素の自乗は，Laplace 作用素と似た **Laplace 型作用素**になる．$n$ 次元 Euclid 空間でいえば，Laplace 型作用素の典型的な例は

$$P = -\sum_{k=1}^{n} \partial_{q^k}^2 + V(q^1, q^2, \cdots, q^n)$$

である．ここで $V$ は $\mathbb{R}^n$ 上の実数値関数である．このような作用素は量子力学で(時間に依存しない) Schrödinger 方程式において現われる．第一項の純粋な Laplace 作用素は古典論では運動エネルギーに当たり，第二項の $V$ は位

---

*3　さらに正確には，Dirac の考えた状況では $\mathbb{R}\times X$ の $\mathbb{R}$ 方向には負定値の計量を入れ，Riemann 計量ではなく Lorentz 計量を考える．この場合は $\gamma^0=\epsilon_W$ とおく．

置のエネルギーに当たるもので，ポテンシャルとよばれる．その総和の全エネルギーに当たる作用素 $P$ は，Hamilton 作用素とよばれる．

**注意 1.13**　量子力学との対比でいえば，$X$ は「空間」であって「時間」を含まない．「時間軸」をも考えるのであれば，注意 1.12 に現われた $\mathbb{R}\times X$ が「時空」である．

$V$ の値が $\bar{\lambda}$ 以下になる $\mathbb{R}^n$ の部分を $K(\bar{\lambda})$ とおこう．$K(\bar{\lambda})$ がコンパクトであったと仮定してみよう．

古典論では，エネルギーが $\bar{\lambda}$ 以下の粒子は，必ず有界な $K(\bar{\lambda})$ の上だけを飛び交うことになる．

量子力学では，エネルギーが $\bar{\lambda}$ 以下の状態は，作用素 $P$ の固有値 $\bar{\lambda}$ 以下の固有関数によって表わされると考えられる．

第5章で示すように，固有値 $\bar{\lambda}$ 未満の固有関数は，$K(\bar{\lambda})$ の外では，指数関数的に減少する．これは，古典論と量子力学の対応の1つの数学的表現を与えている．（しかし，$K(\bar{\lambda})$ の外でも完全には0ではない．これが**トンネル効果**である．）

すなわち，固有値が $\bar{\lambda}$ 未満の固有関数は，ほぼ，$K(\bar{\lambda})$ 上に「局所化」するのである．

典型的な例は $V=\sum_k (q^k)^2/2$ の場合であり，古典論でいえば，1次元なら Hooke の法則をみたすバネの振動に対応する．この量子力学の系は**調和振動子**とよばれる．

調和振動子は，量子力学においては，単に $V$ が単純な形をしているという以上の基本的な重要性をもっている．というのは，場の量子論において粒子が任意の個数存在し得て，生成消滅する状況を定式化しようとするときに，調和振動子のもつ代数的構造(Heisenberg 代数)が使われるからである．一般に，$\mathbb{R}^n$ 上の調和振動子を用いるなら，$n$ 種類の粒子が各々任意の個数存在する状態を表示することができる．

注意すべきなのは，先に述べた $\mathbb{R}^n$ 上を飛び交う古典的粒子と，今述べた生成消滅する粒子とは，全く別物であることである．ある多様体 $X$ 上で，場の量子論的に生成消滅する粒子を記述したいとする．簡単のため粒子の種類が1種類だとしよう．このとき，$X$ の各点ごとに $\mathbb{R}$ のコピーを考える．すなわち，$X$ 上の $\mathbb{R}$ をファイバーとするベクトル束を考える．すると，$X$ の各点ごとにファイバー上で調和振動子を考えることができる．点 $x$ のファイバーにおける調和振動子の，小さい方から $m$ 番目の固有関数が，「点 $x$ において粒子が $m$ 個重なって存在する状態」を表わしていると見なされる．この物理的描像において，$\mathbb{R}$ をファイバーとするベクトル束は，必ずしも幾何学的実在と考える必要はない．単に，調和振動子の内部にある Heisenberg 代数の構造だけでも十分である．

### (d)　超対称調和振動子と指数定理の証明

Laplace 型作用素の固有関数の局所化の現象は，Dirac 型作用素の指数を考えるときに，基本的な道具として利用することができる．すなわち，指数もある意味で「局所化」するのである．

この事実は，Dirac 型作用素の指数が，Dirac 型作用素の作用するベクトル束の切り貼りと関連した位相的な量(特性類)で記述できることの1つの根拠である[*4]．

Dirac 型作用素の例として，最も基本的なものは，調和振動子に Clifford 代数の構造を付与した**超対称調和振動子**(supersymmetric harmonic oscillator)であり，Euclid 空間上定義される．数学的にはこれは(向きの局所系に係数をもつ) de Rham 複体を，関数 $\exp\sum_k (q^k)^2/2$ の掛け算による作用でねじって共役をとったものである．

先に，調和振動子は粒子が任意の個数の粒子の生成消滅を記述する枠組みとして使われると述べた．そのときの「粒子」とは，物理でボソン(boson)とよばれる種類のものである．一方，Clifford 代数は，フェルミオン(fermion)とよばれる種類の粒子の生成消滅を記述する枠組みとして使われる．超対称調和振動子は，ボソンとフェルミオンを入れ換える(すなわち一方の消滅演

*4　ポテンシャルを用いずに直接指数を局所的な量と結び付ける「熱核(heat kernel)の方法」もある．本書ではこれは説明しない．

算子ともう一方の生成演算子との積の一次結合の)形の作用素によって記述される．これが「超対称」という名称の由来である．このボソンとフェルミオンの対称性の，今の場合の1つの数学的表現は，定義1.3の直前に述べた，$\mathbb{Z}_2$ 次数付構造における(0以外の)固有値の対称性である．

$X$ の各点に $\mathbb{R}^n$ が付与されているとしよう．すなわち，$X$ 上のファイバー $\mathbb{R}^n$ のベクトル束を考える．このとき，先程のように，各ファイバーで超対称調和振動子を考えることができる．$X$ 上の各点で生成消滅するボソンとフェルミオンを形式的に記述するには，$\mathbb{R}^n$ をファイバーとするベクトル束は必ずしも幾何学的実在とみなす必要はなく，Heisenberg 代数と Clifford 代数の構造だけで十分である．

しかし，このベクトル束を幾何学的実在とみなすことはできないであろうか．たとえば，$X$ が大きな別の多様体 $\tilde{X}$ の閉部分多様体として埋め込まれているとき，$X$ の近傍は，$X$ の $\tilde{X}$ の中における法ベクトル束 $\nu$ の全空間と微分同相である．この $\nu$ 上の各ファイバー上で超対称調和振動子を考え，それらの族を $\nu$ 上一挙に把握することは何事かを意味しないだろうか．

本書の目標は，Atiyah–Singer による指数定理の証明を，この族を幾何学的実在とみなす立場から説明することである．物理の用語と意味づけを忘れるならば，単に，$X$ 上の Dirac 型作用素が与えられたときに，$\nu$ の全空間上の Dirac 型作用素を構成する手続きに他ならない．

$X$ 上に Dirac 型作用素が与えられたとき，$X$ を大きな Euclid 空間に埋め込み，$\tilde{X}$ をその Eulcid 空間であると考えてみる．このとき，$X$ の法ベクトル束 $\nu$ に対して，超対称調和振動子の族を補助として考えることが，第6章における指数定理の証明の基本的な道筋である．このような「補助場」が，ちょうど積分の計算において余分な変数の導入が，最終的な積分の計算を容易にすることがあるように[*5]，指数の計算をやさしい場合へ帰着することを可能にするのである．今の場合，Euclid 空間上の Dirac 型作用素の指数の計算に帰着されることになる．この Euclid 空間上での最後のステップは，Bott

---

*5　$\mathbb{R}$ 上の $e^{-x^2}$ の積分より $\mathbb{R}^2$ 上の $e^{-x^2-y^2}$ の積分のほうがやさしい．

の周期性定理(Bott periodicity theorem)を用いて解かれる.

埋め込まれた Euclid 空間の側から述べれば，その上の Dirac 型作用素の指数が，閉部分多様体 $X$ の近傍に局所化する現象を利用するともいえる.

Dirac 型作用素の族が与えられた場合にも，同様の方法で族の指数の公式を与えることができる.

### (e) 幾何学に現われる楕円型作用素

(滑らかな)多様体が抽象的な位相空間と違うのは，定義によって，その上の関数に対して，微分可能性の概念が与えられていることである．微分可能性を十全に演じてみせることにより，多様体としての微分トポロジー的性質が現われると考えられる．典型的な例は de Rham コホモロジーである．外微分を用いて多様体の位相不変量が得られるのである.

こうした位相不変量が，楕円型微分作用素の指数として表示可能な場合が知られている.

そのような場合に，指数定理を経由することによって，多様体の性質がわかることがある．Hirzebruch の符号数定理はこのようにして示される性質の代表的な例である.

また，多様体上に複素構造などの幾何学的構造が与えられているとき，それに伴ってやはり楕円型微分作用素が与えられ，その指数が幾何学的意味をもつ場合がある．閉複素多様体に対する Riemann–Roch–Hirzebruch の定理は，このように示すことができる.

複素多様体の族に対する Riemann–Roch–Hirzebruch の定理も同様に示される．実は，Atiyah–Singer による楕円型作用素の族に対する指数定理に先立って，Grothendieck が，代数幾何のカテゴリーで(任意の標数に対して) Riemann–Roch–Grothendieck の定理を既に示していた.「族」の概念はファイバー束によって定式化されるが，Grothendieck は，必ずしもファイバー束の射影写像の形をしていない写像に対して，Riemann–Roch の定理の拡張を定式化した．歴史的には $K$ 群の概念はこのときはじめて，(代数幾何の文脈で)現われたのである.

### (f)　$K$ 群との関係

Fredholm 作用素の族の指数を定義する過程で $K$ 群の概念が自然に現われたことを思い出そう．

一方，上に言及した指数定理の証明の各ステップにおいても，$K$ 群の概念は適切な「言葉」となっていることがわかる．

この2つは独立ではない．両者をあわせて考えることもできる．両者をあわせ統合して考えることが相応しいような多様体のカテゴリーがある，というほうがむしろ適切かもしれない．ちょうど Riemann–Roch–Grothendieck の定理が，代数多様体のカテゴリーにぴったりそぐうように．

そもそも多様体上の Dirac 型作用素はどのようにして与えられるのだろうか．1つ Dirac 型作用素があると，これに(主表象のレベルで)任意のベクトル束をテンソルすることによって，新しく Dirac 型作用素をつくることができる．

- もし，多様体 $X$ 上に，いわば単位となる Dirac 型作用素があったとすれば，すべての Dirac 型作用素は(主表象のレベルでは)このようにして得られるであろう．このような「単位」が存在するとき，$X$ は $Spin^c$ 構造をもつとよばれる．たとえば複素多様体は $Spin^c$ 構造をもつ．
- あるいは，Hirzebruch の符号数定理に登場する Dirac 型作用素は，向きのある偶数次元の多様体であれば，常に定義される．これは「単位」ではないが，これにベクトル束をテンソルして得られる Dirac 型作用素の全体をひとまとまりのものと考えることはできる．

上の2つのカテゴリーの各々において，そこに属する多様体には，いわばその上の任意のベクトル束から Dirac 型作用素を拵える機構が付与されている．

各々のカテゴリーにおいて，そこに属する多様体 $X,Y$ の間の固有連続写像 $\phi\colon X\to Y$ が与えられたとしよう．$\phi$ は，埋め込み写像と射影写像との合成として書くことができる．たとえば，$X$ と $\phi$ のグラフを同一視することにより，$\phi$ は，$X$ から $X\times Y$ への埋め込み写像と $X\times Y$ から $Y$ への射影写像との合成として表わされる．埋め込み写像は，指数定理の証明に現われる．

射影写像は，族の指数を考えるときに現われる．このことをヒントにしながらベクトル束から Dirac 作用素を拵える機構を利用すると，上のカテゴリーにおいては，いずれの写像も $K$ 群の間の写像を引き起こす．それらを合成することにより，$\phi_!\colon K(X) \to K(Y)$ が得られる．この写像は $\phi$ を埋め込みと射影写像の合成として表わすやり方に依存しない．上の各々のカテゴリーにおいて $K$ 群の間の基本的な写像と考えられる．

この $\phi_!$ を位相的に記述することが，Riemann–Roch–Grothendieck の定理の微分トポロジー版であり，Atiyah–Hirzebruch によってなされた[*6]．

$K$ 群を用いた指数定理の定式化は，$X$ 上の任意のベクトル束を，$X$ でパラメータ表示される何らかの族の指数として表示される $K$ 群の要素とみなす見方に誘う．無限次元の対象の有限次元近似として，目に見えるベクトル束が現われているのだというように．

こう思うとき，Bott の周期性定理の証明は難しくない．Atiyah は「補助場」として超対称調和振動子を用いると，族の指数のもつ自然な性質から Bott 周期性が自然に出てくることを示した．

族の指数は，de Rham コホモロジーとの類比でいえば「ファイバーに沿った積分」によく似ている．実際，$K$ 群を次数付の対象として拡張することによって，一般コホモロジー理論を構成できる．そこでは固有連続写像 $\phi$ に伴う $K$ 群間の写像 $\phi_!$ は，Gysin 写像として捉えられる．

$K$ 群から一般コホモロジーを構成する際の要になるのは $K$ 群の Thom 同型定理である．これは Bott の周期性定理の拡張であり，証明も同様になされる．

### (g) 楕円型作用素の指数の位置づけ

前節のように $K$ 群の言葉で記述すると，指数定理にまつわる一連の理論は，カテゴリーとしても閉じた世界を作っている．

しかし，一方では，楕円型線形作用素の指数の概念は，少なくとも次の 2

---

*6　Atiyah–Hirzebruch は，微分作用素を必ずしも伴わない，より一般の場合に，位相的に $K$ 群間の写像を $\mathbb{Q}$ 上で構成した．

つの方向への最初のステップと見ることもできる.

（1）　§1.1(d)で述べたような高次の量.

（2）　非線形作用素に対する考察.

前者では$K$群のような，位相的な安定ホモトピー類全体を考えるのでは足りない.

後者は，4次元以下の幾何との関連で自明でない例がいくつか知られている．そこでは，(族に対する)指数定理は基本的な道具として使われている．それらの非線形理論は「局所性」に対応する性質をももっている(Floer 理論).

楕円型線形作用素の指数の概念は，前者との対比では「位相性」に特徴があり，後者との対比では「線形性」に特徴がある.

上の2つを合わせたような，非線形微分方程式と関連し，しかもトポロジーを超えるような高次の量を，何らかの正則化の手続きを経て定義することは，挑戦的な問題である．それは単なる一問題に留まらず，私たちが，現に存在する幾何学的現象を深く理解しようとするとき，その枠組みとして強く要求されているように思われる.

## §1.3　1次元の場合

1次元多様体に対する指数定理を説明する．この場合，常微分方程式は，初期値を与えると解が一意に定まるという意味で解けるので，それを用いると指数定理の証明は線形代数に帰着する.

高次元では，多様体がいかようにも曲がりうるので，初期値問題についての解の一意存在を用いて指数定理にアプローチすることは到底のぞめない．その場合には，解でないもの(具体的には0以外の固有値に対する固有関数など)にまで考察を広げることによって初めて変形不変な指数を捉えられるのである.

高次元の場合と比べると，1次元での議論は1次元の特殊事情にあまりに頼っているため，指数定理の例示としては意味があるかもしれないが，一般論として空疎に思われるかもしれない.

しかし，多様体 $X$ が $X=Z\times\mathbb{R}$ あるいは $X=Z\times S^1$ という形をしているとき(そして $Z$ が閉多様体であるか，そうでなくとも適当な無限遠での条件が付与されているとき)，$X$ 上の1階線形微分方程式は，無限次の行列を係数とする常微分方程式と見立てることが可能である.

このようなとき，常微分方程式に対する議論は，これらの場合を考察するための良いモデルを与えてくれる．本書では，これについて詳しく述べる余裕はないが，常微分方程式を用いた「おもちゃのモデル」だけ，ここで述べておく[*7].

さて，1次元の連結な多様体には，$\mathbb{R}$ と $S^1$ とがある.

## (a)　$S^1$ 上の指数定理

$A\colon \mathbb{R}\to \mathrm{M}_r(\mathbb{C})$ を，$r$ 次複素正方行列に値をとる滑らかな写像とする．ただし，$A(x)$ は，周期 $R$ をもつとする：$A(x+R)=A(x)$. $f(x), g(x)$ を $\mathbb{C}^r$ 値の周期 $R$ の関数として，2つの線形微分方程式

$$\frac{df(x)}{dx}+A(x)f(x)=0, \tag{1.1}$$

$$-\frac{dg(x)}{dx}+A(x)^*g(x)=0 \tag{1.2}$$

を考える．$A(x)^*$ は，$A(x)$ の随伴行列である．事実上，$S^1=[0,R]/(0\sim R)$ の上で微分方程式を考えていることになる.

周期性を要求しなければ，ある点における初期値を与えれば，解は一意に存在する．よって，周期解全体の次元は多くても $r$ である．$A(x)$ をいろいろ動かすと，それにともなって周期解全体の次元は0から $r$ までいろいろ変わる.

この場合，指数定理とは，次の定理である.

**定理 1.14** ($S^1$ 上の指数定理)　2つの微分方程式の周期解全体の次元は等

---

*7　1つ次元を上げると，$S^1\times\mathbb{R}$ あるいは $\mathbb{R}\times\mathbb{R}$ 上の微分方程式をおもちゃのモデルとする吉田朋好氏の理論があり，Floer ホモロジーの研究に使われた.

しい. □

これを示す前に，微分方程式の解が周期的であるための条件を考えよう．第一の方程式を $(\nabla+A)f=0$ と略記する．これを $[0,R]$ で解くと，$x=0$ における任意の初期値 $f(0)=v_0$ に対して $x=R$ での解の値 $f(R)=v_1$ を対応させる線形写像 $\phi\colon \mathbb{C}^r \to \mathbb{C}^r$, $\phi(v_0)=v_1$ を定義できる．周期解は，$\phi$ で不変なベクトルと対応している．

同様に，第二の方程式 $(-\nabla+A^*)g=0$ から，線形写像 $\psi\colon \mathbb{C}^r \to \mathbb{C}^r$ を得る．周期解は，$\psi$ で不変なベクトルと対応している．

従って，もし，$\phi$ と $\psi^{-1}$ が互いの随伴写像であることが示されるなら，これから定理が従う．以下，これを示そう．そのためには，2つの微分方程式の間のなんらかの関係を使わなくてはならない．2つの微分作用素 $\nabla+A$ と $-\nabla+A^*$ とは，互いに**形式的共役**(formal adjoint)である．

形式的共役作用素について復習しよう．

$\mathbb{C}^r$ の Hermite 内積 $\langle\cdot,\cdot\rangle$ を，$u=(u_1,u_2,\cdots,u_r)$, $v=(v_1,v_2,\cdots,v_r)$ に対して

$$\langle u,v\rangle=\sum_{i=1}^{r}u_i\bar{v}_i$$

によって定義する．すると，$\nabla+A$ と $-\nabla+A^*$ とが互いに形式的共役であるとは，今の場合ベクトル値関数 $f=f(x)$ と $g=g(x)$ に対して次の式が成り立つことをさしている．

$$\int_{x_0}^{x_1}\langle(\nabla+A)f,g\rangle dx-\int_{x_0}^{x_1}\langle f,(-\nabla+A^*)g\rangle dx$$
$$=\langle f(x_1),g(x_1)\rangle-\langle f(x_0),g(x_0)\rangle.$$

もし，$f$ あるいは $g$ が，$x=x_0,x_1$ において0であれば，右辺は0になる．また，今仮定しているように，$f$ と $g$ が周期 $R$ の関数であれば，

$$\int_0^R\langle(\nabla+A)f,g\rangle dx=\int_0^R\langle f,(-\nabla+A^*)g\rangle dx$$

が成立する．

形式的にこの式だけを見れば，Hermite 内積

$$(f_1, f_2) = \int_0^R \langle f_1, f_2 \rangle dx, \quad (g_1, g_2) = \int_0^R \langle g_1, g_2 \rangle dx$$

に関して，$\nabla + A$ と $-\nabla + A^*$ とが互いの随伴であることを表わしている．

$S^1$ 上の指数定理を証明しよう．

［証明］ $\mathbb{R}$ 上の $\mathbb{C}^r$ 値関数 $f, g$ が，$(\nabla + A)f = 0$, $(-\nabla + A^*)g = 0$ をみたすとすると，任意の $x_0, x_1$ に対して

$$\langle f(x_1), g(x_1) \rangle = \langle f(x_0), g(x_0) \rangle$$

が成立する．ここで $x_0 = 0$, $x_1 = R$ ととれば，これはそのまま $\phi$ と $\psi^{-1}$ が互いの随伴写像であることを意味している． ∎

## (b) $\mathbb{R}$ 上の指数定理

つぎに，同様の考察を $\mathbb{R}$ 上の微分方程式に対して行いたい．解としては，無限遠において 0 に収束するものを考えることにする．2 つの微分方程式 $(\nabla + A)f = 0$ と $(-\nabla + A^*)g = 0$ の解全体の次元を比べるのが目標である．その際，無限遠での挙動をきちんと見る必要がある．

$A \colon \mathbb{R} \to \mathrm{M}_r(\mathbb{C})$ を，$r$ 次複素正方行列に値をとる滑らかな写像とする．ただし，2 つの $r$ 次複素正方行列 $A_0, A_1$ に対して

$$A(x) = \begin{cases} A_0 & (x \leqq R_0) \\ A_1 & (x \geqq R_1) \end{cases}$$

をみたすと仮定する．このときベクトル値関数 $f(x)$ に対する常微分方程式

$$\frac{df(x)}{dx} + A(x)f(x) = 0$$

を考えよう．ただし，$f \colon \mathbb{R} \to \mathbb{C}^r$ は，$r$ 次元の複素ベクトルに値をもつ関数である．ある点における初期値を与えれば，解は一意に存在するので，この微分方程式のすべての解全体は，$r$ 次元の複素線形空間をなす．しかし今は，$x$ の絶対値が大きいとき 0 に収束する解のみを考えるのであった．

そのような解全体のなすベクトル空間を

$$\mathrm{Ker}(\nabla+A)=\left\{f(x)\,\middle|\,\frac{df(x)}{dx}+A(x)f(x)=0,\ \lim_{x\to\pm\infty}f(x)=0\right\}$$

と書くことにしよう．ここで $\nabla=\dfrac{d}{dx}$，$A=A(x)$ の意である．$A(x)$ をコンパクト領域 $-R\leqq x\leqq R$ で動かすと，このベクトル空間の次元はそれに伴って変わり得る．

ここで，もう1つ別の常微分方程式

$$-\frac{dg(x)}{dx}+A^*(x)g(x)=0$$

を考えよう．ただし，$g(x)$ は $\mathbb{C}^r$ 値関数である．そして，

$$\mathrm{Ker}(-\nabla+A^*)=\left\{g(x)\,\middle|\,-\frac{dg(x)}{dx}+A^*(x)g(x)=0,\ \lim_{x\to\pm\infty}g(x)=0\right\}$$

とおく．このベクトル空間の次元も，$A^*(x)$ を動かすと，あるいは同じことであるが $A(x)$ を動かすと，変わり得る．

しかし，注目すべきことには，$\mathrm{Ker}(\nabla+A)$ の次元と $\mathrm{Ker}(-\nabla+A^*)$ の次元との差をとると，この差は $A(x)$ を動かしても変化しないことを示せる．より精密に，次が成立する．

**定理 1.15**（$\mathbb{R}$ 上の指数定理）　$A_0, A_1$ が，実部が0の固有値をもたないとすると，

$$\dim\mathrm{Ker}(\nabla+A)-\dim\mathrm{Ker}(-\nabla+A^*)=\frac{\mathrm{sign}(A_1)}{2}-\frac{\mathrm{sign}(A_0)}{2}.$$

ただし，一般に，正方行列 $B$ に対して $\mathrm{sign}(B)$ とは，$B$ の実部が正の固有値の数から実部が負の固有値の数を引いたものである．　□

右辺は $A_0$ と $A_1$ のみにしか依存していない．左辺の解の次元の差が「$\nabla+A$ の指数」である．

証明は容易なので省略する．

**注意 1.16**　先に注意したように，多様体 $X$ が $X=Z\times\mathbb{R}$ という形をしている場合に，$X$ 上の1階微分方程式の考察のある部分は，常微分方程式をモデルとすることができる．今の場合，sign を用いて指数を表わす上の公式は，§1.1(d)に言及した，$\eta$ 不変量を用いて指数を表わす Atiyah–Patodi–Singer 理論に対する，

「おもちゃのモデル」である．これ以上の説明は，本書の範囲を超える．

### (c)　作用がある場合の $\mathbb{R}$ 上の指数定理

$r$ 次の Hermite 行列 $T$ を固定する．$A(x)$ を $\mathbb{R}$ 上の $r$ 次複素行列に値をとる滑らかな写像とする．$x \leqq R_0$, $x \geqq R_1$ で各々一定の値 $A_0$, $A_1$ をとるとする．以前と同様に，これらは実部が 0 である固有値をもたないとしよう．さらに，$TA(-x) = -A(x)T$ をみたすと仮定する．とくに $TA_0 = -A_1T$ である．線形写像 $f(x) \mapsto Tf(-x)$, $g(x) \mapsto -T^*g(-x)$ を $\tau_V, \tau_W$ と書くと，$T = T^*$ なので，$\tau_W(\nabla + A) = (\nabla + A)\tau_V$,　$\tau_V(-\nabla + A^*) = (-\nabla + A^*)\tau_W$ が成立する．$\mathrm{Ker}(\nabla + A)$, $\mathrm{Ker}(-\nabla + A^*)$ は，これまでと同様，無限遠で 0 に収束する解の空間とする．これらの解空間は，各々 $\tau_V, \tau_W$ によって保たれている．

**定理 1.17**（作用がある場合の $\mathbb{R}$ 上の指数定理）

$$\mathrm{trace}(\tau_V | \mathrm{Ker}(\nabla + A)) - \mathrm{trace}(\tau_W | \mathrm{Ker}(-\nabla + A^*)) = \mathrm{trace}\, T. \qquad \square$$

上の定理は $\mathbb{R}$ 上のものであるが，$S^1$ 上でも類似の定理が成立する．詳しくは読者に委ねよう．

**問 1**　$S^1$ 上で，作用のある場合の指数定理を定式化し，証明せよ．（答はひと通りではない．）

### (d)　1 次元の mod 2 指数定理

$A(x)$ を（$\mathbb{C}$ 上の）$r$ 次反対称行列に値をとる滑らかな写像とする．$\mathbb{C}^r$ 値関数 $f(x)$ に対して，微分方程式 $(\nabla + A)f = 0$ を考える．

（1）　$S^1$ 上の場合．$R > 0$ と，$r$ 次の複素直交行列 $O$ を固定する．$A(x)$, $f(x)$ については，ねじれた周期性

$$A(x + R) = OA(x)O^{-1}, \quad f(x + R) = Of(x)$$

を仮定する．$f$ は，$O$ でひねって作られる $S^1 = \mathbb{R}/\mathbb{Z}R$ 上のベクトル束の切断と考えられる．

（2）　$\mathbb{R}$ 上の場合．2 つの実数 $R_0 < R_1$ と反対称行列 $A_0, A_1$ を固定する．ただし，$A_0, A_1$ の固有値は，実部が 0 でないと仮定する．このようなも

のが存在するのは $r$ が偶数のときである．$A(x)$ としては $x \leqq R_0$, $x \geqq R_1$ で各々一定の値 $A_0, A_1$ をとるものを考える．$f(x)$ としては $|x| \to \infty$ で 0 に収束するものを考える．

このとき次が成立する(証明は，前節の考察に倣って，線形代数へ帰着される)．

**定理 1.18**

(1)　$S^1$ 上の場合．$\epsilon = 0, 1$ を $\det O = (-1)^\epsilon$ によって定めるとき，

$$\dim \mathrm{Ker}(\nabla + A) \equiv r + \epsilon \qquad (\mathrm{mod}\, 2)\,.$$

(2)　$\mathbb{R}$ 上の場合．$\epsilon = 0, 1$ を

$$\frac{(\text{実部が正の}\ A_0\ \text{の固有値全体の積})}{\mathrm{Pf}(A_0)} = (-1)^\epsilon \frac{(\text{実部が正の}\ A_1\ \text{の固有値全体の積})}{\mathrm{Pf}(A_1)}$$

によって定める．ただし，Pf は，反対称行列のパッフィアンを表わす．このとき

$$\dim \mathrm{Ker}(\nabla + A) \equiv \epsilon \qquad (\mathrm{mod}\, 2)\,.$$

□

(なお，先に定義した整数値をとる普通の指数は，いずれの場合も 0 になる．)

**注意 1.19**　反対称行列について説明を補足しておこう．$C$ が反対称行列のとき，$\mathrm{Pf}(C)$ は，自乗すると $\det(C)$ になる．一方，もし，$C$ が実部が 0 の固有値をもたなければ，実部が正の固有値全体の積は，自乗すると $(-1)^{r/2}\det(C)$ になる．よって自乗をとる前の比は $\pm(\sqrt{-1})^{r/2}$ のいずれかになる．$C$ を複素直交行列 $O$ で共役をとると，この比の値は，$\det O$ 倍になる．

これは，実部が 0 の固有値をもたない反対称行列全体が，2 つに分類されることを意味している[*8]．

**問 2**　定理 1.18 を示せ．

---

*8　2 つの極大等方的部分空間の交叉の仕方と関連する．

《要約》

**1.1**　Fredholm 作用素の指数は，Ker と Coker の次元の差として定義される．$\mathbb{Z}_2$ 次数付ベクトル空間の次数 1 の Fredholm な Hermite 変換に対して指数を定式化することもできる．

**1.2**　指数は変形不変な量である．変形不変な量としての指数の変種が何通りかある．とくに，Fredholm 作用素の族に対して指数が定義され，$K$ 群に値をとる．

**1.3**　(閉)多様体上の楕円型線形微分作用素は Fredholm であり，その指数は，ある種の局所性をもつ．

**1.4**　その局所性は，量子力学に現われる考え方を使って解釈することができる．逆に，量子力学におけるある種の議論を，数学的に正当化できるといってもよい．

# 2 多様体，ベクトル束，楕円型複体

本書では，多様体，ベクトル束についての基本事項は仮定するが，後の章で特に必要なことだけ本章でまとめておく．

§2.1では微分形式の積分を復習する．これは第7章までは用いられないが，第6章での指数の考察と平行する命題がいくつかあるので，見通しをよくするためにはじめに述べておく．「平行する命題」の意味は，第9章で$K$群を導入したときに明瞭になるであろう．

§2.2では，任意の多様体が無限次元のEuclid空間へ埋め込めること，任意のベクトル束が，無限階数の自明なベクトル束に埋め込めること，を説明する．近似をとれば，有限次元のEuclid空間，あるいは有限階数の自明ベクトル束に埋め込めることになる．特に前者は指数定理の証明の1つのステップをなす．

§2.3ではClifford加群の概念を導入する．本書で対象とする楕円型作用素は，Clifford加群の上で定義されるDirac型の作用素である．§2.4では，幾何学的な量がDirac型の作用素と関連して現われる例を紹介する．

## §2.1 コンパクトな台をもつ微分形式とその積分

本書では，断らない限り，多様体としては微分可能な多様体，多様体上のファイバー束としては多様体をファイバーとする滑らかなファイバー束，ファイバー束の切断としては滑らかな切断を考える.

$n$ 次元多様体 $X$ の接束を $TX$ と書き，余接束を $T^*X$ と書く．$X$ 上の $k$ 次微分形式とは $\bigwedge^k T^*X$ の切断のことであった．$k$ 次微分形式の全体を $\Omega^k(X)$ と書く.

すべての次数について直和したものを

$$\Omega^\bullet(X) = \sum_{k=0}^{n} \Omega^k(X)$$

とおく．外微分 $d$ は $\Omega^\bullet(X)$ 上に作用し，次数を１つ増やす．このことを，$d$ は**次数１の作用素**であると言い表わす.

「$X$ 上の積分」の概念を導入したい．そのためには,「コンパクトな台をもつ微分形式」と「向きの局所系」が必要である.

微分形式 $\omega$ の**台** $\operatorname{supp}\omega$ とは，$\omega$ が $0$ でない点全体の閉包のことである．コンパクトな台をもつ $k$ 次微分形式の全体を $\Omega_c^k(X)$ と書き，すべての次数について直和したものを $\Omega_c^\bullet(X)$ と書く．外微分は $\Omega_c^\bullet(X)$ を保つ.

**局所系**(local system)とは，貼り合わせ写像が局所定数であるようなベクトル束のことである．すなわち，$X$ 上の階数 $r$ のベクトル束 $\theta$ が，$X$ の開被覆 $\{U_\alpha\}$ と貼り合わせ写像

$$g_{\alpha\beta}\colon\ U_\alpha \cap U_\beta \to GL_r(\mathbb{R})$$

で定義され，すべての $g_{\alpha\beta}$ が局所定数(各連結成分上で一定の値をとること)であるとき，$\theta$ を局所系とよぶ．ただし，$g_{\alpha\beta}$ は $U_\alpha$ 上で $g_{\alpha\alpha}=I_r$，$U_\alpha \cap U_\beta \cap U_\gamma$ 上で $g_{\alpha\beta}g_{\beta\gamma}g_{\gamma\alpha}=I_r$ をみたす．**局所系 $\theta$ を係数にもつ $k$ 次微分形式**とは，$\theta\otimes\bigwedge^k T^*X$ の切断のことであり，その全体を $\Omega^k(X,\theta)$ と書く．外微分 $d$ は $\Omega^\bullet(X,\theta)$ 上に自然に拡張される.

局所系の代表的なものは**向きの局所系**である．$X$ の開被覆 $\{U_\alpha\}$ と座標 $f_\alpha\colon U_\alpha \to \mathbb{R}^n$ が与えられたとき，合成 $f_\alpha \circ f_\beta^{-1}$ の Jacobi 行列式の符号の正負に応じて $\{\pm 1\}$ に値をもつものとして，$U_\alpha \cap U_\beta$ 上の局所定数関数を定義する．これから定まる階数１の局所系が向きの局所系である．本書では $\theta_X$ と表わそう.

このとき，$X$ 上の積分

$$\int_X : \Omega_c^n(X, \theta_X) \to \mathbb{R}$$

を定義することができる.

積分操作を少し一般化しておく. $\pi_F \colon F \to X$ を $X$ 上のファイバー束とする. $F$ の各ファイバー上の向きの局所系をすべてのファイバーにわたって束ねたものは, 自然に $F$ 上の局所系を定義する. これを「ファイバーに沿った向きの局所系」とよび, $\theta_{\pi_F}$ と書こう.

$F$ 上の微分形式であって, $F$ の各ファイバーと台との交わりがコンパクトになるものを,「ファイバーに沿ってコンパクトな台をもつ微分形式」とよび, その全体を $\Omega^\bullet_{\pi_F c}(F)$ と書こう. 局所系に係数をもつものも以前と同様に定義される.

このとき,「ファイバーに沿った積分」によって, 次数をファイバーの次元だけ減らす線形写像

$$\int_{\pi_F} : \Omega^\bullet_{\pi_F c}(F, \theta_{\pi_F}) \to \Omega^\bullet(X)$$

が定義される. $\theta$ を $X$ の任意の局所系とするとき, 同様に

$$\int_{\pi_F} : \Omega^\bullet_{\pi_F c}(F, \theta_{\pi_F} \otimes \pi_F^* \theta) \to \Omega^\bullet(X, \theta)$$

が定義される. 特に, $\theta$ が $X$ の向きの局所系 $\theta_X$ であるとき,

$$\theta_{\pi_F} \otimes \pi_F^* \theta_X \cong \theta_F$$

に注意すると,

$$\int_{\pi_F} : \Omega^\bullet_{\pi_F c}(F, \theta_F) \to \Omega^\bullet(X, \theta_X)$$

を得る. 特に $F$ 上のコンパクトな台をもつものを考えると, ファイバーに沿って積分した結果も $X$ 上コンパクトな台をもつ. このとき合成

$$\Omega_c^\bullet(F, \theta_F) \xrightarrow{\int_{\pi_F}} \Omega_c^\bullet(X, \theta_X) \xrightarrow{\int_X} \mathbb{R}$$

は, $F$ 上の積分と一致する. むしろ, 論理的な順序としては, ($X$ の任意の部分多様体に制限したときも) この性質が成立するような操作として「ファ

イバーに沿った積分」が定義され，しかる後に存在と一意性が示される．

以下，コンパクトな台をもつ微分形式に関する基本的な２つの操作があることに注意しておこう．

**注意 2.1**　第６章で指数定理の証明を行うとき，この２つの操作と平行した操作が鍵となる．

第一の操作は次のものである．$X$ の開集合 $U$ と $X$ 上の局所系 $\theta$ に対して，$\theta$ の $U$ への制限を $\theta|U$ と書くことにすると，($U$ の外へ０で延長することにより)自然な写像

$$i_!\colon\ \Omega_c^\bullet(U,\theta|U)\to\Omega_c^\bullet(X,\theta)$$

が定義される．ここで，$i$ は $U$ から $X$ への埋め込み写像の意である．特に $\theta$ として $X$ の向きの局所系をとるとき，$i_!$ は積分をとる操作と可換である．

第二の操作は，以下に述べる外積である．

コンパクトな台をもたない２つの微分形式の積がコンパクトな台をもつ場合がある．本書に現われるのは次のような状況である．$\pi_F\colon F\to X$ がファイバー束であるとする．このとき，引き戻し $\pi_F^*\colon \Omega_c^\bullet(X)\to\Omega^\bullet(F)$ の像は，一般にはコンパクトな台をもたない．しかし，$\Omega_{\pi_F c}^\bullet(F)$ の要素との外積はコンパクトな台をもつ．

すなわち，引き戻しと外積によって

$$\Omega_{\pi_F c}^\bullet(F)\times\Omega_c^\bullet(X)\to\Omega_c^\bullet(F)$$

が得られる．同様にして

$$\Omega_{\pi_F c}^\bullet(F,\theta_{\pi_F})\times\Omega_c^\bullet(X,\theta_X)\to\Omega_c^\bullet(F,\theta_F)$$

が得られる．この積に関しては，$\Omega_c^\bullet(X,\theta_X)$ の要素 $\omega_0$ と $\Omega_{\pi_F c}^\bullet(F,\theta_{\pi_F})$ の要素 $\omega_1$ に対して

$$\int_{\pi_F}\omega_1\wedge(\pi_F^*\omega_0)=\left(\int_{\pi_F}\omega_1\right)\wedge\omega_0$$

が成立する．

## §2.2　多様体とベクトル束の自明な対象への埋め込み

任意の多様体 $X$ は十分次元の高い Euclid 空間へ埋め込むことができる．これについて説明しよう．

アイディアを形式的に述べると，(1) $X$ から無限次元の Euclid 空間への埋め込みを作り，(2) それを有限次元の Euclid 空間への写像で十分よく近似すれば，求める埋め込みが得られる，というものである．実際には，無限次元の Euclid 空間をあからさまに扱わずに求める埋め込みを構成することができる．

$C^\infty(X)$ を $X$ 上のすべての滑らかな関数とする．すると，(1)のアイディアは，これらの関数をすべて，座標とみなすことである．$C^\infty(X)$ の要素の個数だけ $\mathbb{R}$ を直積して得られる空間を $\mathrm{Map}(C^\infty(X),\mathbb{R})$ とおく．これはとてつもなく大きな空間である．すると，自然な写像

$$\iota\colon\ X \to \mathrm{Map}(C^\infty(X),\mathbb{R})$$

が得られる．無限次元の多様体を本格的に扱うためには，位相の入れ方をはじめいろいろな準備が必要になる．しかし，今は，アイディアの説明をしているだけであるからその必要はない．ただ，関数の微分を使うと，「座標」ごとに微分をとることによって，$\iota$ の微分にあたる写像

$$d\iota\colon\ TX \to \mathrm{Map}(C^\infty(X),T\mathbb{R})$$

が定義されることだけを使う．

上の自然な写像 $\iota$ が，埋め込みであることを形式的に説明しよう．すなわち，次のことを説明する．

（1）（はめ込みであること）$X$ 上の 0 でない接ベクトル $v$ は，$d\iota$ によって 0 でないベクトルに写る．

（2）（単射であること）$X$ の相異なる 2 点 $x_0, x_1$ は，$\iota$ によって相異なる 2 点に写る．

まず，はめ込みの条件(1)について．$v$ が 0 でない接ベクトルであるとき，滑らかな関数 $g$ であって，$g$ を $v$ 方向に微分した値が 0 でないものが存在する．これは，$d\iota(v)$ の，$g$ に対応する座標を見ると，0 でないことを意味する．

次に単射性の条件(2)について．$x_0, x_1$ が相異なる2点であるとき，滑らかな関数 $f$ であって，$f(x_0)$ と $f(x_1)$ が異なる値をとるものが存在する．これは，$\iota(x_0)$ と $\iota(x_1)$ とが，$f$ に対応する座標として異なる値をもつことを意味する．

$X$ が閉多様体であるときに，上のアイディアを用いて有限次元の Euclid 空間への埋め込みの存在を示そう．

**定理 2.2**　$X$ を閉多様体とする．このとき，$X$ は十分次元の高い有限次元の Euclid 空間の中に埋め込むことができる．

［証明］　まず，はめ込みの条件を考えよう．$X$ のすべての点におけるすべての接ベクトルの方向の可能性全体を集めた集合を $\mathbb{P}(TX)$ とおく．$\mathbb{P}(TX)$ の要素のことを「接線」とよぼう．$\mathbb{P}(TX)$ はコンパクト集合 $X$ を底空間とするファイバー束であり，ファイバーは実射影空間であってやはりコンパクトである．従って，$\mathbb{P}(TX)$ の全空間もコンパクトである．$X$ の各点 $x$ の各接線 $l$ に対して，$X$ 上の滑らかな関数 $f_l$ を適当にとると，$f_l$ の $x$ における $l$ 方向の微分は0でない．このとき $l$ の $\mathbb{P}(TX)$ 内の開近傍 $U_l$ が存在し，$U_l$ に属するすべての接線に対して，その方向の $f_l$ の微分は0でない．$\mathbb{P}(TX)$ のコンパクト性を用いて，このような有限個の開集合 $U_{l_1}, U_{l_2}, \cdots, U_{l_s}$ で全体を覆うとき，$F = (f_{l_1}, f_{l_2}, \cdots, f_{l_s})$ ははめ込みである．

次に，単射性を考えよう．上の $F$ は，はめ込みであるから，$X$ の各点 $x$ に対して，$x$ のある開近傍 $U_x$ に $F$ を制限すると単射である．$X \times X$ から開部分集合 $\bigcup_{x \in X} U_x \times U_x$ を除いた補集合 $K$ は，コンパクトである．$K$ の各点 $y = (x_0, x_1)$ に対して，$x_0$ と $x_1$ とは相異なる点である．$X$ 上の滑らかな関数 $f_y$ を適当にとると，$f_y(x_0)$ と $f_y(x_1)$ とは異なる．このとき，$y$ の $X \times X$ 内の開近傍 $U_y$ が存在して，$U_y$ の任意の要素 $(x'_0, x'_1)$ に対して $f_y(x'_0)$ と $f_y(x'_1)$ とは異なる．このような有限個の開部分集合 $U_{y_1}, U_{y_2}, \cdots, U_{y_u}$ でコンパクトな $K$ を覆うとき，$G = (f_{y_1}, f_{y_2}, \cdots, f_{y_u})$ とおけば，$(F, G) \colon X \to R^{s+u}$ が求める埋め込みを与えている．∎

**問1**　多様体 $X$ が，有限個の開集合で覆われ，各々の開集合が局所座標をもつとき，これらの局所座標と1の分割とを利用して $X$ を(有限次元の) Euclid 空間の中に具体的に埋め込んでみよ．

**注意 2.3**

(1)　上の説明では $\mathrm{Map}(C^\infty(X),\mathbb{R})$ を考えたが，$C^\infty(X)$ 自身がベクトル空間であることを考慮すると，もう少し小さな空間 $\mathrm{Hom}(C^\infty(X),\mathbb{R})$ を用いてもよい．

(2)　$X$ 上に複素直線束 $L$ が与えられたとしよう．$X$ 上の関数全体 $C^\infty(X)$ を使うかわりに，$L$ 上の(滑らかな)切断全体 $\Gamma(L)$ を使って，類似の議論ができる．$L$ の切断はそのままでは座標関数とはみなせない．しかし，複数の切断を同時に考えると，$X$ の各点で，それらの「比」は，定まった意味をもつ．すると無限次元複素射影空間 $\mathbb{P}(\mathrm{Hom}(\Gamma(L),\mathbb{C}))$ への埋め込みが得られ，有限次元近似をとれば，有限次元複素射影空間への埋め込みが作られる．このような構成を複素多様体のカテゴリーで行い，それに必要な，十分豊富な正則切断を $L$ がもつ条件を考察したのは小平邦彦であった．

(3)　複素射影空間に複素解析的に埋め込めるような複素多様体については，この埋め込みを利用して，Riemann–Roch の定理の拡張を証明することができる(Riemann–Roch–Hirzebruch の定理，あるいは Riemann–Roch–Grothendieck の定理)．本書で紹介する指数定理の証明は，それらの議論の微分位相幾何版とも理解できる．

閉多様体でなくとも，有限次元 Euclid 空間に閉部分多様体として埋め込めることが知られている．本書で必要なのは次の場合である．

**系 2.4**　$X$ が境界のあるコンパクトな多様体 $\bar{X}$ の内部であるとき，$X$ を有限次元 Euclid 空間に閉部分多様体として埋め込むことができる．

[証明]　$\bar{X}$ とそのコピーとを，境界で貼り合わせて得られる閉多様体を $\tilde{X}$ とおく($\bar{X}$ の**ダブル**とよばれる)．$\tilde{X}$ の有限次元 Euclid 空間への埋め込み $f_0\colon \tilde{X}\to\mathbb{R}^m$ をとる．$\bar{X}$ 上の非負の滑らかな関数 $f$ であって，境界上でのみ 0 をとるものをとる．このとき，$(f_0|X, f^{-1})\colon X\to\mathbb{R}^{m+1}$ が求める埋め込みを与えている．∎

ベクトル束に対しても類似の定理が成立する．変換関数が連続であるベクトル束を**連続なベクトル束**とよぶ．一般の位相空間上では，「滑らかさ」の概念が定義されていないので，連続なベクトル束しか定義されない．

**定理2.5**　コンパクト空間$K$上の連続なベクトル束$F$に対して，$K$上の連続ベクトル束$G$を適当にとると，$F\oplus G$は自明なベクトル束と同型になる．

［証明］　十分大きな整数$k$に対して，ベクトル束としての全射準同型$f\colon K\times\mathbb{C}^k\to F$が存在することをいえばよい．（そのとき$G=\mathrm{Ker}\,f$ととれる．）定理2.2の証明と同様のアイディアを用いる．すなわち，$F$の切断を十分たくさんとり，それらを$s_1,s_2,\cdots,s_k$とおくとき，$f(t_1,t_2,\cdots,t_k)=t_1s_1+t_2s_2+\cdots+t_ks_k$が全射であることを示せばよい．$F$の局所自明性と，1の分解を用いて，このような切断たちを作ることは容易である．読者にまかせよう．∎

$\mathbb{C}^N$の中の$r$次元部分空間全体を$Gr_r(\mathbb{C}^N)$と書き**Grassmann多様体**とよぶ．$Gr_r(\mathbb{C}^N)$は自然に多様体の構造をもち，$Gr_r(\mathbb{C}^N)$上には自然に階数$r$の滑らかなベクトル束$F_{r,N}$が存在する．定理2.5を言い換えると，次のようになる．

**命題2.6**　コンパクト空間$K$上に階数$r$の連続なベクトル束$F$が与えられたとき，十分大きな自然数$N$に対して$K$から$Gr_r(\mathbb{C}^N)$への連続写像が存在し，$F$は$F_{r,N}$の引き戻しと同型になる．□

$N_0<N_1$であるとき，自然な埋め込み$\mathbb{C}^{N_0}\to\mathbb{C}^{N_1}$から誘導される自然な埋め込み写像$Gr_r(\mathbb{C}^{N_0})\to Gr_r(\mathbb{C}^{N_1})$による帰納極限を$Gr_r(\mathbb{C}^\infty)$と書くことにする．この上には自然なベクトル束$F_{r,\infty}$が存在している．このとき，コンパクト集合上の階数$r$の連続ベクトル束は$Gr_r(\mathbb{C}^\infty)$へのある連続写像$F_{r,\infty}$の引き戻しと同型になる．その連続写像のホモトピー類が一意に定まることが知られている(証明も難しくない)．

**定義2.7**　$BU(r)=Gr_r(\mathbb{C}^\infty)$と書き，これを$U(r)$の**分類空間**(classifying space)とよぶ．コンパクト集合上の階数$r$の連続ベクトル束の同型類は，$BU(r)$への連続写像のホモトピー類によって分類される．□

コンパクト集合と同じホモトピー型をもつ多様体$X$上に連続なベクトル束が与えられたとしよう．命題2.6によりこれは$X$からあるGrassmann多様体$Gr_r(\mathbb{C}^N)$への連続写像による$F_{r,N}$の引き戻しと同型である．多様体間の連続写像は，滑らかな写像で近似することができ，2つの近似は滑らかな写像によるホモトピーで結ぶことができる．$X$ から $Gr_r(\mathbb{C}^N)$ への滑らかな写像による $F_{r,N}$ の引き戻しは滑らかである．これは，次のことを意味している．

**補題 2.8**　コンパクト集合と同じホモトピー型をもつ多様体上の連続なベクトル束には，滑らかなベクトル束としての構造が(ホモトピーを除いて)一意に入る． □

よって，多様体上では，ベクトル束が連続のカテゴリーで定義されているのか，滑らかなカテゴリーで定義されているのかを区別する必要はない．

## §2.3　Clifford 加群と Dirac 型作用素

### (a)　Clifford 代数とスピノル表現

$E$ を Eulcid 計量をもつ $n$ 次元実ベクトル空間とする．

**定義 2.9**　$E$ 上の **Clifford 代数**(Clifford algebra) $Cl(E)$ とは，$E$ から生成され，以下の関係式をみたす最も一般的な $\mathbb{R}$ 上の代数である：$E$ の要素 $u,v$ に対して

$$uv+vu=-2(u,v).$$

ここで，$(u,v)$ は $u$ と $v$ との内積である． □

とくに，$v^2=-|v|^2$ である．$E$ の1つの正規直交基底を $e_1,e_2,\cdots,e_n$ とおくと，$Cl(E)$ の基底は $i_1,i_2,\cdots,i_n=0,1$ に対して $\{e_1^{i_1}e_2^{i_2}\cdots e_n^{i_n}\}$ によって与えられるので，$Cl(E)$ の次元は $2^n$ である．とくに

$$\mathrm{vol}=e_1e_2\cdots e_n$$

によって定義される vol は，基底を $SO(n)$ の要素で入れ替えても不変であり，$E$ の向きだけに依存して定まる．向きを逆にすると vol の符号は逆になる．よって，$E$ に向きを指定しない場合には，vol は符号を除いて一意に定まる $Cl(E)$ の要素である．

また，$Cl(E)$ の関係式は $E$ の要素を偶数個掛けたものの一次結合から成っているので，$E$ の要素偶数個の積の一次結合の全体を $Cl^0(E)$，奇数個の積

の一次結合の全体を $Cl^1(E)$ とおくと，両者の交わりは $\{0\}$ であり，直和分解

$$Cl(E) = Cl^0(E) \oplus Cl^1(E)$$

を得る．添数 $0,1$ を $\mathbb{Z}_2$ の要素とみなし，これを**次数**(degree)とよぶと，$Cl(E)$ の積は，次の意味で次数を保っている．

$$Cl^i(E) \otimes Cl^j(E) \to Cl^{i+j}(E)\,.$$

すなわち，$Cl(E)$ は $\mathbb{Z}_2$ 次数付 $\mathbb{R}$ 代数の構造をもつ．

### Clifford 代数のユニタリ表現

Clifford 代数の定義中のマイナス記号は次の定義に意味をもたせるためである．

**定義 2.10**　Clifford 代数 $Cl(E)$ の**ユニタリ表現**とは，Hermite 計量をもつ複素ベクトル空間 $R$ と実線形写像 $c_R\colon E \to \mathrm{End}_{\mathbb{C}}\, R$ との組 $(R, c_R)$ であって，次の条件をみたすものである．

- $c_R$ は $\mathbb{R}$ 代数としての準同型 $Cl(E) \to \mathrm{End}_{\mathbb{C}}\, R$ に拡張される．
- $E$ の各要素 $v$ に対して $c_R(v)$ は歪 Hermite(skew-hermitian)である．　□

$c_R$ を $R$ 上の **Clifford 積**(Clifford multiplication)という．$\mathbb{R}$ 代数としての準同型 $Cl(E) \to \mathrm{End}_{\mathbb{C}}\, R$ のことも $c_R$ と書くことがある．

ユニタリ表現が既約であるとは，自明でない部分表現を含まないこととして定義する．

**定理 2.11**

（1）　$n=2m$ のとき，$Cl(E)$ は唯一の既約ユニタリ表現をもつ．その次元は $2^m$ である．

（2）　$n=2m+1$ のとき，$Cl(E)$ は 2 つの既約ユニタリ表現をもつ．それらの次元は $2^m$ である．それらは，vol の作用が $\pm(\sqrt{-1})^{m+1}$ のいずれであるかによって区別される．(すなわち，$E$ の向きの選び方と対応して 2 個ある．)

［証明］　方針のみ述べる．$\{\pm e_1^{i_1} e_2^{i_2} \cdots e_n^{i_n}\}$ が乗法に関してなす位数 $2^{n+1}$ の有限群を $G$ とおく．$Cl(E)$ のユニタリ表現とは，$G$ のユニタリ表現であっ

て，$-1$ の作用が $-1$ 倍であるものと一致する．よって，$G$ の既約ユニタリ表現の分類に帰着できる．$G$ の中心は $n$ が偶数なら $\{\pm 1\}$ である．$n=2m+1$ が奇数なら $\{\pm 1, \pm \mathrm{vol}\}$ であり，$\mathrm{vol}^2=(-1)^{m+1}$ となる．中心以外の要素 $e$ に対して，$e$ と共役であるのは $\pm e$ のみであるから，共役類の個数は，$n$ が偶数なら $(2^{n+1}-2)/2+2=2^n+1$ であり，$n$ が奇数なら $(2^{n+1}-4)/2+4=2^n+2$ である．これは，既約ユニタリ表現の個数と一致する．$G/\{\pm 1\}$ が位数 $2^n$ の可換群であることから，このうち $2^n$ 個は $-1$ の作用が自明であるような1次元表現である．よって求める表現の個数は，$n$ が偶数なら1個であり，$n$ が奇数なら2個である．$n$ が奇数のときには，$e_i \mapsto -e_i$ から誘導される $G$ の外部自己同型によって，2つの既約表現は互いに写り合う．よって，特に同じ次元をもち，vol の作用は符号だけ異なる．また，すべての既約表現の次元の自乗の和が $G$ の位数と一致することから，これらの既約表現の次元が計算される．∎

$E$ が Euclid 計量をもつ，より大きなベクトル空間 $\tilde{E}$ の部分ベクトル空間であるとき，$Cl(\tilde{E})$ のユニタリ表現 $\tilde{R}$ は，作用の制限によって，$Cl(E)$ のユニタリ表現 $R$ ともみなすことができる．このとき $R$ は $Cl(\tilde{E})$ の構造に由来する余分な構造をもっている．これについて次に述べよう．まず,「余分な構造」を次の定義の $H(R)$ として理解しよう．

**定義 2.12**　$Cl(E)$ のユニタリ表現 $R$ に対して $R$ 上の Hermite 変換全体を $\mathrm{Herm}\, R$ とおく．また，すべての $E$ の要素 $v$ に対して $c_R(v)$ と反可換であるような $\mathrm{Herm}\, R$ の要素 $h$ の全体を $H(R)$ とおく：$c_R(v)h+hc_R(v)=0$．□

$\tilde{E}$ の中での $E$ の直交補空間を $E'$ とおく．このとき，

- $E'$ の要素 $v'$ に対して $\sqrt{-1}\, c_{\tilde{R}}(v')$ は $H(R)$ に属する．
- 特に，$E'=\mathbb{R}e_0$ であるとき，$\epsilon_R=\sqrt{-1}\, c_{\tilde{R}}(e_0)$ とおくと，$\epsilon_R$ は Hermite かつユニタリであり，$\epsilon_R^2=1$ をみたす．

つまり，$Cl(E)$ のユニタリ表現 $R$ が与えられたとき，$R$ が，$E$ を真に含むある $\tilde{E}$ に対する $Cl(\tilde{E})$ の表現の制限から得られるものと理解できるかどうかは，$H(R)$ がどれくらい大きいかによってある程度測ることができる．

また，$\tilde{E}=\mathbb{R}e_0 \oplus E$ であるとき，$Cl(\tilde{E})$ のユニタリ表現の制限として得ら

れる $R$ は，$\epsilon_R$ の作用による固有分解によって，Clifford 積と両立するような $\mathbb{Z}_2$ 次数付の構造をもつ．

あとで指数定理の定式化と関連して実際に用いるのは，この $\mathbb{Z}_2$ 次数付のユニタリ表現である．

まず，$\mathbb{Z}_2$ 次数付ベクトル空間の概念を思い出しておこう．

**定義 2.13**

（1）　$E$ が $\mathbb{Z}_2$ **次数付ベクトル空間**であるとは，$\mathrm{End}\, E$ の要素 $\epsilon_E$ であって $\epsilon_E^2 = \mathrm{id}_E$ となるものが与えられていることである．$\epsilon_E$ の固有値 1 および $-1$ に対応する固有空間を各々 $E^0, E^1$ と書くことにする．すると，$\epsilon_E$ を与えることと直和分解 $E = E^0 \oplus E^1$ を与えることとは同等である．ここで，添数 $0, 1$ は $\mathbb{Z}_2$ の要素と考え，**次数**とよぶ．$E^k$ の要素 $a$ に対して $a$ の次数 $k$ を $k = \deg a$ と書く．

（2）　$E$ が $\mathbb{Z}_2$ **次数付 Hermite ベクトル空間**であるとは，$E$ 上に $\epsilon_E$ によって保たれる Hermite 計量が与えられていることである．このとき，$\epsilon_E$ はユニタリかつ Hermite である．この条件は，$E^0$ と $E^1$ とに各々 Hermite 計量が与えられることと同等である．

（3）　$E = E^0 \oplus E^1$ と $F = F^0 \oplus F^1$ が $\mathbb{Z}_2$ 次数付ベクトル空間であるとき，$E \oplus F$, $E \otimes F$, $\mathrm{Hom}(E, F)$ を，各々 $\epsilon_E \oplus \epsilon_F$, $\epsilon_E \otimes \epsilon_F$ および $f \mapsto \epsilon_F f \epsilon_E$ によって $\mathbb{Z}_2$ 次数付ベクトル空間とみなす．言い換えると，次の分解によって $\mathbb{Z}_2$ 次数付ベクトル空間とみなす．

$$\begin{aligned}
E \oplus F &= (E^0 \oplus F^0) \oplus (E^1 \oplus F^1), \\
E \otimes F &= (E^0 \otimes F^0 \oplus E^1 \otimes F^1) \oplus (E^0 \otimes F^1 \oplus E^1 \otimes F^0), \\
\mathrm{Hom}(E, F) &= (\mathrm{Hom}(E^0, F^0) \oplus \mathrm{Hom}(E^1, F^1)) \\
&\qquad \oplus (\mathrm{Hom}(E^0, F^1) \oplus \mathrm{Hom}(E^1, F^0)).
\end{aligned}$$

□

Clifford 代数の表現が $\mathbb{Z}_2$ 次数付ユニタリ表現であるということを，改めて次のように定義できる．

**定義 2.14**　Clifford 代数 $Cl(E)$ の $\mathbb{Z}_2$ **次数付ユニタリ表現**とは，Hermite 計量をもつ $\mathbb{Z}_2$ 次数付複素ベクトル空間 $R$ と $\mathbb{R}$ 代数としての準同型 $c_R \colon Cl(E)$

$\to \mathrm{End}_{\mathbb{C}} R$ の組であって，$E$ の各要素 $v$ に対して $c_R(v)$ が次数 1 かつ歪 Hermite になるもののことである．□

$c_R(v)$ が次数 1 であるとは，$\epsilon_R$ と反可換であるといっても同じことである．あるいは $Cl(E)\otimes R\to R$ が $\mathbb{Z}_2$ 次数を保つといっても同じことである．すなわち，$R$ は，「$\mathbb{Z}_2$ 次数を保つ表現」である．

$\mathbb{Z}_2$ 次数付ユニタリ表現の次数 0 の部分と次数 1 の部分とは等しい次元をもつ．

$\mathbb{Z}_2$ 次数付ユニタリ表現が既約であるとは，自明でない，$\mathbb{Z}_2$ 次数付ユニタリ表現としての部分表現を含まないこととして定義する．

**定理 2.15**

(1) $n=2m$ のとき，$Cl(E)$ は 2 つの既約な $\mathbb{Z}_2$ 次数付ユニタリ表現をもつ．それらの次元は $2^m$ である．それらは，vol の作用が $\pm(\sqrt{-1})^m\epsilon_R$ のいずれに一致するかによって区別される．(すなわち，$E$ の向きの選び方と対応して 2 個あり，両者は次数の付け替えによって写り合う．)

(2) $n=2m-1$ のとき，$Cl(E)$ は唯一の既約な $\mathbb{Z}_2$ 次数付ユニタリ表現をもつ．その次元は $2^m$ である．

［証明］ $Cl(E)$ の $\mathbb{Z}_2$ 次数付ユニタリ表現は，$Cl(\mathbb{R}e_0\oplus E)$ のユニタリ表現と一対一に対応している．よって定理 2.11 に帰着される．■

$E$ の次元が偶数のとき，$Cl(E)$ は唯一の既約ユニタリ表現をもった．これと 2 つの $\mathbb{Z}_2$ 次数付既約ユニタリ表現との関係は，次のとおりである．

一般に，$E$ の次元が $2m$ であり，$Cl(E)$ の(既約とは限らない)ユニタリ表現 $R$ が与えられたとしよう．$E$ の向きを 1 つ固定する．正規直交基底 $(e_1, e_2, \cdots, e_{2m})$ がその向きを与えているとき，$\mathrm{vol}=e_1e_2\cdots e_{2m}$ は向きのみに依存する $Cl(E)$ の要素であった．$n=2m$ が偶数であるので vol は $E$ の要素と反可換である．$\mathrm{vol}^2=(-1)^m$ であり，vol の $R$ 上への作用の固有値は $\pm(\sqrt{-1})^m$ の可能性しかない．これから $(\sqrt{-1})^m\,\mathrm{vol}$ の Clifford 作用は $H(R)$ に属することがわかる．そして，vol の作用の固有分解によって $\mathbb{Z}_2$ 次数を定義することができる．2 つの固有空間のいずれを次数 0 とみなすかによって，2 通りの $\mathbb{Z}_2$ 次数付ユニタリ表現の構造が与えられる．

特に，$R$ として既約ユニタリ表現をとると，2 通りの $\mathbb{Z}_2$ 次数付既約ユニタリ表現を得る.

まとめておこう.

**補題 2.16**　$E$ に向きが与えられ，その次元 $n=2m$ が偶数であるとする. $Cl(E)$ のユニタリ表現 $R$ に対して，2 通りの $\mathbb{Z}_2$ 次数を $\epsilon_R=\pm(\sqrt{-1})^m \mathrm{vol}$ によって定義することができる. いずれの次数についても，$R$ は $Cl(E)$ の $\mathbb{Z}_2$ 次数付ユニタリ表現になる. $R$ が既約であるときには，$\mathbb{Z}_2$ 次数付ユニタリ表現の構造はこのようにして与えられるものに限る. □

$E$ の次元が奇数のときには，任意の $\mathbb{Z}_2$ 次数付ユニタリ表現に対して，vol の作用は $Cl(E)$ の作用と可換な次数 1 の同型である. 従って，次数の付け方を入れ換えて得られる $\mathbb{Z}_2$ 次数付ユニタリ表現は，もとの表現と同型になることがわかる.

$R$ が $Cl(E)$ の $\mathbb{Z}_2$ 次数付ユニタリ表現であるとき，$R$ が，$E$ を真に含むような $\tilde{E}$ の Clifford 代数に対する $\mathbb{Z}_2$ 次数付ユニタリ表現の構造を余分にもっているかどうかを見るために次のように $H_{\mathbb{Z}_2}(R)$ を定義する.

$$H_{\mathbb{Z}_2}(R)=\{\gamma\in H(R)\mid \gamma\epsilon_R+\epsilon_R\gamma=0\}.$$

すなわち，$R$ を $Cl(\mathbb{R}\oplus E)$ のユニタリ表現と思ったときの $H(R)$ が $H_{\mathbb{Z}_2}(R)$ である.

### ユニタリ表現の例

Clifford 代数の $\mathbb{Z}_2$ 次数付ユニタリ表現の例を挙げる.

まず，$Cl(E)$ の $\mathbb{Z}_2$ 次数付既約ユニタリ表現を，$E$ の次数が $1,2,4$ である場合に具体的に書いておこう. また，$E$ が複素構造をもつときに，外積代数を利用してユニタリ表現を構成する方法を与える.

**例 2.17**　$E=\mathbb{R}$, $R=\mathbb{C}\oplus\mathbb{C}$ $(R^0=R^1=\mathbb{C})$ に対して，実線形写像 $c_R\colon E\to \mathrm{End}\,R$ を

$$c_R(e_1)=\begin{pmatrix}0 & -1\\ 1 & 0\end{pmatrix}$$

によって定義する. ここで $e_1=1$ である. $R$ は $Cl(\mathbb{R})$ の既約な $\mathbb{Z}_2$ 次数付ユ

ニタリ表現となる．$\mathbb{Z}_2$ 次数付の構造を忘れると，既約ではない．このとき

$$H_{\mathbb{Z}_2}(R) = \mathbb{R}\begin{pmatrix} 0 & 1 \\ 1 & 0 \end{pmatrix}$$

である．

$c_R(v)$ が実行列からなるので，$R$ は $Cl(\mathbb{R})$ の $\mathbb{Z}_2$ 次数付実表現の複素化である．言い換えると $J\colon R \to R$ を $R = \mathbb{C}\oplus\mathbb{C}$ の複素共役写像とすると，$J$ は $J^2 = \mathrm{id}_R$ をみたす反線形変換であり，Clifford 積と $\epsilon_R$ の作用と可換である．□

**例 2.18** $E = \mathbb{R}^2$, $R = \mathbb{C}\oplus\mathbb{C}$ $(R^0 = R^1 = \mathbb{C})$ に対して，実線形写像 $c_R\colon E \to \mathrm{End}\, R$ を

$$c_R(e_1) = \begin{pmatrix} 0 & -1 \\ 1 & 0 \end{pmatrix}, \quad c_R(e_2) = \begin{pmatrix} 0 & \sqrt{-1} \\ \sqrt{-1} & 0 \end{pmatrix}$$

によって定義する．ここで $e_1, e_2$ は $\mathbb{R}^2$ の正規直交基底である．すると $R$ は $Cl(\mathbb{R}^2)$ の 1 つの既約な $\mathbb{Z}_2$ 次数付ユニタリ表現となる(もう 1 つの既約表現は次数を入れ替えたものである)．$\mathbb{Z}_2$ 次数付の構造を忘れても既約である．

このとき

$$H_{\mathbb{Z}_2}(R) = 0$$

である．しかし，$R$ を実ベクトル空間とみなし，$Cl(E)$ の実表現と思ったものを $R_{\mathbb{R}}$ と書くと，$R_{\mathbb{R}}$ 上の実対称変換のなかで，$c_R(E)$, $\epsilon_R$ と反可換であるものの全体 $H_{\mathbb{Z}_2}(R_{\mathbb{R}})$ は 0 でない．$\mathbb{C}$ 上の実線形変換 $B$ が**反線形変換**であることの定義は，任意の複素数 $a$ に対して，$\mathbb{C}$ 上の実線形変換として $Ba = \overline{a}B$ となることであった．$\mathbb{C}$ 上の反線形変換は，実線形変換としての対称変換となる(複素平面 $\mathbb{C}$ 上の「線対称」が例である)．このとき，

$$H_{\mathbb{Z}_2}(R_{\mathbb{R}}) = \left\{ \begin{pmatrix} 0 & B \\ B & 0 \end{pmatrix} \,\middle|\, B \text{ は } \mathbb{C} \text{ 上の反線形変換} \right\}$$

が容易に確かめられる(補題 4.19 参照)．□

次に $E$ が 4 次元の場合の例を簡潔に記述するために，四元数について復習する．$\mathbb{H} = \mathbb{R}+\mathbb{R}i+\mathbb{R}j+\mathbb{R}k$ を四元数全体とする．$\mathbb{H}$ は非可換な体であり，$i^2 = j^2 = k^2 = -1$, $ij+ji = jk+kj = ki+ik = 0$, $ij = k$ を関係式とする．右側からの $\mathbb{C} = \mathbb{R}+\mathbb{R}i$ の掛け算によって複素構造を入れ，2 次元の複素ベクトル

空間とみなす．基底として $1, j$ をとり，$\mathbb{H}=\mathbb{C}+j\mathbb{C}$ と表わすとき，$i, j, k$ の左からの掛け算は，

$$i=\begin{pmatrix} \sqrt{-1} & 0 \\ 0 & -\sqrt{-1} \end{pmatrix},\quad j=\begin{pmatrix} 0 & -1 \\ 1 & 0 \end{pmatrix},\quad k=\begin{pmatrix} 0 & -\sqrt{-1} \\ -\sqrt{-1} & 0 \end{pmatrix}$$

によって与えられる．これらはトレースが 0 の歪 Hermite 行列全体の基底を与えており，$\mathbb{R}i+\mathbb{R}j+\mathbb{R}k$ とトレースが 0 の歪 Hermite 行列全体が同一視される．

**例 2.19**　$E=\mathbb{R}^4$，$R=\mathbb{H}\oplus\mathbb{H}$ $(R^0=R^1=\mathbb{H})$ とする．$e_0, e_1, e_2, e_3$ を $\mathbb{R}^4$ の正規直交基底とするとき，

$$c_R(e_0)=\begin{pmatrix} 0 & -1 \\ 1 & 0 \end{pmatrix},\quad c_R(e_1)=\begin{pmatrix} 0 & i \\ i & 0 \end{pmatrix},$$
$$c_R(e_2)=\begin{pmatrix} 0 & j \\ j & 0 \end{pmatrix},\quad c_R(e_3)=\begin{pmatrix} 0 & k \\ k & 0 \end{pmatrix}$$

は $R$ に既約な $\mathbb{Z}_2$ 次数付ユニタリ表現の構造を与える．ただし，上の四元数の行列は $\mathbb{H}\oplus\mathbb{H}$ に左からの掛け算によって作用させる．すると，これらは $\mathbb{H}$ の右からの作用と可換であり，$\mathbb{H}$ ベクトル空間としての線形写像となる．$\mathbb{Z}_2$ 次数付の構造を忘れても既約である．

$R$ は $Cl(\mathbb{R}^4)$ の $\mathbb{Z}_2$ 次数付実表現の複素化の形はしていない．しかし，反線形変換 $J$ であって，Clifford 積と $\epsilon_R$ と可換であり，$J^2=-\mathrm{id}_R$ をみたすものが存在する．実際，$J$ を，右からの $j$ の積によって定義すればこれらの性質をみたす．このような $J$ の存在は，$R$ が $\mathbb{H}$ 上のベクトル空間であり，$Cl(E)$ の表現が $\mathbb{H}$ ベクトル空間としての線形変換による表現であることと同値である．　□

偶数次元の Euclid 空間においては，Clifford 代数の $\mathbb{Z}_2$ 次数付既約表現を外積代数を利用して構成できる．

準備として内部積を思い出しておこう．

**定義 2.20**　$E$ を Euclid 計量が与えられた実ベクトル空間とする．$e_1, e_2, \cdots, e_n$ が正規直交基底であるとき，$e_{k_1}\wedge e_{k_2}\wedge\cdots\wedge e_{k_a}$ たちが正規直交基底になるように $\bigwedge^{\bullet}E$ 上の Euclid 計量を定義する．$E$ の要素 $v$ に対して**内部積**(interior product)

$$v^{\lrcorner}\colon \textstyle\bigwedge^k E \to \bigwedge^{k-1} E$$

は，左からの $v$ の外積

$$v^{\wedge}\colon \textstyle\bigwedge^{k-1} E \to \bigwedge^k E$$

の転置として定義される．すなわち，$(v^{\wedge}u_0, u_1) = (u_0, v^{\lrcorner}u_1)$．□

基底を用いて直観的に述べるなら，$e_k^{\wedge}$ は左に $e_k$ を付け加える操作であり，$e_k^{\lrcorner}$ は左から $e_k$ を取り去る操作である．内部積の性質で基本的なのは，$\bigwedge^{\bullet} E$ 上の線形作用素としての関係式

$$v^{\wedge}v^{\lrcorner} + v^{\lrcorner}v^{\wedge} = |v|^2$$

である．

**注意 2.21**　文献によっては内部積の定義が符号だけ異なるので注意せよ．

Hermite 計量をもつ複素ベクトル空間に対しても平行して内部積が定義される．ただし,「転置」の代わりに「随伴」を用いて定義する．次の例で用いるのはこちらである．

**例 2.22**　$E$ が複素次元 $m$ の複素ベクトル空間の構造をもつと仮定する．$E$ を複素ベクトル空間と思うとき，$E_{\mathbb{C}}$ と書くことにする．さらに $E$ の Euclid 計量が $E_{\mathbb{C}}$ のある Hermite 計量から定まるものと仮定する．(複素)階数 $2^m$ の $\mathbb{Z}_2$ 次数付ユニタリ表現 $(R, c_R)$ を

$$R = \textstyle\bigwedge^{\bullet} E_{\mathbb{C}}, \quad c_R(v) = v^{\wedge} - v^{\lrcorner}$$

によって定義することができる．$\mathbb{Z}_2$ 次数は外積の次数の偶奇で入れる．階数が $2^m$ なので，自動的に $\mathbb{Z}_2$ 次数付ユニタリ表現として既約になる．□

### テンソル積

$E$ の次元が大きい場合には，次元が小さい場合の表現のテンソルを使って既約表現を具体的に表示できる．これについて説明しておこう．

一般に，2 つの $\mathbb{Z}_2$ 次数付の $\mathbb{R}$ 代数 $A = A^0 \oplus A^1$ および $B = B^0 \oplus B^1$ が与えられたとき，$A \otimes B$ に $\mathbb{Z}_2$ 次数付の $\mathbb{R}$ 代数の構造を次のように入れる．$\mathbb{Z}_2$ 次数は，ベクトル空間として既に定義されていた．代数構造は，$a, a'$ が $A^0 \cup$

$A^1$ の要素で $b, b'$ が $B^0 \cup B^1$ の要素であるとき，

$$(a \otimes b)(a' \otimes b') = (-1)^{(\deg b)(\deg a')} aa' \otimes bb'$$

によって定める．すると，次の乗法性は定義から明らかであろう．

**補題 2.23**　$Cl(E_0 \oplus E_1) \cong Cl(E_0) \otimes Cl(E_1)$．　□

一般に，$A$ の $\mathbb{Z}_2$ 次数を保つ表現 $R_A$ と $B$ の $\mathbb{Z}_2$ 次数を保つ表現 $R_B$ が与えられたとき，$R_A \otimes R_B$ 上に $A \otimes B$ の $\mathbb{Z}_2$ 次数を保つ表現を次のように定義できる．$a$ が $A^0 \cup A^1$ の要素で $b$ が $B^0 \cup B^1$ の要素であるとき，$R_A^0 \cup R_A^1$ の要素 $r_A$ と $R_B^0 \cup R_B^1$ の要素 $r_B$ に対して，

$$(a \otimes b)(r_A \otimes r_B) = (-1)^{(\deg b)(\deg r_A)} (ar_A \otimes br_B)$$

とおく．

$Cl(E)$ の既約表現は，具体的には次の補題を用いて次元に関して帰納的に構成することができる．

**補題 2.24**　$E_0, E_1$ の少なくとも一方が偶数次元であると仮定する．$R_{E_0}$ が $Cl(E_0)$ の $\mathbb{Z}_2$ 次数付既約ユニタリ表現であり，$R_{E_1}$ が $Cl(E_1)$ の $\mathbb{Z}_2$ 次数付既約ユニタリ表現であるとき，$R_{E_0} \otimes R_{E_1}$ は $Cl(E_0) \otimes Cl(E_1)$ の（すなわち $Cl(E_0 \oplus E_1)$ の）$\mathbb{Z}_2$ 次数付既約ユニタリ表現である．

［証明］　次元を見ることにより，テンソル積表現の既約性がわかる．　■

**例 2.25**　$E = \mathbb{R}^8$ のとき，$E$ の 2 つの $\mathbb{R}^4$ の直和とみなすことによって，$Cl(E)$ の $\mathbb{Z}_2$ 次数付既約ユニタリ表現を次のように構成できる．$R_0, R_1$ を，$Cl(\mathbb{R}^4)$ の既約ユニタリ表現とする．補題 2.16 により，これらには $\mathbb{Z}_2$ 次数付構造が入った．このとき，$R_0 \otimes R_1$ は $Cl(E) = Cl(\mathbb{R}^8)$ の既約ユニタリ表現であり，補題 2.16 により $\mathbb{Z}_2$ 次数付構造が入る．例 2.19 の具体的構成により，$R_0, R_1$ 上には四元数体上のベクトル空間としての構造が入る．すなわち，反線形変換 $J_0, J_1$ であって Clifford 積と $\epsilon_{R_0}, \epsilon_{R_1}$ と可換であり，$J_0^2 = -1$，$J_1^2 = -1$ となるものが存在した．このとき，$J = J_0 \otimes J_1$ は，反線形変換であって Clifford 積と $\epsilon_{R_0 \otimes R_1}$ と可換であり，$J_0^2 = 1$ をみたす．すなわち，$R_0 \otimes R_1$ は，$Cl(E)$ のある $\mathbb{Z}_2$ 次数付実表現の複素化の形をしている．　□

**注意 2.26**　一般に，$\dim E \equiv 0 \mod 8$ であるとき，$Cl(E)$ の既約ユニタリ表現は，実表現の複素化の形であり，かつ，それと両立する $\mathbb{Z}_2$ 次数付構造をも

つ．これはテンソル積による構成から明らかであろう．一般に，Clifford 代数のある(複素)既約表現が実表現の複素化であるとき，その実表現空間の要素を **Majorana スピノル**(Majorana spinor)とよぶことがある．また，ある(複素)既約表現が $\mathbb{Z}_2$ 次数付構造をもつとき，$\mathbb{Z}_2$ 次数の片方の次数の空間の要素を **Weyl スピノル**(Weyl spinor)とよぶことがある．この言い方をすると「8 の倍数の次元の Euclid 空間に対して，Majorana–Weyl スピノルが存在する」[*1]．この事実は，第 9 章で実数体上の Bott 周期性を証明する際に使われる．

テンソル積による構成と次元に関する帰納法を用いると，次の補題は容易にわかる．

**補題 2.27**

(1) $E$ の次元が偶数のとき，$\Delta_E$ を($\mathbb{Z}_2$ 次数付)既約ユニタリ表現とすると($\mathbb{Z}_2$ 次数付構造も含めて)，$Cl(E)\otimes\mathbb{C} \cong \mathrm{Hom}(\Delta_E, \Delta_E)$ である．

(2) $E$ の次元が奇数のとき，$\Delta_E = \Delta_E^0 \oplus \Delta_E^1$ を $\mathbb{Z}_2$ 次数付既約ユニタリ表現とすると，$Cl(E)\otimes\mathbb{C} \cong \mathrm{Hom}(\Delta_E^0, \Delta_E)$ である． □

***Spin^c*, *Pin^c*, *Spin***

直交群 $O(E)$ は $E$ 上に作用するのみであり，決して $Cl(E)$ の表現空間上には(直接は)作用していない．しかし，$O(E)$ のある中心拡大をとると，$Cl(E)$ の既約表現上には自然な作用が存在することが，次のようにしてわかる．

$\Delta_E$ を $Cl(E)$ の $\mathbb{Z}_2$ 次数付既約ユニタリ表現とする．($E$ の次元が偶数のときには，2 つの可能性のうちどちらかを固定する．これにより，$E$ に向きが定まる．) $O$ が直交群 $O(E)$ の要素であるとき，$O$ は $Cl(E)$ に自然に $\mathbb{Z}_2$ 次数付 $\mathbb{R}$ 代数の同型として作用する．従って，$Cl(E)$ の $\Delta_E$ への $\mathbb{Z}_2$ 次数を保つ表現をあらたに合成

$$Cl(E) \xrightarrow{O} Cl(E) \to \mathrm{End}\,\Delta_E$$

によって定義できる．$E$ の次元が奇数のときには，既約表現が 1 つしかないので，これはもとの表現と($\Delta_E$ のユニタリ変換を通じて)同型である．$E$ の

---

*1 Minkowski 空間であれば対応する条件は(2 次元ずれて) $\dim E \equiv 2 \mod 8$ である．この事実は物理において基本的な重要性をもつ．

次元が偶数のときには，もし$O$が$E$の向きを保てば(すなわち$SO(E)$の要素であれば)やはりもとの表現と同型である．同型写像は一意ではない．しかし，Schur の補題により(絶対値1の複素数による)定数倍を除いて一意に定まる．$\Delta_E$のユニタリ変換であって，ある$O$によってこのようにして得られるもの全体を考えると，

**補題 2.28**　$E$の次元が奇数のときには，中心拡大

$$0 \to U(1) \to Pin^c(E) \to O(E) \to 0$$

が構成され，$Pin^c(E)$は$\Delta_E$に作用する．$E$の次元が偶数のときには，中心拡大

$$0 \to U(1) \to Spin^c(E) \to SO(E) \to 0$$

が構成され，$Spin^c(E)$は$\Delta_E$に作用する．　□

**注意 2.29**　このように，中心拡大をとると作用が定義されるとき，その作用のことを**射影的な作用**とよぶ．標語的に，直観的な言い方をすると，「ある代数の，変形不変な既約表現が与えられると，その代数の自己同型群は，その既約表現上に射影的に作用する」というのが一般的な原理である．

$E$の次元が偶数のときには，2つの既約表現のいずれをとっても同じ$Spin^c(E)$が構成される．

$E$の次元が奇数のときも，$O$の可能性として$SO(E)$の要素だけをとって構成される中心拡大を$Spin^c(E)$とおく．

このように構成された$Spin^c(E)$の具体的な形を与えよう．次の主張は，たとえば$E$の次元に関する帰納法によって示される．

**補題 2.30**　$SO(E)$の二重被覆を$Spin(E)$とおくとき，

$$Spin^c(E) \cong Spin(E) \times_{\{\pm 1\}} U(1)$$

が成立する．特に，$Spin(E)$は$\Delta_E$上に作用する．　□

$SO(E)$の基本群は，$E$の次元が2のとき$\mathbb{Z}$と同型であり，次元が3以上のときには$\mathbb{Z}_2$と同型であることが知られている．二重被覆は基本群から$\mathbb{Z}_2$への全射準同型によって分類されるので，$SO(E)$の二重被覆は唯一存在する．

$Spin(E)$ と $SO(E)$ とは同じ Lie 環 $\mathfrak{spin}(E) \cong \mathfrak{so}(E)$ をもつので，$\mathfrak{so}(E)$ は $\Delta$ に作用することになる．より一般に，$Cl(E)$ の任意のユニタリ表現に $\mathfrak{so}(E)$ が自然に作用することが，次の補題からわかる．もちろん任意の表現は既約表現の直和であるからこれは補題 2.30 から明らかであるが，次の補題は作用の仕方のより具体的な表示を与える．

**補題 2.31**　$\mathfrak{so}(E)$ を $\bigwedge^2 E$ と同一視するとき，$u \wedge v$ に対して $uv - vu$ を対応させることによって $\mathfrak{so}(E)$ から $Cl(E)$ への線形写像 $\phi$ を定義できる．$Cl(E)$ 上に Lie 括弧を交換子 $[a, b] = ab - ba$ によって定義するとき，$\phi$ は Lie 括弧を保つ．□

正確には $\mathfrak{so}(E)$ と $\bigwedge^2 E$ との同一視の仕方を定数の部分も込めて定めないと上の補題は意味がないが，詳細は略す．

**定義 2.32**　$E$ が向きの与えられた Euclid 計量をもつベクトル空間であるとき，$Spin(E)$ あるいは $Spin^c(E)$ の**スピノル表現**(spinor representation)とは，$Cl(E)$ の $\mathbb{Z}_2$ 次数付既約ユニタリ表現 $\Delta_E$ のことである．ただし，$E$ の次元が偶数 $n = 2m$ のときには，$E$ の向きを与える正規直交基底 $(e_1, e_2, \cdots, e_n)$ に対して $e_1 e_2 \cdots e_n$ の作用が $(\sqrt{-1})^m \epsilon_{\Delta_E}$ と一致するものとする．$E$ の次元が奇数のときには，$\Delta_E$ にはさらに $Pin^c(E)$ が作用している．□

座標表示して $E = \mathbb{R}^n$ と同一視するとき，$Spin(E)$, $Spin^c(E)$ のことを $Spin(n)$, $Spin^c(n)$ と書く．

### (b)　$\mathbb{Z}_2$ 次数付 Clifford 加群

前節の線形代数的構成を，多様体 $X$ によってパラメータ表示される族に対して行おう．$X$ 上に Euclid 計量をもつ $n$ 次元実ベクトル束 $T$ が与えられたとき，$X$ の各点 $x$ に対して $(T)_x$ 上の Clifford 代数 $Cl((T)_x)$ を考える．そして，すべての $x$ にわたって $Cl((T)_x)$ を束ねて得られるベクトル束を，$Cl(T)$ とおく．

**定義 2.33**　$X$ 上に Euclid 計量をもつ実ベクトル束 $T$ が与えられたとき，$(W, c_W)$ が **$(X, T)$ 上の Clifford 加群**(Clifford module)であるとは，$W$ が Hermite 計量をもつ複素ベクトル束，$c_W$ が $T$ から $\mathrm{End}_{\mathbb{C}} E$ への実ベクトル

束としての準同型であり，次の条件をみたすことをいう．

（1）$c_W$ は各ファイバーごとに代数としての準同型 $(Cl(T))_x \to (\mathrm{End}_{\mathbb{C}} E)_x$ に拡張される．

（2）$c_W$ の像は $E$ の歪 Hermite 自己準同型に含まれている．　□

$c_W$ を $W$ の **Clifford 積**とよぶ．

$T$ が適当な条件をみたすとき，$(X,T)$ 上の Clifford 加群を分類することができる．

**定義 2.34**

（1）「$T$ がスピン構造をもつ」とは，$T$ の構造群が $Spin(n)$ に持ち上がることをいい，1つの持上げを $T$ の**スピン構造**(spin structure)とよぶ．

（2）「$T$ が $Spin^c$ 構造をもつ」とは，$T$ の構造群が $Spin^c(n)$ に持ち上がることをいい，1つの持上げを $T$ の $\boldsymbol{Spin^c}$ **構造**($Spin^c$ structure)とよぶ．

（3）$T$ が奇数階数のとき，「$T$ が $Pin^c$ 構造をもつ」とは，$T$ の構造群が $Pin^c(n)$ に持ち上がることであり，1つの持上げを $T$ の $\boldsymbol{Pin^c}$ **構造**($Pin^c$ structure)とよぶ．　□

説明をしておこう．コンパクト Lie 群の間の準同型

$$Spin(n) \to Spin^c(n) \to SO(n) \to O(n)$$

に注意しよう．$T$ は Euclid 計量をもつので，ある $O(n)$ 主束 $P_0$ が存在して，$T = P_0 \times_{O(n)} \mathbb{R}^n$ と書かれる．たとえば，スピン構造とは，$Spin(n)$ 主束 $P_1$ と同型 $T \cong P_1 \times_{Spin(n)} \mathbb{R}^n$ との組のことである．あるいは $P_1$ と同型 $P_0 \cong P_1 \times_{Spin(n)} O(n)$ との組といっても同じことである．

スピン構造，あるいは $Spin^c$ 構造をもつためには，まず $T$ は向きづけ可能でなくてはならない．すなわち，構造群が $O(n)$ から $SO(n)$ に簡約されている必要があることに注意する．スピン構造があれば，準同型 $Spin(n) \to Spin^c(n)$ から，自然に $Spin^c$ 構造が得られる．

**補題 2.35**

（1）$T$ の($\mathbb{R}$ 上の)階数が偶数 $2m$ のときには，$T$ の $Spin^c$ 構造と，$(X,T)$ 上の($\mathbb{C}$ 上の)階数が $2^m$ の $\mathbb{Z}_2$ 次数付 Clifford 加群の同型類とは一対一に

対応する．（特に，階数が $2^m$ の $\mathbb{Z}_2$ 次数付 Clifford 加群が与えられれば $T$ に向きを与えることができる．）

（2） $T$ の階数が奇数 $2m-1$ のときには，$T$ の $Pin^c$ 構造と，$(X,T)$ 上の階数が $2^m$ の $\mathbb{Z}_2$ 次数付 Clifford 加群の同型類とは一対一に対応する．

［証明］ いずれも同様なので，偶数次元の場合に述べる．$Spin^c$ 構造があれば，$Spin^c(2m)$ 主束と同伴する $\Delta_{\mathbb{R}^{2m}}$ をファイバーとするベクトル束が求める $\mathbb{Z}_2$ 次数付 Clifford 加群になる．逆に，階数 $2^m$ の $\mathbb{Z}_2$ 次数付 Clifford 加群 $W$ が存在したとする．$\mathbb{R}^{2m}$ から $(T)_x$ への Euclid 計量を保つ同型 $O$ を任意にとると，$Cl(\mathbb{R}^{2m})$ と $Cl((T)_x)$ とは同型になり，これを通じて $(W)_x$ には $Cl(\mathbb{R}^{2m})$ が作用する．この表現は既約であるから，Schur の補題によって，$\Delta_{\mathbb{R}^{2m}}$ から $(W)_x$ への $Cl(\mathbb{R}^{2m})$ のユニタリ表現としての同型が存在する．それが $\mathbb{Z}_2$ 次数を保つとき「$O$ は向きを保つ」，$\mathbb{Z}_2$ 次数をずらすとき「$O$ は向きを逆にする」とみなすことによって，$T$ には向きが入る（そのいずれかになることは，$\mathbb{Z}_2$ 次数の入れ方が 2 通りしかないことからわかる）．向きを保つような $O$ に対して，$\Delta_{\mathbb{R}^{2m}}$ から $(W)_x$ への同型は $U(1)$ の自由度を除いて定まる．向きを保つある $O$ からこのようにして得られる同型の全体を $(P)_x$ とおくと，$(P)_x$ には $Spin^c(2m)$ が右から推移的かつ自由に作用している．$(P)_x$ をすべての $x$ に対して束ねて得られる $P$ が，求める $X$ 上の $Spin^c(2m)$ 主束である． ∎

**定義 2.36** $Spin^c$ 構造をもつとき，対応する $Spin^c(2m)$ 主束に同伴する，$\Delta_{\mathbb{R}^{2m}}$ をファイバーとするベクトル束をその $Spin^c$ 構造に伴う**スピノル束**とよぶ．また，奇数次元の $Pin^c$ 構造についても同じようにスピノル束を定義する． □

**例 2.37** $T$ が複素ベクトル束の構造をもつとき，$\bigwedge^\bullet T_{\mathbb{C}}$ に $\mathbb{Z}_2$ 次数付 Clifford 加群の構造を入れることができる（例 2.22 参照）．これは $T$ の 1 つの $Spin^c$ 構造を与えている． □

**命題 2.38**

（1） $T$ の階数が偶数であり，$Spin^c$ 構造をもつと仮定し，対応するスピノル束を $S_T$ とおく．$(X,T)$ 上の $\mathbb{Z}_2$ 次数付 Clifford 加群 $W=W^0\oplus W^1$

の同型類と，$X$ 上の $\mathbb{Z}_2$ 次数付ベクトル束 $F=F^0\oplus F^1$ の同型類とは，$W=F\otimes S_T$ によって一対一に対応する．

（2）　$T$ の階数が奇数であり，$Pin^c$ 構造をもつと仮定し，対応するスピノル束を $S_T$ とおく．$(X,T)$ 上の $\mathbb{Z}_2$ 次数付 Clifford 加群の同型類 $W=W^0\oplus W^1$ と，$X$ 上のベクトル束 $F^0$ の同型類とは，$W=F^0\otimes S_T$ によって一対一に対応する．　□

奇数階数のとき，$F^0$ は，次数 1 の部分が 0 である $\mathbb{Z}_2$ 次数付ベクトル束とみなすこともできる．

［証明］　$X$ が 1 点の場合は，既約な $\mathbb{Z}_2$ 次数付表現の分類から明らかであろう．(有限群のユニタリ表現と同様に Clifford 代数のユニタリ表現は完全可約である．) それをベクトル束に対してそのまま拡張した命題である．

$F^0=\mathrm{Hom}^0_{Cl(T)}(S_T,W)$ とおく．ここで，$\mathrm{Hom}^0_{Cl(T)}$ は，$Cl(T)$ の作用と可換な $\mathbb{Z}_2$ 次数を保つ準同型の全体を表わす．同じように，$\mathbb{Z}_2$ 次数をずらす準同型の全体を $F^1=\mathrm{Hom}^1_{Cl(T)}(S_T,W)$ をおくと，偶数階数のときには，$F=F^0\oplus F^1$ が求めるものであり，奇数階数のときには，$F^0$ だけが求めるものである．　■

$\mathbb{Z}_2$ 次数付 Clifford 加群を主束の言葉で表現すると，どうなるかを考えてみよう．

まず，$T$ に向きが与えられており階数が偶数 $2m$ である場合を考えよう．

$(\mathbb{C}^{r_0}\oplus\mathbb{C}^{r_1})\otimes\Delta_{\mathbb{R}^{2m}}$ には $U(r_0)\times U(r_1)\times Spin^c(2m)$ が自然に作用している．部分群 $\{(z,z,z^{-1})\,|\,z\in U(1)\}$ は自明に作用する．この部分群を $U(1)$ と書くとき，第三成分をとる準同型

$$\frac{U(r_0)\times U(r_1)\times Spin^c(2m)}{U(1)}\to SO(2m)$$

を考えよう．$T$ の構造群がもし左辺の群に持ち上がったとすると，$(\mathbb{C}^{r_0}\oplus\mathbb{C}^{r_1})\otimes\Delta_{\mathbb{R}^{2m}}$ をファイバーとする同伴ベクトル束を構成することができる．これには自然に $\mathbb{Z}_2$ 次数付の Clifford 加群の構造が入る．また，命題 2.38 の証明と同様の議論により，逆に任意の $\mathbb{Z}_2$ 次数付の Clifford 加群はこのようにして得られることもわかる．階数が奇数のときにも同様の議論が成立する．

まとめよう.

**命題 2.39**

(1)　$T$ の階数が $2m$ であり, 向きが与えられているときには, $(X,T)$ 上の $\mathbb{Z}_2$ 次数付 Clifford 加群は, $T$ の構造群が準同型

$$\frac{U(r_0)\times U(r_1)\times Spin^c(2m)}{U(1)} \cong \frac{U(r_0)\times U(r_1)\times Spin(2m)}{\{\pm 1\}} \to SO(2m)$$

に関して持ち上げるやり方と一対一に対応している.

(2)　$T$ の階数が $2m-1$ のときには, $(X,T)$ 上の $\mathbb{Z}_2$ 次数付 Clifford 加群は, $T$ の構造群を準同型

$$\frac{U(r)\times Pin^c(2m-1)}{U(1)} \to O(2m-1)$$

に関して持ち上げるやり方と一対一に対応している. □

$T$ が偶数階数であるが向きをもたない場合は多少煩雑なので省略する.

**問 2**　$E$ の次元が $2m$ であるとき, $Cl(E)$ の 2 つの同型でない $\mathbb{Z}_2$ 次数付既約ユニタリ表現の直和を $\tilde{\Delta}_E$ とおく. $O(E)$ の作用を考えることにより, 拡大

$$1 \to U(1)\times U(1) \to Pin^{cc}(E) \to O(E) \to 1$$

と $Pin^{cc}(E)$ の $\tilde{\Delta}_E$ への作用を構成せよ(中心拡大ではない). これを用いて, $T$ が偶数階数で向きをもたない場合を考察せよ.

**問 3**

(1) $U(m)\times U(1)$ の要素であって, $\det U = z^2$ をみたすような $(U,z)$ の全体を $\tilde{U}(m)$ とおく. $\tilde{U}(m)$ は, 自然な準同型 $Spin(2m)\to SO(2m)$ と $U(m)\to SO(2m)$ とのファイバー積と同型であることを示せ.

(2) $T$ が複素階数 $m$ の複素ベクトル束としての構造をもつとし, $K=\bigwedge^m T^*_{\mathbb{C}}$ とおく. $T$ のスピン構造は, $L^{\otimes 2}=K$ をみたす複素直線束 $L$ と一対一に対応し, $L$ に対応するスピン構造のスピノル束は $L\otimes\bigwedge^{\bullet} T_{\mathbb{C}}$ と同型であることを示せ.

### (c)　Dirac 型作用素

前節の $T$ が, $T^*X$ と同型である場合に Dirac 型作用素を定義しよう.

まず, 一般に多様体上で微分作用素とその主表象を定義しておく.

**定義 2.40**　$W_0, W_1$ を多様体 $X$ 上の複素ベクトル束とする．（実ベクトル束でも構わないのだが，記号を決めるため一応こう仮定する．）線形写像 $D\colon \Gamma(W_0)\to\Gamma(W_1)$ が**高々 $k$ 階の線形微分作用素**であるとは，次の条件をみたすことである．

（1）　$\Gamma(W_0)$ の任意の要素 $s$ に対して，$Ds$ の台は $s$ の台に含まれる．

（2）　$X$ のある開集合 $U$ 上で $U$ の座標 $x=(x^1, x^2, \cdots, x^n)$ と $W_0, W_1$ の局所自明化 $\phi_0\colon W_0\to\mathbb{C}^{r_0}$, $\phi_1\colon W_1\to\mathbb{C}^{r_1}$ を用いると，多重指標 $\alpha=(\alpha_1, \alpha_2, \cdots, \alpha_n)$ に対して $U$ 上の滑らかな $\mathrm{Hom}(\mathbb{C}^{r_0}, \mathbb{C}^{r_1})$ 値関数 $a_\alpha(x)$ が存在し，$U$ に台をもつ $W_0$ の切断 $s(x)$ に対して，

$$(Ds)(x) = \sum_{|\alpha|\leqq k} a_\alpha(x)(\partial^\alpha s)(x) \tag{2.1}$$

が成立する．ただし，$|\alpha|=\sum_i \alpha_i$ であり，また $\partial^\alpha=\prod_i \partial_{x^i}^{\alpha}$ である．　□

上の定義において，微分作用素の局所表示は，座標変換とベクトル束の自明化の取り替えに関して複雑な変換を受ける*2．しかし，最高階数 $k$ の部分は簡明な変換しか受けないことは容易にわかる．結論のみ述べれば，各 $x$ に対して写像

$$\sigma_k(D)_x\colon\ (T^*X)_x \to \mathrm{Hom}(W_0, W_1)_x$$

を，座標表示と局所自明化を用いて

$$\sum_i u_i dx^i \mapsto \sum_{|\alpha|=k} a_\alpha(x)\prod u_i^{\alpha_i}$$

とおくことによって定義することができる．この写像は $x$ とともに滑らかに変化する．$x$ を動かして束ねたものを

$$\sigma_k(D)\colon\ T^*X \to \mathrm{Hom}(W_0, W_1)$$

とおく．$\sigma_k(D)$ は実ベクトル束 $T^*X$ 上の複素ベクトル束 $\mathrm{Hom}(W_0, W_1)$ に値をもつ $k$ 次同次多項式である．$k=1$ のときのみ($\mathbb{R}$ 上)線形になり，一般には実数 $t$ に対して $k$ 次同次性 $\sigma_k(D)(tu)=t^k\sigma_k(D)(u)$ をみたす．

**定義 2.41**　$k$ 階の線形微分作用素 $D$ に対して $\sigma_k(D)$ を $D$ の**主表象**(princi-

---

*2 「ジェット束」の座標変換である．

pal symbol)とよぶ. □

**注意 2.42** 文献によっては $\sigma_k(D)$ の $(\sqrt{-1})^k$ 倍を主表象とよぶ. これは, $D$ の局所表示において $\partial_{x_i}$ を $\partial_{x_i}/\sqrt{-1}$ に置き換えるのと同じことである. 後に出てくる Dirac 作用素の Hermite 性の定義のためには, このほうが主表象の Hermite 性と合うので見やすい. しかし, 実ベクトル束の上の線形微分作用素の主表象をも後の章で扱いたいので, 本書では $\sqrt{-1}$ を避けて定義した.

この定義から, 次の加法性と合成則は明らかであろう.

**補題 2.43** $D_0, D_0'\colon \Gamma(W_0)\to\Gamma(W_1)$ が共に高々 $k_0$ 階の線形微分作用素であり, $D_1\colon \Gamma(W_1)\to\Gamma(W_1)$ が高々 $k_1$ 階の線形微分作用素であるとき, 和 $D_0+D_0'$ は高々 $k_0$ 階の線形微分作用素, 合成 $D_1D_0$ は高々 $k_0+k_1$ 階の線形微分作用素であり,

$$\sigma_{k_0}(D_0+D_0') = \sigma_{k_0}(D_0)+\sigma_{k_0}(D_0'), \quad \sigma_{k_0+k_1}(D_1D_0) = \sigma_{k_1}(D_1)\sigma_{k_0}(D_0)$$

が成立する. □

**補題 2.44** $T^*X$ 上の $\mathrm{Hom}(W_0,W_1)$ 値 $k$ 次同次多項式 $\sigma$ が与えられたとき, $\sigma$ を主表象とする高々 $k$ 階の線形微分作用素が存在する.

[証明] 各点 $x$ の十分近くの近傍 $U_x$ の上では, 座標と局所自明化を用いて具体的に書き下すことによって, 存在を示せる. 一般には, $\{U_x\}$ から局所有限な細分 $\{U_j\}$ を選び, $U_j$ 上では主表象が $\sigma$ である高々 $k$ 階の線形微分作用素 $D_j$ が与えられているとし, 1 の分解 $\rho_j^2$ を用いて平均 $D=\sum\rho_jD_j\rho_j$ を考えればよい. 実際 $\rho_j$ の掛け算を, 0 階の微分作用素とみなすとその主表象は $\rho_j$ 自身である. よって主表象の加法性と合成則とから,

$$\sigma_k(D) = \sum\rho_j\sigma_k(D_j)\rho_j = \sum\rho_j^2\sigma = \sigma$$

となるからである. ∎

$X$ が Riemann 多様体であるとき, $(X,T^*X)$ 上の Clifford 加群を単に **$X$ 上の Clifford 加群**とよぶことにする.

**定義 2.45** $X$ を Riemann 多様体とする. $(W,c_W)$ が $X$ 上の $\mathbb{Z}_2$ 次数付 Clifford 加群であるとき, 高々 1 階の線形微分作用素

$$D\colon\ \Gamma(W)\to\Gamma(W)$$

が **$W$ 上の Dirac 型作用素**であるとは，次の条件をみたすことである．

- $D$ は $\Gamma(W)$ の次数をずらす．すなわち $D$ は次数1である．
- $\sigma_1(D) = c_W$ ．
- $D$ は形式的自己共役である． □

最後の条件を説明しよう．一般に，$n$ 次元多様体 $X$ 上に体積要素 $d\,\mathrm{vol}$ が与えられたとする．すなわち $d\,\mathrm{vol}$ は $\Omega^n(X,\theta_X)$ のいたるところ「正」である要素である．$W_0, W_1$ が $X$ 上の Hermite 計量をもつ複素ベクトル束であるとき，線形微分作用素 $D\colon \Gamma(W_0) \to \Gamma(W_1)$ の形式的共役とは，線形微分作用素 $D^*\colon \Gamma(W_1) \to \Gamma(W_0)$ であって，台がコンパクトな $W_0, W_1$ の切断 $s_0, s_1$ に対して

$$\int_X d\,\mathrm{vol}\langle Ds_0, s_1\rangle_{W_1} = \int_X d\,\mathrm{vol}\langle s_0, D^*s_1\rangle_{W_0}$$

をみたすものである．存在すれば一意であることはこの定義から明らかであろう．

実際に存在することは，局所表示を用いると容易にわかる．すなわち，式(2.1)が $D$ の局所表示であるとし，$d\,\mathrm{vol} = g(x)^{1/2}|dx_1 \cdots dx_n|$, $g(x) > 0$ と書くとき，

$$D^*s_1 = g^{-1/2} \sum_{|\alpha| \leqq k} (-1)^{|\alpha|} \partial^\alpha (g^{1/2} a_\alpha^* s_1)$$

が $D$ の形式的共役である．ここで $a_\alpha^*$ は $a_\alpha$ の随伴行列である．

$X$ に Riemann 計量が与えられれば，それから自然に定まる体積要素 $d\,\mathrm{vol}$ が存在するので，それを用いて形式的共役を定義する．

$D$ が**形式的自己共役**(formal adjoint)であるとは，$W_0 = W_1$ かつ $D = D^*$ であることをさす．

**補題 2.46**　$(X, T^*X)$ 上の任意の Clifford 加群の上に Dirac 型作用素が存在する．

［証明］　補題 2.44 により Dirac 型作用素の定義のうち，形式的自己共役性を除く条件をみたすような $D$ が存在する．Clifford 積 $c_W$ は歪 Hermite であるから，$D$ の形式的共役 $D^*$ は $D$ と同じ主表象をもつ次数1の作用素であ

る．従って $(D+D^*)/2$ は形式的自己共役となり，Dirac 型作用素である． ∎

**注意 2.47** 文献によっては，定義 2.45 より，もう少し強い条件をみたす作用素を「Dirac 作用素」とよんでいる．それと混乱がないように，本書では「Dirac 型作用素」という用語を用いることにする．

この節を終える前に，スピン構造，$Spin^c$ 構造の微妙さについて注意しておこう．

$T$ が $X$ 上の実ベクトル束であって，$T$ には向きは与えられているが Euclid 計量は与えられていないとしよう．このとき，$T$ 上にスピン構造，あるいは $Spin^c$ 構造の概念を，Euclid 計量なしのまま定義することができるだろうか．$T$ に計量を固定すれば，固定するごとに，それは可能である．どの計量のとり方も $T$ の自己同型によって写り合い，しかもその自己同型は恒等写像とホモトピーで結べるようにとれるので，ホモトピーの自由度を認めれば，これらの概念を定義することは明らかに可能である．しかし，個々の Dirac 作用素は個々の Clifford 加群の上で定義されるので，できたらホモトピーの自由度をも避けたい．しかし，結論からいうと「主束のレベルではスピン構造，$Spin^c$ 構造を Euclid 計量なしに定義できる」が，「Clifford 加群の定義には Euclid 計量が必要」なのである．実際，$GL_n^+(\mathbb{R})$（+ は向きを保つことの意）は $SO(n)$ と同じホモトピー型をもつので，その二重被覆を $\widetilde{GL}_n^+(\mathbb{R})$ とおくとき，「$T$ のスピン構造」を「構造群が $\widetilde{GL}_n^+(\mathbb{R})$ に持ち上がること」として定義すればよい．「$T$ の $Spin^c$ 構造」についても $\widetilde{GL}_n^+(\mathbb{R})\times_{\pm 1}U(1)$ を用いて同様に定義すれば $T$ の Euclid 計量を用いる必要がない．しかし，（$n=1$ のときを除いて）$Cl(\mathbb{R}^n)$ の既約ユニタリ表現上に，これらの非コンパクト Lie 群は $Spin^c(n)$ の作用の拡張であるような作用をもたない．従って，同伴ベクトル束としてスピノル束を定義するためには，Euclid 計量を 1 つ固定する必要がある．異なる 2 つの Euclid 計量に対応する 2 つの同伴スピノル束の間には，標準的な同型は存在しない．ホモトピーで互いに繋がっている無限個の同型の族を定めることができるだけである．

たとえば，「$X$ の Riemann 計量を動かすとき，Dirac 型作用素の解がどう変化するか」という問いを考察する際，解の住むべき関数空間が，Riemann計量を定める前に定まっている，とナイーヴに考えるわけにはいかないのである．

## §2.4　幾何に現われる楕円型複体と Dirac 型作用素

幾何学的に意味のある量が Dirac 型方程式の解の次元として表わされる場合がある．

### (a)　de Rham 複体

$X$ を $n$ 次元閉多様体とする．この節で考えたいのは **de Rham 複体**(de Rham complex) $(\Omega^\bullet(X), d)$ である．この複体の定義には，位相的な情報しか用いていない．従って，この複体のコホモロジー

$$H^k(X) = \frac{\mathrm{Ker}(d\colon \Omega^k(X) \to \Omega^{k+1}(X))}{\mathrm{Im}(d\colon \Omega^{k-1}(X) \to \Omega^k(X))}$$

も位相的な対象である．これが $X$ の **de Rham コホモロジー**(de Rham cohomology)である．

ここで，$X$ に任意に Riemann 計量を導入すると，このコホモロジーがある Dirac 型の方程式の解として表示することができる．前節では Clifford 加群を複素ベクトル束上の構造として定義したが，実ベクトル束に対して平行した定義ができることは明らかであろう．これを**実 Clifford 加群**とよぼう．$\mathbb{C}$ をテンソルすれば，前節の意味での Clifford 加群が得られる．しかし，$\mathbb{R}$ 上で考えるほうがより自然な場合があり，de Rham 複体と関連する Clifford 加群はそのような代表的な例である．

1 階の微分作用素 $d$ の主表象 $\sigma_1(d)\colon T^*X \to \mathrm{End} \bigwedge^\bullet T^*X$ は，左からの外積 $v \mapsto v^\wedge$ と一致する．Rimeann 計量の導入により $\bigwedge^\bullet T^*X$ には Euclid 計量が入る．

このとき形式的共役 $d^*$ を定義することができる．$d^*$ の主表象 $\sigma_1(d^*)$ は，$v \mapsto -v^\lrcorner$ である．マイナス符号は，1 階微分 $\partial/\partial x$ の形式的共役が $-\partial/\partial x$ と

なるマイナス符号に由来する．

$W=\bigwedge^{\bullet}T^{*}X$ 上の 1 階の線形微分作用素 $D$ を $d+d^{*}$ によって定義すると，これは微分形式の次数の偶奇を入れ替える形式的自己共役作用素であり，

$$\sigma_1(D)(v)=v^{\wedge}-v^{\lrcorner}$$

が成立する．

外積の次数(の偶奇)によって $\bigwedge^{\bullet}T^{*}X$ に $\mathbb{Z}_2$ 次数付構造を入れると，これは $c(v)=v^{\wedge}-v^{\lrcorner}$ によって $(X,T^{*}X)$ 上の $\mathbb{Z}_2$ 次数付実 Clifford 加群の構造をもつ．このとき，$D$ は Dirac 型作用素とみなすことができる．

外微分の顕著な性質は $d^2=0$ である．これから，次の性質が成立する．

- $(d^{*})^2=0$．
- $D^2=dd^{*}+d^{*}d$ は微分形式の次数を保つ．
- $D^2$ は $d$ と可換であり，$d$ は $D^2$ の各固有空間を保っている．

$W=\bigwedge^{\bullet}T^{*}X$ の切断 $s$ が $D^2s=0$ をみたすとき，

$$\begin{aligned}0&=\int_X d\,\mathrm{vol}\langle D^2s,s\rangle_W\\&=\int_X d\,\mathrm{vol}(\langle dd^{*}s,s\rangle_W+\langle d^{*}ds,s\rangle_W)\\&=\int_X d\,\mathrm{vol}(|d^{*}s|_W^2+|ds|_W^2)\end{aligned}$$

から，$Ds=ds=d^{*}s=0$ となる．逆に $ds=d^{*}s=0$ であれば $Ds=D^2s=0$ となることは明らかであろう．よって，$\mathrm{Ker}\,D^2$ から $H^{\bullet}(X)$ への写像が定まる．§5.7 で次の定理を証明する．

**定理 2.48**　$\mathrm{Ker}\,D^2\to H^{\bullet}(X)$ は同型である．これは有限次元になる．　□

$\mathrm{Ker}\,D^2$ は Riemann 計量に依存して定義されるが，その次元は Riemann 計量のとり方に依存しない．$X$ 上の局所系 $\theta$ が与えられたとき，**$\theta$ を係数とする de Rham 複体** $(\Omega^{\bullet}(X,\theta),d)$ に対しても，同様の議論が成立する．この複体のコホモロジー

$$H^k(X,\theta)=\frac{\mathrm{Ker}(d\colon\Omega^k(X,\theta)\to\Omega^{k+1}(X,\theta))}{\mathrm{Im}(d\colon\Omega^{k-1}(X,\theta)\to\Omega^k(X,\theta))}$$

は，**$\theta$を係数とする de Rham コホモロジー**とよばれる．閉多様体 $X$ 上に

Riemann 計量を与えると，これも Dirac 型作用素 $D=d+d^*$ の Ker として表示できる．

特に大切なのは $\theta$ が $X$ の向きの局所系 $\theta_X$ に等しいときである．$\theta_X$ を係数とする de Rham 複体とそれに付随する Dirac 型作用素は，§3.5 で定義する超対称調和振動子と密接に関係する．本書における指数定理の証明において超対称調和振動子は 1 つの要である．

### (b)　Dolbeault 複体

閉多様体 $X$ が複素次元 $m$ の複素多様体の構造をもつと仮定しよう．$X$ を複素多様体として見るとき，$X_{\mathbb{C}}$ と書く．$TX$ は複素ベクトル束の構造をもつ．その上の $\sqrt{-1}$ の作用を $J$ で表わす．$J$ 作用を $TX\otimes\mathbb{C}$ へ $\mathbb{C}$ 線形に拡張する．$J$ について固有分解すると，$J=\sqrt{-1}$ の部分は複素ベクトル空間として(実成分をとる写像によって $TX$ へ射影する写像を通じて) $T_{\mathbb{C}}X$ と同型であり，$J=-\sqrt{-1}$ の部分は $\overline{T_{\mathbb{C}}X}$ と同型である．これから，分解

$$\textstyle\bigwedge^{\bullet}T^*X\otimes\mathbb{C}=\bigoplus_{p,q}\bigwedge^{p,q}T^*X_{\mathbb{C}},\quad \bigwedge^{p,q}T^*X_{\mathbb{C}}\cong(\bigwedge^{p}T^*_{\mathbb{C}}X)\otimes(\bigwedge^{q}\overline{T^*_{\mathbb{C}}X})$$

を得る．切断をとるとき，この分解を

$$\Omega^{\bullet}(X)\otimes\mathbb{C}=\bigoplus_{p,q}\Omega^{p,q}(X_{\mathbb{C}})$$

と書くことにする．

外微分 $d\otimes\mathbb{C}$ は右辺の分解に応じて成分表示できる．とくに，$\bigwedge^{p,q}T^*X_{\mathbb{C}}$ を $\bigwedge^{p,q+1}T^*X_{\mathbb{C}}$ に移す成分を $\overline{\partial}$ とおく．

以上の構成では $TX$ の複素ベクトル束としての構造は使っているが，それが $X$ の複素構造に由来するものであることは使っていない．しかし，$X$ が複素多様体であることを用いると，$\overline{\partial}^2=0$ となることがわかる．これから **Dolbeault 複体**(Dolbeault complex) $(\Omega^{0,\bullet}(X_{\mathbb{C}}),\overline{\partial})$ が定義される．

Dolbeault 複体は de Rham 複体の複素多様体版である．de Rham 複体が局所系を係数とすることができたように，Dolbeault 複体は正則ベクトル束を係数とすることができる．$F$ が $X$ 上の正則ベクトル束であるとき，

$$\Omega^{0,\bullet}(X_{\mathbb{C}}, F) = \bigoplus_{q=0}^{m} \Gamma(\textstyle\bigwedge^{0,q} T^* X_{\mathbb{C}} \otimes F) \Gamma(\textstyle\bigwedge^{\bullet} \overline{T^* X_{\mathbb{C}}} \otimes F)$$

とおくと，変換関数が正則であるような $F$ の局所自明化たちを用いることによって，**$F$ を係数とする Dolbeault 複体** $(\Omega^{0,\bullet}(X_{\mathbb{C}}, F), \overline{\partial}_F)$ が自然に定義される．これのコホモロジー

$$H^{0,q}(X_{\mathbb{C}}, F) = \frac{\operatorname{Ker}(\overline{\partial}_F \colon \Omega^{0,q}(X_{\mathbb{C}}, F) \to \Omega^{0,q+1}(X_{\mathbb{C}}, F))}{\operatorname{Im}(\overline{\partial}_F \colon \Omega^{0,q-1}(X_{\mathbb{C}}, F) \to \Omega^{0,q}(X_{\mathbb{C}}, F))}$$

は，$X$ の複素構造と $F$ の正則構造にのみ依存する．

de Rham 複体の場合と平行して，$T_{\mathbb{C}}X$, $F$ 上に Hermite 計量を任意に固定すると，このコホモロジーを，ある Dirac 型作用素と関連させて表示することができる．

複素ベクトル束 $W = \bigwedge^{\bullet} \overline{T^*_{\mathbb{C}} X} \otimes F$ には，$(X, T^*X)$ 上の Clifford 加群としての構造を $c(v) = v^{\wedge} - v^{\lrcorner}$ によって入れておく．($\overline{T^*_{\mathbb{C}} X}$ は，ものとして $T^*X$ と同一物であることに注意せよ．) $\mathbb{Z}_2$ 次数を外積の次数の偶奇によって定義すると，$\mathbb{Z}_2$ 次数付 Clifford 加群になる．

このとき，$D = \overline{\partial}_F + (\overline{\partial}_F)^*$ とおくと $D$ は，$W$ 上の 1 つの Dirac 型作用素となる．

de Rham 複体の場合と平行して，§5.7 で次の定理を証明する．

**定理 2.49** 自然な写像 $\operatorname{Ker} D^2 \to H^{0,q}(X_{\mathbb{C}}, F)$ は同型である．これは有限次元になる． □

## (c) 符号数

$X$ が偶数次元の閉多様体であり，向きが与えられているものとしよう．$X$ の次元を $n = 2m$ とおく．このとき，外積と積分から定義される双一次形式

$$H^m(X) \times H^m(X) \to \mathbb{R}$$

は，$m$ が偶数のとき対称であり，奇数のとき反対称である．

**定義 2.50** $m$ が偶数のとき，$2m$ 次元の向きの与えられた閉多様体 $X$ の**符号数**(signature) $\operatorname{sign} X$ とは，$H^m(X)$ の正定値な極大な部分空間の次元から，負定値な極大な部分空間の次元を引いたもののことである． □

$m$ が偶数のとき，$X$ の符号数は $X$ の位相不変量である．

次数 $m$ の de Rham コホモロジーのみならず，全 de Rham コホモロジーに，対称あるいは反対称双一次形式を拡張しておくと，理論的に扱いやすい．$u$ が $k$ 次微分形式，$v$ が $n-k$ 次微分形式であるとき，対応

$$(u,v)\mapsto(-1)^{\frac{1}{2}\{k(k+1)-m(m+1)\}}\int_X u\wedge v$$

を考えると，それから誘導される双一次形式

$$Q_{\mathrm{sign}}\colon\ H^\bullet(X)\times H^\bullet(X)\to\mathbb{R}$$

は，$m$ 次の部分では先程のものと同じであり，$m=n/2$ が偶数のとき対称，奇数のとき反対称になる．これは $k+l=2m$ のとき

$$\frac{k(k+1)}{2}+\frac{l(l+1)}{2}\equiv kl+m\quad\mathrm{mod}\ 2$$

であることを使うと，すぐに確かめられる．

**補題 2.51**　$m$ が偶数のとき $X$ の符号数 $\mathrm{sign}\,X$ は，$H^\bullet(X)$ 上定義される対称双一次形式 $Q_{\mathrm{sign}}$ の符号数と一致する．

［証明］　$H^\bullet(X)$ を，次数が $m$ より小さいか等しいか大きいかに応じて，$H^{<m}\oplus H^m\oplus H^{>m}$ と分解すると，$H^m$ と $H^{<m}\oplus H^{>m}$ とは，$Q_{\mathrm{sign}}$ に関して直交しているので，$H^{<m}\oplus H^{>m}$ の符号数が 0 であることを示せばよい．これは，$Q_{\mathrm{sign}}$ を $H^{<m}$ および $H^{>m}$ に制限すると恒等的に 0 になることから代数的にわかる．∎

**注意 2.52**

（1）　$m$ が奇数のときには，$H^\bullet(X)\otimes\mathbb{C}$ 上 $\sqrt{-1}Q_{\mathrm{sign}}$ は Hermite 形式として拡張され，その符号数として $\mathrm{sign}\,X$ を定義することができる．しかしこれは常に 0 になる．

（2）　$X$ 上に自己微分同相 $g\colon X\to X$ が与えられたとき，$g^{-1}$ が誘導する de Rham コホモロジー上の作用を $(g^{-1})^*$ とおくと，$\mathbb{C}$ をテンソルしてこの線形作用の(一般)固有分解をとり，各々の(一般)固有空間上で $Q_{\mathrm{sign}}$ あるいは $\sqrt{-1}Q_{\mathrm{sign}}$ を Hermite 形式として拡張し，その符号数を考えることができる．それらの符号数に固有値を掛けて総和したものを $\mathrm{sign}_g X$ とおく．これは $\mathrm{sign}\,X$ の一般化であ

る．

（3） ユニタリ群を構造群とする局所系 $\theta$ が与えられた場合にも，これを係数として平行した構成が可能である．$Q_{\mathrm{sign}}$ あるいは $\sqrt{-1}Q_{\mathrm{sign}}$ を Hermite 形式として構成し，その符号数 $\mathrm{sign}_\theta X$ が定義される．

（4） $m$ が奇数のときでも，自己微分同相 $g$ がある場合，またはユニタリ群を構造群とする局所系を係数とする場合には，$\mathrm{sign}_g X$ あるいは $\mathrm{sign}_\theta X$ が 0 でないことがある．

ここまでは純粋に位相的な情報のみに依存する話である．ここで，$X$ 上任意に Riemann 計量を導入すると，$\mathrm{sign}\, X$ をある種の Dirac 型作用素と結び付けることができる．

一般に対称[Hermite]双一次形式が与えられた実[複素]ベクトル空間上に Euclid 計量[Hermite 計量]を任意に導入すると，その対称[Hermite]双一次形式を対称[Hermite]な自己準同型で表わすことができる．そして，対称[Hermite]双一次形式の符号数は，その自己準同型の正の固有値の個数から負の固有値の個数を引いたものと一致する．

この考え方を，§2.4(a)の $\mathrm{Ker}\, D^2$ に対して適用したい．

$X$ 上に Riemann 計量を固定し，§2.4(a)の実ベクトル束 $W=\bigwedge^\bullet T^*X$ を考える．$\bigoplus_k \mathrm{Hom}(\bigwedge^k T^*X, \bigwedge^{n-k} T^*X)$ の切断 $\tilde{*}$ を，$k+l=n$ のとき $k$ 次微分形式 $u$ と $l$ 次微分形式 $v$ に対して各点ごとに

$$(-1)^{\frac{1}{2}l(l+1)}u\wedge v=\langle u, \tilde{*}v\rangle d\mathrm{vol}$$

をみたすように定義する．ここで，$d\mathrm{vol}$ は，$X$ の Riemann 計量と向きとから定まる $n$ 次微分形式である．vol を $d\mathrm{vol}$ に対応する $Cl(T^*X)$ の切断とする．

**補題 2.53**

（1） $\tilde{*}$ は，$(X, T^*X)$ 上の実 Clifford 加群 $W$ 上の，vol の Clifford 積による作用と一致する．

（2） $D=d+d^*$ と vol とは，次の関係式をみたす．

$$D(\mathrm{vol})+(-1)^n(\mathrm{vol})D=0\,. \qquad \square$$

上の補題は $n$ が偶数でなくとも成立する.

上の補題の証明は後に回そう．とりあえずこの補題を認めた上で，$\mathrm{sign}\,X$ と，ある Dirac 型作用素の解の次元との関係を示す.

前節では実 Clifford 加群 $W=\bigwedge^{\bullet}T^*X$ 上に，微分形式の次数の偶奇を用いて $\mathbb{Z}_2$ 次数付構造を与えた.

今は，$X$ に向きが与えられ，偶数次元であったと仮定していた．すると，補題 2.16 によって $W$ には vol の作用による固有分解から $\mathbb{Z}_2$ 次数を導入できるはずである．しかし，これは微分形式の次数から決まる $\mathbb{Z}_2$ 次数とは異なる.

$X$ の次元が $n=2m$ のとき，Clifford 積の作用として $(\mathrm{vol})^2=(-1)^{n(n+1)/2}=(-1)^m$ であった.

（1） $m$ が偶数のとき，vol の固有値は $\pm1$ である．分解 $W=W^0\oplus W^1$ を，

$$(-1)^{\frac{1}{2}m(m+1)}\,\mathrm{vol}=\epsilon_W$$

となるように定義する.

（2） $m$ が奇数のとき，vol の固有値は $\pm\sqrt{-1}$ である．分解 $W=W^0\oplus W^1$ を，

$$\sqrt{-1}\,(-1)^{\frac{1}{2}m(m+1)}\,\mathrm{vol}=\epsilon_W$$

となるように定義する.

補題 2.53(2)により（$n$ を偶数と仮定しているから）$D$ はこの $\mathbb{Z}_2$ 次数に関しても次数 1 であり，Dirac 型作用素とみなされる．特に，$\mathrm{Ker}\,D^2$ 上 vol が作用している.

$m$ が偶数のとき，補題 2.53(1)により，$\mathbb{Z}_2$ 次数と $Q_{\mathrm{sign}}$ とは，Riemann 計量のもとで対応している．特に，$Q_{\mathrm{sign}}$ は $W^0$ 上では正定値であり，$W^1$ 上では負定値である．従って，ただちに次の命題を得る.

**命題 2.54**　$X$ が $2m$ 次元の向きのある閉多様体であり，$m$ が偶数のとき，

$$\dim \operatorname{Ker}(D^2|\Gamma(W^0)) - \dim \operatorname{Ker}(D^2|\Gamma(W^1))$$

は，$X$ の符号数 $\operatorname{sign} X$ と一致する．　□

**注意 2.55**

（1）　vol が 0 を固有値としてもたないことから，双一次形式 $Q_{\text{sign}}$ が非退化であることがわかる．これは Poincaré 双対性(Poincaré duality)の 1 つの表現の仕方である．この議論は，任意の次元の向きのある閉多様体に拡張される．

（2）　$m$ が奇数のときにも平行した命題が成立する．

この節の残りで，補題 2.53 を示そう．

まず，vol の作用がどのようなものであるかを見よう．局所的に考える．$(e_1, e_2, \cdots, e_n)$ を $X$ の与えられた向きと適合する局所的な正規直交枠とする．このとき

$$\mathrm{vol}\cdot = (e_1^{\wedge} - e_1^{\lrcorner})(e_2^{\wedge} - e_2^{\lrcorner}) \cdots (e_n^{\wedge} - e_n^{\lrcorner})$$

である．この定義から，

$$\mathrm{vol}((-e_n) \wedge (-e_{n-1}) \wedge \cdots \wedge (-e_{k+1})) = e_1 \wedge e_2 \wedge \cdots \wedge e_k$$

となる．$k+l=n$ のとき，これは次のように言い換えられる．

$$(-1)^{\frac{1}{2}l(l+1)}\mathrm{vol}(e_{k+1} \wedge e_{k+2} \wedge \cdots \wedge e_n) = e_1 \wedge e_2 \wedge \cdots \wedge e_k\,.$$

一方，**Hodge の $*$ 作用素**(Hodge $*$ operator)を，$W$ 上に作用する線形作用素 $*$ であって $\langle u, v\rangle d\mathrm{vol} = u \wedge *v$ となるものとして定義する．(外積が非退化な双一次形式であることから，$*$ の存在と一意性は明らかであろう．) 具体的にはたとえば

$$*(e_1 \wedge e_2 \wedge \cdots \wedge e_k) = e_{k+1} \wedge e_{k+2} \wedge \cdots \wedge e_n$$

となる．向きと適合する任意の正規直交基底に対してこれが成立するので，比較すると，$\bigwedge^l T^*X$ 上で

$$(-1)^{l(l+1)/2}\mathrm{vol} = *^{-1}$$

となる．一方，$*$ の定義を $\langle u, *^{-1}v\rangle d\mathrm{vol} = u \wedge v$ と書き直せば $\bigwedge^l T^*X$ 上で

$$\tilde{*} = (-1)^{l(l+1)/2} *^{-1}$$

であることがわかる．これから補題の前半の $\mathrm{vol} = \tilde{*}$ がわかる．

$d^*$ を具体的に表示するには Hodge の $*$ 作用素を使うと便利である．$X$ は向きが与えられた閉多様体なので，微分形式 $s_0, s_1$ に対して

$$0 = \int_X d(s_0 \wedge *s_1) = \int_X (ds_0) \wedge *s_1 + (-1)^{\deg s_0} \int_X s_0 \wedge d(*s_1)$$

が成立し，これから

$$\int_X (ds_0) \wedge *s_1 = -(-1)^{\deg s_0} \int_X s_0 \wedge *(*^{-1} d(*s_1))$$

を得る．これは，$k+l=n$ のとき $\Omega^k(X)$ 上で

$$d^* = -(-1)^l *^{-1} d*$$

であることを意味している．この式を vol を用いて書き換えると，

$$(\mathrm{vol})d^* + (-1)^n d(\mathrm{vol}) = 0, \quad (\mathrm{vol})d + (-1)^n d^*(\mathrm{vol}) = 0$$

がただちに確かめられる．これから補題の後半がわかる．

**注意 2.56**　作用素 $D(\mathrm{vol})+(-1)^n(\mathrm{vol})D$ は高々1階の線形微分作用素であるが，その主表象が 0 であることは，$D$ が Dirac 型作用素であることだけから示される．特に $D=d+d^*$ ととるとき，これが作用素としても恒等的に 0 であることを主張するのが補題 2.53 の後半である．

## 《要約》

**2.1**　ファイバー束上の「ファイバーに沿って台がコンパクトな微分形式」に対して，「ファイバーに沿った積分」を定義することができる．

**2.2**　多様体は Euclid 空間の中に閉部分多様体として埋め込むことができる．ベクトル束は自明なベクトル束の中に部分ベクトル束として埋め込むことができる．

**2.3**　余接束上の Clifford 加群に対して Dirac 型作用素が定義される．

**2.4**　de Rham コホモロジー，Dolbeault コホモロジー等の幾何学的な対象を，適当な Clifford 加群に対する Dirac 型作用素の核として表示することができる．

# 3 指数とその局所化

この章では「局所化」の方法について説明する．

まず§3.1において，閉多様体上の$\mathbb{Z}_2$次数付Clifford加群に対して，指数を定義する．多様体の切り貼りに関する指数の振る舞いを調べるためには，この定義を開多様体上に拡張する必要がある．その際Clifford加群は，「コンパクトな台をもつ」と仮定される．§3.2では「Laplace型作用素の固有関数の局所化」を用いてこの拡張を定義する．局所化の証明自体は第5章で行う．ひとたび定義ができてしまえば，局所化の原理の反映として指数がもつ性質は，「切除定理」として定式化される．

多様体を切り貼りして指数を考察する際に，Euclid空間上の(向きの局所系を係数とする) de Rham複体は，基本的な役割を果たす．§3.5では，これと密接に関係する「コンパクトな台をもつ$\mathbb{Z}_2$次数付Clifford加群」として超対称調和振動子を定義する．

## §3.1 閉多様体上のDirac型作用素の指数の定義

閉多様体$X$上の$\mathbb{Z}_2$次数付Clifford加群$W=W^0\oplus W^1$が与えられたとしよう．$W$は位相的な対象である．(正確にいえば，$W$は，主束のレベルでのみ位相的な対象として定義されており，$X$上にRiemann計量を任意に固定するごとに，ベクトル束のレベルで$W$が定まるのであった．) 以下，$X$上に

Riemann 計量を固定しよう．

$W$ 上の 1 つの Dirac 型作用素を $D$ とおく．$D$ あるいは $D^2$ の性質で基本的なのは次の有限性である．

**定理 3.1**（定理 5.43 参照）　$X$ が閉 Riemann 多様体であるとき，$D^2$ の固有値は非負の実数であり，任意の $\lambda \geqq 0$ に対して $\lambda$ 以下の $D^2$ の固有値は重複も込めて数えて有限個である．　□

上の定理を一般化したものを次の小節で述べる．それらの証明は，第 5 章で行う．定理 3.1 を認めるなら，特に $Ds=0$ の解は有限次元である．これから次の定義が意味をもつ．

**定義 3.2**　閉 Riemann 多様体 $X$ 上の Dirac 型作用素 $D$ の指数 $\operatorname{ind} D$ を，次で定義する．

$$\begin{aligned}\operatorname{ind} D = &\dim \operatorname{Ker}(D\colon \Gamma(W^0) \to \Gamma(W^1)) \\ &- \dim \operatorname{Ker}(D\colon \Gamma(W^1) \to \Gamma(W^0)).\end{aligned}$$
□

$D$ が形式的自己共役であるから，部分積分によって $\operatorname{Ker} D = \operatorname{Ker} D^2$ が成立する．よって

**補題 3.3**　閉 Riemann 多様体 $X$ 上の Dirac 型作用素 $D$ の指数は次の数と等しい．

$$\begin{aligned}\operatorname{ind} D = &\dim \operatorname{Ker}(D^2\colon \Gamma(W^0) \to \Gamma(W^0)) \\ &- \dim \operatorname{Ker}(D^2\colon \Gamma(W^1) \to \Gamma(W^1)).\end{aligned}$$
□

$i=0,1$ の各々に対して，$D^2|\Gamma(W^i)$ の，固有値が $\lambda \geqq 0$ に等しい（あるいはそれ以下の）固有関数全体で張られる有限次元ベクトル空間を $E_\lambda(D^2|\Gamma(W^i))$（あるいは $E_{\leqq\lambda}(D^2|\Gamma(W^i))$）とおく．すると，$\lambda$ が，0 よりも本当に大きいとき，$D$ は線形同型

$$D\colon\ E_\lambda(D^2|\Gamma(W^0)) \to E_\lambda(D^2|\Gamma(W^1)) \qquad (\lambda > 0)$$

を誘導する．これから，指数の次の表示を得る．

**補題 3.4**　$X$ が閉 Riemann 多様体であるとき，任意の $\bar{\lambda} \geqq 0$ に対して，次が成立する．

$$\operatorname{ind} D = \dim E_{\leqq\bar{\lambda}}(D^2|\Gamma(W^0)) - \dim E_{\leqq\bar{\lambda}}(D^2|\Gamma(W^1)).$$
□

0 以外の固有値に対応する固有空間の次元が相殺するからである．

指数の性質で最も基本的なのは，指数が位相的な情報のみによって定まることである．

**定理 3.5**　閉 Riemann 多様体 $X$ 上の Clifford 加群 $W$ に対して，その上の Dirac 型作用素 $D$ の $\mathrm{ind}\, D$ は，$D$ の選び方や $X$ の Riemann 計量に依存せず，$W$ のみによって定まる．　□

証明は，$D$ の選び方や $X$ の Riemann 計量を連続的に動かすとき，$D^2$ の固有値が，連続的に動くことを示すことによってなされる．補題 3.4 と§5.5 で示す定理 5.31 を用いると，このような連続変形によって指数が不変であるとわかる．（前補題の $\lambda$ として，固有値ではない数を選ぶと，$D$ の選び方や Riemann 計量を少しくらい連続変形しても，補題中の式の右辺の各項は不変であるというのが証明の要点である．）次の節で，より一般的な場合に証明を与える．

## §3.2　開多様体上の Dirac 型作用素の指数の定義

### (a)　コンパクトな台をもつ Clifford 加群

この節では $X$ は閉じているとは限らない多様体とする．

開多様体の端で Dirac 型作用素の振る舞いを制限するための付加的な構造を考えたい．「端」とは，あるコンパクト部分集合の補集合のことをさす．本質的にコンパクトな部分集合上だけで考察することを可能にするような構造である．そのためのアイディアは，2 つの Clifford 加群であって多様体の端の上では同型であるものを考えることである．このときその 2 つの Clifford 加群の「差」のようなものを定義したい．すると，多様体の端の上では，同型の存在によって，2 つの Clifford 加群がいわば相殺しあって，「差」の情報はコンパクト部分集合上に「局所化」すると考えられる．

次の定義はこのアイディアを定式化するための準備である．（しかし，この定義は，アイディアの説明のためだけのものであり，後では用いない．）

一般に，$T$ を $X$ 上の Euclid ベクトル束とし，$W$ を $T$ 上の $\mathbb{Z}_2$ 次数付 Clifford 加群とする．

**定義 3.6**　$X$ 上の Hermite ベクトル束 $W$ が $\mathbb{Z}_2\times\mathbb{Z}_2$ **次数付 Clifford 加群**であるとは，次の条件をみたすことである．

（1）　直和分解 $W=W^{00}\oplus W^{01}\oplus W^{10}\oplus W^{11}$ が与えられている．

（2）　$W^{0\bullet}=W^{00}\oplus W^{01}$ および $W^{1\bullet}=W^{10}\oplus W^{11}$ は，いずれも $\mathbb{Z}_2$ 次数付 Clifford 加群の構造が与えられている．　□

（正確には，「Clifford 積が次数 $(0,1)$ である $\mathbb{Z}_2\times\mathbb{Z}_2$ 次数付 Clifford 加群」とよぶべきであるが，長いので単に「$\mathbb{Z}_2\times\mathbb{Z}_2$ 次数付 Clifford 加群」とよぶことにする．）2 つの $\mathbb{Z}_2$ 次数付 Clifford 加群の組 $W^{0\bullet}, W^{1\bullet}$ が与えられたとき，$W=W^{0\bullet}\oplus W^{1\bullet}$ 上に $c_W=c_{W^{0\bullet}}-c_{W^{1\bullet}}$ によって Clifford 積を定義すると，$\mathbb{Z}_2\times\mathbb{Z}_2$ 次数付 Clifford 加群になる．逆に任意の $\mathbb{Z}_2\times\mathbb{Z}_2$ 次数付 Clifford 加群はこのように表わされる．

任意の $\mathbb{Z}_2$ 次数付 Clifford 加群 $W^0\oplus W^1$ は，$W^{0i}=W^i$, $W^{1i}=0$ とおくことにより，特別な $\mathbb{Z}_2\times\mathbb{Z}_2$ 次数付 Clifford 加群とみなすことにする．

$\mathbb{Z}_2\times\mathbb{Z}_2$ 次数付 Clifford 加群の典型例は，ある $\mathbb{Z}_2$ 次数付 Clifford 加群 $S$ に，任意の $\mathbb{Z}_2$ 次数付 Hermite ベクトル束 $F$ をテンソルした $W=F\otimes S$ である．あとで主に考察するのは，このような形をしたものである．

$$W^{00}=F^0\otimes S^0,\qquad W^{10}=F^1\otimes S^0. \tag{3.1}$$

$$W^{01}=F^0\otimes S^1,\qquad W^{11}=F^1\otimes S^1. \tag{3.2}$$

$$c_W=\epsilon_F\otimes c_S. \tag{3.3}$$

**注意 3.7**　命題 2.38(1)によって，もし $X$ が偶数次元であり $Spin^c$ 構造をもてば，任意の $\mathbb{Z}_2$ 次数付 Clifford 加群は，$S$ をスピノル束とするとき，上の $\mathbb{Z}_2\times\mathbb{Z}_2$ 次数付 Clifford 加群の形に書ける．

次に，2 つの Clifford 加群の間の同型を $X$ の端で考えたい．端の上だけでなく，$X$ 全体の上でデータを与えておくと $X$ をコンパクトな部分と端とにいちいち分けなくてすむので便利である．そこで，まず，$X$ 全体の上での準同型を考え，次の定義をおく．

**定義 3.8**　$\operatorname{Herm} W$ を $W$ の Hermite 変換全体のなす $\operatorname{End} W$ の部分ベク

トル束とする．Herm $W$ の部分ベクトル束 $H_{\mathbb{Z}_2\times\mathbb{Z}_2}$ を，次のような $h$ の全体として定義する．

- $h$ の次数は $(1,0)$ である．
- $h$ は Clifford 積と反可換である：$hc_W + c_W h = 0$．　□

**注意 3.9**

（1）$H_{\mathbb{Z}_2\times\mathbb{Z}_2}$ は，$W^{0\bullet}$ から $W^{1\bullet}$ への，Clifford 積を保つ準同型 $\underline{h}_W$ の全体と同一視できる．実際，次の対応によって同一視が与えられる．

$$\underline{h}_W \mapsto h = \begin{pmatrix} 0 & \underline{h}_W^* \\ \underline{h}_W & 0 \end{pmatrix}.$$

（2）$X$ が偶数次元で $Spin^c$ 構造をもつと仮定する．$S$ をスピノル束とすると，$W = F\otimes S$ に対しては $H_{\mathbb{Z}_2\times\mathbb{Z}_2}$ は $\mathrm{Hom}(F^0, F^1)$ と同型であることが容易にわかる．上とは違う順序で述べるならば，まず，$\mathrm{Hom}(F^0, F^1)$ は，$F$ の次数 1 の Hermite 自己準同型の全体 Herm $F$ と，対応

$$\underline{h}_F \mapsto h_F = \begin{pmatrix} 0 & \underline{h}_F^* \\ \underline{h}_F & 0 \end{pmatrix}$$

によって一対一に対応している．これに対してさらに

$$h_F \mapsto h = h_F \otimes \mathrm{id}_S$$

を対応させると，これは $H_{\mathbb{Z}_2\times\mathbb{Z}_2}$ の要素であり，この対応が求める同型である．

$h$ が同型である $X$ の部分においては，$W^{0\bullet}$ と $W^{1\bullet}$ との間にある種の相殺が起きていると考えたい．

**定義 3.10**　$h$ の**台**を $h$ が同型ではない点の全体として定義し，supp $h$ と書く．supp $h$ は閉集合である．　□

このとき，求める定式化は次のとおりである．

**定義 3.11**　ペア $(W, [h])$ が**コンパクトな台をもつ $\mathbb{Z}_2\times\mathbb{Z}_2$ 次数付 Clifford 加群**であるとは，次の条件をみたすことである．

（1）$W$ は $\mathbb{Z}_2\times\mathbb{Z}_2$ 次数付 Clifford 加群である．

（2）$h$ は $H_{\mathbb{Z}_2\times\mathbb{Z}_2}$ の切断であり，$h$ の台 supp $h$ は $X$ のコンパクト部分集合である．

（3）$[h]$ は，上のような $h$ の上の条件をみたす範囲におけるホモトピー

類である．　□

とくに，$X$ 自体がコンパクトであるときには，任意の $h$ に対してペア $(W,[h])$ はコンパクトな台をもつ $\mathbb{Z}_2\times\mathbb{Z}_2$ 次数付 Clifford 加群であり，$h$ のホモトピー類の可能性は1つである．この場合 $(W,[h])$ と $W$ とを同一視する．

**注意 3.12**

（1）$(W,[h])$ がコンパクトでない $X$ の上の，コンパクトな台をもつ $\mathbb{Z}_2\times\mathbb{Z}_2$ 次数付 Clifford 加群であるとき，4つの $W^{ij}$ の階数は，すべて等しくなければならない．

（2）$D$ を任意の Dirac 型作用素とするとき，$Dh+hD$ は，形式的には1階の微分作用素であるが，$h$ が $H_{\mathbb{Z}_2\times\mathbb{Z}_2}$ の要素であることから，微分の項は相殺して，$W$ 上のベクトル束としての Hermite 自己準同型となる．これが，上の定義の最も大切な点である．

コンパクトな台をもつ $\mathbb{Z}_2\times\mathbb{Z}_2$ 次数付 Clifford 加群の定義は一見複雑に見えるが，2つの Clifford 加群の差に当たるものを定義するという動機を忠実に反映している．しかし，もう少し簡単な，しかも一般化された対象を見たほうが，あとでは都合がよい．

**定義 3.13**　$W$ が Euclid 束 $T$ 上の $\mathbb{Z}_2$ 次数付 Clifford 加群であるとする．

（1）$\mathrm{Herm}\,W$ の部分ベクトル束 $H_{\mathbb{Z}_2}$ を，Clifford 積と反可換である次数1の要素 $h$ の全体として定義する：$hc_W+c_Wh=0$.

（2）$(W,[h])$ が $(X,T)$ 上の**コンパクトな台をもつ $\mathbb{Z}_2$ 次数付 Clifford 加群**であるとは，$h$ が $H_{\mathbb{Z}_2\times\mathbb{Z}_2}$ の切断であり，$h$ の台がコンパクトであることをいう．$[h]$ はこれらの条件をみたす範囲における $h$ のホモトピー類である．　□

「コンパクトな台をもつ $\mathbb{Z}_2\times\mathbb{Z}_2$ 次数付 Clifford 加群」は，総次数を用いることにより,「コンパクトな台をもつ $\mathbb{Z}_2$ 次数付 Clifford 加群」と思うことができる．本書で考察する中心的対象は，この「コンパクトな台をもつ $\mathbb{Z}_2$ 次数付 Clifford 加群」である．

あとで重要な例として現われる $\mathbb{R}$ 上の超対称調和振動子は，$\mathbb{Z}_2$ 次数付ではあるが，$\mathbb{Z}_2\times\mathbb{Z}_2$ 次数付の構造をもたない．

**定義 3.14**　長い名前はわずらわしいので，以下,「コンパクトな台をもつ $\mathbb{Z}_2$ 次数付 Clifford 加群」のかわりに単にペア $(W,[h])$ という言い方をする．

$X$ に Riemann 計量が与えられたと仮定して $T=T^*X$ を考える．このとき，$(X,T^*)$ 上のペア $(W,[h])$ を，**$X$ 上のコンパクトな台をもつ $\mathbb{Z}_2$ 次数付 Clifford 加群**，あるいは $X$ 上のペアとよぶ．　□

**注意 3.15**

（1）　上で，$H_{\mathbb{Z}_2}$ の意味を $H_{\mathbb{Z}_2\times\mathbb{Z}_2}$ の拡張として説明した．Dirac 作用素の「積」を考えることにより，別の説明が与えられる．§3.4 参照．

（2）　適当なファイバー束を用いれば,「$X$ 上のペア」の概念を，Riemann 計量を導入される以前の純粋に位相的な対象として定義することも可能である．しかし，あとでわかるように，$h$ を(定義の条件をみたすような)ホモトピーの範囲で動かしても指数の考察には影響がないことがわかるので，そこまでの定式化はやめておく．

$X$ 上のペア $(W,[h])$ が与えられたとする．$W$ 上の Dirac 型の作用素 $D$ を考える．十分大きな $t>0$ に対して $D_t=D+th$ の指数を定義したい．それを定義するためには，$X$ 上の Riemann 計量と Dirac 型作用素 $D$ とであって $X$ の端での挙動がなんらかの意味でまともであるものを選び，しかも $D_t$ が作用する関数空間をうまく選ぶ必要がある．しかも，最終的には，指数が，これらの諸々の補助的手段に依存せず，位相的なデータであるペア $(W,[h])$ にのみ(特に $h$ についてはそのホモトピー類にのみ)依存していることをいいたい．本書ではこれを遂行する手段として「Laplace 型作用素の固有関数の局所化」を用いる．

## (b)　開多様体上の Riemann 計量

開多様体の端の扱いについて，次の順序で議論しよう．

（1）　$X$ が境界をもつコンパクト多様体の内部と微分同相である場合を考える．$X$ 上の Riemann 計量の入れ方を，端の上で「シリンダー状」であるようにとって考察する(§3.2(c))．

（2）　(1)の考察を見ると，端の Riemann 計量の形状が，もっと一般的であっても議論はほとんど成立している．たとえば Euclid 空間と等長な端をもつものも許される．$X$ の端の形状として許されるもののトポロジーは「シリンダー状」の場合と変わらないが，応用上，このような Riemann 計量を考えることも必要である(§3.2(d))．

(3)　一般の $X$ について，「局所化」の帰結である「切除定理」を用いて考察することによって，指数の位相不変性を証明する(§3.3)．

### (c)　シリンダー状の端をもつ多様体

$X$ が，境界をもつコンパクト多様体 $\bar{K}$ の内部と微分同相である場合を考えよう．

$\bar{K}$ の境界を $Z$ とおくと，$X$ は，$\bar{K}$ と微分同相な多様体 $K_0$ と $Z\times[0,\infty)$ とを，境界 $Z$ および $Z\times\{0\}$ において貼り合わせて得られる．

$$X = K_0 \cup Z\times[0,\infty).$$

この節では $X$ 上の Riemann 計量であって，$Z\times[0,\infty)$ の上で，$Z$ のある Riemann 計量と $[0,\infty)$ の標準的な Riemann 計量との積の形をしているものを1つ固定する．このとき，$Z\times[0,\infty)$ の部分を，**シリンダー**とよぶことにする．

$Z\times\mathbb{R}$ の上には $\mathbb{R}$ が右成分に加法的に作用している．この作用を**平行移動**とよぶことにしよう．$Z\times\mathbb{R}$ 上のある Clifford 加群に，$\mathbb{R}$ 作用の持上げが存在し，Clifford 加群の構造(Hermite 内積，Clifford 積)を保つときに，その Clifford 加群は「平行移動に関して不変である」とよぶことにする．シリンダー $Z\times[0,\infty)$ 上の Clifford 加群が，平行移動に関して不変であるような $Z\times\mathbb{R}$ 上の Clifford 加群の制限であるとき，これをも「平行移動に関して不変である」とよぶ．シリンダー上の他の構造に関しても，同じ言葉を用いる．いちいち定義しないが，意味するところは明らかであろう．

ペア $(W,[h])$ として，シリンダー上で平行移動に関して不変であるものを考えよう(正確には，$W$ と $[h]$ の代表元 $h$ とが平行移動に関して不変ということである)．Dirac 型作用素 $D$ として，シリンダー上平行移動に関して不変であるものをとる．

考察したいのは，十分大きな $t>0$ に対して $D_t=D+th$ である．これは次数 1 の作用素であり，$W^0$ の切断と $W^1$ の切断を入れ替える．直接考察するのは次数 0 の作用素

$$D_t^2 = D^2+t(Dh+hD)+t^2h^2$$

である．$D_t^2$ は $\Gamma(W^0)$ と $\Gamma(W^1)$ とを各々保っている．

$V_t=t(Dh+hD)+t^2h^2$ とおくと，$V_t$ は $W$ の Hermite 自己準同型である．$W$ と，$\Gamma(W)$ 上の作用素 $D_t^2=D^2+V_t$ は，次の条件をみたしている．

（1）　$W$ は $X$ 上の Clifford 加群，$D$ は $W$ 上の Dirac 型作用素，$V_t$ は $W$ 上の Hermite 自己準同型である．

（2）　$W, D, V_t$ は $X$ の端のシリンダー上で平行移動に関して不変である．

（3）　任意の実数 $\lambda$ に対して，$t$ をあらかじめ十分大きくとっておくと，シリンダー上で $V_t \geqq \lambda$ が成立する．

$D$ が Dirac 型作用素，$V_t$ が Hermite 自己準同型であるとき，$D^2+V_t$ は第 5 章の定義 5.1 で定義される Laplace 型作用素の一種である．

$D^2+V_t$ の固有値を考えたい．そのためには固有関数として考えるべき関数空間を設定する必要がある．

**定義 3.16**　$X=K_0\cup Z\times[0,\infty)$ 上の Hermite ベクトル束 $W$ に対して，次の条件をみたす滑らかな切断 $s$ の全体を $B_X(W)$ とおく．

$$\liminf_{l\to\infty}\int_{Z\times\{l\}}(|Ds|^2+|hs|^2)=0.$$

□

以下，固有関数としては，$B_X(W)$ に属する切断の中において考えることにする．$s$ が $B_X(W)$ に属する $D_t^2$ の固有関数であるとき，$D_ts$ も再び $B_X(W)$ に属することが第 5 章で説明する「指数的減衰」(補題 5.9 およびその証明) と「アプリオリ評価」(命題 5.20) を用いるとわかる．よって，0 でない固有値に対しては，$B_X(W^0)$ に属する $D_t^2$ の固有関数全体と，$B_X(W^1)$ に属する $D_t^2$ の固有関数全体とは $D_t$ を通じて同型になる．

第 5 章で，次の定理を証明する (系 5.28 参照)．

**定理 3.17**　$X=K_0\cup Z\times[0,\infty)$ をシリンダー状の端をもつ Riemann 多様体とし，$(W,[h])$ を $X$ 上のペアとする．$W, D, h$ がシリンダー上平行移動に

関して不変であるとする．正数 $\bar{\lambda}, t>0$ を，シリンダー上 $V_t = t(hD+Dh)+t^2h^2 > \bar{\lambda}$ をみたすようにとる．このとき $D_t^2$ の $\bar{\lambda}$ 以下の固有値は，重複も込めて数えて，有限個である． □

これによって，この定理の条件をみたす $D_t$ に対して指数 $\mathrm{ind}\,D_t$ を補題3.3あるいは補題3.4の式と同じ式で定義できる．また，このとき，

**補題 3.18**　任意の $0 \leqq \lambda \leqq \bar{\lambda}$ に対して，次が成立する．

$$\mathrm{ind}\,D_t = \dim E_{\leqq\lambda}(D_t^2|B_X(W^0)) - \dim E_{\leqq\lambda}(D_t^2|B_X(W^1)). \qquad \square$$

次にこの定義が様々な補助のデータに依存しないことをいいたい．

**定理 3.19**（定理5.38参照）　$X = K_0 \cup Z \times [0,\infty)$ をシリンダー状の端をもつ Riemann 多様体，$(W,[h])$ を $X$ 上のペアとする．$W, D, h$ がシリンダー上平行移動に関して不変であると仮定する．正数 $\bar{\lambda}, t>0$ を，シリンダー上 $V_t = t(hD+Dh)+t^2h^2 > \bar{\lambda}$ をみたすようにとる．$\mu < \bar{\lambda}$ が $D_t^2$ の固有値ではないと仮定する．このとき，条件

- $Z \times [0,\infty)$ 上で Riemann 計量はシリンダー状であり，$D, h$ はシリンダー上の平行移動で不変，
- 評価 $V_t > \bar{\lambda}$ がシリンダー上で成立

をみたしたまま $X$ の Riemann 計量，$D, h, t$ を連続的に少し変形させても，$\mu$ 以下の固有値の数は($B_X(W^0)$ 上でも $B_X(W^1)$ 上でも)変わらない． □

ここで,「連続的な変形」とは，$X$ の各点の近傍の上で $X$ の座標と $W$ の自明化をとってすべてを座標表示するとき，$D, V_t$ の係数と $X$ の Riemann 計量の係数が，その近傍と変形のパラメータ空間との直積の上で連続関数になることである(正確にいうと，§2.3の最後に注意したように，$X$ 上の Clifford 加群の概念は，$X$ の Riemann 計量が変わると，変化するので，$W$ 自体がベクトル束として連続的に変化する．$X$ と変形パラメータ空間の直積上に $W$ に当たるベクトル束が定義されている)．

この定理から，指数が位相的なデータであるペア $(W,[h])$ だけから決まることを示せる．

**定理 3.20**　$X$ が境界をもつコンパクト多様体の内部と微分同相であるとし，$X$ 上のペア $(W,[h])$ が与えられたとする．$X$ に端がシリンダー状である

Riemann 計量を任意に入れ，$h$ を(台がコンパクトなまま)ホモトピーで動かしたものに置き換えることにより，$h$ がシリンダー上で平行移動に関して不変になるよう変形する．このとき，平行移動で不変な $D$ と十分大きな $t>0$ に対して $\operatorname{ind} D_t$ を考えると，これは，Riemann 計量，$h, D, t$ のとり方に依存しない．

［証明］ Riemann 計量，$h, D, t$ を，定理の仮定をみたしたまま，あるパラメータ $\omega$ に関して連続的に動かしたときに，$\operatorname{ind} D_t$ が不変であることを見ればよい．パラメータ $\omega$ の値が $\omega_0$ であるときに，$t(hD+Dh)+t^2h^2>\bar{\lambda}$ であるように $\bar{\lambda}>0$ を選ぶ．$D_t^2$ の $\bar{\lambda}$ 以下の固有値は有限個しかないから，どの固有値とも一致しない $0<\mu<\bar{\lambda}$ を選べる．このとき，定理 3.19 により，$\omega_0$ の十分近くにあるパラメータ $\omega$ に対して，$\mu$ 以下の固有値の個数は $B_X(W^0)$ 上でも $B_X(W^1)$ 上でも変わらない．ここで補題 3.18 を用いると主張が得られる． ∎

この定理に基づき，

**定義 3.21**　$\operatorname{ind}(W, [h]) = \operatorname{ind} D_t$ □

と書くことにしよう．

### (d)　より一般の Riemann 計量をもつ端

上の定式化ではシリンダー上平行移動に関して不変であるデータをもつ Laplace 型作用素に対して第5章の結果を使った．$X$ が境界のあるコンパクト多様体の内部と微分同相であるとき，必ずしもシリンダー状の端をもつ Riemann 計量でなくとも第5章の結果は適用できる．

実際，Riemann 多様体 $X$ が次の条件(R)をみたす場合にも議論は拡張される：

滑らかな固有写像 $f\colon X \to \mathbb{R}$ であって，次の条件をみたすものがあるとする．$K_0 = f^{-1}((-\infty, 0])$ とおく．点 $p$ から距離 $r$ 未満の点全体からなる開集合を $B_r^\circ(p)$ と書く．

**仮定 3.22** (Riemann 計量に関する条件(R))

- $K_0$ はコンパクトである．

- $X$ 上の任意の点 $p$ に対して，$K_0$ 内のある点 $q$ が存在し，$B_1^\circ(p)$ は，$B_1^\circ(q)$ と Riemann 多様体として同型(すなわち等長)である．
- $X \setminus K_0$ 上で $0 < \inf |\nabla f|$ かつ $\sup |\nabla f| < +\infty$ である．ただし，$\nabla f$ は考えている Riemann 計量に関する $f$ の勾配ベクトルである． □

はじめの条件は，平行移動に関する不変性に相当する．あとの条件は，(もし $X$ が閉多様体でなければ) $X$ が無限に広く広がっており，$f$ がその広がりの程度をほぼ忠実に反映していることを意味する．この条件(R)をみたす Riemann 多様体には，シリンダー状の端をもつもの以外に，次のような例がある．

**例 3.23**

(1) ある閉 Riemann 多様体 $Z$ と自然数 $r$ に対して，$Z \times \mathbb{R}^r$ の端と等長な端をもつような $X$ は条件(R)をみたす($\mathbb{R}^r$ の原点からの距離を用いて $f$ を定義する)．

(2) $X, X'$ が条件(R)をみたすときには，Riemann 多様体としての直積 $X \times X'$ も条件(R)をみたす($X$ に対する $f$ と $X'$ に対する $f'$ の和を用いる)． □

条件(R)をみたす Riemann 多様体であって，指数定理を示すために必要になる例を述べる．

$X$ がシリンダー状の端をもつ Riemann 多様体であり，$\nu$ が $X$ 上の実ベクトル束であるとき，$\nu$ の全空間に，以下のようにして Riemann 計量 $g_\nu$ を入れる．

まず，$X$ が1点であり，$\nu$ が Euclid 空間 $\mathbb{R}^m$ と一致する場合に，$\mathbb{R}^m$ 上の Riemann 計量 $g_{\mathbb{R}^m}$ と滑らかな関数 $f_{\mathbb{R}^m}$ であって次の条件をみたすものを任意にとる．$\mathbb{R}^m$ の標準的 Riemann 計量に関して，原点からの距離を $r \colon \mathbb{R}^m \to [0, \infty)$ とおく．$\mathbb{R}^m$ には標準的 Riemann 計量を保ち，原点を固定する直交群 $O(m)$ が作用している．

- $g_{\mathbb{R}^m}$ と $f_{\mathbb{R}^m}$ は $O(m)$ 不変である．特に，$f$ は原点からの距離 $r$ の関数である．
- $g_{\mathbb{R}^m}$ は，$r < 1$ の範囲で，$\mathbb{R}^m$ の標準的 Riemann 計量と一致し，$r > 2$ の

範囲で $g_{\mathbb{R}^m}$ は積 $S^{m-1}\times[0,\infty)$ と等長である．

- $f$ は，$r<1$ の範囲で $r^2-2$ と一致し，$r$ と共に単調に増大し，$r>2$ の範囲では，$S^{m-1}\times[0,\infty)$ の $[0,\infty)$ 成分の値と一致する．

このとき $g_{\mathbb{R}^m}$ は，$\mathbb{R}^m$ 上のシリンダー状の端をもつ Riemann 計量になる．

一般の $X$ に対しては，次のように $g_\nu$ を定義する．

（1）　$\nu$ 上の Euclid 内積(Euclid 計量)であって，$X$ の端のシリンダー上では平行移動に関して不変であるものを任意に 1 つ固定する．

（2）　$\nu$ の各ファイバー $(\nu)_x$ 上の Riemann 計量を，$(\nu)_x$ と $\mathbb{R}^m$ との間の内積を保つ線形同型によって，$g_{\mathbb{R}^m}$ と等長になるように定める($g_{\mathbb{R}^m}$ が $O(m)$ 不変であるから，これは内積を保つ線形同型の選び方によらない)．

（3）　自然な完全系列

$$0\to T_{\mathrm{fiber}}\nu\to T\nu\to\pi^*TX\to 0$$

の分裂であって，シリンダー上では平行移動に関して不変であるものを任意に 1 つ固定する．ここで $T_{\mathrm{fiber}}\nu$ は，$\nu$ のファイバーに沿った接ベクトル全体からなる $\nu$ 上のベクトル束である．

（4）　上の分裂から定まる同型 $T\nu\cong T_{\mathrm{fiber}}\nu\oplus\pi^*TX$ を使って，右辺の計量によって左辺の計量 $g_\nu$ を定義する．

**補題 3.24**　$g_\nu$ は，条件(R)をみたす．

［証明］　$\nu$ の各ファイバーを，内積を保つ線形同型によって $\mathbb{R}^m$ と同一視することにより，$f_{\mathbb{R}^m}$ を各ファイバー上の関数とみなす．$f_{\mathbb{R}^m}$ は $O(m)$ 不変であるから，この関数は内積を保つ線形同型のとり方によらない．すべてのファイバーに対してこの関数を考えて，$\nu$ の全空間上の関数とみなしたものを $f_0$ とおく．また，$X$ 上の滑らかな関数 $f$ であって，シリンダー $Z\times[0,\infty)$ の上では $[0,\infty)$ 成分と一致し，シリンダーの外の相対コンパクトな部分で負になるものをとる．必要なら，ある正数 $c$ に対して $f$ を $f-c$ で置き換えることにより，$f$ に対して $X$ の Riemann 計量は条件(R)をみたすと仮定できる．$\nu$ から $X$ への射影を $\pi$ とおくとき，$\nu$ の全空間上の関数 $f_\nu=f\circ\pi+f_0$ に対して $g_\nu$ は条件(R)をみたす．詳細は読者に委ねる． ∎

また，$D,h$ については次の条件をみたしているものを考えよう．

**仮定 3.25**（$D,h$ に関する条件(D)）

- $X$ 上の任意の点 $p$ に対して，$K_0$ 内のある点 $q$ が存在し，$D$ を $B_1^\circ(p)$ に制限したものは，$D$ を $B_1^\circ(q)$ に制限したものと同型である．
- 任意の実数 $\lambda$ に対して，十分大きな実数 $t$ をとると，シリンダー上の各点で

$$t(Dh+hD)+t^2h^2 > \lambda$$

が成立する．　□

$D$ と違って，$h$ については，平行移動に関しての不変性に相当する条件はおかれていない．

**例 3.26**　Euclid 空間は条件(R)をみたす．あとで§3.5 で Euclid 空間上に定義される超対称調和振動子は，平行移動に関して不変ではないが，条件(D)をみたしている．　□

**注意 3.27**　第5章の議論において，条件(R)の前半は，「等長」のかわりに，不等式で表わされるような，より緩やかな条件に容易に置き換えることができる．条件(D)の前半についても同様である．Riemann 計量や $D$ を適当に選ぶことのできる状況(たとえば本書の指数定理の証明がそうである)と違って，Riemann 計量や $D$ が幾何学的に現われる状況(たとえば開多様体上でインスタントンや Einstein 計量を考えるときがそうである)では，条件をこのように緩めて議論することが実際に必要となる．

固有値，固有関数を考えるべき関数空間を定めなくてはならないが，これは定義 3.16 の $B_X$ の定義において，$Z\times\{l\}$ 上の積分を $f^{-1}(l)$ 上の積分に置き換えたものにとっておく．

このとき定理 3.19 に相当する主張はそのまま成立する．従って，$\operatorname{ind} D_t$ を定義できる．これが補助的なデータに依存しないことを次節で説明する．

条件(R)のもとでは，$h$ に(従って $V_t$ に)平行移動に関する不変性に相当する条件がないので，データの変形によらず指数の値が不変であることを主張する定理 3.20 に相当する主張を示すには，技術的な仮定が必要である．一般的な定式化は第5章で述べることにし(注意 5.39 参照)，ここではその特別な，最も簡単な場合だけを補題として述べておく．

**補題 3.28** $X$ が境界をもつコンパクト多様体の内部と微分同相であるとし，$X$ 上の Riemann 計量，$X$ 上のペア $(W,[h])$，Dirac 型作用素 $D$ が条件(R)と条件(D)をみたすと仮定する．条件(R)と条件(D)とをみたしたまま，$K_0$ 上でのみ，Riemann 計量および $h, D$ を連続的に動かしても，$\operatorname{ind} D_t$ は，不変である． □

## §3.3 切除定理と指数の位相不変性

$X$ の端が恐ろしくワイルドであるとき，$X$ は境界付コンパクト多様体の内部と微分同相とは限らない．そのような場合でも，シリンダー状の端をもつ場合に帰着させることによってペア $(W,[h])$ の指数を定義するやり方を述べよう．

もちろん，そんなにワイルドな多様体の上で Dirac 型作用素を考察することとは，特にそれ自体が目的であるのでなければ，通常はまずない．しかし，§3.2(d)で述べたように，$X$ がコンパクト多様体の内部と微分同相な場合にも，$X$ の端に(どれも比較的まともであるとはいえ)様々な Riemann 計量を導入して指数を定義することが可能であった．それらの定義がすべて一致することを示したい．だが，定理 3.20 の証明にならってホモトピーで動かす議論を行うためには，§3.2(d)の最後で述べたようにデータが「技術的な仮定」をみたすことが必要である．このことから，Riemann 計量をも含めた $X$ 上の 2 つのデータを単純にホモトピーで結び，定理 3.19 のような固有値の連続性に帰着させるのは解析的に少々難しいのである．

この節ではそもそもホモトピーで結べないようなデータを比較する方法を説明する．それが，上の 2 つの問題(ワイルドな端の扱いと，指数の定義の一意性)を同時に解決する．具体的には「切除定理」とよばれるものである．切除定理は指数定理の証明においても本質的な役割を果たす．

**定理 3.29** (切除定理(excision theorem)) $X$ が境界のあるコンパクト多様体の内部と微分同相であり，余次元 1 のある閉部分多様体によって，$X$ の相対コンパクトな開部分多様体 $Y$ と，その補集合 $X\backslash Y$ とに分割されて

いるとする．すると，$Y$ の閉包は，境界のあるコンパクト多様体であり，$Y$ はその内部である．$X$ 上のペア $(W_X, [h_X])$ が与えられ，$h_X$ は $X\backslash Y$ 上同型であると仮定する．このとき，$Y$ 上に $(W_X, [h_X])$ を制限して得られる $(W_X|Y, [h_X|Y])$ は，$Y$ 上のペアになる．$X$ 上で，条件(R), (D)をみたすような任意の Riemann 計量等のデータを用いて Dirac 型作用素 $D_{X,t}$ を構成する．$Y$ 上では，シリンダー状の端をもつ Riemann 計量と端の上で平行移動で不変なデータを用いて $D_{Y,t'}$ を構成する．このとき，

$$\mathrm{ind}\, D_{Y,t'} = \mathrm{ind}\, D_{X,t}$$

が成立する． □

特に，$Y$ の $X$ 内での境界が $Z$ であり $X = Y \cup Z \times [-1, 0)$ となる場合を考えれば，指数が条件(R), (D)をみたす限り，$\mathrm{ind}\, D_{X,t}$ は Riemann 計量等のデータには依存しないことがわかる．

$X$ が(境界をもつコンパクト多様体の内部ではない)一般の場合に，指数は次のようにして定義される．

(恐ろしくワイルドな端をもつかもしれない)多様体 $X$ 上に，ペア $(W, [h])$ が与えられたとする．$X$ を余次元1の閉多様体によって相対コンパクトな開部分多様体 $Y_0$ と，その補集合 $X\backslash Y_0$ とに分割し，しかも $X\backslash Y_0$ 上では $h$ は同型であると仮定できる(固有写像 $f\colon X \to [-1, \infty)$ を，$h$ が同型とならない点では負の値をとるように選ぶことができる．さらに，一般性を失わずに0を正則値と仮定できる．このとき，$Y_0 = f^{-1}([-1, 0))$ とおけばよい)．このとき，制限の指数 $\mathrm{ind}(W|Y_0, [h|Y_0])$ が意味をもつ．また，$h$ が同型でない点をすべて内点に含むような $Y_1, Y_2$ が与えられたとき，$Y_1 \cap Y_2$ に含まれるように $Y_0$ をとることができる．$Y_1, Y_2$ 上では条件(R), (D)をみたすデータから指数を定義することにする．すると，切除定理を2回用いると，

$$\mathrm{ind}(W|Y_1, [h|Y_1]) = \mathrm{ind}(W|Y_0, [h|Y_0]) = \mathrm{ind}(W|Y_2, [h|Y_2])$$

となる．よって，この値をもって $\mathrm{ind}(W, [h])$ の定義とすることができる．

切除定理の証明を説明する．$t$ を動かすことは $h$ を動かすことに吸収できることと，コンパクトな領域でデータを変形しても指数は変わらないこと(補題3.28)に注意すれば，切除定理は以下に説明する定理3.30を認めれば

明らかであろう.

$X$ が境界のあるコンパクト多様体の内部と微分同相であり，余次元1のある閉部分多様体によって，$X$ の相対コンパクトな開部分多様体 $Y$ と，その補集合 $X\backslash Y$ とに分割されているとする．$X$ 上のペア $(W_X,[h_X])$ が与えられ，$h$ は $Y\backslash X$ 上同型であると仮定する.

$X$ 上の Riemann 計量 $g$ と関数 $f$，ペア $(W_X,[h_X])$，Dirac 型作用素 $D_X$ および $[h_X]$ の代表元 $h_X$ であって条件(R),(D)をみたすものが与えられたとする．必要なら $X$ の Riemann 計量，$f$ および $D_X, h_X$ を，$X$ のコンパクトな部分集合の上で動かすことにより，次のように仮定できる.

- $-2$ は $f$ の正則値であり，$Y=f^{-1}((-\infty,-2))$ である.
- $f^{-1}([-2,-1])$ は，あるコンパクト Riemann 多様体 $Z_Y$ に対して $Z_Y\times[-2,-1]$ と等長である.
- $h_X, D_X$ は（$Z_Y\times[-2,-1]$ と等長な）$f^{-1}([-2,-1])$ の上で平行移動に関して不変である.

各 $L>0$ に対して，$X$ の $Z_Y\times[-2,-1]$ と等長な部分を $Z_Y\times[-2,3L]$ に置き換えて得られる Riemann 多様体を $X^L$ とおく．$X^L$ 上には自然にペア $(W^L,[h^L])$ と Dirac 型作用素 $D^L$ が定義され，これらは $Z_Y\times[0,3L]$ 上では平行移動に関して不変である．このとき $\operatorname{ind} D_t^L=\operatorname{ind}(W_X,[h_X])$ である．また，$X^\infty$ を，$X$ の一部 $f^{-1}([-2,\infty))$ を $Z_Y\times[-2,\infty)$ に置き換えて得られる Riemann 多様体とする．$X^\infty$ は $Y$ と微分同相であり，シリンダー状の端をもつ(図3.1参照)．この上にはペア $(W^\infty,[h^\infty])$ とシリンダー上で平行移動に関して不変な $D^\infty$ が自然に定義されている．従って，$\operatorname{ind} D_{X,t}^\infty=\operatorname{ind}(W_X|Y,[h_X|Y])$ である.

$t>0$ を十分大きくとっておくと，1つの $\bar\lambda,\epsilon$ をとれば，$\infty$ をも含むすべての $L$ に対して一斉に前節の条件をみたすようにできていることに注意する.

以上の設定のもとで，次が成立する.

**定理 3.30**　$\mu<\bar\lambda$ に対して，$(D_t^\infty)^2$ が固有値 $\mu$ の固有関数をもたないと仮定する．このとき，十分大きな $L$ をとると，$(D_t^\infty)^2$ と $(D_t^L)^2$ とでは($W^\bullet$ の各次数ごとに) $\mu$ 以下の固有値の個数は変わらない. □

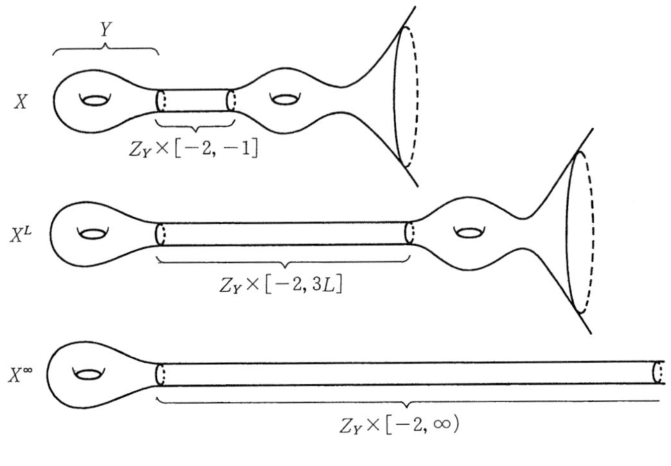


図 **3.1**　$X, X^L, X^\infty$

証明はより一般の場合に対して§5.6でなされる(定理5.40).

## §3.4　Dirac型作用素の積とその指数

シリンダー状ではない端が現われうる場合として，次の例は重要である.

**例 3.31**　$X$ 上のペア $(W,[h])$ と $W$ 上の Dirac 型作用素 $D$ が与えられ，同時に $X'$ 上のペア $(W',[h'])$ と $W'$ 上の Dirac 型作用素 $D'$ が与えられ，いずれも条件(R), (D)をみたすとする．外部テンソル積 $W'\boxtimes W$ を $\tilde{W}$ とおく．このとき，$X'\times X$ 上のペア $(\tilde{W},[\tilde{h}])$ と $\tilde{W}$ 上の Dirac 型作用素 $\tilde{D}$ を次のように構成できる.

$$c_{\tilde{W}}(v'\oplus v) = c_{W'}(v')\otimes \mathrm{id}_W + \epsilon_{W'}\otimes c_W(v),$$
$$\tilde{h} = h'\otimes \mathrm{id}_W + \epsilon_{W'}\otimes h,$$
$$\tilde{D} = D'\otimes \mathrm{id}_W + \epsilon_{W'}\otimes D.$$

まず，$\tilde{h}^2 = h'^2\otimes \mathrm{id}_W + \mathrm{id}_W\otimes h^2$ であるから，$\tilde{h}$ が同型でない $X'\times X$ の点は，$h'$ が同型でない $X'$ の点と $h$ が同型でない $X$ の点との組である．従ってその

ような点の全体はコンパクトであり，確かにペア $(\tilde{W},[\tilde{h}])$ が定義される．しかも，これらが条件(R), (D)をみたしていることも容易に確かめられる．　□

三つ組 $(\tilde{W},\tilde{D},\tilde{h})$ を $(W',D',h')$ と $(W,D,h)$ の積とよぶことにする．$X, X'$ がシリンダー状の端をもっていたとしても，$X' \times X$ は一般にはもはやそうではない．

積の構成において，指数がどうなるかは次のようにしてわかる．定義から

$$\tilde{D}_t^2 = {D'}_t^2 \otimes \mathrm{id}_W + \mathrm{id}_{W'} \otimes D_t^2$$

が成立する．従って，$\mathrm{Ker}\,\tilde{D}_t^2$ の任意の要素 $s$ は，

$$\begin{aligned} 0 &= \int \langle \tilde{D}_t^2 s, s\rangle \\ &= \int \langle ({D'}_t^2 \otimes \mathrm{id}_W)s, s\rangle + \int \langle (\mathrm{id}_{W'} \otimes D_t^2)s, s\rangle \\ &= \int |(D'_t \otimes \mathrm{id}_W)s|^2 + \int |(\mathrm{id}_{W'} \otimes D)s|^2 \end{aligned}$$

をみたす．ここで，第5章で説明されるように，$s$ は指数的減衰をするので，部分積分を行うとき，無限遠からの寄与が 0 となることを用いた．よって同型

$$\mathrm{Ker}\,\tilde{D}_t^2 = \mathrm{Ker}\,{D'}_t^2 \otimes \mathrm{Ker}\,D_t^2 \tag{3.4}$$

がわかる．これは次数付ベクトル空間としての同型である．

これからただちに次の積公式を得る．

**命題 3.32**　$\mathrm{ind}(\tilde{W},[\tilde{h}]) = \mathrm{ind}(W',[h'])\,\mathrm{ind}(W,[h])$．　□

**注意 3.33**　技術的なことであるが，$X$ が閉多様体であり，$X'$ がシリンダー状の端をもつ Riemann 多様体である場合には，$X' \times X$ はシリンダー状の端をもつ．$X$ 上の $X'$ をファイバーとするファイバー束の場合も同様である．このことに注意すると実は，閉多様体上の $\mathbb{Z}_2$ 次数付 Clifford 加群に対する指数定理の証明のためには，シリンダー状の端をもつ Riemann 計量だけを考察すれば十分である．

$X$ 上のペア $(W,[h])$ において，$h$ は $H_{\mathbb{Z}_2}(W)$ の切断であった．上の積の構成は，このような $h$ が自然に現われる状況の例を与える．これを説明しよう．

まず，簡単のため $X, X'$ は閉多様体であると仮定して，上の積の構成にお

いて $h=h'=0$ ととっておこう.

$\Gamma(W')$ の上には形式的に Hermite な自己準同型 $D'$ が作用している. $\Gamma(W')$ を無限次元の $\mathbb{Z}_2$ 次数付の Hermite 計量が与えられたベクトル空間と思うと, これを $W$ に(左から)テンソルすることによって, $X$ 上の無限階数のベクトル束ができあがる. これを形式的に $\mathcal{W}$ と書こう. $\mathcal{W}$ は, 有限階数の $\mathbb{Z}_2$ 次数付ベクトル束を(左から)テンソルする場合と同様に, 自然に $\mathbb{Z}_2$ 次数付 Clifford 加群の構造をもち, その上に Dirac 作用素 $\mathcal{D}=\epsilon_{\Gamma(W')}\otimes D$ が与えられている. また, $\tilde{h}=D'\otimes\mathrm{id}_W$ とおくと, これは $H_{\mathbb{Z}_2}(\mathcal{W})$ に属する. 従って, 形式的には $(\mathcal{W},[\tilde{h}])$ は $X$ 上の無限階数のペアであり,

$$\mathcal{D}_t=\mathcal{D}+t\tilde{h}=\epsilon_{\Gamma(W')}\otimes D+tD'\otimes\mathrm{id}_W$$

は, 形式的にはその上で指数を考えるべき Dirac 作用素である. $X$ 上での $\mathcal{W}$ の切断が, $X'\times X$ 上での $W'\boxtimes W$ の切断に他ならないことに注意すると, $t=1$ のとき, $\mathcal{D}_t=\tilde{D}$ となっている.

従って, もし $\Gamma(W')$ とその上に働く $D'$ との「有限次元近似」として, $\mathbb{Z}_2$ 次数付 Hermite ベクトル空間とその上の Hermite 変換が与えられれば, $\mathcal{W},\mathcal{D},\tilde{h}$ の有限次元近似を構成することができ, $X$ 上の本当のペアおよび本当の Dirac 型作用素となる.

要するに, $h$ は, $X$ が積 $X'\times X$ の因子として理解されるときに, $X'$ 方向については作用素の有限次元近似(これは, ほとんど指数の定義そのものである)をとったあとの, $X'$ の名残として現われるものとして理解できる.

**注意 3.34**　積の形より一般に, $X$ 上の $X'$ をファイバーとするファイバー束を考える場合に, 上の考察を($X'$ が Euclid 空間で $D'$ が超対称調和振動子であるときに)拡張することが, 第6章における指数定理の証明の中核である.

## §3.5　超対称調和振動子と Euclid 空間上の de Rham 複体

指数の計算において, ある意味で単位の役割を果たすのが「超対称調和振動子」である. この定義を3通り与える. 第一の方法では, 向きの局所系を

係数とするde Rham複体を利用する．第二の方法では，1次元の超対称調和振動子の$n$個の積として$n$次元超対称調和振動子を定義する．第三の方法では，スピノル束を2つテンソルしたものから構成する(最後のものは，偶数次元の場合にのみ有効である)．

## (a)　1次元の場合

コンパクトな台をもつ$\mathbb{Z}_2$次数付Clifford加群とそれに伴うDirac型作用素の，最も簡単な例を説明しよう．1次元の超対称調和振動子である．

$\mathbb{R}$の座標を$q$と表わそう．$\mathbb{R}$には標準的なRiemann計量を入れておく(すると，条件(R)がみたされている)．

例2.17の既約な$\mathbb{Z}_2$次数付ユニタリ表現を用いて次のように三つ組$(W_{\mathbb{R}}, D_{\mathbb{R}}, h_{\mathbb{R}})$を定義する．$\mathbb{R}$上の$\mathbb{Z}_2$次数付ベクトル束$W_{\mathbb{R}} = \mathbb{R}\times(\mathbb{C}\oplus\mathbb{C})$上にClifford加群の構造を

$$c_{\mathbb{R}}(dq) = \begin{pmatrix} 0 & -1 \\ 1 & 0 \end{pmatrix}$$

によって定める．このとき

$$D_{\mathbb{R}} = \begin{pmatrix} 0 & -\partial_q \\ \partial_q & 0 \end{pmatrix}$$

は，平行移動に関して不変なDirac型作用素である．ただし，$\partial_q = d/dq$である．$\mathrm{End}\, W_{\mathbb{R}}$のHermiteな切断$h_{\mathbb{R}}$を

$$h_{\mathbb{R}}(q) = \begin{pmatrix} 0 & q \\ q & 0 \end{pmatrix}$$

とおくと，これはClifford積と反可換である．しかも，コンパクト集合$\{q=0\}$の外で$h$は同型なので，ペア$(W_{\mathbb{R}}, [h_{\mathbb{R}}])$とその指数を考えることができる．この指数$\mathrm{ind}(W_{\mathbb{R}}, [h_{\mathbb{R}}])$を決定しよう．

$t>0$に対して$D_{\mathbb{R},t} = D_{\mathbb{R}} + th_{\mathbb{R}}$とおくと，次式が成立する．

$$D_{\mathbb{R},t} = \begin{pmatrix} 0 & -\partial_q + tq \\ \partial_q + tq & 0 \end{pmatrix},$$

$$D^2_{\mathbb{R},t} = \begin{pmatrix} -\partial_q^2 - t + t^2q^2 & 0 \\ 0 & -\partial_q^2 + t + t^2q^2 \end{pmatrix}$$

作用素 $-\partial_q^2+t^2q^2$ は**1 次元調和振動子**(harmonic oscillator)とよばれる．$D^2_{\mathbb{R},t}$ の固有値は次の補題から決定される．

**補題 3.35** (1 次元調和振動子の固有値)　$-\partial_q^2+t^2q^2$ の固有値は $t$ の正の奇数倍の全体

$$t,\ 3t,\ 5t,\ \cdots,\ (2k-1)t,\ \cdots$$

であり，いずれも重複度は 1 である．

[証明]　無限遠で $q^2 \to \infty$ となることから，§5.4 系 5.28 で示される一般論により，任意の $\bar{\lambda}$ に対して $\bar{\lambda}$ 以下の固有値は重複も込めて有限個である(注意 5.42 も参照のこと)．また，固有値はすべて非負である．固有関数は(何回微分したものも)指数的に減衰する．

固有値 $\lambda$ に対応する固有空間を $E_\lambda$ とおくと，これは有限次元のベクトル空間である．

微分作用素 $a$ と，その形式的自己共役 $a^*$ を，

$$a = \partial_q + tq, \quad a^* = -\partial_q + tq$$

とおくと，$aa^*-t = a^*a+t = -\partial_q^2+t^2q^2$ が成立することに注意する．$\phi \neq 0$ が $E_\lambda$ の要素のとき，$\psi = a\phi$ とおくと，

$$\begin{aligned}(-\partial_q^2+t^2q^2)\psi &= (aa^*-t)a\phi = a\{(a^*a+t)-2t\}\phi \\ &= a\{(-\partial_q^2+t^2q^2)-2t\}\phi = (\lambda-2t)\psi\end{aligned}$$

である．これから写像 $a\colon E_\lambda \to E_{\lambda-2t}$ を得る．また，

$$a^*\psi = a^*a\phi = (\lambda-t)\phi$$

であるから，$\lambda \neq t$ である限り $\psi \neq 0$ である．よって，$\lambda \neq t$ である限り $a\colon E_\lambda \to E_{\lambda-2t}$ は単射である．同様に，写像 $a^*\colon E_\lambda \to E_{\lambda+2t}$ が得られ，$\lambda \neq -t$ である限り単射である．

これと，すべての固有値が非負であることから，次のことがわかる．

(1)　可能な固有値は $t$ の正の奇数倍に限り，それらの重複度はすべて等しい．

（2） 固有関数 $\phi$ の固有値が $\lambda=(2k-1)t$ 以下であることは，$a^k\phi=0$ と同値である．

（3） 固有値 $\lambda=(2k-1)t$ の固有関数は，固有値 $t$ のある固有関数 $\psi$ によって $(a^*)^{k-1}\psi$ と表わされる．

以上が交換関係からわかることである．第5章の一般論から，固有関数は必ず存在するので，各固有値の重複度は少なくとも1である．また，$a\phi=0$ は，1階の常微分方程式の解なので，固有値 $\lambda=t$ の重複度は高々1である．これから，固有値の重複度がすべて1であることがわかる． ■

上の証明の議論を使うと，固有関数を具体的に書き下すことも難しくない．実際，

$$a = \partial_q + tq = e^{-\frac{1}{2}tq^2}\partial_q e^{\frac{1}{2}tq^2},$$
$$a^* = -\partial_q + tq = e^{\frac{1}{2}tq^2}(-\partial_q)e^{-\frac{1}{2}tq^2}$$

に注意すると，

$$a^k = e^{-\frac{1}{2}tq^2}\partial_q^k e^{\frac{1}{2}tq^2}, \quad (a^*)^k = e^{\frac{1}{2}tq^2}(-\partial_q)^k e^{-\frac{1}{2}tq^2}$$

であるが，前者から，$(2k-1)t$ 以下の固有値をもつ固有関数全体で張られる空間が，$k$ 次未満の次数をもつ多項式に $\exp(-tq^2/2)$ を掛けたものの全体であることがわかる．とくに，固有値 $t$ の固有関数は

$$e^{-\frac{1}{2}tq^2}$$

の定数倍である．また，後者から，固有値 $(2k-1)t$ の固有関数は，より具体的に

$$e^{-\frac{1}{2}tq^2}\left(e^{tq^2}(-\partial_q)^{k-1}e^{-tq^2}\right)$$

の定数倍であることがわかる．括弧の中は $k-1$ 次の多項式であり，本質的に Hermite 多項式とよばれるものと一致する．

この補題を用いると，$D_{\mathbb{R},t}$ の指数の計算がただちにできる．

**命題 3.36**

$$\mathrm{Ker}(D_{\mathbb{R},t}^2|B_{\mathbb{R}}(W_{\mathbb{R}}^0)) \cong \mathbb{C}, \quad \mathrm{Ker}(D_{\mathbb{R},t}^2|B_{\mathbb{R}}(W_{\mathbb{R}}^1)) = 0,$$

$$\mathrm{ind}(W_{\mathbb{R}}, [h_{\mathbb{R}}]) = 1. \qquad \square$$

## (b)　生成消滅演算子

$D_{\mathbb{R},t}$ のもつ代数的な構造は，$a$, $a^*$ と共に，互いに Hermite 共役である作用素

$$b = \begin{pmatrix} 0 & 1 \\ 0 & 0 \end{pmatrix}, \quad b^* = \begin{pmatrix} 0 & 0 \\ 1 & 0 \end{pmatrix}$$

を導入すると見やすい．$a, a^*$ と $b, b^*$ とはいずれの組み合わせも可換である．$a$ は当然 $a$ 自身と可換であるが，$b$ は $b$ 自身と反可換(すなわち $b^2=0$)である．また，他の自明でない(反)交換関係として，

$$aa^* - a^*a = 2t, \quad bb^* + b^*b = 1$$

が成立する．

$a, b$ を**消滅演算子**(annihilation operator)，$a^*, b^*$ を**生成演算子**(creation operator)とよぶことがある．

$Q = ba^*$ とおくと，$Q$ の形式的自己共役作用素は $Q^* = ab^*$ であり，これは

$$Q^2 = Q^{*2} = 0, \quad D_{\mathbb{R},t} = Q + Q^*, \quad D_{\mathbb{R},t}^2 = QQ^* + Q^*Q$$

をみたす．作用素としての $\mathbb{Z}_2$ 次数を見ると，$a, a^*$ の次数は 0 であり，$b, b^*$ の次数は 1 である．従って，$Q, Q^*$ の次数は 1 となる．$D_{\mathbb{R},t}$ の固有値は，補題 3.35 における調和振動子の代数的扱いと平行して，行列部分も $b, b^*$ の反交換関係を用いて，これらの代数構造だけから形式的考察によってほぼ決定することができる(最低固有値の重複度だけが定まらない)．

特に，たとえば $D_{\mathbb{R},t}^2 s = 0$ の解は，(この式と $s$ との内積をとることによって)上の最後の式から $Qs = Q^*s = 0$ の解と等しい(もちろん，第5章で示す，部分積分の可能性を使う必要がある)．すると，

(1)　$0 = Qs = a^*(bs)$ において，$a^*$ が単射であることを用いると，$bs = 0$ となる．

(2)　$\mathrm{Ker}\, b$ 上で $b^*$ は単射なので，$0 = Q^*s = b^*(as)$ より，$as = 0$ を得る．

(3)　よって，$as = bs = 0$ となる．$a, b$ の作用で消えるのは，各々

$$e^{-\frac{1}{2}tq^2}, \quad \begin{pmatrix} 1 \\ 0 \end{pmatrix}$$

の定数倍であるから,

$$\operatorname{Ker} D^2_{\mathbb{R},t} = \mathbb{C}\begin{pmatrix} e^{-tq^2/2} \\ 0 \end{pmatrix}$$

がわかる.

以上の代数的体系は,物理で**1次元超対称調和振動子**(supersymmetric harmonic oscillator)とよばれているものと同値である.

実はこれを$\mathbb{R}$上のde Rham複体に由来するものと理解することもできる.そう思うと,$n$次元に拡張するのは容易である.

### (c)　超対称調和振動子の拡張

Riemann多様体$X$上にベクトル場$v$が与えられたとする.$v$の零点の全体が$X$のコンパクト部分集合であると仮定する.

$X$上に超対称調和振動子の拡張を定義したい.

まず,$X$の接ベクトル束$TX$上の$\mathbb{Z}_2$次数付Clifford加群$W_X$を次で定義する.

**定義3.37**

$$W_X^0 = \bigoplus_{k\equiv 0(2)} \bigwedge^k TX \otimes \mathbb{C}.$$

$$W_X^1 = \bigoplus_{k\equiv 1(2)} \bigwedge^k TX \otimes \mathbb{C}.$$

$$c_{W_X}(v) = -b_v + b_v^*, \qquad b_v = -v^{\lrcorner}, \quad b_v^* = -v^{\wedge}.$$

□

上の定義を余接ベクトル束$T^*X$を使って言い換えることにより,de Rham複体と関連づけたい.

$X$にはRiemann計量が入っているのでこれを使うと,$TX$と$T^*X$とはベクトル束として同型であり,従って,それらの外積である$W_X$と$\bigwedge^\bullet T^*X$は同型になる.しかし,これから行うのはこれとは異なる構成である.$X$には,Riemann計量から体積要素$d\,\mathrm{vol}$が定まる.これから考える同型は,Riemann計量の情報すべてではなく,この$d\,\mathrm{vol}$だけを使って構成される.

多様体 $X$ 上の向きの局所系を $\theta_X$ と書くとき，

$$|\textstyle\bigwedge^k T^*X| = \bigwedge^k T^*X \otimes \theta_X$$

とおくと，$X$ 上の Riemann 計量から決まる体積要素 $d\,\mathrm{vol}$ は，$|\bigwedge^n T^*X|$ の切断である．

Riemann 計量を使わずに縮約から定義される自然な同型

$$\textstyle\bigwedge^n TX \otimes \bigwedge^{n-k} T^*X \xrightarrow{\cong} \bigwedge^k TX$$

を用いると（自然に $\theta_X^* \cong \theta_X$ なので）同型

$$|\textstyle\bigwedge^n TX| \otimes |\bigwedge^{n-k} T^*X| \xrightarrow{\cong} \bigwedge^k TX$$

を得る．特に，$X$ 上に $d\,\mathrm{vol}$ が与えられると，同型 $|\bigwedge^{n-k}T^*X| \cong \bigwedge^k TX$ が得られる．これから，同一視

$$W_X^0 = \bigoplus_{k \equiv n(2)} |\textstyle\bigwedge^k T^*X| \otimes \mathbb{C},$$

$$W_X^1 = \bigoplus_{k \not\equiv n(2)} |\textstyle\bigwedge^k T^*X| \otimes \mathbb{C}$$

を得る．この表示では Clifford 積は，$T^*X$ の要素 $u$ に対して

$$c_{W_X} = -b_u + b_u^*, \qquad b_u = -u^\wedge, \quad b_u^* = -u^\lrcorner$$

となることに注意せよ．

ベクトル場 $v$ と，外微分 $d$ およびその形式的共役作用素 $d^*$ を用いて，$h_{X,v}$ と $D_X$ とを次のように定義する．

**定義 3.38**　Riemann 計量による同型 $TX \cong T^*X$ によって $v$ と対応する 1 次微分形式を $\tilde{v}$ とおく．三つ組 $(W_X, D_X, h_{X,v})$ を

$$h_{X,v} = b_{\tilde{v}} + b_{\tilde{v}}^*, \quad D_X = d + d^*$$

によって定義する．ただし，表示 $W_X = |\bigwedge^\bullet T^*X|$ を用いている．　□

$D_X$ は Dirac 型作用素である．しかし，一般には $X$ は条件(R)をみたすとは限らない．また，$X$ が条件(R)をみたすときでも，一般には $(D_X, h_{X,v})$ は条件(D)をみたすとは限らない．

$X$ が Euclid 空間 $E$ であるときには，$v$ を適当にとると，条件(R), (D)をみたす．

**定義 3.39**　$E$ 上のベクトル場 $v\colon E \to T^*E \cong TE = E \times E$ を，対角写像

から定義するとき，$h_E=h_{E,v}$ に対する定義3.38の三つ組 $(W_E, D_E, h_E)$ を **$E$ 上の超対称調和振動子**(supersymmetric harmonic oscillator)とよぶ． □

$E$ 上の超対称調和振動子は条件(R)，(D)をみたす．

$\tilde{v}$ がある関数 $f$ の外微分 $df$ と一致しているときには，次のような表示の仕方も可能である．

**補題3.40**　$\tilde{v}=df$ であると仮定する．三つ組 $(W_X, D_X, h_{X,v})$ において，作用素を $D_{X,v,t}=D_X+th_{X,v}$ とまとめた形で書くと，

$$D_{X,v,t}=Q+Q^*, \qquad Q=e^{tf}de^{-tf}, \quad Q^*=e^{-tf}d^*e^{tf}$$

が成立する．

［証明］　明らかであろう． ∎

超対称調和振動子の定義に用いられるベクトル場 $v$ に対応する1次微分形式 $\tilde{v}$ は，原点からの距離を $|q|$ とおくとき，$\tilde{v}=d(|q|^2/2)$ と表わされる．この場合に上の補題を改めて述べておこう．

**補題3.41**　$E$ 上の超対称調和振動子を $D_{E,t}=D_E+th_E$ とまとめた形で一挙に書くと，

$$D_{E,t}=Q+Q^*, \qquad Q=e^{t|q|^2/2}de^{-t|q|^2/2}, \quad Q^*=e^{-t|q|^2/2}d^*e^{t|q|^2/2}$$

となる．ここで，$|q|^2\colon \mathbb{R}^n\to\mathbb{R}$ は原点からの距離の自乗である． □

$E$ が1次元の場合に，超対称調和振動子の上の定義が，以前の定義と一致することは，

$$W^0=|\textstyle\bigwedge^1 T^*\mathbb{R}|\otimes\mathbb{C}\cong\bigwedge^0 T\mathbb{R}\otimes\mathbb{C}, \quad W^1=|\bigwedge^0 T^*\mathbb{R}|\otimes\mathbb{C}\cong\bigwedge^1 T\mathbb{R}\otimes\mathbb{C}$$

と同一視するとき

$$a=e^{-tq^2/2}\partial_q e^{tq^2/2}, \quad a^*=e^{tq^2/2}(-\partial_q)e^{-tq^2/2}, \quad b=-dq^\wedge, \quad b^*=-dq^\lrcorner$$

となることからわかる．特に

$$Q=ba^*=e^{\frac{1}{2}tq^2}de^{-\frac{1}{2}tq^2}, \quad Q^*=ab^*=e^{-\frac{1}{2}tq^2}d^*e^{\frac{1}{2}tq^2}$$

と理解することができ，$\operatorname{Ker} D_t^2$ は

$$\operatorname{Ker} D_t^2=\mathbb{C}e^{-\frac{1}{2}t|q|^2}|dq|$$

と書かれる．

**注意3.42**　超対称調和振動子は複素数 $\mathbb{C}$ 上でなく，実数体 $\mathbb{R}$ 上で既に定義さ

れている．実数体 $\mathbb{R}$ 上の Clifford 加群に対する指数定理を考察するときには，この事実を用いる．

超対称調和振動子の1つの顕著な性格は，$W_E = \bigwedge^\bullet TE$ が $\mathbb{Z}_2$ 次数をもつだけでなく，外積の次数によって $\mathbb{Z}$ 次数をもつことである．Clifford 積，$D_E, h_E$ はいずれもこの $\mathbb{Z}$ 次数については同次の作用素ではなく，$+1$ の次数と $-1$ の次数の作用素との和の形をしている．しかし，次が成立する．

**補題 3.43**　$D_{E,t}^2$ は，$W_E$ の $\mathbb{Z}$ 次数を保つ．　□

これは次の補題の特別な場合である．

**補題 3.44**　$v$ が Riemann 多様体 $X$ 上のベクトル場であり，$X$ 上の関数 $f$ に対して $\tilde{v} = df$ が成立すると仮定する．三つ組 $(W_X, D_X, h_{X,v})$ において，$W_X = \bigwedge^\bullet TX$ に，外積の次数によって $\mathbb{Z}$ 次数を定義するとき，作用素 $D_{X,v,t}^2$ は，その $\mathbb{Z}$ 次数を保つ．

［証明］　外微分 $d$ とその形式的共役 $d^*$ は $d^2 = d^{*2} = 0$ をみたす．よって，それらに対して，$\exp \pm tf$ を掛ける作用と共役をとったものも，自乗すると $0$ である．$D_{X,v,t}^2$ は，次数 $-2, 0, 2$ の作用素の和であるが，次数 $-2, 2$ の部分はそのような形をしているので $0$ になる．　■

## (d)　超対称調和振動子の乗法性

$E$ が2つの部分空間 $E_0$ と $E_1$ との直和であるとき，次の乗法性は，定義から容易に確かめられる．

**命題 3.45**　$E = E_0 \oplus E_1$ であるとき，$(W_E, D_E, h_E)$ は $(W_{E_0}, D_{E_0}, h_{E_0})$ と $(W_{E_1}, D_{E_1}, h_{E_1})$ との積である．特に，式(3.4)から $\operatorname{Ker} D_{E,t}^2$ は $\operatorname{Ker} D_{E_0,t}^2$ と $\operatorname{Ker} D_{E_1,t}^2$ のテンソル積と同型である．　□

ただし Ker は，(1つの特徴づけとして，たとえば)無限遠で指数的に減衰する滑らかな解を考えている．より具体的にいうなら，$\operatorname{Ker} D_{E,t}^2$ は，

$$\operatorname{Ker} D_{E,t}^2 = \mathbb{C}e^{-t|q|^2/2} d\,\mathrm{vol}$$

と書かれる．これから，超対称調和振動子の指数は1であるとわかる(命題3.32参照)．

**定理 3.46**　$\mathrm{ind}(W_E,[h_E])=1.$ □

**注意 3.47**　これは，台がコンパクトな微分形式からなる複体 $(\Omega_c^\bullet(E,\theta_E),d)$ に対するde Rhamコホモロジー $H_c^\bullet(E,\theta_E)$（あるいは，それとPoincaré双対性によって同型であるホモロジー群 $H_\bullet(E)$）と関係する．台がコンパクトな台である微分形式の代わりにある種の指数的減衰をする微分形式を考え，それらのなす複体に対するde Rhamコホモロジーを考えるのが，超対称調和振動子である．

生成消滅演算子を用いた具体的な表示については演習問題としておこう．

**問1**　$(W_{\mathbb{R}},D_{\mathbb{R}},h_{\mathbb{R}})$ を $\mathbb{R}$ 上の超対称調和振動子とする．$\mathbb{R}^n$ 上の $\mathbb{Z}_2$ 次数付Clifford加群 $W_{\mathbb{R}^n}$ を，外部テンソル積 $W_{\mathbb{R}^n}=W_{\mathbb{R}^1}\boxtimes\cdots\boxtimes W_{\mathbb{R}^1}$ によって定義し，$W_{\mathbb{R}^n}$ 上の作用素 $a_k$, $b_k$ $(k=1,2,\cdots,n)$ を

$$a_k=\overbrace{\epsilon_{W_{\mathbb{R}}}\boxtimes\cdots\boxtimes\epsilon_{W_{\mathbb{R}}}}^{k-1}\boxtimes a\boxtimes\overbrace{\mathrm{id}_{W_{\mathbb{R}}}\boxtimes\cdots\boxtimes\mathrm{id}_{W_{\mathbb{R}}}}^{n-k},$$

$$b_k=\overbrace{\epsilon_{W_{\mathbb{R}}}\boxtimes\cdots\boxtimes\epsilon_{W_{\mathbb{R}}}}^{k-1}\boxtimes b\boxtimes\overbrace{\mathrm{id}_{W_{\mathbb{R}}}\boxtimes\cdots\boxtimes\mathrm{id}_{W_{\mathbb{R}}}}^{n-k}$$

で定義する．同様に $a_k^*$, $b_k^*$ を定義する．

(1) これらの交換関係を求めよ．

(2) $W_{\mathbb{R}^n}$ の各ファイバーは，$b_k$, $b_k^*$ $(k=1,2,\cdots,n)$ で張られる代数の実既約表現の複素化であることを確かめよ．

(3) $W_{\mathbb{R}^n}$ の切断であってすべての $a_k$ と $b_k$ の作用で0になるようなものは1次元分だけあることを確かめよ．その生成元を $|0\rangle$ と書き，**真空**(vacuum)とよぶ．

(4) $b_k,b_k^*$ $(k=1,2,\cdots,n)$ で張られる代数に $O(n)$ が自然に作用することを見よ．これから補題2.38にならって，(2)の実既約表現上に，$O(n)$ の射影的な作用が定義できることを見よ．

(5) $|0\rangle$ 上 $O(n)$ が自明に作用するものとして定義することにより，射影的な作用が $O(n)$ の本当の線形表現になっていることを確かめよ．それが $\mathbb{R}^n$ の外積代数の複素化と同型であることを示せ．

### (e)　スピノル束との関係

スピノル束を用いて超対称調和振動子を表示してみよう．詳細は読者に委ねる．

$E$ を $n$ 次元の Euclid 計量が与えられたベクトル空間とする．$E\oplus E$ 上の Clifford 代数 $Cl(E\oplus E)$ のユニタリ表現 $R$ が与えられたとしよう．このとき，$E$ 上のベクトル束 $W_R=E\times R$ 上に，Clifford 加群の構造と，$W_R$ 上の Dirac 型作用素 $D_{W_R}$ と，さらにその Clifford 積と反可換な Hermite 自己準同型 $h_{W_R}$ を次で定義する．

$$c_{W_R}(v)=c_R(0\oplus v), \tag{3.5}$$

$$D_{W_R}s=\sum_{k=1}^{n}(c_{W_R}(e_k))(\partial_{e_k}s), \tag{3.6}$$

$$h_{W_R}(q)=\sqrt{-1}\,c_R(v(q)\oplus 0). \tag{3.7}$$

ただし，$\{e_k\}$ は $E$ の1つの直交座標から決まる正規直交枠であり，$v$ は定義3.39で与えられる．

$h_{W_R}$ の台は原点のみなので，ペア $(W_R,[h_{W_R}])$ を得る．

$E\oplus E$ は偶数次元であるから，定理2.11より，$R$ は $Cl(E\oplus E)$ のスピノル表現 $\Delta_{E\oplus E}$ のコピーのいくつかの直和と同型である．

**補題3.48**　$R=\Delta_{E\oplus E}$ であるとき，三つ組 $(W_R,D_R,h_R)$ は，超対称調和振動子と同型である．　□

もし $E$ 自身の次元 $n$ が偶数であるときには，補題3.48の表示を次のように言い換えられる．

$n=2m$ であったとする．$Spin(2m)$ のスピノル表現 $\Delta=\Delta^0\oplus\Delta^1$ から，$\mathbb{R}^{2m}$ 上のスピノル束 $S_{\mathbb{R}^{2m}}=\mathbb{R}^{2m}\times\Delta$ が定まった．これを一方ではただの $\mathbb{Z}_2$ 次数付ベクトル束と思い，Clifford 積を用いて自己準同型を定義する．また一方ではこれを $\mathbb{Z}_2$ 次数付 Clifford 加群とみなす．この両者をテンソルすると，コンパクトな台をもつ $\mathbb{Z}_2\times\mathbb{Z}_2$ 次数付 Clifford 加群が得られる．これが求める表示を与えている．

具体的に結果を述べると以下のとおりである．

**命題 3.49** $W_{\mathbb{R}^{2m}}$ は $S_{\mathbb{R}^{2m}} \otimes S_{\mathbb{R}^{2m}}$ と自然に同型である．$(q_1, q_2, \cdots, q_{2m})$ を $\mathbb{R}^{2m}$ の座標，$e_1, e_2, \cdots, e_{2m}$ を対応する正規直交枠とすると，次のような表示ができる．

$$c_{W_{\mathbb{R}^{2m}}}(e_k) = \epsilon_{S_{\mathbb{R}^{2m}}} \otimes c_{S_{\mathbb{R}^{2m}}}(e_k),$$

$$D_{\mathbb{R}^{2m}} = \epsilon_{S_{\mathbb{R}^{2m}}} \otimes \sum_{k=1}^{2m} c_{S_{\mathbb{R}^{2m}}}(e_k)\partial_{q_k},$$

$$h_{\mathbb{R}^{2m}} = \sqrt{-1} \sum_{k=1}^{2m} q_k c_{S_{\mathbb{R}^{2m}}}(e_k) \otimes \mathrm{id}_{S_{\mathbb{R}^{2m}}} .$$

□

これを確かめるには，前節の問を用いれば，いくつかの交換関係を確認するだけで十分である．

## 《要約》

**3.1**　端でよい振る舞いをする開多様体とその上の Dirac 型作用素に対しては，関数空間を適当に定めることにより，指数が直接定義される．

**3.2**　Laplace 型作用素の固有関数の局所化を利用して，Dirac 型作用素の指数の切除定理が示される．なお，切除定理は，後に指数定理を証明する際の 1 つのステップとなる．

**3.3**　切除定理により，一般の開多様体上でも，コンパクトな台をもつ $\mathbb{Z}_2$ 次数付 Clifford 加群に対して指数が定義される．

**3.4**　指数に対して積公式が成立する．なお，ベクトル束に対して積公式に当たるものを示すことは，後に指数定理を証明する際の 1 つのステップとなる．

**3.5**　Euclid 空間上で，向きの局所系を係数とする de Rham 複体を，原点からの距離の自乗の指数関数によって「ひねる」ことにより，超対称調和振動子が定義される．その指数は 1 であり，Dirac 型作用素の中で単位の役割を果たす．

# 指数の局所化の例

この章では，切除定理を用いて指数の計算ができる例として，Poincaré–Hopfの定理とRiemann面上のRiemann–Rochの定理について述べる．

指数の概念には，第1章で説明されたように，いくつかの変種が存在する．切除定理，あるいはその一歩手前の局所化を直接用いることにより，Riemann面上のスピン構造に対するmod 2指数と，群作用がある場合の指数に対するLefschetz公式を考察する．

Clifford加群が$\mathbb{Z}$次数をもち，複体と関連している場合に局所化の議論を直接用いると，指数より精密なコホモロジーの次元の情報が得られることがある．そのような例として，Morse不等式のWittenによる扱いを紹介する．

## §4.1 Poincaré–Hopfの定理とMorse不等式

de Rham複体に伴うDirac型作用素の指数を考察する[*1]．

### (a) Poincaré–Hopfの定理

$n$次元のRiemann多様体$X$上にベクトル場$v$が与えられたとする．$v$の零点集合は$X$のコンパクト部分集合であると仮定する．

*1 本節で紹介する局所化の議論は，Wittenに始まり，直接，間接に広範な影響を与えてきた．本書もその影響下にある．

超対称調和振動子の拡張として定義 3.38 で定義された三つ組 $(W_X, D_X, h_{X,v})$ を考える.

この小節では，ペア $(W_X, [h_{X,v}])$ の指数を考察する.

$h_{X,v}$ の台は $v$ の零点と一致する．切除定理によって，指数は，$v$ の零点の近傍の情報だけによって決定される.

零点のまわりの状況が最も単純な場合を考えることにする．$v$ の零点が有限個の点であり，いずれの零点においても，$v$ は $TX$ の零切断と横断的に交わっていると仮定する．$v$ の零点 $x$ に対して，$x$ における $v\colon X \to TX$ の微分 $(dv)_x\colon (TX)_x \to (T(TX))_{(x,0)}$ と，射影 $(T(TX))_{(x,0)} \to (TX)_x$ の合成を，再び記号 $(dv)_x$ で表わすと，この仮定から

$$(dv)_x\colon\ (TX)_x \to (TX)_x$$

は $n$ 次元実ベクトル空間の間の自己同型となる.

$n$ 次元実ベクトル空間の自己同型の全体は，2 つの連結成分をもち，それらは行列式の符号によって区別される.

**定理 4.1**　$v$ の零点が有限個で横断的であるとき，$(W_X, [h_{X,v}])$ の指数は，$\det(dv)_x$ が正である零点の個数から，負である零点の個数を引いた差と一致する:

$$\begin{aligned}\mathrm{ind}(W_X, [h_{X,v}]) = \#\{x \mid v(x) = 0,\ \det(dv)_x > 0\}\\ - \#\{x \mid v(x) = 0,\ \det(dv)_x < 0\}.\end{aligned}$$
□

定理の証明の前に，閉多様体の場合を系として述べておく.

**系 4.2** (Poincaré–Hopf の定理)　$X$ が $n$ 次元閉多様体，$v$ が $X$ 上のベクトル場であり，有限個の横断的な零点のみをもつものとするとき，次が成立する.

$$\begin{aligned}\sum_k (-1)^{n-k} \dim H^k(X, \theta_X) = \#\{x \mid v(x) = 0,\ \det(dv)_x > 0\}\\ - \#\{x \mid v(x) = 0,\ \det(dv)_x < 0\}.\end{aligned}$$

［証明］　定理 4.1 から，右辺は $t>0$ のときの $D_{X,v,t}$ の指数である．$X$ が閉多様体であるときには指数の計算のために $t=0$ に対する $D_{X,v,t}=D_X$ を用いることができる．第5章で証明する定理 5.45 により，$\mathbb{Z}_2$ 次数付ベクトル

空間として

$$\operatorname{Ker} D_X \cong H^{n-\bullet}(X, \theta_X)$$

であるから，$D_X$ の指数は左辺と等しい．∎

**注意 4.3**

（1） $\theta$ を $X$ 上の階数 $r$ の任意の局所系とするとき，$\theta$ を係数とする de Rham 複体に対しても，本小節の議論はほとんどそのまま適用することができる．たとえば，$X$ が閉多様体，$v$ が $X$ 上のベクトル場であり，(有限個の)横断的な零点のみをもつものとするとき，次が成立する．

$$\sum_k (-1)^{n-k} \dim H^k(X, \theta)$$
$$= r(\#\{x \mid v(x)=0,\ \det(dv)_x > 0\} - \#\{x \mid v(x)=0,\ \det(dv)_x < 0\}).$$

（2） $X$ が閉多様体であるとき，Poincaré 双対性により，$H^k(X, \theta_X)$ は $\mathbb{R}$ 係数の $n-k$ 次元ホモロジー群 $H_{n-k}(X, \mathbb{R})$ と同型である．$X$ の **Euler 数**(Euler number) $\chi(X)$ を

$$\chi(X) = \sum_k (-1)^k \dim H_k(X, \mathbb{R})$$

によって定義すると，Poincaré–Hopf の定理は

$$\chi(X) = \#\{x \mid v(x)=0,\ \det(dv)_x > 0\} - \#\{x \mid v(x)=0,\ \det(dv)_x < 0\}$$

と言い換えられる．

［定理 4.1 の証明］ 切除定理により，$v$ の零点の近傍の情報だけで指数は決まる．よって，$X$ が Euclid 空間と微分同相であり，$v$ が原点に唯一の横断的な零点をもつ場合に帰着する．

$X$ の Riemann 計量と $v$ とを連続変形することにより，$X$ は $n$ 次元 Euclid 空間 $\mathbb{R}^n$ と等長であり，$v$ が線形であると仮定できる．すなわち，$v$ は $GL_n(\mathbb{R})$ のある要素 $A=(a_{ij})$ によって

$$v(q^1, q^2, \cdots, q^n) = \sum_{ij} a_{ij} q^i \partial_{q^j}$$

と書けると仮定できる．ここで $(q^1, q^2, \cdots, q^n)$ は $\mathbb{R}^n$ の座標である．(添数が右上におかれている．冪(べき)との混同に注意のこと．)

$GL_n(\mathbb{R})$ の連結成分は2個あり，行列式の符号によって特徴づけられる．従って，行列式が正であるような $A$ と，負であるような $A$ とであって，主張をみたすような例が，各々少なくとも1つ存在することを示せば，定理はそれらの場合に帰着されるので，証明が終わる．そのような $A$ は，すぐ後に述べる例によって与えられる．■

上の証明で残されたのは，Euclid 空間上，$v$ が線形であり，$v$ を与える行列 $A$ の行列式が正と負であるものに対して，定理が成立する例を与えることである．以下の例はそのようなものになっている．

$X$ を $n$ 次元 Euclid 空間 $\mathbb{R}^n$ であるとする．整数 $n^+, n^- \geqq 0$ を $n=n^+ + n^-$ となる非負の整数とする．$\mathbb{R}^n$ の $n$ 個の座標を $q_+^1, q_+^2, \cdots, q_+^{n^+}$ および $q_-^1, q_-^2, \cdots, q_-^{n^-}$ と書く．

原点のみを零点とするベクトル場 $v(n^+, n^-)$ を，

$$v(n^+, n^-) = -\sum_{i=1}^{n^-} q_-^i \partial_{q_-^i} + \sum_{j=1}^{n^+} q_+^j \partial_{q_+^j}$$

によって定義する．すると $x_0=0$ に対して，

$$(dv(n^+, n^-))_{x_0} \begin{pmatrix} -I_{n^-} & O \\ O & I_{n^+} \end{pmatrix}$$

となり，その行列式の正負は $n^-$ の偶奇から決まる．

$v(n^+, n^-)$ に対応する1次微分形式は

$$\tilde{v}(n^+, n^-) = -\sum_{i=1}^{n^-} q_-^i dq_-^i + \sum_{j=1}^{n^+} q_+^j dq_+^j$$

であり，これは次の関数

$$f_{n^+, n^-} = -\frac{1}{2} \sum_{i=1}^{n^-} (q_-^i)^2 + \frac{1}{2} \sum_{j=1}^{n^+} (q_+^j)^2$$

によって，$\tilde{v}(n^+, n^-) = df_{n^+, n^-}$ と書ける．

$\mathbb{R}$ 上の超対称調和振動子を $(W_{\mathbb{R}}, D_{\mathbb{R}}, h_{\mathbb{R}})$ とおくと，座標表示を使うことによって次がわかる．

**補題 4.4**　三つ組 $(W_{\mathbb{R}^n}, D_{\mathbb{R}^n}, h_{\mathbb{R}^n, v(n^+, n^-)})$ は，$n^+$ 個の $(W_{\mathbb{R}}, D_{\mathbb{R}}, h_{\mathbb{R}})$ と $n^-$ 個の $(W_{\mathbb{R}}, D_{\mathbb{R}}, -h_{\mathbb{R}})$ の積と同型である．□

ここで，$(W_{\mathbb{R}}, D_{\mathbb{R}}, -h_{\mathbb{R}})$ は，座標表示を見ると，1 次元超対称調和振動子において次数付の仕方だけを 0 と 1 の成分とで入れ替えたものと，同型である．（正確には，座標によらない内在的な定義を見ると，同型でない．しかし，唯一の相違は，$O(1)=\{\pm 1\}$ の作用の仕方である．）$t>0$ に対して，$D_{\mathbb{R},-t}=D_{\mathbb{R}}-th_{\mathbb{R}}$ とおくと，$\mathrm{Ker}(D_{\mathbb{R},-t})^2$ の次数 0 の部分は 0 次元であり，次数 1 の部分は 1 次元である．§3.4 で述べた積公式によりこれからただちに次の命題とその系を得る．

**命題 4.5** $t>0$ のとき，$\mathbb{Z}_2$ 次数付ベクトル空間として

$$\mathrm{Ker}\, D^2_{\mathbb{R}^n, v(n^+, n^-), t} \cong (\mathrm{Ker}\, D^2_{\mathbb{R}, t})^{\otimes n^+} \otimes (\mathrm{Ker}\, D^2_{\mathbb{R}, -t})^{\otimes n^-}$$

は 1 次元である．その 1 次元の部分の $\mathbb{Z}_2$ 次数は $n^- \bmod 2$ である． □

**系 4.6** $\mathrm{ind}(\mathbb{R}^n, [h_{\mathbb{R}^n, v(n^+, n^-)}]) = (-1)^{n^-}$． □

この系が，定理 4.1 の証明に必要であった例を与えている．

## (b) Morse 不等式

一般の $X$ と $v$ の場合に戻る．$v$ は有限個の横断的な零点のみをもつと仮定していた．

本小節では，Riemann 計量によって $v$ に対応する 1 次微分形式 $\tilde{v}$ が，ある関数 $f$ によって $df$ と書けている場合を考える．$W_X=\bigwedge^{\bullet} TX$ に，外積の次数によって $\mathbb{Z}$ 次数を定義する．このとき，補題 3.44 によって $D^2_{X,v,t}$ はその $\mathbb{Z}$ 次数を保つ．本節では $\mathbb{Z}$ 次数の考察を行うことにより，指数より精密な情報を見たい．$df$ の零点の近傍への局所化を，詳しく調べる．

$X$ の Riemann 計量と作用素 $D_X$, $h_{X,v}$ は，条件(R), (D)をみたすと仮定する．

### Morse 関数と Morse の補題

まず，あとで必要になる用語を準備しておく．

点 $x$ において $df$ が 0 になるとき，$x$ を $f$ の**臨界点**とよぶ．$X$ の $x$ における余接ベクトル空間 $(T^*X)_x$ の 0 を $(x,0)$ と書くと，自然な分解

$$T(T^*X)_{(x,0)} \cong TX_x \oplus (T^*X)_x$$

がある．$x$ が $f$ の臨界点であるとき，$df\colon X \to T^*X$ の $x$ における微分は $(TX)_x$ から $T(T^*X)_{(x,0)}$ への線形写像である．それと $(T^*X)_x$ への射影との合成は，$(TX)_x$ 上の双線形写像とみなせるが，局所座標表示すればわかるように，これは対称双線形形式となる(偏微分の可換性 $\partial_{q^1}\partial_{q^2} = \partial_{q^2}\partial_{q^1}$ による)．この対称双線形形式は **Hesse 行列**とよばれる．これを $\mathrm{Hess}_x^f$ と書こう．混乱がない限り，$\mathrm{Hess}_x^f$ から定まる $TX$ 上の二次形式 $u \mapsto \mathrm{Hess}_x^f(u,u)/2$ も同じ記号 $\mathrm{Hess}_x^f$ で表す．

Riemann 計量によって $TX$ と $T^*X$ とを同一視し，$\tilde{v} = df$ に対応するベクトル場 $v$ を用いれば，臨界点 $x$ における Hesse 行列は $(dv)_x$ と一致する．

**定義 4.7**

（1）$f$ の各臨界点において，Hesse 行列が非退化のとき，$f$ を **Morse 関数**(Morse function)という．

（2）$x$ が $f$ の非退化な臨界点であるとする．二次形式 $\mathrm{Hess}_x^f$ に関して負定値(あるいは正定値)である $(TX)_x$ の部分空間の最大の次元を $n_x^-$ (あるいは $n_x^+$)とおく．$n_x^-$ を，$f$ の $x$ における **Morse 指数**とよぶ．□

$(TX)_x$ の基底を適当にとり，同型 $(TX)_x \cong \mathbb{R}^n$ をつくると，$\mathrm{Hess}_x^f$ は $f_{n_x^+, n_x^-}$ と一致する．ただし，$n$ は $X$ の次元である．

Hesse 行列が非退化な臨界点 $x_0$ においては，その近傍で座標をうまくとると，$f$ は，定数部分を無視すると $\mathrm{Hess}_{x_0}^f$ と同一視されることが知られている．

**補題 4.8** (Morse の補題)　$x$ が $f$ の非退化な臨界点であるとき，$x$ の近傍から $(TX)_x$ の 0 の近傍への微分同相 $\phi$ が存在し，次の条件をみたす．

$$\phi(x) = 0, \quad (d\phi)_x = \mathrm{id}_{(TX)_x}, \quad f = f(x) + \phi^* \mathrm{Hess}_x^f. \qquad \square$$

本書ではこの補題の証明は省略する．

**注意 4.9**　$f$ が非退化な臨界点をもつとき，その臨界点の位置と Hesse 行列とを変えずに $f$ をとりかえて，Morse の補題の性質をみたすようにできることは，容易にわかる．本小節の目的のためには，Morse の補題を示さなくとも，この簡単な性質だけで十分である．

**Witten 複体と Morse 不等式**

簡単のため，$X$ が閉多様体であると仮定する．$\mathbb{Z}$ 次数を見やすくする(だけの)ために，次の記号を導入する．

$$\Omega_k(X) := \Omega^{n-k}(X, \theta_X),$$
$$H_k(X) := H^{n-k}(X, \theta_X).$$

(Poincaré 双対性を考慮に入れてホモロジーの記号を用いたのだが，ここでは記法上の約束以上の意味はない．) $H_\bullet(X)$ は複体 $(\Omega_\bullet(X), d)$ のホモロジーである．

$X$ 上に Morse 関数 $f$ が与えられると，複体 $(\Omega_\bullet(X), d)$ の有限次元近似として，同じく $H_\bullet(X)$ をホモロジーとする複体を以下のように構成することができる．これを **Witten 複体**(Witten complex)とよぶ．

構成は，次の(1), (2), (3)のステップからなる．

（1） de Rham 複体を $e^{tf}$ の共役で「ひねる」．

$X$ 上の関数 $f$ と正の実数 $t>0$ に対して，$Q=e^{tf}de^{-tf}$ とおくと $Q^2=0$ であり，複体 $(\Omega_\bullet(X), Q)$ のホモロジーは $(\Omega_\bullet(X), d)$ のホモロジー $H_\bullet(X)$ と，$\mathbb{Z}$ 次数も込めて同型である．同型写像は，$e^{tf}$ 倍する写像によって与えられる．

$$H_\bullet(X) = H_\bullet(\Omega_\bullet(X), d) \xrightarrow{\cong} H_\bullet(\Omega_\bullet(X), Q), \quad [s] \mapsto [e^{tf}s].$$

（2） ひねった複体のホモロジーを Dirac 型作用素の Ker として表示する．

2 つの 1 階微分作用素 $d, Q$ の主表象は等しい．よって，$Q+Q^*$ は $d+d^*$ と同様，Dirac 型作用素である．このとき $Q+Q^*$ は，補題 3.40 から，$\tilde{v}=df$ に対する $D_{X,v,t}$ と等しい．

第 5 章で示す定理 5.45(および注意 5.46)から，$\mathbb{Z}$ 次数付ベクトル空間としての同型

$$H_\bullet(\Omega_\bullet(X), Q) \cong \operatorname{Ker}(D_{X,v,t})^2$$

が成り立つ．

（3） Ker のかわりに，小さな固有値に対する固有関数を考え，複体の有

限次元近似を定義する．

$\bar{\lambda}>0$ を任意に固定する．$D^2_{X,v,t}$ の $\bar{\lambda}$ 以下の固有値に対応する固有関数の全体で張られるベクトル空間を $E_{\leqq\bar{\lambda},\bullet}(D^2_{X,v,t})$ とおく．ここで，$\bullet$ は $\mathbb{Z}$ 次数を表わす．第5章で示す定理5.43により，これは有限次元である．$D^2_{X,v,t}$ は $Q$ と可換なので，$Q$ を制限することにより，有限次元の複体

$$(E_{\leqq\bar{\lambda},\bullet}(D^2_{X,v,t}),Q)$$

を得る．容易にわかるようにこれのホモロジーは，どの $\bar{\lambda}>0$ に対しても，$\mathrm{Ker}(D_{X,v,t})^2$ と同型になる．

**命題 4.10**　閉多様体 $X$ 上に Morse 関数 $f$ が与えられたとき，有限次元近似として得られる複体であって，$\mathbb{Z}$ 次数 $k$ の部分の次元が，Morse 指数 $k$ の臨界点の個数と一致するものが存在する．正確にいうと，固定された $t>0$ に対して十分小さな正数 $\mu>0$ をとるとき(実は $0<\mu<t$ ならよい)，十分大きな正数 $c>0$ に対して，次が成立する．

$$\dim E_{\leqq c^2\mu,\bullet}(D^2_{X,v,c^2t}) = \#\{x\in X \mid (df)_x=0,\ n_x^-=k\}. \qquad \square$$

次の小節でこの命題を証明するが，その前に，次の系に注意しておく．

**系 4.11** (Morse 不等式(Morse inequality))　$X$ が閉多様体，$f$ が $X$ 上の Morse 関数であるとき，非負の整数を係数とする1変数多項式 $R(z)$ が存在し，

$$\begin{aligned}\sum_k z^k\#\{x\in X \mid (df)_x=0,\ n_x^-=k\}-\sum_k z^k\dim H_k(X)\\ =(1+z)R(z)\end{aligned}$$

が成立する．特に，各々の $k$ に対して次の不等式が成立する．

$$\dim H_k(X)\leqq \#\{x\in X \mid (df)_x=0,\ n_x^-=k\}.$$

［証明］　一般に，$H_\bullet$ が有限次元の複体 $(C_\bullet,\partial)$ のホモロジーであるとき，$B_\bullet=\mathrm{Im}\,\partial$ とおくと，$\dim C_k-\dim H_k=\dim B_k+\dim B_{k-1}$ が成立する．$R(z)=\sum_k z^k\dim B_k$ を用いて，これを母関数で表示したものが求める式である． ■

$z=-1$ を代入すると，$\tilde{v}=df$ に対する Poincaré–Hopf の定理が再現される．

**局所化の議論**

命題 4.10 の証明のポイントは，$t$ が十分大きいとき，$(D_{X,v,t})^2$ の固有関数であって，$\bar{\lambda}$ 以下の固有値をもつものの台が，$\tilde{v}=df$ の零点の近傍に局所化することである．

まず，臨界点の近傍での様子を記述しよう．

$X$ の Riemann 計量 $g_X$ を適当にとると，Morse の補題(あるいは注意 4.9)によって，次のように仮定することができる．

(1) $f$ の各臨界点 $x$ の近傍 $U_x$ から Euclid 空間 $\mathbb{R}^n$ への等長な埋め込み $q_x: U_x \to \mathbb{R}^n$ が存在する．

(2) $f$ を $U_x$ に制限したものは，$f(x)+f_{n_x^+,n_x^-}$ を $q_x$ で引き戻したものと一致する．

このとき，$D_{X,v,t}$ を $U_x$ に制限したものと，$D_{\mathbb{R}^n,v(n_x^+,n_x^-),t}$ を原点の近傍 $q_x(U_x)$ に制限したものとは同型である．

$n$ 次元 Euclid 空間 $\mathbb{R}^n$ 上の関数 $f_{n^+,n^-}$ は，Morse 関数の考察において基本的である．$D_{\mathbb{R}^n,v(n^+,n^-),t}$ に関する前節の議論は，$\mathbb{Z}_2$ 次数の代わりに $\mathbb{Z}$ 次数を用いてもそのまま成立する．

**補題 4.12**

(1) 三つ組 $(W_{\mathbb{R}^n}, D_{\mathbb{R}^n}, h_{\mathbb{R}^n,v(n^+,n^-)})$ は，$\mathbb{Z}$ 次数付の構造をも含めて $n^+$ 個の $(W_{\mathbb{R}}, D_{\mathbb{R}}, h_{\mathbb{R}})$ と $n^-$ 個の $(W_{\mathbb{R}}, D_{\mathbb{R}}, -h_{\mathbb{R}})$ の積と同型である．

(2) $t>0$ のとき，$\mathbb{Z}$ 次数付ベクトル空間として

$$\mathrm{Ker}\, D^2_{\mathbb{R}^n,v(n^+,n^-),t} \cong (\mathrm{Ker}\, D^2_{\mathbb{R},t})^{\otimes n^+} \otimes (\mathrm{Ker}\, D^2_{\mathbb{R},-t})^{\otimes n^-}$$

は 1 次元である．その次数は $n^-$ である． □

次に $t$ を大きくするとどうなるかを考えよう．

$\mathbb{R}^n$ 上の微分作用素 $D_{\mathbb{R}^n,v(n^+,n^-),t}$ に対しては，$\mathbb{R}^n$ の定数倍による拡大と，$t$ を定数倍変えることとが次のように同じ効果をもつ．

**補題 4.13** 正数 $c>0$ に対して，$\mathbb{R}^n$ 上の変数変換 $q \mapsto q'$, $q=cq'$ によって，$D_{\mathbb{R}^n,v(n^+,n^-),t}$ は $c^{-1}D_{\mathbb{R}^n,v(n^+,n^-),c^2t}$ に写る． □

従って，任意の $c>1$ に対して，$c^{-1}D_{X,v,c^2t}$ を臨界点 $x$ の近傍 $U_x$ に制限したものは，$D_{\mathbb{R}^n,v(n_x^+,n_x^-),t}$ を原点の近傍 $cq_x(U_x)$ に制限したものとは同型であ

る.

まず，状況を直観的に説明しよう.

- 各 $c$ に対して $X$ の Riemann 計量を $c$ 倍することにして，この尺度でものを見る人が臨界点の上で周囲を眺めていると想像してみる.
- この人にとって，自分の立っているごく近傍は，平坦な Euclid 空間と等長であり，Euclid 空間上定義される標準的な作用素 $D_{\mathbb{R}^n,v(n^+,n^-),t}$ と同型な作用素が与えられている．しかし，遠くの方では，$X$ はその上の構造と共に，大域的に曲がっている.
- $c$ が大きくなると，自分の周りのこのような近傍が大きくなり，遠くの方まで平坦になってゆく．$c$ が無限大にいたるならば，見渡す限り，Euclid 空間上の標準的作用素 $D_{\mathbb{R}^n,v(n^+,n^-),t}$ によって覆いつくされることになる.

以上の直観的説明を定式化するため，

$$(c^{-1}D_{X,v,c^2t})^2=(c^{-1}D_X)^2+V_{t,c},\quad V_{t,c}=tV_0+c^2t|v|^2$$

と展開しておく．すると，正確にいうなら，必要なのは次の事柄である.

- $c^{-1}D_X$ は，与えられた $X$ の Riemann 計量を $c$ 倍した Riemann 計量に関して Dirac 型作用素である(Riemann 計量を $c$ 倍すると，Clifford 積は $c^{-2}$ 倍になる).
- $c$ が大きいとき，臨界点 $x$ たちの近傍 $U_x$ の外では，$V_{t,c}$ はいくらでも大きくなる.
- $c$ を大きくすると，$\mathbb{R}^n$ の原点の近傍 $cq_x(U_x)$ は，原点を中心とするいくらでも大きな球体を内部に含む.

以上の状況のもとで第5章で証明される定理5.40(をシリンダー状の端ではなく，Euclid 空間状の端をもつ場合に拡張したもの．注意5.42参照)を適用すると，次の性質がわかる.

**命題 4.14**　$\mu>0$ を，どの臨界点 $x$ に対しても $D^2_{\mathbb{R}^n,v(n_x^+,n_x^-),t}$ の固有値とは一致しない正数とする．このとき，十分大きな $c$ に対して，次式が成り立つ.

$$\dim E_{\leqq\mu,\bullet}(c^{-2}D^2_{X,v,c^2t})=\sum_{(df)_x=0}\dim E_{\leqq\mu,\bullet}(D^2_{\mathbb{R}^n,v(n_x^+,n_x^-),t}).$$

□

命題4.10は，これから次のように示される.

［命題 4.10 の証明］　補題 4.12 の後半により，$\mu>0$ を十分 0 に近くとると，

$$\dim E_{\leqq \mu, k}(D^2_{\mathbb{R}^n, v(n_x^+, n_x^-), t}) = \dim\bigl(\mathrm{Ker}\, D^2_{\mathbb{R}^n, v(n_x^+, n_x^-), t}\bigr)_k = \begin{cases} 1 & (k=n^-) \\ 0 & (k\neq n^-) \end{cases}$$

である．従って，各 $k$ に対して

$$\sum_{(df)_x=0} \dim E_{\leqq \mu, k}(D^2_{\mathbb{R}^n, v(n_x^+, n_x^-), t}) = \#\{x \mid (df)_x = 0,\ n_x^- = k\}$$

となる．一方，定義から $E_{\leqq\mu,\bullet}(c^{-2}D^2_{X,v,c^2t}) = E_{\leqq c^2\mu,\bullet}(D^2_{X,v,c^2t})$ であることに注意すると，命題 4.10 を得る． ∎

## (c)　超対称調和振動子の変形

この節で説明したいことは，全く技術的な事柄である．

第 6 章における指数定理の証明において，超対称調和振動子が利用されるが，その際，次のいずれかの選択が必要になる．

（1）　開多様体上の Riemann 計量と Dirac 作用素として，条件(R),(D)をみたすものよりも，さらに範囲を広げて考察する．

（2）　超対称調和振動子と共通した性質をもつが，端の上でよりよい性質をもつものを，超対称調和振動子の代替物として用いる．

体系的な記述のためには，前者の方針に従って条件(R),(D)よりも広い範囲で定式化するのが望ましいし，それは決して難しいことではない．しかし，記述が不必要に煩雑となり，議論の筋が見えにくくなる恐れがある．それを避けるため，本書では，後者の方針を用いることにする．(解析の細部が気になる読者にとっては，第 6 章を見た上で，前者の方針に必要になる条件を考察し，第 5 章の議論をその条件のもとでやり直してみるのはよい演習問題となるであろう．注意 3.27 参照.)

第 6 章で指数定理の証明のために用いられる超対称調和振動子 $(W_{\mathbb{R}^m}, D_{\mathbb{R}^m}, h_{R^m})$ の性質をまとめておく．

**補題 4.15**

- $W_{\mathbb{R}^m}$ には $O(m)$ が作用しており，$D_{\mathbb{R}^m}$, $h_{\mathbb{R}^m}$ は $O(m)$ 同変である．
- 十分大きな $t>0$ を固定する．無限遠で適当な意味で 0 に収束する滑らかな切断の範囲で $D^2_{\mathbb{R}^m,t}$ の Ker を考えると，$(W_{\mathbb{R}^m})^0$ の $O(m)$ 不変な切断 $\bar{b}_t\neq 0$ が存在し，次をみたす．

$$\mathrm{Ker}(D^2_{\mathbb{R}^m,t}\mid (W_{\mathbb{R}^m})^0)=\mathbb{C}\bar{b}_t,\quad \mathrm{Ker}(D^2_{\mathbb{R}^m,t}\mid (W_{\mathbb{R}^m})^1)=0.$$

□

要するに，直観的にいうならば，超対称調和振動子の指数は 1 であるが，単に指数が数として 1 というだけでなく，これが

- 「$O(m)$ 作用を込めた指数」としても 1 であり，
- 次元の差ではなく本当に Ker を空間そのものと見ても「1」である，

ということである．

この 2 つの性質は，必ずしも元来の超対称調和振動子でなくともみたされる．超対称調和振動子は標準的な Riemann 計量をもつ $\mathbb{R}^m$ の上で定義されている．この $\mathbb{R}^m$ は $m>1$ のとき，シリンダー状の端をもたない．しかし，上の 2 つの性質をもち，しかもシリンダー状の端とシリンダー状での平行移動に関する不変性をもった代替物が存在する．

この小節の残りの部分で「代替物」の作り方を説明する．

$\mathbb{R}^m$ 上の Riemann 計量 $g=g_{\mathbb{R}^m}$ と，その $\mathbb{R}^m$ 上の Morse 関数 $f=f_{\mathbb{R}^m}$ とを第 3 章で補題 3.24 の直前に説明されているようにとる．$\mathbb{R}^m$ の Riemann 計量 $g$ を明示して $\mathbb{R}^m_g$ と書く．$\mathbb{R}^m_g$ はシリンダー状の端をもち，$O(m)$ が原点を固定しながら等長に作用している．$df=\tilde{v}$ となるベクトル場 $v$ を用いて定義 3.38 で説明したように向きの局所系に係数をもつ de Rham 複体を「ひねって」得られる超対称調和振動子の拡張を $(W_{\mathbb{R}^m_g}, D_{\mathbb{R}^m_g}, h_{\mathbb{R}^m_g,v})$ とおく．

**補題 4.16**　$\mathbb{R}^m_g$ とその上で定義された $(W_{\mathbb{R}^m_g}, D_{\mathbb{R}^m_g}, h_{\mathbb{R}^m_g,v})$ は，必要なら $g$ を定数倍 $c^2g$ に置き換えることにより，次の(1), (2)をみたす．

(1)　シリンダー上で平行移動に関して不変であり，条件(R), (D)をみたす．

(2)　補題 4.15 の 2 つの性質をみたす．

［証明］　前半の主張は構成から明らかである．$f$ は原点にのみ臨界点をも

ち，その Morse 指数は 0 である．従って後半の主張は補題 4.14 による． ∎

**定義 4.17**　上の補題によって構成され，シリンダー上での平行移動に関する不変性をもった代替物のことを仮に**シリンダー状の端をもつ超対称調和振動子**とよぶことにする． □

混乱がない限り，シリンダー状の端をもつ超対称調和振動子に対しても，超対称調和振動子と同じ記号 $(W_{\mathbb{R}^m}, D_{\mathbb{R}^m}, h_{\mathbb{R}^m})$ を用いる．

## §4.2　Riemann 面上の Riemann–Roch の定理

$M$ を閉 Riemann 面とする．(Riemann 面とは，複素 1 次元の複素多様体のことであった．$M$ には複素構造から入る向きを入れておく．) $L$ を $M$ 上の正則直線束として，その上の Dolbeault 作用素を

$$\bar{\partial}_L\colon\ \Gamma(L) \to \Gamma(L\otimes\overline{T^*_{\mathbb{C}}M})$$

とおく．($T_{\mathbb{C}}M$ は $TM$ に自然な正則ベクトル束の構造を入れたものを表わす．$T^*_{\mathbb{C}}M$ はその双対である．§2.4(b)参照．) 次の定理を示そう．

**定理 4.18** (Riemann–Roch の定理)

$$\dim\operatorname{Ker}\bar{\partial}_L - \dim\operatorname{Coker}\bar{\partial}_L = \deg L + 1 - g_M\,. \qquad \square$$

右辺の説明をする．

(1)　deg について．一般に $F$ が $M$ 上の複素直線束であるとき，$\deg F$ は次のように定義される．$F$ の切断 $f$ が零切断と横断的に交わるとき，$f$ の各零点 $x$ に対して，$(df)_x\colon (TM)_x \to (F)_x$ は同型である．$(df)_x$ が向きを保つような $x$ の個数から向きを逆にする個数を引いたものが $\deg F$ である．これは $f$ のとり方によらない．

(2)　$M$ の種数 $g_M$ について．ここでは $\deg T_{\mathbb{C}}M = 2-2g_M$ をみたすものとして定義しておこう．($\deg T_{\mathbb{C}}M$ が偶数になることは，向きのある閉曲面の基本的な性質であった．しかし，このように $g_M$ を定義すれば，この性質を今示しておく必要はない．むしろ定理 4.18 の証明によって $\deg T_{\mathbb{C}}M$ が偶数であることがわかる．)

**問1**

(1) $\deg F$ が $f$ のとり方によらないことを次のようにして確認せよ：$f_0$ と $f_1$ とが共に横断的な切断であるとき，これらを結ぶホモトピー $f_t$ を一般的にとり，これらを合わせて $\{f_\bullet\}$ を $M\times[0,1]$ 上の複素直線束 $F\times[0,1]$ の切断と考えよ．それの零点集合は1次元の境界をもつコンパクト多様体となる．これの境界点の個数を考察せよ．

(2) 複素直線束 $F, F_0, F_1$ に対して，$\deg(F_0\otimes F_1)=\deg F_0+\deg F_1$ および $\deg\bar{F}=\deg F^*=-\deg F$ を示せ．

Riemann–Roch の定理の左辺は，$\mathbb{Z}_2$ 次数付 Clifford 加群の言葉を用いれば，次のように言い換えることができた．

$M$ 上に複素構造によって保たれる Riemann 計量と $L$ 上に Hermite 計量を1つ固定する．

$$W^0=L,\quad W^1=L\otimes\overline{T_{\mathbb{C}}^*M}$$

とおき，$W$ 上の Clifford 積を $TM\,(\cong T^*M)$ の要素 $v$ に対して

$$c_W(v)=\begin{pmatrix}0 & -v^{\lrcorner}\\ v^{\wedge} & 0\end{pmatrix}$$

によって定義する．($T_{\mathbb{C}}M$ 上の Hermite 計量を用いて $\overline{T_{\mathbb{C}}^*M}$ と $T_{\mathbb{C}}M\,(=TM)$ とは同一視されることに注意せよ．) このとき $D=\bar{\partial}_L+\bar{\partial}_L^*$ は Dirac 型作用素である(§2.4(b)参照)．

第5章で証明を与える定理5.44から(定理5.45および注意5.46も参照)，$\operatorname{Coker}\bar{\partial}_L\cong\operatorname{Ker}\bar{\partial}_L^*$ となる．従って Riemann–Roch の定理の左辺は $\operatorname{ind}W$ に等しい．$M$ は閉多様体なので，$h=0$ とおくことができる．なお，Riemann–Roch の定理の定式化において，これら Ker, Coker の次元を数えるときには複素ベクトル空間としての次元を考えている．もし，実ベクトル空間としての次元を考えて指数を定義したものを $\operatorname{ind}_{\mathbb{R}}W$ と書くなら，$\operatorname{ind}_{\mathbb{R}}W=2\operatorname{ind}W$ である．

すると，Riemann–Roch の定理の主張は次のように書き換えられる．

$$\operatorname{ind}_{\mathbb{R}}W=\deg(L^{\otimes 2}\otimes T_{\mathbb{C}}M).$$

$h$ として適当なものを選び，ペア $(W,[h])$ に対して切除定理を適用するこ

とによって，これを示したい．

$L$ から $L\otimes\overline{T_{\mathbb{C}}^*M}$ への反線形準同型 $\phi$ であって，一般的なものを 1 つ固定する．すなわち，$\phi$ は，$\mathbb{C}$ 線形準同型 $\phi\colon \overline{L}\to L\otimes\overline{T_{\mathbb{C}}^*M}$ のことである．$T_{\mathbb{C}}M$ と $L$ に Hermite 計量が入っているので，$\phi$ は $L^{\otimes 2}\otimes T_{\mathbb{C}}M$ の複素線形的な切断とみなすことができる．$\phi$ が一般的であるとは，特に，0 と横断的に交わることである．

以下，$W$ の複素構造を忘れ，$W$ を実ベクトル束と考える．$W$ には，自然に Euclid 計量が入っている．

このとき

$$h=\begin{pmatrix} 0 & \phi^* \\ \phi & 0 \end{pmatrix} \tag{4.1}$$

とおく．ただし，$\phi^*$ は，Euclid 計量に関する $\phi$ の転置である．対称自己準同型 $h$ が Clifford 積と反可換であることは，例 2.18 からわかる．あるいは，次の補題からわかるといってもよい．

**補題 4.19**　$A, B$ が $O(2)$ の要素であり，$\det A=1$, $\det B=-1$ であるとき，次の 2 つの 4 次行列

$$\begin{pmatrix} 0 & -A^* \\ A & 0 \end{pmatrix}, \qquad \begin{pmatrix} 0 & B^* \\ B & 0 \end{pmatrix}$$

は反可換である．ただし，$A^*, B^*$ は $A, B$ の転置行列である．

［証明］　$A^*=A^{-1}$, $B^*=B$, $BAB^{-1}=B^{-1}AB=A^{-1}$ による． ∎

$W$ の代わりに $(W,[h])$ の指数を切除定理を用いて計算しよう．

**注意 4.20**　これは $\bar{\partial}_t=\bar{\partial}_L+t\phi$ とおき，十分大きな $t$ に対して $\bar{\partial}_t\bar{\partial}_t^*+\bar{\partial}_t^*\bar{\partial}_t$ の小さい固有値の個数を数えることと同等である．

$\phi$ の零点を $x_1, x_2, \cdots, x_{d_+}$ および $y_1, y_2, \cdots, y_{d_-}$ とおく．ただし，$x_i$ は，微分 $(d\phi)_{x_i}$ が向きを保つ零点であり，$y_j$ は，微分 $(d\phi)_{y_j}$ が向きを逆にする零点であるとする．$x_i$ の近傍 $U_i$ と $y_j$ の近傍 $V_j$ を小さくとって，他の零点が入らないようにしておく．このとき，deg の定義から

$$\deg(L^{\otimes 2}\otimes T_{\mathbb{C}}M)=d_+-d_-$$

であり，また，切除定理から

$$\mathrm{ind}_{\mathbb{R}}(W,[h]) = \sum_{i=1}^{d_+} \mathrm{ind}_{\mathbb{R}}(W|U_i,[h|U_i]) + \sum_{j=1}^{d_-} \mathrm{ind}_{\mathbb{R}}(W|V_j,[h|V_j])$$

である．従って，Riemann–Roch の定理は次の補題に帰着される．

**補題 4.21**　$\mathrm{ind}_{\mathbb{R}}(W|U_i,[h|U_i]) = 1,\quad \mathrm{ind}_{\mathbb{R}}(W|V_j,[h|V_j]) = -1.$

［証明］ $U_i$ 上に $x_i$ を原点とする座標をとり，ホモトピーの範囲で $h|U_i$ を動かすと，$(W|U_i, h|U_i)$ は，2次元超対称調和振動子のペアを原点の近傍に制限したものと同型であることがわかる．同様に，$(W|V_j, h|V_j)$ は，2次元超対称調和振動子のペアにおいて，次数の偶奇を入れ替えたものと局所的に同型であることがわかる．これからいずれも超対称調和振動子の指数が1であることに帰着する．詳細は読者に委ねよう． ∎

## §4.3　Riemann 面のスピン構造の mod 2 指数

種数 $g$ の閉 Riemann 面は，$4^g$ 個のスピン構造をもつことが知られている（補題 4.27 参照）．これらが2つのクラスに分かれることを mod 2 指数を用いて考察し，$4^g$ 個のスピン構造のうち，各々のクラスに属するものがいくつあるかを決定しよう．本節では，議論の粗筋だけを説明し，細かい計算は省略する．また，本節では，曲面のトポロジーの基本的な知識を仮定する．

### (a)　mod 2 指数の定義

$M$ を種数 $g$ の閉 Riemann 面とする．$M$ のスピン構造は $L^{\otimes 2} = T^*_{\mathbb{C}}M$ となる正則直線束 $L$ と一対一に対応する（§2.3(b)問3参照）．$K = T^*_{\mathbb{C}}M$ とおく．

$L^{\otimes 2} = K$ となる $L$ に対して，Dolbeault 作用素 $\bar\partial_L \colon \Gamma(L) \to \Gamma(\overline{T^*_{\mathbb{C}}M} \otimes L)$ を考える．前節に述べたように，$\mathrm{Ker}\,\bar\partial_L$ は有限次元である．

$L^{\otimes 2} = K$ を用いると，$\Gamma(L)$ と $\Gamma(\overline{T^*_{\mathbb{C}}M} \otimes L)$ の間には，自然な双線形写像

$$(\cdot,\cdot)\colon\ \Gamma(L) \times \Gamma(\overline{T^*_{\mathbb{C}}M} \otimes L) \to \Gamma(T^*_{\mathbb{C}}M \otimes \overline{T^*_{\mathbb{C}}M}) = \Omega^{1,1}(X) \xrightarrow{\int_M} \mathbb{C}$$

が存在する．これは非退化であり，その意味で，2つの無限次元ベクトル空

間 $\Gamma(L), \Gamma(\bar{K}\otimes L)$ は，形式的には互いの双対空間の役割を果たすとみなせる．

また，部分積分を用いると，$\Gamma(L)$ の要素 $s, s'$ に対して，

$$(s, \bar{\partial}_L s') + (s', \bar{\partial}_L s) = 0$$

が成立することがわかる．すなわち，$\Gamma(L)$ 上の双線形形式 $(s, \bar{\partial}_L s')$ は反対称である．

この状況の有限次元のモデルを考える(例 1.6 参照)．$E$ が有限次元のベクトル空間，$E^*$ が $E$ の双対空間，$f\colon E \to E^*$ が反対称変換であるとしてみよう．このとき，$\operatorname{Ker} f$ の次元と $E$ の次元の偶奇は等しい．実際次式が成立する．

$$\dim \operatorname{Ker} f \equiv \dim E \mod 2.$$

特に，$\operatorname{Ker} f$ の偶奇は，反対称変換 $f$ のとり方によらない．

ここで，$\Gamma(L), \Gamma(L\otimes\overline{T_{\mathbb{C}}^*M}), \partial_L$ を，各々 $E, E^*, f$ の無限次元版と見立てると，$\operatorname{Ker} \partial_L$ の偶奇が，たとえば $M$ の複素構造の変形に依存しないことが予想される．実際これが成立することを示そう．

$M$ 上の複素構造によって保たれる Riemann 計量を入れる．前節では $L$ には任意の Hermite 計量を入れたが，本節では，2 回テンソルすると $T_{\mathbb{C}}^*M$ に等しくなる $L$ には，この性質を用いて，$M$ の Riemann 計量から自然に誘導される Hermite 計量を入れる．この計量に関して Dirac 型作用素 $D = \bar{\partial}_L + \bar{\partial}_L^*$ と Laplace 型作用素 $D^2$ を考える．

$D^2$ の $\Gamma(L)$ への制限 $\bar{\partial}_L^*\bar{\partial}_L$ の，固有値 $\lambda$ の固有関数の全体を $E_\lambda$ とおく．

**補題 4.22**　$\lambda > 0$ に対して $E_\lambda$ 上に反対称双線形形式 $(s, \bar{\partial}_L s')$ を制限したものは非退化である．特に $E_\lambda$ の次元は偶数である．

[証明]　$L$ から $L\otimes\overline{T_{\mathbb{C}}^*M} = (L\otimes\bar{L})\otimes\bar{L}$ への反線形同型 $\phi$ を，$L$ の Hermite 計量から誘導される同型 $L\otimes\bar{L} \cong \mathbb{C}$ を用いて定義する．前節の式(4.1)によって $h$ を定義すると，前節で述べた一般論から $h$ は Clifford 積と反可換であり，$Dh+hD$ は微分を含まない作用素となる．

今は，$L$ の Hermite 計量と $\phi$ とを特別なものにとってあった．このとき，$Dh+hD$ が恒等的に 0 になることが，局所座標表示を用いて確かめられる．

また，$\phi$ が Hermite 計量を保つことから，$\phi^*=\phi^{-1}$ であり，$h$ は $h^2=\mathrm{id}$ をみたす反線形写像となる．合成 $hD$ は次数0であり，$hD$ の $\Gamma(L)$ への制限を $\hat{D}$ とおくと $\hat{D}=\phi^{-1}\bar{\partial}_L=-\bar{\partial}_L^*\phi$ である．このとき，先に定義した双線形写像は

$$(\hat{D}s,\bar{\partial}_L s)=\int|\bar{\partial}_L s|^2\,d\mathrm{vol} \tag{4.2}$$

をみたす．

以上の準備のもとで主張を示そう．

$\hat{D}^2=-\bar{\partial}_L^*\bar{\partial}_L$ であるから，$s$ が $E_\lambda$ の要素になる条件は $\hat{D}^2s=-\lambda s$ である．$s$ を $E_\lambda$ の要素とすると，$\lambda$ が(非負の)実数であり，$\hat{D}$ が反線形写像であることから，$s'=\hat{D}s$ も再び $\hat{D}^2s'=-\lambda s'$ をみたし，$E_\lambda$ の要素になる．$\lambda\neq 0$ であり，$s$ が0でないとき，$s'$ も0でない($\hat{D}s'=-\lambda s$ に注意せよ)．式(4.2)を $(s',\bar{\partial}_L s)=\|s'\|^2$ と書き直すと明らかなように，これは $E_\lambda$ 上で反対称双線形形式が非退化であることを意味している．∎

**系 4.23**　$M$ の複素構造を連続的に動かすとき，$\mathrm{Ker}\,\bar{\partial}$ の次元の偶奇は変わらない．

［証明］　$M$ の Riemann 計量を，複素構造と共に連続的に動くように導入する．$\bar{\partial}_L^*\bar{\partial}_L$ の0以外の固有値の重複度が必ず偶数であり，固有値が複素構造と共に連続に動くことを用いると(定理5.31から従う)主張は明らかであろう．∎

従って，$\mathrm{Ker}\,\bar{\partial}$ の次元の偶奇は $M$ のスピン構造の位相不変量である．これは **mod 2 指数**とよばれるものの1つである．

$M$ の複素構造を忘れ，向きづけられた2次元多様体の構造だけを考えてもスピン構造の概念を定義することができた(§2.3の終わりの説明を参照)．しかし，スピン構造に対応する複素直線束 $L$ を設定するには，$M$ に複素構造(あるいはそれによって不変な Riemann 計量)を固定することが必要である．しかし，以下簡単のため，言葉を乱用して $L$ のことを「$M$ のスピン構造」とよぶことにする．

**定義 4.24**　2次元閉多様体 $M$ のスピン構造 $L$ に対して $L$ の **mod 2 指数**

(mod 2 index)を次で定義する．

$$\mathrm{ind}_{\bmod 2}(L) = \dim \mathrm{Ker}\,\bar{\partial}_L \quad \bmod 2\,.$$

$\mathrm{ind}_{\bmod 2}(L) \equiv 0$ となるスピン構造 $L$ を**偶のスピン構造**，$\mathrm{ind}_{\bmod 2}(L) \equiv 1$ となるスピン構造 $L$ を**奇のスピン構造**とよぶ． □

$\mu$ 以下の固有値をもつ $\bar{\partial}_L^*\bar{\partial}_L$ の固有関数の全体で張られる有限次元空間を $E_{\leqq \mu}(M, L)$ とおくと，

**補題 4.25** 任意の $\mu > 0$ に対して $\mathrm{ind}_{\bmod 2}(L) = \dim E_{\leqq \mu}(M, L) \bmod 2$ が成立する．

［証明］ 補題 4.22 による． ∎

**注意 4.26** 補題 4.22 の証明中に構成された $h$ の，固有値 1 の固有ベクトル全体のなす階数 2 の実ベクトル束を $S_{\mathbb{R}}$ とおくと，$L \oplus L \otimes \overline{T_{\mathbb{C}}^* M}$ は，$S_{\mathbb{R}}$ の複素化とみなすことができる($S_{\mathbb{R}}$ の切断は Majorana スピノル(Majorana spinor)である)．まとめると，2 次元 Riemann 多様体上のスピン構造においては，$W^0 = L$ と $W^1 = L \otimes \overline{T_{\mathbb{C}}^* M}$ とは複素共役であり，よってその直和は実構造 $h$ をもつ．次数を定義する対合写像 $\epsilon_W$ と Clifford 積とは，いずれも実構造 $h$ と反可換になる[*2]．

## (b) 偶奇のスピン構造の各々の個数

局所化の議論を用いて，種数 $g$ の Riemann 面上のスピン構造の中で，偶および奇のものが各々いくつあるかを求めてみよう．まず，スピン構造全体の個数については，

**補題 4.27** 種数 $g$ の閉 Riemann 面上のスピン構造は $4^g$ 個ある．

［証明］ 曲面のトポロジーの知識を用いる．まず，$\deg T_{\mathbb{C}} M = 2 - 2g$ が偶数であること，$M$ 上の複素直線束の(滑らかな複素直線束としての)同型類が deg で決まること，任意の deg をもつ複素直線束が存在することを用いると，少なくとも 1 つのスピン構造が存在することがわかる．$L_0, L_1$ を 2 つのスピン構造とすると，$L_0^{\otimes 2} = L_1^{\otimes 2}$ であるから $L_0 \otimes L_1^*$ は，構造群が $\{\pm 1\}$ の複素直線束となる．この対応により(基準となるスピン構造を 1 つ固定すると)スピン構造の全体と構造群が $\{\pm 1\}$ の複素直線束の同型類の全体とは一対一

＊2 Minkowski 計量では，(2 次元ずれた) 4 次元においてこれらの性質が成り立つ．

に対応する．後者は $H^1(M,\{\pm 1\})$ によって分類され，その要素の個数は $2^{2g}$ である． ∎

**注意 4.28**　構造群が $\{\pm 1\}$ の複素直線束の同型類は，実直線束の同型類と一対一に対応する．一般に，向き付けられた多様体上の 2 つのスピン構造の「差」は，実直線束によって与えられる．また，$Spin^c$ 構造の「差」は，複素直線束によって与えられ，$H^2(X,\mathbb{Z})$ によって分類される．

以下の議論で用いる手段は**連結和**である．連結和とは，次元の同じ 2 つの多様体から，各々小さな球体を取り除き，その境界同士を貼り合わせる操作であった．はじめの多様体たちに向きが与えられているときには，それと適合するような貼り合わせ方をすると，連結和にも自然に向きが入る．

種数 $g_0$ の向き付けられた閉曲面と，種数 $g_1$ の向き付けられた閉曲面との連結和は，種数 $g_0+g_1$ の向き付けられた閉曲面となる．向き付けられた閉曲面の微分同相類が種数によって完全に特徴付けられる事実を用いることにすると，種数 1 の場合の mod 2 指数と，連結和に関する mod 2 指数の振る舞いを調べれば一般の場合の結果がわかる．

### 種数 1 の場合

トーラス，すなわち種数 1 の場合には次のようにしてわかる．$\tau$ を虚部が正の複素数とし，$M=\mathbb{C}/(\mathbb{Z}+\mathbb{Z}\tau)$ を考える．$T_{\mathbb{C}}M$ は，正則直線束として自明な直線束と同型である．従って，スピン構造 $L$ は $L^{\otimes 2}$ が自明な直線束になる正則直線束によって与えられる．

**補題 4.29**　トーラス $M$ 上のスピン構造は 4 つ存在し，それらは $\mathbb{Z}_2\times\mathbb{Z}_2$ によってパラメータ表示される．$(m_1, m_\tau)$ と対応するスピン構造を $L(m_1, m_\tau)$ とおくと，自然な同一視

$$\begin{aligned}&\Gamma(L(m_1,m_\tau))\\&\quad=\{s\colon \mathbb{C}\to\mathbb{C}\mid s(z+1)=(-1)^{m_1}s(z),\ s(z+\tau)=(-1)^{m_\tau}s(z)\}\end{aligned}$$

が存在し，この表示のもとで $\bar{\partial}_{L(m_1,m_\tau)}s=\dfrac{\partial}{\partial\bar{z}}s$ となる． □

すると，$L(m_1, m_\tau)$ の正則な切断は，$\mathbb{C}$ 上のある種の(ねじれた)周期性をもつ正則関数に他ならない．周期性によって，この正則関数は $\mathbb{C}$ 上有界である．よって定数でなくてはならないが，$m_1=m_\tau=0$ のときを除いては，0 でない定数は(ねじれた)周期性をみたさない．これから次の補題を得る．

**補題 4.30**

$$\dim \operatorname{Ker} \bar{\partial}_{L(m_1,m_\tau)} = \begin{cases} 1 & (m_1, m_\tau) = (0,0) \\ 0 & (m_1, m_\tau) = (0,1),(1,0),(1,1) \end{cases}$$

□

これはそのまま各々のスピン構造の mod 2 指数をも与えている．

### 開 Riemann 面上のスピン構造

連結和の考察のためには，連結和の構成部分をなしている，閉曲面から円板を取り去った開曲面をまず考察する必要がある．

$M$ を閉 Riemann 面とする．$M$ の 1 点 $p$ の近傍 $U$ の局所複素座標を $z$ とする．ただし，$z(p)=0$ であり，$U$ は $|z|<1$ に対応するものと仮定する．$z$ は $U$ よりもう少し大きく，$U$ の閉包の近傍上の座標にまで拡張されると仮定する．

$M$ 上の Riemann 計量として，複素構造によって保たれ，$U$ 上では $z$ によって複素平面と(局所的に)等長であるものを固定する．$U \setminus \{p\}$ 上の多価関数 $w$ を $\exp(-w)=-z$ によって定義する．$M \setminus \{p\}$ 上の Riemann 計量として，($M$ 上の Riemann 計量とは独立に)複素構造によって保たれ，$U \setminus \{p\}$ 上では $w$ によって複素平面と(局所的に)等長であるものを固定する．これはシリンダー状の端をもつ Riemann 計量である．

**補題 4.31** $M \setminus \{p\}$ のスピン構造と $M$ のスピン構造とは，制限によって一対一に対応する．

[証明] 同型 $H^1(M, \{\pm 1\}) \cong H^1(M \setminus \{p\}, \{\pm 1\})$ による．補題 4.27 の証明を参照のこと． ∎

**補題 4.32** $L$ を $M$ のスピン構造とする．

(1) $L$ の正則切断は，$M \setminus \{p\}$ 上で，その上に定義されたシリンダー状の計量に関して指数的に減衰する．

（2）$M\backslash\{p\}$ 上の $L$ の正則切断であって，その上に定義されたシリンダー状の計量に関して有界なものは，$M$ 上の $L$ の正則切断に拡張される．

［証明］ $\exp(-w)=-z$ であるとき，変数変換

$$(4.3)\quad u(w)\sqrt{dw}=s(z)\sqrt{dz} \iff u=e^{-\frac{w}{2}}s \iff u\frac{1}{\sqrt{-z}}=s$$

が成立する．これから $s$ が有界であれば $u$ は $w$ の実部が大きくなるとき指数的に減衰することがわかり，これから前半の主張が出る．また，$u$ が有界で正則であると仮定すると，$zs(z)$ は $z=0$ で $0$ とおくことにより $z=0$ まで連続に拡張される．よって Riemann の除去可能特異点の定理から，$z=0$ にまで正則に拡張され，そこで零点となっている．これは $s(z)$ が $z$ まで正則に拡張されることを意味している．これから後半の主張が出る．∎

特に，$M\backslash\{p\}$ 上での $L$ の正則切断が有界であれば，自動的に指数的に減衰する．これは一見奇妙であるが，$w=t+\sqrt{-1}\theta$ とおいてシリンダー $\{\mathrm{Re}\,w\geqq 0\}/2\pi\sqrt{-1}\mathbb{Z}$ 上で $\bar{\partial}_L^*\bar{\partial}_L$ を座標表示するとわかりやすい．ただし，形式的共役 $\bar{\partial}_L^*$ は $M\backslash\{p\}$ の計量を用いて定義している．変数変換(4.3)からわかるように，このシリンダー上で $L$ の切断は，ねじれた周期性 $u(w+2\pi\sqrt{-1})=-u(w)$ をみたす $u(w)$ によって $u(w)\sqrt{dw}$ と表示される．「奇妙な」事情が成立する本質的なポイントは，周期性条件のねじれにより，$u$ が定数であれば自動的に $0$ となることである．指数的減衰を見るために，座標表示 $\bar{\partial}_L^*\bar{\partial}_L(u\sqrt{dw})=(-\partial_t^2u-\partial_\theta^2u)\sqrt{dw}$ を用いる．$u$ のねじれた周期性から，$\theta$ 方向に関して Fourier 展開を用いると

$$u(t+\theta\sqrt{-1})=\sum_{r\in\mathbb{Z}+\frac{1}{2}}u_r(t)e^{r\theta\sqrt{-1}}$$

と書ける($r$ は半整数を動く)．このとき，

$$(-\partial_t^2-\partial_\theta^2)u=\sum_{r\in\mathbb{Z}+\frac{1}{2}}(-\partial_t^2u_r(t)+r^2u_r(t))e^{r\theta\sqrt{-1}}$$

である．この表示から，シリンダー上の $\bar{\partial}_L^*\bar{\partial}_L$ の固有関数 $u\sqrt{dw}$ であって $t\to\infty$ のとき有界であり，固有値 $\lambda$ が $1/4$ 未満であるものがあれば，

$$u(t+\theta\sqrt{-1})=\sum_{r\in\mathbb{Z}+\frac{1}{2}}u_r(0)e^{-\left(\sqrt{r^2-\lambda}\right)t}e^{r\theta\sqrt{-1}}$$

と書けることがわかる．これは $t\to\infty$ のとき(何回か微分したものも)指数的に減衰する．特に $\lambda=0$ の場合が正則なものである．

この指数的減衰を用いると，$M\setminus\{p\}$ 上のシリンダー状の Riemann 計量を用いて mod 2 指数を定義することができ，次の補題が成立する．

**補題 4.33**　$0<\mu<1/4$ をみたす任意の $\mu$ を固定する．$E_{\leqq\mu}(M\setminus\{p\},L)$ は有限次元であり，その偶奇は $M$ 上で考えた mod 2 指数 $\mathrm{ind}_{\mathrm{mod}\,2}(L)$ に等しい．

［証明］　有限次元性は第5章の一般論(系 5.28，注意 5.6)による．補題 4.25 と同様の議論が成立することに注意する．(1/4 未満の固有値をもてば，指数的に減衰するので，部分積分の議論を行う際に，無限遠からの寄与が 0 になり，閉多様体と同様に扱える．)よって，$E_{\leqq\mu}(M\setminus\{p\},L)$ の偶奇は，$M\setminus\{p\}$ 上の $L$ の正則切断であって有界な(よって指数的に減衰する)ものの全体の次元の偶奇と一致する．後者は補題 4.32 によって $M$ 全体の上で正則な切断全体と同一視される．その偶奇が $\mathrm{ind}_{\mathrm{mod}\,2}(L)$ であった．∎

上に見た指数的減衰は，§5.2 補題 5.9 で示される一般論の原形である．

### 連結和のスピン構造

次に，閉 Riemann 面 $M$ が 2 つの閉 Riemann 面 $M_0,M_1$ の連結和として次のように得られる場合を考察する．

$M_0,M_1$ 上の点 $p_0,p_1$ とその開近傍 $U_0,U_1$ 上の座標 $z_0,z_1$ および $\exp(-w_0)=-z_0$，$\exp(-w_1)=-z_1$ となる多価関数 $w_0,w_1$ が与えられたとする．これから $M_0,M_1$ の Riemann 計量であって $p_0,p_1$ の近傍で平坦であるものと，$M_0\setminus\{p_0\}$，$M_1\setminus\{p_1\}$ の Riemann 計量であってシリンダー状の端をもつものを前小節と同様に構成して固定する．

$T>0$ をパラメータとして，連結和

$$M(T):=(M_0\setminus\{|z_0|<e^{-T}\})\cup(M_1\setminus\{|z_1|<e^{-T}\})$$

を，関係式 $z_0z_1=\exp(-T)$ によって貼り合わせることによって定義する．$M(T)$ の微分同相類は $T$ に依存しないが，$M(T)$ 上の複素構造と Riemann 計量を，2つのシリンダー上の Riemann 計量を貼り合わせたものとして定義すると，Riemann 面(あるいは Riemann 多様体)としてこれらは異なる．補題 4.31 と同様に，

**補題 4.34**　$M(T)$ のスピン構造は，$M_0$ のスピン構造と $M_1$ のスピン構造の組と一対一に対応する．□

$M(T)$ は，シリンダー状の端をもつ $M(\infty):=(M_0\setminus\{p_0\})\coprod(M_1\setminus\{p_1\})$ の端を改変した Riemann 多様体とみなすことができる．$M_0,M_1$ のスピン構造 $L_0,L_1$ に対応する $M(T),M(\infty)$ のスピン構造を各々 $L(T),L(\infty)$ とおく．$-\partial_\theta^2$ のすべての固有値が 1/4 以上であり，この値が真に正であることから，第5章で説明する「局所化」の議論は，このような場合にも成立する(注意 5.6 参照)．Morse 不等式を示す際に鍵となった命題 4.14 に相当するのは，次の命題である(定理 5.40 参照)．今はこれを認めて用いよう．

**命題 4.35**　$0<\mu<1/4$ が $\bar\partial^*_{L(\infty)}\bar\partial_{L(\infty)}$ の(指数的減衰をする固有関数に対応する)固有値ではないと仮定する(そのような $\mu$ は存在する)．$T$ が十分大きなとき，$\dim E_{\leqq\mu}(M(\infty),L(\infty))=\dim E_{\leqq\mu}(M(T),L(T))$ が成立する．□

左辺は $M_0\setminus\{p_0\}$ からの寄与と $M_1\setminus\{p_1\}$ からの寄与の和として書ける．

**mod 2 指数の和公式**

これから，mod 2 指数の連結和に関する和公式が得られる．

**命題 4.36**　$M(T)$ のスピン構造 $L$ と対応する $M_0,M_1$ のスピン構造を各々 $L_0,L_1$ とおくと，和公式 $\mathrm{ind}_{\mathrm{mod}\,2}L\equiv\mathrm{ind}_{\mathrm{mod}\,2}L_0+\mathrm{ind}_{\mathrm{mod}\,2}L_1$ が成立する．

［証明］　命題 4.35 と補題 4.33 による．■

種数1の場合の考察と合わせると，本節の目標である，偶奇のスピン構造の各々の個数を計算することができる．

**定理 4.37** (Riemann)　種数 $g$ の閉 Riemann 面上に，偶のスピン構造は $(4^g+2^g)/2$ 個存在し，奇のスピン構造は $(4^g-2^g)/2$ 個存在する．

［証明］　種数 $g$ の閉 Riemann 面上に偶のスピン構造が $a(g)$ 個存在し，奇

のスピン構造が $b(g)$ 個存在するとすると，命題 4.36 と補題 4.34 によって，

$$a(g_0+g_1) = a(g_0)a(g_1)+b(g_0)b(g_1), \quad b(g_0+g_1) = a(g_0)b(g_1)+a(g_1)b(g_0)$$

が成立する．よって帰納的に，$(a(1)+b(1)z)^g$ の係数のうち，$z$ の偶数乗の係数を総和したものが $a(g)$ と等しく，$z$ の奇数乗の係数を総和したものが $b(g)$ と等しいとわかる．$z$ に $\pm 1$ を代入した式を加減すると，

$$a(g) = \frac{(a(1)+b(1))^g+(a(1)-b(1))^g}{2},$$
$$b(g) = \frac{(a(1)+b(1))^g-(a(1)-b(1))^g}{2}$$

が得られる．これに補題 4.30 からわかる $a(1)=3$, $b(1)=1$ を代入すると，求める結果を得る． ∎

## §4.4　群作用がある場合: Lefschetz 公式

群作用の対称性があるとき，指数の計算はしばしば簡単になる．たとえば，$X$ 上のペア $(W,[h])$ がトーラス作用の対称性をもつ場合には，指数 $\mathrm{ind}(W,[h])$ がそのトーラス作用の固定点の周りの情報だけから決まることがわかる(系 4.42)．

### (a)　群作用がある場合の指数の定義

まず，一般に，コンパクト群が作用している場合に指数の概念を拡張しておこう．

$X$ をとりあえず，境界のあるコンパクト多様体の内部と微分同相な多様体と仮定しよう．コンパクト Lie 群 $G$ が $X$ に滑らかに作用しているとする．$X$ 上の Riemann 計量であって，$G$ 作用で不変であり，しかもシリンダー状の端をもつものを選ぶことができる．$X$ 上の $\mathbb{Z}_2$ 次数付 Clifford 加群 $W$ に $G$ 作用が持ち上がり，Hermite 計量と Clifford 積を保つと仮定する．さらに $W$ とペア $(W,[h])$ をなす $h$ が与えられ，$h$ も $G$ 同変であると仮定する．$h$ はシリンダー上で平行移動に関して不変であるようにとっておく．

このとき，シリンダー上で平行移動に関して不変な Dirac 型作用素 $D$ を，$G$ 同変であるようにとり，十分大きな $t$ に対して $D_t=D+th$ とおく．すべての設定が $G$ 作用と両立しているので，$\operatorname{Ker} D_t^2$ 上に $G$ 作用が定義されて，次数を保っている．このとき，指数 $\operatorname{ind}_G(W,[h])$ を $G$ の表現環 $R(G)$ の要素として

$$\operatorname{ind}_G(W,[h]) = [\operatorname{Ker}(D_t^2|B_X(W^0)]-[\operatorname{Ker}(D_t^2|B_X(W^1)]$$

によって定義すると，これがもろもろの補助データに依存せず，位相的な情報 $(W,[h])$ のみによって決定されることが，前と同様に局所化を用いて示される．(指数の位相的不変性を示すために以前用いたのは，固有値ではないある値未満の固有値の個数がデータの微小変形で不変である事実であった．今度はそれらの固有値に対応する固有空間の直和自体が，データの微小変形で「あまり動かない」ことが必要である．この事実は，定理 5.41 で証明される.)

すると，$X$ が境界のあるコンパクト多様体の内部と微分同相な多様体である場合だけでなく，任意の $G$ 多様体 $X$ と任意の $G$ 不変なペア $(W,[h])$ に対して指数 $\operatorname{ind}_G(W,[h])$ が定義されることが示される．議論は以前と全く平行する．

抽象的に $R(G)$ の要素が定まるというより，具体的に $G$ の要素 $g$ に対して指標の $g$ での値を見る方がしばしばわかりやすい．その値を $\operatorname{ind}_g(W,[h])$ と書こう．これは複素数である．

$$\operatorname{ind}_g(W,[h]) = \operatorname{trace}(g|\operatorname{Ker}(D_t^2|B_X(W^0))-\operatorname{trace}(g|\operatorname{Ker}(D_t^2|B_X(W^1)).$$

すべての指標の値が決まれば表現環の要素として特徴付けることができる．

$G$ の任意の要素 $g$ に対して，$g$ で生成される $G$ の部分群の閉包 $\overline{\langle g\rangle}$ は $G$ の可換 Lie 部分群となる．(連結なコンパクト Lie 群の任意の要素はある極大トーラスに含まれる．これを用いて示すことができる.) このことから，$G=\overline{\langle g\rangle}$ という仮定の下に $\operatorname{ind}_g(W,[h])$ を決定すれば十分であることがわかる．

### (b)　固定点がない場合

$G$ の要素 $g$ によって固定される $X$ の点の集合を $X^g$ とおく．すべての $g$ に

対する $X^g$ の共通部分を $X^G$ とおく．もし $G=\overline{\langle g\rangle}$ であれば，$X^G$ は $X^g$ と一致する．

**命題 4.38**　$G$ 作用をもつ多様体 $X$ 上のペア $(W,[h])$ に対して $G$ 作用が持ち上がると仮定する．$X^g$ が空集合であるとき，$\mathrm{ind}_g(W,[h])=0$ である．

［証明］　一般性を失わずに $G=\overline{\langle g\rangle}$ と仮定する．特に，$G$ は可換コンパクト Lie 群であるとする．後の都合上，$\mathrm{supp}\, h$ のことを $K$ と書くことにする．$K$ と $X^g$ は交わらない．(今は $X^g$ が空集合なのでこれは自明である．) このとき，$G$ のある $\mathbb{Z}_2$ 次数付有限次元ユニタリ表現 $R=R^0\oplus R^1$ が存在して次をみたす．

（1）　$\mathrm{trace}(g|R^0)\neq \mathrm{trace}(g|R^1)$.

（2）　$G$ 同変ベクトル束としての準同型 $\underline{h}\colon X\times R^0\to X\times R^1$ であって，$K$ の上では同型であるものが存在する．

このことは後で示そう．これを認めるとき，$X$ 上の $\mathbb{Z}_2$ 次数 Hermite ベクトル束 $F=F^0\oplus F^1$ を $F=X\times R$ によって定める．$G$ の対角作用により，$F$ 上に $G$ 作用を定義する．$\mathbb{Z}_2\times\mathbb{Z}_2$ 次数付 Clifford 加群 $\tilde{W}=F\otimes W$ を考えよう．$\tilde{W}$ 上の Hermite 自己準同型を 2 つ定義する．まず，$\tilde{h}_0$ を $\tilde{h}_0=\epsilon_F\otimes h$ で定め，ペア $(\tilde{W},[\tilde{h}_0])$ を考えると，テンソル積の構造からただちに次式を得る．

(4.4)　$$\mathrm{ind}_g(\tilde{W},[\tilde{h}_0])=(\mathrm{trace}(g|R^0)-\mathrm{trace}(g|R^1))\,\mathrm{ind}_g(W,[h]).$$

一方，$\tilde{h}_1$ を

$$\tilde{h}_1=h_F\otimes \mathrm{id}_W+\epsilon_F\otimes h,\quad h_F=\begin{pmatrix}0 & \underline{h}^*\\ \underline{h} & 0\end{pmatrix}$$

とおくと，$\tilde{h}_1^2=h_F^2\otimes\mathrm{id}_W+\mathrm{id}_F\otimes h^2$ である．よって，$\mathrm{supp}\,\tilde{h}_1$ は $\mathrm{supp}\, h_F$ と $\mathrm{supp}\, h$ の共通部分である．ここで構成の仕方から $\mathrm{supp}\, h_F$ は $K=\mathrm{supp}\, h$ と交わらないので，共通部分は空である．従って，切除定理から，ペア $(\tilde{W},[\tilde{h}_1])$ の指数 $\mathrm{ind}_g(\tilde{W},[\tilde{h}_1])$ は 0 である．より具体的にいえば，対応する Dirac 型作用素 $\tilde{D}_t$ に対して，

$$\tilde{D}_t^2=\tilde{D}^2+t(\tilde{D}\tilde{h}_1+\tilde{h}_1\tilde{D})+t^2\tilde{h}_1^2$$

は，$t$ が十分大きいと正値の作用素となり，$\mathrm{Ker}\,\tilde{D}_t^2=0$ となるからである．

$\tilde{h}_0$ と $\tilde{h}_1$ とは，台をコンパクトに保ったまま，線形なホモトピーで結ぶこ

とができる．従って，

$$\mathrm{ind}_g(\tilde{W},[\tilde{h}_0])=\mathrm{ind}_g(\tilde{W},[\tilde{h}_1])$$

である．これらから，

$$\mathrm{ind}_g(W,[h])=\frac{\mathrm{ind}_g(\tilde{W},[\tilde{h}_1])}{\mathrm{trace}(g|R^0)-\mathrm{trace}(g|R^1)}=0$$

を得る． ∎

上の証明中に用いた事実を示しておこう．

**補題 4.39**　$X$ 上に可換コンパクト Lie 群 $G$ が作用しているとする．$G$ の要素 $g$ と，$g$ の固定点を含まない任意のコンパクト部分集合 $K$ に対して，$G$ のある有限次元ユニタリ表現 $R^0,R^1$ が存在して次をみたす．

（1）　$\mathrm{trace}(g|R^0)\neq\mathrm{trace}(g|R^1)$.

（2）　$G$ 同変ベクトル束としての準同型 $\underline{h}\colon X\times R^0\to X\times R^1$ であって，$K$ 上は同型であるものが存在する．

［証明］　命題 4.38 の証明中の $F$ と $h_F$ を直接構成しよう．$K$ の各点 $x$ に対して，$x$ を固定する $G$ の要素全体を $G_x$ とおくと，$x$ の $G$ 軌道 $Gx$ は $G/G_x$ と微分同相である．$Gx$ の管状近傍を $U_x$ とおく．$K$ はコンパクトなので，$K$ の有限個の点 $x_1,x_2,\cdots,x_n$ をとって $K$ を $U_{x_k}$ たちで覆うことができる．$x_k$ は $g$ の固定点ではないので，$g$ は $G_{x_k}$ に属さない．$G$ は可換なので，$G_{x_k}$ は正規部分群であり，$G/G_{x_k}$ は再びコンパクト Lie 群となる．$R_k^1$ を，$G/G_{x_k}$ の 1 つの忠実なユニタリ表現空間とし，全射 $G\to G/G_x$ を介して $G$ のユニタリ表現空間とみなす．$R_k$ 上にあらたに $G$ 作用を自明な作用として定義し，表現空間とみなしたものを $R_k^0$ とおく．$g$ は $G_{x_k}$ に属さないことから $\mathrm{trace}(g|R_k^0)-\mathrm{trace}(g|R_k^1)\neq0$ となる．

$\mathbb{Z}_2$ 次数付の $G$ のユニタリ表現空間 $R$ を，$R_k=R_k^0\oplus R_k^1$ のテンソル積として定義する．すなわち $R=R_1\otimes R_2\otimes\cdots\otimes R_n$ とおく．すると，

$$\mathrm{trace}(g|R^0)-\mathrm{trace}(g|R^1)=\prod_{k=1}^{n}(\mathrm{trace}(g|R_k^0)-\mathrm{trace}(g|R_k^1))\neq0$$

である．

いくつか記号を導入しよう．

- $G/G_x$ から $\mathrm{Herm}(R_k)$ への写像 $\underline{h}_k$ を
$$\underline{h}_k(g \bmod G_x) = \begin{pmatrix} 0 & g^{-1} \\ g & 0 \end{pmatrix}$$
によって定義する.
- $\{U_{x_k}\}$ および $X \backslash K$ に対する 1 の分解を 1 つとり, $\{\rho_k^2\}$ および $\rho_\infty^2$ とおく.（自乗を考えているのは後の章の記号を合わせるためであって, 今は重要ではない.）
- $Gx_k$ の管状近傍 $U_{x_k}$ から $Gx_k$ への射影から定義される $G$ 同変写像を $\pi_k\colon U_{x_k} \to G/G_x$ と書く.
- $X$ 上の $\mathbb{Z}_2$ 次数付 $G$ 同変ベクトル束 $F_k$ を $F_k = X \times R_k$ によって定義し, その上の次数 1 の Hermite 自己準同型 $h_k$ を, $h_k = \rho_k \underline{h}_k \pi_k$ によって定義する.（$U_{x_k}$ の外では 0 として拡張しておく.）$h_k$ は $\rho_k > 0$ である部分で同型である.

このとき,
$$F = X \times R = F_1 \otimes F_2 \otimes \cdots \otimes F_n$$
の次数 1 の Hermite 自己準同型 $h_F$ を
$$\begin{aligned} h_F = \quad & h_1 \otimes \mathrm{id}_{F_2} \otimes \mathrm{id}_{F_3} \otimes \cdots \otimes \mathrm{id}_{F_n} \\ & + \epsilon_{F_1} \otimes h_2 \otimes \mathrm{id}_{F_3} \otimes \cdots \otimes \mathrm{id}_{F_n} \\ & + \cdots + \\ & + \epsilon_{F_1} \otimes \epsilon_{F_2} \otimes \epsilon_{F_3} \otimes \cdots \otimes h_n \end{aligned}$$
によって定義すると, これの自乗は
$$\begin{aligned} h_F^2 = \quad & h_1^2 \otimes \mathrm{id}_{F_2} \otimes \mathrm{id}_{F_3} \otimes \cdots \otimes \mathrm{id}_{F_n} \\ & + \mathrm{id}_{F_1} \otimes h_2^2 \otimes \mathrm{id}_{F_3} \otimes \cdots \otimes \mathrm{id}_{F_n} \\ & + \cdots + \\ & + \mathrm{id}_{F_1} \otimes \mathrm{id}_{F_2} \otimes \mathrm{id}_{F_3} \otimes \cdots \otimes h_n^2 \end{aligned}$$
をみたすので $K$ 上いたるところ正値になり, $h_F$ は $K$ 上いたるところ同型である. また, $h_F$ が $G$ 同変であることも構成の仕方から容易にわかる. ∎

### (c) 固定点の近傍への局所化

より一般に，固定点が空でないときは，次の「局所化」が成立する．

**定理 4.40** $G$ 作用をもつ多様体 $X$ 上のペア $(W,[h])$ に対して $G$ 作用が持ち上がると仮定する．このとき，$\mathrm{supp}\, h \cap X^g$ を含む任意の開部分集合 $U$ に対して，$\mathrm{ind}_g(W,[h])$ の値は，$(W,[h])$ を $U$ に制限したもの(正確には，$W$ と，$[h]$ ではなく $h$ を $U$ に制限したもの)の情報のみによって決定される．□

証明の前に，この定理からただちにわかる2つの系を述べておこう．

**系 4.41** $G$ 作用をもつ多様体 $X$ 上のペア $(W,[h])$ に対して $G$ 作用が持ち上がるとする．$X^g$ がコンパクトであると仮定する．$X^g$ を含む任意の開集合 $U$ をとる．このとき $\mathrm{ind}_g(W,[h])$ の値は，$W$ を $U$ に制限したものの情報のみによって決定される．特に，$h$ のとり方に依存しない．

[証明] もし $X^g$ がコンパクトであれば，$h$ をホモトピーで動かして，$X^g$ のある近傍上で恒等的に 0 であるようにできる．このことを使うと系は定理 4.40 から明らかであろう．■

**系 4.42** $G$ 作用をもつ多様体 $X$ 上のペア $(W,[h])$ に対して $G$ 作用が持ち上がるとする．$G$ がトーラスであるとしよう．$X^G$ を含む任意の開集合 $U$ をとる．このとき $\mathrm{ind}_G(W,[h])$ は，$W$ と $h$ を $U$ に制限したものの情報のみによって決定される．特に，$\mathrm{ind}(W,[h])=\mathrm{ind}_e(W,[h])$ は $W$ と $h$ を $U$ に制限したものの情報のみによって決定される．

[証明] $G$ がトーラスのとき，$G=\overline{\langle g\rangle}$ となる $g$ は稠密に存在する．このような $g$ に対して $\mathrm{ind}_g(W,[h])$ がわかると $\mathrm{ind}_G(W,[h])$ が決まるので，定理 4.40 から明らかであろう．■

[定理 4.40 の証明] $\mathrm{supp}\, h \cap X^g$ を含む $U$ の相対コンパクトな開部分集合 $U'$ を固定する．命題 4.38 の証明をまずそのままたどってみる．ただし，コンパクト部分集合 $K$ として，$K=\mathrm{supp}\, h\backslash U'$ を用いる．$\tilde{h}_1$ の台は，以前と異なり空とは限らない．しかし，それは $U'$ のコンパクト部分集合であることがわかる．従って，ペア $(\tilde{W},[\tilde{h}_1])$ を $U$ 上に制限したものも再びコンパクトな台をもつ．このとき切除定理から，$\mathrm{ind}_g(\tilde{W},[\tilde{h}_1])=\mathrm{ind}_g(\tilde{W}|U,[\tilde{h}|U])$

である．これから

$$\text{(4.5)}\qquad \operatorname{ind}_g(W,[h])=\frac{\operatorname{ind}_g(\tilde{W}|U,[\tilde{h}_1|U])}{\operatorname{trace}(g|R^0)-\operatorname{trace}(g|R^1)}$$

を得る．

右辺は一見 $U$ 上の情報のみに依存しているように見える．しかし，ペア $(\tilde{W},[\tilde{h}_1])$ の構成に用いた $\underline{h}$ が $X$ 全体を見て定義されたものであるので，厳密にはそうではない．

$R,\underline{h}$ とは別に，$R',\underline{h}'$ であって次の条件をみたすものを任意にとる．

（1）　$\operatorname{trace}(g|R'^0)\neq\operatorname{trace}(g|R'^1)$.

（2）　$\underline{h}'$ は $U$ 上の $G$ 同変ベクトル束としての準同型 $\underline{h}'\colon U\times R'^0\to U\times R'^1$ であって，$\operatorname{supp}h\backslash U'$ 上は同型である．

($R,\underline{h}$ を $U$ 上に制限したものはこの条件をみたすものの例である.）このとき，$R,\underline{h}$ の代わりに $R',\underline{h}'$ を用いて，ペア $(\tilde{W},[\tilde{h}_1])$ の定義と同様の式によって $U$ 上のペア $(\tilde{W}',[\tilde{h}'_1])$ を定義することができる．このとき

$$\frac{\operatorname{ind}_g(\tilde{W}|U,[\tilde{h}_1|U])}{\operatorname{trace}(g|R^0)-\operatorname{trace}(g|R^1)}=\frac{\operatorname{ind}_g(\tilde{W}',[\tilde{h}'_1])}{\operatorname{trace}(g|R'^0)-\operatorname{trace}(g|R'^1)}$$

が示されれば，右辺は $U$ 上の情報にしか依存していないので，証明が完結する．前定理の証明とほとんど平行する議論を繰り返すことになるので，概略のみ説明する．

$U$ 上で $\mathbb{Z}_2$ 次数付ベクトル束としてのテンソル積 $F''=F\otimes F'$ を考え，$F''$ の 2 つの Hermite 自己準同型 $h_F\otimes\mathrm{id}_{F'}$ と $\epsilon_F\otimes h_{F'}$ の間に線形なホモトピーを考えることができる．$W$ に $F''$ をテンソルし，このホモトピーから得られるペアのホモトピーを考えると，(4.4)を得たのと同様に

$$\begin{aligned}&\operatorname{ind}_g(\tilde{W}|U,[\tilde{h}_1|U])(\operatorname{trace}(g|R'^0)-\operatorname{trace}(g|R'^1))\\&\quad=(\operatorname{trace}(g|R^0)-\operatorname{trace}(g|R^1))\operatorname{ind}_g(\tilde{W}',[\tilde{h}'_1])\end{aligned}$$

が得られる．これから求める式を得る．　∎

### (d) 有限個の固定点をもつ場合

特に，$X^g$ が有限個の点からなるとき，実際に $\mathrm{ind}_g(W,[h])$ を計算してみよう．

基本となるのは超対称振動子 $(W_E, D_E, h_E)$ である．これは $E$ の直交群 $O(E)$ の作用をもっていた．

$\mathrm{Ker}(D^2_{E,t})$ には $O(E)$ が自明に作用していた．従って，$O(E)$ の任意の要素 $g$ に対して

$$\mathrm{ind}_g(W_E,[h_E]) = 1$$

である．これが以下の考察の基本となる．

原点は $O(E)$ の任意の要素の固定点である．$O(E)$ は，0 上のファイバーをそれ自身に移す．もう1つ以下の考察の基本となるのは，次の公式である．

$$\mathrm{trace}(g|(W^0_E)_0) - \mathrm{trace}(g|(W^1_E)_0) = \det(1-g).$$

これは，$W_E$ が $(TE)_0 \cong E$ の外積代数と(次数の偶奇も込めて)同型であることによる．

一般に $X^g$ がコンパクトであるときには系4.41によって $\mathrm{ind}_g(W,[h])$ は $W$ の $X^g$ の近傍への制限のみから決まる．従って，もともとの $h$ とは独立に，$h'$ をうまくとって $X^g$ の近傍上のペア $(W,[h'])$ を構成し，それの指数を計算できればよい．実際には，超対称調和振動子を用いて少し工夫することが有用である．$X^g$ が孤立点からなるとき，この「工夫」は容易である．

**定理 4.43** (有限個の固定点をもつ場合の Lefschetz 公式(Lefschetz formula))　$G$ 作用をもつ多様体 $X$ 上のペア $(W,[h])$ に対して $G$ 作用が持ち上がると仮定する．$G$ の要素 $g$ の固定点が有限個の点からなるとき，次の公式が成立する．

$$\mathrm{ind}_g(W,[h]) = \sum_{x\in X^g} \frac{\mathrm{trace}(g|(W^0)_x) - \mathrm{trace}(g|(W^1)_x)}{\det(1-g|(TX)_x)}.$$

[証明]　定理4.40の証明中の(4.5)を見ると，各固定点の近傍だけの考察に帰着する．すなわち，$X$ が $G$ の直交表現空間 $E$ であり，原点0が $g$ の唯一の固定点である場合に帰着する．このとき $\det(1-g|E)$ は0でない．

$E$ 上の超対称調和振動子 $(W_E, D_E, h_E)$ の上には $G$ が自然に作用している. $W \otimes W_E$ を考察しよう.（これが「工夫」である.）系 4.41 から,

$$\text{(4.6)} \qquad \mathrm{ind}_g(W \otimes W_E, [h \otimes \mathrm{id}_{W_E}]) = \mathrm{ind}_g(W \otimes W_E, [\epsilon_W \otimes h_E])$$

である. $G$ 同変 $\mathbb{Z}_2$ 次数付ベクトル束として, $W$ は直積束 $E \times (W)_0$ と同型であり, $W_E$ は直積束 $E \times (W_E)_0$ と同型であるから,

$$\begin{aligned} &\mathrm{ind}_g(W, [h])(\mathrm{trace}(g|(W_E^0)_0) - \mathrm{trace}(g|(W_E^1)_0)) \\ &\quad = (\mathrm{trace}(g|(W^0)_0) - \mathrm{trace}(g|(W^1)_0))\,\mathrm{ind}_g(W_E, [h_E]) \end{aligned}$$

を得る. ここで

$$\mathrm{trace}(g|(W_E^0)_0) - \mathrm{trace}(g|(W_E^1)_0) = \det(1 - g|E), \quad \mathrm{ind}_g(W_E, [h_E]) = 1$$

に注意すると求める式を得る. ∎

**注意 4.44**

（1） 上の証明の原理は, 次のようにも言い表わせる. $(W, [h])$ と $(W_E, [h_E])$ との積として定義される $E \times E$ 上のペアを考える. これを $E \times \{0\}$ に制限したものと $\{0\} \times E$ に制限したものの指数が等しいことが(4.6)の意味するところである. 実際, $E$ を $E \times E$ に埋め込む線形写像のホモトピーによって, 2 つの自明な埋め込み $E \cong E \times \{0\} \to E \times E$ と $E \cong \{0\} \times E \to E \times E$ とが結べることに注意すれば, これは明らかであろう. 第 9 章では, これと類似の議論を用いて Bott 周期性を証明する.

（2） $X^g$ が有限個の点とは限らない一般の場合には, 上の議論の拡張を行うことによって, $X$ 上の $(W, [h])$ の指数が, $X^g$ 上のあるペアの指数の計算に帰着されることがわかる. これについて詳しくは第 10 章で説明しよう. このように, 多様体とその閉部分多様体の上で, 各々適当なペアを考えたとき, それらの指数が等しくなる現象は, 第 6 章で指数定理を証明する際, 議論の核心部で使われる.

## 《要約》

**4.1** コンパクトな台をもつ $\mathbb{Z}_2$ 次数付 Clifford 加群が, その台の近傍で超対称調和振動子と同型なら, 切除定理を利用して指数を具体的に計算できる.

**4.2** Poincaré–Hopf の定理, Riemann 面に対する Riemann–Roch の定理は

そのようにして指数が計算される例である.

**4.3**　指数の変種，あるいは指数より精密な情報についても，局所化を用いてアプローチできる例がある．Morse 不等式，Riemann 面上のスピン構造に対する mod 2 指数はそのような例である.

**4.4**　群作用のある場合の指数の考察において,「積」をとることによって，簡単な場合に帰着する議論を(2回)用いた．後に行う指数定理の証明，Bott の周期性定理の証明においても，似たアイディアを用いる.

# 5 Laplace 型作用素の固有関数の局所化

本章では，指数の考察に必要な解析の説明を行う．

## §5.1 設　　定

**定義 5.1**　四つ組 $(W, W', D, V)$ が次の条件をみたすとする．

・$W, W'$ は Riemann 多様体 $X$ 上の Euclid 内積をもつ実ベクトル束である．

・$D\colon \Gamma(W) \to \Gamma(W')$ は 1 階の線形微分作用素である．

・$D$ の主表象を $\sigma_1(D)\colon T^*X \to \mathrm{Hom}(W, W')$ とおくと，すべての $v \neq 0$ に対して $\sigma_1(D)(v)$ は単射である．

・$V$ は $W$ の対称な自己準同型である．

このとき，$W$ 上の 2 階線形微分作用素 $D^*D+V$ を **Laplace 型作用素**とよぶことにする．　□

$D^*$ は $D$ の形式的共役である．

**例 5.2**

(1)　Riemann 多様体 $X$ に対して $W = X \times \mathbb{R}$, $W' = T^*X$ とおくとき，$D$ として関数の微分 $d$ をとると，$\sigma_1(d) = \mathrm{id}\colon T^*X \to \mathrm{Hom}(W, W') = T^*X$ は定義 5.1 の条件をみたす．従って，Laplace 作用素(Laplacian) $d^*d$ は，定義 5.1 の意味で Laplace 型作用素である．

（2）　$W$ が実 Clifford 加群であるとき，$W'=W$ とおき，$D$ として $W$ 上の Dirac 型作用素 $D$ をとると，$D^2$ は，Laplace 型作用素である．実際，0 でない $T^*X$ の要素による Clifford 積は単射である．

（3）　$W$ が実 Clifford 加群，$(W,[h])$ がペア，$D$ が $W$ 上の Dirac 型作用素であるとき，任意の実数 $t$ に対して，$(D+th)^2$ は，Laplace 型作用素である．実際，$V=t(Dh+hD)+t^2h^2$ とおくと $V$ は $W$ 上の対称な自己準同型である． □

**注意 5.3**

（1）　上に定義した Laplace 型作用素は，多くの文献で Schrödinger 作用素(Schrödinger operator)とよばれるものと同じものである．本書では，この型の作用素は Dirac 作用素(Dirac operator)の自乗として現われる．方程式の由来を考えると「Dirac 作用素の自乗が Schrödinger 作用素である」と述べると少々奇妙に響くので，本書では Laplace 型作用素とよぶことにする*1.

（2）　本章ではベクトル束は実ベクトル束と仮定する．複素ベクトル束に対しては，複素構造を忘れて実ベクトル束とみなすことにより，本章の結果を適用できる．

本章では，開多様体上の Laplace 型作用素を考察する．$X$ を条件(R)(仮定 3.22)をみたす Riemann 多様体とする．$f\colon X\to\mathbb{R}$ を，条件(R)(仮定 3.22)の定義に現われる固有写像とし，$K_0=f^{-1}((-\infty,0])$ とおく．

$(W,W',D,V)$ を，$X$ 上の Laplace 型作用素を与える四つ組とする．これらが，$X$ の端の上で「よい振る舞い」をすると仮定して，Laplace 型作用素 $D^*D+V$ を考察したい.「よい振る舞い」としては，次を仮定する．

実数 $\bar{\lambda}$ と，正の実数 $\epsilon$ を固定する．

**仮定 5.4**（仮定 $(\bar{\lambda},\epsilon)$）

- $X$ 上の任意の点 $p$ に対して，$K_0$ 内のある点 $q$ が存在し，$B_1^\circ(p)$ に $D$ を制限したものは，$B_1^\circ(q)$ に $D$ を制限したものと同型である．
- $V$ は $W$ の対称な自己準同型であり，$f^{-1}([0,\infty))$ の各点で

---

*1　もっとも，Minkowski 空間上の本来の Dirac 作用素の自乗は，Laplace 作用素ではなく Klein–Gordon 作用素であるが.

$$V \geqq \bar{\lambda}+\epsilon$$

が成立する．すなわち，$V-(\bar{\lambda}+\epsilon)\,\mathrm{id}_W$ は，シリンダー上の各点で半正定値である．　□

本章では，煩雑さを避けるため，$X$ の端がシリンダーの形状をし，$V$ 以外のデータがすべて平行移動に関して不変である場合に説明を行う．しかし，一般の場合の議論もほとんど同様である．詳細は読者に委ねる．

あらためて設定を述べよう．

$X$ をシリンダー状の端をもつ Riemann 多様体とする．端は，Rimeann 閉多様体 $Z$ に対して $Z\times[0,\infty)$ と等長であると仮定し，端と $Z\times[0,\infty)$ とを同一視する．この部分を**シリンダー**(cylinder)とよぶことにする．$X$ から $Z\times(0,\infty)$ を除いたコンパクト部分集合を $K_0$ とおく．$K_0$ は $Z$ を境界とするコンパクトな多様体である．

$$X = K_0 \bigcup_Z Z\times[0,\infty).$$

$(W,W',D,V)$ を，Laplace 型作用素を与える四つ組とする．次を仮定する．

実数 $\bar{\lambda}$ と，正の実数 $\epsilon$ を固定する．

**仮定 5.5**（仮定 $(\bar{\lambda},\epsilon)'$）

- $W,W'$ は，Euclid 内積も込めて，シリンダー上で平行移動に関して不変である．
- $D\colon \Gamma(W)\to\Gamma(W')$ はシリンダー上で平行移動に関して不変である．
- $V$ は $W$ の対称な自己準同型であり，シリンダー上の各点で

$$V \geqq \bar{\lambda}+\epsilon$$

が成立する．すなわち，$V-(\bar{\lambda}+\epsilon)\,\mathrm{id}_W$ は，シリンダー上の各点で半正定値である．　□

$V$ については，シリンダー上で平行移動に関する不変性を仮定していないことに注意せよ．

**注意 5.6**　$X$ の端がシリンダーの形状をしており，さらに，$Z$ 上の形式的自己共役作用素 $\Delta_Z$ が存在し，シリンダー $Z\times[0,\infty)$ の上で $D^*D=-(\partial/\partial l)^2+\Delta_Z$ と

書ける場合を考えよう．このとき，上の仮定 $(\bar{\lambda}, \epsilon)'$ の条件のうち $V \geqq \bar{\lambda}+\epsilon$ は，

$$\Delta_Z + V \geqq \bar{\lambda}+\epsilon$$

によって置き換えることができる．（とくに，$V=0$ であっても，$\Delta_Z$ の最小固有値が正であれば，以下の議論を適応できる．）本書では§4.3 で開 Riemann 面上のスピン構造にともなう Dirac 作用素を考察する際にこのことを用いた．

本章では，$D^*D+V$ の固有値と固有関数を考察する．（本当は「関数」ではなく，$W$ の切断なので，「固有切断」とでもよぶべきだが，熟さない用語なので，「固有関数」とよんでおく．）

まず，$X$ の端でどのような振る舞いをする切断を考察するかを定めなくてはならない．いろいろな設定が可能であるが，ここでは次のような切断を考えることにする．

**定義 5.7**　$B_X$ を，$W$ の滑らかな切断 $s$ であって，次の性質をみたすものの全体とする：

$$\lim_{l\to\infty} \int_{Z\times\{l\}} (|s|^2 + |(Ds)|^2) = 0.$$

□

あとで用いる形式的共役 $D^*$ の性質を，補題の形にまとめておく．

**補題 5.8**　$s, s'$ を各々 $W, W'$ の滑らかな切断とする．$Z\times[l_0, l_1]$ 上において，$(Ds, s')$ の積分は，境界からの寄与を除けば，$(s, D^*s')$ の積分に等しい．境界からの寄与は，$D$ の主表象 $\sigma(D)$ のみに依存する双線形写像

$$\{\,,\,\}_{(z,l)}\colon\ W_{(z,l)} \times W'_{(z,l)} \to \mathbb{R}$$

を用いて書くことができる．すなわち

$$\int_{Z\times[l_0,l_1]} (s, D^*s') - \int_{Z\times[l_0,l_1]} (Ds, s') = \left(-\int_{Z\times l_1} + \int_{Z\times l_0}\right)\{s, s'\}.$$

□

## §5.2　指数的減衰

$B_X$ に属する $D^*D+V$ の固有関数であって，固有値が $\bar{\lambda}$ 以下であるものがこれからの考察の対象である．このような固有関数が，$l\to\infty$ のときシリン

ダー上で指数関数的に減衰することを証明する.

まず，長さ有限のシリンダー $Z\times[0,L]$ の上での固有関数の振る舞いを考察する．$s$ が $Z\times[0,L]$ 上で，$\bar{\lambda}$ 以下の固有値をもつ $D^*D+V$ の固有関数であるとする.

結論から述べる．$s$ と $Ds$ とが，共に，2つの境界 $Z\times\{0\}$ および $Z\times\{L\}$ の近傍での大きさが，上から評価されていると仮定する．このとき，$s$ と $Ds$ とは，その各々の評価に応じて，各々の境界部分からシリンダーの内側に進むにつれて，ほぼ指数的に減衰する．あるいはそれ以下に減衰する．そしてこの減衰は，両側から内側に進むその指数関数のグラフがシリンダーの内側のある地点において交わるところまで成立する.（交わらなければ，大きな方が優先する.）

正確に述べると，

**補題 5.9**（指数的減衰(exponential decay)） $\{,\}$ と $\epsilon$ とのみに依存する正の定数 $L_0>0$ が存在して次の評価が成立する：$L\geqq 3L_0$ に対して，$Z\times[0,L]$ 上の $W$ の滑らかな切断 $s$ が，ある $\lambda\leqq\bar{\lambda}$ に対して

$$(D^*D+V)s=\lambda s$$

をみたすとする．このとき，任意の $L_0\leqq l\leqq L-2L_0$ に対して，次式が成立する.

$$\begin{aligned}
&\int_{Z\times[l,l+L_0]}(|Ds|^2+(s,(V-\lambda)s))\\
&\leqq \max\left\{\frac{1}{2^{l/L_0}}\int_{Z\times[0,L_0]}(|Ds|^2+(s,(V-\lambda)s)),\right.\\
&\qquad\left.\frac{1}{2^{(L-L_0-l)/L_0}}\int_{Z\times[L-L_0,L]}(|Ds|^2+(s,(V-\lambda)s))\right\}.
\end{aligned}$$

□

**注意 5.10** あとで述べるアプリオリ評価を用いると，$s$ を何回微分したものも，同様に指数関数的に減衰することがわかる.

［証明］ 定数 $C_0>0$ を，$|\{a,b\}|\leqq C_0(|a|^2+|b|^2)$ となるように選ぶ．$C_0$ は $\{,\}$ のみから定まる．そして $L_0$ を $L_0=4\max\{C_0,C_0/\epsilon\}$ とおく.

議論を見やすくするために，$L$ と $l$ とが次の条件をみたす場合にのみ，主張の評価を示す．

- ある自然数 $N \geqq 2$ によって $L = NL_0$ と書ける．
- ある自然数 $n$ によって $l = nL_0$ と表わされる．

あとの目的のためにはこの場合にのみ示せば十分である．（一般の $L$ と $l$ に対して主張するためには，$L_0$ を新たに少し大きくとり直せばよいが，それは難しくないので読者に委ねよう．）

$0 \leqq l_0, l_1 \leqq L - L_0$ を，$l_0 + L_0 < l_1$ をみたす任意の実数とする．このとき，

$$\begin{aligned}0 &= \int_{Z\times[l_0,l_1]} (s, (D^*D + V - \lambda)s) \\ &= \int_{Z\times[l_0,l_1]} (|Ds|^2 + (s, (V-\lambda)s)) + \left(-\int_{Z\times l_1} + \int_{Z\times l_0}\right)\{s, Ds\}\end{aligned}$$

が成立する．$\{,\}$ を，$C_0$ を用いて上から評価する．

(5.1)

$$\int_{Z\times[l_0,l_1]} (|Ds|^2 + (s, (V-\lambda)s)) \leqq C_0\left(\int_{Z\times l_1} + \int_{Z\times l_0}\right)(|Ds|^2 + |s|^2).$$

シリンダー上で $(s, (V-\lambda)s) \geqq \epsilon|s|^2$ が成立するから

$$\leqq \max\left\{C_0, \frac{C_0}{\epsilon}\right\}\left(\int_{Z\times l_1} + \int_{Z\times l_0}\right)(|Ds|^2 + (s, (V-\lambda)s))$$

を得る．

ここで，上式において，$l_0, l_1$ の代わりにそれらを $l_0 + u$, $l_1 + u$ で置き換えた式を $0 \leqq u \leqq L_0$ にわたって積分する．すると，次の評価を得る．

$$\begin{aligned}&\left(\int_{Z\times[l_1,l_1+L_0]} + \int_{Z\times[l_0,l_0+L_0]}\right)(|Ds|^2 + (s, (V-\lambda)s)) \\ &\geqq \frac{1}{\max\{C_0, C_0/\epsilon\}} \int_0^{L_0} du \int_{Z\times[l_0+u,l_1+u]} (|Ds|^2 + (s, (V-\lambda)s)) \\ &\geqq \frac{L_0}{\max\{C_0, C_0/\epsilon\}} \int_{Z\times[l_0+L_0,l_1]} (|Ds|^2 + (s, (V-\lambda)s)) \\ &= 4\int_{Z\times[l_0+L_0,l_1]} (|Ds|^2 + (s, (V-\lambda)s)).\end{aligned}$$

(積分の順序を入れ替え，被積分項が非負であることを使った.)

整数 $0 \leqq n < N$ に対して,

$$a_n = \int_{Z \times [nL_0, (n+1)L_0]} (|Ds|^2 + (s, (V-\lambda)s)) \geqq 0$$

とおく．すると上の評価から，任意の整数 $0 \leqq n_0 < n_1 \leqq N$ に対して

$$\sum_{n_0 < n < n_1} a_n \leqq \frac{1}{4}(a_{n_0} + a_{n_1}) \tag{5.2}$$

が得られる.

$a_n$ を用いて証明すべき評価を言い換えると

$$a_n \leqq \max\left\{\frac{a_0}{2^n}, \frac{a_{N-1}}{2^{N-1-n}}\right\}$$

となる．ここで $n$ は $0 < n < N-1$ をみたす任意の整数である．上の関係式(5.2)を用いてこれを示そう．$a_n$ たちのうち，$n$ の小さい方からと，大きい方からとについて，適当に交互に評価していくのがアイディアである．実際の証明は，$N$ の大きさに関する帰納法として次のようにまとめられる.

$N=2$ であれば，証明すべきことは何もない．$N>2$ の場合を考察しよう．$a_0 \leqq a_{N-1}$ の場合を考える．($a_0 \geqq a_{N-1}$ の場合も議論は同様である.) このとき，式(5.2)から，とくに

$$a_{N-2} \leqq \frac{1}{4}(a_0 + a_{N-1}) \leqq \frac{1}{2} a_{N-1}$$

を得る．一方，$\{a_n\}$ を $0 \leqq n \leqq a_{N-2}$ の範囲で考えて，帰納法の仮定を適用することができ,

$$a_n \leqq \max\left\{\frac{a_0}{2^n}, \frac{a_{N-2}}{2^{N-2-n}}\right\}$$

となる．両者を合わせて，全範囲 $0 \leqq n \leqq a_{N-1}$ に対する主張が得られる. ∎

次に $X$ 全体の上で $D^*D+V$ の固有関数となっている切断を考える．上の補題と，その証明中の式(5.1)からただちに次を得る.

**系 5.11**　$B_X$ の要素 $s$ が，ある $\lambda \leqq \bar{\lambda}$ に対して

$$(D^*D+V)s = \lambda s$$

をみたすとき，任意の$l \geqq L_0$に対して

$$\int_{Z\times[l,l+L_0]}(|Ds|^2+(s,(V-\lambda)s)) \leqq \frac{1}{2^{l/L_0}}\int_{Z\times[0,L_0]}(|Ds|^2+(s,(V-\lambda)s))$$

が成立する．とくに，$s$と$Ds$は$X$上$L^2$有界である．　□

固有値が$\bar{\lambda}$以下の固有関数$s$は，もし存在したとすると，上の意味で$K_0$と$Z\times[0,L_0]$の和集合の上に局所化している．この和集合を$K_{L_0}$とおこう．コンパクト集合$K_{L_0}$の外では，$s$は高々指数関数的に減衰するのである．

## §5.3　変分法のための準備

しかし，そもそも固有関数が存在するかどうかについては，まだ議論されていなかった．指数の考察のためには，偏微分方程式を直接解くことなしに固有関数の存在を示す必要のある場面が出てくる．これを可能にする1つの方法が，変分法である．変分法とは，適当な関数空間の上に適当なノルムを定義し，それを用いて制限付極値問題を定式化し，その極値を与えるものとして固有関数の存在を示す方法である．

### (a)　関数空間の選び方

$W$の切断のクラスとして，既に$B_X$を定義してあった．このクラスに属するための条件は，局所的な条件と，端の無限遠での極限における条件とからなっていた．このクラスの切断は，$X$上大域的な制限がない．たとえば，$L^2$ノルムは有限とは限らない．微分方程式をみたすという仮定(固有関数であるなど)があってはじめて，大域的な性質が付与されうる．このようなクラスは，多様体を切り貼りすることもあるような，幾何学的な状況の考察に相応しい．

しかし$B_X$は，微分方程式を変分問題として捉えるために用いるには不適切である．変分問題は，設定するときから既に大域的である．すなわち，あるノルムを定義して，制限付極値問題を考えたいのであるが，そのためには，そもそもそのノルムが有限であるような切断のクラスを設定する必要がある．

変分法の展開のために便利なノルムを定義したい．この目的のために $\|\cdot\|_{D,V+C,X}$ を次のように定義しよう．

まず，$C$ を，$V+C-1$ が $X$ 上いたるところ半正定値になるような実数とする．このような $C$ の存在は，シリンダー上で $V-(\bar{\lambda}+\epsilon)$ が半正定値であることからわかる．

**定義 5.12**　$W, W'$ の滑らかな切断 $s, s'$ と $X$ の開集合 $A$ に対して，以下のノルムを定義する．

$$\|s\|_A^2 = \int_A |s|^2 \in [0, \infty], \tag{5.3}$$

$$\|s'\|_A^2 = \int_A |s'|^2 \in [0, \infty], \tag{5.4}$$

$$\|s\|_{V+C,A}^2 = \int_A (s, (V+C)s) \in [0, \infty], \tag{5.5}$$

$$\|s\|_{D,A}^2 = \|Ds\|_A^2 + \|s\|_A^2 \in [0, \infty], \tag{5.6}$$

$$\|s\|_{D,V+C,A}^2 = \|Ds\|_A^2 + \|s\|_{V+C,A}^2 \in [0, \infty]. \tag{5.7}$$

□

定義から

$$\|s\|_A \leqq \|s\|_{D,A} \leqq \|s\|_{D,V+C,A}$$

が成立する．また，$A$ がプレコンパクトであるときには，$V$ の $A$ への制限のみに依存する定数 $C_A > 0$ が存在して，

$$\|s\|_{V+C,A}^2 \leqq C_A \|s\|_A^2 \tag{5.8}$$

となる．

$s$ が $D^*D+V$ の固有関数であり，固有値が $\lambda$ であるとき，$s$ は $D^*D+V+C$ の固有関数でもあり，固有値は $\lambda+C$ である．従って，固有関数と固有値の考察のためには，$V$ の代わりに $V+C$ を考えても一般性を失わない．同じことであるが，次の仮定をおいても，一般性を失わない．

**仮定 5.13**（仮定 $C=0$）　$V-1$ は $X$ 上いたるところ半正定値である．　□

本章では，以下，この「仮定 $C=0$」をおく．しかし，本章の定理は，この仮定なしに成立する．この仮定をおくと，変分問題の定式化に必要なノルムの形が，少しだけ簡単になり，式が見やすくなる．それがこの技術的な仮定をおく唯一の理由である．

関数空間 $B_X^{D,V}$ を次のように定義する．

**定義 5.14**　$B_X^{D,V}$ を，$W$ の可測切断 $s$ であって，$W'$ のある可測切断 $s'$ と，$W$ のある滑らかな切断の列 $\{s_k\}$ に対して次をみたすものの全体とする．

$$\|s_k\|_{D,V,X}<\infty, \quad \|s'\|_X^2+\|s\|_{V,X}^2<\infty, \tag{5.9}$$

$$\lim_{k\to\infty}(\|Ds_k-s'\|_X^2+\|s_k-s\|_{V,X}^2)=0. \tag{5.10}$$

□

$B_X$ に属する固有関数であって，固有値が $\bar{\lambda}$ 以下のものは，補題 5.9 から $B_X^{D,V}$ にも属する．

次のことに注意しよう．

**補題 5.15**　上の定義における $s'$ は，台がコンパクトな滑らかな $W'$ の任意の切断 $\beta$ に対して

$$\int_X(s',\beta)=\int_X(s,D^*\beta)$$

をみたす．

［証明］　$s,s'$ の代わりに $s_k,Ds_k$ をとれば上式は明らかである．すると，$s_k,Ds_k$ が各々 $s,s'$ に $L^2$ 収束することから補題がわかる． ∎

この補題から，もし $s'$ が2通りあったとすると，その差は，台がコンパクトな滑らかな任意の切断 $\beta$ との $L^2$ 内積が0である．よってその2つは一致することがわかる．

そこで $s'=Ds$ と書き，(5.9)の右の式の左辺を $\|s\|_{D,V,X}^2$ とおく．同様に，$\|s\|_{D,V,A}^2$, $\|s\|_{D,A}^2$ 等を定義する．

$L^2$ 空間の完備性から，$B_X^{D,V}$ の $\|\cdot\|_{D,V,X}$ に関する完備性がただちにわかる．すなわち，

**補題 5.16**　$(B_X^{D,V},\|\cdot\|_{D,V,X})$ は Hilbert 空間である． □

（実際 $B_X^{D,V}$ は事実上完備化によって定義されている．）

$B_X^{D,V}$ の要素は，2回微分可能とは限らないので，$D^*D+V$ を作用させられるとは限らないことに注意する．

$B_X^{D,V}$ の要素であって，$D^*D+V$ の固有関数そのものではなくとも，固有関数に近い性質をもつものは，非常に弱い意味ではあるが，「局所化」してい

ることを示す.

次の「局所化」の補題は簡単なものであるが，以下の議論のために本質的である.

**補題 5.17** $V$ の $K_0$ への制限と，$\epsilon$ のみに依存する定数 $C_1>0$ が存在し，$B_X^{D,V}$ の要素 $s$ が

$$\|s\|_{V,X}^2 \leqq \bar{\lambda}\|s\|_X^2$$

をみたすとき，

$$\|s\|_X^2 \leqq C_1\|s\|_{K_0}^2$$

が成立する.

［証明］ 与えられた不等式において $X$ を $K_0$ と $Z\times[0,\infty)$ に分けて考える．すると，

$$\|s\|_{V,K_0}^2+\|s\|_{V,Z\times[0,\infty)}^2 \leqq \bar{\lambda}(\|s\|_{K_0}^2+\|s\|_{Z\times[0,\infty)}^2)$$

である．$Z\times[0,\infty)$ の上では $V\geqq\bar{\lambda}+\epsilon$ なので，

$$\|s\|_{V,K_0}^2+\epsilon\|s\|_{Z\times[0,\infty)}^2 \leqq \bar{\lambda}\|s\|_{K_0}^2$$

が成立する．左辺の第一項は非負なので捨て去ると，$C_1=1+\bar{\lambda}/\epsilon$ に対して求める評価を得る. ∎

## (b) Laplace 型作用素の局所的な性質

次の補題は，微分作用素の局所的な理論においてよく知られている．$D$ を定義 5.1 の性質をみたす 1 階の線形微分作用素とする.

**補題 5.18** $U$ を $X$ の開集合，$K$ を $U$ のコンパクト部分集合とする.

(1) (Gårding 不等式(Gårding inequality)) $W''$ を $U$ 上の任意の Euclid ベクトル束，$\nabla:\Gamma(U,W)\to\Gamma(U,W'')$ を，滑らかな係数をもつ任意の高々 1 階の線形偏微分作用素とする．このとき，$U,K,\nabla$ および，$D$ の $U$ への制限のみに依存する定数 $C_{U,K,D,\nabla}>0$ が存在し，$W$ の $U$ 上の滑らかな切断 $s$ に対して

$$\|\nabla s\|_K^2 \leqq C_{U,K,D,\nabla}\|s\|_{D,U}^2$$

が成立する.

(2) (Rellich の定理) $U$ 上の滑らかな切断の列 $\{s_k\}$ が，次に示すような

有界性をもっていたと仮定する．($L^2_1$ 有界性とよばれる性質と同値である．)

- $W''$ を $U$ 上の任意の Euclid ベクトル束，$\nabla\colon \Gamma(U,W)\to\Gamma(U,W'')$ を，滑らかな係数をもつ任意の高々1階の線形偏微分作用素とすると，$U$ の任意のコンパクト部分集合 $K'$ に対して $\{\|\nabla s_k\|^2_{K'}\}$ は有界である．

このとき，$\{s_k\}$ は，$K$ 上 $L^2$ 収束する部分列をもつ．　□

2つを合わせると，$\{s_k\}$ が $U$ 上の滑らかな切断の列であり，$\{\|s_k\|_{D,U}\}$ が有界であるとき，$K$ 上で $L^2$ 収束する部分列を選べることがわかる．$B^{D,V}_X$ は，滑らかな切断のある種の完備化として定義されたので，同様の性質は，$B^{D,V}_X$ の要素の列に対しても成立する(確かめてみよ)．あとで，この事実を次の形で用いる．

**系 5.19**　$\{s_k\}$ が $B^{D,V}_X$ の要素の列であり，$\{\|s_k\|_{D,V,X}\}$ が有界であるとする．このとき，$X$ の任意のコンパクト部分集合上で $L^2$ 収束する部分列が存在する．　□

また，次の評価は，Laplace 型作用素に対するアプリオリ評価とよばれる．

**命題 5.20**（アプリオリ評価(a priori estimate)）　$W''$ を $U$ 上の任意の Hermite ベクトル束，$\mathcal{D}\colon \Gamma(U,W)\to\Gamma(U,W'')$ を，滑らかな係数をもつ任意の高々 $2k$ 階の線形偏微分作用素とする．このとき，$U,K,\mathcal{D}$ および，$D$ の $U$ への制限のみに依存する定数 $C_{U,K,D,\mathcal{D}}>0$ が存在し，$W$ の $U$ 上の滑らかな切断 $s$ に対して

$$\|\mathcal{D}s\|^2_K \leqq C_{U,K,D,\mathcal{D}}(\|(D^*D)^k s\|^2_U+\|s\|^2_U)$$

が成立する．　□

これらの評価は，以下の議論で大切な役割を果たす．

**注意 5.21**

(1)　アプリオリ評価も，Rellich の定理も，Laplace 型作用素の局所的な性質であり，本質的に，Euclid 空間上で確かめればよい．本書では，解析のうち，局所的な性質は，証明せずに認めることにする．

(2)　Rellich の定理の，上に述べた形の仮定は強すぎる．すべての1階線形微

分作用素に対する仮定を確かめることは実際にはできないし，必要でもない．$k$ 次元の Euclid 空間内の開集合の場合でいえば，$k$ 方向の偏微分に対して，有界性がいえていれば，仮定として十分である．

（3） アプリオリ評価は，どんな線形偏微分作用素に対しても成り立つものではない．Laplace 型の作用素の特別な性質の反映である．その性質とは，主表象が，$T^*X$ の 0 でない要素に対して，必ず可逆になることである．この性質を，「Laplace 型作用素は楕円型である」と言い表わす．

（4） Dirac 型作用素に対する Gårding の不等式は，Weitzenböck の公式(Weitzenböck formula)を用いて示すことができる．それを使えば，アプリオリ評価は，微分作用素の階数についての帰納法によって示される．

（5） 楕円性のみを用いてアプリオリ評価を証明する方法もある．まず，$D^*D$ の主表象の逆写像を用いて，ある作用素 $P$ を具体的に構成する．$P$ は，積分作用素の拡張である，「階数 $-2$ の擬微分作用素」とよばれるものとして構成される．$P$ は，$D^*D$ の主表象の逆写像を主表象とする．構成は難しくない．（まず，局所的に構成して，1 の分解を利用して貼り合わせて作る．局所的な構成は，(1) Fourier 変換して，(2) 主表象を掛け，さらに(3) Fourier 逆変換を行う操作の合成である．主表象の増大度に応じて，階数が定まる．なお，Euclid 空間上で考えるのであれば，貼り合わせは必要ない．）$P$ は近似的に $D^*D$ の左逆になっている．よって，$D^*Ds$ の評価から $s$ の評価を得ることができる．

（6） 微分作用素と比較するならば，積分作用素のよいところは，積分核がよい性質をもつとき，それを作用させることによって，微分可能性の回数を増やすことができることである．「階数 $-2$ の擬微分作用素」は，微分可能性の回数を，2 回増やす．

（7） なお，「近似的に左逆である」とは，おおざっぱにいえば，合成 $P\circ(D^*D)$ と恒等写像との差が，「階数 $-1$ の擬微分作用素」になっていることである．このような(左)逆を**(左)パラメトリックス**(parametrix)とよぶ．

（8） Rellich の定理は，トーラス上では Fourier 展開を利用すれば容易に見てとれる．一般の場合はトーラスの場合に帰着できる．

補題 5.18 を認めた上で，偏微分方程式を解くことなしに，固有関数の存在を主張する命題を説明したい．

その前に，まず，Gårding 不等式からただちに，関数空間 $B_X^{D,V}$ が作用素

$D^*D+V$ のとり方にあまり依存しないことがわかる.

**命題 5.22**　作用素 $D^*D+V$ から定義される $B_X^{D,V}$ と，作用素 $D'^*D'+V'$ から定義される $B_X^{D,V}$ とは，もしシリンダー上で，ある $c>1$ に対して $V/c<V'<cV$ が成立しているならば，一致する．実際，ある $c'>1$ に対して，次が成立する.

$$\frac{1}{c'}\|s\|_{D,V,X} \leqq \|s\|_{D',V',X} \leqq c'\|s\|_{D,V,X}.$$

［証明］　Gårding 不等式によって $\|\cdot\|_{D,X}$ と $\|\cdot\|_{D',X}$ とが同値なノルムであることがわかる. ∎

特に，$B_X^{D,V}$ は，$D$ のとり方に依存しない(しかし，$V$ のシリンダー上での増大度には依存している).

§5.4 で固有関数の存在をいうための方針は，まず弱解の存在を示し，次にそれが本当の解であることを示すことである．ここで，

**定義 5.23**　$U$ を $X$ の開集合とする．$V'$ を $W|U$ の滑らかな対称自己準同型写像，$u$ を $W$ の $U$ 上の $L^2$ 級切断とする．$U$ 上の $L^2$ 級切断 $s$ が，方程式 $(D^*D+V')s=u$ の**弱解**(weak solution)であるとは，台が $U$ 内のコンパクト集合であるような任意の滑らかな切断 $\beta$ に対して

$$\int_U ((D^*D\beta, s)+(\beta, V's)) = \int_U (\beta, u)$$

が成立することである. □

**命題 5.24** (Laplace 型方程式の弱解の正則性)　$U$ を $X$ の開集合とする．$V'$ を $W|U$ の滑らかな対称自己準同型写像，$u$ を $W$ の $U$ 上の滑らかな切断とする．$U$ 上の $L^2$ 級切断 $s$ が，方程式 $(D^*D+V')s=u$ の弱解であるとする．このとき，$s$ は滑らかな切断であり，この方程式の本当の解になっている. □

**注意 5.25**

(1)　上の正則性も，アプリオリ評価や Rellich の定理と同様に，Laplace 型作用素の局所的な性質である．従って，本書では，証明せずに使うことにする.

(2)　弱解の正則性の証明の1つの方法は，$s$ の，滑らかな関数による系統的な

近似(Friedrichs の軟化作用素)を利用することである．すると，ラフにいえばその近似列にアプリオリ評価と Sobolev の埋蔵定理(Sobolev embedding theorem)を適用することによって，$s$ が滑らかであることが示される．

## §5.4 変分法

シリンダー状の端をもつ多様体上で変分法を考察する出発点となるのは，「局所化」を用いて示される次の性質である．

**命題 5.26** $B_X^{D,V}$ の要素の列 $\{s_k\}$ が，

$$\|s_k\|_X^2 = 1, \quad \|s_k\|_{D,V,X}^2 \leqq \bar{\lambda}$$

をみたすとき，部分列を適当にとると，$B_X^{D,V}$ のある要素 $s_\infty$ に弱収束する．このとき $s_\infty \neq 0$ であり，次式が成立する．

$$\frac{\|s_\infty\|_{D,V,X}^2}{\|s_\infty\|_X^2} \leqq \liminf_{k\to\infty} \|s_k\|_{D,V,X}^2 . \tag{5.11}$$

［証明］ Hilbert 空間の有界な任意の列から，弱収束する部分列を選べたことを思い出そう．$\|s_k\|_{D,V,X}$ は有界であるから，$s_k$ は，$B_X^{D,V}$ のある要素 $s_\infty$ に，このノルムに関して弱収束すると仮定できる．この部分列からさらに部分列を適当にとったとき，主張が成立することを示せば十分である．

系 5.19 によって，部分列をとると，$\{s_k\}$ は，$X$ の任意のコンパクト集合上で $L^2$ 収束していると仮定できる．その極限は，$s_\infty$ の制限と一致する．補題 5.17 によって，$\|s_k\|_{K_0}^2 \geqq C_1^{-1}$ であり，$s_k$ は $K_0$ 上で $s_\infty$ に $L^2$ 収束していたから $\|s_\infty\|_{K_0}^2 \geqq C_1^{-1} > 0$ となり，$s_\infty$ は 0 でない．

$\delta > 0$ を任意の正の実数としよう．

$K_0$ を含むコンパクト集合 $K$ を十分大きくとると，

$$\frac{\|s_\infty\|_{D,V,K}^2}{\|s_\infty\|_K^2} \geqq \frac{\|s_\infty\|_{D,V,X}^2}{\|s_\infty\|_X^2} - \frac{\delta}{2}$$

となる．この式の左辺で，$s_\infty$ を，十分大きな $k$ に対する $s_k$ に置き換えたときの値の変化を分母と分子に分けて見てみよう．

$s_k$ は，分母のノルムについては強収束しているが，分子のノルムについて

は弱収束しかしていない．

強収束する分母についてはやさしい．すなわち

$$\|s_\infty\|_K^2 = \lim_{k\to\infty} \|s_k\|_K^2.$$

弱収束する分子については，次のことを使う．一般に，Hilbert 空間において，弱収束する列が与えられたとき，ノルムの大きさは，弱収束した先で減ることはあっても，増えることはない．すなわち

$$\|s_\infty\|_{D,V,K}^2 \leqq \liminf_{k\to\infty} \|s_k\|_{D,V,K}^2.$$

分母と分子を合わせて考えると十分大きな任意の $k$ に対して，

$$\frac{\|s_k\|_{D,V,K}^2}{\|s_k\|_K^2} \geqq \frac{\|s_\infty\|_{D,V,K}^2}{\|s_\infty\|_K^2} - \frac{\delta}{2}$$

となることがわかる．

一方，$K$ は $K_0$ を含むようにとっておいたので，$K$ の外では $V \geqq \bar{\lambda}+\varepsilon$ である．これから

$$\frac{\|s_k\|_{D,V,X\setminus K}^2}{\|s_k\|_{X\setminus K}^2} \geqq \bar{\lambda}+\varepsilon$$

である．$K$ 上の評価と $X\setminus K$ 上の評価とから，$X$ 全体の上での次の評価を得る．

$$\|s_k\|_{D,V,X}^2 = \frac{\|s_k\|_{D,V,K}^2 + \|s_k\|_{D,V,X\setminus K}^2}{\|s_k\|_K^2 + \|s_k\|_{X\setminus K}^2} \tag{5.12}$$

$$\geqq \min\left\{ \frac{\|s_k\|_{D,V,K}^2}{\|s_k\|_K^2}, \frac{\|s_k\|_{D,V,X\setminus K}^2}{\|s_k\|_{X\setminus K}^2} \right\} \tag{5.13}$$

$$\geqq \min\left\{ \frac{\|s_\infty\|_{D,V,X}^2}{\|s_\infty\|_X^2} - \delta, \bar{\lambda}+\varepsilon \right\}. \tag{5.14}$$

最左辺は仮定から $\bar{\lambda}$ 以下であるから，十分大きな任意の $k$ に対して次式が成立する．

$$\|s_k\|_{D,V,X}^2 \geqq \frac{\|s_\infty\|_{D,V,X}^2}{\|s_\infty\|_X^2} - \delta.$$

∎

先に進む前に，命題 5.26 からすぐにわかる重要な性質について注意しておこう．

**定義 5.27** $B_X$ に属する $D^*D+V$ の固有関数であって，固有値が $\lambda$（あるいは $\lambda$ 以下）のもの全体で張られるベクトル空間を $E_\lambda$（あるいは $E_{\leqq\lambda}$）とおく．すなわち，

$$E_\lambda = \{s \in B_X \mid (D^*D+V)s = \lambda s\}, \quad E_{\leqq\lambda} = \bigoplus_{\mu\leqq\lambda} E_\mu .$$

□

補題 5.9 によって，$E_{\leqq\lambda}$ の要素は $B_X^{D,V}$ に属することがわかる．

異なる固有値に対応する固有関数が $L^2$ 直交していることは，固有値が $\bar{\lambda}$ 以下であるときには，有限次元ベクトル空間上に働く対称変換の場合と同様に容易にわかる．(固有関数の指数的減衰を用いると，$X$ 上で部分積分が自由に行えることによる．) 以下，$L^2$ 内積に関する直交性を道具として用いる．

**系 5.28** $\lambda \leqq \bar{\lambda}$ であるとき，$E_{\leqq\lambda}$ は有限次元である．

［証明］ もし，無限次元であれば，$L^2$ ノルムに関する正規直交基底を $\{s_k\}$ とおくと，命題 5.26 の仮定をみたす．一方，この列の $L^2$ 弱極限は 0 である．よって，任意の部分列に関して，$\|\cdot\|_{D,V,X}$ に関する弱極限は，もし存在すれば 0 でなくてはならない．これは命題 5.26 の結論に反する． ■

$L^2$ 有界な滑らかな要素からなる $B_X^{D,V}$ の有限次元部分空間 $E$ に対して，$B_X^{D,V}$ から $E$ への $L^2$ 内積に関する直交射影を $p_E$ とおく．とくに，$\lambda \leqq \bar{\lambda}$ に対して，$E_{\leqq\lambda}$ は有限次元であったが，この場合，$p_{E_{\leqq\lambda}}$ のことを $p_{\leqq\lambda}$ と書くことにする．また，$p_{>\lambda} = \mathrm{id} - p_{\leqq\lambda}$ とおく．すると，次の性質が成立する．

$$s = p_{\leqq\lambda}s + p_{>\lambda}s, \quad p_{\leqq\lambda}s \in E_{\leqq\lambda}, \quad \int_X (p_{\leqq\lambda}s_0, p_{>\lambda}s_1) = 0.$$

あとで使う性質を補題としてまとめておこう．

**補題 5.29**

（1） $E$ を $B_X^{D,V}$ の有限次元部分空間とする．$\{s_k\}$ が $s_\infty$ に $L^2$ 弱収束する列であれば，$E$ の中で $p_E s_k$ は $p_E s_\infty$ に収束する．

（2） $\|s\|_{D,V,X}^2 = \|p_{\leqq\lambda}s\|_{D,V,X}^2 + \|p_{>\lambda}s\|_{D,V,X}^2$．

［証明］ (1)は $E$ が有限次元であることから，$E$ の有限個の基底との $L^2$ 内積を用いて，$p_E$ を表示すれば明らかである．(2)は $p_{\leqq\lambda}s$ が $E_\lambda$ の要素である場合について示せば十分であるが，この場合には部分積分の公式によって

わかる．∎

固有関数の存在は，次の定理によって与えられる．

**定理 5.30**　$\mu \leqq \bar{\lambda}$ とする．$B_X^{D,V}$ の有限次元部分空間 $E$ が，滑らかな切断からなり，$E_{\leqq \mu}$ を含み，$D^*D+V$ の作用で保たれるものと仮定する．さらに，$B_X^{D,V}$ の要素 $s$ であって，

$$\|s\|_X^2 = 1, \quad \|s\|_{D,V,X}^2 \leqq \bar{\lambda}, \quad p_E s = 0$$

をみたすものが存在したとする．

（1）　このような $s$ たちの中で，$\|s\|_{D,V,X}^2$ の下限を実現するものが存在する．

（2）　その下限を $\lambda$ とおくと，$\mu < \lambda \leqq \bar{\lambda}$ が成立する．

（3）　下限を実現する1つの $s$ を $s_0$ とおくと，$s_0$ は滑らかであり，$(D^*D+V)s_0 = \lambda s_0$ をみたす．

［証明］　$\{s_k\}$ を $B_X^{D,V}$ の列であって，

$$\|s_k\|_X^2 = 1, \quad \lim_{k\to\infty} \|s_k\|_{D,V,X}^2 = \lambda, \quad p_E s_k = 0$$

をみたすものとする．部分列をとることにより，$L^2$ ノルム $\|\cdot\|_X$ に関して弱収束していると仮定し，弱極限を $s_\infty$ とおくと，補題 5.29(1)から $p_E s_\infty = 0$ である．さらに部分列をとって $\|\cdot\|_{D,V,X}$ に関しても $s_\infty$ に弱収束していると仮定することができる．命題 5.26 によって，$s_\infty$ は0でなく，$L^2$ 規格化を $s_0 = s_\infty / \|s_\infty\|_X$ とおくと，これは

$$\|s_0\|_{D,V,X}^2 \leqq \lambda, \quad p_E s_0 = 0$$

をみたす．よって，$\lambda$ のとり方から，左の式において等号が成立しなくてはならず，$s_0$ は下限を実現する要素である．

この $s_0$ が，方程式 $(D^*D+V-\lambda)s = 0$ の弱解であることを示す．コンパクトな台をもつ任意の滑らかな切断 $\beta$ に対して，実数のパラメータ $x$ に依存する $B_X^{D,V}$ の要素の族 $s_x = (s_0 + x(1-p_E)\beta)/\|s_0 + x(1-p_E)\beta\|_X$ を考える．$s_x$ は $L^2$ ノルムが1であり，$E$ と $L^2$ 直交している．すると，$\lambda$ が下限であることから，$x=0$ の近傍で滑らかな関数 $\|s_x\|_{D,V,X}^2$ は，$x=0$ において極小値 $\lambda$ をとる．よって，この関数を $x=0$ において微分した値は0でなくてはならない．この関係式を整理すると

$$\int_X ((Ds_0, D(1-p_E)\beta) + (s_0, V(1-p_E)\beta)) = \lambda \int_X (s_0, (1-p_E)\beta)$$

となる．$p_E\beta$ は $E$ の要素なので $Dp_E\beta$ は指数的減衰をする．よって $D\beta - Dp_E\beta = D(1-p_E)\beta$ も指数的減衰をする．これを用いれば，部分積分から，

$$\int_X (s_0, (D^*D+V-\lambda)(1-p_E)\beta) = 0$$

が得られる．一方，$p_E\beta$ は $E$ の要素であるから，$(D^*D+V)p_E\beta$ も再び $E$ の要素であり，従ってこれは $s_0$ と $L^2$ 直交している．

$$\int_X (s_0, (D^*D+V-\lambda)p_E\beta) = 0\,.$$

この2式を加えると，$s_0$ が弱解であるための条件を得る．

命題5.24によってこの弱解は，本当の解であり，固有値 $\lambda$ に対応する $D^*D+V$ の固有関数である．$s_0$ と $E_{\leqq\mu}$ とは直交しているので，$\mu<\lambda$ がわかる． ∎

## §5.5　固有値と固有関数の変化

この節では，定理5.30を用いて，固有値を固有関数と共に小さい方から帰納的に特徴づける手続きを説明する．

固有値については，次の定理が便利である．

**定理5.31**　$B_X^{D,V}$ の $r$ 次元の部分空間 $E$ であって，$\|s\|_X^2=1$ である $E$ の任意の要素 $s$ に対して，$\|s\|_{D,V,X}^2 \leqq \bar{\lambda}$ となるものが存在したとする．このとき，

(1)　$D^*D+V$ には，$\bar{\lambda}$ 以下の固有値が，重複も込めて数えると少なくとも $r$ 個存在する：$\dim E_{\leqq\bar{\lambda}} \geqq r$.

(2)　上の条件をみたす $E$ 全体に対する

$$\max\{\|s\|_{D,V,X}^2 \mid s\in E,\ \|s\|_X^2=1\}$$

の下限は，重複も込めて数えるとき小さい方から $r$ 番目の固有値と一致する．

[証明] $0 \leqq k < r$ に対して，$\bar{\lambda}$ 以下の $k$ 個の固有値の存在が示されたとしよう．$k$ 個の固有値を重複も込めて並べて小さい順に $\lambda^1, \lambda^2, \cdots, \lambda^k$ とおき，それらに対応する(互いに $L^2$ 直交する)固有関数で張られる空間を $E^k$ とおく．$\lambda^k$ 未満の最大の固有値を $\mu$ とおく．$\dim E > \dim E^k$ であるから，$E$ には $E^k$ のすべての要素と $L^2$ 直交する要素 $s \neq 0$ が存在する．従って，$E^k$ と $\mu$ に対して定理 5.30 を適用できる．そのとき，$s_0$ は固有値 $\lambda_{k+1} = \lambda$ に対応する固有関数であり，帰納法が進行する．主張の残りの部分を確かめることは，読者に委ねよう． ∎

定理 5.31 の仮定をみたすような $E$ をうまく見つけさえすれば，固有値の評価ができるのである．

上の定理の仮定のもとで，$\max\{\|s\|^2_{D,V,X} \mid s \in E,\ \|s\|^2 = 1\}$ の下限を実現する $E$ が実際に存在する．$r$ 番目までの固有値に対応する固有関数の直和が下限を実現している．$r$ 番目の固有値と $r+1$ 番目の固有値が重複している場合には，$E$ が一意にとれないことは明らかである．しかし，仮にすべての固有値に重複がないとしても，下限を実現する $E$ は一意ではない．たとえば，小さい方から 3 つの固有値に重複がなく，固有関数が，固有値の小さい方から $s_1, s_2, s_3$ であるとき，絶対値の小さな任意の $x$ に対して，$E = \langle s_1 + xs_3, s_2 \rangle$ は，どれも，上の定理で考えているものの下限を与えている．

従って，$E_{\leqq \lambda}$ を，$B_X^{D,V}$ の部分ベクトル空間として特徴づけるためには，上の定理の考察ではまだ足りない．では，固有値だけでなく，固有空間を特徴づけるためにはどうしたらよいだろうか．

本節の目標は，$E_{\leqq \lambda}$ に「ほぼ近い」と思われるベクトル空間 $E$ が与えられたとき，実際にこれが「ほぼ近い」ことを判定するような方法を見出すことである．

2 つのベクトル空間が「ほぼ近い」ことを定式化するために，ここで，Grassmann 多様体の位相について思い出しておこう．$L^2$ ノルム $\|\cdot\|_X$ を考えたいので，$B_X^{D,V}$ より大きな，次の Hilbert 空間を定義しておこう．

**定義 5.32** $W$ の $L^2$ 級切断の全体を $B_X^2$ とおく．これはノルム $\|\cdot\|_X$ によって Hilbert 空間となる． □

自然数 $r$ を固定し，$B^2_X$ の $r$ 次元部分空間全体の集合を $\mathrm{Gr}_r$ とおく．

**定義 5.33** $\mathrm{Gr}_r$ の要素 $E, E'$ に対して，$d(E, E') \geqq 0$ を，次の条件をみたすような最小の $d \geqq 0$ として定義する：$E$ の任意の正規直交基底 $e_1, e_2, \cdots, e_r$ に対して $E'$ のある正規直交基底 $e'_1, e'_2, \cdots, e'_r$ が存在して，$\sum_{k=1}^{r} \|e_k - e'_k\|^2_X \leqq d^2$ が成立する．また，$E$ と $E'$ とを入れ替えても，同様の性質が成立する． □

この $d$ は $\mathrm{Gr}_r$ 上の完備な距離になる(確かめよ)．この距離によって，$\mathrm{Gr}_r$ に位相を入れる．

$\mathrm{Gr}_r$ の位相の入れ方は，様々な同等な述べ方ができる．距離 $d$ を用いるやり方は，その 1 つに過ぎない．大切なのは，この位相によって，$\mathrm{Gr}_r \times B^2_X$ の部分集合

$$E_{\mathrm{Gr}_r} = \{(E, s) \mid s \in E\}$$

に，自然に $\mathrm{Gr}_r$ 上の(位相的)ベクトル束の構造が入ることである．$E_{\mathrm{Gr}_r}$ から $\mathrm{Gr}_r$ への自然な射影を $\pi_{\mathrm{Gr}_r}$ と書こう．次の補題の証明は演習問題とする．

**補題 5.34** 各々の $E \in \mathrm{Gr}_r$ に対して，$\mathrm{Gr}_r$ の要素 $E'$ であって，$E'$ から $E$ への直交射影がベクトル空間としての同型になるもの全体を $\mathcal{U}_E$ とおくと，これは $\mathrm{Gr}_r$ の開集合であり，$\pi_{\mathrm{Gr}_r} : E_{\mathrm{Gr}_r} \to \mathrm{Gr}_r$ は，

$$\pi^{-1}_{\mathrm{Gr}_r} \mathcal{U}_E \to \mathcal{U}_E \times E,$$
$$(E', s) \mapsto p_E s$$

を局所自明化とする(連続)ベクトル束の構造をもつ． □

実数 $\lambda, \lambda'$ が $0 < \lambda < \lambda' \leqq \bar{\lambda}$ をみたし，区間 $(\lambda, \lambda']$ の中に $D^*D+V$ の固有値はないと仮定する．(仮定 $C=0$ を使わないのであれば，前者の仮定は $-C < \lambda < \lambda' \leqq \bar{\lambda}$ で置き換える必要がある．) すなわち，$E_{\leqq\lambda} = E_{\leqq\lambda'}$ であると仮定し，この空間の次元を $r$ とおく．$D^*D+V$ の $\lambda$ 以下の固有値を重複も込めて小さい方から $\lambda_1, \lambda_2, \cdots, \lambda_r \leqq \lambda$ とおく．

このとき，$B^{D,V}_X$ の $r$ 次元部分空間 $E$ が，$\mathrm{Gr}_r$ の中で $E_{\leqq\lambda}$ の近くに位置しているかどうかを，$\|\cdot\|_{D,V,X}$ ノルム(および $\|\cdot\|_X$ ノルム)の $E$ への制限だけを用いて記述する方法を述べたい．この方法においては，以下に見るように

ギャップ $(\lambda, \lambda']$ が本質的な役割を果たす.

$E$ は, $\|\cdot\|_X$ の $E$ への制限を用いて $r$ 次元 Hilbert 空間とみなす. $E$ には, これとは別に, $\|\cdot\|_{D,V,X}^2$ を $E$ へ制限した対称形式が与えられている. 後者の固有値を重複も込めて, 小さい順番に $\lambda_1(E), \lambda_2(E), \cdots, \lambda_r(E)$ とおく. すなわち, 前者のノルムに関する正規直交基底を用いて後者の対称形式を行列表示するときの, その行列の固有値たちである.

定理 5.31 の命題と平行して, 次のように $\lambda_k(E)$ の特徴づけを与えることができる: $E$ の $k$ 次元部分空間 $E''$ すべてにわたって

$$\max\{\|s\|_{D,V,X}^2 \mid s \in E'',\ \|s\|_X^2 = 1\}$$

を考えるとき, その下限(最小値)が $\lambda_k(E)$ である.

**定理 5.35**　任意の $d>0$ に対して, $d, r, \lambda, \lambda'$ のみに(連続に)依存する正数 $\delta_{d,r,\lambda,\lambda',r}>0$ が存在し, 次が成立する: $B_X^{D,V}$ の $r$ 次元部分空間 $E$ が, すべての $1 \leqq k \leqq r$ に対して $|\lambda_k(E)-\lambda_k| < \delta_{d,r,\lambda,\lambda'}$ をみたすならば, $d(E, E_{\leqq\lambda}) < d$ である. □

**注意 5.36**　仮定 $C=0$ を用いないのであれば, $\delta_{d,r,\lambda,\lambda',r}$ は $C$ にも依存する. 正確には, $d, r$ および比 $(C+\lambda')/(C+\lambda)$ に依存する.

[証明]　$E_{\leqq\lambda}$ と $E$ とで張られる高々 $2r$ 次元の空間 $\tilde{E}$ を考えると, 上の命題は, $\tilde{E}$ の内部の本質的に有限次元の問題である. よって, 議論の概略のみを示そう. $r$ についての帰納法を用いる.

$\tilde{E}$ の中での $E_{\leqq\lambda}$ の $L^2$ ノルム $\|\cdot\|_X$ に関する直交補空間を $E_{>\lambda'}$ と書くことにする. 定理 5.30 の証明で用いたのと同様の, 指数的減衰と部分積分の議論により, $E_{\leqq\lambda}$ と $E_{>\lambda'}$ とは $\|\cdot\|_{D,V,X}^2$ に関しても直交している.

一般性を失わずに $\delta_{d,r,\lambda,\lambda'} < \lambda'-\lambda$ であると仮定すると, $\lambda_r(E) < \lambda'$ となる. このとき直交射影 $p_{\leqq\lambda}|E\colon E \to E_{\leqq\lambda}$ は単射である. 両者の次元は等しいので, この直交射影は同型である. 逆写像 $(p_{\leqq\lambda}|E)^{-1}$ と直交射影 $p_{>\lambda}|E\colon E \to E_{>\lambda'}$ との合成を $\phi\colon E_{\leqq\lambda} \to E_{>\lambda'}$ とおくと, $E$ は $\tilde{E} = E_{\leqq\lambda} \oplus E_{>\lambda'}$ 内で $\phi$ のグラフと同一視される.

簡単のため, $\tilde{E} = E_{\leqq\lambda} \oplus E_{>\lambda'}$ 上の $L^2$ ノルム $\|\cdot\|_X$ を単に $\|\cdot\|$ と書き, ノル

ム $\|\cdot\|^2_{D,V,X}$ の制限を

$$\|\cdot\|^2_{D,V,X}|\tilde{E} = \|\cdot\|^2_{\leqq\lambda} \oplus \|\cdot\|^2_{>\lambda'}$$

と書こう．$\|\cdot\|^2_{\leqq\lambda}$ のすべての固有値は $\lambda$ 以下であり，$\|\cdot\|^2_{>\lambda'}$ のすべての固有値は $\lambda'$ より大きい．

$E_{\leqq\lambda}$ に制限された対称作用素 $D^*D+V$ の，固有値 $\lambda_r$ の固有関数を $e_r$ とする．$E_{\leqq\lambda}$ の中で最大の固有値に対応するものである．$\|e_r\|=1$ と仮定する．$e_r$ と $\|\cdot\|^2$ に関して直交している $\tilde{E}$ の要素は $\|\cdot\|^2_{\leqq\lambda}\oplus\|\cdot\|^2_{>\lambda'}$ に関しても直交している．$E$ の要素 $e_r\oplus\phi(e_r)$ のノルムを考えて，次の不等式を得る．

$$\begin{aligned}\lambda_r(E) &\geqq \frac{\|e_r\|^2_{\leqq\lambda}+\|\phi(e_r)\|^2_{>\lambda'}}{\|e_r\|^2+\|\phi(e_r)\|^2} \\ &= \frac{\lambda_r+\|\phi(e_r)\|^2_{>\lambda'}}{1+\|\phi(e_r)\|^2} \geqq \frac{\lambda_r+\lambda'\|\phi(e_r)\|^2}{1+\|\phi(e_r)\|^2}.\end{aligned}$$

不等式 $\lambda_r\leqq\lambda<\lambda'$ に注意しよう．最右辺は，小さな $\lambda_r$ と大きな $\lambda'$ との加重平均である．加重は 1 と $\|\phi(e_r)\|^2$ との比率で決まる．後者が大きいほど加重平均は $\lambda_r$ から離れて大きくなる．もし，最左辺の $\lambda_r(E)$ が小さな方の $\lambda_r$ に「ほとんど」等しいと仮定するならば，これは，$\|\phi(e_r)\|^2$ が「ほとんど」0 でなくてはならないことを意味している．さらに，最右辺から 1 つ前の式を見ると，$\|\phi(e_r)\|^2_{>\lambda'}$ もまた「ほとんど」0 でなくてはならない．ここで,「ほとんど」0 であるとは,「$\delta_{d,r,\lambda,\lambda',r}$ をあらかじめ十分小さくとっておくと，いくらでも小さいものと仮定できる」という意味である．

$\psi\colon E_{\leqq\lambda}\to E_{>\lambda'}$ を $\psi(e_r)=0$ かつ $e_r$ の直交補空間上で $\phi$ に等しいものとして定義する．$\psi$ のグラフを $E'$ とおくと，$\|\phi(e_r)\|^2$ が「ほとんど」0 であることから，$d(E,E')$ も「ほとんど」0 であることがわかる．特に，$d(E,E_{\leqq\lambda})$ と $d(E',E_{\leqq\lambda})$ とは「ほとんど」等しい．よって，$d(E',E_{\leqq\lambda})$ が「ほとんど」0 であることが示されればよい．また $\|\phi(e_r)\|^2_{>\lambda'}$ が「ほとんど」0 であることをも用いると，$1\leqq k\leqq r$ に対して $\lambda_k(E)$ と $\lambda_k(E')$ とが「ほとんど」等しいことも示すことができる．よって $\lambda_k$ と $\lambda_k(E')$ も「ほとんど」等しい．

$e_r$ は $D^*D+V$ の固有関数であり，$E_{\leqq\lambda}$ と $E'$ の共通部分に属している．とくに，$\lambda_k(E')$ の 1 つは $\lambda_r$ に等しい(注：これが $\lambda_k(E')$ の中で最大なもので

あるとは限らない．$\lambda_r=\lambda_{r-1}$ である場合に反例を作れる）．よって，$e_r$ の直交補空間 $e_r^{\perp}\cap E_{\leqq\lambda}$，$e_r^{\perp}\cap E'$ を考えることによって，次元 $r$ が 1 つ小さい場合に帰着する． ∎

以上の準備のもとで，指数の位相不変性の証明に必要な定理を示すことができる．

位相空間 $\Omega$ をパラメータ空間とする $W$ 上の作用素の族 $D_\omega^* D_\omega+V_\omega$ を考える．

ここで，これらの族は，次の連続性をもっているものと仮定する．

（1） すべての $\omega$ に対して $D_\omega^* D_\omega+V_\omega$ は仮定 $(\bar{\lambda},\epsilon)'$ をみたす．

（2） すべての $\omega$ に対して仮定 $C=0$ が成立する．

（3） $X$ の各点のまわりで $W$ の局所自明化を用いて，その点のある開近傍 $U$ 上で $D_\omega, V_\omega$ を局所的に座標表示するとき，すべての係数は $\Omega\times U$ 上の連続関数である．（$U$ 方向にはそれらの係数は微分可能であるが，それについては $\Omega$ 方向の連続性は要求しない．なお，$\Omega$ 方向にはそもそも $\Omega$ が多様体とは仮定されていなかったため，微分は定義されていない．）

（4） 任意の $\omega$ と任意の $c>1$ に対して，$\omega$ のある近傍 $\mathcal{U}$ が存在し，$\mathcal{U}$ に属する任意の $\omega'$ に対して，シリンダーの各点で

$$\frac{1}{c}V_\omega \leqq V_{\omega'} \leqq cV_\omega$$

が成立する．

このとき，関数空間 $B_X^{D_\omega,V_\omega}$ は $\omega$ に依存しない．この関数空間を，単に $B_X^{D,V}$ と書こう．

**注意 5.37** 仮定 $C=0$ が成立しなくとも，(4)のかわりに任意の $\omega$ と任意の $c>1$ に対して，$\omega$ のある近傍 $\mathcal{U}$ が存在し，$\mathcal{U}$ に属する任意の $\omega'$ に対して，シリンダーの各点で

$$\frac{1}{c}(V_\omega+C_\omega) \leqq V_{\omega'}+C_{\omega'} \leqq c(V_\omega+C_\omega)$$

が成立すれば，関数空間 $B_X^{D_\omega,V_\omega+C_\omega}$ は $\omega$ に依存せず，以下の定理を拡張することができる．ここで $C_\omega$ は各 $\omega$ に対する $C$ のことである．

**定理 5.38** $\Omega$ の要素 $\omega$ と $\mu<\bar{\lambda}$ に対して，$D_\omega^*D_\omega+V_\omega$ が $B_X^{D,V}$ (あるいは $B_X$ といっても同じことである)の中で固有値 $\mu$ の固有関数をもたないと仮定する．固有値 $\mu$ 以下の固有関数で張られる空間 $E_{\omega,\leqq\mu}$ の次元を $r$ とする．このとき，$\omega$ のある近傍 $\mathcal{U}$ で次の性質をみたすものが存在する．

（1） $\mathcal{U}$ の任意の要素 $\omega'$ に対して，$\dim E_{\omega',\leqq\mu}=r$．

（2） 次の写像は連続である．

$$\mathcal{U}\to \mathrm{Gr}_r,\quad \omega'\mapsto E_{\omega',\leqq\mu}.$$

特に，$\mathcal{U}$ 上で $E_{\omega',\leqq\mu}$ の全体は，自然にベクトル束の構造をもつ．

［証明］ まず，仮定と Gårding の不等式を用いると，ノルム $\|s\|_{D_\bullet,V_\bullet,X}$ が次の意味で連続に動くことが容易にわかる．すなわち，任意の $c>1$ に対して，$\omega$ のある近傍 $\mathcal{U}$ が存在し，$\mathcal{U}$ に属する任意の $\omega'$ と，$\|s\|_X=1$ をみたす $B_X^{D,V}$ の要素 $s$ に対して

$$\frac{1}{c}\|s\|^2_{D_\omega,V_\omega,X}\leqq\|s\|^2_{D_\omega,V_{\omega'},X}\leqq c\|s\|^2_{D_\omega,V_\omega,X}$$

が成立する．$c\lambda_{\omega,r}<\mu$ となるように $c>1$ をとっておくと，定理 5.31 を作用素 $D_{\omega'}^*D_{\omega'}+V_\omega$ と $E_{\omega,\leqq\mu}$ に対して適用することにより，$\dim E_{\omega',\leqq\mu}\geqq\dim E_{\omega,\leqq\mu}$ がわかる．また，作用素 $D_\omega^*D_\omega+V_\omega$ と $E_{\omega',\leqq\mu}$ に対して適用すると，$\dim E_{\omega',\leqq\mu}\leqq\dim E_{\omega,\leqq\mu}$ がわかる．あわせて，前半の主張を得る．同様に $0\leqq k\leqq r$ に対して

$$\begin{cases}\dfrac{1}{c}\lambda_{\omega,k}\leqq\lambda_{\omega',k}\leqq c\lambda_{\omega,k}\\[2mm]\dfrac{1}{c}\lambda_{\omega,k}(E_{\omega,\leqq\mu})=\dfrac{1}{c}\lambda_{\omega,k}\leqq\lambda_{\omega',k}(E_{\omega,\leqq\mu})\leqq c\lambda_{\omega,k}(E_{\omega,\leqq\mu})=c\lambda_{\omega,k}\end{cases}$$

がわかる．あわせて

$$\frac{1}{c^2}\lambda_{\omega',k}\leqq\lambda_{\omega',k}(E_{\omega,\leqq\mu})\leqq c^2\lambda_{\omega',k}$$

を得る．よって定理 5.35 から後半の主張を得る． ∎

## §5.6　端の上での作用素の改変

定理 5.38 の仮定では，シリンダー上で，$W$ の対称自己準同型 $V$ の増大度が同程度であるような族を考えていた．関数解析的なノルムの評価のためには，このような大域的な仮定が必要である．次に問題となるのは，シリンダー上での $V$ の増大度を変えても，固有値や固有関数の空間が $\mathrm{Gr}_r$ の中であまり動かないといえるかどうかである．どのような条件のもとでそう主張できるのか．

結論を先にいえば，シリンダーの十分遠くであれば，(仮定 $(\bar{\lambda}, \epsilon)'$ さえみたされていれば) $V$ をどのように変えても固有値や固有空間はあまり動かないことがわかる．

それを示すためには，抽象的な Hilbert 空間での議論に留まらず，空間 $X$ の上で生じている現象を実際に見る必要がある．といっても，難しいことではなく，今の場合，系 5.11 で見た，固有関数の指数的減衰がポイントである．

これから述べる議論は，シリンダーの十分遠くで，$V$ を動かす自由度を保証するのみならず，シリンダーの十分遠くで多様体 $X$ の形そのものをも改変する自由度を保証している．

$L>0$ に対して，$X$ とその上の作用素 $D^*D+V$ を，$Z\times[3L,\infty)$ 上で次のように改変する操作を考えよう．

端と境界をもつ Riemann 多様体 $X'$ と，その上の作用素 $D'^*D'+V'$ が次の条件をみたすものとする．

（1）　$X'$ 上いたるところ $V'\geqq\bar{\lambda}+\epsilon$ をみたす．

（2）　$X'$ の端は，ある閉多様体 $Z'$ に対して $Z'\times[0,\infty)$ と等長である($\infty$ が端に対応する)．

（3）　$X'$ の境界の近傍は，ある $\delta_0>0$ に対して $Z\times[3L,3L+\delta_0)$ と等長である($3L$ が境界に対応する)．従って，$K_0\cup Z\times[0,3L+\delta_0)$ と $X'$ とを $Z\times[3L,3L+\delta_0)$ において貼り合わせ，シリンダー上の端をもつ Riemann 多様体 $X''$ を構成することができる．

（4）　$D^*D+V$ と $D'^*D'+V'$ とは $Z\times[3L,3L+\delta_0)$ 上で貼り合って，$X''$ 上の作用素 $D''^*D''+V''$ となる．

**注意 5.39**　以上の設定は，端がシリンダー状をしている場合である．もし，$Z\times[0,\infty)$ の代わりに，端として $Z\times\{x\in\mathbb{R}^r\,|\,|x|\geqq R\}$ と等長なものを考えるのであれば，$X'$ の境界の近傍としては $Z\times[3L,3L+\delta)$ の代わりに $Z\times\{x\in\mathbb{R}^r\,|\,3L\leqq|x|<3L+\delta\}$ と等長なものを考える．さらに一般の場合もほぼ同様に拡張される．

次の定理を示したい．

**定理 5.40**　$\mu$ を $\bar\lambda$ 以下の実数とする．$D^*D+V$ が $B_X^{D,V}$（あるいは $B_X$）の中で固有値 $\mu$ の固有関数をもたないと仮定すると，十分大きな $L$ が存在し，次をみたす．

$X$ の端とその上の作用素を，$Z\times[3L,\infty)$ 上において上の条件をみたすように任意に改変し，$X''$ と $D''^*D''+V''$ を構成すると，$\mu$ 以下の固有値の個数は変わらない：

$$\dim E_{\leqq\mu}(D^*D+V)=\dim E_{\leqq\mu}(D''^*D''+V''). \qquad \square$$

実際には，固有値だけではなく，固有関数についてのより精密な主張を示す．$B_X^2$ と $B_{X''}^2$ とは異なる関数空間であるから，$E_{\leqq\mu}(D^*D+V)$ と $E_{\leqq\mu}(D''^*D''+V'')$ は異なる関数空間の部分空間であり，直接互いの距離を考えることはできない．そこで，滑らかな関数 $\beta_L,\gamma_L\colon[0,3L]\to[0,1]$ を

$$\begin{aligned}
&\beta^2+\gamma^2=1,\\
&\beta_L(l)=1,\quad \gamma_L(l)=0\quad (0\leqq l\leqq L),\\
&\beta_L(l)=0,\quad \gamma_L(l)=1\quad (2L\leqq l\leqq 3L),\\
&0\geqq\beta_L'(l)\geqq-1,\quad 0\leqq\gamma_L'(l)\leqq1\quad (0\leqq l\leqq 3L)\\
&|\beta_L''(l)|,|\gamma_L''(l)|\leqq1\quad (0\leqq l\leqq 3L)
\end{aligned}$$

となるように任意にとる．$L$ が十分大きいことを仮定する．$B_X^2$ あるいは $B_{X''}^2$ の要素に $\beta_L$ を掛けると，台が $K_0\cup Z\times[0,2L)$ に含まれる切断が得られる．

それはまた，$B_{X''}^2$ の要素とも $B_X^2$ の要素ともみなすことができる．これらの写像を，混乱がないかぎり，いずれも $\beta_L\cdot$ と書くことにする．標語的に書

けば

$$\beta_L\cdot\colon\ B^2_X,\ B^2_{X''} \to B^2_X,\ B^2_{X''}$$

である．

**定理 5.41**　$\mu$ を $\bar\lambda$ 以下の実数とする．$D^*D+V$ が $B_X^{D,V}$（あるいは $B_X$）の中で固有値 $\mu$ の固有関数をもたないと仮定すると，任意の $\delta>0$ に対して，十分大きな $L$ が存在し，$\beta_L\cdot$ は $E_{\leqq\mu}(D^*D+V)$，$E_{\leqq\mu}(D''^*D''+V'')$ の上で単射であり，次をみたす．

$$\begin{aligned}
d(E_{\leqq\mu}(D^*D+V),\beta_L\cdot E_{\leqq\mu}(D^*D+V)) &< \delta,\\
d(E_{\leqq\mu}(D''^*D''+V''),\beta_L\cdot E_{\leqq\mu}(D''^*D''+V'')) &< \delta,\\
d(E_{\leqq\mu}(D^*D+V),\beta_L\cdot E_{\leqq\mu}(D''^*D''+V'')) &< \delta,\\
d(E_{\leqq\mu}(D''^*D''+V''),\beta_L\cdot E_{\leqq\mu}(D^*D+V)) &< \delta.
\end{aligned}$$

［証明］　$\beta$ を掛ける操作が $E_{\leqq\mu}(D''^*D''+V'')$ 上単射であることをまず示そう．もし，$E_{\leqq\mu}(D''^*D''+V'')$ の $L^2$ ノルム 1 の要素 $s$ が $\beta_L$ を掛けて 0 になったとすると，$s$ の台の上で $V''>\bar\lambda$ である．すると，$\|s\|_{D'',V'',X''}>\bar\lambda$ でなくてはならない．$\bar\lambda\geqq\mu$ であるから，これは $s$ が $E_{\leqq\mu}(D''^*D''+V'')$ の要素であることと矛盾する．よって求める単射性が示された．

$s$ が $L^2$ ノルム 1 の，$E_{\leqq\mu}(D''^*D''+V'')$ に属する固有関数であるとすると，補題 5.9 をシリンダー $Z\times[0,3L]$ 上で適用して指数的減衰評価を得る．特に，$L$ が十分大きいとき，$\|s\|_{D'',V'',Z\times[L,2L]}$ は「ほとんど」0 に等しい．$E_{\leqq\mu}(D''^*D''+V'')$ の $L^2$ 内積に関する正規直交基底であって，固有関数からなるものが存在することから，$s$ が固有関数でなくとも，$L^2$ ノルムが 1 の，$E_{\leqq\mu}(D''^*D''+V'')$ に属する要素であれば，やはり $\|s\|_{D'',V'',Z\times[L,2L]}$ は「ほとんど」0 に等しいことがわかる．

これから，$E_{\leqq\mu}(D''^*D''+V'')$ に属する $L^2$ ノルム 1 の要素 $s$ に対して次の等式が「ほとんど」成立することがわかる．

$$\|s\|^2_{X''} = \|\beta_L s\|^2_{X''} + \|\gamma_L s\|^2_{X''}, \tag{5.15}$$

$$\|s\|^2_{D'',V'',X''} = \|\beta_L s\|^2_{D'',V'',X''} + \|\gamma_L s\|^2_{D'',V'',X''}. \tag{5.16}$$

(5.15)については明らかであろう．$\|\cdot\|^2_{V'',X''}$ についても同様の式が成立する．(5.16)については，作用素に関する次の恒等式を利用してわかる．($s$ に両辺を作用させたものと，$s$ 自身との $L^2$ 内積をとればよい．)

$$D''^*D'' = \beta_L D''^*D''\beta_L + \gamma_L D''^*D''\gamma_L + \frac{1}{2}([\beta_L,[\beta_L,D''^*D'']] + [\gamma_L,[\gamma_L,D''^*D'']]).$$

2 回交換子 $[\beta_L,[\beta_L,D''^*D'']]$，$[\gamma_L,[\gamma_L,D''^*D'']]$ は，微分を含まない作用素であり，$Z\times[L,2L]$ の外では 0 である．また，これらの 2 回交換子は $\beta_L,\gamma_L$ の 1 回の微分しか含まない(2 回微分の項は相殺する)．$\beta_L$ の微分の大きさの評価についての仮定から，これらの 2 回交換子は，$Z\times[L,2L]$ の各点で有界である．(なお「誤差」は正負のいずれであるかはわからない．)

$\|\gamma_L s\|^2_{X''}$ と $\|\gamma_L s\|^2_{D'',V'',X''}$ が「ほとんど」0 に等しいことをあとで示す．

$E_{\leqq\mu}(D''^*D''+V'')$ の次元を $r$ とおくと，(5.15), (5.16)から，$1\leqq k\leqq r$ に対して

$$\lambda_k(E_{\leqq\mu}(D''^*D''+V'')) = \lambda_k(\beta\cdot E_{\leqq\mu}(D''^*D''+V'')) + (\text{誤差})$$

を示すことができる．同様に次の等式が「ほとんど」成立する．

$$\lambda_k(E_{\leqq\mu}(D^*D+V)) = \lambda_k(\beta\cdot E_{\leqq\mu}(D^*D+V)) + (\text{誤差}).$$

一方，定理 5.31 から次の不等式が成立していることに注意しよう．

$$\lambda_k(E_{\leqq\mu}(D''^*D''+V'')) \leqq \lambda_k(\beta\cdot E_{\leqq\mu}(D^*D+V)),$$
$$\lambda_k(E_{\leqq\mu}(D^*D+V)) \leqq \lambda_k(\beta\cdot E_{\leqq\mu}(D''^*D''+V'')).$$

これらをあわせると，これらの不等式は実はすべて「ほとんど」等式であることがわかる．よって定理 5.35 により定理 5.41 が示される．また，定理 5.41 から，定理 5.40 が得られる．

あとは $\gamma_L s$ の大きさを評価すればよい．次の 2 式を示せば十分である．

$$\|\gamma_L s\|_{D'',V'',X''} \geqq (\bar{\lambda}+\epsilon)\|\gamma_L s\|^2_{X''}, \tag{5.17}$$

$$\|\gamma_L s\|_{D'',V'',X''} \leqq \mu\|\gamma_L s\|^2_{X''} + (\text{誤差}). \tag{5.18}$$

(5.17)については $\operatorname{supp}\gamma_L s$ の上で $V''\geqq\bar{\lambda}+\epsilon$ が成立することから明らかであろう．(5.18)については，次式を利用してわかる．($s$ に両辺を作用させた

ものと，$\gamma_L s$ との内積をとればよい．)

$$(D''^*D''+V'')\gamma_L = \gamma_L(D''^*D''+V'')+[D''^*D'',\gamma_L].$$

右辺の第二項は $Z\times[L,2L]$ 上で $\gamma_L$ の 2 回までの微分を含む 1 階微分作用素である．$s$ の指数的減衰評価と Gårding 不等式(補題 5.18(1))によって，右辺第二項を $s$ に作用させたものの $L^2$ ノルムは「ほとんど」0 に等しい．$s$ の固有値が $\mu$ 以下であることに注意すると(5.18)を得る．∎

**注意 5.42**　定理 5.40 は，シリンダー状の端をもつ Riemann 多様体に対してだけでなく，仮定(R), (D)をみたす一般的な状況においても拡張される．正確な定式化を書き下すのは記号が煩雑になるだけなので，演習問題としておこう．なお，Euclid 空間状の端をもつ場合の定理 5.40 は，Morse 不等式の証明において使われた．本章の他の定理も，同様の拡張を許す．

## §5.7　閉多様体の場合：スペクトル分解

これまでの議論は，シリンダー状の端をもつ多様体に対して展開された．これらすべての議論は，閉多様体の場合に適用される($Z$ が空の場合である)．この場合には，変分法を行うに当たって局所化や指数的減衰の考察は必要なく，議論はだいぶ簡易化される．$\bar{\lambda}$ は，任意に大きな実数として考えられる．

**定理 5.43**　閉 Riemann 多様体 $X$ 上の Laplace 型作用素 $D^*D+V$ が与えられたとする．

(1)　固有値の全体は下に有界で離散的であり，集積点をもたない．また，各々の固有値の重複度は有限である．

(2)　$L^2$ 切断全体は，(滑らかな)固有関数からなる正規直交基底をもつ．

[証明]　前者の主張は系 5.28 を閉多様体の場合に述べたものである．後者は，固有関数全体と $L^2$ 直交するものがあったとすると，定理 5.30 と矛盾することからわかる．∎

上の定理を用いると，次がわかる．

**定理 5.44**　$W$ を閉 Riemann 多様体 $X$ 上の Euclid 計量をもつベクトル束とする．$W$ 上の 1 階線形微分作用素 $Q$ が，$Q^2=0$ をみたし，しかも $D=$

$Q+Q^*$ とおくとき $D^*D=D^2$ が Laplace 型作用素であると仮定する．このとき，線形写像

$$\operatorname{Ker} D \to \frac{\operatorname{Ker} Q}{\operatorname{Im} Q}, \quad s \mapsto [s]$$

が定義され，同型である．

[証明]　$Q^2=(Q^*)^2=0$ なので，$D^*D=D^2=QQ^*+Q^*Q$ であり，これは $Q, Q^*$ と可換である．よって $Q, Q^*$ は $D^2$ の各固有空間を保つ．また，部分積分から，$\operatorname{Ker} D=\operatorname{Ker} D^2=\operatorname{Ker} Q \cap \operatorname{Ker} Q^*$ がわかる．特に上の線形写像は確かに定義されている(またこれは上の線形写像が単射であることを意味する．従って，定理の主張の本質的な部分は全射性である)．

一般に，$Qs=0$ をみたす滑らかな切断 $s$ を定理 5.43(2)によって「相異なる」固有値に対応する固有成分に分解して $s=\sum_{k=0}^{\infty} s_k$ とおく．この和は $L^2$ 直和分解であり，$D^2 s_k=\lambda_k s_k$，$Qs_k=0$ が成立し，しかも $\lambda_k$ は $k$ が大きくなると共に無限大に発散する．一般性を失わずに $\lambda_0=0$ と仮定しておく．(0 が固有値でなければ，以下の議論で $s_0=0$ とおく.) このとき，

$$s'=\sum_{k=1}^{\infty} \frac{Q^* s_k}{\lambda_k}$$

が $L^2$ 収束し，滑らかになり，しかも

$$s=s_0+Qs'$$

となることを示せば証明は終わる．$L^2$ 収束性は

$$\|s'\|_X^2=\sum_{k=1}^{\infty} \frac{\|Ds_k\|_X^2}{\lambda_k^2}=\sum_{k=0}^{\infty} \frac{\|s_k\|_X^2}{\lambda_k}<+\infty$$

であるから成立する．滑らかになることは，$s'$ が $Ds'=s-s_0$(あるいは $D^2s'=D(s-s_0)$)の弱解であることに注意すると命題 5.24 から従う．　■

この定理の特別な場合として，Hodge–小平による次の定理は重要である．

**定理 5.45** (Hodge–小平)

(1)　$X$ を閉 Riemann 多様体，$\theta$ を $X$ 上の Euclid 計量をもつ局所系とする．$\theta$ を係数とする de Rham 複体 $(\Gamma(\theta \otimes \bigwedge^\bullet T^*X), d)$ のコホモロジー $H^\bullet(X,\theta)$ の各元の代表元として，調和形式が唯一存在する．すなわち，

$$\mathrm{Ker}(dd^* + d^*d \mid \Gamma(\theta \otimes \textstyle\bigwedge^{\bullet} T^*X)) \cong H^{\bullet}(X, \theta).$$

（2）　$X$ を閉 Kähler 多様体，$F$ を Hermite 計量の与えられた $X$ 上の正則ベクトル束とする．$F$ を係数とする Dolbeault 複体 $(\Gamma(F \otimes \bigwedge^{\bullet} \overline{T^*_{\mathbb{C}}X}), \bar{\partial})$ のコホモロジー $H^{0,\bullet}(X, F)$ の各元の代表元として，(Dolbeault 作用素に伴うラプラシアンに関する) 調和形式が唯一存在する．すなわち，

$$\mathrm{Ker}(\bar{\partial}\bar{\partial}^* + \bar{\partial}^*\bar{\partial} \mid \Gamma(F \otimes \textstyle\bigwedge^{\bullet} \overline{T^*_{\mathbb{C}}X})) \cong H^{0,\bullet}(X, F). \qquad \square$$

**注意 5.46**　定理 5.45 において，$X$ 上の関数 $f$ が与えられたとき，外微分 $d$ や，Dolbeault 作用素 $\bar{\partial}$ を共役 $e^{tf}de^{-tf}$ あるいは $e^{tf}\bar{\partial}e^{-tf}$ に置き換えても定理 5.44 を適用できるので主張は平行して成立する．同じ理由から，$X$ が Riemann 面上であり，Dolbeault 複体の長さが 2 であるとき，Dolbeault 作用素をそれと同じ主表象をもつ任意の 1 階線形微分作用素に置き換えても，主張は平行して成立する．

## 《要約》

**5.1**　端の上で「よい振る舞い」をする開多様体上の Laplace 型作用素に対して，小さな固有値に対応する固有関数は，指数的に減衰する．

**5.2**　同じ仮定のもとで，小さな固有値に対応する固有関数の全体で張られる空間は有限次元であり，変分法を利用することにより，特徴づけることができる．

**5.3**　同じ仮定のもとで，開多様体の十分先の端を，その上の Laplace 型作用素と共に改変するとき，小さな固有値は，あまり変化しない．

**5.4**　同じ仮定のもとで，上の改変を行うとき，小さな固有値に対応する固有関数全体で張られる有限次元の空間は，空間としてあまり変化しない．

# 6 指数定理の定式化と証明

第4章においては，局所性を用いることによって，Poincaré–Hopf の定理と Riemann–Roch の定理を証明した．この章では，より広い種類の微分作用素について，指数の計算の仕方を原理的に与える．実際の計算の仕方は，第8章で説明される．第4章では，多様体の一部分に解が局所化する場合を考えたが，この章では，逆に，与えられた多様体を，大きな多様体に埋め込んで考察するのがポイントである．「大きな多様体」とは十分次元の高い Euclid 空間である．

## §6.1 定式化と証明の方針

この章の目標は「指数を位相的な情報によって決定するための手続きを与えること」である．指数を考察する対象は，コンパクトな台をもつ $\mathbb{Z}_2$ 次数付 Clifford 加群 $(W,[h])$ に対する Dirac 型作用素である．

これまでと同様に，特に断らない限り，ペアというときには「コンパクトな台をもつ $\mathbb{Z}_2$ 次数付 Clifford 加群」のことを指す．

無限次元ユニタリ群 $U$ を次のように定義する．$n<m$ のとき，$U(n)$ から $U(m)$ への埋め込み写像

$$A \mapsto \begin{pmatrix} A & O \\ O & I_{m-n} \end{pmatrix}$$

によって$U(n)$を$U(m)$の閉部分群とみなし，すべての自然数$n$にわたる$U(n)$の和集合を$U$とする．$U$には帰納的極限によって位相を入れる．つまり，$U$の部分集合$K$は，任意の$n$に対して$K\cap U(n)$が$U(n)$の閉部分集合であるときに閉集合である．

本章では，指数定理を次のように定式化する．

**定理6.1**（指数定理(index theorem)）　多様体$X$上のペア$(W,[h])$が与えられたとき，位相的な手続きにより，十分大きな$N$に対してホモトピー群$\pi_{2N-1}(U)$の要素が定義される．そして指数$\mathrm{ind}(W,[h])$は，この要素のみによって決まる．　□

定理の記述を補足する．

- $\pi_{2N-1}(U)$の要素の構成の仕方は§6.2と§6.5(a)とで説明される．
- Bottの周期性定理によって$\pi_{2N-1}(U)$は$\mathbb{Z}$と同型である．結果から述べると，この同型がちょうど指数を与えている．この同型の記述を待って，指数の公式としての指数定理の記述が完結する．これはBottの周期性定理の証明と共に第9章で行う．

**注意6.2**

（1）　$m\geqq N$であれば$\pi_{2N-1}(U)=\pi_{2N-1}(U(m))$となることは(ファイバー束に対するホモトピー完全系列を用いると)，容易に示される．無限次元ユニタリ群$U$を導入したのは，記述を簡明にするためにすぎない．

（2）　$N<M$であるとき，自然な準同型$\pi_{2N-1}(U)\to\pi_{2M-1}(U)$を**Bott類**(Bott element)**の積**によって構成できる．この準同型の族の帰納的極限を用いれば，上に述べた指数定理の記述から,「十分大きな$N$」という言い回しを見かけ上「隠す」こともできる(ちょうど$U$を用いて有限次元ユニタリ群を「隠した」ように)．なお，Bottの周期性定理は，この準同型が同型であることを主張する．

$\pi_{2N-1}(U)$の要素が定義される1つ手前で，実はまず，$\mathbb{R}^{2N}$上のペアが定義される．そのペアの指数はもとの$(W,[h])$の指数と等しい．

指数定理の証明は，3つの部分からなる．

（1）　与えられたペアから出発して十分大きな偶数次元のEuclid空間上のペアを構成する．

（2）　そのペアが初めに与えられたペアと同じ指数をもつことを証明する．

（3）　偶数次元 Euclid 空間上のペアから，$U$ のホモトピー群の要素を構成し，指数がこの要素のみに依存することを証明する．

(1)のステップの構成は純粋に位相的な手続きである．§6.2 で説明する．

(2)の指数が等しいことを示す部分が，本質的なステップである．積の考察と切除定理の考察とからなる．各々§6.3 と§6.4 でそれを行う．

(3)のステップは§6.5 で行う．

もう少し詳しく証明の見取り図を述べると以下のようになる．

§6.2 では次の構成を行う．

- 準備: 多様体 $X$ 上のペア $(W_X, [h_X])$ が与えられたとする．$X$ を十分次元の高い，偶数次元の Euclid 空間 $E$ へ埋め込む．
- 構成 1: $X \subset E$ の法束 $\nu$ の全空間上で，ペア $(W_\nu, [h_\nu])$ を構成する．
- 構成 2: Euclid 空間 $E$ 上で，ペア $(W_E, [h_E])$ を構成する．

§6.3 と§6.4 では各々次の証明を行う．

- 証明 1: $\mathrm{ind}(W_X, [h_X]) = \mathrm{ind}(W_\nu, [h_\nu])$ の証明．
- 証明 2: $\mathrm{ind}(W_\nu, [h_\nu]) = \mathrm{ind}(W_E, [h_E])$ の証明．

§6.5 では偶数次元 Euclid 空間上で次の考察を行う．

- 構成 3: 偶数次元の Euclid 空間 $E$ 上のペア $(W_E, [h_E])$ から $U$ の奇数次のホモトピー群の要素 $[f]$ を構成する．
- 証明 3: $\mathrm{ind}(W_E, [h_E])$ が $[f]$ のみによって決定されることを証明する．

これらのステップを経て，定理 6.1 の証明が終わる．

**注意 6.3**

（1）　この章の方法がそのまま通用するのは，この種の(Dirac 型の) 1 階の楕円型偏微分作用素に限られる．大域解析学への応用上はこれだけで大方足りるが，ときには 2 階以上の楕円型偏微分作用素に対して指数を計算する必要もある．

（2）　この章で考える指数とは，§3.1,§3.2 で定義された，解の次元から決まる整数をさす．指数にはいくつかの変種があり，それに伴って指数定理にもいくつかの変種がある．それらの変種の指数は，必ずしも整数ではない．しかし，この章の考察は，これらの変種に対しても有効である．詳しくは第 10 章で説明す

る．

（3）　この章で与えられる手続きに従って，実際に指数を計算するためには，ベクトル束のねじれ方を記述する言葉が必要である．しかじかのねじれ方をしたClifford加群上のDirac型作用素に対して，そのねじれ方から指数を計算する具体的な公式がほしい．その公式を書き下すための言葉のことである．この「言葉」は，第7章の特性類によって与えられる．

## §6.2　Euclid空間上のペアの構成

### (a)　準備(Euclid空間への埋め込み)

$(W_X,[h_X])$ を $X$ 上のペアとする(考えている舞台が $X$ であることを忘れないために添字 $X$ を付けることにする)．一般性を失わずに $X$ は境界をもつコンパクトな多様体の内部と微分同相であると仮定する．$X$ 上にシリンダー状の端をもつRiemann計量を1つ固定する($X$ が閉多様体のときには，任意のRiemann計量を固定することになる)．

$D_X$ を $W_X$ 上のDirac型作用素とする．$W_X, D_X, h_X$ はシリンダー上で平行移動に関して不変であるようにとっておく．十分大きな $t>0$ に対して $D_{X,t}=D_X+th_X$ の指数を考察したい．

系2.4により，$X$ は十分次元の高い偶数次元のEuclid空間 $E$ へ閉部分多様体として埋め込むことができる．そのような埋め込みを1つ固定する(Riemann多様体としての埋め込みでなくてよい)．$X$ の $E$ の中における法束を $\pi\colon \nu\to X$ と書こう．$X$ の管状近傍 $U$ は，$\nu$ の全空間と微分同相である．

### (b)　構成1($\nu$ の全空間上のペアの構成)

$\nu\to X$ のファイバーが $\mathbb{R}^m$ であるとき，$\nu$ の全空間は，$X$ と $\mathbb{R}^m$ とのねじれた積である．$X$ 上にはペア $(W_X,[h_X])$ が与えられ，$\mathbb{R}^m$ 上には超対称調和振動子に付随するペアが存在する．

$\nu$ がねじれていないときには，§3.4で説明されたように，これらのペアの積を構成することができる．$\nu$ がねじれているときにも，これらのペアの

「ねじれた積」として，$\nu$ の全空間上にペア $(W_\nu, [h_\nu])$ を構成したい.

5 つのステップに分けて述べる.

（1）　超対称調和振動子の族の構成.

$X$ の点 $x$ 上の $\nu$ のファイバー $(\nu)_x$ の上の超対称調和振動子に付随するペア $(W_{(\nu)_x}, [h_{(\nu)_x}])$ を，$x$ と共に滑らかに動く族とみなす．これを一束にまとめると，$(\nu, T_{\text{fiber}}\nu)$ 上のペア

$$(W_{\text{fiber}}, [h_{\text{fiber}}])$$

を得る．$T_{\text{fiber}}\nu$ は，$\nu$ のファイバーに沿った接ベクトルのなすベクトル束である．$X$ が閉多様体でない場合には，$h_{\text{fiber}}$ の台はコンパクトではなく，正確にはこれはペアではない.

（2）　超対称調和振動子の族への係数のテンソル.

$(W_{\text{fiber}}, [h_{\text{fiber}}])$ に $\pi^*W_X$ を係数としてテンソルすると，$(\nu, T_{\text{fiber}}\nu)$ 上のペア

$$(\pi^*W_X \otimes W_{\text{fiber}}, [\epsilon_{W_X} \otimes h_{\text{fiber}}])$$

を得る．$X$ が閉多様体でない場合には，$\epsilon_W \otimes h_{\text{fiber}}$ の台はコンパクトではなく，正確にはこれはペアではない.

（3）　ペア $(W_X, [h_X])$ の持上げ.

与えられた $(X, TX)$ 上のペア $(W_X, [h_X])$ を $\pi$ で引き戻すことにより，$(\nu, \pi^*TX)$ 上のペア

$$(\pi^*W_X, [\pi^*h_X])$$

が得られる．ただし，$\pi^*h_X$ の台は一般にはコンパクトではないので，正確にはこれはペアではない.

（4）　ペア $(W_\nu, [h_\nu])$ の構成.

(2)において係数として用いた $\pi^*W_X$ は，(3)で述べたように，$(\nu, \pi^*TX)$ 上の $\mathbb{Z}_2$ 次数付 Clifford 加群の構造をもつ．従って，テンソル積

$$W_\nu = \pi^*W_X \otimes W_{\text{fiber}}$$

は，さらに $(\nu, \pi^*TX \oplus T_{\text{fiber}}\nu)$ 上の $\mathbb{Z}_2$ 次数付 Clifford 加群の構造をもつ．また，

$$h_\nu = \pi^*h_X \otimes \mathrm{id}_{W_{\text{fiber}}} + \epsilon_{W_X} \otimes h_{\text{fiber}}$$

とおく.

$h_\nu$ の台がコンパクトであることを示せば，ペア $(W_\nu, [h_\nu])$ が得られることになる．

$\operatorname{supp} h_\nu = \operatorname{supp} \pi^* h \cap \operatorname{supp} h_{\text{fiber}}$ を示そう．そうすれば，これはコンパクトである．まず，

$$h_\nu^2 = \pi^* h_X^2 \otimes \mathrm{id}_{W_{\text{fiber}}} + \mathrm{id}_{W_X} \otimes h_{\text{fiber}}^2$$

である．$h_X, h_{\text{fiber}}$ は Hermite であるから，$W_\nu$ の要素 $u$ に対して，この式を $u$ に作用させ，それと $u$ との Hermite 内積をとると，

$$|h_\nu u|^2 = |\pi^* h_X u|^2 + |h_{\text{fiber}} u|^2$$

を得る．従って，$\nu$ の各点ごとに，

$$\operatorname{Ker} h_\nu = \pi^* \operatorname{Ker} h_X \otimes \operatorname{Ker} h_{\text{fiber}}$$

が成立することがわかる．これは $\operatorname{supp} h_\nu = \operatorname{supp} \pi^* h \cap \operatorname{supp} h_{\text{fiber}}$ を意味している(§4.4 などでこれまでも用いた議論である)．

（5） ペア $(W_\nu, [h_\nu])$ を $(\nu, T\nu)$ 上のペアとみなすこと．

自然な準同型

$$0 \to T_{\text{fiber}}\nu \to T\nu \to \pi^* TX \to 0$$

の分裂 $T\nu = \pi^* TX \oplus T_{\text{fiber}}\nu$ を1つとる．これによって，$(W_\nu, [h_\nu])$ は $(\nu, T\nu)$ 上のペアとみなすことができる．

### (c) 構成2(Euclid 空間 $E$ 上の作用素の構成)

$\nu$ の全空間を $X$ の管状近傍 $U$ と同一視することにより，ペア $(W_\nu, [h_\nu])$ は，Euclid 空間 $E$ の開集合 $U$ 上で定義されているとみなすことができる．このペアから出発して，$E$ 全体の上のペア $(W_E, [h_E])$ を構成したい．アイディアは，与えられたペアに(何らかの意味で)「自明に近いペア」を直和することにより，コンパクトな部分集合の外で「本当に自明」にしてしまうことである．すると，この直和は，$U$ の外にまで，「自明」に延長することができる．具体的には構成は4つのステップからなる．

（1） $E$ のスピノル束を用いた $W_\nu$ の表示．

$E$ に向きを固定する．$E$ は偶数次元の多様体であり，唯一のスピン構造をもつ．そのスピン構造に対応するスピノル束を $S_E$ とおくと，$S_E$ は $\mathbb{Z}_2$ 次数

付であった．すると，命題 2.38(1)により，$U$ 上のある $\mathbb{Z}_2$ 次数付 Hermite ベクトル束 $F=F^0\oplus F^1$ が存在し，

$$W_\nu = F\otimes(S_E|U)$$

と書ける．また，$h_\nu$ は，$F$ のある Hermite 自己準同型 $h_F$ により，

$$h_\nu = h_F\otimes \mathrm{id}_{S_E|U}$$

と書ける．

（2）　$h_F$ の変形．

ホモトピーの範囲で $h_F$ を動かすと，$U$ のあるコンパクトな部分集合 $K$ の外では $h_F^2=\mathrm{id}_F$ が成立するようにできることを示す．なお，Hermite 変換 $h_F$ に対して $h_F^2=\mathrm{id}_F$ とは $h_F$ が Hermite 計量を保つこと(ユニタリであること)と同値である．

$\rho_0\colon U\to[0,1]$ を，$h_F$ が可逆でない点の近傍で 1 をとり，コンパクトな台をもつ滑らかな関数とする．$\rho=1-\rho_0$ とおく．また，$h_F$ の $(1,0)$ 成分を $h$ とおくと，

$$h_F=\begin{pmatrix} 0 & h^* \\ h & 0 \end{pmatrix}$$

と書ける．このとき，$h_F$ を

$$\begin{pmatrix} 0 & h^*(hh^*)^{-\rho/2} \\ (hh^*)^{-\rho/2}h & 0 \end{pmatrix}$$

に置き換えれば，これは求める性質をもつ．($h$ が可逆でない点では，もとの $h_F$ をとることにする．)

$\rho_0$ の台を $K$ とおくと，$K$ の外では，$F^0$ と $F^1$ との間に(変形された) $h_F$ を通じて Hermite 計量を保つ同一視が与えられている．

（3）　直和をとって $U\backslash K$ 上で自明なベクトル束に変形．

定理 2.5 により，$U$ 上のある Hermite ベクトル束 $F'^0$ が存在して，$F^0\oplus F'^0$ は，自明なベクトル束 $U\times\mathbb{C}^r$ と同型である．このとき，$F'^1=F'^0$，$F'=F'^0\oplus F'^1$ に対して $F'$ の次数 1 の Hermite 自己同型 $h_{F'}$ を

$$h_{F'}=\begin{pmatrix} 0 & \mathrm{id}_{F'^0} \\ \mathrm{id}_{F'^0} & 0 \end{pmatrix}$$

とおく．すると，$U$ 上定義された $\mathbb{Z}_2$ 次数付 Hermite ベクトル束 $F \oplus F'$ とその上の Hermite 自己準同型 $h_F \oplus h_{F'}$ は，$K$ の外では自明な $\mathbb{Z}_2$ 次数付 Hermite ベクトル束とその上の自明な Hermite 自己準同型

$$(U \setminus K) \times (\mathbb{C}^r \oplus \mathbb{C}^r), \quad \begin{pmatrix} 0 & \mathrm{id}_{\mathbb{C}^r} \\ \mathrm{id}_{\mathbb{C}^r} & 0 \end{pmatrix}$$

と同型である．従って，これをそのまま $U$ の外にまで自明なまま延長し，$E$ の上の $\mathbb{Z}_2$ 次数付 Hermite ベクトル束 $F_E$ とその上の自明な Hermite 自己準同型 $h_{F_E}$ が定義される．

（4）　ペア $(W_E, [h_E])$ の構成．

これを用いて，$E$ 上のペア $(W_E, [h_E])$ が

$$W_E = F_E \otimes S_E, \quad h_E = h_{F_E} \otimes \mathrm{id}_{S_E}$$

によって定義される．

## §6.3　指数の不変性：証明1（積の指数）

この節では，$(W_\nu, [h_\nu])$ が $(W_X, [h_X])$ と同じ指数をもつことを証明する．§6.1の見取り図における「証明1」である．§6.2(b)の「構成1」で行った $\nu$ 上のペア $(W_\nu, [h_\nu])$ の構成は，純粋に位相的な手続きであり，ホモトピー類としてのみ一意に定まるものであった．しかし，指数の比較のためには，ホモトピー類だけでは不十分であり，$W_\nu$ 上の Dirac 型作用素 $D_\nu$ および Hermite 自己準同型 $h_\nu$ を具体的に構成する必要がある．

§6.2(b)の(1)から(5)までの各々の手続きを位相的にではなく，Dirac 型作用素の具体的な構成として実行するのが「証明1」の主要な部分である．

(2)の積の手続きは，ただちに Dirac 型作用素のレベルにおいて実行できる．

もし，$\nu \to X$ がねじれていない自明なベクトル束であったとすれば，(3)の持上げの手続きは，やはり Dirac 型作用素のレベルでも，(2)と同様の，なにかをテンソルするだけの単純な手続きに帰着する．しかし，$\nu$ は一般にはねじれたベクトル束であるために，(3)を行う際に少々工夫を要する．これ

が「証明1」の技術的なポイントである.

本論に入る前に，§6.2(b)の(1)から(5)までに対応する手続きの概要を説明しておく.

（1）　超対称調和振動子の族の構成.

まず，$\nu$ の $X$ 上の各ファイバーは $\mathbb{R}^m$ と同型であるが，各ファイバーごとに超対称調和振動子 $(W_{\mathbb{R}^m}, D_{\mathbb{R}^m}, h_{\mathbb{R}^m})$ を考え，それらを束ねたような作用素 $(\tilde{W}_{\mathrm{fiber}}, \tilde{D}_{\mathrm{fiber}}, \tilde{h}_{\mathrm{fiber}})$ を構成できる.

ここで，ファイバーを $\mathbb{R}^m$ と同一視するやり方は一意でなく，$O(m)$ の要素だけの自由度がある．しかし，超対称調和振動子が $O(m)$ 不変であることを用いると，どの同一視を用いても，同じ結果になる．これが構成のポイントである.

（2）　超対称調和振動子の族への係数のテンソル.

さらに，この超対称調和振動子を束ねた作用素から，ほとんど自明なやり方で，いわば $\pi^*W_X$ 上の恒等写像とのテンソル積を考えることにより，$\pi^*W_X \otimes W_{\mathrm{fiber}}$ の上の作用素 $(\tilde{D}_{\mathrm{fiber}}, \tilde{h}_{\mathrm{fiber}})$ が構成される.

（3）　$(D_X, h_X)$ の持上げ.

次に $D_X$ の持上げとでもよぶべき作用素 $\tilde{D}_X$ を構成したい．ベクトル束 $\nu$ がねじれているため，この構成は一意的ではない．$\nu$ がその上で自明になるような有限個の開集合で $X$ を覆い，各開集合上で自明化を1つ選び，さらに，その開被覆にともなう1の分解を固定しておく．すると，これらのデータを用いることにより，$D_X$ の持上げとよぶべき作用素 $\tilde{D}_X$ の1つを構成することができる．その結果は，$\nu$ の局所自明化や，1の分解のとり方に依存する．また，$h_X$ の持上げ $\tilde{h}_X$ を構成する．$\tilde{h}_X$ の構成は直ちになされる.

**注意 6.4**　$X$ が閉多様体であれば，$h_X=0$ ととることができ，このとき $\tilde{h}_X=0$ である.

（4）　$(D_\nu, h_\nu)$ の構成とその性質.

$\pi^*W_X \otimes W_{\mathrm{fiber}}$ 上の作用素 $\epsilon_{\pi^*W_X} \otimes \mathrm{id}_{W_{\mathrm{fiber}}}$ を，簡単のため $\epsilon_{W_X}$ と略記する．すると，求める作用素のペアは，次によって定義される.

**定義 6.5**

$$D_\nu = \epsilon_{W_X} \circ \tilde{D}_{\mathrm{fiber}} + \tilde{D}_X ,$$
$$h_\nu = \epsilon_{W_X} \circ \tilde{h}_{\mathrm{fiber}} + \tilde{h}_X .$$
□

右辺の第一項は，写像の合成の形をしているが，合成($\circ$)の右側にある写像は超対称調和振動子に由来するものであり，左側にあるものは $W_X$ に由来するものである．各々の合成は可換である．また，構成の仕方を見ると，$\tilde{D}_X$ と $\tilde{D}_{\mathrm{fiber}}$ とがやはり可換になる．

次の(5)において，$D_\nu$ が $\nu$ の端で「よい振る舞い」をする Dirac 型作用素であることを示す．これを認めた上で，$D_\nu, h_\nu$ を用いてペア $(W_\nu, [h_\nu])$ の指数を求める．$t>0$ に対して，作用素 $D_{\nu,t} = D_\nu + th_\nu$ の指数は，$D_{X,t} = D_X + th_X$ の指数と等しいことが構成からわかる．実際，$\mathbb{Z}_2$ 次数付ベクトル空間としての同型

$$\mathrm{Ker}\, D_{\nu,t}^2 \cong \mathrm{Ker}\, D_{X,t}^2$$

が示される(適当な関数空間を各々の作用素の定義域として設定する)．

（5）　$D_\nu$ を $\nu$ 上の Dirac 型の作用素とみなす．

$D_\nu$ の主表象を計算する．すると，$\nu$ の全空間上の適当に Riemann 計量を定義するとき，$D_\nu$ が Dirac 型の作用素とみなせることが示される．構成の仕方から，定義 6.5 によって定義された $D_\nu$ と $h_\nu$ は $\nu$ の端の上で「よい振る舞い」をするので，(4)で行ったように，これを用いてペア $(W_\nu, [h_\nu])$ の指数を計算できるとわかる．

以下の各小節で，(1)から(5)までを順に説明する．

## (a)　超対称調和振動子の族の構成

超対称調和振動子は，$\mathbb{R}^m$ 上の $\mathbb{Z}_2$ 次数付 Clifford 加群 $W_{\mathbb{R}^m} = \bigwedge^\bullet T\mathbb{R}^m$ に作用する 1 階の線形微分作用素であった．

本章では技術的な理由で，本来の超対称調和振動子の代わりに，§4.1(c)で構成されたシリンダー状の端をもつ超対称調和振動子 $(W_{\mathbb{R}^m_g}, D_{\mathbb{R}^m_g}, h_{\mathbb{R}^m_g,v})$ を用

いる．本章では，この代替物しか用いないので，これを単に $(W_{\mathbb{R}^m}, D_{\mathbb{R}^m}, h_{\mathbb{R}^m})$ と書き，超対称調和振動子とよんでしまうことにする．$\mathbb{R}^m$ の Riemann 計量 $g$ は平坦ではなく，シリンダー状の端をもつことに注意せよ．

実際に考察する作用素は，パラメータ $t>0$ を十分大きくとるとき，$D_{\mathbb{R}^m,t} = D_{\mathbb{R}^m} + th_{\mathbb{R}^m}$ と書かれるものである．

$\nu$ に伴う $O(m)$ 主束 $P_\nu$ を用いると，$\nu$ および $\nu$ 上のベクトル束 $T_{\text{fiber}}\nu$ は，

$$\nu = P_\nu \times_{O(m)} \mathbb{R}^m,$$
$$T_{\text{fiber}}\nu = P_\nu \times_{O(m)} T\mathbb{R}^m$$

と書ける．

このとき，$(\nu, T_{\text{fiber}}\nu)$ 上の $\mathbb{Z}_2$ 次数付 Clifford 加群 $W_{\text{fiber}}$ を，

$$W_{\text{fiber}} = P_\nu \times_{O(m)} W_{\mathbb{R}^m}$$

によって定義する．

$\nu$ 上のベクトル束 $W_{\text{fiber}}$ 上に作用する微分作用素 $\tilde{D}_{\text{fiber}}$ と，ベクトル束としての Hermite 自己準同型 $\tilde{h}_{\text{fiber}}$ が，次のように定義される．

**定義 6.6** $W_{\text{fiber}}$ の切断は，$P_\nu$ から $\Gamma(W_{\mathbb{R}^m})$ への写像であって，$O(m)$ 同変であるものとみなすことができる．この写像と $D_{\mathbb{R}^m}$ あるいは $h_{\mathbb{R}^m}$ とを合成すると，やはり，$P_\nu$ から $\Gamma(W_{\mathbb{R}^m})$ への $O(m)$ 同変写像が得られる．よってこれは再び $W_{\text{fiber}}$ の切断とみなされる．このように合成から定義される写像を $\tilde{D}_{\text{fiber}}$ あるいは $\tilde{h}_{\text{fiber}}$ とおく． □

### (b) 超対称調和振動子の族への係数のテンソル

$\nu$ 上のベクトル束 $\pi^*W_X \otimes W_{\text{fiber}}$ に作用する線形微分作用素 $\tilde{D}_{\text{fiber}}$ と，ベクトル束としての Hermite 自己準同型 $\tilde{h}_{\text{fiber}}$ を定義したい．

次の性質をもつものを構成できるかどうかを考えよう．

$W_X$ のある切断 $a$ の引き戻しの形になっている $\pi^*W_X$ の切断 $\pi^*a$ と，$W_{\text{fiber}}$ の任意の切断 $\tilde{b}$ をとってくる．成り立ってほしい性質は，

$$\tilde{D}_{\text{fiber}}(\pi^*a \otimes \tilde{b}) = \pi^*a \otimes \tilde{D}_{\text{fiber}}\tilde{b}, \quad \tilde{h}_{\text{fiber}}(\pi^*a \otimes \tilde{b}) = \pi^*a \otimes \tilde{h}_{\text{fiber}}\tilde{b}$$

である．

これらの作用素の定義域の任意の要素は，$\pi^*a \otimes \tilde{b}$ の形の切断の有限個の和

で表わされる．(局所的には，$W_X$ の局所自明性を用いれば明らかであろう．大域的にも成り立つことは1の分割を利用すれば示せる．しかし，今考えている作用素の定義のためには，局所的な考察のみで十分である．) 従って，もし上の性質をみたす作用素 $\tilde{D}_{\mathrm{fiber}}, \tilde{h}_{\mathrm{fiber}}$ が存在するならば，この性質によって完全に特徴づけられる．問題は，はたして，この性質によって作用素を矛盾なく定義できるかどうかである．すなわち，関与するベクトル束の局所自明性を1つ固定し，その座標を利用することにより，定義域の任意の要素を $\pi^*a\otimes\tilde{b}$ の形の切断の有限和に表示する方法を1つ指定しておく．すると，これらの表示に対して上の性質をみたすように $\tilde{D}_{\mathrm{fiber}}, \tilde{h}_{\mathrm{fiber}}$ を定義することができる．このとき，あらためて，上の性質が，定義に用いた特定の表示以外にも一般的に成り立つかどうかを調べる必要がある．

実はこれはほとんど書き下すだけで確認することができる．詳細は読者にまかせよう．ポイントとなるのは，出発点となる $\tilde{D}_{\mathrm{fiber}}, \tilde{h}_{\mathrm{fiber}}$ が次の性質をみたすことである: $\varphi$ を $X$ 上の任意の滑らかな関数とするとき，

$$\pi^*(\varphi a)\otimes\tilde{D}_{\mathbb{R}^m}\tilde{b}=\pi^*a\otimes\tilde{D}_{\mathrm{fiber}}(\varphi\tilde{b}),\quad \pi^*(\varphi a)\otimes\tilde{h}_{\mathbb{R}^m}\tilde{b}=\pi^*a\otimes\tilde{h}_{\mathrm{fiber}}(\varphi\tilde{b}).$$

第二の式は，$\tilde{h}_{\mathrm{fiber}}$ が微分を含まないので明らかである．第一の式は，$\tilde{D}_{\mathrm{fiber}}$ がファイバーの方向の微分しか含まず，ファイバーに沿って $\varphi$ は定数なので成立する．

### (c)　$D_X$ の持上げ

$\nu$ 上のベクトル束 $\pi^*W_X\otimes W_{\mathrm{fiber}}$ の切断上に作用する微分作用素 $\tilde{D}_X$ と，ベクトル束としての Hermite 自己準同型 $\tilde{h}_X$ を定義したい．

§6.3(b)では，$\nu$ 上のベクトル束の切断上定義された作用素から出発して $\pi^*W_X\otimes W_{\mathrm{fiber}}$ の切断上に作用する微分作用素を構成したが，今やりたいのは，$X$ 上のベクトル束の切断上定義された作用素 $D_X$ から出発して類似の構成を行うことである．

まず，§6.3(b)のやり方をまねて，次の性質をもつものを構成できるかどうかを考えよう．

$W_X$ のある切断 $a$ の引き戻しの形になっている $\pi^*W_X$ の切断 $\pi^*a$ と，$W_{\mathrm{fiber}}$

の任意の切断 $\tilde{b}$ をとってくる．成り立ってほしい性質の最初の候補は

$$\tilde{D}_X(\pi^*a\otimes\tilde{b}) = \pi^*D_Xa\otimes\tilde{b} \quad (?), \quad \tilde{h}_X(\pi^*a\otimes\tilde{b}) = \pi^*h_Xa\otimes\tilde{b} \quad (?)$$

である．もしこれをみたすものが存在すれば，一意的に定まることは§6.3(b)の場合と同様である．

$\tilde{h}_X$ については，先程と同様にこの性質によってうまく定義されることがわかる．しかし，$\tilde{D}_X$ に対してはうまくいかない．うまくいかない本質的な理由は，$X$ 上の滑らかな関数 $\varphi$ に対して，一般には $\varphi D_Xa$ と $D_X(\varphi a)$ とが一致しないため，

$$\pi^*D_X(\varphi a)\otimes\tilde{b} \neq \pi^*D_Xa\otimes\varphi\tilde{b}$$

となってしまうことである．

しかし，後の節において，実際に上の性質を $\tilde{D}_X$ に対して使いたい場面が出てくる．このジレンマをどう切り抜けたらよいだろうか．

実は，後の節で使いたいのは，任意の $a$ と任意の $\tilde{b}$ に対する上の性質ではない．極めて特殊な $\tilde{b}$ に対してのみ，上の性質が成り立ってくれれば議論のためには十分であるとわかる．

そこで，とりあえず $D_X$ の持上げを幾分人工的にでも拵えて，それがほしい性質をもっていることを示すことを考えよう．

もし $\nu$ がねじれたベクトル束ではなく，積の形 $X\times\mathbb{R}^m$ をしていれば，ちょうど(シリンダー状の端をもつ)超対称調和振動子を束ねて $\nu$ 上の作用素を構成したように，$D_X$ を束ねて $\nu$ 上の作用素を構成できるであろう．従って，少なくとも，$\nu$ が自明であるような $X$ の開集合上では，このような構成ができる．それらを貼り合わせることにより，とにかくある作用素が $\nu$ 上に構成されることになるであろう．

実は，このような貼り合わせで構成される作用素が，後で使う都合のよい性質をもっていることが示される．

具体的には次のように行う．本質的でない煩雑さをさけるため，$X$ が閉多様体である場合に述べる．$X$ が空でないシリンダー状の端をもつ一般の場合には，以下の構成を注意深くとり，構成されたものがシリンダー上で平行移動に関して不変になるようにすればよい．それは難しくないので読者に委ね

る．

適当な有限個の開集合 $\{U_\alpha\}$ が存在し，$X$ はこれらで覆われ，$\nu$ は各 $U_\alpha$ 上に制限したとき自明になる．

自明化を1つ固定する．すると，

$$\nu|U_\alpha \cong U_\alpha \times \mathbb{R}^m$$

となる．第二成分への射影を $\pi_\alpha\colon \nu|U_\alpha \to \mathbb{R}^m$ とおく．この積構造を用いると，$\pi^* W_X$ をこの部分に制限したベクトル束は，$U_\alpha$ 上のベクトル束 $W_X|U_\alpha$ と $\mathbb{R}^m$ との積と同一視される．すなわち，$W_X|U_\alpha$ のコピーが $\mathbb{R}^m$ の点の分だけあって，それらを束ねたものに他ならない．すると，この制限されたベクトル束の切断に対して，$D_X$ を自然に $U_\alpha$ 方向に作用させることができる．この作用を

$$D_{X,\alpha}\colon\ \Gamma(U_\alpha \times \mathbb{R}^m, \pi^* W_X) \to \Gamma(U_\alpha \times \mathbb{R}^m, \pi^* W_X)$$

と書くことにしよう．

また，積構造を用いると，次のようにベクトル束を思い直すことができる．

$$\pi^* W_{\text{fiber}}|(U_\alpha \times \mathbb{R}^m) = \pi_\alpha^*(W_{\mathbb{R}^m})\,.$$

以上の準備のもとで，直積 $U_\alpha \times \mathbb{R}^m$ の上における $D_X$ の持上げ $\tilde{D}_{X,\alpha}$ を，次の性質をみたすように定義することができる．すなわち，$\pi^* W_X$ の任意の切断 $\tilde{a}$ と，$W_{\mathbb{R}^m}$ の任意の切断 $b$ に対して，

$$\tilde{D}_{X,\alpha}(\tilde{a} \otimes \pi_\alpha b) = D_{X,\alpha}\tilde{a} \otimes \pi_\alpha b$$

が，要求される性質である．証明は§6.3(b)の議論と同様になされる．(むしろ，積構造がある分だけ，こちらのほうがやさしい.)

次に，$\{\rho_\alpha^2\}$ を，開被覆 $\{U_\alpha\}$ に伴う1の分解の1つとする．すなわち，$\rho_\alpha$ は $U_\alpha$ に台をもつ滑らかな非負の関数であり，$\sum_\alpha \rho_\alpha^2 = 1$ をみたすものとする．(ここで $\rho_\alpha$ の自乗を考えるのは，後の必要からである.) すると，合成 $\rho_\alpha \tilde{D}_{X,\alpha} \rho_\alpha$ は，$\nu$ 全体の上で定義された作用素とみなすことができる．$\rho_\alpha$ で両側から挟んだのは，こうすると，再び形式的自己共役になるからである．これらの和が求める $\tilde{D}_X$ である．あらためて定義として書いておく．

**定義 6.7**　$\tilde{D}_X = \sum_\alpha \rho_\alpha \tilde{D}_{X,\alpha} \rho_\alpha$.　□

### (d)　$(\boldsymbol{D_\nu}, \boldsymbol{h_\nu})$ の構成とその性質

(a),(b),(c)の構成のもとで，定義6.5によって $D_\nu$ が定義される．

$D_\nu$ の指数を求めるために必要な $\tilde{D}_X, \tilde{D}_{\mathrm{fiber}}$ および $D_\nu$ のもつ性質を調べる．

$D_X$ の持上げとして $\tilde{D}_X$ を構成しようとしたとき，はじめに候補として挙げた「成り立ってほしい性質」をすべてみたすようには構成できなかったことを思い出そう．すなわち，$W_X$ の任意の切断 $a$ と，$W_{\mathrm{fiber}}$ の任意の切断 $\tilde{b}$ に対して $\tilde{D}_X(\pi^*a\otimes\tilde{b})$ と $\pi^*(D_Xa)\otimes\tilde{b}$ とは必ずしも等しくないのであった．しかし，$\tilde{b}$ として，特別な要素をとると，この等式は成立する．

$\tilde{b}$ のとり方は次のとおりである．$W_{\mathbb{R}^m}$ は $\mathbb{R}^m$ 上のベクトル束であり，$\mathbb{R}^m$ 上の $O(m)$ 作用が自然に持ち上がっていた．このベクトル束の切断 $\bar{b}$ であって，$O(m)$ 作用で不変なものをとってくる．すると，$X$ 上の各ファイバーにおいて $\bar{b}$ のコピーを考え，それらすべてを束ねることにより，$W_{\mathrm{fiber}}$ の切断が得られる．

**補題6.8**　$\tilde{b}$ が，$\bar{b}$ から上のように定められるものであるとき，任意の $a$ に対して次の等式が成立する．

$$\tilde{D}_X(\pi^*a\otimes\tilde{b}) = \pi^*(D_Xa)\otimes\tilde{b}\,.$$

[証明]　まず，$\nu|U_\alpha = U_\alpha\times\mathbb{R}^m$ の上で考察する．ポイントは，$\tilde{b}$ が $\pi_\alpha^*\bar{b}$ に等しいことである．積構造を用いると

$$\tilde{D}_{X,\alpha}(\pi^*a\otimes\pi_\alpha^*\bar{b}) = \pi^*(D_Xa)\otimes\pi_\alpha^*\bar{b}$$

を得る．上の式の $a$ を $\rho_\alpha a$ に置き換えた式に，さらに $\rho_\alpha$ を掛け，$\alpha$ について総和をとると，$D_X$ の代わりに $D'_X = \sum_\alpha \rho_\alpha D_X \rho_\alpha$ に対して求める関係式を得る．あとは $D'_X = D_X$ を確かめればよい．交換子 $[\rho_\alpha, D_X]$ は，微分を含まない作用素である．よって，それと $\rho_\alpha$ との2回交換子 $[\rho_\alpha, [\rho_\alpha, D_X]]$ は0である．この式を展開し，すべての $\alpha$ について加えると，$2D_X - 2D'_X = 0$ を得る．∎

**補題6.9**　次の可換性が成立する．

(1)　$\tilde{D}_X\tilde{D}_{\mathrm{fiber}} = \tilde{D}_{\mathrm{fiber}}\tilde{D}_X$.

(2)　$\tilde{D}_X\tilde{h}_{\mathrm{fiber}} = \tilde{h}_{\mathrm{fiber}}\tilde{D}_X$,　$\tilde{h}_X\tilde{D}_{\mathrm{fiber}} = \tilde{D}_{\mathrm{fiber}}\tilde{h}_X$,　$\tilde{h}_X\tilde{h}_{\mathrm{fiber}} = \tilde{h}_{\mathrm{fiber}}\tilde{h}_X$.

［証明］　$\tilde{D}_X\tilde{D}_{\mathrm{fiber}}=\tilde{D}_{\mathrm{fiber}}\tilde{D}_X$ のみを示す．他の可換性は同様に示される(より容易である)．

$\tilde{D}_{\mathrm{fiber}}$ は $\rho_\alpha$ と可換である(前者は $X$ 上の各ファイバーに沿った微分しか含まないが，後者はファイバーに制限すると定数であるからである)．また，$\tilde{D}_{\mathrm{fiber}}$ は，$\nu|U_\alpha$ 上で $D_{X,\alpha}$ と可換である(積構造 $U_\alpha\times\mathbb{R}^m$ において，前者は第二成分方向の微分のみを含み，後者は第一成分方向の微分のみを含むからである)．よって，$\tilde{D}_{\mathrm{fiber}}$ は，これらの多項式である $\tilde{D}_X$ とも可換である．　■

(シリンダー状の端をもつ)超対称調和振動子 $(W_{\mathbb{R}^m},D_{\mathbb{R}^m},h_{\mathbb{R}^m})$ は $\mathbb{R}^m$ 上の作用素としては，実際には十分大きな $t>0$ に対して $D_{\mathbb{R}^m,t}=D_{\mathbb{R}^m}+th_{\mathbb{R}^m}$ をさすのであった．

以上の準備のもとで $D_{\nu,t}=D_\nu+th_\nu$ の指数を考察する．以下，$\tilde{D}_{X,t}=\tilde{D}_X+t\tilde{h}_X$ および $\tilde{D}_{\mathrm{fiber},t}=\tilde{D}_{\mathrm{fiber}}+t\tilde{h}_{\mathrm{fiber}}$ 等とおく．すると

$$D_{\nu,t}=\epsilon_{W_X}\circ\tilde{D}_{X,t}+\tilde{D}_{\mathrm{fiber},t}$$

が成立する．補題6.9から，$\tilde{D}_{X,t}$ と $\tilde{D}_{\mathrm{fiber},t}$ とは可換である．よって，上式の右辺の第一項と第二項とは反可換である．従って，

$$D_{\nu,t}^2=\tilde{D}_{X,t}^2+\tilde{D}_{\mathrm{fiber},t}^2$$

を得る．

$\tilde{D}_{X,t}$ と $\tilde{D}_{\mathrm{fiber},t}$ とは形式的自己共役なので，直観的には，次の補題はもっともである．

**補題 6.10**

(1)　$\mathrm{Ker}\,\tilde{D}_{X,t}^2=\mathrm{Ker}\,\tilde{D}_{X,t}$.

(2)　$\mathrm{Ker}\,D_{\nu,t}^2=\mathrm{Ker}\,\tilde{D}_{X,t}^2\cap\mathrm{Ker}\,\tilde{D}_{\mathrm{fiber},t}^2$.

［証明］　議論は同様なので，後者の主張だけ示す．

右辺が左辺に含まれることは明らかである．

$s$ を左辺 $\mathrm{Ker}\,D_{\nu,t}^2$ の要素とするとき，次の式の両辺が絶対収束し，次の等式が成立することをとりあえず認めよう．

$$\int_\nu(s,\tilde{D}_{X,t}^2s)=\int_\nu|\tilde{D}_{X,t}s|^2, \tag{6.1}$$

$$\int_\nu(s,\tilde{D}_{\mathrm{fiber},t}^2s)=\int_\nu|\tilde{D}_{\mathrm{fiber},t}s|^2. \tag{6.2}$$

この変形は，形式的には部分積分である．無限遠からの寄与が0であることが「とりあえず認めた」ことである．

2つの式を加えると，左辺は0になる．右辺が0であることから，$s$ は $\operatorname{Ker}\tilde{D}_{X,t}$ および $\operatorname{Ker}\tilde{D}_{\mathrm{fiber},t}$ の要素となることがわかり証明が終わる．

$s$ は，第5章で示した指数的減衰とアプリオリ評価によって，(何回微分したものも) $\nu$ の端において指数的に減衰する．一方，$\tilde{D}_{X,t}$ および $\tilde{D}_{\mathrm{fiber},t}$ の微分を含む部分 $\tilde{D}_X, \tilde{D}_{\mathrm{fiber}}$ は，条件(D)をみたすので，上の部分積分は，正当化される(詳細は読者に委ねる)． ∎

さて，$\operatorname{Ker}D^2_{\nu,t}$ の要素 $f$ を考えよう．上の補題により，$f$ は $\operatorname{Ker}\tilde{D}^2_{\mathrm{fiber},t}$ の要素となることがわかる．ここで，$\tilde{D}_{\mathrm{fiber},t}$ は，$X$ 上の各ファイバーに対して $D_{\mathbb{R}^m,t}$ を考え，それらを束ねたものから定義されていた．

補題4.15の中の $O(m)$ 不変な要素 $\bar{b}_t$ を束ねて構成される $W_{\mathrm{fiber}}$ の切断を $\tilde{b}_t$ とおく．すると，補題4.15から，$W_X$ のある切断 $a$ が一意に存在して，$f$ は $\pi^*a\otimes\tilde{b}_t$ という形をしていることがわかる．さらに，この同じ要素が $\operatorname{Ker}\tilde{D}_{X,t}$ に属していることから，補題6.8によって

$$0=\tilde{D}_{X,t}(\pi^*a\otimes\tilde{b}_t)=\pi^*(D_{X,t}a)\otimes\tilde{b}_t$$

でなくてはならない．これは，$a$ が $\operatorname{Ker}D_{X,t}$ に属することを意味する．

逆に，$\operatorname{Ker}D_{X,t}$ の要素 $a$ に対して，$\pi^*a\otimes\tilde{b}_t$ が $\operatorname{Ker}D^2_{\nu,t}$ に属することは上の議論を逆にたどれば明らかである．

すなわち次のことがわかった．

**補題 6.11**　$\operatorname{Ker}D^2_{\nu,t}\cong\operatorname{Ker}D^2_{X,t}$． □

上の同型は，構成を見ると，次数を保っている．従って，指数の定義からただちに目標であった次の結果を得る．

**補題 6.12**　$\operatorname{ind}D_{\nu,t}=\operatorname{ind}D_{X,t}$． □

### (e)　Dirac型作用素としての $\boldsymbol{D_\nu}$

次に，$\nu$ の全空間に適当に Riemann 計量を入れると，$D_\nu$ が，Dirac型の作用素とみなされることを示そう．

ここで，これまで保留しておいた $\nu$ の全空間の Riemann 計量の入れ方を

与えよう．(今のところ，$X$ 上の各ファイバーの上には Riemann 計量が入っているが，全体には入れていなかった．) $\nu$ の全空間に Riemann 計量を導入したとき，$D_\nu$ が Dirac 型作用素とみなされるためには，次の条件がみたされればよい．

（1） $T\nu$ と $\pi^*TX \oplus T_{\text{fiber}}\nu$ との間に等長な同型が存在すること．

（2） $D_\nu$ の主表象がこの Riemann 計量に関して，Dirac 型作用素の定義をみたしていること．

（3） さらに，指数が定義されるための技術的な仮定として，条件(R)，(D)がみたされること．

これらの条件を順に考察する．

条件(1)をみたすようにするためには，自然な完全系列

$$0 \to T_{\text{fiber}}\nu \to T\nu \to \pi^*TX \to 0$$

の分裂から決まる同型 $T\nu \cong T_{\text{fiber}}\nu \oplus \pi^*TX$ を使って，右辺の計量によって左辺の計量を定義すればよい．すなわち，補題 3.24 で考察された Riemann 計量を入れる．従って，これは条件(R)をみたす．

他の条件をみたすようにするために，具体的に，次のように分裂を選んでおく．$\nu|U_\alpha$ 上では積構造 $U_\alpha \times \mathbb{R}^m$ を利用して，分裂を自明なやり方で定義する．分裂は，自然な写像 $\pi^*T^*X \to T^*\nu$ の $\nu|U_\alpha$ 上での 1 つの左逆 $\theta_\alpha$ によって表示することができる．このとき，貼り合わせ $\theta = \sum_\alpha (\pi^*\rho^2)\theta_\alpha$ は，自然な写像 $\pi^*T^*X \to T^*\nu$ の大域的な左逆となっており，$\nu$ の全体の上で定義された分裂を与えている．この分裂を利用して $\nu$ に Riemann 計量を入れておこう．

次に条件(2)の，$D_\nu$ の主表象が Dirac 型作用素の定義をみたしていることを確かめたい．$D_\nu$ の主表象は

$$\sigma(D_\nu) = \epsilon_{W_X} \circ \sigma(\tilde{D}_{\text{fiber}}) + \sigma(\tilde{D}_X)$$

である．

**補題 6.13**

$$\sigma(\tilde{D}_X)\colon\ T^*\nu \to \mathrm{End}(\pi^*W_X \otimes W_{\text{fiber}})$$

は，$\theta\colon T^*\nu \to \pi^*T^*X$ と，

$$\pi^*\sigma(D_X)\otimes \mathrm{id}_{W_{\mathrm{fiber}}}\colon\ T^*X \to \mathrm{End}(\pi^*W_X)\otimes \mathrm{End}(W_{\mathrm{fiber}})$$

との合成と一致する.

[証明]　貼り合わせによる構成の仕方を振り返ると,

$$\sigma(\tilde{D}_X) = \sum_\alpha (\pi^*\rho_\alpha)^2 \sigma(\tilde{D}_{X,\alpha})$$

である. ここで, $\nu|U_\alpha$ の積構造 $U_\alpha \times \mathbb{R}^m$ を見ると, $\sigma(\tilde{D}_{X,\alpha})$ は $\theta_\alpha$ と $\pi^*\sigma(D_X)$ $\otimes\mathrm{id}_{W_{\mathrm{fiber}}}$ との合成と一致する. よって, $\theta = \sum_\alpha \rho_\alpha^2\theta_\alpha$ から, 求める関係式を得る. ∎

ここで, $\sigma(D_X)$ は, $c_{W_X}$ に等しかった. すると, 上に述べた一致を, $\theta$ から定まる同一視 $T^*\nu \cong \pi^*T^*X \oplus T^*_{\mathrm{fiber}}\nu$ によって言い表わせば, 次のようになる: $\tilde{D}_X$ の主表象は, $T^*\nu$ の $T^*_{\mathrm{fiber}}\nu$ 成分には依存せず, $\pi^*T^*X$ 成分のみから決まる. そして, その値は,

$$\sigma(\tilde{D}_X) = \pi^* c_{W_X} \otimes \mathrm{id}_{W_{\mathrm{fiber}}}$$

によって与えられる.

一方, $\tilde{D}_{\mathrm{fiber}}$ の主表象はただちにわかり, $T^*\nu$ の $\pi^*T^*X$ 成分には依存せず, $T^*_{\mathrm{fiber}}\nu$ 成分のみから決まる. そして, その値は,

$$\sigma(\tilde{D}_{\mathrm{fiber}}) = \mathrm{id}_{\pi^*W_X} \otimes c_{W_{\mathrm{fiber}}}$$

によって与えられる. これから,

$$\begin{aligned}\sigma(D_\nu) &= \pi^* c_{W_X} \otimes \mathrm{id}_{W_{\mathrm{fiber}}} + \epsilon_{\pi^*W_X} \otimes c_{W_{\mathrm{fiber}}} \\ &= c_{W_\nu}\end{aligned}$$

となる. よって, $D_\nu$ は Dirac 型作用素である.

条件(3)は, 条件(R)については補題3.24からわかる. 条件(D)についても構成の仕方から容易に確かめられる.

以上で, 構成された Riemann 計量が3つの条件をすべてみたしていることが示された.

## §6.4　指数の不変性：証明2(切除定理)

$(W_\nu, [h_\nu])$ と $(W_E, [h_E])$ とが同じ指数をもつことを示す. これは重要なス

テップであるが，開多様体上の作用素に対して指数を定義できることを示した第3章の議論の中に，本質的な部分は既に含まれている．

まず，$U$ 上のペアが $E$ 上のペアの制限であるとき，切除定理(定理 3.29)によって $U$ 上でも $E$ 上でも指数は変わらない(これが重要なポイントである！)．

よって，$U$ あるいは $\nu$ 上だけで指数を考察してよい．構成の仕方から，

$$\mathrm{ind}(W_E,[h_E])=\mathrm{ind}(W_\nu,[h_\nu])+\mathrm{ind}(F'\otimes(S_E|U),[h'\otimes\mathrm{id}_{S_E}|U])$$

となる．ここで $h'$ の台が空集合であるから，右辺の第二項は 0 である．

## §6.5　偶数次元 Euclid 空間上のペア

### (a)　構成3 ($U$ のホモトピー群の要素の構成)

$2N$ 次元の Euclid 空間 $E$ の上のペア $(W_E,[h_E])$ が与えられたとしよう．$E$ に向きを固定すると，スピン構造が一意に決まる．対応するスピノル束を $S_E$ とすると，命題 2.38 により $E$ 上の $\mathbb{Z}_2$ 次数付 Hermite ベクトル束 $F_E$ と，$F_E$ の次数 1 の Hermite 自己準同型 $h_F$ であってコンパクトな台をもつものが存在し，

$$W_E=F_E\otimes S_E,\quad h_E=h_{F_E}\otimes\mathrm{id}_{S_E}$$

と書ける．$h_E$ はホモトピーで動かしておくことにより，コンパクトな領域 $K$ を除けばユニタリかつ Hermite な自己同型に値をもつと仮定できる．$E$ は可縮であるから，自明化

$$F_E\cong E\times(\mathbb{C}^r\oplus\mathbb{C}^r)$$

が存在する．$K$ を内部に含む球面 $S^{2N-1}$ 上で $h_E$ はある連続写像 $f\colon S^{2N-1}\to U(r)$ によって

$$h_E=\begin{pmatrix}0 & f^*\\ f & 0\end{pmatrix}$$

と書ける．ここで $f$ のホモトピー類は，ペア $(W_E,[h_E])$ のみから定まる．$f$ と埋め込み $U(r)\to U$ との合成をも再び $f$ と書くと，ホモトピー類 $[f]$ が求める $\pi_{2N-1}(U)$ の要素の定義である．

### (b)　証明3(指数が $[f]$ によって決まること)

一般に $\pi_{2N-1}(U)$ の要素 $[f]$ が与えられたとしよう．このとき，$U$ の位相の入れ方から，十分大きな $r$ に対して $f$ の像は $U(r)$ に含まれる．このとき，$S^{2N-1}$ の外では上の式によって $h_E$ を定め，$S^{2N-1}$ の中へは次数1の Hermite 自己準同型として任意に拡張することにより，ペア $(W_E, [h_E])$ を構成することができる．このペアの指数が $[f]$ のみから定まることを示せばよい．

第一に，異なる $r$ をとったときに，2通りのペアができるがそれらの指数が等しいことを示そう．実際，$r$ の代わりにより大きな $r_1$ をとると，あらたにできるペアは $r$ に対して構成されたペアと，台が空なペアとの直和である．台が空なペアの指数は0であるから，直和しても指数は変わらない．

第二に，$f_0$ と $f_1$ がホモトピーで結べるとき，両者から作られるペアの指数が一致することを示そう．実際，$U$ の位相の入れ方から，十分大きな $r$ に対してホモトピーの像は一斉に $U(r)$ に含まれる．よって，この $r$ を用いれば，ペアのホモトピーが得られ，指数が等しいことがわかる．

以上で，指数が $[f]$ のみに依存することが証明された．

## 《要約》

**6.1**　コンパクトな台をもつ $\mathbb{Z}_2$ 次数付 Clifford 加群 $(W_X, [h_X])$ が $X$ 上に与えられたとき，$X$ を十分次元の高い偶数次元 Euclid 空間 $E$ に埋め込むことにより，$E$ 上でコンパクトな台をもつ $\mathbb{Z}_2$ 次数付 Clifford 加群 $(W_E, [h_E])$ を構成することができる．

**6.2**　構成の第一のポイントは，$X$ の法束に対応して，超対称調和振動子の族を作り，それとの「積」をとることである．

**6.3**　構成の第二のポイントは，その「積」を，$X$ の管状近傍の外へは切除定理が適用できるような形に延長することである．

**6.4**　$(W_E, [h_E])$ と $(W_X, [h_X])$ の指数は一致する．それを示すために，超対称調和振動子の指数が1であることと，指数の乗法性を用いる．

**6.5**　$E$ 上のコンパクトな台をもつ $\mathbb{Z}_2$ 次数付 Clifford 加群は，ユニタリ群のホモトピー群の要素によって分類される．これから，指数の計算が，$U$ のホモトピー群の計算に帰着される．

# 7 特性類

ベクトル束のねじれ具合を記述する言葉として特性類を導入する．本書では，底空間が多様体の場合に，ベクトル束上の接続とその曲率を用いて de Rham コホモロジーの要素を構成する Chern–Weil 理論(Chern-Weil theory)を必要な範囲で紹介する．

まず，ベクトル束と de Rham コホモロジー類との基本的な関係を与える Chern 指標を導入する．$\mathbb{Z}_2$ 次数付ベクトル束に対しては相対 Chern 指標が定義される．その際，一種の「局所化」が鍵となる．

次に de Rham コホモロジーに対する Thom 同型定理を証明する．これは第 9 章で議論するベクトル束($K$ 群)に対する Thom 同型定理(Bott の周期性定理を含む)の雛形である．また，Thom 類を用いて Euler 類を定義する．

## §7.1 接続と曲率

外微分 $d$ は $\bigwedge^\bullet T^*X$ の切断上に作用する作用素であった．$d$ は 2 つの基本的な性質をもつ．第一に，$d$ は 1 階の微分作用素であるので，$d^2$ は 2 階の微分作用素に見えるが，これは恒等的に 0 である．第二に，外積の外微分についての公式が成立する．すなわち，

$$d^2 = 0, \quad d(\omega_0 \wedge \omega_1) = (d\omega_0) \wedge \omega_1 + (-1)^{\deg \omega_0} \omega_0 \wedge d\omega_1$$

の 2 つの性質である．$d$ の主表象

$$\sigma_1(d)\colon\ T^*X \to \mathrm{End}(\textstyle\bigwedge^\bullet T^*X)$$

は，左からの外積を対応させる写像

$$v \mapsto v^\wedge$$

である．

$F$ を多様体 $X$ 上の階数 $r$ の複素ベクトル束とする．$F$ が自明なベクトル束 $X\times\mathbb{C}^r$ であるときには，$d$ の自然な拡張を $\Omega^\bullet(F)=\Gamma((\bigwedge^\bullet T^*X\otimes\mathbb{C})\otimes F)$ 上に自然に定義することができる．実際，$d$ を $r$ 個並べたものを $d^{(r)}$ と書けば，

$$d^{(r)}\colon\ \Omega^\bullet(X\times\mathbb{C}^r) \to \Omega^\bullet(X\times\mathbb{C}^r)$$

は上の2つの性質をみたしている．ただし，後者の積公式においては，$\omega_0$ は微分形式，$\omega_1$ は $\Omega^\bullet(F)$ の要素として理解するものとする．

では，$F$ が自明でないときには何らかの意味で $d$ の拡張は存在するのであろうか．

$X$ が局所有限な開集合たち $\{U_\alpha\}$ によって覆われ，各 $U_\alpha$ 上に $F$ を制限したものが自明なベクトル束 $U_\alpha\times\mathbb{C}^r$ と同型であったとしよう．この同型を1つずつ固定する．このとき，各 $U_\alpha$ 上で上に述べたような外微分の拡張 $d_\alpha^{(r)}$ が定義され，2つの性質をみたしている．試みに，$\{\rho_\alpha^2\}$ を1の分解とし，作用素

$$d_A\colon\ \Omega^\bullet(F) \to \Omega^\bullet(F) \tag{7.1}$$

を，$d_\alpha^{(r)}$ たちの加重平均 $d_As=\sum_\alpha \rho_\alpha d_\alpha^{(r)}\rho_\alpha s$ によって定める．（補題2.44と同様の構成である．）$d_A$ は，次数を1つ増やす1階の微分作用素である．$d_A$ は，微分形式 $\omega$ と $\Omega^\bullet(F)$ の要素 $s$ に対して

$$d_A(\omega\wedge s) = (d\omega)\wedge s + (-1)^{\deg\omega}\omega\wedge d_As \tag{7.2}$$

をみたしている．（$d_\alpha^{(r)}$ と $\omega\wedge\rho_\alpha s$ に対する $U_\alpha$ 上の積公式に，$\rho_\alpha$ を掛けて総和すれば得られる．）

しかし，$d_A^2$ はもはや0ではない．というのは，第一に，1の分解に用いた $\rho_\alpha$ とその微分が現われるからであり，第二に，異なる開集合 $U_\alpha, U_{\alpha'}$ の共通部分の上で，$d_\alpha^{(r)}$ と $d_{\alpha'}^{(r)}$ とは，一般には異なる作用素であるからである．（そのため貼り合わせの変換関数とその微分が現われる．）

$d_A$ は1階の微分作用素であるので，$d_A^2$ は2階の微分作用素に見える．しかし実は，外微分のときと似た相殺が生じており，$d_A^2$ は微分を含まない作用素であることがわかる．ポイントは微分形式 $\omega$ に対して

$$\begin{aligned} d_A^2(\omega\wedge s) &= d_A((d\omega)\wedge s+(-1)^{\deg\omega}\omega\wedge d_As) \\ &= d^2\omega\wedge s+(-1)^{\deg d\omega}d\omega\wedge d_As+(-1)^{\deg\omega}d\omega\wedge d_As+\omega\wedge d_A^2s \\ &= \omega\wedge d_A^2s \end{aligned}$$

が成立することである．このことは(局所自明化をとって局所的に考察すると)，$\Omega^2(\mathrm{End}\,F)$ のある要素 $F_A$ が一意に存在して，

$$d_A^2s = F_A\wedge s$$

をみたすことを意味している．ただし，右辺の積は，外積をとると同時に $\mathrm{End}\,F$ を $F$ に作用させる操作の意である．詳細の確認は読者に委ねよう．

以上の議論をもとに，次の定義をする．

**定義 7.1**　線形微分作用素 $d_A\colon \Omega^\bullet(F)\to\Omega^\bullet(F)$ が次数を1つ増やし，性質(7.2)をみたすとき，$d_A$ を $F$ 上の**接続**(connection)とよぶ．　□

上に見たように，任意の $F$ に対して接続が存在する．構成の仕方から，$F$ 上に接続が無数に存在することは想像されるであろう．実際，次の補題が成立することは容易にわかる．

**補題 7.2**

(1)　1階線形微分作用素 $d_A\colon \Omega^0(F)\to\Omega^1(F)$ が関数 $f$ と $\Omega^0(F)$ の要素 $s$ に対して $d_A(fs)=(df)\wedge s+f\wedge d_As$ をみたすとき，これを一意に性質(7.2)をみたすように拡張することができる．よってこれは $F$ 上の接続を定める．

(2)　1階線形微分作用素 $d_A\colon \Omega^0(F)\to\Omega^1(F)$ が上の条件をみたすための必要十分条件は，主表象が

$$T^*X\to\mathrm{Hom}(F,(T^*X\otimes\mathbb{C})\otimes F),\quad v\mapsto(e\mapsto v\otimes e)$$

によって与えられることである．

(3)　$d_A$ が $F$ 上の接続であるとき，$\Omega^1(\mathrm{End}\,F)$ の任意の要素 $a$ に対して，$d_A+a$ は再び接続である．また，$F$ 上の任意の接続は，このように一意

的に表示できる. □

上の補題の(1),(2)を用いると，主表象を利用して接続を定義することもできる．すると，補題2.44によって接続の存在が示される．先程行った貼り合わせによる接続の構成は，補題2.44の証明をこの場合に直接行ったものに他ならない.

任意の接続 $d_A$ に対して，$d_A^2$ は微分を含まない作用素になる.

**定義 7.3** $\Omega^2(\mathrm{End}\,F)$ のある要素 $F_A$ が一意に存在し,

$$d_A^2 s = F_A \wedge s$$

となる．このとき $F_A$ を接続 $d_A$ の**曲率**(curvature)とよぶ．(曲率の記号 $F_A$ は，ベクトル束の記号として使う $F$ と紛らわしいが，注意のこと．曲率の記号として $F$ を用いるときには必ず接続を表わす添字をおくことにする.) □

接続 $d_A$ が，自明なベクトル束上に定義される $d^{(r)}$ からどのくらい遠いかをはかる，1つの目安が曲率 $F_A$ である．($F_A$ が恒等的に0であっても，$F$ が自明なベクトル束と同型とは限らないが.)

**注意 7.4** 記号の説明をしておく．接続には本書で採用したもの以外に，同等の定義の仕方がいくつもある．簡単に述べると,

- 1階線形微分作用素 $d_A\colon \Omega^0(F) \to \Omega^1(F)$ であって，ある性質をみたすもの(補題7.2(2)参照).
- $F$ に同伴する $GL_r(\mathbb{C})$ 主束上の1次微分形式であって，ある性質をみたすもの(**主接続**(principal connection)とよばれる).
- $F$ の全空間の接束を，ファイバーに沿った部分とその補空間に直和分解するやり方であって，ある性質をみたすもの.

などがある．これらの定義を採用するときには，通常，本書の次数1の1階微分作用素 $d_A\colon \Omega^\bullet(F) \to \Omega^1(F)$ は，(主接続あるいは直和分解として定義される接続に伴う)**共変外微分**(covariant exterior derivative)とよばれることが多い．本書では上の諸定義を直接用いることはない．しかし，記号の用い方として，たとえば記号 $A$ によって上の諸定義が指し示す幾何学的対象を表わすものと考え，それに由来する共変微分，曲率は，各々 $d_A, F_A$ という記号で表わすことにする．その意味で，以下,「接続 $A$」という言い方をもすることがある.

**補題 7.5** 多様体 $X$ 上のベクトル束 $F$ に，1つの接続 $d_A$ が与えられたとしよう．別の多様体 $Y$ と滑らかな写像 $\phi\colon Y \to X$ が任意に与えられたとき，引き戻し $\phi^*F$ 上の接続 $d_{\phi^*A}$ を次式をみたすように一意的に定義することができる．

$$d_{\phi^*A}\phi^*s = \phi^*d_As.$$

ただし，$s$ は $F$ の任意の切断である． □

証明は，局所的に考えれば容易である．というのは，$F$ が自明で $d_A = d^{(r)} + a$ のときには $\phi^*F$ も自明であり，$d_{\phi^*A} = d^{(r)} + \phi^*a$ ととればよいからである．

$F$ 上の接続 $d_A$ が与えられると，それに伴って，次の性質をみたすような $\mathrm{End}\,F$ 上の接続が一意に存在する．$s$ を $\Omega^\bullet(F)$ の要素，$f$ を $\Omega^\bullet(\mathrm{End}\,F)$ の要素とするとき，$\Omega^\bullet(F)$ の要素の間の等式

$$d_A(f \wedge s) = (d_Af) \wedge s + (-1)^{\deg f} f \wedge d_As$$

が成立する．ただし，接続となるべき $\Omega(\mathrm{End}\,F)$ 上の作用素をも同じ記号 $d_A$ で表わした．($s$ に $d_A(f \wedge s) - (-1)^{\deg f} f \wedge d_As$ を対応させる作用素 $d_A(f\wedge) - (-1)^{\deg f}(f\wedge)d_A$ が，微分を含まないことを確かめよ．そして，ある $\Omega^\bullet(\mathrm{End}\,F)$ の要素の作用として表わされることを示せ．)

この記号を用いると，次の Bianchi の恒等式が成立する．

**補題 7.6** (Bianchi の恒等式(Bianchi identity)) $d_AF_A = 0$.

[証明] $\Omega^\bullet(F)$ 上の作用素として $d_A^3 = (F_A\wedge)d_A = d_A(F_A\wedge)$ であることによる． ∎

## §7.2 Chern 指標と Chern 類

ねじれた外微分としての接続と，本当の外微分を伴う de Rham 複体とを関連づけるために，次の補題に注意する．

**補題 7.7** $\mathrm{trace}\colon \mathrm{End}\,F \to X \times \mathbb{C}$ を考えると，$\Omega^\bullet(\mathrm{End}\,F)$ から $\Omega^\bullet(X \times \mathbb{C})$ への写像として次の等式が成立する．

$$d \cdot \mathrm{trace} = \mathrm{trace} \cdot d_A.$$

[証明] 局所的に示せばよい．$d_A = d^{(r)}$ のときには明らか．2つの行列の

交換子の trace が 0 であることに注意すると，$d_A$ に対して成立すると仮定すれば，$d_A+a$ に対しても成立することも明らか． ∎

すると，Bianchi の恒等式 $d_AF_A=0$ から，ただちに $d(\mathrm{trace}\,F_A)=0$ を得る．すなわち，$\mathrm{trace}\,F_A$ は，閉微分形式であり，2 次の de Rham コホモロジーの要素を定めている．

$F$ 上の接続 $A$ のとり方は無数にあり，それに応じて曲率 $F_A$ も様々に変わりうる．しかし，$\mathrm{trace}\,F_A$ の定める de Rham コホモロジーの要素は同一であることが，次のようにしてわかる．2 つの接続 $d_{A_0}, d_{A_1}$ が与えられたとき，それらを結ぶホモトピー $d_{A_t}$ を任意にとり，それが $t\in\mathbb{R}$ にまで滑らかに拡張されていると仮定する(たとえば，$d_{A_t}=(1-t)d_{A_0}+td_{A_1}$ ととる)．$\mathbb{R}\times X$ 上のベクトル束 $\mathbb{R}\times F$ 上の接続 $d_{\tilde{A}}$ を

$$d_{\tilde{A}}s=d_{A_t}s+dt\wedge\partial_t s$$

によって定義することができる．その曲率 $F_{\tilde{A}}$ から作られる $\mathrm{trace}\,F_{\tilde{A}}$ は，2 次の閉微分形式であり，$\mathbb{R}\times X$ 上の de Rham コホモロジーの要素を定める．それを $\{0\}\times X$ と $\{1\}\times X$ に制限したものが，各々 $\mathrm{trace}\,F_{A_0}$，$\mathrm{trace}\,F_{A_1}$ である．これは，両者の定める de Rham コホモロジー類が等しいことを意味している．

同様の議論から，任意の自然数 $k$ に対して，$\mathrm{trace}(F_A)^k$ は，$2k$ 次の閉微分形式であり，接続 $A$ のとり方に依存せずベクトル束 $F$ のみに依存する de Rham コホモロジーの $2k$ 次の要素を定めている．

**定義 7.8**　複素ベクトル束 $F$ の **Chern 指標**(Chern character) $chF=\sum_k ch_kF$ とは，

$$chF=\left[\mathrm{trace}\exp\frac{\sqrt{-1}\,F_A}{2\pi}\right]\in H^\bullet(X),$$

$$ch_kF=\frac{1}{k!}\left[\mathrm{trace}\left(\frac{\sqrt{-1}\,F_A}{2\pi}\right)^k\in H^{2k}(X)\right]$$

によって定義される，接続 $A$ のとり方に依存しない de Rham コホモロジー類のことである． □

Chern 指標が接続 $A$ のとり方に依存しないことを，もう少し具体的に見て

おく．以下，

$$\tilde{F}_A = \frac{\sqrt{-1}\,F_A}{2\pi},$$
$$ch(A) = \operatorname{trace}\exp\tilde{F}_A$$

とおく．

$A_t$ を実数 $t$ でパラメータ表示される接続の族とし，$\mathbb{R}\times X$ 上のベクトル束 $\mathbb{R}\times F$ の接続 $\tilde{A}$ を，上の証明の中と同じ式で定義する．$\mathbb{R}\times X$ 上の閉微分形式 $ch(\tilde{A})$ を，$dt$ を含む部分と含まない部分に分けて $dt\wedge\phi+\psi$ と書くと，$\psi$ を $\{t\}\times X$ に制限したものは $ch(A_t)$ と一致する．$ch(\tilde{A})$ が閉微分形式であることから $d_X\phi=\partial_t\psi$ が成立する．第一項の $d_X$ は，$X$ 方向のみの外微分である．$t$ について $t_0$ から $t_1$ まで積分すると

$$d_X\int_{t_0}^{t_1}\phi dt = ch(A_{t_1})-ch(A_{t_0})$$

を得る．これは，$ch(A_t)$ の de Rham コホモロジー類が，$t$ に依存しないことを意味している．

$H^0(X)=\mathbb{R}$ と同一視すると，定義から，$ch_0(F)$ は $F$ の階数と一致する．Chern 類の定義において曲率に $\sqrt{-1}/2\pi$ を掛けているのは，次の規格化を行うためである．

**補題 7.9**　$L$ が閉 Riemann 面 $M$ 上の複素直線束であるとき，

$$\deg L = \int_M ch_1 L$$

が成立する．ただし，$M$ には複素構造から決まる向きを入れておく．　□

**問 1**　上の補題を示せ．（ヒント：$L$ の切断 $s$ であって，零切断と横断的に交わるものを固定する．すると $\deg L$ は，$s$ の零点の個数を符号つきで数えたものである．このとき $L$ は，$M$ 上の自明な複素直線束 $M\times\mathbb{C}$ を $s$ の零点の近傍で「ひねる」ことによって構成される．$L$ 上の接続 $A$ を，ひねる点の近傍の外では外微分と一致するようにとる．この接続を用いて $ch_1L$ を計算する．）

Chern 指標の基本的な性質は，次の加法性と乗法性である．

**補題 7.10**　$F, F'$ が $X$ 上の複素ベクトル束であるとき，

$$ch(F \oplus F') = chF + chF',$$

$$ch(F \otimes F') = chF\,chF'.$$

［証明］　乗法性のみ説明する(加法性も同様である)．$A, A'$ を $F, F'$ の接続とするとき，$F \otimes F'$ には接続 $A \otimes A'$ が

$$d_{A\otimes A'}(s \otimes s') = (d_A s) \otimes s' + (-1)^{\deg s} s \otimes (d_{A'} s')$$

によって定義される．そのとき $\Omega^2(\mathrm{End}(F \otimes F')) = \Omega^2(\mathrm{End}\,F \otimes \mathrm{End}\,F')$ の要素として

$$\tilde{F}_{A\otimes A'} = \tilde{F}_A \otimes \mathrm{id}_{F'} + \mathrm{id}_F \otimes \tilde{F}_{A'}$$

が成立する．これを exp の肩に載せると，右辺の和がテンソル積に化ける．trace をとるとただの積(外積)になる．これから求める乗法性を得る．■

Chern 指標とほぼ平行して定義され，Chern 指標と本質的に同等の情報を与える Chern 類 $c(F) = \sum_k c_k(F)$ を，次のように定義する．

**定義 7.11**　複素ベクトル束 $F$ 上の接続 $A$ に対して，$X$ 上の微分形式 $c(A)$ を

$$c(A) = \det(\mathrm{id}_F + \tilde{F}_A)$$

によって定義する．$c(A)$ は偶数次の成分のみからなり，$2k$ 次の成分を $c_k(A)$ とおく．このとき，$c(A)$ (および $c_k(A)$)は閉微分形式になり，de Rham コホモロジー類 $[c(A)]$ (および $[c_k(A)]$)は $A$ のとり方に依存せず，$F$ のみから定まる．この de Rham コホモロジー類を **Chern 類**(Chern class)(および ***k* 次 Chern 類**)とよび，$c(F)$ (および $c_k(F)$)と書く．□

定義から $c_0(F) = 1$ であり，$k$ が $F$ の(複素ベクトル束としての)階数より大きいとき $c_k(F) = 0$ となる．

Chern 指標の成分たちと Chern 類の成分たちはお互いの多項式として表示される．実際，de Rham 類をとる以前の微分形式の段階で $ch(A)$ と $c(A)$ とは互いの多項式として次のように表わされる．よって $c(A)$ も閉である．

一般に $R$ を単位元をもつ $\mathbb{C}$ 上の可換な代数とする．$R \otimes \mathrm{End}(\mathbb{C}^r)$ は $R$ の $r^2$ 個の直和と線形同型である．$R \otimes \mathrm{End}(\mathbb{C}^r)$ から $R$ への 2 つの写像 $\Phi_{ch_k}$,

$\Phi_c$ を

$$\Phi_{ch_k} a = \mathrm{trace}\, \frac{1}{k!} a^k, \quad \Phi_c a = \det(I_r + a)$$

とおく．$I_r$ は $r$ 次の単位行列である．$\Phi_{ch_k}, \Phi_c$ はいずれも $r^2$ 個の $R$ の要素の有理係数多項式であり，$GL(\mathbb{C}^r)$ の要素 $g$ に対して

$$\Phi_{ch_k}(g^{-1}ag) = \Phi_{ch_k} a, \quad \Phi_c(g^{-1}ag) = \Phi_c a$$

が成立する．

$X$ の各点 $x$ で，$F$ の自明化 $(F)_x \cong \mathbb{C}^r$ を任意に固定し，$R = \bigoplus_k \bigwedge^{2k}(T^*X)_x$ を考えると，

$$ch_k(A)_x = \Phi_{ch_k}((\tilde{F}_A)_x), \quad c(A)_x = \Phi_c((\tilde{F}_A)_x)$$

が成立する．よって，$ch_k(A)$ と $c(A)$ の関係を調べるには，有理係数多項式 $\Phi_{ch_k}$ と $\Phi_c$ との関係式を見出せばよい．これは，純粋に代数の命題である．そのためには $R = \mathbb{C}$ の場合に考察すれば十分である．

次の記号を導入しよう．

**定義 7.12** $\mathrm{End}(\mathbb{C}^r)$ から $\mathbb{C}$ への写像 $\Phi$ であって，成分の複素係数多項式で表わされ，$GL(\mathbb{C}^r)$ の要素 $g$ に対して $\Phi(gag^{-1}) = \Phi a$ をみたすもの全体のなす可換環を $R_r$ とおく． □

$\mathrm{End}(\mathbb{C}^r)$ の中で対角化可能な要素全体は稠密である．従って $R_r$ の要素は対角行列 $\mathrm{diag}(x_1, x_2, \cdots, x_r)$ に対する値を見れば決まる．実際，次の代数的補題は線形代数の演習問題である．

**補題 7.13** $R_r$ は，$x_1, x_2, \cdots, x_r$ の複素係数多項式のうち，$x_1, x_2, \cdots, x_r$ に関して対称なもの全体のなす可換環と同型である． □

この補題の同型を用いると，

$$\Phi_{ch_k} = \sum_m \frac{1}{k!} x_m^k, \quad \Phi_c = \prod_m (1 + x_m)$$

である．$R_r$ が基本対称多項式によって環として生成されることを用いると，これから次の補題がわかる．

**補題 7.14** $F$ を $X$ 上の階数 $r$ の複素ベクトル束とするとき，$R_r$ から $H^\bullet(X)$ への $\mathbb{R}$ 代数としての準同型であって，各 $0 < k \leqq r$ に対して

- $x_1, x_2, \cdots, x_r$ の $k$ 次基本対称式 $x_1 x_2 \cdots x_k + \cdots$ を $c_k(F)$ に写し，
- $\sum_m x_m^k/k!$ を $ch_k F$ に写す

ものが存在する．　□

**注意 7.15**

（1）一般にベクトル束の特性類とは，ベクトル束 $F$ に対して底空間 $X$ のコホモロジーのある要素 $\alpha(F)$ を対応させる規則であって，次の意味で自然なものをいう．すなわち，$F$ が $X$ 上のベクトル束であり，連続写像 $\phi\colon X \to Y$ による引き戻し $\phi^*F$ に対応する $\alpha(\phi^*F)$ は，$\alpha(F)$ の $\phi$ による引き戻し $\phi^*\alpha(F)$ と一致する．

（2）底空間として，あまりに一般的なものまで考慮にいれると，技術的な理由で特性類の構成が困難である．本書では，$X$ として多様体のみを考え，多様体間の写像としては，滑らかな写像のみを考える．上に定義された Chern 指標と Chern 類はこの範囲において，引き戻しに関する自然性をみたしている．

（3）Chern 類は整数係数コホモロジーの要素に自然に持ち上がることが知られている．Chern 指標は必ずしもそうではない．

（4）分類空間の存在を使えば，分類空間のコホモロジーの要素と特性類とは一対一に対応することが知られている．

（5）**超空間**(superspace)を用いた分類空間のモデルが存在する[*1]．そのモデルへの(超空間としての)写像を与えることと，接続を与えることとは，ほとんど言い換えにすぎない．Chern 指標，Chern 類の接続を用いた定義をこのように解釈することもできる．

## §7.3　Chern 指標の局所化

### (a)　$\mathbb{Z}_2$ 次数付ベクトル束の場合

$X$ 上の $\mathbb{Z}_2$ 次数付ベクトル束 $F = F^0 \oplus F^1$ が与えられたとする．$\mathbb{Z}_2$ 次数付ベクトル束の Chern 指標を，

$$chF = chF^0 - chF^1$$

によって定義する．すなわち，$F$ の接続 $A$ であって，$F^0$ の接続 $A^0$ と $F^1$ の

---

*1「超空間」の1つの定義は，「滑らかな関数の芽の層上の代数の層であって，ある $r$ に対して $\bigwedge^\bullet \mathbb{R}^r$ 値関数の芽の層と局所同型であるようなものが付与された多様体」である．

接続 $A^1$ の直和であるものを任意にとるとき，

$$chF = \left[\mathrm{trace}\, \epsilon_F \exp \tilde{F}_A\right]$$

である．（$A$ についての条件は，$d_A$ が $\epsilon_F$ と可換であることといってもよい.）

$F$ の接続 $A = A^0 \oplus A^1$ と共に次数 1 の $F$ の自己準同型 $h$ が任意に与えられたとき，上の表示の拡張を説明する．

少し記号を準備する．

外積の次数の偶奇に応じて $\pm 1$ を掛ける作用素を $\epsilon_\wedge$，$F$ の次数の偶奇に応じて $\pm 1$ を掛ける作用素を $\epsilon_F$ とおく．外積の次数と $F$ の次数の和を用いて $\Omega^\bullet(F)$ の $\mathbb{Z}_2$ 次数を定義する．その次数の偶奇は $\epsilon_\wedge \epsilon_F$ の固有値が $\pm 1$ のいずれかであるかによって決まる．$\Omega^\bullet(\mathrm{End}\, F)$ に対しても，同様に次数を定義する．$\Omega^\bullet(F), \Omega^\bullet(\mathrm{End}\, F)$ の次数を deg で表わす．$d_A$ と $h$ は，共に次数 1 の写像である．

$\omega, \omega'$ が $\Omega^\bullet(X)$ の要素，$f$ が $\mathrm{End}\, F$ の切断，$s$ が $F$ の切断のとき，積

$$\Omega^\bullet(\mathrm{End}\, F) \times \Omega^\bullet(F) \to \Omega^\bullet(F)$$

を，$(\omega \otimes f,\ \omega' \otimes s) \mapsto (-1)^{\deg f \deg \omega'} (\omega \wedge \omega') \otimes fs$ によって定める．この積を用いて，積

$$\{\cdot, \cdot\}\colon\ \Omega^\bullet(\mathrm{End}\, F) \times \Omega^\bullet(\mathrm{End}\, F) \to \Omega^\bullet(\mathrm{End}\, F)$$

を，$\Omega^\bullet(\mathrm{End}\, F)$ の要素 $f, g$ と $\Omega^\bullet(F)$ の要素 $s$ に対して

$$f(gs) = (-1)^{\deg f \deg g} g(fs) + \{f, g\} s$$

が成立するように定義することができる．

接続の拡張として，次数が 1 の写像 $d_{A,h} = d_A + (-1)^{1/4} h$ を考える．ただし，$(-1)^{1/4} = \exp(\pi\sqrt{-1}/2)$ とする．$h$ を $(-1)^{1/4}$ 倍しているのは後の都合のためであり，今は本質的ではない．$\Omega^\bullet(X)$ の要素 $\omega$ と $\Omega^\bullet(F)$ の要素 $s$ に対して

$$d_{A,h}(\omega s) = (d\omega)s + (-1)^{\deg \omega} \omega d_{A,h} s$$

が成立する．より一般に，$\Omega^\bullet(\mathrm{End}\, F)$ の要素 $f$ に対して

$$d_{A,h} f = d_A f + (-1)^{\frac{1}{4}} \{h, f\}$$

と定義すると

$$d_{A,h}(fs) = (d_{A,h}f)s + (-1)^{\deg f} f d_{A,h}s$$
$$d_{A,h}\{f,g\} = \{d_{A,h}f, g\} + (-1)^{\deg f}\{f, d_{A,h}g\}$$

が成立する.

**注意 7.16**　$d_{A,h}$ は，Quillen によって導入された**超接続**(superconnection)の特別な場合である.

$d_{A,h}$ の自乗は $\Omega^\bullet(\mathrm{End}\,F)$ のある要素 $F_{A,h}$ の積となる．実際

$$\begin{aligned}(d_A + (-1)^{\frac{1}{4}}h)^2 &= d_A^2 + (-1)^{\frac{1}{4}}(d_A \cdot h + h \cdot d_A) + \sqrt{-1}\,h^2 \\ &= F_A + (-1)^{\frac{1}{4}}(d_A h) + \sqrt{-1}\,h^2\end{aligned}$$

である．これを $F_{A,h}$ とおく．また，$F_{A,h}$ に $\sqrt{-1}/2\pi$ を掛けたものを $\tilde{F}_{A,h}$ とおく.

前節の議論と平行して，

$$d_{A,h}\tilde{F}_{A,h} = 0$$

が成立する．また，$\Omega^\bullet(\mathrm{End}\,F)$ の要素 $f, g$ に対して

$$\mathrm{trace}\,\epsilon_F\{f,g\} = 0$$

が成立することを用いると，

$$\mathrm{trace}\,\epsilon_F d_{A,h} = d\,\mathrm{trace}\,\epsilon_F\colon\ \Omega^\bullet(\mathrm{End}\,F) \to \Omega^\bullet(X) \otimes \mathbb{C}$$

が容易にわかる．これから

$$ch(A,h) = \mathrm{trace}\,\epsilon_F \exp \tilde{F}_{A,h}$$

が閉微分形式になること，そして，その de Rham 類が $A, h$ のとり方に依存しないことが，前節と平行する議論によってわかる．ただし，$h$ がない前節の場合との違いは，$ch(A)$ の定義における exp は実際には多項式であったが，$ch(A,h)$ の定義の場合には，exp は Taylor 展開によって定義される(微分形式を要素とする行列の)無限級数になることである.

特に $h=0$ のとき，この閉微分形式はこの節の初めに与えた $\mathbb{Z}_2$ 次数付ベクトル束 $F$ の Chern 類の定義と一致する．よって，

**補題 7.17**　複素ベクトル束 $F$ の $\epsilon_F$ と可換な接続 $d_A$ と次数 1 の自己準同

型 $h$ に対して，$chF=[ch(A,h)]$ が成立する．　□

## (b) 相対 Chern 指標

接続 $A$ だけでなく，$h$ をも導入する利点は，それを利用して相対 de Rham コホモロジーの要素として $\mathbb{Z}_2$ 次数付ベクトル束の Chern 指標を定義することができる点にある．

**定義 7.18**　$C$ が $X$ の閉集合であるとき，**相対 de Rham コホモロジー** $H^\bullet(X,C)$ を，台が $C$ と交わらない微分形式全体が外微分に関してなす複体のコホモロジーとして定義する．　□

相対 de Rham コホモロジーの要素を与える次の方法は便利である．$U$ が $C$ を含むある開集合，$\omega$ が $X$ 上の閉微分形式，$\eta$ が $U$ 上の微分形式であって，$U$ 上 $\omega=d\eta$ をみたすものとする．$U$ に台をもち，$C$ の開近傍上で 1 をとる任意の関数 $\rho$ に対して，$\omega-d(\rho\eta)$ は，台が $C$ と交わらない閉微分形式である．このとき，定義からすぐわかるように，$\omega-d(\rho\eta)$ の定める $H^\bullet(X,C)$ の要素は $\rho$ のとり方によらず，$\omega$ と $\eta$ のみから定まる．

**定義 7.19**　$\omega-d(\rho\eta)$ の定める $H^\bullet(X,C)$ の要素を，$[\omega,\eta]$ と書くことにする．　□

まず，相対 Chern 指標の定義の簡単な場合を説明する．

$C$ を $X$ の閉集合とし，$h$ が，$C$ のある開近傍上で $h^2=\mathrm{id}_F$ をみたしていたと仮定する．すなわち，$h$ を

$$h=\begin{pmatrix} 0 & h_{01} \\ h_{10} & 0 \end{pmatrix}$$

と書くとき，$h_{10}$ は $C$ の近傍上では，$F^0$ から $F^1$ への同型であり，$h_{01}$ は $C$ の各点で $h_{01}$ の逆写像である．

$F^0$ の接続 $d_{A^0}$ と $F^1$ の接続 $d_{A^1}$ であって，$C$ の開近傍上では同型 $h_{10}$ を通じて同一視されるものを任意にとり，$A=A_0\oplus A_1$ とおく．すると，$C$ の開近傍上で $d_Ah=0$ が成立する．

このとき，閉微分形式 $ch(A,h)$ を

(7.3)　$$ch(A,h)=\mathrm{trace}\,\epsilon_F\exp\tilde{F}_A=\mathrm{trace}\exp\tilde{F}_{A_0}-\mathrm{trace}\exp\tilde{F}_{A_1}$$

で定義すると，$ch(A,h)$ は $C$ の開近傍上で恒等的に 0 である．従って，相対 de Rham コホモロジー $H^\bullet(X,C)$ の要素を定める．この要素が $A^0, A^1$ のとり方に依存しないことは，前節と同様に示される．$h$ の情報は，この構成においては $h$ の $C$ の近傍への制限しか用いていない．また，次数 1 の自己準同型 $h$ を，$C$ の開近傍上 $h^2=\mathrm{id}_F$ をみたすようにしながら連続的に動かしても，この要素は変わらない．

**定義 7.20**　$h$ を $C$ の近傍で定義された次数 1 の $h^2=\mathrm{id}_F$ をみたす $F$ の自己同型とする．式(7.3)の定める $H^\bullet(X,C)$ の要素を $ch(F,[h])$ と書き，**相対 Chern 指標**とよぶ．$[h]$ は，$C$ の開近傍上で $h^2=\mathrm{id}_F$ をみたすような $h$ のホモトピー類である．□

**注意 7.21**　$C$ の補集合が相対コンパクトであるとき，$H^\bullet(X,C)$ から $H_c^\bullet(X)$ への自然な写像が存在する．従って，この場合，$ch(F,[h])$ は $H_c^\bullet(X)$ の要素を与える．その要素も，同じ記号 $ch(F,[h])$ によって表わすことにする．

相対 Chern 指標に対しても次のように定式化される加法性が成立する．$(F,C,h)$ をこれまで考えてきたものとする．同様に $X$ 上に $(F',C',h')$ が与えられたとする．このとき，$(F\oplus F', C\cap C', h\oplus h')$ を考える．ただし，$h\oplus h'$ は $C\cap C'$ のある開近傍上でのみ定義されている．この開近傍上で $(h\oplus h')^2=\mathrm{id}_{F\oplus F'}$ が成立するので，$H^\bullet(X,C\cap C)$ の要素 $ch(F\oplus F',[h\oplus h'])$ を定義できる．このとき，次の性質が成り立つことは明らかであろう．

**補題 7.22**　$ch(F\oplus F',[h\oplus h'])=ch(F,[h])+ch(F',[h'])$．ただし，右辺の各項は，$H^\bullet(X,C\cap C')$ の要素と考える．□

### (c)　相対 Chern 指標の局所化による定義

$h$ が $C$ の近傍で必ずしも $h^2=\mathrm{id}_F$ をみたさない場合にも，相対 Chern 指標の定義を拡張することができる．

$h$ を改めて $X$ 上で定義された $F$ の次数 1 の自己準同型とする．$C$ を $X$ の閉集合とし，次の仮定をおく．

**仮定** $(C,h)$　$h$ は $F$ の次数 1 の自己準同型であり，$C$ のある開近傍の各点

$x$ において，$(h^2)_x$ の固有値は，すべて正の実部をもつ．

特に，$h$ は $C$ の開近傍上で $F$ の自己同型である．また，仮定 $(C,h)$ をみたしながら $h$ を連続変形することにより，$C$ の開近傍の上で $h^2 = \mathrm{id}_F$ をみたす自己同型に至ることができる(各点で一般固有分解し，各一般固有空間上で一般固有値の実部の正負に応じて，各々線形に $+\mathrm{id}$ または $-\mathrm{id}$ と結べ)．これまでの定義を拡張し，仮定 $(C,h)$ をみたすような $h$ のホモトピー類に対して $ch(F,[h])$ を定義しよう．

実数のパラメータ $t$ に対して $d_{A,th}$ を考える．どの $t$ を用いても，閉微分形式

$$
(7.4)\qquad \begin{aligned} ch(A,th) &= \mathrm{trace}\,\epsilon_F \exp \tilde{F}_{A,th} \\ &= \mathrm{trace}\,\epsilon_F \exp\left(\tilde{F}_A + \frac{(-1)^{3/4}t}{2\pi} d_A h - \frac{t^2}{2\pi} h^2\right) \end{aligned}
$$

の de Rham コホモロジー類は $chF$ を定めるのであった．$C$ 上の各点では $h^2$ の固有値はすべて正の実部をもつので，$t$ が大きくなると，この閉微分形式は各点で指数的に「大きさ」が小さくなる．(これが $d_{A,h}$ の定義において $(-1)^{3/4}$ を係数に付けた理由である.) $t$ が十分大きければ，この閉微分形式の台は，「ほとんど」$C$ の外だけに集中しているといってもよい．Chern 指標の「局所化」である．この観察から，この閉微分形式の族を利用して相対 de Rham コホモロジー $H^\bullet(X,C)$ の要素を定義できそうに思われるであろう．

2通りの方法を説明する．いずれの方法も，$\mathbb{R}\times X$ 上の閉微分形式を利用する．

$\mathbb{R}\times X$ から $X$ への射影を $\pi_X$ とおく．$\mathbb{R}\times X$ 上のベクトル束 $\pi_X^*F$ の上の接続 $\tilde{A}$ を，引き戻し $\pi_X^*A$ によって定める．すなわち，$d_{\tilde{A}}s = d_A s + d\tau\wedge\partial_\tau s$ である．ただし，$\tau$ は $\mathbb{R}$ 成分の座標である．$\tau h$ は，$\pi_X^*F$ の次数1の自己準同型である．これから $\mathbb{R}\times X$ 上の閉微分形式 $ch(\tilde{A},\tau h)$ が得られる．

### 相対 Chern 指標を定義する第一の方法

$ch(\tilde{A},\tau h)$ を，$d\tau$ を含む部分と含まない部分とに分けて $ch(\tilde{A},\tau h) = d\tau\wedge\varphi+\psi$ と書くと，$\psi$ を $\{\tau_0\}\times X$ に制限したものは，$ch(A,\tau_0 h)$ と一致する．

$ch(\tilde{A},\tau h)$ が閉微分形式であることから $d_X\varphi=\partial_\tau\psi$ が成立する．$\tau$ について $\tau_0$ から $\tau_1$ まで積分すると

$$d_X\int_{\tau_0}^{\tau_1}\varphi d\tau = ch(A,\tau_1 h)-ch(A,\tau_0 h)$$

を得る．この式で，$C$ の近傍上の各点において，$\tau_1$ を無限大にとばした極限を考えよう．右辺の第一項は，表示(7.4)を見ると，0 に収束する．また，$\varphi$ を具体的に表示すると，やはり $\tau_1$ と共に「大きさ」が指数的に減少するので，第一項は，$d_X$ をとる前の積分が既に収束している．よって，$C$ の開近傍上で

$$\eta_{A,h}(\tau_0) = -\int_{\tau_0}^{\infty}\varphi d\tau$$

が(滑らかな)微分形式として定義され，$C$ の開近傍上で

$$ch(A,\tau_0 h) = d\eta_{A,h}(\tau_0)$$

をみたす．従って，$H^\bullet(X,C)$ の要素 $[ch(A,\tau_0 h),\eta_{A,h}(\tau_0)]$ が定義される．このとき，この要素が $\tau_0$ と $A$ のとり方によらず，また，$h$ が仮定 $(C,h)$ をみたす範囲で連続的に動かしても同一の要素が定義されることが，容易にわかる(次の問を参照)．特に $C$ の開近傍上で $h^2=\mathrm{id}_F$ であるときには，$C$ の開近傍上で $\varphi=0$ となるので，この要素は先に定義した相対 Chern 指標と一致する．まとめよう．

**補題 7.23** $h$ が仮定 $(C,h)$ をみたすとき，$[h]$ を仮定 $(C,h)$ をみたすような $h$ のホモトピー類とすると，

$$ch(F,[h]) = [ch(A,\tau_0 h),\eta_{A,h}(\tau_0)]$$

によって $H^\bullet(X,C)$ の要素が定まり，これは $A,\tau_0$ と(ホモトピー類の中での代表元である) $h$ のとり方によらない． □

**問 2** 実数 $t$ をパラメータとする($\epsilon_F$ と可換な)接続の滑らかな族 $A_t$ と，仮定 $(C,h)$ をみたす滑らかな族 $h_t$ が与えられたとする．このとき，$X$ 上の微分形式 $\alpha$ と $C$ の開近傍上の微分形式 $\beta$ が存在して

$$ch(A,\tau_0 h_1)-ch(A,\tau_0 h_0) = d\alpha,$$

$$\eta_{A,h_1}(\tau_0)-\eta_{A,h_0}(\tau_0)=\alpha+d\beta$$

をみたすことを示せ(はじめの式は $X$ 上，あとの式は $C$ の開近傍上で成立).
ヒント: $\mathbb{R}^2\times X$ から $X$ への射影を $\pi_X$ とし，引き戻し $\pi_X F$ の上の接続 $\tilde{A}$ を

$$d_{\tilde{A}}s=d_{A_t}s+d\tau\wedge\partial_\tau s+dt\wedge\partial_t s$$

によって定義する．ただし，$\mathbb{R}^2$ の座標を $(\tau,t)$ とする．$\tilde{h}=\tau h_\tau$ を $\pi_X^*F$ 上の次数1の自己準同型とみなし，$\mathbb{R}^2\times X$ 上の閉微分形式 $ch(\tilde{A},\tilde{h})$ を考察せよ.

**相対 Chern 指標を定義する第二の方法**

$(-\infty,0)$ から $\mathbb{R}$ への微分同相 $u\mapsto\tau=\tau(u)$ であって，$u$ が0に十分近いとき $\tau(u)=-u^{-1}$ となるものを任意に固定する．これによって，$\mathbb{R}\times X$ 上の閉微分形式 $ch(\tilde{A},\tau h)$ を $(-\infty,0)\times X$ 上の閉微分形式 $ch(\tilde{A},\tau(u)h)$ とみなすことができる．$C$ の開近傍 $U$ 上で $h^2$ の固有値の実部がすべて正であると仮定する．$\tau$ が大きくなるとき，$U$ の各点の上で，$ch(\tilde{A},\tau h)$(とその導関数たち)は，$\tau$ が増大すると指数的に減衰するのであった．従って，$ch(\tilde{A},\tau(u)h)$ を $\mathbb{R}_u\times X$ の部分集合

$$\tilde{X}=(-\infty,0)\times(X\setminus C)\,\cup\,[0,\infty)\times U$$

の内部で滑らかであり，境界も込めて連続な閉微分形式に拡張することができる．ただし，$[0,\infty)\times U$ 上では0として拡張する．($x$ が負のとき $\exp(-1/x)$ と一致し，0以上のとき0をとる関数が，$x$ の滑らかな関数であるのと同様の事情である.) この拡張も同じ記号 $ch(\tilde{A},\tau(u)h)$ で表わす.

$X$ 上の関数 $\rho$ であって，$U$ の外では負であり，$C$ 上では正であるものを任意にとる．$\rho$ のグラフを $P$ と書くと，$P$ は $X$ から $\tilde{X}$ への写像とみなすことができる．このとき，相対 Chern 類を次のように表示することができる.

**補題 7.24**　引き戻し $P^*ch(\tilde{A},\tau(u)h)$ は台が $C$ と交わらない閉微分形式であり，その de Rham コホモロジー類は $\rho$ のとり方によらず，$ch(F,[h])$ と一致する.

[証明]　補題 7.23 に帰着させることができる．詳細は読者に委ねる．∎

### (d) 相対 Chern 指標の乗法性

相対 Chern 指標の乗法性について説明する.

$\mathbb{Z}_2$ 次数付ベクトル束 $F, F'$ の次数1の自己準同型 $h, h'$ が与えられたとする. $C, C'$ を $X$ の閉集合とし, $C$ の開近傍 $U$ の各点の上で $h^2$ の固有値の実部がすべて正であり, 同様に, $C'$ の開近傍 $U'$ の各点の上で $h'^2$ の固有値の実部がすべて正であると仮定する. ホモトピーの範囲で $h, h'$ を動かすことにより, $X$ のすべての点における $h^2, h'^2$ の固有値の実部は0以上であると仮定できる. 以下, この仮定をおく. (たとえば, ある Hermite 内積に関して $h, h'$ が Hermite であれば, $h^2, h'^2$ の固有値は0以上の実数である.)

$F\otimes F'$ 上の次数1の自己準同型 $\hat{h}$ を

$$\hat{h} = h\otimes \mathrm{id}_{F'} + \epsilon_F \otimes h'$$

によって定める. このとき, その自乗

$$\hat{h}^2 = h^2 \otimes \mathrm{id}_{F'} + \mathrm{id}_F \otimes h'^2$$

の $X$ の各点での固有値は, その点における $h^2$ の固有値と $h'^2$ の固有値の和である. 従って, 仮定により, $C\cup C'$ の開近傍上で $\hat{h}^2$ の固有値の実部は正であり, 相対 Chern 指標 $ch(F\otimes F', [\hat{h}])$ が $H^\bullet(X, C\cup C')$ の要素として定義される.

**命題 7.25**

$$ch(F\otimes F', [\hat{h}]) = ch(F, [h])ch(F', [h']).$$

ただし, 右辺の積は, 外積から誘導される積

$$H^\bullet(X, C)\times H^\bullet(X, C') \to H^\bullet(X, C\cup C')$$

である.

[証明] 概略のみを述べる.

$\mathbb{R}^2\times X$ から $X$ への射影を $\pi_X$ とおく. $\mathbb{R}^2\times X$ 上のベクトル束 $\pi_X^*(F\otimes F')$ の上の接続 $\tilde{A}$ を, 引き戻し $\pi_X^*(A\otimes A')$ によって定める. すなわち,

$$d_{\tilde{A}}(s\otimes s') = (d_A s)\otimes s' + (-1)^{\deg s} s(d_{A'} s') + d\tau\wedge \partial_\tau(s\otimes s') + d\tau'\wedge \partial_{\tau'}(s\otimes s')$$

である. ただし, $(\tau, \tau')$ は $\mathbb{R}^2$ の座標である. $\pi_X^*(F\otimes F')$ の次数1の自己準同型 $\tilde{h}$ を $\tilde{h} = \tau h\otimes \mathrm{id}_{F'} + \tau'\epsilon_F\otimes h'$ によって定める. これらから $\mathbb{R}^2\times X$ 上の閉

微分形式 $ch(\tilde{A}, \tilde{h})$ が定義される.

$h^2$, $h'^2$ の固有値の実部がすべて正である点全体のなす開集合を各々 $U, U'$ とおく. これらは各々 $C, C'$ を含む.

前小節のように変数変換 $\tau = \tau(u)$, $\tau' = \tau'(u')$ を導入し, $\mathbb{R}^2$ と $(-\infty, 0)\times(-\infty, 0)$ とを同一視しておくと, $\mathbb{R}^2 \times X$ 上の閉微分形式 $ch(\tilde{A}, \tilde{h})$ は $(-\infty, 0)\times(-\infty, 0)\times X$ 上の閉微分形式とみなすことができる.

$\mathbb{R}_u \times \mathbb{R}_{u'} \times X$ の部分集合 $\tilde{X}$ を

$$\begin{aligned}\tilde{X} = (-\infty, 0)\times(-\infty, 0)\times(X\setminus(C\cup C'))\\ \cup\ [0,\infty)\times\mathbb{R}\times U\ \cup\ \mathbb{R}\times[0,\infty)\times U'\end{aligned}$$

によって定義する. $h^2$, $h'^2$ の固有値の実部がいたるところ 0 以上であることを用いると, $(-\infty, 0)\times(-\infty, 0)\times X$ 上の閉微分形式 $ch(\tilde{A}, \tilde{h})$ を, 0 で延長することにより, $\tilde{X}$ 上の内部で滑らかであり, $\tilde{X}$ の境界(のうち $\tilde{X}$ に含まれる部分)まで連続な閉微分形式とみなすことができる.

$P$ がファイバー束 $\mathbb{R}^2 \times X \to X$ の切断であり, $P$ の像が $\tilde{X}$ に含まれるとき, $ch(\tilde{A}, \tilde{h})$ の $P$ による引き戻しは, $X$ 上の閉微分形式であり, その台は $C\cup C'$ と交わらない. そのような $P$ たちはすべて互いにホモトピックである. 従って, その引き戻しの定める $H^\bullet(X, C\cup C')$ の要素はすべて互いに等しい.

$U$ の外で負, $C$ 上で正の関数 $\rho$ と, $U'$ の外で負, $C'$ 上で正の関数 $\rho'$ をとる. また, $U\cup U'$ の外で負, $C\cup C'$ 上で正の関数 $\hat{\rho}$ をとる. これらを用いて, 像が $\tilde{X}$ に含まれる切断 $P_0, P_1$ を

$$P_0(x) = (x, \hat{\rho}(x), \hat{\rho}(x)), \quad P_1(x) = (x, \rho(x), \rho'(x))$$

によって定める. このとき, 補題 7.24 を用いると

$$[P_0^* ch(\tilde{A}, \tilde{h})] = ch(F\otimes F', [\hat{h}]), \quad [P_1^* ch(\tilde{A}, \tilde{h})] = ch(F, [h])ch(F', [h'])$$

となっている. これから求める乗法性がわかる. ∎

相対 Chern 指標の乗法性を使うと, 次の補題が容易に示される.

**補題 7.26**　向きの与えられた偶数次元の Euclid 空間 $E$ に対して, それにともなうスピノル表現空間 $\Delta_E$ とその Clifford 積 $c_E$ から $E$ 上のペア

$(E\times \Delta_E, [\sqrt{-1}\,c_E])$ を構成することができる．これによって，$H_c^\bullet(E)$ の要素 $ch(E\times \Delta_E, [\sqrt{-1}\,c_E])$ を得る．このとき，これを $E$ の上で積分した

$$\int_E ch(E\times \Delta_E, \sqrt{-1}\,c_E)$$

は $(-1)^{\dim E/2}$ に等しい．

［証明］　概略を示す．向き付けられた偶数次元の Euclid 空間 $E_0, E_1$ によって $E=E_0\oplus E_1$ と書かれるとき，$(E\times \Delta_E, \sqrt{-1}\,c_E)$ は $(E_0\times \Delta_{E_0}, \sqrt{-1}\,c_{E_0})$ と $(E_1\times \Delta_{E_1}, \sqrt{-1}\,c_{E_1})$ との積であるから，$ch$ の乗法性より，

$$\begin{aligned}&\int_E ch(E\times \Delta_E, \sqrt{-1}\,c_E)\\&\quad=\int_{E_0} ch(E_0\times \Delta_{E_0}, \sqrt{-1}\,c_{E_0})\int_{E_1} ch(E_1\times \Delta_{E_1}, \sqrt{-1}\,c_{E_1})\end{aligned}$$

となる．よって，$E$ が2次元のときに帰着する．これは補題7.9の証明と同様にしてわかる(問1参照)． ∎

## §7.4　Thom 類と Thom 同型

まず，de Rham コホモロジーに対する Thom 同型を復習しよう．本節の目的のためには，Thom 同型の全容は必要なく，第1章で説明した「ファイバーに沿った積分」の概念だけで充分である．しかし，「$K$ 理論における Thom 同型」が指数定理と密接に関係していることを第8章で見る際に，それと平行した雛形の議論と比較するとわかりやすいので，それをこの節で述べておこう．

$\pi_F\colon F\to X$ を $X$ 上のファイバー束であって，そのファイバーは向き付け可能であるものとする．非本質的な記法上の煩わしさを避けるため，$X$ を閉多様体と仮定しておこう．

**補題 7.27**　ファイバーに沿った積分は，外微分 $d$ と符号を除いて可換である． □

この補題が成立する理由は次の注意で簡単に説明するに留め，証明は略す．

**注意 7.28**　$X$ 上の 1 つの $k$ 次微分形式は，$X$ の $k$ 次元の(微小な)各部分空間に対し，積分によって数を対応させる写像によって特徴づけられる．$F$ 上の微分形式 $\alpha$ に対して，$\alpha$ のファイバーに沿った積分は，$X$ の(微小な)部分空間 $\Delta$ に対して，逆像 $\pi_F^{-1}(\Delta)$ 上の $\alpha$ の積分を対応させる写像に相当する．すなわち，ファイバーに沿った積分とは「逆像をとる写像の転置写像」である．外微分は，「(微小な) $r$ 次元部分空間に対してその境界である $r-1$ 次元部分空間を対応させる写像の転置写像」とみなせる(Stokes の定理のことである)．$\Delta$ の境界の逆像 $\pi_F^{-1}(\partial\Delta)$ と，逆像の境界 $\partial\pi_F^{-1}(\Delta)$ は，図形として一致する．これが，ファイバーに沿った積分と外微分とが符号を除いて可換になる本質的な理由である．

従って，ファイバーに沿った積分を用いて写像

$$\int_{\pi_F\,:\,F\to X} : H_c^\bullet(F) \to H^\bullet(X, \theta_{\pi_F})$$

を定義することができ，この写像は $H^\bullet(X)$ 加群としての準同型になる(§2.1 参照)．ここで $H_c^\bullet(F)$ は，コンパクト台をもつ微分形式全体の上の外微分から定義される de Rham コホモロジーである．

$\theta$ を $X$ 上の任意の局所系とするとき，ファイバーに沿った積分は，

$$\int_{F\to X} : \Omega_c^\bullet(F, \theta_{\pi_F} \otimes \pi^*\theta) \to \Omega^\bullet(X, \theta)$$

と拡張される．同様に，対応する de Rham コホモロジーの間の写像が得られる．この節の最後で次の定理を証明する．

**定理 7.29** (Thom 同型定理)　$F$ を閉多様体 $X$ 上の階数 $r$ の実ベクトル束とする．$\theta$ を $X$ 上の任意の局所系とする．$F$ のファイバーに沿った向きの局所系を $\theta_{\pi_F}$ とおく．ファイバーに沿った積分から誘導される $H^\bullet(X)$ 加群としての準同型

$$\int_{F\to X} : H_c^\bullet(F, \theta_{\pi_F} \otimes \pi_F^*\theta) \to H^\bullet(X, \theta)$$

は，同型である．　□

ファイバーに沿った積分の逆写像は，次に定義される Thom 類との積によって与えられる．

**定義 7.30**　$F$ を閉多様体 $X$ 上の階数 $r$ の実ベクトル束とする．$H_c^r(F,\theta_{\pi_F})$ の要素 $\tau$ のファイバーに沿った積分

$$\int_{F\to X}\tau\in H^0(X)\cong\mathbb{R}$$

の値が 1 であるとき，$\tau$ を $F$ の **Thom 類**(Thom class)とよぶ．□

**補題 7.31**　Thom 類は存在する．

［証明］　定理 2.5(の実ベクトル束版)によって，自明なベクトル束から $F$ への射影 $p\colon X\times\mathbb{R}^N\to F$ が存在する．自明なベクトル束の Thom 類 $\tau_0$ は，積分して 1 になる $\Omega_c^N(\mathbb{R}^N)$ の要素を用いて直ちに構成される．このとき $p$ のファイバーに沿った積分

$$\int_{p\,:\,X\times\mathbb{R}^N\to F}\tau_0$$

が求める $F$ の Thom 類を与えている．∎

［別証］　まず，$F$ の階数 $r$ が偶数であり，向きが与えられており，しかも $Spin^c$ 構造をもつ場合を考えよう．このとき，この $Spin^c$ 構造に対応する $\mathbb{Z}_2$ 次数付のスピノル束を $S_F$ とおくと，$ch_{r/2}(\pi_F^*S_F,\sqrt{-1}\,c_{S_F})$ が求める性質をもち，1 つの Thom 類であることが補題 7.26 からわかる．

次に，一般の場合を考える．$F\oplus F\cong F\otimes\mathbb{C}$ は階数が偶数 $2r$ であり，向きが与えられており，しかも $Spin^c$ 構造をもつ．それに対応するスピノル束を $W_F$ とおくと，$W_F\cong\bigwedge^\bullet F\otimes\mathbb{C}$ である．これに対して $ch_{r/2}(\pi_{F\oplus F}^*W_F,\sqrt{-1}\,c_{W_F})$ は $F\oplus F$ の Thom 類である．これから $F$ の Thom 類を得るためには，たとえば第一成分への射影 $p_1\colon F\oplus F\to F$ に対して，$p_1$ のファイバーに沿った積分

$$\int_{p_1\,:\,F\oplus F\to F}ch_{r/2}(\pi_{F\oplus F}^*W_F,\sqrt{-1}\,c_{W_F})$$

を考えればよい．∎

上の別証中の $W_F$ と $c_{W_F}$ は，具体的には次のように構成される．

$F\oplus F$ から $X$ への射影を $\tilde{\pi}$ と書こう．$F\oplus F$ 上の $\mathbb{Z}_2$ 次数付ベクトル束 $W_{F\oplus F}=\tilde{\pi}^*\bigwedge^\bullet F\otimes\mathbb{C}$ の Clifford 積は，$F\oplus F$ の要素 $(u,v)$ に対して，

$$c_{W_F}(u,v) = (u^{\wedge} - u^{\lrcorner}) + \sqrt{-1}\,(v^{\wedge} + v^{\lrcorner})$$

で与えられる.（$F$ の Euclid 計量を用いて，$F$ と $F^*$ とを同一視した.）

これは，§6.3 で定義した，超対称調和振動子の族と密接に関係している．すなわち，$F$ のファイバーに沿った超対称調和振動子の族を $(W_{F,\mathrm{fiber}}, D_{F,\mathrm{fiber}}, h_{F,\mathrm{fiber}})$ とおくとき，

$$\pi_F^* W_F \cong W_{F,\mathrm{fiber}}$$

であり，適当な同型をとると，$t>0$ に対して

$$\sqrt{-1}\,c_{W_F} \cong \sqrt{-1}\,c_{W_{F,\mathrm{fiber}}} + t h_{F,\mathrm{fiber}}$$

と同一視される．

Thom 類の存在を用いて，Thom 同型定理を証明しよう．

［定理 7.29 の証明］　$H_c^{\bullet}(F,\theta)$ の任意の要素 $a$ に対して，

$$a = \left(\int_{F\to X} a\right)\tau_F$$

が示されれば十分である．

$X$ 上のベクトル束 $F\oplus F$ を考える．ファイバーごとに，第一成分および第二成分への射影をとる写像を $p_1, p_2\colon F\oplus F \to F$ と書こう．積をとる操作

$$H_c^{\bullet}(F,\pi_F^*\theta)\times H_c^{\bullet}(F,\theta_{\pi_F}) \to H_c^{\bullet}(F\times F, p_1^*\pi_F^*\theta\otimes p_2^*\theta_{\pi_F})$$

によって積 $a\cdot\tau_F$ をとり，それをさらに閉部分集合 $F\oplus F$ に制限したものを考える．これを $p_1$ のファイバーに沿って積分すると上式の右辺が得られ，$p_2$ のファイバーに沿って積分すると左辺が得られる．一方，$p_1$ と $p_2$ とは，ホモトピー $p_1\cos s + p_2 \sin s$ $(0\leqq s\leqq \pi/2)$ によって結ぶことができる．これから，右辺と左辺の一致がわかる．　■

**注意 7.32**

（1）　Thom 同型定理から，とくに Thom 類の一意性がわかる．$F$ の Thom 類を $\tau(F)$ と書こう．

（2）　第 9 章で行う Bott 周期性の証明は，上の議論と平行する（de Rham コホモロジーの代わりに $K$ 群を用い，ファイバーに沿った積分の代わりに族に対する指数を用いる）．

## §7.5 Euler 類

本書では，Thom 類を用いて Euler 類を定義しよう．

**定義 7.33** 0 切断への制限から定義される次数を保つ写像

$$H_c^\bullet(F,\theta_{\pi_F}) \to H^\bullet(X,\theta_{\pi_F}|X)$$

による $\tau(F)$ の像を **Euler 類**(Euler class)とよび，$e(F)$ と書く． □

Euler 類を具体的に書き下そう．

$\pi\colon F\to X$ を閉多様体 $X$ 上の Euclid 計量が与えられた階数 $r$ の実ベクトル束とする．

$F$ のファイバーに沿った超対称調和振動子に付随するペアの族を $(W_F,h_F)$ とおく．$W_F$ は $F$ 上のベクトル束であり，$T_{\mathrm{fiber}}F$ 上の $\mathbb{Z}_2$ 次数付 Clifford 加群の構造をもつ．同型 $T_{\mathrm{fiber}}F\cong F\oplus F$ をとり，対角写像を

$$\mathrm{diag}_F\colon\ F\to F\oplus F\cong T_{\mathrm{fiber}}F$$

と書く．このとき，2 つの要素

$$\int_\pi ch(W_F,h_F),\quad \int_\pi ch(W_F,\sqrt{-1}\,c_F(\mathrm{diag}_F))$$

の $r$ 次の成分は $H^r(X,\theta_{\pi_F}|X)$ の要素である．

**命題 7.34** 上の要素の $r$ 次の成分はいずれも Euler 類 $e(F)$ と一致する．$r$ 未満の成分は 0 である．

［証明］ $F\oplus F\cong F\otimes\mathbb{C}$ は $Spin^c$ 構造をもつ．それに対応するスピノル束を $W_F$ とおくと，$F$ の Thom 類は，第一成分あるいは第二成分への射影 $p_1,p_2\colon F\oplus F\to F$ に対して

$$\int_{p_i\,:\,F\oplus F\to F} ch(\pi_{F\oplus F}^*W_F,\sqrt{-1}\,c_{W_F}(\mathrm{diag}_{F\oplus F}))$$

の $r$ 次の成分によって与えられた．次数 $k$ の成分は $H_c^k(F\oplus F)$ の要素であり，$k<r$ のとき，Thom 同型によってこれは 0 である．$r$ 次の成分を 0 切断 $X$ 上に制限すると，定義から Euler 類となる． ■

もし $F$ が階数 $2m$ であり，向きが与えられ，さらに $Spin^c$ 構造をもつならば，Thom 類はファイバーに沿った積分を用いずに容易に構成された．従っ

て，Euler 類も容易に書き下すことができる．

**命題 7.35**

(1) $F$ が階数 $2m$ であり，向きが与えられ，さらに $Spin^c$ 構造をもつならば，対応するスピノル束を $S$ とおくと，$e(F)=ch_m(S)$ である．

(2) $X$ 上の複素直線束 $L_1, L_2, \cdots, L_m$ に対して，$x_k=ch_1(L_k)$ とおくとき，$e(L_1 \oplus L_2 \oplus \cdots \oplus L_m)=x_1x_2\cdots x_m$ である．

(3) より一般に，$F$ が階数 $m$ の複素ベクトル束であるとき，$e(F)=c_m(F)$ である．

[証明] 第一の主張は補題 7.31 の構成と Euler 類の定義から明らかであろう．

それを用いて第二の主張を示そう．$L_k$ の複素ベクトル束としての構造から決まる $Spin^c$ 構造に対して，対応するスピノル束 $S_k$ は，$\mathbb{Z}_2$ 次数付ベクトル束として

$$S_k = \bigwedge^0 \bar{L}_k \oplus \bigwedge^1 \bar{L}_k = \mathbb{C} \oplus \bar{L}_k$$

である．これから

$$\begin{aligned} ch(S_1 \otimes \cdots \otimes S_m) &= \prod_{k=1}^m ch(S_k) \\ &= \prod_{k=1}^m (ch(\mathbb{C}) - ch(\bar{L}_k)) \\ &= \prod_{k=1}^m (1-e^{-x_k}) \\ &= \prod_{k=1}^m (x_k + O(x_k^2)). \end{aligned} \tag{7.5}$$

従って，これの $2m$ 次の成分は $\prod_{k=1}^m x_k$ である．

最後の主張は，$ch_m(\bigwedge^\bullet \bar{F})=c_m(F)$ に帰着する．

$F$ 上の接続 $A$ から自然に $S=\bigwedge^\bullet \bar{F}$ 上の接続 $A_S$ が誘導される．このとき，$A$ の曲率 $F_A$ だけから $A_S$ の曲率 $F_{A_S}$ が決定される．従って，$ch_m(A_S)$ を $F_A$ を用いて書き下すことができる．具体的には次のようにすればよい．

$R$ を $\mathbb{C}$ 上の可換な代数とするとき，自然な写像 $\phi$: $\mathrm{End}(\mathbb{C}^m) \to \mathrm{End}(\bigwedge^\bullet \overline{\mathbb{C}^m})$ を用いて，写像

$$\Phi\colon R\otimes \mathrm{End}(\mathbb{C}^m) \to R$$

$$a \to \mathrm{trace}\,\epsilon_{\mathrm{End}(\wedge^\bullet \overline{\mathbb{C}^m})} \frac{1}{m!}(\phi a)^m$$

が定義される．$\Phi$ は $m^2$ 個の $R$ の要素の有理係数多項式である．

$X$ の各点 $x$ において，$F$ の自明化 $(F)_x \cong \mathbb{C}^m$ を任意に固定して，$R=\bigoplus_k \wedge^{2k}(T^*X)_x$ を考えると，$ch(A_S)_x = \Phi(\tilde{F}_A)_x$ が成立する．一方，定義から $c_m(A)_x = \det(\tilde{F}_A)_x$ であった．よって，主張を示すには，有理係数多項式 $\Phi$ が det と一致することを確かめれば十分である．これは，純粋に代数の命題である．

有理多項式としての一致を確かめるためには $R=\mathbb{C}$ の場合に示せば十分である．$\Phi$ の定義から，共役で写り合う2要素の $\Phi$ による像は同じである．このことから，対角行列 $a$ に対して $\Phi(a)=\det a$ を確かめれば十分である．この計算を直接行うのは容易である．

上の議論中に複素共役ベクトル束の特性類の性質を用いた．補題 8.2，注意 8.39 参照．∎

実は，最後の主張(3)の証明の方法と直線束の直和に対する第二の主張(2)とは，関係がある．対角行列 $a$ に対して $\Phi(a)=\det a$ を示す計算は，(2)を示す計算と平行している(それが，計算を省略した理由である)．

要するに，(3)の証明で述べたような議論を経由することにより，多くの場合，複素ベクトル束(とその同伴束)の特性類間の等式を証明するためには，出発点となるベクトル束が直線束の直和に分裂している場合に示せば十分である．このような論法を**分裂原理**(splitting principle)とよぶ．

**注意 7.36**　分裂原理を，純粋に位相幾何の範囲で定式化することも可能である．むしろ，こちらを普通は分裂原理とよぶ．

## 《要約》

**7.1**　接続の曲率を用いて，複素ベクトル束の Chern 指標と Chern 類が de Rham コホモロジーの要素として定義される．

**7.2** 「コンパクトな台をもつ $\mathbb{Z}_2$ 次数付ベクトル束」に対しては，一種の「局所化」を利用して，相対 Chern 指標が相対 de Rham コホモロジーの要素として定義される．

**7.3** ベクトル束の(ファイバーに沿ってコンパクトな台をもつ微分形式の) de Rham コホモロジーにおいて，ファイバーに沿って積分する操作と Thom 類との積をとる操作は，互いに逆写像である．

**7.4** Thom 類を零切断に制限したものとして Euler 類が定義される．

# 8 特性類と指数定理

特性類を用いた指数定理の記述が本章の目標である．そのために，ベクトル束の世界の Thom 同型と，de Rham コホモロジーの世界の Thom 同型のずれを測る必要がある．そのずれが Todd 類，$\hat{A}$ 類である．

§2.3 で見たように，微分トポロジー的，複素解析的に重要な量が，楕円型複体の指数として表示される場合がある．これらの例に対し，指数の特性類による表示を具体的に与える．

## §8.1 計量を保つ接続と Pontrjagin 類

第7章では複素ベクトル束の特性類を定義した．本書で必要なのは本質的にそれだけである．しかし，実ベクトル束の複素化を扱う際には Pontrjagin 類を定義しておくと便利である．また，実ベクトル束に対する分裂原理は，Euclid 計量を導入しておくと扱いやすい．第7章の補足として，これらの事項を説明する．

### (a) Pontrjagin 類

第7章では複素ベクトル束に対して Chern 類を定義した．それとほぼ平行したやり方で，実ベクトル束の特性類を定義する．

$F$ を $X$ 上の実ベクトル束とする．

**定義 8.1**　実ベクトル束 $F$ 上の接続 $A$ に対して，$X$ 上の微分形式 $p(A)$ を

$$p(A) = \det\left(\mathrm{id}_F + \frac{F_A}{2\pi}\right)$$

によって定義する．このとき $p(A)$ は閉微分形式になり，de Rham コホモロジー類 $[p(A)]$ は $A$ のとり方に依存せず，$F$ のみから定まる．この de Rham コホモロジー類を **Pontrjagin 類**(Pontrjagin class)とよび，$p(F)$ と書く．□

複素化 $F\otimes\mathbb{C}$ 上に自然に定義される接続を $A\otimes\mathbb{C}$ と書くことにすると，$p(A)$ の $2k$ 次の部分 $p(A)_{2k}$ は，

$$p(A)_{2k} = i^{-k}c_k(A\otimes\mathbb{C})$$

と表わすことができる．ただし $i=\sqrt{-1}$ である．これを定義としてもよい．

**補題 8.2**

(1)　$A_{\mathbb{C}}$ が複素ベクトル束 $F_{\mathbb{C}}$ の接続であるとき，$c_k(A_{\mathbb{C}})$ と $(-1)^k c_k(\overline{A_{\mathbb{C}}})$ とは同じ de Rham コホモロジー類を与えている．ただし，$\overline{A_{\mathbb{C}}}$ は複素共役ベクトル束 $\overline{F_{\mathbb{C}}}$ の上に $A_{\mathbb{C}}$ から定まる接続である．特に，$c_k(\overline{F_{\mathbb{C}}})=(-1)^k c_k(F_{\mathbb{C}})$ が成立する．

(2)　$A$ が実ベクトル束の接続であるとき，$k$ が奇数ならば $p(A)_{2k}$ の de Rham コホモロジー類は 0 である．□

この補題の証明は次の小節にまわそう．

**定義 8.3**　$p(A)$ の $4k$ 次の部分 $p(A)_{4k}$ を $p_k(A)$ と書く．$p_k(A)$ の de Rham コホモロジー類 $[p_k(A)]$ を ***k* 次 Pontrjagin 類**とよび，$p_k(F)$ と書く．□

この定義から

$$p_k(F) = (-1)^k c_{2k}(F\otimes\mathbb{C})$$

となる．

補題 8.2 の，たとえば後半の主張の証明のためには，$F$ の接続であって $k$ が奇数のとき $p(A)_{2k}=0$ となるものが存在することを示せば十分である．このような接続は計量を保つ接続によって与えられる．これを説明しよう．

### (b)　計量を保つ接続

実ベクトル束 $F$ には Euclid 計量が入り，2つの Euclid 計量は $F$ の自己同型によって互いに写り合う．$F$ に Euclid 計量を入れ，次の補題に述べる意味でそれを保つ接続を選ぶことによって，Pontrjagin 類をより具体的に表示することができる．

**補題 8.4**　$F$ を Euclid 計量の与えられた実ベクトル束とする．

（1）　$F$ に接続 $A$ であって，次の性質をもつものが存在する．

$$d\langle s_0, s_1\rangle = \langle d_A s_0, s_1\rangle + \langle s_0, d_A s_1\rangle. \tag{8.1}$$

ここで $s_0, s_1$ は $F$ の切断であり，左辺の括弧は $F$ の内積，右辺の2つの括弧は $F$ の内積から定義される双線形写像 $(F\otimes T^*X)_x\times(F)_x\to(T^*X)_x$ および $(F)_x\times(F\otimes T^*X)_x\to(T^*X)_x$ である．このとき $A$ は **Euclid 計量を保つ**という．

（2）　$\mathrm{End}(F)$ の部分空間であって，歪対称なもの全体からなるものを $\mathfrak{o}(F)$ とおく．$A$ が $F$ 上の Euclid 計量を保つ接続であるとき，$\Omega^1(\mathfrak{o}(F))$ の任意の要素 $a$ に対して，$A+a$ は再び Euclid 計量を保つ接続である．また，$F$ 上の Euclid 計量を保つ任意の接続はこのように一意的に表示できる．

［証明］　$F$ の局所自明化を，Euclid 計量と両立するように選んでおき，§7.1 で行ったように局所的な接続 $d^{(r)}$ を1の分解で貼り合わせて構成される接続を $A$ とおくと，これが求める性質をみたす．$d_A$ が定義式(8.1)をみたすとき，さらに $d_A+a$ もその式をみたすならば，両者の差をとって，$\langle as_0, s_1\rangle + \langle s_0, as_1\rangle = 0$ を得る．これは $a$ が $\Omega^1(\mathfrak{o}(F))$ の要素であることを意味する．逆も同様の議論から明らかである．∎

**注意 8.5**　Hermite 計量が与えられた複素ベクトル束に対しても同様に Hermite 計量を保つ接続の概念が定義され，補題 8.4 と平行した命題が成立する．

［補題 8.2 の証明］　第一の主張を示す．$F_{\mathbb{C}}$ に Hermite 計量を入れ，$A_{\mathbb{C}}$ として Hermite 計量を保つ接続を選ぶ．Hermite 計量と両立する局所自明化を

用いると，$F_{\overline{A_\mathbb{C}}}$ は $F_{A_\mathbb{C}}$ の複素共役であり，$-F_{A_\mathbb{C}}$ に等しい．$c_k(A_\mathbb{C})$ は，$k$ の偶奇に応じて $F_{A_\mathbb{C}}$ の成分の偶関数あるいは奇関数であるから求める主張を得る．第二の主張も同様に示すことができる(あるいは第一の主張に帰着させることもできる)． ∎

### (c) 実ベクトル束の分裂原理

$R$ は単位元をもつ $\mathbb{R}$ 上の可換な代数であるとする．$R\otimes\mathfrak{o}(\mathbb{R}^r)$ から $R$ への写像 $\Phi_p$ を

$$\Phi_{p_k} a = \det(I_r + a)$$

とおく．$a$ の転置が $-a$ であるので右辺は $\det(I_r - a)$ に等しい．すなわち右辺は $a$ について偶関数である．また，$O(r)$ の任意の要素 $g$ に対して

$$\Phi_p(g^{-1}ag) = \Phi_p a$$

が成立する．

$X$ の各点 $x$ で，$F$ の自明化 $(F)_x \equiv \mathbb{R}^r$ であって Euclid 計量を保つものを任意に固定し，$R = \bigoplus_k \bigwedge^{2k}(T^*X)_x$ を考えると，定義から

$$p(A)_x = \Phi_p\left(\left(\frac{F_A}{2\pi}\right)_x\right)$$

が成立する．

次の記号を導入しよう．

**定義 8.6**　$\mathfrak{o}(\mathbb{R}^r)$ から $\mathbb{R}$ への写像 $\Phi$ であって，成分の実係数多項式で表わされ，$O(r)$ の任意の要素 $g$ に対して $\Phi(gag^{-1}) = \Phi a$ をみたすもの全体を $R_r^o$ とおく．$R_r^o$ は可換環となる． □

$\mathfrak{o}(\mathbb{R}^r)$ の任意の要素は，$r$ の偶奇に応じて，$O(n)$ の要素の共役作用によって次のいずれかの形の行列に写る．

$$(8.2)\qquad \begin{pmatrix} 0 & -y_1 \\ y_1 & 0 \end{pmatrix} \oplus \begin{pmatrix} 0 & -y_2 \\ y_2 & 0 \end{pmatrix} \oplus \cdots \oplus \begin{pmatrix} 0 & -y_{r/2} \\ y_{r/2} & 0 \end{pmatrix},$$

$$(8.3)\qquad \begin{pmatrix} 0 & -y_1 \\ y_1 & 0 \end{pmatrix} \oplus \begin{pmatrix} 0 & -y_2 \\ y_2 & 0 \end{pmatrix} \oplus \cdots \oplus \begin{pmatrix} 0 & -y_{(r-1)/2} \\ y_{(r-1)/2} & 0 \end{pmatrix} \oplus (0).$$

従って，$R_r^o$ の各要素は上の形の行列に対する値を見れば決まる．実際，次

の代数的補題は線形代数の演習問題である．$r$ が偶数のときと奇数のときを一括して述べるために $r/2$ を超えない最大の整数を $[r/2]$ とおく．

**補題 8.7** $R_r^o$ は，$y_1, y_2, \cdots, y_{[r/2]}$ の実係数多項式のうち，$y_1^2, y_2^2, \cdots, y_{[r/2]}^2$ の対称多項式となっているもの全体のなす可換環と同型である． □

この補題の同型を用いると，

$$\Phi_p = \prod_k (1+y_k^2)$$

と書くことができる．

ここまでを次のようにまとめておこう．

**補題 8.8** $T$ を階数 $r$ の実ベクトル束とする．このとき自然な環準同型 $f_T \colon R_r^o \to H^\bullet(X)$ であって，

$$p(T) = f_T \prod_k (1+y_k^2)$$

となるものが存在する． □

## 複素ベクトル束の構造をもつとき

$r=2m$ とする．実階数 $r$ の実ベクトル束 $T$ が複素構造をもつと仮定する．$T$ を複素階数 $m$ の複素ベクトル束とみなしたものを $T_{\mathbb{C}}$ とおく．

$R_m$ を定義 7.12 で定義された可換環とする．補題 7.13 によって，$R_m$ を $x_1, x_2, \cdots, x_m$ の対称な複素係数多項式の全体と同一視する．$T_{\mathbb{C}}$ の特性類を与える補題 7.14 の準同型を $f_{T_{\mathbb{C}}}$ と書くことにする．

$$f_{T_{\mathbb{C}}} \colon R_m \to H^\bullet(X).$$

このとき次の関係式が成立する．

**補題 8.9**

$$f_T \Phi(y_1^2, y_2^2, \cdots, y_m^2) = f_{T_{\mathbb{C}}} \Phi(x_1^2, x_2^2, \cdots, x_m^2).$$

ただし $\Phi$ は $m$ 変数の実係数対称多項式であり，$y_k^2$ を成分とするときは $R_r^o$ の要素を表わし，$x_k^2$ を成分とするときは $R_m$ の要素を表わす．

［証明］ 式(8.2)で表わされる行列は，複素構造を入れて表示すると

$$\mathrm{diag}(iy_1, iy_2, \cdots, iy_m)$$

に等しいことによる．∎

一方，$T$ が複素ベクトル束の構造をもつとは限らないときにも $T\otimes\mathbb{C}$ は複素ベクトルである．このような一般の設定に対して成立する次の式と補題 8.9 とを混同しないように注意のこと．

**補題 8.10**

$$f_T\Phi'(iy_1,-iy_1,\cdots,iy_k,-iy_k,\cdots,iy_m,-iy_m)$$
$$=f_{T\otimes\mathbb{C}}\Phi'(x_1,x_2,\cdots,x_{2k-1},x_{2k},\cdots,x_{2m}).\qquad\square$$

ただし，$\Phi'$ は $2m$ 変数実係数対称多項式であり，$\pm iy_k$ を成分とするときは $R_m^o$ の要素を表わし，$x_k$ を成分とするときは $R_{2m}$ の要素を表わす．左辺の多項式は見かけは複素係数であるが，$\Phi'$ が対称式であるから実は実数係数となっている．

［証明］　式(8.2)の固有値が $iy_1,-iy_1,\cdots,iy_k,-iy_k,\cdots,iy_{r/2},-iy_{r/2}$ であることによる．∎

## スピノル束の特性類

$r$ が偶数であり，$X$ 上の階数 $r$ の Euclid 計量をもつ実ベクトル束 $T$ がスピン構造をもつとき，対応するスピノル束 $S$ に対して $\mathrm{ch}(S)$ を $T$ の Pontrjagin 類を用いて書いてみよう．命題 7.35 の証明の議論をもう一度くりかえし，実ベクトル束に対して分裂原理を用いるのが方針である．

$T$ 上の Euclid 計量を保つ接続 $A$ から $S$ 上の接続 $A_S$ が誘導される．このとき $A$ の曲率 $F_A$ だけから $A_S$ の接続 $F_{A_S}$ が決定され，従って，$\mathrm{ch}(F_{A_S})$ を $F_A$ の式として書き下すことができる．具体的に述べよう．

$\Delta_r$ を $Spin(r)$ のスピノル表現とする．$R$ が $\mathbb{R}$ 上の可換な代数であるとき，自然な写像 $\phi$: $\mathfrak{o}(\mathbb{R}^r)\cong Lie(Spin(r))\to\mathrm{End}(\Delta_r)$ を用いて写像 $\Phi$: $R\otimes\mathfrak{o}(\mathbb{R})\to R$ を

$$\Phi(a):=\mathrm{trace}\,\epsilon_{\Delta_r}\exp(i\phi a)$$

によって定義する．

$X$ の各点 $x$ で，$T$ の自明化 $(T)_x\cong\mathbb{R}^r$ であって Euclid 計量を保つものを

とり，$R=\bigoplus_k \bigwedge^{2k}(T^*X)_x$ を考えると，定義から $\mathrm{ch}(A_S)_x=\Phi(i(F_A)_x/2\pi)$ であった．よって，これを求めるには有理係数多項式 $\Phi$ を計算すればよい．これは純粋に代数の問題であり，$R=\mathbb{R}$ の場合に考察すれば十分である．

まず，$r=2$ の場合を考える．このとき，$\Delta_2=\Delta_2^0\oplus\Delta_2^1$ と書くと，$\Delta_2^0, \Delta_2^1$ は互いに双対な 1 次元複素ベクトル空間であり，$(\Delta_2^0)^{\otimes 2}$ は $T$ と向きを保って同型である(例 2.18 を見てこれを確かめてみよ)．これから $\phi$ は

$$\phi\colon \begin{pmatrix} 0 & -y \\ y & 0 \end{pmatrix} \mapsto \begin{pmatrix} iy/2 & 0 \\ 0 & -iy/2 \end{pmatrix} \tag{8.4}$$

によって与えられる．

一般の偶数 $r$ に対しては，補題 2.24 によって

$$\phi\colon \bigoplus_{k=1}^{r/2} \begin{pmatrix} 0 & -y_k \\ y_k & 0 \end{pmatrix} \mapsto \bigotimes_{k=1}^{r/2} \begin{pmatrix} iy_k/2 & 0 \\ 0 & -iy_k/2 \end{pmatrix}$$

となる．これからただちに

$$\Phi\colon \bigoplus_{k=1}^{r/2} \begin{pmatrix} 0 & -y_k \\ y_k & 0 \end{pmatrix} \mapsto \mathrm{trace}\,\epsilon_{\Delta_r} \bigotimes_{k=1}^{r/2} \begin{pmatrix} e^{-y_k/2} & 0 \\ 0 & e^{y_k/2} \end{pmatrix} = \prod_{k=1}^{r/2} (e^{-y_k/2}-e^{y_k/2})$$

を得る．

以上の計算を命題としてまとめておこう．

**命題 8.11** $r$ を偶数とする．$T$ を $X$ 上の階数 $r$ の実ベクトル束であって，スピン構造をもつものとする．$S$ を対応するスピノル束とするとき，次式が成立する．

$$\mathrm{ch}(S) = f_T \prod_{k=1}^{r/2} (e^{-y_k/2}-e^{y_k/2}) = f_T \prod_{k=1}^{r/2} (-2)\sinh\frac{y_k}{2}.$$

□

$S$ の複素共役 $\overline{S}$ はベクトル束として $S$ と同型であり，$r/2$ が偶数なら同型は $\mathbb{Z}_2$ 次数を保ち，$r/2$ が奇数なら $\mathbb{Z}_2$ 次数を逆にする．これから系として

$$\mathrm{ch}(\overline{S}) = f_T \prod_{k=1}^{r/2} (e^{y_k/2}-e^{-y_k/2}) = f_T \prod_{k=1}^{r/2} 2\sinh\frac{y_k}{2}$$

がわかる．

$T$ と同伴するベクトル束の特性類は，同様にして $T$ の Pontrjagin 類を用

いて表わすことができる．もう1つの例を注意として述べよう．

**注意 8.12**　$S=S^0\oplus S^1$ の $\mathbb{Z}_2$ 次数を忘れ，ただのベクトル束とみなしたものを $(S^0\oplus S^1)\oplus 0$ と書くことにするとき，

$$\mathrm{ch}((S^0\oplus S^1)\oplus 0)=f_T\prod_{k=1}^{r/2}(e^{-y_k/2}+e^{y_k/2})=f_T\prod_{k=1}^{r/2}2\cosh\frac{y_k}{2} \tag{8.5}$$

であることが同様にしてわかる．

### 接続形式が1点で0となる自明化

以上の議論では与えられたベクトル束 $T$ の同伴束だけを考えた．特性類の計算は本質的に表現の指標の計算に帰着された．帰着のための幾何学的構成としては，$X$ の各点 $x$ の上において $T$ の自明化を与えるだけで十分であった．Euler 類を記述する命題 7.35 においても同様である．

しかし§8.2 では，与えられたベクトル束の単なる同伴束を考えるに留まらず，与えられたベクトル束の全空間を幾何学的に扱って定義される特性類を利用する．そのような特性類の例はすでに現われている．Thom 類を利用して定義される Euler 類がそうである．本書では，Euler 類は Thom 類から定義され，Thom 類の存在の証明では与えられたベクトル束の全空間を底空間とする別のベクトル束を利用した(補題 7.31)．(命題 7.35 では，こうした構成が実際には不必要となる場合を列挙してある.)

§8.3 で指数定理の特性類による記述を行うとき，鍵となるのは Thom 類あるいは Euler 類である．(§10.5 で説明されるが，より正確には de Rham 理論の Thom 類と $K$ 理論の Thom 類との比較が必要とされる.)

その際に，特性類の計算を指標の計算に帰着させるための幾何学的構成としては，各点上での $T$ の自明化では不十分である．結論からいうと，各点 $x$ の近傍における局所自明化であって $x$ においてよい性質をもつものが必要である．

この幾何学的構成を補題として準備しておこう．

**補題 8.13**　$F$ が Euclid 計量をもつ階数 $r$ の実ベクトル束，$A$ が $F$ 上の Euclid 計量を保つ接続であるとき，$X$ の各点 $x$ と $(F)_x$ の正規直交基底

$(v_1, v_2, \cdots, v_n)$ に対して，$x$ の近傍における $F$ の正規直交枠 $(s_1, s_2, \cdots, s_n)$ であって，$s_i(x) = v_i$ かつ $(d_A s_i)_x = 0$ となるものが存在する．この正規直交枠を用いて $x$ の近傍で $F$ の局所自明化を作り，$d_A = d^{(r)} + a$ と表示すると，$a_x = 0$ である．

［証明］ まず，$X$ の各点 $x$ と $(F)_x$ の各要素 $v$ に対して，$x$ の近傍における $F$ の切断 $s$ であって $s(x) = v$ かつ $(d_A s)_x = 0$ となるものの存在を示す．$x$ の近傍上で，$x$ を中心とする $X$ の座標 $(x_1, x_2, \cdots, x_n)$ と $F$ の正規直交枠 $(e_1, e_2, \cdots, e_r)$ をとる．この正規直交枠による $F$ の局所自明化を用いて $d_A = d^{(r)} + a$ と書き，$av = \sum_{ij} a_{ij} dx_i e_j$ と展開するとき，$s(x_1, x_2, \cdots, x_n) := v - x_i e_i$ が求める性質をもつ．よって，$F$ の $x$ の近傍における切断 $s_1, s_2, \cdots, s_n$ であって，$s_i(x) = v_i$ かつ $(d_A s_i)_x = 0$ となるものが存在する．このとき，$A$ が計量を保つことから $(d\langle s_i, s_j \rangle)_x = 0$ となる．従って，$s_1, s_2, \cdots, s_n$ に Schmidt の直交化を行ったものも再び同じ性質をもつ．これが求めるものである． ■

### (d) 向きのある実ベクトル束の Euler 類

$T$ の階数 $r$ が偶数であり，向きが与えられているとき，$T$ の Euler 類 $e(T)$ を Pontrjagin 類と似たやり方で表示することができる．まず，次の定義を準備する．

**定義 8.14** $r$ を偶数とする．$\mathfrak{so}(\mathbb{R}^r)$ から $\mathbb{R}$ への写像 $\Phi$ であって，成分の実係数多項式で表わされ，$SO(r)$ の任意の要素 $g$ に対して $\Phi(gag^{-1}) = \Phi a$ をみたすもの全体を $R_r^{\mathfrak{so}}$ とおく．$R_r^{\mathfrak{so}}$ は可換環となる． □

次の代数的補題は線形代数の演習問題である．

**補題 8.15** $R_r^{\mathfrak{so}}$ は，$y_1, y_2, \cdots, y_{r/2}$ の実係数多項式のうち，$y_1^2, y_2^2, \cdots, y_{r/2}^2$ の対称多項式と，積 $y_1 y_2 \cdots y_{r/2}$ によって生成される可換環と同型である． □

積 $y_1 y_2 \cdots y_{r/2}$ はパッフィアンを表わしている．

この補題の同型を用いると，次の表示が成立する．

**命題 8.16** $T$ の階数 $r$ が偶数であり，向きが与えられているとき，$f_T \colon R_r^{\mathfrak{o}} \to H^\bullet(X)$ は，$R_r^{\mathfrak{so}}$ からの写像へと拡張することができ，その拡張は $e(T) =$

$f_T y_1 y_2 \cdots y_{r/2}$ をみたす. □

あとでこの命題の証明と平行した議論を行いたいので，その準備も兼ねて，少し詳しく証明を述べておく.

［証明］ $A$ を $T$ 上の Euclid 計量を保つ接続とする. まず，$R_r^{so}$ の要素 $\Phi_e^r$ が存在して次の性質をみたすことを示す: $T$ の計量と向きを保つ自明化を局所的にとるとき，$\Phi_e^r(F_A)$ はその自明化に依存しない $r$ 次微分形式を与える. 従って $X$ 上の大域的な $r$ 次微分形式 $\Phi_e^r(F_A)$ が定まる(これは $R_r^{so}$ の任意の要素 $\Phi$ に対して成立する). $\Phi_e^r(F_A)$ は閉微分形式であり，その de Rham コホモロジー類は $e(T)$ と一致する.

命題 7.34 によって Euler 類が次のように表示できることが出発点である. $\pi\colon T\to X$ のファイバーに沿った超対称調和振動子に付随するペアの族を $(W,h)$ とおく. このとき

$$\int_{\pi\,:\,T\to X}\mathrm{ch}(W,h)$$

の $r$ 次の成分が Euler 類 $e(T)$ と等しい.

$\bigwedge^\bullet T$ には $A$ から誘導される接続 $A_{\bigwedge^\bullet T}$ を入れておく. すると，求めたいのは，$T$ の全空間上のベクトル束 $W=\pi^*\bigwedge^\bullet T$ の上の接続 $\pi^*A_{\bigwedge^\bullet T}$ と $h$ とを用いて次のように定義される $X$ 上の閉微分形式である.

$$\begin{aligned}\int_{\pi\,:\,T\to X}\mathrm{ch}(\pi^*A_{\bigwedge^\bullet T},h) &= \int \mathrm{trace}\,\epsilon_W\exp(\tilde F_{\pi^*A_{\bigwedge^\bullet T},h})\\ &= \int \mathrm{trace}\,\epsilon_W\exp(\alpha+\beta+\gamma),\end{aligned}$$

$$\alpha=\pi^*\tilde F_{A_{\bigwedge^\bullet T}},\quad \beta=\frac{(-1)^{3/4}}{2\pi}d_{\pi^*A_{\bigwedge^\bullet T}}h,\quad \gamma=-\frac{1}{2\pi}h^2.$$

補題 8.13 によって，$X$ の各点 $x$ に対して，$x$ の近傍における $T$ の向きと両立する正規直交枠 $(s_1,s_2,\cdots,s_r)$ であって，$(d_A s_i)_x=0$ となるものが存在する. 以下，この正規直交枠を用いた局所自明化を用いる. $d_A=d^{(r)}+a$ と表示すると，$a_x=0$ である. 従って，$d_{A_{\bigwedge^\bullet T}}=d^{(2^r)}+a_{\bigwedge^\bullet T}$ と表示すると $(a_{\bigwedge^\bullet T})_x=0$ である. この局所自明化を用いて $\alpha_x,\beta_x,\gamma_x$ をまず別々に考察する.

（1）　$\alpha$ について．$F_{A_{\wedge^\bullet T}}$ は自然な線形写像 $\phi\colon \mathfrak{so}(\mathbb{R}^r)\to\mathfrak{so}(\wedge^\bullet\mathbb{R}^r)$ によって $\phi F_A$ と表示される．

（2）　$\beta$ について．$x$ の近傍における $T$ のファイバーの点 $s$ の座標 $(u_1,u_2,\cdots,u_r)$ は $s=u_1s_1+u_2s_2+\cdots+u_rs_r$ によって与えられる．このとき $h(s)=u_1h(s_1)+u_2h(s_2)+\cdots+u_rh(s_r)$ である．点 $x$ 上では $s_i$ の共変微分が消えているので，

$$(\beta)_x=\frac{(-1)^{3/4}}{2\pi}(du_1h(s_1)_x+du_2h(s_2)_x+\cdots+du_rh(s_r)_x)$$

となる．

（3）　$\gamma$ について．これは $-h^2/2\pi=-(u_1^2+u_2^2+\cdots+u_r^2)/2\pi$ と等しい．

これらのことから $(T)_x$ の上で $\exp(\alpha+\beta+\gamma)$ に $\mathrm{trace}\,\epsilon_W$ を施してから $(T)_x$ 上で積分したものの $r$ 次成分が $F_A$ の成分の多項式になることが見てとれる．ポイントは，接続に依存する量が曲率しか現われないことである．その多項式を $\Phi_e^r$ とおくと，$\Phi_e^r$ は $T$ や $A$ によらず普遍的に定まる．

以上で $\Phi_e^r$ の存在がいえた．次に $\Phi_e^r=y_1y_2\cdots y_{r/2}$ を示したい．

1つの方法は，上の表示を用いて直接計算することである．それは本質的に初等的な代数であるが，$\alpha,\beta$ が非可換であるので見通しはよくない．しかし幸いその計算を直接行う必要はなく，次のような間接的な議論を行うことができる．

（1）　まず，$r=2$ の場合に $\Phi_e^2=y_1$ であることは容易にわかる．これは命題 7.35(2)の $m=1$ の場合としてすでに本質的に示してある．なお，この $r=2$ の場合には上の表示を用いた直接計算も難しくない．

（2）　$T=T_0\oplus T_1$ と直和分解され，$T_0$, $T_1$ に向き付け可能で階数 $r_0,r_1$ がいずれも偶数であると仮定する．$r=r_0+r_1$ である．超対称振動子の乗法性(命題 3.45)と相対 Chern 指標の乗法性(命題 7.25)によって，Euler 類の乗法性 $e(T)=e(T_0)e(T_1)$ が成立する．しかも，$T_0,T_1$ に計量を保つ接続を入れ，それの直和として $T$ に接続を入れるとき，Euler 類の乗法性は，微分形式のレベルで成立している．これは，普遍的多項式 $\Phi_e^{r_0}$, $\Phi_e^{r_1}$, $\Phi_e^r$ が乗法性，

$$\Phi_e^r(y_1, y_2, \cdots, y_{r/2}) = \Phi_e^{r_0}(y_1, y_2, \cdots, y_{r_0/2})\Phi_e^{r_1}(y_{1+r_0/2}, y_{2+r_0/2}, \cdots, y_{r/2})$$

をみたすことを意味している．

（3）　従って，偶数 $r$ に関する帰納法によって $\Phi_e^r = y_1 y_2 \cdots y_{r/2}$ がわかる． ∎

**演習問題 8.17**　実ベクトル束 $T$ の階数が奇数であるとき（de Rham コホモロジーの要素として定義される）Euler 類 $e(T)$ が 0 であることを証明せよ．（ヒント：$T$ 上の $-1$ 倍写像は，各ファイバーの向きを逆にする．）なお，本書では述べないが，Euler 類は整数係数の特異コホモロジーの要素としても定義される．これは階数が奇数のとき，2 倍すると 0 になる．しかし，そのものは 0 とは限らない． □

## §8.2　Clifford 加群の特性類

$\pi: T \to X$ を $X$ 上の Euclid ベクトル束，$W$ を $(X, T)$ 上の $\mathbb{Z}_2$ 次数付 Clifford 加群とする．Clifford 加群の構造を与える実準同型を $c_W: T \to \mathrm{End}\, W$ とおく．

Clifford 加群の 2 種類の特性類 $\mathrm{ch}(W/Cl(T))$, $\mathrm{ch}(W, Cl(T))$[*1] を定義し，両者の関係を見ることが本節の目標である．ただし $\mathrm{ch}(W/Cl(T))$ は，$T$ が向きをもち，階数が偶数であるときにのみ定義される．

結論から述べると両者の「比」は $T$ のみに依存する特性類となる．この特性類は「$\hat{A}$ 類」とよばれる．

### (a)　ch $(W/Cl(T))$

$T$ が向きづけられており，階数が偶数であると仮定する．$H^\bullet(X)$ の要素 $\mathrm{ch}(W/Cl(T))$ を定義したい．

$T$ がスピン構造をもち，対応するスピノル束 $S$ を用いて $W = F \otimes S$ と表示されるとき，

$$\mathrm{ch}(W/Cl(T)) = \mathrm{ch}(F)$$

---

*1　これらは本書だけの記号である．この章だけでしか使われない．

と定義する．ただし $F$ は $\mathbb{Z}_2$ 次数付ベクトル束である(命題 2.38 参照)．この定義を $T$ がスピン構造をもたないときにも次のように拡張する．

$T$ は大域的にはスピン構造をもたなくとも，局所的にはスピン構造をもつ．たとえば，$X$ の開被覆 $\{U_\alpha\}$ であって，$T$ を各 $U_\alpha$ に制限すると自明であるようなものをとると，$T$ の $U_\alpha$ への制限はスピン構造をもつ．各 $U_\alpha$ に対して，$T$ のスピン構造を任意に固定し，対応するスピノル束を $S_\alpha$ とおく．$U_\alpha$ と $U_\beta$ との共通部分 $U_{\alpha\beta}$ において，2 通りのスピン構造が与えられている．両者の「差」は $U_{\alpha\beta}$ 上の実 1 次元の Eulcid 計量をもつ局所系 $\theta_{\alpha\beta}$ によって与えられ，$U_{\alpha\beta}$ 上で

$$S_\alpha = \theta_{\alpha\beta} \otimes_{\mathbb{R}} S_\beta$$

が成立する(注意 4.28 参照)．

$(X,T)$ 上の $\mathbb{Z}_2$ 次数付 Clifford 加群 $W$ は，$U_\alpha$ 上で

$$W|U_\alpha = F_\alpha \otimes S_\alpha$$

と書くことができ，$U_{\alpha\beta}$ 上で

$$F_\alpha = F_\beta \otimes_{\mathbb{R}} \theta_{\beta\alpha}$$

が成立する．

$\theta_{\beta\alpha}$ が局所系であるから，$U_{\alpha\beta}$ 上において $F_\beta$ 上の接続と $F_\beta \otimes_{\mathbb{R}} \theta_{\beta\alpha}$ 上の接続は，一対一に対応している．このとき，各 $F_\alpha$ 上の接続 $A_\alpha$ であって，$U_{\alpha\beta}$ 上ではこの対応によって写り合うものが存在する．実際，まず $F_\alpha$ 上に任意に接続 $B_\alpha$ をとり，$\{U_\alpha\}$ に対応する 1 の分解 $\rho_\alpha^2$ を用いて

$$d_{A_\alpha} = \rho_\alpha d_{B_\alpha} \rho_\alpha + \sum_{\beta \neq \alpha} \rho_\beta (d_{B_\beta} \otimes_{\mathbb{R}} \theta_{\beta\alpha}) \rho_\beta$$

と貼り合わせて $A_\alpha$ を定義すればよい．このように，局所系のテンソルによる $F$ の不定性があっても接続を貼り合わせる操作が可能なのである．

**定義 8.18** $U_\alpha$ 上の閉微分形式 $\mathrm{ch}(A_\alpha)$ は貼り合って $X$ 上大域的に定義された閉微分形式を与える．これを $\mathrm{ch}(\{A_\alpha\})$ と書く．$\mathrm{ch}(\{A_\alpha\})$ の de Rham コホモロジー類は局所的なスピン構造のとり方や $\{A_\alpha\}$ のとり方に依存せず，$(X,T)$ 上の $\mathbb{Z}_2$ 次数付 Clifford 加群 $W$ のみによって定まる．この de Rham コホモロジー類を

$$\mathrm{ch}(W/Cl(T)) = [\mathrm{ch}(\{A_\alpha\})]$$

と書く. □

$\mathrm{ch}(W/Cl(T))$ は $T$ の計量のとり方にもよらない(§2.3 最後のコメント参照). 定義に必要なデータをホモトピーによって動かすときにこの de Rham コホモロジー類は不変であるからである(§7.2 の議論参照).

$T=0$ の場合には $W$ は単なる $\mathbb{Z}_2$ 次数付ベクトル束であり, $\mathrm{ch}(W/Cl(T)) = \mathrm{ch}(W)$ となる.

コンパクトな台をもつ $\mathbb{Z}_2$ 次数付 Clifford 加群 $(W,[h])$ に対して, 同様に

$$\mathrm{ch}((W,[h])/Cl(T)) \in H_c^{\bullet}(X)$$

を定義することができる. 以下に述べる加法性, 乗法性は, コンパクトな台をもつ場合にもそのまま拡張されるが, 記号の煩雑さを避けるため, 台を考えない場合のみ記すことにする.

**注意 8.19**

(1) 本書では導入しなかった主束上の接続の概念を用いると, 上の構成はより自然に記述される. 命題 2.39 によって, $W$ の構造群は $(U(r_0)\times U(r_1)\times Spin(r))/\{\pm 1\}$ である. この群の Lie 代数は, $U(r_0)\times U(r_1)\times SO(r)$ の Lie 代数と等しい. このとき, 対応する主束上の接続の曲率は, 局所的にはこの Lie 代数を係数とする 2 次微分形式である. $\mathrm{ch}(W/Cl(T))$ は, そのうち $U(r_0)\times U(r_1)$ の Lie 代数を係数とする部分を用いて定義されるものである.

(2) 同様の議論により, スピン構造に付随するスピノル束の Pontrjagin 類は, $T$ がスピン構造をもたない場合にも拡張して定義することができる. たとえば, 命題 8.11 で計算されている $\mathrm{ch}(S)$ が例である. 実際, 命題 8.11 によってこれは $T$ の Pontrjagin 類を用いて書かれているので, スピン構造をもたない実ベクトル束に対しても同じ式によって定義される特性類がある.

(3) ただし, スピン構造の特性類が実ベクトル束の特性類に拡張されるのは de Rham コホモロジー(あるいは $\mathbb{R}$ 係数の特異コホモロジー)に値をもつ特性類の場合である. 整数係数特異コホモロジーに値をもつ特性類においては, この主張は正しくない.

次の補題は普通の Chern 指標の加法性と乗法性の拡張である．

**補題 8.20**

（1） $W_0, W_1$ が $(X,T)$ 上の $\mathbb{Z}_2$ 次数付 Clifford 加群であるとき

$$\mathrm{ch}((W_0 \oplus W_1)/Cl(T)) = \mathrm{ch}(W_0/Cl(T)) + \mathrm{ch}(W_1/Cl(T))$$

が成立する．

（2） $W, W'$ が各々 $(X,T), (X,T')$ 上の $\mathbb{Z}_2$ 次数付 Clifford 加群であるとき

$$\mathrm{ch}((W \otimes W')/Cl(T \oplus T')) = \mathrm{ch}(W/Cl(T))\mathrm{ch}(W'/Cl(T'))$$

が成立する．

［証明］ Chern 指標の加法性と乗法性が微分形式のレベルで成立することによる．補題 7.10 の証明を参照のこと． ∎

**例 8.21** 向きの与えられた $r$ 次元の Euclid 空間 $E$ 上の超対称調和振動子に対応するペアを $(W_E, [h_E])$ とする．$r$ が偶数であったとする．$H_c^\bullet(E)$ は次数 $r$ の部分が $\mathbb{R}$ と同型であり，あとは消えている．この同型は $E$ 上の積分によって与えられる．このとき

$$\mathrm{ch}((W_E, [h_E])/Cl(TE)) = 1 \in H_c^r(E) \cong \mathbb{R}$$

を示す．

偶数次元の Euclid 空間において超対称調和振動子に対応するペアは $E$ のスピノル表現 $\Delta_E$ とその複素共役 $\overline{\Delta_E}$ とのテンソル積から構成された(命題 3.49*2)．従って左辺は

$$\mathrm{ch}(E \times \overline{\Delta_E}, [ic_E])$$

に等しい．補題 7.26 により，この積分は 1 となる． □

**例 8.22** $r$ を偶数とする．$T$ が向きの与えられた階数 $r$ の実ベクトル束で Euclid 計量が与えられたものとする．$W = \bigwedge^\bullet T \otimes \mathbb{C}$ には $c(v) = v^\wedge - v^\lrcorner$ によって Clifford 加群の構造が入った(§2.4(a)参照)．$W$ に外積の次数の偶奇を

---

*2 命題 3.49 の同型 $W_{\mathbb{R}^{2m}} \xrightarrow{\cong} S_{\mathbb{R}^{2m}} \otimes S_{\mathbb{R}^{2m}}$ は $m$ が偶数のとき $\mathbb{Z}_2$ 次数を保ち，$m$ が奇数のとき $\mathbb{Z}_2$ 次数を逆にする．従って $\mathbb{Z}_2$ 次数も込めた同型としては $W_{\mathbb{R}^{2m}} \xrightarrow{\cong} \overline{S_{\mathbb{R}^{2m}}} \otimes S_{\mathbb{R}^{2m}}$ が見やすい．例 8.22 参照．

そのまま用いて$\mathbb{Z}_2$次数を入れ，$\mathbb{Z}_2$次数付Clifford加群とみなす．このとき

$$\mathrm{ch}(W/Cl(T)) = f_T \prod_{k=1}^{r/2} (e^{y_k/2} - e^{-y_k/2}) = f_T \prod_{k=1}^{r/2} 2\sinh\frac{y_k}{2}$$

となることを示す．

実際に示す必要があるのは，$T$がスピン構造をもつ場合に

$$W = \overline{S} \otimes S$$

となることである．ただし，右辺の$\overline{S}$は単なる$\mathbb{Z}_2$次数付ベクトル束とみなし，$S$は$\mathbb{Z}_2$次数付Clifford加群とみなしてテンソル積をとる．これを認めると，$T$がスピン構造をもつとき$\mathrm{ch}(W/Cl(T)) = \mathrm{ch}(\overline{S})$となるので命題8.11の直後の説明によって主張の成立がわかる．命題8.11の証明(pp. 222–223)を見ると，$T$に計量を保つ接続$A$を入れ，$S$上に誘導される接続を$A_S$とおくとき，$A_S$の曲率を用いた微分形式のレベルで命題8.11の等式が成立している．これは，$T$がスピン構造をもたないときにも，主張が成立することを意味している．

残された問題を表現論的に考えてみる．(一種の分裂原理を用いるといってもよい．) $r$が偶数であるとき$Cl(\mathbb{R}^r)$の$\mathbb{Z}_2$次数付表現空間$\bigwedge^\bullet \mathbb{C}^r$は，$Spin(r)$のある$\mathbb{Z}_2$次数付表現空間$R$を用いて$R \otimes \Delta_r$と書くことができる(命題2.38参照)．このとき$R$が$\overline{\Delta_r}$と$Spin(r)$の$\mathbb{Z}_2$次数付表現空間として同型であることを示せばよい．そのためには，$\bigwedge^\bullet \mathbb{C}^r$と$\overline{\Delta_r} \otimes \Delta_r$が(Clifford加群としてではなく) $SO(r)$の$\mathbb{Z}_2$次数付表現空間として同型であることを見れば十分である．これは既に命題3.49において示され(脚注*2も参照のこと)，例8.21において(より強い形で)使われた．念のため指標の一致を確かめよう．極大トーラス$SO(2)^{r/2}$の上で指標の一致を確かめれば十分である．極大トーラス上の$\mathbb{Z}_2$次数付表現空間として，各々の表現空間は$(\bigwedge^\bullet \mathbb{C}^2)^{\otimes r/2}$, $(\overline{\Delta_2} \otimes \Delta_2)^{\otimes r/2}$と同型である．従って，$r=2$のときに確かめれば十分である．

$r=2$の場合の主張を再びベクトル束として記述すると，次のように確かめることができる：$L$が複素直線束，$T$が$L^2$の複素構造を忘れた階数2の実ベクトルであるとき，

$$\textstyle\bigwedge^\bullet T\otimes\mathbb{C}=\bigwedge^\bullet(L^2\oplus L^{-2})=(\mathbb{C}\oplus\mathbb{C})\oplus(L^2\oplus L^{-2}),$$
$$\overline{S}\otimes S=(L\oplus L^*)\otimes(L^*\oplus L)=(\mathbb{C}\oplus\mathbb{C})\oplus(L^2\oplus L^{-2}).$$ □

**例 8.23**　$T$ が複素階数 $m$ の複素ベクトル束の構造をもち，Hermite 計量が与えられているとする．$T$ を複素ベクトル束とみなしたものを $T_{\mathbb{C}}$ とおく．$W=\bigwedge^\bullet T_{\mathbb{C}}$ には $c(v)=v^\wedge-v^\lrcorner$ によって Clifford 加群の構造が入った(§2.4(b)参照)．$W$ に外積の次数の偶奇をそのまま用いて $\mathbb{Z}_2$ 次数を入れ，$\mathbb{Z}_2$ 次数付 Clifford 加群とみなす．このとき

$$\mathrm{ch}(W/Cl(T))=e^{c_1(T_{\mathbb{C}})/2}$$

となることを示す．

実際に示す必要があるのは，$T$ がスピン構造をもつときに $\bigwedge^m T_{\mathbb{C}}=L^2$ となる複素直線束 $L$ が存在し，

$$W=L\otimes S$$

と表示されることである．これは§2.3 問 3(2)そのものであり，あらすじだけ述べると，次のようにして示せる：

（1）　まず，$L$ の存在は§2.3 問 3(1)を用いて示される．

（2）　次に $W=L\otimes S$ は，例 8.22 の議論と同様に，$T$ が複素直線束の場合に帰着させて示すことができる．

すると，$T$ がスピン構造をもつという仮定のもとで，

$$\mathrm{ch}(W/Cl(T))=\mathrm{ch}(L)=e^{c_1(L)}=e^{c_1(\bigwedge^r T_{\mathbb{C}})/2}$$

となる．$c_1(\bigwedge^r T_{\mathbb{C}})=c_1(T_{\mathbb{C}})$ を認めると，$T$ がスピン構造をもつときに主張の成立がわかる．$c_1(\bigwedge^r T_{\mathbb{C}})=c_1(T_{\mathbb{C}})$ は演習問題としておこう．

$T$ がスピン構造をもたない場合へ拡張する議論は例 8.22 と同様である．□

**演習問題 8.24**　$F$ が複素階数 $m$ の複素ベクトル束であるとき，$c_1(\bigwedge^m F)=c_1(F)$ が成立する．(ヒント：det: $\mathrm{GL}(m,\mathbb{C})\to\mathrm{GL}(1,\mathbb{C})$ の微分はトレースであり，$c_1(F)$ は $\tilde{F}_A$ のトレースの de Rham コホモロジー類である．)　□

**例 8.25**　$r$ を偶数とする．$T$ が向きの与えられた階数 $r$ の実ベクトル束で Euclid 計量が与えられたものとする．$W=\bigwedge^\bullet T\otimes\mathbb{C}$ には例 8.22 と同様 $c(v)=v^\wedge-v^\lrcorner$ によって Clifford 加群の構造を入れる．$W$ に vol の作用によっ

て $\mathbb{Z}_2$ 次数を入れ，$\mathbb{Z}_2$ 次数付 Clifford 加群とみなす(§2.4(c)参照).

このとき

$$\mathrm{ch}(W/Cl(T)) = f_T \prod_{k=1}^{r/2} (e^{y_k/2} + e^{-y_k/2}) = f_T \prod_{k=1}^{r/2} 2\cosh\frac{y_k}{2}$$

となることを示す.

実際に示す必要があるのは，$T$ がスピン構造をもつ場合に

$$W = (S \oplus 0) \otimes S$$

となることである．ただし，右辺の2つの因子のうち，左の $(S\oplus 0)$ は次数0の部分が $S$ であり次数1の部分が0である $\mathbb{Z}_2$ 次数付ベクトル束とみなし，右の $S$ はそのまま $\mathbb{Z}_2$ 次数付 Clifford 加群とみなしてテンソル積をとる．これを認めると，$T$ がスピン構造をもつとき $\mathrm{ch}(W/Cl(T)) = \mathrm{ch}(S\oplus 0)$ であり，式(8.5)によって主張の成立がわかる．そして例8.22と同様に，これは，$T$ がスピン構造をもたないときにも，主張が成立することを意味している.

残された問題を表現論的に考えると例8.22と同様に，$r=2$ のときに確かめればよいことがわかる.

$L$ が複素直線束，$T$ が $L^2$ の複素構造を忘れた階数2の実ベクトルであるとき，定義に戻ると次式を確かめることができる.

$$\textstyle\bigwedge^\bullet T \otimes \mathbb{C} = \bigwedge^\bullet (L^2 \oplus L^{-2}) = (\mathbb{C} \oplus L^{-2}) \oplus (L^2 \oplus \mathbb{C}),$$
$$(S\oplus 0)\otimes S = ((L^* \oplus L)\oplus 0)\otimes (L^* \oplus L) = (\mathbb{C} \oplus L^{-2}) \oplus (L^2 \oplus \mathbb{C}). \qquad \square$$

### (b)　ch $(\boldsymbol{W}, \boldsymbol{Cl}(\boldsymbol{T}))$

$T$ を，階数が奇数かもしれず，向きをもたないかもしれない実ベクトル束であって，Euclid 計量が与えられたものとする．$T$ の向きの局所系を $\theta_T$ とおくとき，組 $(T, W)$ から $H^\bullet(X, \theta_T)$ の要素 $\mathrm{ch}(W, Cl(T))$ を次のように構成できる.

**定義 8.26**

$$\mathrm{ch}(W, Cl(T)) := \int_{\pi : T \to X} \mathrm{ch}(\pi^* W, ic_W). \qquad \square$$

$\mathrm{ch}(W, Cl(T))$ は $T$ の計量のとり方によらない.

$T=0$ の場合には $W$ は単なる $\mathbb{Z}_2$ 次数付ベクトル束であり，$\mathrm{ch}(W, Cl(T))=\mathrm{ch}(W)$ である．

コンパクトな台をもつ $\mathbb{Z}_2$ 次数付 Clifford 加群 $(W, [h])$ に対して，同様に

$$\mathrm{ch}((W,[h]), Cl(T)) \in H_c^{\bullet}(X, \theta_T)$$

を定義することができる．以下に述べる加法性，乗法性は，コンパクトな台をもつ場合にもそのまま拡張されるが，記号の煩雑さを避けるため，台を考えない場合のみ記すことにする．

次の補題は普通の Chern 指標の加法性と乗法性の拡張である．

**補題 8.27**

（1） $W_0, W_1$ が $(X,T)$ 上の $\mathbb{Z}_2$ 次数付 Clifford 加群であるとき

$$\mathrm{ch}(W_0 \oplus W_1, Cl(T)) = \mathrm{ch}(W_0, Cl(T)) + \mathrm{ch}(W_1, Cl(T))$$

が成立する．

（2） $W, W'$ が各々 $(X,T), (X,T')$ 上の $\mathbb{Z}_2$ 次数付 Clifford 加群であるとき

$$\mathrm{ch}(W \otimes W', Cl(T \oplus T')) = \mathrm{ch}(W, Cl(T))\mathrm{ch}(W', Cl(T'))$$

が成立する．

［証明］ 相対 Chern 指標の加法性（補題 7.22）と乗法性（命題 7.25）による．∎

**例 8.28** 向きの与えられた $r$ 次元 Euclid 空間 $E$ 上の超対称調和振動子に対応するペアを $(W_E, [h_E])$ とする．このとき

$$\mathrm{ch}((W_E, [h_E]), Cl(TE)) = (-1)^{r(r-1)/2} \in H_c^r(E) \cong \mathbb{R}$$

を示す．これは

$$\int_E \mathrm{ch}((W_E, [h_E]), Cl(TE)) = (-1)^{r(r-1)/2}$$

と同値である．左辺は定義から

$$\int_{TE} \mathrm{ch}(\pi^* W_E, ic_E + h_E)$$

と等しい．$TE$ の全空間は $E \oplus E = E \otimes \mathbb{C}$ と同一視できる．ただし，$TE$ のファイバー方向を $E \otimes \mathbb{C}$ の虚部に対応させることにする．このとき $TE$ と $E\otimes$

$\mathbb{C}$ との自然な向きのずれは $(-1)^{r(r-1)/2}$ である．

$r$ が偶数とは限らない一般の場合には，$E$ 上の超対称調和振動子に付随するペアは de Rham 複体の次数を $r=\dim E$ の偶奇に応じてずらしたものであった(p. 94)．もともとの de Rham 複体は $E\oplus E=E\otimes\mathbb{C}$ 上のスピノル表現を与えていた(例 2.22)．すなわち，これらの向きのずれと次数のずれを忘れるとき $(\pi^*W_E, ic_E+h_E)$ は $E\otimes\mathbb{C}$ 上のスピノル表現空間とその Clifford 積と同一視される．このとき補題 7.26 によって積分は $(-1)^{\dim_{\mathbb{R}} E\otimes\mathbb{C}/2}=(-1)^r$ となる．よって求める積分値は $(-1)^{r(r-1)/2}(-1)^r(-1)^r=(-1)^{r(r-1)/2}$ に等しい． □

**例 8.29**　$X$ が 1 点，$T=E$ が向きの与えられた $2m$ 次元の Euclid 空間であるとき $W=F\otimes\Delta_E$ と書くことができる．ここで $F$ は $\mathbb{Z}_2$ 次数付(複素)ベクトル空間である．まず，補題 7.26 から $\mathrm{ch}(\Delta_E, Cl(E))=(-1)^m$ である．これと ch の乗法性から

$$\mathrm{ch}(W, Cl(E))=\mathrm{ch}(F)\mathrm{ch}(\Delta_E, Cl(E))=(-1)^m(\dim F^0-\dim F^1)$$

を得る． □

次の補題はあとで分裂原理を使うときに用いられる．

**補題 8.30**　$\pi\colon T\to X$ が階数 2 の実ベクトル束であり，スピン構造をもつとき，対応するスピノル束を $S$ とおくと，

$$\mathrm{ch}(\overline{S}, Cl(T))=\left.\frac{e^{x/2}-e^{-x/2}}{x}\right|_{x=e(T)}=\left.\frac{\sinh(x/2)}{x/2}\right|_{x=e(T)}$$

となる．右辺は $x$ についての Taylor 展開に Euler 類 $e(T)$ を代入したものである． □

右辺を略記して $\sinh(e(T)/2)/(e(T)/2)$ と書くことにする．

［証明］　$A$ を $T$ 上の Euclid 計量を保つ接続とする．$\overline{S}$ には $A$ から誘導される接続 $A_{\overline{S}}$ を入れておく．すると，求めたいのは，$T$ の全空間上のベクトル束 $\pi^*\overline{S}$ の上の接続 $\pi^*A_{\overline{S}}$ と，$\overline{S}$ の Clifford 積 $c_{\overline{S}}$ とを用いて次のように定義される $X$ 上の閉微分形式である．

$$\int_{\pi: T\to X}\mathrm{ch}(\pi^*A_{\overline{S}}, c_{\overline{S}})=\int \mathrm{trace}\,\epsilon_{\pi^*\overline{S}}\exp(\tilde{F}_{\pi^*A_{\overline{S}}, c_{\overline{S}}})$$

$$= \int \operatorname{trace} \epsilon_{\pi^*\overline{S}} \exp(\alpha+\beta+\gamma),$$

$$\alpha = \pi^* \tilde{F}_{A_{\overline{S}}}, \quad \beta = \frac{(-1)^{3/4}}{2\pi} d_{\pi^* A_{\overline{S}}} c_{\overline{S}}, \quad \gamma = \frac{1}{2\pi} c_{\overline{S}}^2.$$

補題 8.13 によって，$X$ の各点 $x$ に対して，$x$ の近傍における $T$ の向きと両立する正規直交枠 $(s_1, s_2)$ であって，$(d_A s_i)_x = 0$ となるものが存在する．以下，この正規直交枠による局所自明化を用いる．$d_A = d^{(2)} + a$ と表示すると，$a_x = 0$ である．従って，$d_{A_S} = d^{(\dim S)} + a_S$ と表示すると $(a_S)_x = 0$ である．この局所自明化を用いて，$\alpha_x, \beta_x, \gamma_x$ をまず別々に考察する．

（1） $\alpha$ について．$F_{A_S}$ は式(8.4)で与えられる $\phi$ によって $\phi F_A$ と表示される．すなわち $x$ の近傍で 2 次微分形式 $f$ を用いて

$$F_A = \begin{pmatrix} 0 & -f_A \\ f_A & 0 \end{pmatrix}$$

と表示するとき

$$\alpha = \frac{i}{4\pi} f_A \epsilon_{\overline{S}}.$$

（2） $\beta$ について．$x$ の近傍において $T$ のファイバーの点 $s$ の座標 $(u_1, u_2)$ は，式 $s = u_1 s_1 + u_2 s_2$ によって与えられる．このとき，$c_S(s) = u_1 c_S(s_1) + u_2 c_S(s_2)$ である．点 $x$ 上では $s_1, s_2$ の共変微分が消えているので，

$$(\beta)_x = \frac{(-1)^{3/4}}{2\pi} (du_1 c_S(s_1)_x + du_2 c_S(s_2)_x)$$

となる．従って $\beta$ と $\alpha$ とは $x$ において反可換である．また，$\beta_x$ の自乗は

$$(\beta)_x^2 = \frac{1}{4\pi^2 i} (du_1 \wedge du_2) c_S(s_1)_x c_S(s_2)_x = \frac{1}{4\pi^2 i} (du_1 \wedge du_2) \epsilon_S$$

となり，3 乗以上のベキは 0 となる．

（3） $\gamma$ について．これは $c_S^2/2\pi = -(u_1^2 + u_2^2)/2\pi$ と等しいので $\alpha$, $\beta$ と可換である．

$(T)_x$ の上で $\exp(\alpha+\beta+\gamma)$ を展開する．ほしいのは，これに $\operatorname{trace} \epsilon_{\pi^*\overline{S}}$ を施

してから $(T)_x$ 上で積分したものである．この2つの操作は順序を入れ換えることができる．

$(T)_x$ 上で $\alpha, \beta$ は反可換であり，$\gamma$ はいずれとも可換であることに注意する．

（1） $(T)_x$ 上で積分するとき，$\beta$ のベキがちょうど自乗である項のみが $du_1 \wedge du_2$ を含み，0でない寄与を与えうる．

（2） また，$\mathrm{trace}\,\epsilon_{\pi^*\overline{S}}$ をとるとき，$\epsilon_{\overline{S}}$ が奇数個出てくる項のみが0でない．

$\beta$ の自乗は $\epsilon_{\overline{S}}$ を1つ含み，$\alpha$ も $\epsilon_{\overline{S}}$ を1つ含む．従って，$\beta$ が2個，$\alpha$ が偶数個含まれる項のみが0でない寄与を与える．そのような項をあわせると，

$$\frac{\beta^2}{2}\frac{\sinh\alpha}{\alpha}e^{\gamma}$$

となることをあとで示す．これをとりあえず認めることにすると，

$$\begin{aligned}
&\int \mathrm{trace}\,\epsilon_{\pi^*\overline{S}}\frac{\beta^2}{2}\frac{\sinh\alpha}{\alpha}e^{\gamma} \\
&\quad = \frac{\sinh(if_A/4\pi)}{if_A/4\pi}\frac{\mathrm{trace}\,\epsilon_{\pi^*\overline{S}}\epsilon_{\overline{S}}}{2\pi}\left(\int du_1 du_2 e^{-(u_1^2+u_2^2)/4\pi^2}\right)
\end{aligned}$$

となる．あとの2つの因子は定数である．$T$ に計量を保つ複素構造を入れることができる．このとき $if_A/2\pi$ は $c_1(T_{\mathbb{C}})$ に他ならない．命題7.35(2)によってこれは $e(T)$ に等しい．よって最初の因子は $\sinh(e(T)/2)/(e(T)/2)$ となる．2番めの因子は $1/2\pi$ であり，3番めの因子 $2\pi$ と打ち消しあう．これから求める主張を得る．■

上の証明の中で用いた公式に証明を与えておく．

**補題 8.31**　$\alpha, \beta$ が反可換であるとき，$\exp(\alpha+\beta)$ を Taylor 展開して得られる項のうち，$\beta$ が2個，$\alpha$ が偶数個含まれる項全体の和は

$$\frac{\beta^2}{2}\frac{\sinh\alpha}{\alpha}$$

となる．

［証明］　求めるものは

$$\sum_{m=0}^{\infty} \sum_{\substack{j,k,l \geqq 0, \\ j+k+l=2m}} \frac{1}{(2m+2)!} \alpha^j \beta \alpha^k \beta \alpha^l$$

$$= \sum_{m=0}^{\infty} \sum_{\substack{j,k,l \geqq 0, \\ j+k+l=2m}} \frac{(-1)^k}{(2m+2)!} \beta^2 \alpha^{2m}$$

$$= \beta^2 \sum_{m=0}^{\infty} \frac{\alpha^{2m}}{(2m+2)!} \sum_{\substack{j,k,l \geqq 0, \\ j+k+l=2m}} (-1)^k$$

と書ける．ここで $\sum\limits_{j,k,l} (-1)^k = \sum\limits_{k=0}^{2m} (-1)^k (2m-k+1) = m+1$ を代入すると，

$$= \beta^2 \sum_{m=0}^{\infty} \frac{(m+1)\alpha^{2m}}{(2m+2)!} = \frac{\beta^2}{2} \sum_{m=0}^{\infty} \frac{m\alpha^{2m}}{(2m+1)!} = \frac{\beta^2}{2} \frac{\sinh \alpha}{\alpha}$$

となる． ∎

補題 8.30 の上の証明は直接的ではあるが，sinh が現われた理由がよくわからない．計算によって出てきたとしかいいようがない．そこでもう少し幾何学的な説明を与えておく．

鍵となるのは次の補題である．

**補題 8.32**　$\pi\colon T \to X$ が Euclid 計量をもつ実ベクトル束，$W$ が $(X,T)$ 上の $\mathbb{Z}_2$ 次数付 Clifford 加群であるとき，$H^\bullet(X)$ の中の等式として

$$\mathrm{ch}(W) = \mathrm{ch}(W, Cl(T))e(T)$$

が成立する．

［証明］　定理 7.29 の Thom 同型の証明から，$T$ の Thom 類を $\tau_T$ とおくとき $H_c^\bullet(T, \theta_\pi)$ の中の等式

$$\mathrm{ch}(\pi^* W, ic_W) = \mathrm{ch}(W, Cl(T))\tau_T$$

が成立する．この式を 0 切断上に制限すると，求める等式を得る． ∎

補題 8.30 の別証を述べる．まず方針を説明しておく．

第一に，求める式の分母をはらった式を示す．ここで補題 8.32 が使われる．

第二に，分母をはらった式を分母となるべきもので割れることを示す．そのためには公式の普遍性から，特別な例に対して割れることを示せば十分で

ある．

［補題 8.30 の別証］　記号を煩雑にしないために，$X$ が閉多様体である場合に述べる．

$T$ は階数が 2 でスピン構造をもち，$S$ は対応するスピノル束とする．$y_1$ についてのベキ級数 $\sum_{k\geqq 0} a_k y_1^k$ が存在して $\mathrm{ch}(\overline{S}, Cl(T)) = \sum_{k\geqq 0} a_k f_T(y_1^k)$ と書けることは認めることにする．(これは命題 8.16 の証明の前半と同様に，補題 8.30 の上の証明の前半からわかる．本質的に補題 8.13 からの帰結である．) そして，$\sum_{k\geqq 0} a_k y_1^k$ が $\sinh(y_1/2)/(y_1/2)$ と等しいことを示したい．

命題 8.11 によって $\mathrm{ch}(\overline{S}) = f_T\, 2\sinh(y_1/2)$ であり，命題 8.16 によって $e(T) = f_T y_1$ である．従って補題 8.32 により $f_T\, 2\sinh(y_1/2) = \sum_{k\geqq 0} a_k f_T(y_1^{k+1})$ となる．

あとは，各 $k$ に対して $f_T y_1^{k+1} = e(T)^{k+1}$ が 0 でないような $(X, T)$ が 1 つでも存在すれば，係数の比較によって $a_k$ は $2\sinh(y_1/2)$ を Taylor 展開したときの $y_1^{k+1}$ の係数に等しいことがわかる．これが求めることであった．

$X = \mathbb{CP}^{k+1}$ は，$H^2(X)$ の 0 でない任意の要素 $\omega$ に対して $\omega^{k+1} \neq 0$ をみたす．$\mathbb{CP}^{k+1}$ 上の自明でない複素直線束 $L$ に対して $T = L^2$ とおけば，$T$ は階数 2 のスピン構造をもつ実ベクトルであり，$e(T)$ は求める性質をもつことが示される．　■

階数が大きい場合に補題 8.30 を拡張しよう．

**命題 8.33**　$r$ を偶数とする．$\pi\colon T \to X$ が階数 $r$ の実ベクトル束であり，スピン構造をもつとき，対応するスピノル束を $S$ とおくと，

$$\mathrm{ch}(\overline{S}, Cl(T)) = f_T \prod_{k=1}^{r/2} \frac{\sinh(y_k/2)}{y_k/2}$$

となる．　□

厳密にいうと，右辺に現われる積は多項式ではなくベキ級数であるから $R_r^o$ の要素ではない．しかし，各次数ごとに同次多項式であるから $f_T$ を作用させることができる．このようにしてベキ級数(すなわち次数に関する位相による完備化の要素)に対しても $f_T$ を定義しておく．

［証明］ あるベキ級数 $\Phi^r$ によって $\mathrm{ch}(\overline{S}, Cl(T)) = f_T \Phi^r$ と書かれることは補題 8.30 の別証の前半と同様である．しかも，計量を保つ接続を固定しておくと，補題 8.16 の証明の後半と同様に，微分形式の式として成立する．さらに，そこでの議論と平行して次のような議論を行うことができる．

（1） まず，$r=2$ の場合に $\Phi^2 = \sinh(y_1/2)/(y_1/2)$ であることは補題 8.30 で示されている．

（2） $T = T_0 \oplus T_1$ と直和分解され，$T_0, T_1$ の階数 $r_0, r_1$ がいずれも偶数であり，ともにスピン構造をもつと仮定する．対応するスピノル束を $S_0, S_1$ とおく．スピノル束の乗法性（補題 2.24）と相対 Chern 指標の乗法性（命題 7.25）によって，乗法性 $\mathrm{ch}(\overline{S}, Cl(T)) = \mathrm{ch}(\overline{S_0}, Cl(T_0))\mathrm{ch}(\overline{S_1}, Cl(T_1))$ が成立する．しかも，$T_0, T_1$ に計量を保つ接続を入れ，それの直和として $T$ に接続を入れるとき，この乗法性は，微分形式のレベルで成立している．これは，普遍的多項式 $\Phi^{r_0}$, $\Phi^{r_1}$, $\Phi^r$ が乗法性

$$\Phi^r(y_1, y_2, \cdots, y_{r/2}) = \Phi^{r_0}(y_1, y_2, \cdots, y_{r_0/2})\Phi^{r_1}(y_{1+r_0/2}, y_{2+r_0/2}, \cdots, y_{r/2})$$

をみたすことを意味している．

（3） 従って，偶数 $r$ に関する帰納法によって $\Phi^r = \prod_{k=1}^{r/2} \sinh(y_k/2)/(y_k/2)$ がわかる． ∎

### (c) $\hat{A}$ 類

$T$ の階数 $r$ が偶数であり，$T$ に向きが与えられているとき，$(X, T)$ 上の $\mathbb{Z}_2$ 次数付 Clifford 加群 $W$ に対して $\mathrm{ch}(W/Cl(T))$ と $\mathrm{ch}(W, Cl(T))$ とを比較してみる．

$T$ がスピン構造をもつ場合に考察すれば十分である．そのとき，スピノル束を $S$ とすると $W = F \otimes S$ と書ける．すると，

$$\mathrm{ch}(W/Cl(T)) = \mathrm{ch}(F),$$
$$\mathrm{ch}(W, Cl(T)) = \mathrm{ch}(F)\,\mathrm{ch}(S, Cl(T))$$

であり，$\mathrm{ch}(S, Cl(T)) = (-1)^m f_T \prod_k \{\sinh(y_k/2)/(y_k/2)\}$ が成立した．ただし $m = r/2$ である．ここで一般の $T$ に対して次の定義をする．

**定義 8.34** $T$ が偶数次元の実ベクトル束であるとき，$H^\bullet(X)$ の要素

$$\hat{A}(T) := f_T \prod_k \frac{y_k/2}{\sinh(y_k/2)}$$

を $T$ の $\hat{A}$ 類($\hat{A}$ class)とよぶ. □

ここで，右辺の積は次数0の部分が1であるベキ級数となっている．具体的に次数の低い部分を Pontrjagin 類を用いて書くと，

$$\hat{A}(T) = 1 - \frac{1}{24}p_1(T) + \frac{1}{5760}(-4p_2(T) + 7p_1(T)^2) + \cdots$$

となり，この表示は $T$ の次数に依存しない．これは，$(y/2)/\sinh(y/2)$ の定数項が1であること，すなわち $y=0$ を代入すると1になることの帰結である．($y_1^2, y_2^2, \cdots, y_m^2$ の基本対称式において $y_m=0$ を代入すると $y_1^2, y_2^2, \cdots, y_{m-1}^2$ の基本対称式になることに注意せよ.)

このように定義しておくと，$T$ がスピン構造をもつときには

$$\hat{A}(T) = \frac{(-1)^m}{\mathrm{ch}(\overline{S}, Cl(T))}$$

となり，$\mathrm{ch}(W/Cl(T))$ は $(-1)^m \mathrm{ch}(W, Cl(T))\hat{A}(T)$ と等しいことがわかる．

この式は，$T$ に計量を保つ接続を固定しておくと，微分形式のレベルで成立する．従って，$T$ がスピン構造をもたないときにも，局所的にスピン構造をとることによって，同じ式が成立することがわかる．コンパクトな台をもつ $\mathbb{Z}_2$ 次数付 Clifford 加群に対しても，平行した考察が成立する．

まとめよう．

**命題 8.35**　$T$ が $2m$ 次元の実ベクトル束であり，向きが与えられているとき，$(X, T)$ 上の $\mathbb{Z}_2$ 次数付 Clifford 加群 $W$ に対して $H^\bullet(X)$ の中の等式

$$\mathrm{ch}(W/Cl(T)) = (-1)^m \mathrm{ch}(W, Cl(T))\hat{A}(T)$$

が成立する．また，$(W, [h])$ の台がコンパクトであれば，$H_c^\bullet(X)$ の中の等式

$$\mathrm{ch}((W,[h])/Cl(T)) = (-1)^m \mathrm{ch}((W,[h]), Cl(T))\hat{A}(T)$$

が成立する． □

定義から $\hat{A}$ 類も乗法性をもつ．

**補題 8.36**　$T_0, T_1$ が実ベクトル束であるとき，$\hat{A}(T_0 \oplus T_1) = \hat{A}(T_0)\hat{A}(T_1)$. □

**注意 8.37**

(1) 第9章で $K$ 群を定義するが，それを先取りしていうなら，$K$ 群の Thom 同型と de Rham コホモロジーの Thom 同型との「差」(むしろ「比」というべきか)を，de Rham コホモロジー側に投影したものが $\hat{A}$ 類である：$T$ がスピン構造をもつと仮定しよう．$\mathrm{ch}(W/Cl(T))$, $\mathrm{ch}(W, Cl(T))$ は，$\mathbb{Z}_2$ 次数付 Clifford 加群 $W$ から出発して，各々 $K$ 群の Thom 同型，de Rham コホモロジーの Thom 同型を用いて底空間の de Rham コホモロジーの要素を構成するものである．

(2) 指数定理を特性類によって表わすとき，$\hat{A}$ 類が用いられる．指数定理を証明する1つの方法に，「Laplace 型作用素に付随する熱核の漸近展開」を用いるものがある．熱核の supertrace の漸近展開の，自明でない最初の項が指数を与えるのである．その項には $\hat{A}$ 類の曲率表示が現われる．熱核を構成し表示するいくつかの筋道があり，それに対応して式 $(y/2)/\sinh(y/2)$ (あるいはその逆数)は互いに関連するいくつかの解釈を許す[*3]．

(a) exp 関数 $\mathfrak{so}(r) \to SO(r)$ の Jacobi 行列式．(主束上の熱核を表示するとき，ファイバー上の測地線に沿った平行移動が現われることによる．)

(b) Mehler の公式．すなわち，調和振動子に対応する熱核の具体的表示．(正規座標を用いると任意の Dirac 作用素に対応する Laplace 型作用素を調和振動子によって近似できる．)

(c) Levi の公式．すなわち，平面上のランダムな曲線が時間1で出発点に戻ってくる条件のもとで囲む面積の特性関数．(確率論を利用し，Brown 運動によって熱核を表示するとき，曲率からの寄与の部分を与えるのに用いられる．)

## (d) Todd 類，$L$ 類

$\hat{A}$ 類の類似物を導入する．

**Todd 類**

$T$ が複素ベクトル束としての構造をもつと仮定する．

**定義 8.38** $X$ 上の複素ベクトル束 $T_{\mathbb{C}}$ に対して，$T_{\mathbb{C}}$ の **Todd 類**(Todd class) $\mathrm{td}(T_{\mathbb{C}})$ を

---

*3 超対称量子力学の経路積分による解釈も知られている．

$$\mathrm{td}(T_{\mathbb{C}}) := f_{T_{\mathbb{C}}} \prod_k \frac{x_k}{1-e^{-x_k}}$$

によって定義する．　□

具体的に次数の小さな部分を Chern 類を用いて書くと，

$$\mathrm{td}(T_{\mathbb{C}}) = 1+\frac{1}{2}c_1(T_{\mathbb{C}})+\frac{1}{12}(c_2(T_{\mathbb{C}})+c_1(T_{\mathbb{C}})^2)+\cdots$$

となり，この表示は $T_{\mathbb{C}}$ の次数によらない($x/(1-e^{-x})$ の定数項が 1 であることによる)．

$T$ が複素ベクトル束としての構造をもつとき，$Spin^c$ 構造が定まる(例 2.37)．対応するスピノル束 $S$ は $\bigwedge^{\bullet}T_{\mathbb{C}}$ と等しく，次数の偶奇をそのまま $\mathbb{Z}_2$ 次数とする $T$ 上の Clifford 加群の構造をもつ．

**注意 8.39**　$S$ の複素共役 $\overline{S} := \bigwedge^{\bullet}\overline{T_{\mathbb{C}}}$ にも $T$ 上の Clifford 加群の構造が入り，これはまた別の $Spin^c$ 構造となる．命題 7.35 においては後者の $Spin^c$ 構造を用いた．

あるいは次の補題による表示を定義として採用してもよい．

**補題 8.40**

$$\mathrm{td}(T_{\mathbb{C}}) = \frac{(-1)^m}{\mathrm{ch}(\bigwedge^{\bullet}\overline{T_{\mathbb{C}}}, Cl(T))},$$

$$\mathrm{td}(T_{\mathbb{C}}) = \mathrm{ch}(\bigwedge^{\bullet}T_{\mathbb{C}}/Cl(T))\hat{A}(T).$$

[証明]　いずれの式も例 8.23，補題 8.9 を用いた計算によって確かめられる．

$$\begin{aligned}(-1)^m\mathrm{ch}(\textstyle\bigwedge^{\bullet}\overline{T_{\mathbb{C}}}, Cl(T))^{-1} &= \mathrm{ch}(\textstyle\bigwedge^{\bullet}\overline{T_{\mathbb{C}}}/Cl(T))^{-1}\hat{A}(T) \\ &= f_{T_{\mathbb{C}}} e^{\sum_k x_k/2} f_T \prod_k \frac{y_k}{e^{y_k/2}-e^{-y_k/2}} \\ &= f_{T_{\mathbb{C}}} \prod_k e^{x_k/2}\frac{x_k}{e^{x_k/2}-e^{-x_k/2}} \\ &= f_{T_{\mathbb{C}}} \prod_k \frac{x_k}{1-e^{-x_k}} = \mathrm{td}(T_{\mathbb{C}}),\end{aligned}$$

$$\begin{aligned}\mathrm{ch}(\textstyle\bigwedge^\bullet T_{\mathbb{C}}/Cl(T))\hat{A}(T) &= f_{T_{\mathbb{C}}} e^{\sum_k x_k/2} f_T \prod_k \frac{y_k}{e^{y_k/2}-e^{-y_k/2}} \\ &= f_{T_{\mathbb{C}}} \prod_k e^{x_k/2} \frac{x_k}{e^{x_k/2}-e^{-x_k/2}} \\ &= f_{T_{\mathbb{C}}} \prod_k \frac{x_k}{1-e^{-x_k}} = \mathrm{td}(T_{\mathbb{C}}).\end{aligned}$$ ∎

**注意 8.41**

(1) 補題 8.40 の第一の式は，複素構造をもつ $T$ に対して，次のことを意味している．$T$ 上の任意の $\mathbb{Z}_2$ 次数付 Clifford 加群は $\overline{S}=\bigwedge^\bullet \overline{T_{\mathbb{C}}}$ を用いて $F\otimes\overline{S}$ と書くことができる．このとき

$$\mathrm{ch}(F\otimes\overline{S}, Cl(T))\,\mathrm{td}(T_{\mathbb{C}}) = (-1)^m \mathrm{ch}(F)$$

が成立する．これは $T$ がスピン構造をもつとき成り立つ命題 8.35 と平行する．

(2) より一般に，$T$ の階数が偶数 $2m$ であり $Spin^c$ 構造をもつときに命題 8.35 と平行した式が成立する．スピノル束を $S=S^0\oplus S^1$ とおく．準同型

$$\phi\colon Spin^c(2m) = Spin(2m)\times_{\{\pm 1\}} U(1) \to U(1)$$

を $\phi([g,z])=z^2$ によって定め，$\phi$ によって $T$ と同伴する複素直線束を $\det T$ とおく．このとき $c=c_1(\det T)$ を ***$Spin^c$* 束 $\boldsymbol{T}$ の $\boldsymbol{c_1}$** とよぶことにする．すると

$$\mathrm{ch}(F\otimes\overline{S}, Cl(T))e^{c/2}\hat{A}(T) = (-1)^m \mathrm{ch}(F), \tag{8.6}$$

$$(-1)^m \mathrm{ch}(F\otimes S/Cl(T)) = \mathrm{ch}(F)e^{c/2} \tag{8.7}$$

が成立する．詳細は読者に委ねよう．

(3) Todd 類は定義からすぐにわかるように乗法性 $\mathrm{td}(T_0\oplus T_1)=\mathrm{td}(T_0)\,\mathrm{td}(T_1)$ をみたす.

(4) Todd 類のルートとしての $\hat{A}$ 類の表示と Todd 類の乗法性を用いると，補題 8.40 の 2 つの等式の一方からもう一方はただちに出る．

Todd 類の定義を $Spin^c$ 構造に対して拡張しておこう．

**定義 8.42** $T$ の階数が $2m$ であり $Spin^c$ 構造をもつとする．$S=S^0\oplus S^1$ を対応するスピノル束とするとき，

$$\mathrm{td}(T) := \frac{(-1)^m}{\mathrm{ch}(\overline{S}, Cl(T))} = e^{c/2}\hat{A}(T)$$

と定義する．ただし $c=c_1(\det T)$ は $Spin^c$ 構造の $c_1$ である． □

特に $T$ がスピン構造をもつ場合には $\mathrm{td}(T)=\hat{A}(T)$ である.

## 超対称調和振動子の族の特性類

$\mathrm{td}(T\otimes\mathbb{C})$ が超対称調和振動子と関係があることを説明する. しばらくの間 $\mathbb{Z}_2$ 次数の対応のチェックは無視して議論する.

§3.5(e)で, Euclid 空間 $E$ 上の超対称調和振動子を $Cl(E\oplus E)$ 加群 $\Delta_{E\oplus E}$ を用いて表示した. 例 2.22 によって $Cl(E\oplus E)$ のユニタリ表現として同型

$$\Delta_{E\oplus E}\cong\bigwedge^{\bullet}E\otimes\mathbb{C}$$

が成立している. $Y=\mathrm{pt},E,E\oplus E$ に対して $Y$ を 1 点の上のファイバー束とみて, 射影を $\pi_Y\colon Y\to\mathrm{pt}$ と書き, $W_Y:=\pi_Y^*\Delta_{E\oplus E}$ と略記する. $W_Y$ は $Y$ 上のファイバー $\Delta_{E\oplus E}$ の自明なベクトル束である.

（1） $(\mathrm{pt},E\oplus E)$ 上のペア $(W_{\mathrm{pt}},c_{\mathrm{pt}})$ が次のように与えられる.
- $Cl(E\oplus E)$ の作用を用いて $c_{\mathrm{pt}}$ を定義する.

（2） 超対称調和振動子に付随する $(E,\pi_E^*E)$ 上のペア $(W_E,c_E,h_E)$ は次のように与えられた.
- $Cl(0\oplus E)$ の作用によって $c_E$ を定義する.
- $E\oplus 0\subset Cl(E\oplus 0)$ の作用(の $i$ 倍)によって $h_E$ を定義する.

（3） $E\oplus E$ 上のコンパクトな台をもつ $\mathbb{Z}_2$ 次数付 Hermite ベクトル束 $(W_{E\oplus E},h_{E\oplus E})$ が次のように与えられる.
- 次数 1 の Hermite 自己準同型 $h_{E\oplus E}$ を $E\oplus E\subset Cl(E\oplus E)$ の作用(の $i$ 倍)によって定義する.

すると, 定義により, 3 つの de Rham コホモロジー類

$$\mathrm{ch}(W_{E\oplus E},[h_{E\oplus E}])\in H_c^{\bullet}(E\oplus E),$$
$$\mathrm{ch}((W_E,[h_E]),Cl(\pi_E^*E))\in H_c^{\bullet}(E),$$
$$\mathrm{ch}(W_{\mathrm{pt}},Cl(E\oplus E))\in H^{\bullet}(\mathrm{pt})$$

は, 向き付けに起因する符号を除けば上のものの積分によって下のものが得られる関係にある. ただし, $E\oplus E$ 上のコホモロジー類の積分として $E$ 上のコホモロジー類を得るときには($c_E$ を定義している) $0\oplus E$ に沿った積分をとる.

特に，

$$\int_E \mathrm{ch}((W_E,[h_E]),Cl(\pi_E^*E)) = \pm\mathrm{ch}(W_{\mathrm{pt}},Cl(E\oplus E)) \in H^\bullet(\mathrm{pt})$$

が成立する．

$\nu$ が $X$ 上の実ベクトル束のとき，以上の考察をファイバーを束ねて一斉に行うことにより，

$$\int_{\nu\to X} \mathrm{ch}((W_{\mathrm{fiber}},[h_{\mathrm{fiber}}]),Cl(\pi_\nu^*\nu)) = \pm\mathrm{ch}(\textstyle\bigwedge^\bullet\nu\otimes\mathbb{C},Cl(\nu\oplus\nu)) \in H^\bullet(X)$$

を得る．ただし $(W_{\mathrm{fiber}},[h_{\mathrm{fiber}}])$ は $\nu$ のファイバーに沿った超対称調和振動子の族に付随するものとする．

命題 8.40 を用いてこの式を書き換えたものを補題としてまとめておく．

**補題 8.43**　$(W_{\mathrm{fiber}},[h_{\mathrm{fiber}}])$ が $\nu$ のファイバーに沿った超対称調和振動子の族に付随するペアであるとき，

$$\int_{\nu\to X} \mathrm{ch}((W_{\mathrm{fiber}},[h_{\mathrm{fiber}}]),Cl(\pi_\nu^*\nu)) = \frac{(-1)^{r(r-1)/2}}{\mathrm{td}(\nu\otimes\mathbb{C})},$$

$$\int_{\nu\to X} \mathrm{ch}((W_{\mathrm{fiber}},[h_{\mathrm{fiber}}])/Cl(\pi_\nu^*\nu)) = \frac{1}{\hat{\mathcal{A}}(\nu)}$$

が成立する．ただし，後半においては $\nu$ は階数 $r$ が偶数で向きが与えられているものとする．

［証明］　前半は上に説明したとおりである．ただし符号は例 8.28 から決定した．後半を示すには，$\nu$ がスピン構造をもつ場合に示せば十分である．$S$ をスピノル束とするとき，$W_{\mathrm{fiber}}=\pi_\nu^*(\overline{S}\otimes S)$ である(§3.5(e)参照，脚注 *2 も見よ)．従って

$$\int_{\nu\to X} \mathrm{ch}((W_{\mathrm{fiber}},[h_{\mathrm{fiber}}])/Cl(\pi_\nu^*\nu)) = \int_{\nu\to X}\mathrm{ch}(\overline{S},ic_S)$$

$$= \mathrm{ch}(\overline{S},Cl(\nu)) = \frac{1}{\hat{\mathcal{A}}(\nu)}$$

となる．∎

議論を振り返ると

$$\hat{A}(\nu)^2 = \mathrm{td}(\nu \otimes \mathbb{C})$$

の成立がわかる．この式は結局，超対称調和振動子の族が($\mathbb{C}$ 上は)スピノル束のコピーを2つテンソルしたものから作られることに由来している．

上の補題8.43は§8.3で指数定理を特性類によって表示する際に，計算の鍵となる．

### $\boldsymbol{L}$ 類

$r=2m$ とおく．$T$ を向きの与えられた階数 $r$ の Euclid ベクトル束とする．

**定義 8.44**　$\mathcal{L}$ 類($\mathcal{L}$ class) $\mathcal{L}(T) \in H^\bullet(X)$ を

$$\mathcal{L}(T) := f_T \prod_{k=1}^{m} \frac{y_k}{\tanh(y_k/2)} = f_T \prod_{k=1}^{m} y_k \frac{e^{y_k/2}-e^{-y_k/2}}{e^{y_k/2}+e^{-y_k/2}}$$

によって定義する．　□

$\mathcal{L}$ の次数0の部分は $2^m$ に等しい．次数の低い項を具体的に Pontrjagin 類を用いて書くと

$$\mathcal{L}(T) = 2^m\left(1+\frac{1}{2^2\cdot 3}p_1(T)+\frac{1}{2^4\cdot 45}(7p_2(T)-p_1(T)^2)+\cdots\right)$$

となる．右辺には $m$ があらわに入っている．しかし $2^{-m}\mathcal{L}(T)$ を Pontrjagin 類で表わす式は $m$ によらない($(y/2)/\tanh(y/2)$ の定数項が1であることによる)．

**注意 8.45**

(1) $\mathcal{L}(T)$ の次数 $r$ の部分は

$$L(T) := f_T \prod_{k=1}^{m} \frac{y_k}{\tanh y_k}$$

の次数 $r$ の部分と等しい．この $L(T)$ は $T$ の $\boldsymbol{L}$ 類($L$ class)とよばれる．低い次数の項を具体的に Pontrjagin 類を用いて書くと

$$L(T) = 1+\frac{1}{3}p_1(T)+\frac{1}{45}(7p_2(T)-p_1(T)^2)+\cdots$$

となる．$L(T)$ を Pontrjagin 類で表わす式は次数 $r$ によらない($y/\tanh y$ の定数項が1であることによる)．

(2) §8.4(c)で指数定理によって符号数を表示するために直接使われるのは $L$

類ではなく $\mathcal{L}$ 類である．両者の違いは次数 $r$ の部分を問題としている限り現われないが，群作用や族や係数付の場合を考えるときには常に $\mathcal{L}$ 類を用いることが必要となる．

$Cl(T)\otimes\mathbb{C}$ を $T$ 上の Clifford 加群とみなすことができる．$\mathbb{Z}_2$ 次数の入れ方として，もともとの $Cl(T)$ の $\mathbb{Z}_2$ 次数を使う方法のほかに，vol の作用を利用して入れる方法があった(補題 2.16 参照)．後者の $\mathbb{Z}_2$ 次数を入れたものを $(Cl(T)\otimes\mathbb{C})_{\mathrm{vol}}$ とおく．

**補題 8.46**　$Cl(T)\otimes\mathbb{C}$ は Clifford 加群として，$\bigwedge^\bullet T\otimes\mathbb{C}$ と同型である．

［証明］　$X$ が 1 点のときに確かめればよい．Clifford 代数のユニタリ表現は既約ユニタリ表現の和に分かれるので定理 2.11(1) から $T$ の階数が偶数のときは明らか．$T$ の階数が奇数のときには vol の作用が同じであることをみればよい．∎

従って，特に

$$(Cl(T)\otimes\mathbb{C})_{\mathrm{vol}} = (\textstyle\bigwedge^\bullet T\otimes\mathbb{C})_{\mathrm{vol}} \tag{8.8}$$

が成立する．

このとき，$\mathcal{L}$ 類を次の補題によって定義してもよい．

**補題 8.47**

$$\begin{aligned}\mathcal{L}(T) &= \mathrm{ch}((Cl(T)\otimes\mathbb{C})_{\mathrm{vol}}, Cl(T))\,\mathrm{td}(T\otimes\mathbb{C}) \\ &= \mathrm{ch}((Cl(T)\otimes\mathbb{C})_{\mathrm{vol}}/Cl(T))\hat{\mathcal{A}}(T).\end{aligned}$$

なお，$(Cl(T)\otimes\mathbb{C})_{\mathrm{vol}}$ のかわりに $(\bigwedge^\bullet T\otimes\mathbb{C})_{\mathrm{vol}}$ を用いてもよい．

［証明］　注意 8.41 から 2 番めの等号がわかる．

例 8.25 の計算を用いると，

$$\begin{aligned}\mathrm{ch}((Cl(T)\otimes\mathbb{C})_{\mathrm{vol}}/Cl(T))\hat{\mathcal{A}}(T) &= f_T\prod_k (e^{y_k/2}+e^{-y_k/2})\, f_T\prod_k \frac{y_k}{e^{y_k/2}-e^{-y_k/2}} \\ &= f_T\prod_k y_k\frac{e^{y_k/2}+e^{-y_k/2}}{e^{y_k/2}-e^{-y_k/2}} \\ &= \mathcal{L}(T)\end{aligned}$$

となる．　■

**注意 8.48**

(1) $Cl(T)$ の $\mathbb{Z}_2$ 次数の入れ方として，もともと $Cl(T)$ に入っている $\mathbb{Z}_2$ 次数付構造を用いると，等式

$$e(T) = (-1)^{r(r+1)/2}\mathrm{ch}(Cl(T)\otimes\mathbb{C}, Cl(T))\,\mathrm{td}(T\otimes\mathbb{C}) = \mathrm{ch}(Cl(T)\otimes\mathbb{C}/Cl(T))\hat{\mathcal{A}}(T) \tag{8.9}$$

が成立する．実際，これは $\hat{\mathcal{A}}(T)$ の定義式において「分母をはらった式」に他ならない．

(2) 乗法性 $\mathcal{L}(T_0\oplus T_1)=\mathcal{L}(T_0)\mathcal{L}(T_1)$ が成立する．

(3) $T$ がスピン構造をもつときはスピノル束 $S$ を用いて $\mathcal{L}(T)=\mathrm{ch}(S\oplus 0)\hat{\mathcal{A}}(T)$ と表示される．

## §8.3　指数定理の特性類を用いた表示

この節の目標は，特性類に関するこれまでの準備を用いて指数定理を表示することである．鍵となるのは「Bott の周期性定理」である．この定理を認めた上で，定理 6.1 に述べた指数定理を特性類の言葉を用いて書き直す．Bott の周期性定理の証明は，あとの章で行うことにする．

### (a)　Bott の周期性定理と Euclid 空間上の指数定理

本章では **Bott の周期性定理**(Bott periodicity theorem)をとりあえず次の形で述べておく．

**定理 8.49** (Bott の周期性定理)

$$\pi_{2N-1}(U)\cong\mathbb{Z},\quad \pi_{2N}(U)=0.$$
□

上の形の周期性定理を認めるだけで，もっと詳しく，同型 $\pi_{2N-1}(U)\cong\mathbb{Z}$ を具体的に与えることができる．2つの方法を述べる．1つは指数を用いるものであり，もう1つは特性類を用いるものである．両者を比較することにより，偶数次元 Euclid 空間上のペアの指数の公式が得られる．

**Bottの周期性定理の指数を用いた表示**

$\pi_{2N-1}(U)$ の要素 $[f]$ に対して§6.5で $2N$ 次元 Euclid 空間 $E$ 上のペア $(W_f, [h_f])$ を構成した．$(W_f, [h_f])$ は $[f]$ から一意には決まらないが，指数 $\mathrm{ind}(W_f, [h_f])$ は $[f]$ のみに依存して定まるのであった．この対応は準同型である．

**命題 8.50**　準同型

$$\pi_{2N-1}(U) \to \mathbb{Z}, \quad [f] \mapsto \mathrm{ind}(W_f, [h_f])$$

は同型である．

［証明］　$E$ 上の超対称調和振動子の指数は1であったから，この準同型は全射である．Bottの周期性定理を用いると，これは同型でなくてはならない．∎

**Bottの周期性定理の特性類を用いた表示**

$2N$ 次元 Euclid 空間 $E$ に対して $\hat{A}(TE)=1$ であるから，$E$ 上の任意のペア $(W, [h])$ に対して，

$$\mathrm{ch}((W, [h]), Cl(TE)) = \mathrm{ch}((W, [h])/Cl(TE))$$

となる．$\pi_{2N-1}(U)$ の要素 $[f]$ に対して§6.5で構成したペア $(W_f, [h_f])$ を考える．$(W_f, [h_f])$ は $[f]$ から一意には決まらないが，$\mathrm{ch}((W_f, [h_f]), Cl(TE)) = \mathrm{ch}((W_f, [h_f])/Cl(TE))$ は $[f]$ のみに依存して定まる（$(W, [h])$ の台が空のときにはこの特性類が0になることによる）．

**命題 8.51**　準同型

$$\pi_{2N-1}(U) \to \mathbb{R}, \quad [f] \mapsto \mathrm{ch}((W_f, [h_f]), Cl(TE)) = \mathrm{ch}((W_f, [h_f])/Cl(TE))$$

の像は $\mathbb{Z} \subset H_c^{2N}(E) \cong \mathbb{R}$ であり，像の上への同型を与えている．

［証明］　命題8.50の証明によると，$\pi_{2N-1}(U) \cong \mathbb{Z}$ の生成元は，超対称調和振動子に付随するペア $(W_E, [h_E])$ に対応する $[f]$ である．例8.21，例8.28によって，

$$\mathrm{ch}((W_E, [h_E]), Cl(TE)) = \mathrm{ch}((W_E, [h_E])/Cl(TE)) = (-1)^N$$

であるから主張を得る．∎

**偶数次元 Euclid 空間上の指数定理**

命題8.50と命題8.51を比べると，ただちに次の定理を得る.

**定理 8.52**（偶数次元 Euclid 空間上の指数定理）　$2N$ 次元 Euclid 空間 $E$ 上のペア $(W,[h])$ の指数は次のように求められる.

$$\begin{aligned}\operatorname{ind}(W,[h]) &= (-1)^N \operatorname{ch}((W,[h]), Cl(TE))\\ &= \operatorname{ch}((W,[h])/Cl(TE)).\end{aligned}$$ □

要するに，第一に超対称調和振動子に対してはいずれの辺も1になること，第二に超対称調和振動子が $E$ 上のペアの全体をある同値関係で割ったものの生成元になっていること，の2つが議論のポイントである.

**注意 8.53**　「ある同値関係」とは，台が空なペアを直和する操作によって写り合う関係で生成される同値関係である. $E$ 上のペアの全体をこの同値関係で割ったものは $K_c(E)$ と書かれる. 第10章で，Bott の周期性定理を，この $K$ 群の概念を用いて改めて見直す.

## (b)　Atiyah–Singer の指数定理

定理6.1に述べた指数定理は，指数の計算を偶数次元 Euclid 空間上の考察に帰着させるものであった. Bott の周期性定理を用いると，偶数次元 Euclid 空間上のペアの指数が決定された. 従って，両者をあわせると，任意の多様体上のペアに対して指数を特性類によって表示する次の公式が得られる. これがもともとの **Atiyah–Singer の指数定理**(Atiyah-Singer index theorem) である.

**定理 8.54** (Atiyah–Singer)

（1）　$n$ 次元多様体 $X$ 上のペア $(W,[h])$ に対して，次式が成立する.

$$\operatorname{ind}(W,[h]) = (-1)^{n(n+1)/2} \int_X \operatorname{ch}((W,[h]), Cl(TX)) \operatorname{td}(TX \otimes \mathbb{C}).$$

（2）　特に，$X$ が向き付け可能で偶数次元であるとき，次式が成立する.

$$\operatorname{ind}(W,[h]) = \int_X \operatorname{ch}((W,[h])/Cl(TX)) \hat{A}(TX).$$ □

主張の前半を使えば，主張の後半は，

$$\mathrm{td}(TX\otimes\mathbb{C}) = \hat{A}(TX)^2,$$
$$\mathrm{ch}((W,[h]), Cl(TX)) = (-1)^{n/2}\mathrm{ch}((W,[h])/Cl(TX))\hat{A}(TX)^{-1}$$

からすぐに出てくる．

証明を述べる前に上の定理の特別な場合として，$X$ が $Spin^c$ 構造あるいはスピン構造をもつ場合を述べておく．

**定理 8.55**（Atiyah–Singer）　$X$ が偶数次元で向きをもち，さらに $Spin^c$ 構造をもつと仮定する．スピノル束を $S=S^1\oplus S^1$ とおく．$\mathbb{Z}_2$ 次数付 Hermite ベクトル束 $F$ と，$F$ 上の次数 1 の Hermite 自己準同型 $h_F$ であって台がコンパクトなものに対して，

$$\mathrm{ind}((F,[h_F])\otimes S) = \int_X \mathrm{ch}((F,[h_F]))\,\mathrm{td}(TX)$$

が成立する．ただし $\mathrm{td}(TX)$ は $Spin^c$ 構造の Todd 類(定義 8.42)である．特に $X$ が偶数次元でスピン構造をもつ場合には

$$\mathrm{ind}((F,[h_F])\otimes S) = \int_X \mathrm{ch}((F,[h_F]))\hat{A}(TX)$$

となる．

［証明］　定理 8.54(2)および注意 8.41 中の式(8.7)(の相対版)による．∎

定理 8.54 の証明の準備として，まず指数定理(定理 6.1)の証明に使われた構成を思い出そう．

$(W,[h])$ が $X$ 上のペアであり，$X$ が $2N$ 次元の向きの与えられた Euclid 空間 $E$ に閉部分多様体として埋め込まれているとするとき，$E$ 上のペア $(W',[h'])$ を次のように構成した．定理 6.1 として述べた指数定理の主張は，両者の指数が等しいことであった．

（1）　$E$ の閉部分多様体 $X$ の法束を $\pi\colon \nu\to X$ とおく．

（2）　$X$ の点 $x$ 上の $\nu$ のファイバー $(\nu)_x$ の上の超対称調和振動子に付随するペア $(W_{(\nu)_x},[h_{(\nu)_x}])$ は，$x$ とともに滑らかに動く族をなした．これを一束にまとめると，$\nu$ 上のベクトル束 $T_{\mathrm{fiber}}\nu$ 上の $\mathbb{Z}_2$ 次数付 Clifford 束 $W_{\mathrm{fiber}}$ および，$W_{\mathrm{fiber}}$ 上の次数 1 の Hermite 自己準同型 $h_{\mathrm{fiber}}$ となる．

（3）　自然な準同型

$$0 \to T_{\mathrm{fiber}}\nu \to T\nu \to \pi^* TX \to 0$$

の分裂 $T\nu = \pi^* TX \oplus T_{\mathrm{fiber}}\nu$ を1つとる．すると，

$$W_\nu = \pi^* W \otimes W_{\mathrm{fiber}}$$

は，$T\nu$ 上の $\mathbb{Z}_2$ 次数付 Clifford 束の構造をもつ．また，

$$h_\nu = \pi^* h \otimes \mathrm{id}_{W_{\mathrm{fiber}}} + \epsilon_W \otimes h_{\mathrm{fiber}}$$

とおくと，$(W_\nu, [h_\nu])$ は $\nu$ の全空間の上のペアとなる．

（4）　$X$ の管状近傍 $U$ と $\nu$ の球体束の内部とは微分同相である．これを同一視する．$E$ は向きが与えられた偶数次元の多様体であり，唯一のスピン構造をもつ．そのスピン構造に対応するスピノル束を $S_E$ とおくと，$S_E$ は $\mathbb{Z}_2$ 次数付であった．すると，$U$ 上のある $\mathbb{Z}_2$ 次数付 Hermite ベクトル束 $F = F^0 \oplus F^1$ が存在し，

$$W_\nu | U = F \otimes S_E | U$$

と書ける．また，$h_\nu | U$ は，$F$ のある Hermite 自己準同型 $h_F$ により，

$$h_\nu | U = h_F \otimes \mathrm{id}_{S_E|U}$$

と書ける．ホモトピーの範囲で動かしておくことにより，$h_F$ は，$U$ のあるコンパクトな部分集合 $K$ の上を除いて $h_F^2 = \mathrm{id}_F$ をみたすようにしておく．すると，その $K$ の外では，$F^0$ と $F^1$ との間に $h_F$ を通じて同一視が与えられている．

（5）　$U$ 上のある Hermite ベクトル束 $F'^0$ が存在して，$F^0 \oplus F'^0$ は，自明なベクトル束 $U \times \mathbb{C}^r$ と同型である．このとき，$F'^1 = F'^0$，$F = F'^0 \oplus F'^1$ に対して

$$h_{F'} = \begin{pmatrix} 0 & \mathrm{id}_{F'^0} \\ \mathrm{id}_{F'^0} & 0 \end{pmatrix}$$

とおく．すると，$U$ 上定義された $\mathbb{Z}_2$ 次数付 Hermite ベクトル束とその上の Hermite 自己準同型

$$F \oplus F', \quad h_F \oplus h_{F'}$$

は，$K$ の外で自明な $\mathbb{Z}_2$ 次数付 Hermite ベクトル束とその上の自明な Hermite 自己準同型

$$(U\setminus K)\times(\mathbb{C}^r\oplus\mathbb{C}^r),\quad \begin{pmatrix} 0 & \mathrm{id}_{\mathbb{C}^r} \\ \mathrm{id}_{\mathbb{C}^r} & 0 \end{pmatrix}$$

と同型である．従って，これをそのまま $U$ の外にまで自明なまま延長し，$E$ の上の $\mathbb{Z}_2$ 次数付 Hermite ベクトル束 $F_E$ とその上の自明な Hermite 自己準同型 $h_{F_E}$ が定義される．

（6）　$E$ 上のペア $(W',[h'])$ が

$$W'=F_E\otimes S_E,\quad h'=h_{F_E}\otimes\mathrm{id}_{S_E}$$

によって定義される．

［定理 8.54 の証明］　次の等式が示されればよい．

$$(-1)^{n(n+1)/2}\int_X \mathrm{ch}((W,[h_W]),Cl(TX))\,\mathrm{td}(TX\otimes\mathbb{C})$$
$$=(-1)^N\int_E \mathrm{ch}((W',[h_{W'}]),Cl(TE)).$$

右辺は定理 8.52 の最初の等式によって $\mathrm{ind}_E(W',[h_{W'}])$ に等しいからである．

まず，$E$ 上の積分を $\nu$ 上の積分に帰着させる．

$$\begin{aligned}
&(-1)^N\int_E \mathrm{ch}((W',[h_{W'}]),Cl(TE))\\
&=(-1)^N\int_U \mathrm{ch}((F\oplus F',[h_F\oplus h_{F'}])\otimes S_E,Cl(TU))\\
&=(-1)^N\int_U \mathrm{ch}((F,[h_F])\otimes S_E,Cl(TU))\\
&\quad+(-1)^N\int_U \mathrm{ch}((F',[h_{F'}])\otimes S_E,Cl(TU))\\
&=(-1)^N\int_\nu \mathrm{ch}((F,[h_F])\otimes S_E,Cl(T\nu))\\
&=(-1)^N\int_\nu \mathrm{ch}((W_\nu,[h_{W_\nu}]),Cl(T\nu)).
\end{aligned}$$

途中で，$h_{F'}$ がいたるところ同型であることから $\mathrm{ch}((F',[h_{F'}])\otimes S_E,Cl(TU))=0$ となることを使った．

次に，$\nu$ 上の積分を $X$ 上の積分に帰着させたい．$\nu$ 上のベクトル束としての分解 $T\nu=\pi_\nu^*TX\oplus T_{\mathrm{fiber}}\nu$ を思い出す．

$$
\begin{aligned}
&(-1)^N \int_\nu \mathrm{ch}((W_\nu, [h_{W_\nu}]), Cl(T\nu)) \\
&= (-1)^N \int_\nu \mathrm{ch}(\pi_\nu^*(W, [h_W]) \otimes (W_{\mathrm{fiber}}, [h_{\mathrm{fiber}}]), Cl(\pi_\nu^* TX \oplus T_{\mathrm{fiber}}\nu)) \\
&= (-1)^N \int_X \mathrm{ch}((W, [h_W]), Cl(TX)) \int_{\nu \to X} \mathrm{ch}((W_{\mathrm{fiber}}, [h_{\mathrm{fiber}}]), Cl(\pi_\nu^* \nu)) \\
&= (-1)^{N + r(r-1)/2} \int_X \mathrm{ch}((W, [h_W]), Cl(TX))\, \mathrm{td}(\nu \otimes \mathbb{C})^{-1} \\
&= (-1)^{n(n+1)/2} \int_X \mathrm{ch}((W, [h_W]), Cl(TX))\, \mathrm{td}(T \otimes \mathbb{C}).
\end{aligned}
$$

途中で，ch の乗法性と補題 8.43 の前半を用いた．最後の等式では $T \oplus \nu$ が自明なベクトル束であることと Todd 類の乗法性から

$$
\mathrm{td}(T \otimes \mathbb{C})\, \mathrm{td}(\nu \otimes \mathbb{C}) = 1
$$

となることを用いた． ∎

なお，定理 8.54 の後半の主張を直接示すことも難しくない．その際には定理 8.52 の 2 番目の等式と補題 8.43 の後半を用いる．

## §8.4　幾何学に現われる楕円型複体の指数

§2.4 で de Rham 複体，Dolbeault 複体および符号数を与える Dirac 型作用素を紹介した．指数定理を用いてこれらの指数を計算する．

### (a)　Gauss–Bonnet–Chern の定理

$X$ を $n$ 次元閉多様体とする．§4.1 で，Poincaré–Hopf の定理と Morse 不等式を導くために使った Clifford 加群 $W_X$ の指数は，幾何学的には

$$
\mathrm{ind}\, W_X = \sum_{k=0}^{n} (-1)^k \dim H_k(X)
$$

という意味をもっていた(注意 4.3)．$W_X$ は de Rham 複体から構成された．右辺は $X$ の Euler 標数とよばれる．これを $\chi(X)$ と書こう．

一方，指数定理から

$$\operatorname{ind} W_X = (-1)^{n(n+1)/2} \int_X \operatorname{ch}(W_X, Cl(TX)) \operatorname{td}(TX \otimes \mathbb{C})$$

が成立する．ここで，命題7.34によって

$$\operatorname{ch}(W_X, Cl(TX)) = (-1)^{n(n+1)/2} \int_{TX \to X} \operatorname{ch}(\pi_{TX}^* W_X, ic_{W_X})$$

の$r$次の成分はEuler類$e(TX)$と一致し，$r$次未満の次数は0である．一方，$\operatorname{td}(TX)$の0次の成分は1であるから，$\operatorname{ind} W_X$を表示する積分の被積分項は$e(TX)$に等しい．これから次の結果を得る．

**定理8.56（Gauss–Bonnet–Chernの定理）** $X$が閉多様体であるとき

$$\chi(X) = \int_X e(TX)$$

が成立する． □

なお，命題7.34の代わりに式(8.9)を用いてもよい．

**注意8.57** Poincaré–Hopfの定理(系4.2)と上の定理をあわせると，$v$が$TX$の切断であり，有限個の横断的な零点のみをもつものとするとき，

$$\int_X e(TX) = \#\{x \mid v(x) = 0,\ \det(dv)_x > 0\}$$
$$-\#\{x \mid v(x) = 0,\ \det(dv)_x < 0\}$$

の成立がわかる．de Rham複体を用いて示された2つの命題を比べることにより，de Rham複体を消去して，特性類の幾何学的な性質が得られたのである．しかし，実は，この性質は接束$TX$に限らず，$TX$と同じ階数と同じ向きの局所系を伴う，$X$上の任意の実ベクトル束$T$に対して成立する．それをEuler類の定義からみることも難しくない(Thom類を切断$v$によって引き戻したものの積分を考察せよ)．ひとことでいえば，Euler類は，実ベクトル束がいたるところ消えない切断をもつための第一障害類である．

## (b) Riemann–Roch–Hirzebruchの定理

閉多様体$X$が複素次元$m$の複素多様体の構造をもつと仮定する．$X$を複素多様体として見るとき$X_{\mathbb{C}}$と書く．$X_{\mathbb{C}}$上の正則ベクトル束$F$に対して，Dolbeault複体$(\Omega^{0,\bullet}(X_{\mathbb{C}}, F), \bar{\partial}_F)$のコホモロジー$H^{0,\bullet}(X_{\mathbb{C}}, F)$の次元の交代

和を指数定理によって求めてみよう．

§2.4(b)を思い出すと

$$\sum_{k=0}^{m}(-1)^k \dim H^{0,k}(X_{\mathbb{C}}, F) = \mathrm{ind}(F\otimes \textstyle\bigwedge^{\bullet}\overline{T_{\mathbb{C}}^{*}X})$$
$$= \mathrm{ind}(F\otimes \textstyle\bigwedge^{\bullet}T_{\mathbb{C}}X)$$

であった．右辺は定理8.55の形の指数定理からただちに計算される．あるいは定理8.54(2)の形の指数定理と補題8.40を用いると次のようにも計算される．

$$\begin{aligned}\mathrm{ind}(F\otimes \textstyle\bigwedge^{\bullet}T_{\mathbb{C}}X) &= \displaystyle\int_X \mathrm{ch}(F\otimes \textstyle\bigwedge^{\bullet}T_{\mathbb{C}}X/Cl(TX))\,\hat{A}(TX)\\ &= \displaystyle\int_X \mathrm{ch}(F)\mathrm{ch}(\textstyle\bigwedge^{\bullet}T_{\mathbb{C}}X/Cl(TX))\,\hat{A}(TX)\\ &= \displaystyle\int_X \mathrm{ch}(F)\,\mathrm{td}(T_{\mathbb{C}}X).\end{aligned}$$

**定理 8.58**（**Riemann–Roch–Hirzebruch の定理**）　$X_{\mathbb{C}}$ が複素 $m$ 次元の複素閉多様体で，$F$ が $X$ 上の正則ベクトル束であるとき，

$$\sum_{k=0}^{m}(-1)^k \dim H^{0,k}(X_{\mathbb{C}}, F) = \int_{X_{\mathbb{C}}} \mathrm{ch}(F)\,\mathrm{td}(T_{\mathbb{C}}X)$$

が成立する．　□

Hirzebruch が証明したのは $X_{\mathbb{C}}$ が射影代数多様体の場合であった[64]．一般の複素多様体に対しては Atiyah–Singer の指数定理によって初めて示された．

特別な場合として $X_{\mathbb{C}}$ が複素1次元であり，$F$ が正則な複素直線束であるときには

$$\mathrm{ch}(F) = 1+c_1(F), \quad \mathrm{td}(T_{\mathbb{C}}X) = 1+\frac{1}{2}c_1(T_{\mathbb{C}}X)$$

であり，

$$\dim H^{0,0}(X_{\mathbb{C}}, F) - \dim H^{0,1}(X_{\mathbb{C}}, F) = \int_{X_{\mathbb{C}}} (1+c_1(F))(1+\frac{1}{2}c_1(T_{\mathbb{C}}X))$$

$$= \int_{X_{\mathbb{C}}} (c_1(F) + \frac{1}{2} c_1(T_{\mathbb{C}} X)).$$

これに

$$\int_{X_{\mathbb{C}}} c_1(F) = \deg F, \quad \int c_1(T_{\mathbb{C}} X) = 2 - 2g$$

を代入すると

$$\dim H^{0,0}(X_{\mathbb{C}}, F) - \dim H^{0,1}(X_{\mathbb{C}}, F) = \deg F + 1 - g$$

を得る．ここで $g$ は $X_{\mathbb{C}}$ の種数である．これは Riemann 面に対する Riemann–Roch の定理(定理 4.18)に他ならない．

### (c)　Hirzebruch の符号数定理

$X$ を向きの与えられた $2m$ 次元の閉多様体とする．$m$ は偶数であると仮定する．$X$ の符号数 $\operatorname{sign} X$ とは，$X$ の交叉形式

$$H^m(X) \times H^m(X) \to \mathbb{R}$$

の符号数のことであった．§2.4(c)を思い出すと，

$$\operatorname{sign} X = \operatorname{ind}(\wedge^{\bullet} TX \otimes \mathbb{C})_{\mathrm{vol}}$$

であった．

指数定理と補題 8.47 とから

$$\operatorname{ind}(\wedge^{\bullet} TX \otimes \mathbb{C})_{\mathrm{vol}} = \int_X \operatorname{ch}((\wedge^{\bullet} TX \otimes \mathbb{C})_{\mathrm{vol}}, Cl(TX)) \operatorname{td}(TX \otimes \mathbb{C})$$
$$= \int_X \mathcal{L}(TX)$$

が成立する．右辺の被積分項は $L$ 類 $L(TX)$ に置き換えてもかまわなかった(注意 8.45 参照)．

**定理 8.59 (Hirzebruch の符号数定理)**　$X$ が向きの与えられた閉多様体で，次元が 4 の倍数であるとき，

$$\operatorname{sign} X = \int_X L(TX)$$

が成立する．　□

たとえば，$X$ が 4 次元のときには $L(TX) = 1 + p_1(TX)/3$ であるから

$$\operatorname{sign} X = \frac{1}{3}\int p_1(TX)$$

を得る.

《要約》

**8.1**　Clifford 加群の特性類を2通り定義した．その比が $\hat{\mathcal{A}}$ 類である.

**8.2**　超対称調和振動子の族に伴う Clifford 加群の特性類は $\hat{\mathcal{A}}$ 類(あるいはそれの自乗)と一致する.

**8.3**　Bott の周期性定理を認めると，偶数次元 Euclid 空間上のペアに対して指数を特性類によって表わす公式が得られる.

**8.4**　一般の多様体上のペアの指数は，偶数次元 Euclid 空間上のペアの指数の計算に帰着されていた(第6章)．従って，一般の多様体上のペアの指数を特性類によって表わす公式が得られる．これが Atiyah–Singer の指数定理である.

# 9

# $K$ 群と族の指数

Dirac 型作用素の指数は整数に値をもった．本章では「Dirac 型作用素の族に対する指数」を定義する．族の指数は整数値ではなく，族のパラメータ空間の $K$ 群に値をもつ．むしろ逆に，指数の概念を作用素の族に対して拡張するとき自然に現われるのが $K$ 群である．この点を明確にするために，本書では $K$ 群を「ベクトル空間の差の連続族」のホモトピー集合として定義する．この連続族は「ベクトル束の差」としても表示される．この事実は $K$ 群がベクトル束の同型類の全体のなす可換半群から，Grothendieck 群として純代数的に計算されることを意味している．

この章では次の約束をする．$X, Y$ 等は必ずしも多様体とは限らない位相空間とする．ベクトル空間は断らない限り有限次元のベクトル空間をさす．ベクトル束は断らない限り連続な複素ベクトル束をさす．また，底空間が連結ではないとき，連結成分ごとに階数が異なるものもベクトル束として考える(従って，階数は連結成分ごとにしか意味をもたない)．同様に，ベクトル束の切断，Euclid 計量，Hermite 計量，自己準同型などはすべて連続なカテゴリーで定義されるものとする．

## §9.1 ベクトル空間の差の連続族

### (a) ベクトル空間の差

以下しばらくこの節の目標を説明したい．ひとことでいえば，ベクトル空間の「差」の定義が目標である．

指数の定義を思い起こす．その出発点は，$\mathbb{Z}_2$ 次数付ベクトル空間 $V = V^0 \oplus V^1$ を，$V^0$ から $V^1$ を「引き算」した「差」を表示する手段とみなすことであった．2つのベクトル空間の間の引き算は(まだ)定義されていないが，その代用として，2つのベクトル空間の次元の差は(もしいずれも有限次元であれば)定義できる．この値が指数であった．

もっと具体的にいうなら，$\mathbb{Z}_2$ 次数付の Hermite ベクトル空間 $V = V^0 \oplus V^1$ 上に次数1の Hermite 変換 $h$ が与えられたときに，$V$ と $\mathrm{Ker}\, h$ とが同値であるような同値関係を考えることが，指数の定義の内実であった．このような対象の同値類が指数に他ならない．この同値類は $V^0$ と $V^1$ の次元の差によって特徴づけられる．

さらに，ベクトル空間上に付加的な構造が与えられているときには，その構造もこめて「差」を定義したい．付加的な構造を考慮した指数を定義するためにはこうした定義が必要である．

付加的な構造としては，すくなくとも，群作用と Clifford 代数の作用を考えたい．$\mathbb{Z}_2$ 次数付 Hermite ベクトル空間上の群作用としては $\mathbb{Z}_2$ 次数を保つものを考える．従って，この場合に定義されるものの意味はまさに「群作用のあるベクトル空間の差」である．(実際§4.4ではこのようにして群作用のある場合の指数を定義した．) しかし，Clifford 代数の作用としては $\mathbb{Z}_2$ 次数を入れ替えるものを考えるのが自然である．

従って，この場合に定義されるものは「Clifford 代数の作用のあるベクトル空間の差」とは違ったものである[*1]．

---

*1　§3.2(a)で定義した $\mathbb{Z}_2 \times \mathbb{Z}_2$ 次数付 Clifford 加群は，$\mathbb{Z}_2$ 次数付 Clifford 加群の「差」に相当する．しかし，それよりも一般の対象を考えたい．

より根底から考えるなら，$\mathbb{Z}_2$ 次数付構造自身をある種の Clifford 代数の作用と理解することができる[*2]．ここで $h$ が次数 1 であるとは，$h$ がその Clifford 代数の作用と反可換であることと言い換えられる．従って，Clifford 代数の作用がある場合に差の定義を拡張するというより，むしろ逆に，Clifford 代数の作用を利用してベクトル空間の差が定義することを考える，といったほうが正確である．

このとき問題を 2 つの部分に分けることができる．

（1） ベクトル空間 $V$ とその上の Hermite 変換 $h$ に対して，$V$ と $\mathrm{Ker}\,h$ とを同一視できるような同値関係を定義すること．

（2） $V$ 上に Clifford 代数作用があり，$h$ がその作用と反可換である場合にその「同一視」の自然な拡張が定義されていること．

これができれば，Clifford 代数の作用がある場合も含めて指数の定義の自然な拡張を与えるであろう．

$V$ と $\mathrm{Ker}\,h$ との同一視の定義として，抽象的な同値関係の代わりに，幾何学的な定式化を与えるのがこの節の目標である．

次の方針をとる．ポイントはベクトル空間の「連続族」の概念を導入することである．普通の意味の「連続族」はベクトル束であろう．これから導入される概念はベクトル束の一般化である．しばらく発見的考察を行う．

（1） $V$ と $\mathrm{Ker}\,h$ との同一視を，両者を結ぶ Hermite ベクトル空間の「連続族」が存在することとして定義したい．すなわち，同一視のための同値関係を，ある種のホモトピーの存在として定式化したい．そのためには，閉区間 $[0,1]$ によってパラメータ表示されるベクトル空間の「連続族」の概念と，それを両端の $0,1$ に制限するという操作を定義する必要がある．

（2） ただし，ベクトル空間の次元は，この「連続族」においてジャンプしてもかまわない．実際，$V$ と $\mathrm{Ker}\,h$ の次元は一般には異なる．

（3） 問題を一般化し，任意の位相空間 $X$ に対して $X$ によってパラメー

---

＊2　負定値計量の入った $\mathbb{R}$ の上の Clifford 代数である．§12.2(b)参照．

タ表示される Hermite ベクトル空間の「連続族」の概念を定義することを目標とする．部分空間への「制限」，あるいはより一般に連続写像に関する引き戻しという操作が定義できるような対象として定義したい．

ベクトル空間の「連続族」であって次元がジャンプしうるものというのは思い浮かべにくいかもしれない．しかし，次の2つの例がヒントになる．

**例 9.1**　$X$ を位相空間，$W$ を(有限次元の)ベクトル空間とする．

（1）　連続写像 $A\colon X \to \mathrm{End}(W)$ に対して，$\{\mathrm{Ker}\, A_x\}_{x\in X}$ は $X$ によってパラメータ表示される $W$ の部分空間の族であるが，次元はジャンプしうる．

（2）　$F_0, F_1$ が，自明なベクトル束 $X\times W$ の2つの部分ベクトル束であるとき，$\{(F_0)_x \cap (F_1)_x\}_{x\in X}$ は $X$ によってパラメータ表示される $W$ の部分空間の族であるが，次元はジャンプしうる．　□

指数との関連をみるためには，例 9.1(1)を利用して $\mathbb{Z}_2$ 次数付ベクトル空間の「連続族」を定義するのが便利である[*3]．

ひとたび $X$ 上の $\mathbb{Z}_2$ 次数付 Hermite ベクトル空間の連続族の概念がうまく定義できたとして，それを「$\mathbb{Z}_2$ 次数付 Hermite 一般ベクトル束」[*4]とよぶことにし，それらの同型類の集合を $\mathcal{K}(X)$ とおこう[*5]．$\mathcal{K}(X)$ は直和によって自然に可換半群をなす．さらに $\mathcal{K}(X)$ をホモトピーによる同値関係で割った商集合を $K(X) := \pi_0(\mathcal{K}(X))$ とおく(補題 9.18 参照)．ホモトピーは，$t=0,1$ に対して埋め込み $X \to X\times[0,1]$, $x\mapsto(x,t)$ から誘導される2つの写像 $\mathcal{K}(X\times[0,1]) \to \mathcal{K}(X)$ を用いて定義しておく(例 9.12 参照)．すると $K(X)$ は直和によって加群をなすことが示される(補題 9.21 参照)．

当初の目標は，2つのベクトル空間 $V$ と $\mathrm{Ker}\, h$ との間の同値関係にホモトピーという幾何学的な理解の仕方を与えることであった．$\mathbb{Z}_2$ 次数付 Hermite

---

*3　例 9.1(2)を利用する方法も可能である．Karoubi [69] による $K$ 群の定式化はこのような見方に近い．注意 9.66 参照．

*4　本書だけのいい方である．もっといい名前はないものか．

*5　$\mathcal{K}(X)$ の要素は，弱い意味においてではあるが，代数幾何における連接層の圏の導来圏の対象の類似物である．

ベクトル空間の全体を，この同一視によって割った商集合は，$X$ が 1 点 pt のときの $K(\mathrm{pt})$ に他ならない．ひとことでいえば，本来指数が住むべき空間が $K(\mathrm{pt})$ なのである．もちろん $K(\mathrm{pt})$ は $\mathbb{Z}$ と同型であり，同型写像は次数 0 の部分と次数 1 の部分の次元の差をとることによって与えられる．

1 点 pt と閉区間 $[0,1]$ に対してだけでなく，一般の $X$ に対しても $\mathcal{K}(X)$, $K(X)$ が定義されている．さまざまな $X$ に対して $\mathcal{K}(X), K(X)$ を考察すると，$\mathbb{Z}_2$ 次数付 Hermite ベクトル空間が連続的に変化する仕方の多様性を測ることができる．特に，$K_c(\mathbb{R}^n)$ は，Hermite ベクトル空間の対称性を表わす(無限)ユニタリ群 $U$ の $n-1$ 次ホモトピー群 $\pi_{n-1}(U)$ と一致することが示される(例 9.63 参照)．ここで，$K_c$ は「コンパクトな台をもつ $K$ 群」である(定義 9.29 参照)．

**注意 9.2**　一般に，ある対象の「連続族」の概念が定義されるとき，2 つの極端な場合がある．

- 1 つの極端な場合は，どの対象も，恒等写像以外の自己同型をもたないときである．このとき，対象の「連続族」を与えるとは，パラメータ空間から，対象の同型類の全体のなす位相空間への連続写像を与えることに他ならない．この場合，同型類の全体のなす位相空間はモジュライ空間とよばれる．
- 反対の極端な場合は，対象の同型類が 1 つしかないときである．このとき，対象の「連続族」を与えるとは，自己同型の「連続族」によって見方を連続的に取り替えることに他ならない．このとき,「普遍性」をみたす連続族は一意に定まらないが，ホモトピーを無視すれば一意的である．この場合「普遍性」をもつ連続族のパラメータ空間は分類空間とよばれる．

一般には，両者の組み合わせになる．

(1) 対象が，種数が 2 以上の Riemann 面であるときには前者に近い．(だが，正確には，恒等写像以外にも(有限個の)自己同型をもつものがあるので，対象の同型類の全体のなす位相空間は，厳密にはモジュライ空間にはならない．)

(2) 対象が，次元 $n$ の Hermite ベクトル空間であるときは，後者である．自己同型は $U(n)$ であるので，連続族についての考察は，$U(n)$ のトポロジーの考察に帰着する．

(3) 対象が，$\mathbb{Z}_2$ 次数付 Hermite ベクトル空間であり $\mathcal{K}(X)$ を考えるときには，

後者に近い．だが，正確には，次元が異なるものが連続的につながるので，同型類は無限個ある．結果的に，連続族のホモトピー類についての考察は，$n$ を大きくしたときの $U(n)$ の帰納極限 $U$ のトポロジーの考察に帰着する．

### (b)　Hermite 一般ベクトル束

まず，Hermite ベクトル空間の「連続族」を定義するアイディアを述べる．ポイントは，ある種の「芽(germ)」として定義することである．

（1）　$F$ が Hermite ベクトル束であり，$h$ が $F$ 上の Hermite 自己準同型であるとする．このとき，$\mathcal{F} := \mathrm{Ker}\, h$ を，連続族の典型と考えたい．

（2）　その $\mathcal{F}$ の「つながり方」は，「$\mathrm{Ker}\, h$ が $F$ の部分集合である」という事実によって与えられていると考えたい．

（3）　$X$ 上で大域的に上のような構造 $(F, h)$ が与えられていなくとも，$X$ の各点の周りで局所的に上のような構造が与えられ，それらが互いに「両立」するときには「つながり方」が与えられていると考えたい．

（4）「両立」の定義のためには，$(F, h)$ 全体がつながっていると要請する必要はない．$h^2$ の，固有値が 0 に近い固有ベクトルで生成される部分空間と，そこへの $h$ の制限だけが連続的につながっていればよい．

上のアイディアの実行にはファイバー束を定義するときと同じような手間がかかるが，それ以上の原理的な困難はない．

準備として次の概念を定義しておく．

**定義 9.3**　$U$ を $X$ の開部分集合，$F, F'$ を $U$ 上の Hermite ベクトル束，$h, h'$ を各々 $F, F'$ 上の Hermite 自己準同型とする．$(h)_x^2$ の固有値 $\mu$ 未満の固有空間の直和を $(F, h)_{x, <\mu}$ と書き，$(h')_x^2$ の固有値 $\mu$ 未満の固有空間の直和を $(F', h')_{x, <\mu}$ と書く．

ベクトル束としての 2 つの準同型 $f, g \colon F \to F'$ が与えられたとする．

（1）　$x$ を $U$ の点とする．$f$ が $x$ の近傍で**芽として $h, h'$ を保つ**とは，次の条件をみたすことである：$x$ のある開近傍 $U_x \subset U$ と，ある正数 $\mu > 0$ が存在し，$U_x$ の各点 $y$ に対して，$(f)_y$ を $(F, h)_{x, <\mu}$ 上に制限したとき $fh = h'f$ が成立する．

（2） $x$ を $U$ の点とする．$f$ が $x$ の近傍で芽として $h, h'$ を保つとする．$f$ が $x$ の近傍で**芽としての同型**を与えるとは，次の条件をみたすことである：$x$ のある開近傍 $U_x \subset U$ と，ある正数 $\mu > 0$ が存在し，$U_x$ の各点 $y$ に対して，$(f)_y$ は $(F, h)_{x,<\mu}$ を $(F', h')_{x,<\mu}$ の上に等長に写す．

（3） $x$ を $U$ の点とする．$f, g$ が共に $x$ の近傍で $h, h'$ を保つとする．$f, g$ が $x$ の近傍で**芽として等しい**とは，次の条件をみたすことである：$x$ のある開近傍 $U_x \subset U$ と，ある正数 $\mu > 0$ が存在し，$U_x$ の各点 $y$ に対して，$(F, h)_{x,<\mu}$ に制限したとき $f = g$ が成立する． □

**定義 9.4** $U$ を $X$ の開部分集合，$F, F'$ を $U$ 上の Hermite ベクトル束，$h, h'$ を各々 $F, F'$ 上の Hermite 自己準同型とする．ベクトル束としての 2 つの準同型 $f, g \colon F \to F'$ が与えられたとする．

（1） $f$ が**芽として $h, h'$ を保つ**とは，$f$ が $U$ の各点の近傍で芽として $h, h'$ を保つことである．

（2） $f$ が**芽としての同型**を与えるとは，$f$ が $U$ の各点の近傍で芽としての同型を与えることである．

（3） $f, g$ が共に $h, h'$ を保つとき，$f, g$ が**芽として等しい**とは，$f$ が $U$ の各点の近傍で芽として等しいことである． □

$X$ を位相空間とする．$X$ の各点 $x$ に対して，Hermite ベクトル空間 $(\mathcal{F})_x$ が与えられているとしよう．$(\mathcal{F})_x$ をすべての $x$ にわたって形式的に束ねたものを $\mathcal{F} = \coprod_x (\mathcal{F})_x$ とおく．$\mathcal{F}$ の「つながり方」を定義したい．

次のようなデータ $(\{(U_\alpha, F_\alpha, h_\alpha)\}, \{f_{\alpha\beta}\}, \{f_\alpha\})$ が与えられたとする．

（1） $X = \bigcup_\alpha U_\alpha$ は $X$ の開被覆である．

（2） $F_\alpha \to U_\alpha$ は有限次元 Hermite ベクトル束である．

（3） $h_\alpha$ は $F_\alpha$ の Hermite 自己準同型である．

（4） $f_{\alpha\beta}$ は $F_\beta | U_\alpha \cap U_\beta$ から $F_\alpha | U_\alpha \cap U_\beta$ への準同型である．

（5） $f_\alpha$ は，$U_\alpha$ の各点 $x$ に対する線形写像 $(f_\alpha)_x \colon \mathrm{Ker}(h_\alpha)_x \to (\mathcal{F})_x$ を形式的に $x$ について束ねたものである．

これを用いて次のように定義する．

**定義 9.5** $(\{(U_\alpha, F_\alpha, h_\alpha)\}, \{f_{\alpha\beta}\}, \{f_\alpha\})$ が $\mathcal{F}$ の**つながり方**であるとは，次

の条件をみたすことである．

（1）　$x$ が $U_\alpha$ の点であるとき

$$(f_\alpha)_x\colon \operatorname{Ker}(h_\alpha)_x \to (\mathcal{F})_x$$

は Hermite 計量を保つ線形同型である．

（2）　$x$ が $U_\alpha \cap U_\beta$ の点であるとき $\operatorname{Ker}(h_\alpha)_x$ 上で

$$f_\beta f_{\beta\alpha} = f_\alpha$$

が成立する．

（3）　$U_\alpha \cap U_\beta$ 上で，$f_{\beta\alpha}$ は芽として $h_\alpha, h_\beta$ を保つ．

（4）　$U_\alpha$ 上で，$f_{\alpha\alpha}$ は芽として恒等写像と等しい．

（5）　$U_\alpha \cap U_\beta \cap U_\gamma$ 上で，$f_{\alpha\gamma} f_{\gamma\beta} f_{\beta\alpha}$ は芽として恒等写像と等しい．　□

**定義 9.6**　つながり方が付与された $\mathcal{F}$ を，**Hermite 一般ベクトル束**とよぶことにする．　□

**定義 9.7**　$\mathcal{F}, \mathcal{F}'$ が各々

$$(\{(U_\alpha, F_\alpha, h_\alpha)\}, \{f_{\alpha\beta}\}, \{f_\alpha\}), \quad (\{(U_{\alpha'}, F_{\alpha'}, h_{\alpha'})\}, \{f_{\alpha'\beta'}\}, \{f_{\alpha'}\})$$

によってつながり方が付与されているとする．

$\tilde{\phi} = (\{\phi_{\alpha'\alpha}\})$ が，$\tilde{F}$ から $\tilde{F}'$ への同型であるとは，次の条件をみたすことである．

（1）　$\phi_{\alpha'\alpha}$ は $F_\alpha | U_\alpha \cap U_{\alpha'}$ から $F_{\alpha'} | U_\alpha \cap U_{\alpha'}$ へのベクトル束としての準同型であり，$h_\alpha, h_{\alpha'}$ を芽として保つ．

（2）　$U_\alpha \cap U_{\alpha'}$ 上で $\phi_{\alpha'\alpha}$ は芽としての同型である．

（3）　$U_\alpha \cap U_\beta \cap U_{\alpha'}$ 上で $\phi_{\alpha'\beta} f_{\beta\alpha}$ と $\phi_{\alpha'\alpha}$ は芽として等しい．

（4）　$U_\alpha \cap U_{\alpha'} \cap U_{\beta'}$ 上で $f_{\alpha'\beta'} \phi_{\beta'\alpha}$ と $\phi_{\alpha'\alpha}$ は芽として等しい．　□

同型の存在が同値関係であることは容易に確かめられる．

Hermite 一般ベクトル束 $\mathcal{F} = \coprod_x (\mathcal{F})_x$ において，$(\mathcal{F})_x$ の次元が $x$ の関数として局所定数であれば，$\mathcal{F}$ は Hermite ベクトル束となり，Hermite 一般ベクトル束の情報はこの Hermite ベクトル束によって完全に担われている．

その意味で，Hermite 一般ベクトル束とは，Hermite ベクトル束の拡張概念になっている．

もし次元が $x$ とともに変化するときには $\mathcal{F}$ はもはや Hermite ベクトル束

ではないし，Hermite 一般ベクトル束の情報は(あらかじめ適当に位相を入れておいたとしても) $\mathcal{F}$ だけによって再現することはできない．

群作用，あるいは Clifford 代数の作用がある場合にも平行した定義が有効である．今はとりあえず，$\mathbb{Z}_2$ 次数付ベクトル空間の場合だけ述べておく．

**定義 9.8**

（1） **$\mathbb{Z}_2$ 次数付 Hermite 一般ベクトル束**の定義は，定義 9.5 において「Hermite ベクトル束」を「$\mathbb{Z}_2$ 次数付 Hermite ベクトル束」におきかえ，$h_\alpha$ の次数を 1，$f_{\alpha\beta}$ の次数を 0 と指定したものである．

（2） 2 つの $\mathbb{Z}_2$ 次数付 Hermite 一般ベクトル束の間の同型の定義は，定義 9.7 において $\phi_{\alpha'\alpha}$ の次数を 0 と指定したものである．□

**定義 9.9**　$X$ 上の $\mathbb{Z}_2$ 次数付 Hermite ベクトル束の連続族の同型類の全体の集合を $\mathcal{K}(X)$ と書く．□

**注意 9.10**　$\mathbb{Z}_2$ 次数付構造を考える 1 つの利点は，$X$ がコンパクト Hausdorff であるとき $\mathcal{K}(X)$ の任意の要素 $\mathcal{F}$ が「大域的表示」を許す点にある．すなわち，$X$ 上大域的に定義された有限階数のベクトル束だけを用いて $\mathcal{F}$ を表示できるのである(定理 9.56 参照)．$\mathbb{Z}_2$ 次数付構造がない場合には，一般には「大域的表示」をもたない(例 9.54 参照)．

**注意 9.11**　Hermite 一般ベクトル束の定義には，互いに同値ないろいろな述べ方ができる．2 つだけ，定義の変形の仕方を述べておく．

(1)　$F_\alpha$ を $U_\alpha$ 上の一般の Hermite ベクトル束とするかわりに，自明な Hermite ベクトル束であるという条件を課してもよい．

(2)　$f_{\beta\alpha}$ や $\phi_{\alpha'\alpha}$ を，準同型とするかわりに適当な意味で連続な対応(correspondence)に置き換えて拡張してもよい．

ベクトル束と平行した定義を行うには(1)の述べ方が徹底している．第 11 章では(2)の述べ方がよりふさわしい場面が現われる．

## (c)　Hermite 一般ベクトル束の例

ここでは幾分抽象的な例だけを挙げておく．§9.3 において Dirac 作用素の族の指数として，より具体的な例を挙げる．

**例 9.12**　連続写像 $\phi\colon Y\to X$ と $X$ 上の Hermite 一般ベクトル束 $\mathcal{F}$ に対

して，引き戻し(pullback) $\phi^*\mathcal{F}$ を，$Y$ 上の Hermie 一般ベクトル束として，定義できる．実際，$\mathcal{F}$ のつながり方を与えるすべてのデータの引き戻しによって定義すればよい．　□

次の例は，以下の議論においてしばしば現われる．

**例 9.13**　$F$ を $X$ 上の $\mathbb{Z}_2$ 次数付 Hermite ベクトル束，$h$ を $F$ 上の次数 1 の Hermite 自己準同型とする．このとき，$(\mathcal{F})_x=(\operatorname{Ker} h)_x$ を束ねた $\mathcal{F}:=\{(\mathcal{F})_x\}$ は，$(X,F,h)$ によってつながり方が与えられた $\mathbb{Z}_2$ 次数付 Hermite 一般ベクトル束である．　□

**例 9.14**　例 9.13 の特別な場合として，$X=\mathbb{R}$, $F=\mathbb{R}\times(\mathbb{C}\oplus\mathbb{C})$ に対して

$$(h)_t=\begin{pmatrix} 0 & t \\ t & 0 \end{pmatrix}$$

を考えると，

$$(\mathcal{F})_0=\mathbb{C}\oplus\mathbb{C}, \quad (\mathcal{F})_t=0\ (t\neq 0)$$

となる．　□

$\mathbb{Z}_2$ 次数付 Hermite 一般ベクトル束に対して，直和が自然に定義される．テンソル積については，まず，$V_0, V_1$ が 2 つの $\mathbb{Z}_2$ 次数付 Hermite ベクトル空間であり，$h_0, h_1$ が各々の上の次数 1 の Hermite 変換であるとき，

$$(V_0,h_0)\otimes(V_1,h_1)=(V_0\otimes V_1,\tilde{h}), \quad \tilde{h}=h_0\otimes \mathrm{id}_{V_1}+\epsilon_{V_0}\otimes h_1$$

とおくと，

$$\operatorname{Ker}\tilde{h}=\operatorname{Ker} h_0\otimes\operatorname{Ker} h_1$$

となることを思い出そう．より一般に，$X$ の各点 $x$ において，$\tilde{h}_x^2$ の固有値は $(h_0)_x^2$ の固有値と $(h_1)_x^2$ の固有値との和になり，対応する固有空間はテンソル積によって得られる．

このことに注意すると，連続族に対するテンソル積も，$\mathbb{Z}_2$ 次数付 Hermite ベクトル束に対するテンソル積の定義と平行して定義される．テンソル積としては，$X$ 上の 2 つの連続族に対してふたたび $X$ 上の連続族を与える内部テンソル積も定義されるし，$X$ と $Y$ 上の連続族に対して $X\times Y$ 上の連続族を与える外部テンソル積も定義できる．

**例 9.15**　$X$ 上の $\mathbb{Z}_2$ 次数付 Hermite 一般ベクトル束 $\mathcal{F}$ に対して，その次

数の偶奇を入れ替えたものを $\mathcal{F}'$ とおくと，$\mathcal{F}'$ は自然に $\mathbb{Z}_2$ 次数付 Hermite 一般ベクトル束の構造をもつ．このとき，直和 $\mathcal{F}\oplus\mathcal{F}'$ は，テンソル積 $\mathcal{F}\otimes(\mathbb{C}\oplus\mathbb{C})$ と同型である．□

**例 9.16**　$X$ 上の $\mathbb{Z}_2$ 次数付 Hermite 一般ベクトル束 $\mathcal{F}$ と，例 9.14 で与えられた $\mathbb{R}$ 上の $\mathbb{Z}_2$ 次数付一般ベクトル束との外部テンソル積を $\tilde{\mathcal{F}}$ とおく．$\tilde{\mathcal{F}}$ は $X\times\mathbb{R}$ 上の $\mathbb{Z}_2$ 次数付 Hermite 一般ベクトル束であり，例 9.15 の記号を用いると

$$(\tilde{\mathcal{F}})_{(x,0)} = (\mathcal{F})_x \oplus (\mathcal{F}')_x, \quad (\tilde{\mathcal{F}})_{(x,t)} = 0\ (t\neq 0)$$

が成立する．より精密に，$\tilde{\mathcal{F}}$ を $X\times\{0\}$ に制限したものは，$\mathcal{F}\oplus\mathcal{F}'$ と同型である．$t\neq 0$ に対しては $\tilde{\mathcal{F}}$ を $X\times\{t\}$ に制限したものは，0 と同型である．□

## §9.2　$K$　群

本書では，Dirac 型作用素の族の指数が値をとる受け皿として $K$ 群を導入する．

### (a)　$K$ 群の定義

まず，$\mathcal{K}(X)$ の要素の間に，次の関係を導入する．

**定義 9.17**　$\mathcal{K}(X)$ の 2 要素 $\mathcal{F}_0, \mathcal{F}_1$ が「ホモトピーで結べる」とは，$\mathcal{K}(X\times[0,1])$ の要素 $\tilde{\mathcal{F}}$ が存在して，$\phi_t\colon X\to X\times[0,1]$, $\phi_t(x)=(x,t)$ に対して $\phi_0^*\tilde{\mathcal{F}}=\mathcal{F}_0$, $\phi_1^*\tilde{\mathcal{F}}=\mathcal{F}_1$ となることをいう．□

**補題 9.18**　ホモトピーで結べるという関係は同値関係である．

［証明］　推移律だけが問題である．$\mathcal{K}(X)$ の要素 $\mathcal{F}_0, \mathcal{F}_1, \mathcal{F}_2$ と $\mathcal{K}(X\times[0,1])$ の要素 $\tilde{\mathcal{F}}_-, \tilde{\mathcal{F}}_+$ が，$\phi_t\colon X\to X\times[0,1]$, $\phi_t(x)=(x,t)$ $(t\in[0,1])$ に対して $\phi_0^*\tilde{\mathcal{F}}_-=\mathcal{F}_0$, $\phi_1^*\tilde{\mathcal{F}}_-=\phi_0^*\tilde{\mathcal{F}}_+=\mathcal{F}_1$, $\phi_1^*\tilde{\mathcal{F}}_+=\mathcal{F}_2$ をみたすとき，$\mathcal{K}(X\times[0,1])$ のある要素 $\tilde{\mathcal{F}}$ が存在して $\phi_0^*\tilde{\mathcal{F}}=\mathcal{F}_0$, $\phi_1^*\tilde{\mathcal{F}}=\mathcal{F}_2$ をみたすことをいえばよい．連続写像 $\phi_-\colon X\times[0,2/3)\to X\times[0,1]$ を，$t\in[0,1/3]$ に対して $\phi(x,t)=(x,3t)$, $t\in[1/3,2/3)$ に対して $\phi(x,t)=(x,1)$ によって定義する．また，$\phi_+\colon X\times(1/3,1]\to X\times[0,1]$ を，$t\in(1/3,2/3]$ に対して $\phi(x,t)=(x,0)$, $t\in[2/3,1]$ に

対して $\phi(x,t)=(x,3t-2)$ によって定義する．このとき，$\mathcal{K}(X\times[0,2/3))$ の要素 $\phi_-^*\tilde{\mathcal{F}}_-$ と $\mathcal{K}(X\times(1/3,1])$ の要素 $\phi_+^*\tilde{\mathcal{F}}_+$ とは，$X\times(1/3,2/3)$ に制限すると $\mathcal{K}(X\times(1/3,2/3))$ の同じ要素になる．$X\times[0,1]$ は開部分集合 $X\times[0,2/3)$ と $X\times(1/3,1]$ の和集合であるから，これらを貼り合わせることができ，$\mathcal{K}(X\times[0,1])$ の要素 $\tilde{\mathcal{F}}$ を得る．この $\tilde{\mathcal{F}}$ が求める性質をもつ． ∎

本書では $K$ 群を次のように導入する．

**定義 9.19**　$\mathcal{K}(X)$ をホモトピーによる同値関係で割った集合を $K(X)$ とおき，$X$ の ***K*** **群**($K$-group)とよぶ． □

$\mathcal{K}(X)$ の要素 $\mathcal{F}$ が大域的表現 $(F,h)$ をもつとき，$\mathcal{F}$ のホモトピー類 $[\mathcal{F}]$ を $[(F,h)]$ と書くことにする．特に，$h=0$ であるとき，単に $[F]$ と書くことにする．

**注意 9.20**　本書では，一般の位相空間 $X$ に対して $K(X)$ を定義した．多くの文献では，$X$ が局所コンパクト Hausdorff であるときに $K(X)$ を定義している．

- $X$ がコンパクト Hausdorff 空間であるとき，通常の定義は本書の定義と一致する(定理 9.60 参照)．
- $X$ が局所コンパクト Hausdorff 空間であるとき，多くの文献で $K(X)$ と書かれるものは，本書で $K_c(X)$ と書かれるものと一致する(定義 9.29，定理 9.60 参照)．

$\mathcal{K}(X)$ の要素の間の直和とテンソル積は，ホモトピー類の間の演算を引き起こす．

**補題 9.21**　$K(X)$ は直和とテンソル積から誘導される演算に関して単位元をもつ可換環になる．加法と乗法の単位元はおのおの $0\oplus 0$, $\mathbb{C}\oplus 0$ であり，加法の逆元は次数の偶奇を入れ替えたものによって与えられる．

［証明］　$[0\oplus 0]$ が加法に関する単位元であることは明らかである．$\mathcal{K}(X)$ の要素 $\mathcal{F}$ に対して，次数の偶奇を入れ替えたものを $\mathcal{F}'$ とおくと，例 9.16 により，$\mathcal{K}(X\times\mathbb{R})$ の要素 $\tilde{\mathcal{F}}$ が存在して，$X\times\{0\}$ への制限は $\mathcal{F}\oplus\mathcal{F}'$ であり，$X\times\{1\}$ への制限は $0\oplus 0$ である．これは，$K(X)$ の中で $[\mathcal{F}]+[\mathcal{F}']=[0\oplus 0]$ を意味している．よって加法に関する逆元が存在する．

加法に関する可換性は明らかであるが，乗法についての可換性は，少しだけ注意を要する．$V_0, V_1$ が 2 つの $\mathbb{Z}_2$ 次数付 Hermite ベクトル空間であり，$h_0, h_1$ が各々の上の次数 1 の Hermite 変換であるとき，

$$(V_0, h_0) \otimes (V_1, h_1) = (V_0 \otimes V_1, h_0 \otimes \mathrm{id}_{V_1} + \epsilon_{V_0} \otimes h_1)$$
$$(V_1, h_1) \otimes (V_0, h_0) = (V_1 \otimes V_0, h_1 \otimes \mathrm{id}_{V_0} + \epsilon_{V_1} \otimes h_0)$$

と考えるのであった．すると，

$$V_0 \otimes V_1 \to V_1 \otimes V_0, \quad v_0 \otimes v_1 \mapsto \epsilon(v_1 \otimes v_0)$$

によって両者は同型になる．ただし，$\epsilon$ とは $V_1^i \otimes V_0^j$ 上で $(-1)^{ij}$ 倍する写像である．この構成を各点ごとに行うと，ホモトピーによる同値類をとる前の $\mathcal{K}(X)$ においてテンソル積の可換性が成立することが示される．∎

**例 9.22**　$K(\mathrm{pt})$ は環として $\mathbb{Z}$ と同型である．同型写像は $\mathbb{Z}_2$ 次数付 Hermite ベクトル空間 $V$ に対して $\dim V^0 - \dim V^1$ を対応させる写像によって与えられる．□

**演習問題 9.23**　上の例を確かめよ．□

連続写像 $\phi\colon Y \to X$ から誘導される引き戻し $\phi^*\colon \mathcal{K}(Y) \to \mathcal{K}(X)$ はホモトピーを保つ．従って，$\phi^*\colon K(Y) \to K(X)$ を誘導する．

**補題 9.24**

（1）　連続写像 $\phi_0, \phi_1\colon X \to Y$ がホモトピーで結べるとき，誘導される写像 $\phi_0^*, \phi_1^*\colon K(Y) \to K(X)$ は等しい．

（2）　$X$ と $Y$ が同じホモトピー型をもつなら，$K(X)$ と $K(Y)$ とは同型である．

[証明]　$K(X)$ 自身がホモトピーによる同値関係を用いて定義されていることから明らかである．∎

## (b)　*K* 群の変種

$X$ が閉多様体であるとき，$K(X)$ は，de Rham コホモロジー $H^\bullet(X)$ とある程度類似した性質をもつことがあとで示される[*6]．

---

*6　一般のコンパクト空間に対しては，整数係数の特異コホモロジーを類似物として挙げるべきであったが，本書ではコホモロジーは de Rham コホモロジーに統一してきたので，このように述べた．

de Rham コホモロジーには，いくつかの変種があった：相対 de Rham コホモロジー，コンパクトな台をもつ微分形式に対する de Rham コホモロジー，局所系に係数をもつ de Rham コホモロジー，あるいはそれらの組み合わせである．$K$ 群に対しても，これらとほぼ平行した変種たちを定義しておこう．

### *KO* 群

$\mathcal{K}(X), K(X)$ の定義において使われたベクトル空間は複素数上のものであった．そのかわりに実ベクトル空間を考えて得られる $\mathcal{K}(X), K(X)$ の対応物がある．それらを $\mathcal{KO}(X), KO(X)$ と書く．ただし Hermite 計量のかわりに Euclid 計量を用い，Hermite 変換のかわりに対称変換を用いて定義する．

### 相対 *K* 群

$\mathcal{K}(X)$ の要素 $\mathcal{F}$ に対して**台**(support) $\operatorname{supp}\mathcal{F}$ を次で定義する．

**定義 9.25**

$$\operatorname{supp}\mathcal{F} = \overline{\{x \in X \mid (\mathcal{F})_x \neq 0\}}. \qquad \square$$

すなわち $\mathcal{F}$ を制限すると 0 になるような開集合のうち，最大なものの補集合である．

$C$ が位相空間 $X$ の閉部分集合であるとき，相対 $K$ 群 $K(X,C)$ を次で定義する．

**定義 9.26**

（1）　$\mathcal{K}(X)$ の部分集合であって，台が $C$ と交わらないものの全体を $\mathcal{K}(X,C)$ とおく．

（2）　$\mathcal{K}(X,C)$ の 2 要素 $\mathcal{F}_0, \mathcal{F}_1$ が「台が $C$ と交わらないホモトピーで結べる」とは，$\mathcal{K}(X\times[0,1], C\times[0,1])$ の要素 $\tilde{\mathcal{F}}$ が存在して，$\phi_t\colon X \to X\times[0,1]$，$\phi_t(x)=(x,t)$ に対して $\phi_0^*\tilde{\mathcal{F}}=\mathcal{F}_0$，$\phi_1^*\tilde{\mathcal{F}}=\mathcal{F}_1$ となることをいう．

（3）　台が $C$ と交わらないホモトピーで結べるという関係が同値関係になることは補題 9.18 と同様にわかる．$\mathcal{K}(X,C)$ をこの同値関係で割った集合を $K(X,C)$ とおき，$(X,C)$ に対する**相対 $K$ 群**とよぶ．　$\square$

同様に，実ベクトル空間を用いて $KO(X,C)$ が定義される．

**命題 9.27**　$X$ をコンパクト Hausdorff 空間，$C$ を $X$ の閉部分集合とする．$X$ において $C$ をつぶして得られる位相空間を $X/C$ とおき，$C$ がつぶれた 1 点を pt とおくとき，自然な同一視 $K(X,C)=K(X/C,\mathrm{pt})$，$KO(X,C)=KO(X/C,\mathrm{pt})$ が存在する．

［証明］　$X$ がコンパクト Hausdorff 空間であり $C$ が閉部分集合であるとき，$X/C$ の位相を $(X/C)\backslash\mathrm{pt}$ に制限したものはもとの $X$ の位相を $X\backslash C$ に制限したものと一致する．このことから，$\mathcal{K}(X,C)$ と $\mathcal{K}(X/C,\mathrm{pt})$ とは集合として同一視される．また，ホモトピーによる同値関係が両者で一致することも定義から明らかである．$KO$ 群の場合も同様である．■

**演習問題 9.28**　$X$ をコンパクト Hausdorff 空間，$p$ を $X$ の 1 点とする．このとき，自然な制限写像 $K(X)\to K(p)$ に対して $K(X)\cong \mathrm{Ker}(K(X)\to K(p))$ が成立する．□

### コンパクトな台をもつ $K$ 群

**定義 9.29**

（1）　$\mathcal{K}(X)$ の部分集合であって，台がコンパクトなもの全体を $\mathcal{K}_c(X)$ とおく．

（2）　$\mathcal{K}_c(X)$ の 2 要素 $\mathcal{F}_0,\mathcal{F}_1$ が「台がコンパクトなホモトピーで結べる」とは，$\mathcal{K}_c(X\times[0,1])$ の要素 $\tilde{\mathcal{F}}$ が存在して，$\phi_t\colon X\to X\times[0,1]$，$\phi_t(x)=(x,t)$ に対して $\phi_0^*\tilde{\mathcal{F}}=\mathcal{F}_0$，$\phi_1^*\tilde{\mathcal{F}}=\mathcal{F}_1$ となることをいう．

（3）　台がコンパクトなホモトピーで結べる関係が同値関係になることは補題 9.18 と同様にわかる．$\mathcal{K}_c(X)$ をこの同値関係で割った集合を $K_c(X)$ とおき，$X$ の**コンパクトな台をもつ $K$ 群**とよぶ．□

同様に，実ベクトル空間を用いて $KO_c(X)$ が定義される．

$X$ がコンパクトなら定義から $K(X)=K_c(X)$，$KO(X)=KO_c(X)$ となる．より一般には次の命題が成立する．

**命題 9.30**　$X$ を局所コンパクト Hausdorff 空間とする．$X$ の 1 点コンパクト化を $X^+$，付け加えた無限遠点を pt とおくとき，自然な同一視 $K_c(X)=$

$K(X^+, \mathrm{pt})$, $KO_c(X) = K(X^+, \mathrm{pt})$ が存在する．

［証明］ $X$ が局所コンパクト Hausdorff 空間であるとき，$X^+$ の位相を $X$ に制限したものはもとの $X$ の位相と一致する．このことから，制限による自然な単射 $\mathcal{K}(X^+, \mathrm{pt}) \to \mathcal{K}(X)$ が存在する．1点コンパクト化の定義から，この単射の像は $\mathcal{K}_c(X)$ と一致する．また，ホモトピーによる同値関係が両者で一致することも定義から明らかである．$KO$ 群の場合も同様である． ∎

**演習問題 9.31**　$X$ を局所コンパクト Hausdorff 空間，$X$ の1点コンパクト化を $X^+$，付け加えた無限遠点を pt とおくとき，自然な同型 $K_c(X) \cong \mathrm{Ker}(K(X^+) \to K(\mathrm{pt}))$ が存在する． □

### 局所係数付の *K* 群

局所系に係数をもつ de Rham コホモロジーに当たる概念を導入しよう．

$T$ を $X$ 上の Euclid 計量をもつ実ベクトル束とする．$Cl(T)$ は，$X$ 上のベクトル束であって，各ファイバーが $\mathbb{Z}_2$ 次数付代数の構造をもっている．

**定義 9.32**　$X$ の点 $x$ によってパラメータ表示された $\mathbb{Z}_2$ 次数付 Hermite ベクトル空間の族 $\mathcal{F} = \{(\mathcal{F})_x\}$ が与えられ，各 $(\mathcal{F})_x$ には Clifford 代数 $Cl((T)_x)$ 上の $\mathbb{Z}_2$ 次数付ユニタリ表現空間の構造が与えられているとする．

（1）　$(\{(U_\alpha, F_\alpha, h_\alpha)\}, \{f_{\beta\alpha}\}, \{f_\alpha\})$ が $\mathcal{F}$ のつながり方を与えているとは，定義 9.5 を次のように変形した条件が成立することをいう．

(a)　「Hermite ベクトル束」を「$\mathbb{Z}_2$ 次数付 $Cl(T|U_\alpha)$ 加群」におきかえる．

(b)　$h_\alpha$ に，次数1で Clifford 代数作用と反可換という条件を課す．

(c)　$f_{\alpha\beta}$ に，次数0で Clifford 代数作用と可換という条件を課す．

（2）　つながり方の与えられた $\mathcal{F}, \mathcal{F}'$ の間の同型の定義は，定義 9.7 において $\phi_{\alpha'\alpha}$ の次数を0で Clifford 代数作用と可換という条件を課したものである．

（3）　$\mathcal{F}$ 上につながり方が与えられたとき，$\mathcal{F}$ を $(X, T)$ 上の $\mathbb{Z}_2$ **次数付一般 Clifford 加群**とよぶことにする． □

**注意 9.33**　$\mathbb{Z}_2$ 次数付構造と Clifford 加群構造とは，不定符号の二次形式を用いると統一的に扱うことができる．これについては第11章で説明する．

以上の準備のもとで，次のように定義する．

**定義 9.34**

（1） $(X,T)$ 上の拡張された $\mathbb{Z}_2$ 次数付一般 Clifford 加群の同型類の全体の集合を $\mathcal{K}(X,Cl(T))$ と書く．

（2） $\mathcal{K}(X,Cl(T))$ をホモトピーによる同値関係で割った集合を $K(X, Cl(T))$ とおき，**$X$ の $Cl(T)$ を局所係数とする $K$ 群**とよぶ． □

ホモトピーの定義と，それが同値関係になることの証明は普通の $K$ 群の場合と同様である．

係数という概念についての注をまとめておく．

**注意 9.35**

(1) $Cl(T)$ を係数とする $K$ 群の定義を $KO$ 群，相対 $K$ 群，コンパクトな台をもつ $K$ 群の定義と組み合わせることもできる．$KO(X,Cl(T))$, $K(X,C, Cl(T))$, $K_c(X,Cl(T))$ あるいは $KO_c(X,Cl(T))$ 等の意味は明らかであろう．

(2) $T$ が自明な実ベクトル束 $X\times\mathbb{R}^r$ であるときには $K(X,Cl(T))$ のことを $K(X,Cl(\mathbb{R}^r))$ と書くことにする．

(3) より一般に，$A=A^0\oplus A^1$ が $\mathbb{Z}_2$ 次数付の($\mathbb{C}$ 上有限次元の)代数であり，$\mathbb{Z}_2$ 次数付 Hermite ベクトル空間に対して「$\mathbb{Z}_2$ 次数付(有限次元)ユニタリ表現」の概念が定義されているときには，$A$ を係数とする $K$ 群 $K(X,A)$ を定義することができる．

(4) 位相空間 $S$ を固定し，さまざまな $X$ に対して $K(X\times S)$ を考察するとき，$K(X\times S)$ のことを「$S$ を係数とする $X$ の $K$ 群」とよぶことがある[*7]．形式的に述べるなら，$S$ を係数とする $K$ 群を考えることは，$A$ を係数とする $K$ 群を，$A=A^0\oplus A^1$ として，$A^0=C(S)$ ($S$ 上の連続関数全体のなす可換環)，$A^1=0$ に対して考えることに相当する．しかし一般には $A$ が無限次元であるため，ユニタリ表現として無限次元のものまで考慮せねばならない．この見立ての正当化には関数解析的な道具が必要である．

---

＊7　たとえば，$S$ として「Moore 空間」をとることによって「$\mathbb{Z}_n$ を係数とする $K$ 群」とよばれるものが定義される．

(5) 2つの$\mathbb{Z}_2$次数付代数$A_0, A_1$に対して，$A_0$上の$\mathbb{Z}_2$次数付ユニタリ加群のカテゴリーと$A_1$上の$\mathbb{Z}_2$次数付ユニタリ加群のカテゴリーが，適当な意味で類似しているとき[*8]，$K(X, A_0)$と$K(X, A_1)$とは同型となると考えられる．2つのカテゴリーの同値は，しばしばFourier変換と類似した対応によって得られる(「Fourier–向井変換」といってもよい)．

(6) Bottの周期性定理は，形式的にはこうしたFourier–向井変換の一種と理解することができる．これは次章において説明されるが，結論だけ先取りして述べておく：自然数$i, j$の和が偶数であるとき，形式的に，$A_0$および$A_1$として$Cl(\mathbb{R}^i)$および$C_c^0(\mathbb{R}^j)$ ($\mathbb{R}^j$上のコンパクトな台をもつ連続関数のなす可換環)をとることができる[*9]．Fourier変換，Fourier逆変換は，指数関数を掛けて積分する操作であった．Bott周期性定理の定式化において，Fourier変換における指数関数に相当するのは，おおよそ超対称調和振動子である．Fourier変換の積分に相当するのは「族の指数」をとる操作である．

**例 9.36**　$T$が$X$上のEuclid計量をもつ実ベクトル束であり，$(W, [h])$が$(X, T)$上のコンパクトな台をもつ$\mathbb{Z}_2$次数付Clifford加群であるとする．このとき，例9.13と同様に，$\mathrm{Ker}\, h$には自然なつながり方が入っており，$\mathcal{K}_c(X, Cl(T))$の要素とみなすことができる．そのホモトピー類$[\mathrm{Ker}\, h]$は$K_c(X, Cl(T))$の要素であり，$h$のホモトピー類$[h]$のみから定まる．　□

**注意 9.37**　特に$X$がRiemann計量の入った多様体であり，$T = TX$であるとき，$(W, [h])$には指数$\mathrm{ind}(W, [h])$が定義されていた．§10.1で述べるように，指数は，写像

$$\mathrm{ind}\colon K_c(X, Cl(TX)) \to \mathbb{Z}$$

として拡張して定義される(定理10.12参照)．これを積分

$$\int_X\colon \Omega_c^n(X, \theta_X) \to \mathbb{R}$$

と比べると，$Cl(TX)$が向きの局所系$\theta_X$と平行した役割を果たしていることが見てとれる．($n$は$X$の次元である．)

---

*8　いわば，両者に対する「導来圏の類似物」が同型であるとき．

*9　$KO$群の場合には$i, j$の和は8の倍数であると仮定する．

### (c)　自明な局所係数

局所系が自明であるときには，局所係数の de Rham コホモロジーは，本来の de Rham コホモロジーと同型になり，自明化を固定するごとに同型が与えられる．

次の命題はこれと平行するものと考えられる．

**命題 9.38**　$T_0$ の階数が偶数であり $Spin^c$ 構造をもつとき，対応するスピノル束を $S$ とおく．Euclid 計量をもつ任意の実ベクトル束 $T$ に対して，$\mathcal{W} \mapsto \mathcal{W} \otimes S$ によって定義される写像

$$\mathcal{K}(X, Cl(T)) \to \mathcal{K}(X, Cl(T \oplus T_0))$$

は全単射であり，加群としての同型

$$K(X, Cl(T)) \to K(X, Cl(T \oplus T_0))$$

を誘導する．特に，$K(X) \cong K(X, Cl(T_0))$ である．同様の同型が相対 $K$ 群や $K_c$ に対しても成立する．

［証明］　一般に，Clifford 代数 $Cl(E)$ とその $\mathbb{Z}_2$ 次数付ユニタリ表現 $R$ に対して，

$$H_{\mathbb{Z}_2}(R) = \{\gamma \in \mathrm{Herm}^1(R) \mid c_R(e)\gamma + \gamma c_R(e) = 0 \ (e \in E)\}$$

と定義してあったことを思い出す(第2章)．$T$ の階数を $r$，$T_0$ の階数を $r_0$ とおくとき，証明すべきことは，本質的に次の2点である．$Cl(\mathbb{R}^{r_0})$ のスピノル表現を $\Delta_0$ とおく．

（1）　$Cl(\mathbb{R}^r)$ と $Cl(\mathbb{R}^{r+r_0})$ の $\mathbb{Z}_2$ 次数付ユニタリ表現は，対応 $R \mapsto R \otimes \Delta_0$ によって一対一に対応している．

（2）　このときさらに対応 $\gamma \mapsto \gamma \otimes \mathrm{id}_{\Delta_0}$ によって $H_{\mathbb{Z}_2}(R) \cong H_{\mathbb{Z}_2}(R \otimes \Delta_0)$ が成立する．

第一の主張は命題 2.38(1) による．

第二の主張は $\mathbb{Z}_2$ 次数付構造を忘れても $\Delta$ が既約であること(定理 2.11)から次のようにしてわかる．$e_1, e_2, \cdots, e_{r_0}$ を $\mathbb{R}^{r_0}$ の正規直交基底とする．$H_{\mathbb{Z}_2}(R \otimes \Delta_0)$ の任意の要素 $\tilde{\gamma}$ は，$\epsilon_R \otimes c_{\Delta_0}(e_i)$ および $\epsilon_R \otimes \epsilon_{\Delta_0}$ と反可換な Hermite 変換なので，両者の積 $\mathrm{id}_R \otimes \epsilon_{\Delta_0} c_{\Delta_0}(e_i)$ と可換になる．一方，$r$ が偶数であると

き，$\epsilon_{\Delta_0}$ は $c_{\Delta_0}(e_i)$ たちの積として書ける．よって $\epsilon_{\Delta_0}$ は $\epsilon_{\Delta_0}c_{\Delta_0}(e_i)$ たちの積としても書ける．従って，$\tilde{\gamma}$ はすべての $\mathrm{id}_R \otimes c_{\Delta_0}(e_i)$ と可換である．するとSchur の補題によって $\tilde{\gamma}$ は $\gamma \otimes \mathrm{id}_{\Delta_0}$ という形をしている． ∎

これまで $\mathbb{Z}_2$ 次数付の Hermite 一般ベクトル束だけに注意を払ってきたが，$\mathbb{Z}_2$ 次数の付与されていない Herimte 一般ベクトル束は，次のように扱うことができる．

**命題 9.39**　$X$ 上の($\mathbb{Z}_2$ 次数の付与されていない) Hermite 一般ベクトル束の同型類は $\mathcal{K}(X, Cl(\mathbb{R}))$ の要素と一対一に対応している．実数上では $\mathcal{KO}(X, Cl(\mathbb{R}))$ を用いれば平行した命題が成立する．

［証明］　$Cl(\mathbb{R})$ 上の既約な $\mathbb{Z}_2$ 次数付ユニタリ表現は1つしかない(定理2.15)．それを $R$ とおくと，Hermite 一般ベクトル束 $\mathcal{F}$ に対して，$\mathcal{F} \otimes R$ は $\mathcal{K}(X, Cl(\mathbb{R}))$ の要素である．この対応が一対一であることは，$H_{\mathbb{Z}_2}(R)$ は実1次元であること(例2.17参照)から，命題9.38の証明と同様にしてわかる．

実数上で平行した命題を示すためには，$Cl(\mathbb{R})$ 上の $\mathbb{Z}_2$ 次数付既約実直交表現 $R$ を分類する必要がある．$e_1$ によって $R^0$ が $R^1$ の上に同型に写るので，この同型を用いて $V = R^0 = R^1$ と書くことにする．このとき，$e_1$ による $R^1$ から $R^0$ への写像は $V$ 上の $-1$ 倍と等しい．$V$ の実ベクトル空間としての直和分解は $R$ の $\mathbb{Z}_2$ 次数付実 Clifford 加群としての直和分解と対応しているので，$V$ が1次元のときが既約表現である．あとは，複素数上の場合と同様である． ∎

**例 9.40**　$\mathbb{R}$ 上の超対称調和振動子に付随するペアを $(W, [h])$ とする．$(W, h)$ は $\mathcal{K}(\mathbb{R}, Cl(\mathbb{R}))$ のある要素 $\mathcal{W}$ の大域的表示とみなされる．$\mathbb{R}$ 上の Hermite 一般ベクトル束 $\mathcal{F}$ を，大域的表示 $\mathcal{F} = (\mathbb{R} \times \mathbb{C}, x)$ によって定まるものとする．ただし，$x$ は $\mathbb{R}$ の座標である．このとき $Cl(\mathbb{R})$ の $\mathbb{Z}_2$ 次数付既約ユニタリ表現 $R$ を用いて $\mathcal{W} = \mathcal{F} \otimes R$ と書くことができる． □

**注意 9.41**

(1) 向きの局所系が自明であるとき，実ベクトル束は向き付け可能であるとよばれた．自明化を向きとよぶのであった．これにならっていえば，実ベクトル束は，階数が偶数であり $Spin^c$ 構造をもつときに，「$K$ 理論の意味で向き付け可能」

であるとよんでもよい．$Spin^c$ 構造を固定することが，「$K$ 理論の意味での向き」である[*10]．

(2) 命題 9.38 は，実ベクトル束から定義される $KO$ 群に対してはそのままでは成立しない．というのは，スピノル束 $S$ が一般には $\mathbb{Z}_2$ 次数付実ベクトル束の複素化ではないからである．$S$ がある $\mathbb{Z}_2$ 次数付実ベクトル束の複素化になる十分条件は，例 2.25 によって $T_0$ の階数が 8 の倍数であり，しかもスピン構造をもつときである．$KO$ 群に対しては，このとき命題 9.38 と対応する命題が成立する．このとき実ベクトル束 $T_0$ は「$KO$ 理論の意味で向き付け可能」であるとよぶことにする[*10]．

### (d)　$K$ 群に対する切除定理

de Rham コホモロジーに対して切除定理が成立する．それと平行して，$K$ 群にも切除定理とよばれる性質がある．

**命題 9.42**（**$K$ 群の切除定理**）　$T$ を $X$ 上の Euclid 計量をもつ実ベクトル束とする．

$C$ が $X$ の閉部分集合，$U$ が $X$ の開部分集合であり，$U$ が $C$ に含まれるとき，自然な写像

$$K(X, C, Cl(T)) \to K(X \setminus U, C \setminus U, Cl(T|X \setminus U)),$$
$$KO(X, C, Cl(T)) \to KO(X \setminus U, C \setminus U, Cl(T|X \setminus U))$$

は同型である．

［証明］　自然な写像の逆写像を構成する．$K$ でも $KO$ でも全く同様なので $K$ の場合に述べる．$\mathcal{K}(X\setminus U, C\setminus U, Cl(T|X\setminus U))$ の要素 $\mathcal{F}_0$ に対して，$\mathcal{F}_0$ を $U$ 上 0 によって延長して得られる $X$ 上の族を $\mathcal{F}$ とおく．$\mathcal{F}$ につながり方を定義できれば，$\mathcal{K}(X, C, Cl(T))$ の要素が得られる．この構成を，ホモトピーを保つように作れれば，$K$ 群の間の写像を誘導する．そのためには以下のようにつながり方を構成すればよい．

$\operatorname{supp}\mathcal{F}_0$ は $C\setminus U$ と交わらない $X\setminus U$ の閉集合である．$X\setminus\operatorname{supp}\mathcal{F}_0$ を $U_0$

---

*10　第 10 章において $K$ コホモロジー $K^\bullet$ と $KO$ コホモロジー $KO^\bullet$ を導入する．「$K$ コホモロジー（あるいは $KO$ コホモロジー）の意味で向き付け可能」とは，単に $Spin^c$ 構造（あるいはスピン構造）をもつことである．

とおく．$U_0$ は $X$ の開集合であり，$U_0\backslash U$ は $C\backslash U$ を含み，$\mathrm{supp}\,\mathcal{F}_0$ と交わらない．このとき $\mathcal{F}_0$ のつながり方を，$(X\backslash U)\backslash(C\backslash U)=X\backslash C$ のある開被覆 $\{U_\alpha\}$ を用いて，$(\{(U_\alpha,F_\alpha,h_\alpha)\},\{f_{\alpha\beta}\},\{f_\alpha\})$ および $((U_0\backslash U,0,0),0)$ によって与えることができる．このときさらに $\mathcal{F}$ のつながり方を，$(\{(U_\alpha,F_\alpha,h_\alpha)\},\{f_{\beta\alpha}\},\{f_\alpha\})$ および $((U_0,0,0),0)$ によって与えることができる．

この構成は引き戻しに関して自然なので，ホモトピーを保つ．そして，自然な写像の逆を与えていることは定義から明らかであろう．　∎

上の証明のポイントは，$\mathcal{F}_0$ を $U$ の上では $0$ として拡張することであった．同様の構成の仕方により，次の命題が示される．

**命題 9.43**　$T$ が $X$ 上の Euclid 計量をもつ実ベクトル束であり，$U$ が $X$ の開部分集合であるとき，自然な写像

$$\iota_!\colon K_c(U,Cl(T|U))\to K_c(X,Cl(T)),$$
$$\iota_!\colon KO_c(U,Cl(T|U))\to KO_c(X,Cl(T))$$

が存在する．ここで $\iota\colon U\to X$ は開埋め込みである．　□

## §9.3　Dirac 型作用素の族の指数

例 9.13 を思い出そう．$\mathbb{Z}_2$ 次数付ベクトル束 $F$ 上に次数 1 の Hermite 自己準同型 $h$ が与えられると，$\mathrm{Ker}\,h$ 上には自然なつながり方が付与され，$\mathcal{K}$ の要素とみなされた．実は，$F$ の階数が無限大であるときにもこの構成を拡張することができる．すなわち一般に，$F$ が $\mathbb{Z}_2$ 次数付 Hilbert 空間をファイバーとする階数無限大のベクトル束であり，$h$ が Fredholm な次数 1 の Hermite 自己準同型の連続族であるとき，$\mathrm{Ker}\,h$ 上には自然につながり方が入り，$\mathcal{K}$ の要素とみなすことができる．特に，ホモトピー類 $[\mathrm{Ker}\,h]$ は $K$ 群の要素となる．

この $[\mathrm{Ker}\,h]$ が**族に対する指数**である．

本書では，関数解析的議論を用いて上の一般論を展開する代わりに，Dirac 型作用素の連続族のみに限定して族に対する指数の定義を行うことにする．

**注意 9.44**　$\mathbb{Z}_2$ 次数付構造をもたない場合，あるいは Clifford 代数を係数とす

る場合にも族の指数を定義することができる．もし階数無限大のベクトル束のカテゴリーですべてを定式化する立場をとるなら，Hermite 一般ベクトル束の中で特に $\mathbb{Z}_2$ 次数付のものを扱う利点はない．

## (a) 族の指数の定義

$Z$ を位相空間とする．$Z$ 上のファイバー束 $\tilde{X} \to Z$ であって，各ファイバーが多様体であるものが与えられたとき，これを「$Z$ でパラメータ表示される多様体の族」と考えたい．ファイバー方向には微分可能な構造をもち，底空間 $Z$ の方向には連続な構造しか定義されていない状況を設定したい．これを正確に叙述する煩雑さを避けるため，$Z, \tilde{X}$ が共に多様体であり，$\tilde{X} \to Z$ は滑らかなファイバー束であると仮定する．$\tilde{X}$ のファイバーに沿う接ベクトルの全体のなす $\tilde{X}$ 上のベクトル束を $T_{\mathrm{fiber}}\tilde{X}$ とおく．

この節の目標は，$(\tilde{X}, T_{\mathrm{fiber}}X)$ 上のペア $(\tilde{W}, [\tilde{h}])$ に対して「族の指数」を $K(Z)$ の要素として定義することである．

**注意 9.45**

(1) $\tilde{X}$ は $Z$ 上のファイバー束と仮定したが，この仮定は弱めることができる．たとえば，$\tilde{X} \to Z$ がファイバー束とは限らない沈め込みであるとき $(\tilde{X}, T_{\mathrm{fiber}}X)$ 上のファイバーに沿ってコンパクトな台をもつペア $(\tilde{W}, [\tilde{h}])$ に対して「族の指数」を定義することができる．これはまだ Fredholm 作用素の連続族の枠組みに収まっている．

(2) さらに「$\mathbb{Z}_2$ 次数付 Hermite ベクトル空間の連続族」を定式化する際に，「連続族」の概念を，ファイバーにあたる多様体が次元も含めて変化しうるものとして定義することも可能である．アイディアだけ簡単に述べる．§3.4 において，Dirac 型作用素の積の指数を考えるとき，一方の Dirac 型作用素を有限次元で近似すると，その名残りとして「$h$」にあたるものが現われることに注意した．積の作用素と，有限次元近似したあとの作用素とを，それらが定義されている次元の異なる空間もろとも「つながり方」が与えられた連続族の一部と考えるのである．このときは，Fredholm 作用素の連続族の枠組みをも越えているが，「族の指数」を定義することはなおも可能である．

(3) さらにいえば，この新しい「連続族」のパラメータ表示に用いられる $Z$ として，単なる位相空間の範囲を越え，局所係数の概念と一体になった対象を考えることすら可能であろう．本書では，そこまでの拡張を論じることはしない．実際のところ，何が最終的に状況をぴったり押さえる概念なのか筆者は知らない．しかし，指数の概念が，こうした概念の拡張を自然に示唆していることに注意されたい．

記述の煩雑さを避けるため，$Z$ もファイバーも閉多様体である場合に説明する．より一般の場合に議論を拡張することは容易である．（ファイバーが閉多様体であるときには，$\tilde{h}$ を導入する必要はない．しかし一般の場合への拡張の仕方がよくわかる定式化を行いたいので $\tilde{h}$ を導入して記述することにする．）

$\tilde{X}$ の各ファイバーに Riemann 計量を入れる．$\tilde{X}$ 上の連続な族になるように選ぶ．$(\tilde{W}, \tilde{h})$ に伴う Dirac 型作用素の連続な族 $\tilde{D}$ を任意にとる．$\tilde{D}^2$ は，ファイバーごとに Laplace 型作用素となっている．$Z$ の要素 $z$ に対して，$\tilde{W}, \tilde{D}$ 等を $z$ 上のファイバーに制限したものを，$W_z, D_z$ 等と表わすことにする．

**定理 9.46**

（1） $\{\mathrm{Ker}\, D_z\}$ には自然につながり方が入り，$\mathcal{K}(Z)$ の要素を定める．この要素を $\mathrm{Ker}\, \tilde{D}$ と書くことにする．

（2） $\mathrm{Ker}\, \tilde{D}$ のホモトピー類 $[\mathrm{Ker}\, \tilde{D}]$ は，$\tilde{D}$ のとり方に依存せず，$(\tilde{W}, [\tilde{h}])$ のみによって定まる．ただし，$[\tilde{h}]$ は $\tilde{h}$ のホモトピー類である．　□

**定義 9.47**　上の定理において，$\mathrm{ind}(\tilde{W}, [\tilde{h}]) := [\mathrm{Ker}\, \tilde{D}] \in K(Z)$ と書き，**族** $(\tilde{\boldsymbol{W}}, [\tilde{\boldsymbol{h}}])$ **の指数**とよぶ．　□

［定理 9.46 の証明］　前半を示せば，後半は $\tilde{D}$ のとり方がホモトピーを除いて一意であることから明らかである．

はじめに例 9.13 に帰着できる場合を考えよう．$Z$ のどの点 $z$ に対しても $D_z^2$ の固有値ではないような $\mu > 0$ が，$z$ によらず共通にとれると仮定する．$\mu$ 以下の固有値に対応する固有空間の直和 $E_{\leqq \mu}(D_z^2)$ を $(F)_z$ とおく．すると，$(F)_z$ をすべての $z$ に対して束ねて得られる $F$ は，定理 5.38 から自然に $\mathbb{Z}_2$

次数付 Hermite ベクトル束の構造をもつ．また $D_z$ は各 $(F)_z$ を保ち，$F$ 上の次数 1 の Hermite 自己準同型を与える．従って，例 9.13 によってこれらは $\{\mathrm{Ker}\, D_z\}$ につながり方を与えており，$\mathcal{K}(Z)$ の要素を定める．

次に上の議論を一般の場合に拡張したい．各点 $z$ に対して，$D_z^2$ の固有値ではない正の実数 $\mu_z$ を選ぶ．すると，定理 5.38 によって，$z$ のある近傍 $U_z$ が存在し，$U_z$ 内の任意の $w$ に対して $D_w^2$ は $\mu_z$ を固有値にもたない．このとき $E_{\leqq\mu}(D_w^2)$ は $U_z$ 上の $\mathbb{Z}_2$ 次数付 Hermite ベクトル束をなす．この $\mathbb{Z}_2$ 次数付 Hermite ベクトル束を $F_z$ とおくと，$D_w$ を制限することによって $F_z$ 上の次数 1 の Hermite 自己準同型 $h_z$ が定まる．$\mathrm{Ker}\, D_w$ と $\mathrm{Ker}(h_z)_w$ との同一視を $(f_z)_w$ とおく．$U_z$ と $U_{z'}$ の共通部分の上において，$(f_{z'z})_w\colon (F_z)_w \to (F_{z'})_w$ を $L^2$ 直交射影によって定義する．このとき，$(\{(U_z, F_z, h_z)\}, \{f_{z'z}\}, \{f_z\})$ は $\{\mathrm{Ker}\, D_z\}$ 上のつながり方を与えている． ∎

### (b) 族の指数の例

まず，解空間の次元が一定である例をあげる．

**例 9.48** $\tilde{X}$ を $Z$ 上の Euclid 計量をもつ実ベクトル束とする．$(\tilde{W}, \tilde{D}, \tilde{h})$ がファイバーに沿った超対称調和振動子の族であるとき，

$$\mathrm{ind}(\tilde{W}, [\tilde{h}]) = [\mathbb{C}\oplus 0] \in K(Z)$$

である．（右辺の $\mathbb{C}\oplus 0$ は，これをファイバーとする自明な $\mathbb{Z}_2$ 次数付ベクトル束の略記である．）実際，$\mathcal{K}(Z)$ の要素として $\mathrm{Ker}\, \tilde{D} = Z\times(\mathbb{C}\oplus 0)$ が成立する（命題 3.36 参照）． □

**例 9.49** $V$ を 3 次元複素ベクトル空間とし，$V^*$ をその双対空間とする．$\mathbb{P}(V)$ の中の複素射影直線全体は $\mathbb{P}(V^*)$ の点全体によってパラメータ表示される：$\mathbb{P}(V^*)$ の点 $z$ は $V^*$ の 1 次元部分空間を表わす．その零化空間 $V_z$ は $V$ の 2 次元部分空間である．このとき $\mathbb{P}(V_z)$ は複素射影平面 $\mathbb{P}(V)$ の中の複素射影直線である．逆に $\mathbb{P}(V)$ の中の複素射影直線はある $z\in\mathbb{P}(V^*)$ によって $\mathbb{P}(V_z)$ と書ける．

$\mathbb{P}(V)$ 上の複素直線束 $L$ を $(V\backslash\{0\})\times\mathbb{C}$ への $\mathbb{C}\backslash\{0\}$ の掛け算作用による商として定義する．左右いずれの成分にも掛け算で作用させる．$L$ は複素曲面

$\mathbb{P}(V)$ 上の正則複素直線束の構造をもつ．$L$ の $\mathbb{P}(V_z)$ への制限を $L_z$ とおく．

$\mathbb{P}(V_z)$ 上の正則複素直線束 $L_z$ に対する Dolbeault 作用素を $\bar{\partial}_{z,L}$ とおく．これに対応する Dirac 型作用素を $D_z := \bar{\partial}_{z,L} + \bar{\partial}^*_{z,L}$ とおくと，族 $\{D_z\}$ の指数 $\mathrm{ind}\{D_z\}$ は $K(\mathbb{P}(V^*))$ の要素である．

族の指数 $\mathrm{ind}\{D_z\}$ は次のように直接求められる．まず，

$$\mathrm{Ker}\, D_z \cong V_z^* \oplus 0$$

を示す．すなわち

$$H^{0,0}(\mathbb{P}(V_z), L_z) \cong V_z^*, \quad H^{0,1}(\mathbb{P}(V_z), L_z) = 0$$

を示したい．ポイントは，この同型が $z$ を動かすとき連続に動くことである．

$H^{0,0}(\mathbb{P}(V_z), L_z)$ は，$L_z$ の正則切断の全体である．この正則切断は，$L_z$ が $(V_z \setminus \{0\}) \times \mathbb{C}$ の商であることから，$V_z \setminus \{0\}$ 上の正則関数 $f$ であって $f(tv) = tf(v)$ をみたすものと一致する．Hartogs の定理から $f$ は $V_z$ 上の正則関数にまで延長される．原点における Taylor 展開を見ると，$f$ は $V_z$ から $\mathbb{C}$ への線形写像でなくてはならない．従って $H^{0,0}(\mathbb{P}(V_z), L_z) \equiv V_z^*$ がわかる．なお，これから $L_z$ の 0 でない正則関数の零点は常に 1 点であり，位数 1 であることもチェックでき，$\deg L_z = 1$ がわかる．

$H^{0,1}(\mathbb{P}(V_z), L_z)$ については，**Serre 双対性**を用いて，

$$H^{0,0}(\mathbb{P}(V_z), T^*_{\mathbb{C}}(\mathbb{P}(V_z)) \otimes L_z^*)$$

と次元が等しいことを利用すると早い．この 2 つのベクトル空間は，各々を Dolbeault 作用素に対応する Laplace 型作用素の解空間として表示するとき，複素共役によって互いに写り合い，反線形同型になる．特に両者の次元は等しい．実際，2 つの Laplace 型作用素のレベルで既に複素共役によって対応していることをチェックできる．詳細は省略する．すると，$\deg T_{\mathbb{C}}(\mathbb{P}(V_z)) = 2$，$\deg L_z = 1$ により，$\deg(T^*_{\mathbb{C}}(\mathbb{P}(V_z)) \otimes L_z^*) = -3$ となり，これは負であるから正則切断は 0 しかない．

結果をまとめよう．$V_z^*$ は，$V^*$ を $z$ に対応する 1 次元部分空間で割った商空間と線形同型である．この商空間は $z$ を動かして束ねるとき $\mathbb{P}(V^*)$ 上の階数 2 のベクトル束となる．このベクトル束を $F$ とおくと，$K(\mathbb{P}(V^*))$ の中で

$$\mathrm{ind}(\{D_z\}_{z \in \mathbb{P}(V^*)}) = [F]$$

となる． □

次に，解空間の次元が変化する例をあげる．

**例 9.50**　$E:=\mathbb{R}^{2m}$ と $E_{\mathbb{Z}}:=\mathbb{Z}^{2m}$ に対して $2m$ 次元トーラス $X$ を $X:=E/E_{\mathbb{Z}}$ によって定義する．$E$ の座標を $(q^1,q^2,\cdots,q^{2m})$ とおく．絶対値 1 の $2m$ 個の複素数の組 $z=(e^{2\pi ip_1},e^{2\pi ip_2},\cdots,e^{2\pi ip_{2m}})$ に対して $X$ 上の Dirac 型作用素 $D_z$ を次のように定義する．$E^*$ を $E$ の双対空間とし，$\Delta$ を $Cl(E^*)$ のスピノル表現とする．$E$ 上の自明なベクトル束 $E\times\Delta$ に作用する Dirac 型作用素 $D$ を

$$Ds=\sum_{k=1}^{2m}e_k\frac{\partial s}{\partial q^k}$$

によって定義する．ここで $e_k$ は $\partial/\partial q^k$ の双対基底である．$E\times\Delta$ への $E_{\mathbb{Z}}$ の作用を

$$(n^k)_{1\leqq k\leqq 2m}\colon((q^k)_{1\leqq k\leqq 2m},s)\to((q^k+n^k)_{1\leqq k\leqq 2m},\ e^{2\pi i\sum p_kn^k}s)$$

によって定義し，商空間を $S_z$ とおくと，$S_z$ は $X$ 上の，$\mathbb{Z}_2$ 次数付 Hermite ベクトル束である．この $E_{\mathbb{Z}}$ 作用は $D$ を保つ．従って $D$ は $S_z$ 上の Dirac 型作用素を誘導する．これを $D_z$ とおく．

パラメータ $z$ の全体の集合はトーラスをなす．これは次のように考えられる．$E^*$ の要素であって，$E_{\mathbb{Z}}$ の任意の要素に対して整数を対応させるものの全体を $E^*_{\mathbb{Z}}$ とおく．$E^*$ を $\mathbb{R}^{2m}$ と同一視するとき $E^*_{\mathbb{Z}}$ は $\mathbb{Z}^{2m}$ と同一視される．このとき，$Z:=E^*/E^*_{\mathbb{Z}}$ は，やはり $2m$ 次元のトーラスであり，$X$ の双対トーラスとよばれる．パラメータ $z$ は $Z$ の要素と考えられる．また，$p=(p_1,p_2,\cdots,p_{2m})$ は $E^*$ の要素と考えられる．

指数 $\mathrm{ind}\{D_z\}$ は $K(Z)$ の要素である．これを計算しよう．

$S_z$ の切断を Fourier 展開して考える．$E^*_{\mathbb{Z}}$ の要素 $d=(d_1,d_2,\cdots,d_{2m})$ に対して，$\Delta$ と線形同型な $\Gamma(S_z)$ の有限次元部分空間 $\exp(2\pi i\sum(d_k+p_k)q^k)\Delta$ を $\Delta_{d+p}$ とおく．$\Delta_{d+p}$ は $D_z$ によって保たれ，$\Delta_{d+p}$ と $\Delta$ を同一視するとき，$D_z$ はこの上で

$$(D_z|\Delta_{d+p})s=2\pi i\sum_{k=1}^{2m}(d_k+p_k)e_ks,\quad (D_z^2|\Delta_{d+p})s=4\pi^2\Bigl(\sum_{k=1}^{2m}(d_k+p_k)^2\Bigr)s$$

となる．$\Delta_{d+p}$ の要素は $D_z^2$ の固有関数であり，固有値は $4\pi^2\sum(d_k+p_k)^2$ に等しい．この固有値が0となるのはすべての $k$ に対して $d_k=-p_k$ となるとき，すなわち $z=(1,1,\cdots,1)$ のときである．従って，$\mathrm{Ker}\{D_z\}$ は台が1点 $(1,1,\cdots,1)$ にしかない．

この近傍を調べるために $U:=\{|p_k|<1/2\}$ を $X$ の開部分集合とみなし，$p$ が $U$ の要素である場合を考える．このとき $D_z^2$ の $4\pi^2\cdot 2m(1/2)^2$ より小さな固有値は $4\pi^2\sum p_k^2$ だけであり，対応する固有空間は $\Delta_p$ である．$v=\sum p_k e_k$ とおくと $v$ は $E^*$ の要素である．$\Delta_p$ を $\Delta$ と同一視し，$v$ の Clifford 作用を $c(v)$ とおくとき，$D_z$ の $\Delta_p$ への作用は $2\pi ic(v)$ の $\Delta$ への作用と同一視される．

以上をまとめると，$\mathrm{ind}\{D_z\}$ は，$K_c(U)$ の要素 $[(U\times\Delta, 2\pi ic(v))]$ の，写像 $K_c(U)\to K_c(Z)$ における像と等しいことがわかった．　□

**例 9.51**　$M$ を種数 $g$ の向きづけられた閉曲面とする．$M$ に Riemann 計量とスピン構造を1つ固定し，スピノル束を $S$ とおく．基本群 $\pi_1(M)$ から $U(1)$ への準同型の全体を $Z$ とおく．$Z$ は $2g$ 次元トーラス $H^1(M,\mathbb{R})/H^1(M,\mathbb{Z})$ と同一視される．$M$ の普遍被覆を $\tilde{M}$ とおくと $\pi_1(M)$ は $\tilde{M}$ に作用する．$Z$ の要素 $z$ に対して，$M$ 上の複素直線束 $L_z$ を次のように定義する．まず，普遍被覆上の自明な複素直線束 $\tilde{M}\times\mathbb{C}$ に対して $\pi_1(M)$ の作用を左成分には自然な作用，右成分には $z$ を経由した掛け算の作用で定義する．そしてその商空間を $L_z$ とおく．$S$ は $M$ 上の $\mathbb{Z}_2$ 次数付 Clifford 加群であるから，$S\otimes L_z$ も同様の構造をもつ．$S\otimes L_z$ 上の自然な Dirac 型作用素を $D(S\otimes L_z)$ とおく．$K(Z)$ の要素 $\mathrm{ind}\{D(S\otimes L_z)\}$ を求めよう．

まず，$M$ の種数 $g$ が1のとき，$M$ は2次元トーラスであり，前の例の特別な場合である．よって，種数が1より大きい場合に求めればよい．

$M$ が2つの閉曲面 $M_0, M_1$ の連結和であるとする．$Z_0, Z_1$ を $M_0, M_1$ の基本群から $U(1)$ への準同型の全体とする．このとき $Z$ は直積 $Z_0\times Z_1$ と同一視される．$Z$ から $Z_0, Z_1$ への射影を $p_0, p_1$ とおく．$M$ 上のスピン構造は，$M_0, M_1$ 上のスピン構造の組と対応していた(補題 4.34)．対応する $M_0, M_1$ 上のスピノル束を $S_0, S_1$ とおくと，$K(Z_0), K(Z_1)$ の要素 $\mathrm{ind}\{D(S_0\otimes L_{z_0})\}$, $\mathrm{ind}\{D(S_1\otimes$

$L_{z_1})\}$ が定まる．このとき命題 4.36 を示すのと同様の議論により，

$$\mathrm{ind}\{D(S\otimes L_z)\} = p_0^* \,\mathrm{ind}\{D(S_0\otimes L_{z_1})\} + p_1^* \,\mathrm{ind}\{D(S_0\otimes L_{z_0})\}$$

が示される．詳細は読者にゆだねる． □

## §9.4　$K$ 群の要素の大域的な表示

例 9.13 において，$X$ 上の $\mathbb{Z}_2$ 次数付ベクトル束 $F$ とその上の次数 1 の Hermite 自己準同型 $h$ から $\mathcal{K}(X)$ の要素 $\mathrm{Ker}\, h$ が定まることに注意した．族の指数は，この構成を，$F$ が無限階数であり，$h$ が Fredholm である場合に行うものとして理解された．

では逆に，$\mathcal{K}(X)$ あるいは $K(X)$ のすべての要素をこのように大域的に与えられたベクトル束から構成することはできるのだろうか．

結論から述べると，$X$ が局所コンパクト Hausdorff であるとき，次のようになる．

- $\mathcal{K}(X)$ の要素，すなわち $\mathbb{Z}_2$ 次数付 Hermite 一般ベクトル束に対して，台がコンパクトであればこれは可能である．
- しかし，$\mathbb{Z}_2$ 次数付構造のない Hermite 一般ベクトル束に対しては(台がコンパクトであったとしても)一般には不可能である．
- Clifford 代数を係数とする $K$ 群，すなわち一般化された $\mathbb{Z}_2$ 次数付 Clifford 加群に対しても，(台がコンパクトであったとしても)一般には不可能である．
- $F$ として無限階数のものを許し，族の指数を用いれば，$\mathbb{Z}_2$ 次数付構造のない場合，あるいは Clifford 代数を係数とする場合にも(台がコンパクトであれば)可能である．

### (a)　大域的表示の有無

大域的表示ができない例を述べる．

$\mathcal{F}$ がコンパクトな台をもつとき，$\mathcal{F}$ を定義するデータをある程度まで大域的に貼り合わせることは(係数をもつ場合でも)可能である．

（1）　$\mathcal{F}$ がコンパクトな台をもつとき，$\mathcal{F}$ のつながり方を有限開被覆 $\{U_\alpha\}$ を用いて $(\{(U_\alpha, F_\alpha, h_\alpha)\}, \{f_{\alpha\beta}\}, \{f_\alpha\})$ と表示できる．

（2）　各点 $x$ に対して，その中で $x$ を含むものを枚挙して $\{U_\alpha\}_{\alpha\in A(x)}$ とおくと，ある $x$ のある開近傍 $U_x$ とある正数 $\lambda_x$ が存在して $y$ が $U_x$ に属するとき，$(h_\alpha)_y^2$ の $\lambda_x$ 未満の固有値に対応する固有空間は，$\alpha$ が $A(x)$ に属する限り，同一視される．

（3）　有限個の $x_1, x_2, \cdots, x_n$ をとって $S^1$ を $U_{x_k}$ によって覆う．$\lambda_{x_k}$ 中の最小のものを $\lambda$ とおく．

（4）　すると，各点 $x$ に対して，ベクトル空間 $(\mathcal{F}_{<\lambda})_x$ とその上の Hermite 変換 $(h_{<\lambda})_x$ が次のように定まる：$x$ を含む任意の $U_\alpha$ に対して，$(F_\alpha)_x$ 上の $(h_\alpha)_x^2$ 作用を考える．固有値が $\lambda$ 未満の固有空間は，$(f_{\beta\alpha})_x$ たちによって互いに同一視される．それを $(\mathcal{F}_{<\lambda})_x$ とおく．また，$(h_\alpha)_x$ の $(\mathcal{F}_{<\lambda})_x$ 上への制限も互いに同一視される．それを $(h_{<\lambda})_x$ とおく．

$(\mathcal{F}_{<\lambda})_x$, $(h_{<\lambda})_x$ は，$\mathcal{F}$ だけに依存して定まるのではなく，有限開被覆を用いた $\mathcal{F}$ のつながり方のとり方にも依存している．しかし，$\mathcal{F}$ をある程度大域的なデータによって表現したものである．

もし $((\mathcal{F})_{<\lambda})_x$ の次元が $x$ によらず一定であれば，それを $x$ に関して束ねたものは自然に Hermite ベクトル束の構造をもち，$(h_{<\lambda})_x$ を束ねたものは Hermite 自己準同型となり，$\mathcal{F}$ は大域的表示をもつ．

しかし（$\mathcal{F}$ が何らかの大域的表示を許す場合であっても）このようなことは $(\mathcal{F})_x$ の次元が一定でない限り，一般には望めない．

**例 9.52**　$S^1$ 上の Hermite 一般ベクトル束 $\mathcal{F}$ に対して，**スペクトル流** (spectral flow) とよばれる整数 $\mathrm{sf}(\mathcal{F})$ を定義し，$\mathcal{F}$ が大域的表示をもつとき，$\mathrm{sf}(\mathcal{F})=0$ となることを示そう．

上の $(\mathcal{F}_{<\lambda})_x$, $(h_{<\lambda})_x$ を考える．

直感的にいえば，$\mathrm{sf}(\mathcal{F})$ は，$h_{<\lambda}$ の固有値を $S^1$ 上の多価関数と思うとき，$x$ が $S^1$ を一周する間に，多価関数のグラフにおいて，「マイナスの固有値が 0 を横切ってプラスになることが差し引き何回あったか」の回数として定義される．

これを厳密に定義するにはたとえば次のようにすればよい.

$\mathbb{R}$ 上の点 $0 \leqq y_0 < y_1 < \cdots < y_m < 1 = y_{m+1}$ を十分細かくとり，$S^1 = \mathbb{R}/\mathbb{Z}$ に落として $y_i$ を $S^1$ の点とみなす. このとき，ある $0 < \lambda_i < \lambda$ が存在して，$[y_i, y_{i+1}]$ の任意の点 $y$ に対して，$\lambda_i$ は $(h_{<\lambda})_y^2$ の固有値ではないと仮定できる.

$(h_{<\lambda})_y$ の 0 以上 $\sqrt{\lambda'}$ 未満の固有値の個数を $N(y, [0, \sqrt{\lambda'}))$ とおく. このとき，整数 $\mathrm{sf}(\mathcal{F}|[y_i, y_{i+1}])$ と $\mathrm{sf}(\mathcal{F})$ を

$$\mathrm{sf}(\mathcal{F}|[y_i, y_{i+1}]) = N(y_{i+1}, [0, \sqrt{\lambda_i})) - N(y_i, [0, \sqrt{\lambda_i})),$$
$$\mathrm{sf}(\mathcal{F}) = \sum_{i=0}^{m} \mathrm{sf}(\mathcal{F}|[y_i, y_{i+1}])$$

によって定義する.

$\mathrm{sf}(\mathcal{F})$ が $\mathcal{F}$ のみに依存することは簡単な演習問題である.

$\mathcal{F}$ が大域的表示 $(F, h)$ を許すときには，$\lambda$ を十分大きくとれば $m=0$ ととることができる. このとき

$$\mathrm{sf}(\mathcal{F}) = \mathrm{sf}(\mathcal{F}|[y_0, y_1]) = N(y_1, [0, \sqrt{\lambda_0})) - N(y_0, [0, \sqrt{\lambda_0}))$$

において $y_0$ と $y_1$ とは $S^1$ 上の同じ点であるから，これは 0 になる. □

**演習問題 9.53**　$S^1$ 上の Hermite 一般ベクトル束 $\mathcal{F}$ のスペクトル流 $\mathrm{sf}(\mathcal{F})$ が 0 であれば，$\mathcal{F}$ は大域的表示を許すことを示せ. □

スペクトル流が 0 でない Hermite 一般ベクトル束の例は次で与えられる.

**例 9.54**　$\mathbb{R}$ 上の超対称調和振動子に付随するペアを $(W, [h])$ とする. $(W, h)$ が大域的表示を与えている $\mathcal{K}_c(\mathbb{R}, Cl(\mathbb{R}))$ の要素を $\mathcal{W}$ とおく. $\mathbb{R}$ の 1 点コンパクト化は $S^1$ であるから，命題 9.43 によって写像

$$\iota_!\colon \mathcal{K}_c(\mathbb{R}, Cl(\mathbb{R})) \to \mathcal{K}(S^1, Cl(\mathbb{R}))$$

が定義されている. $\iota_!\mathcal{W}$ は大域的表示が存在しないことを示す.

$\mathbb{R}$ 上の Hermite 一般ベクトル束 $\mathcal{F}$ を，大域的表示 $\mathcal{F} = (\mathbb{R}\times\mathbb{C}, x)$ によって与えられるものとする. このとき例 9.40 に述べたように，$Cl(\mathbb{R})$ の既約な $\mathbb{Z}_2$ 次数付ユニタリ表現 $R$ を用いて $\mathcal{W} = \mathcal{F} \otimes R$ と書くことができる.

以上の準備のもとで，$\iota_! \operatorname{Ker} h$ が $S^1$ 上大域的な表示を許さないことは次の 2 つの事実からわかる.

（1）$\iota_! \mathcal{F}$ が大域的表示をもつことと，$\iota_! \mathcal{W} = \iota_! \mathcal{F} \otimes R$ が大域的表示をもつこととは同値である.

（2）$\iota_! \mathcal{F}$ のスペクトル流は1である.

第一の主張は，$R$ が $Cl(\mathbb{R})$ の唯一の既約な $\mathbb{Z}_2$ 次数付ユニタリ表現 $R$ であることからわかる. 第二の主張は，1行1列の Hermite 行列 $(x)$ の固有値は $x$ であり，$x$ が $-\infty$ から $+\infty$ にまで動くとき，固有値がマイナスからプラスに変わることからわかる. □

**演習問題 9.55**　$K(S^1, Cl(\mathbb{R})) = \mathbb{Z}$ を示せ.（ヒント: $S^1$ 上の Hermite 一般ベクトル束のホモトピー類がスペクトル流によって分類されることを示せ.） □

$\mathcal{K}_c(X)$ の要素 $\mathcal{W}$ を大域的なデータから構成しようとすると，台 $\operatorname{supp} \mathcal{W}$ の外においても $h$ を大域的に定義する必要がある. これが(有限次元のベクトル空間に留まる限り)必ずしも可能ではないことを上の例は示す.

しかし，$X$ が局所コンパクト Hausdorff 空間であり，局所係数を伴わない場合には，$\mathcal{K}_c(X)$ の要素は大域的表示が可能である.

**定理 9.56**　$X$ が局所コンパクト Hausdorff であるとき，$\mathcal{K}_c(X)$ の任意の要素 $\mathcal{F}$ は大域的に表示される. □

証明の前に，定理からすぐにわかる系を述べておく.

**系 9.57**　局所コンパクト Hausdorff 空間 $X$ 上の Euclid 計量をもつ実ベクトル束 $T$ が偶数階数であり $Spin^c$ 構造を許すとき，$\mathcal{K}_c(X, Cl(T))$ の任意の要素は大域的に表示される. $T$ の階数が8の倍数でありスピン構造を許すときには $\mathcal{KO}_c(X, Cl(T))$ の任意の要素は大域的に表示される.

［証明］　命題 9.38 により $\mathcal{K}_c(X, Cl(T))$ と $\mathcal{K}_c(X)$ とは一対一に対応している. $\mathcal{KO}$ についても同様である. ■

まず，技術的な「局所コンパクト Hausdorff」という条件がなぜ必要かを説明しておく. $X$ のコンパクト部分集合 $S$ の各点の近傍で定義された情報を貼り合わせて,「台」がコンパクトな対象を作りたいとする. このとき $S$ の開被覆とそれを構成する各開集合上に何らかのデータが与えられている. $X$ が局所コンパクト Hausdorff 空間であったとしよう.

（1）　与えられた開被覆を細分した $S$ の有限開被覆であって，和集合の閉包がコンパクトであるものが存在する．

（2）　その有限開被覆と $X\backslash S$ とを併せたものは $X$ の有限開被覆であり，1の分解が存在する．

$S$ の各点の開近傍上定義された情報を貼り合わせるために，この1の分解を用いると，できあがった対象の「台」はふたたびコンパクトになるであろう．

多様体は局所コンパクト Hausdorff であり，あとで使いたいのはこの場合である．

まず定理9.56の証明の方針を説明する．

（1）　$\mathcal{F}$ の台がコンパクトであるから，ある $\lambda>0$ が存在して，各点 $x$ においてxを含むすべての $U_\alpha$ に対して，$(h_\alpha^2)_x$ の固有値 $\lambda$ 未満の固有ベクトルで張られる空間は貼り合わせによって同一視される(§9.4(a)参照)．同一視されたこの空間を $(E)_x$ とおく．$(E)_x$ の上には次数1の Hermite 変換 $(h_E)_x$ が自然に定まる．$(E)_x$ を束ねて得られる $E$ がもし $\mathbb{Z}_2$ 次数付 Hermite ベクトル束になってくれればこれを $F$ とおけばよい．しかし一般には $(E)_x$ の次元は $x$ とともに不連続に動くので，それは望めないことは既に述べた．

（2）　$(E^0)_x, (E^1)_x$ にうまく「ふた」をして，$x$ について不連続に動く部分を「ふた」の部分で吸収したい．両者に同じ「ふた」をすれば，両者の「差」は変わらず，やはり $\mathcal{F}$ の表現を与えるはずである．「ふた」としては，自明なベクトル束 $X\times(\bigoplus_\alpha V_\alpha^1)$ から $E^1$ を「取り去った」部分を用いる．ただし，$x$ が $U_\alpha$ に属すときには，取り去る $(E^1)_x$ としては，おおよそ直和成分 $(V_\alpha^1)_x$ の部分空間を用いる．実際には1の分割を用いてある種の加重平均をとったものを用いる．

（3）　$(E^0)_x, (E^1)_x$ に上のように「ふた」をしたものを $(F)_x=(F^0)_x\oplus(F^1)_x$ とおく．$(E)_x$ と「ふた」の不連続部分が相殺して，$(F)_x$ を束ねた $F$ が $\mathbb{Z}_2$ 次数付ベクトル束になることは，次のようにしてわかる．まず，$(E^1)_x$ を取り去って同じものをふたたび付け加えても本質的に変化しないので，$F^1$ は，「ふた」の構成に用いた自明なベクトル束と同型なベクトル束になる．$(E^0)_x$ と $(E^1)_x$ の「差」は連続に動くので，$F^1$ がベクトル束になることから，同じ「ふた」をした $F^0$ もベクトル束となる．

（4）　$F$ 上の $h$ と Hermite 計量の構成は次のようにする．「ふた」の上では，$h_{10}$ が恒等写像，$h_{01}$ が恒等写像の $\lambda$ 倍となるように定義し，これが Hermite 変換になるような Hermite 計量を入れたい．また，「ふた」をする前の $(E)_x$ の部分では，もともとの $h_E$ と Hermite 計量を用いたい．実際には 1 の分割を用いた貼り合わせによって $h$ と Hermite 計量を定義する．すると，$h^2$ は，「ふた」の部分では $\lambda$ 倍になり，その固有値は $\lambda$ である．よって $\lambda$ より小さい固有値に対応する固有空間は「ふた」をする前の部分と一致し，そこでは $h$ と $h_E$ が同一視されるであろう．実際の構成では，同一視される固有空間の範囲は 1 の分割の「のりしろ」の分だけ狭くなる．

以上のアイディアをどう具体化するかをこれから説明する．

[定理 9.56 の証明]　上で導入された記号を用いる．$\lambda>0$ を十分小さくとる．

各点 $x$ ごとに $(E)_x=(E^0)_x\oplus(E^1)_x$ を次のように定義する．

（1）　$X$ の任意の点 $x$ と，$x$ を含む $U_\alpha$ に対して，$(h_\alpha^2)_x$ の固有値 $\lambda$ 未満の固有空間の直和を $(E_\alpha)_x$ とおく．すると，$x$ を含むすべての $U_\alpha$ に対して $(E_\alpha)_x$ たちは互いに両立する同型によって結ばれている．

（2）　$(h_\alpha)_x$ たちは $(E_\alpha)$ に制限すると，この同型によって互いに同一視される．この同一視された $\mathbb{Z}_2$ 次数付ベクトル空間をあらためて $(E)_x$ とおき，同一視された次数 1 の Hermite 変換を $(h_E)_x$ とおく．$(E)_x$ の次元は一般には $x$ に関して不連続である．

（3）　$0<\mu<\lambda$ に対して $(h_E)_x^2$ の固有値 $\mu$ 未満の固有空間の直和を $(E_{<\mu})_x$ とおき，開集合 $U$ 上で $x\in U$ に対して $(E_{<\mu})_x$ を束ねたものを $E_{<\mu}|U$ とおく．$\mu>0$ が $(h_E)_{x_0}^2$ の固有値でないとき，$x_0$ を含む開集合 $U$ が存在して，$U$ 上で $E_{<\mu}|U$ は $\mathbb{Z}_2$ 次数付 Hermite ベクトル束の構造をもつ．

（4）　さらにこのとき自然な単射 $E_{<\mu}|(U\cap U_\alpha)\to(U\cap U_\alpha)\times V_\alpha$ は $\mathbb{Z}_2$ 次数付ベクトル束としての単射準同型である．

$X$ の開被覆 $\{U_\alpha\}$ に対する1の分割 $\rho_\alpha^2$ を準備し，半開区間 $[0,\infty)$ の開被覆 $[0,\lambda)\cup(0,\infty)$ に対する1の分割 $\rho_0^2$, $\rho_\infty^2$ を準備する.

すると，$x$ を含む $U_\alpha$ に対して，$(\rho_0(h_\alpha^2))_x$ は $V_\alpha^1$ 上の次数0の Hermite 自己準同型を定義している．この Hermite 自己準同型の像は $(E^1)_x$ に入っており，$(E^1)_x$ への準同型とみなすことができる．1の分割 $\rho_\alpha^2$ の重み付けをしてこの準同型をすべての $\alpha$ にわたって総和したものを $(g)_x$ とおく．すなわち任意の $x$ に対して

$$(g)_x\colon \bigoplus_\alpha V_\alpha^1 \to (E^1)_x$$

$$(g)_x(\bigoplus_\alpha v_\alpha^1) = \sum_\alpha \rho_\alpha^2(x)(\rho_0^2(h_\alpha^2))_x v_\alpha^1$$

とおく.

以上の準備のもとで，$i=0,1$ に対して写像 $(g^i)_x$

$$(g^i)_x\colon (E^i)_x \oplus (\bigoplus_\alpha V_\alpha^1) \to (E^1)_x$$

を次のように定義する.

$$(g^0)_x(v^0 \oplus (\bigoplus_\alpha v_\alpha^1)) = \rho_\infty((h_E)_x^2)(h_E)_x v^0 + (g)_x(\bigoplus_\alpha v_\alpha^1),$$

$$(g^1)_x(v^1 \oplus (\bigoplus_\alpha v_\alpha^1)) = \rho_\infty((h_E)_x^2)v^1 + (g)_x(\bigoplus_\alpha v_\alpha^1)$$

$(g^0)_x$, $(g^1)_x$ は全射である．実際，$(E^1)_x$ を $(h_E)_x^2$ によって固有分解して固有値が $\mu$ である固有空間を考えると，$\rho_0(\mu)\neq 0$ か $\rho_\infty(\mu)\neq 0$ かのいずれかが成立するが，前者の場合には固有空間は $(E^0)_x$ の像に入っており，後者の場合には $\rho_\alpha(x)\neq 0$ となる $\alpha$ に対して固有空間は $V_\alpha$ の像に入っている.

従って，$i=0,1$ に対して $(F^i)_x = \mathrm{Ker}(g^i)_x$ とおくと，完全系列

$$0 \to (F^i)_x \to (E^i)_x \oplus (\bigoplus_\alpha V_\alpha^1) \to (E^1)_x \to 0$$

を得る．$x$ が $U_{\alpha_0}$ に含まれるときには，$(g^i)_x$ の定義において $(E^0)_x, (E^1)_x$, $(h_E)_x$ の代わりに $V_{\alpha_0}^0, V_{\alpha_0}^1, (h_{\alpha_0})_x$ を用いたものを $(g_{\alpha_0}^i)_x$ とおけば，$\mathrm{Ker}(g_{\alpha_0}^i)_x$ と $\mathrm{Ker}(g^i)_x = (F^i)_x$ とは同一視される．従って，$U_{\alpha_0}$ 上で完全系列

$$0 \to F^i|U_{\alpha_0} \to U_{\alpha_0} \times (V^i_{\alpha_0} \oplus (\bigoplus_\alpha V^1_\alpha)) \to U_{\alpha_0} \times V^1_{\alpha_0} \to 0$$

を得る．ここで $F^i$ は $(F^i)_x$ を束ねたものであり，$F^1$ は自明なベクトル束 $X \times \bigoplus V^1_\alpha$ である．この完全系列をみることにより，$F^i$ には $U_{\alpha_0}$ 上のベクトル束構造が入る．それらは貼り合って，$F^i$ は $X$ 上のベクトル束となる．

$\mathbb{Z}_2$ 次数付ベクトル束 $F$ を $F = F^0 \oplus F^1$ 上によって定義する．$F$ 上に Hermite 計量と次数1の Hermite 自己準同型 $h$ を定義して $(F, h)$ がはじめに与えられた $\mathcal{F}$ の大域的表現を与えているようにしたい．次のように定義する．

（1）　$i = 0, 1$ に対して $(E^i)_x \oplus (\bigoplus V^1_\alpha)$ の上の Hermite 計量を各々

$$\|(v^0 \oplus (\bigoplus v^1_\alpha))\|^2 := \|v^0\|^2 + \frac{1}{\lambda} \sum_\alpha \|v_\alpha\|^2,$$

$$\|(v^1 \oplus (\bigoplus v^1_\alpha))\|^2 := \|v^1\|^2 + \sum_\alpha \|v_\alpha\|^2$$

とおく．部分空間 $(F^i)_x$ には制限によって Hermite 計量を定義する．

（2）　$h_{10} \colon F^0 \to F^1$ を

$$h_{10}(v^0 \oplus (\bigoplus v^1_\alpha)) = h_E v^0 \oplus (\bigoplus v^1_\alpha)$$

によって定義し，$h_{10}$ の随伴写像 $h_{01}$ を用いて，$h = h_{10} + h_{01}$ とおく．

$\mu_0 > 0$ を十分小さくとると，$\rho_0$ は $[0, \mu_0]$ 上で1をとる．このとき $(F)_x$ と $(E)_x$ とは，$h^2, h^2_E$ の固有値 $\mu_0$ 未満の固有空間をみると，$\mathbb{Z}_2$ 次数付 Hermite ベクトル空間として自然に同型であり，この部分に制限するとこの同型を通じて $h$ と $h_E$ とが同一視されることを示したい．以下の議論は $X$ の各点 $x$ 上におけるものであるが，$(F^0)_x$ などの添字 $x$ を省略して書くことにする．議論を3つの部分に分けて述べる．

（1）　$E^i \oplus (\bigoplus V^1_\alpha)$ 上で $h^2_E \oplus (\bigoplus h^2_\alpha)$ は上の Hermite 計量に関して Hermite である．よって固有値の異なる固有空間は互いに直交している．固有値 $\mu \geqq 0$ の固有空間を $\hat{F}^i_\mu$ とおく．$g^i$ は

$$g^i(h^2_E \oplus (\bigoplus h^2_\alpha)) = h^2_E g^i$$

をみたすので，$F^i = \operatorname{Ker} g^i$ は，

$$F^i = \bigoplus_\mu F^i_\mu, \quad F^i_\mu := F^i \cap \hat{F}^i_\mu$$

と直交分解する．また $h_{10}\colon F^0\to F^1$ は直交分解を保ち，$F^0_\mu$ を $F^1_\mu$ に写す．従って，随伴写像 $h_{01}$ と $h^2$ も $F^i$ の直交分解を保つ．これによって，$h^2$ の固有値，固有空間の考察は各 $F^i_\mu$ ごとに行えばよい．

（2） $\mu_0\leqq\mu\leqq\lambda$ であるとき，$F^0_\mu$ の要素 $v^0\oplus(\bigoplus v^1_\alpha)$ は，

$$\|v^0\oplus(\bigoplus v^1_\alpha)\|^2=\|v^0\|^2+\frac{1}{\lambda}\sum\|v^1_\alpha\|^2,$$
$$\|h_{10}(v^0\oplus(\bigoplus v^1_\alpha))\|^2=\mu\|v^0\|^2+\sum\|v^1_\alpha\|^2$$

をみたすから，

$$\frac{\|h_{10}(v^0\oplus(\bigoplus v^1_\alpha))\|^2}{\|v^0\oplus(\bigoplus v^1_\alpha)\|^2}\geqq\min(\mu,\lambda)=\mu\geqq\mu_0$$

となる．特に $F^0_\mu$ 上で $h^2=h_{01}h_{10}$ の固有値は $\mu_0$ 以上である．これは，$F^1_\mu$ 上で $h^2=h_{10}h_{01}$ の固有値が $\mu_0$ 以上であることをも意味している．

（3） $0\leqq\mu<\mu_0$ であるとき，$\hat{F}^i$ の要素 $v^i\oplus(\bigoplus v^1_\alpha)$ が $F^i_\mu$ に入るための条件は，$\rho_0(\mu)=1$，$\rho_\infty(\mu)=0$ に注意すると

$$0=g^i(v^i\oplus(\bigoplus v^1_\alpha))=\sum\rho_\alpha v_\alpha$$

である．従って，$F^i_\mu$ は次のように直交分解する．

$$F^i_\mu=E^i_\mu\oplus V^1_\mu,\quad V^1_\mu:=\{\bigoplus v^1_\alpha\in\bigoplus(V^1_\alpha)_\mu\mid\sum\rho_\alpha v^1_\alpha=0\}.$$

$h_{10}$ はこの直交分解を保ち，従って $h_{01},h^2$ もそうである．$V^1_\mu$ 上では $h^2$ は $\lambda$ 倍と一致する．この部分における $h^2$ の固有値は $\lambda\,(\geqq\mu_0)$ のみである．最後に残った $E^i_\mu$ 上において，$h$ は $h_E$ と一致する．従って $\mu_0$ 以下の固有値は，$h^2$ と $h^2_E$ とで一致し，対応する固有空間は自然に同一視される． ∎

**注意 9.58** 次節への応用のためには，$\mathcal{K}(X)$ ではなく $K(X)$ の要素が大域的表示を許すことだけが必要である．証明をそこに限るなら，Hermite 計量や Hermite 変換についての考察をほとんど必要としないので議論はだいぶ簡略化される[*11].

---

＊11 しかし，$K$ だけでなく $\mathcal{K}$ を定式化しておくと，本書では述べないが，指数だけでなく解析的捩じれ(analytic torsion)などをも許容する枠組みとなる．

### (b) Grothendieck 群としての $K$ 群

$X$ がコンパクト Hausdorff であるとき，$X$ 上の(有限階数の)複素ベクトル束の同型類全体の集合を $\mathrm{Vect}(X)$ とおく．$\mathrm{Vect}(X)$ は直和によって可換半群の構造をもつ．

$\mathrm{Vect}(X)$ の要素 $F^0$ に対して，$F^0$ 上の 2 通りの Hermite 計量は，$F^0$ の同型によって互いに写り合う．その意味で，Hermite 計量のとり方は一意である．$\mathbb{Z}_2$ 次数付 Hermite ベクトル束 $F=F^0\oplus 0$ 上に，次数 1 の Hermite 自己準同型 $h$ を $h=0$ によって定義すると，$\mathrm{Ker}\, h=F^0\oplus 0$ は $\mathcal{K}(X)$ の要素であり，そのホモトピー類 $[\mathrm{Ker}\, h]=[F^0\oplus 0]$ は $K(X)$ の要素となる．この対応を $\Phi_X$ と書こう．

$$\Phi_X\colon \mathrm{Vect}(X)\to K(X).$$

$\Phi_X$ は半群としての準同型である．

本節では $K(X)$ が $\mathrm{Vect}(X)$ から純代数的に決定されることを示す．

まず，その代数的な決定の仕組みを準備しておく．

**定義 9.59**　$S$ が可換半群であるとき，$(A_S,\Phi_S)$ が $S$ の **Grothendieck 群**(Grothendieck group)であるとは，次の条件をみたすことをいう．

(1)　$A_S$ は可換群であり，$\Phi_S\colon S\to A_S$ は半群としての準同型である．

(2)　任意の加群 $R$ と任意の準同型 $\Phi_R\colon S\to R$ に対して，準同型 $\Psi\colon A_S\to R$ であって $\Phi_R=\Psi\Phi_S$ をみたすものが一意に存在する．　□

もし $(A_S,\Phi_S)$, $(A'_S,\Phi'_S)$ が 2 つの Grothendieck 群であれば，定義から $A_S$ と $A'_S$ とはカノニカルに同型となり，この同型を通じて $\Phi_S$ と $\Phi'_S$ は同一視される．この意味で，Grothendieck 群は存在すれば一意である．

存在は次のような具体的構成からわかる．

(1)　$S\oplus S$ 上に同値関係 $(s^0,s^1)\sim(t^0,t^1)$ を，$S$ のある要素 $u$ に対して

$$s^0+t^1+u=s^1+t^0+u$$

となることとして定義する．

(2)　$S\oplus S$ を同値関係 $\sim$ で割った集合を $A_S$ とおく．$A_S$ は可換群になる．実際，$[(s^0,s^1)]$ の逆元は $[(s^1,s^0)]$ である．

（3） $\Phi_S\colon S\to A_S$ を $f_S s=[(s+u,u)]$ によって定義する．ここで $u$ は $S$ の任意の要素である．$[(s+u,u)]$ は $u$ のとり方に依存しない同値類となる．

この構成によって与えられる $(A_S,\Phi_S)$ が実際に Grothendieck 群であることは定義に戻れば明らかであろう．

**定理 9.60**　$X$ がコンパクト Hausdorff 空間であるとき，$(K(X),\Phi_X)$ は $\mathrm{Vect}(X)$ の Grothendieck 群である．$KO$ についても同様である．　□

**注意 9.61**　普通 $K(X)$ は，$X$ がコンパクト Hausdorff 空間であるとき，$\mathrm{Vect}(X)$ の Grothendieck 群として定義される．上の定理は，本書の定義が通常の定義とこの場合に一致していることを述べている．

定理の証明の前に，定理を用いた計算例を挙げておく．

**例 9.62**　$K(S^2)\cong\mathbb{Z}\oplus\mathbb{Z}$ を示す．

2 つの円板を境界の $S^1$ に沿って貼り合わせたものを $S^2$ とみなす．$S^2$ 上の階数 $r$ の複素ベクトル束は，各円板の上で自明である．自明化を固定すると貼り合わせの可能性は $U(r)$ 内の閉曲線によって与えられる．閉曲線のホモトピー類は $U(r)$ の基本群 $\pi_1(U(r))$ によって分類される．行列式をとる写像 $U(r)\to U(1)$ は基本群の同型を引き起こすことが知られており，特に $\pi_1(U(r))=\mathbb{Z}$ である．円板上の自明化のとり方は，ホモトピーを除いて一意なので，この基本群の要素は自明化のとり方によらず，ベクトル束の同型類のみから定まる．従って，$S^2$ 上のベクトル束は階数と，$\pi_1(U(r))=\mathbb{Z}$ の要素から決定される．よって集合として $\mathrm{Vect}(S^2)=\mathbb{Z}_{\geqq 0}\oplus\mathbb{Z}$ と同一視される．2 つの行列に対して，直和の行列式は行列式の積に等しいことを用いると，これが可換半群としての同型でもあることがわかる．$\mathbb{Z}_{\geqq 0}\oplus\mathbb{Z}$ の Grothendieck 群は $\mathbb{Z}\oplus\mathbb{Z}$ であるから，

$$K(S^2)\cong\mathbb{Z}\oplus\mathbb{Z}$$

がわかる．　□

**例 9.63**　$K_c(\mathbb{R}^n)$ を求める．

例 9.62 と同様の考察により，

$$K(S^n)\cong\mathbb{Z}\oplus\pi_{n-1}(U)$$

がわかる．よって演習問題 9.31 から

$$K_c(\mathbb{R}^n) \cong \pi_{n-1}(U)$$

が得られる．　□

［定理 9.60 の証明］　任意の加群 $R$ と任意の準同型 $\Phi_R$: $\mathrm{Vect}(x) \to R$ に対して，準同型 $\Psi$: $K(X) \to R$ であって $\Phi_R = \Psi\Phi_X$ をみたすものが一意に存在することを示したい．

$\mathcal{K}(X)$ の任意の要素 $\mathcal{F}$ は定理 9.56 から大域的な表示 $(F, h)$ を許す．このとき，もし $\Psi$ が存在するなら $\Psi([\mathrm{Ker}\, h]) = \Phi_R(F^0) - \Phi_R(F^1)$ をみたすことは容易にわかる．従って，問題はこの関係式によって $\Psi$ が矛盾なく定義されているかどうかである．問題は 2 つに分割される．

（1）　$\Phi_R(F^0) - \Phi_R(F^1)$ が $\mathcal{F}$ のみに依存し，大域的な表示のとり方によらないこと．

（2）　$\Phi_R(F^0) - \Phi_R(F^1)$ が $\mathcal{F}$ のホモトピー類のみに依存すること．

前半を示すには，$(F_0, h_0)$ と $(F_1, h_1)$ が同じ $\mathcal{F}$ の 2 通りの大域的表示であるとき，あるベクトル束 $\tilde{F}^0, \tilde{F}^1$ が存在して $i = 0, 1$ に対して同時に $F_i^0 \oplus \tilde{F}^1 \cong F_i^1 \oplus \tilde{F}^0$ が成立することを示せばよい．1 つの方法は，定理 9.56 の証明と平行した議論を繰り返すことにより，あるベクトル束 $F^0$ に対して完全系列

$$0 \to F^0 \to F_i^0 \oplus (F_0^1 \oplus F_1^1) \to F_i^1 \to 0$$

を構成し $\tilde{F}^0 := F^0$, $\tilde{F}^1 := F_0^1 \oplus F_1^1$ とおくことである．詳細は読者に委ねる．より直接的な方法として，$F_0^0 \oplus F_1^1$ と $F_0^1 \oplus F_1^0$ との間に同型を構成することができる．この構成はすぐ後の補題 9.64 において与えることにする．

後半は，$X \times [0,1]$ の上で定理 9.56 を用いれば，$X$ がコンパクト Hausdorff であるとき，$X$ 上のホモトピーで結べるベクトル束が同型になる事実(すなわち，$X \times [0,1]$ 上のベクトル束を $X \times \{0\}$ と $X \times \{1\}$ への制限したものが同型になる事実)に帰着される．　■

証明が残された補題を示す．

**補題 9.64**　$X$ がコンパクト Hausdorff であるとする．$(F_0, h_0)$ と $(F_1, h_1)$ が同一の $\mathcal{K}(X)$ の要素の 2 通りの大域的表示であるとき，$F_0^0 \oplus F_1^1$ と $F_0^1 \oplus F_1^0$ は同型なベクトル束である．　□

まず，証明のアイディアを説明する．

(1)　十分小さな$\lambda>0$に対して$(h_0^2)_x, (h_1^2)_x$の固有値$\lambda$未満の固有空間の直和を$(E_0)_x, (E_1)_x$とおく．$X$はコンパクトなので，$\lambda>0$が十分小さいとき各点$x$において同型$(g)_x\colon (E_0)_x \to (E_1)_x$が存在し，$\mathbb{Z}_2$次数付Hermite空間の構造を保つ．さらにこの部分に$(h)_x, (h')_x$を制限したものは$(g)_x$を通じて同一視される．

(2)　まず，簡単のために$(E_0)_x, (E_1)_x$の次元が$x$に依存しない場合を考える．このとき，それらを$X$上で束ねた$E_0, E_1$は，$F_0, F_1$の$\mathbb{Z}_2$次数付部分ベクトル束となる．また$(g)_x$を束ねた$g\colon E_0 \to E_1$は，$\mathbb{Z}_2$次数付Hermiteベクトル束としての同型であり，$E_0$上で$gh_0=h_1g$が成立する．一方，直交補空間$E_0^\perp, E_1^\perp$の上で$h_0, h_1$は次数1の同型になっている．これらの写像をあわせると，$F_0^0 \oplus F_1^1$と$F_0^1 \oplus F_1^0$とが同型であることがわかる．

(3)　この同型を次のように表わすこともできる．便宜上$h_0, h_1$の代わりに$\mathrm{sgn}(h_0)$, $\mathrm{sgn}(h_1)$をとれば，これらは$E_0^\perp, E_1^\perp$の上で次数1の同型であって自乗すると恒等写像である．ただし，一般に$h$がHermite変換であるとき，$\mathrm{sgn}(h)$は，固有値が正，0，負である固有空間上で各々1倍，0倍，$-1$倍をとるHermite変換として定義する．$\mathrm{sgn}(h_0)$, $\mathrm{sgn}(h_1)$は次数1のHermite変換である(たとえば$t\neq 0$に対して$\mathrm{sgn}(t)=t/|t|$となることからわかる)．このとき，$F_0 \oplus F_1$から$E_0, E_1, E_0^\perp, E_1^\perp$への直交射影を各々$p_0, p_1, p_0^\perp, p_1^\perp$とおくと，$F_0 \oplus F_1$上の自己準同型$(gp_0+g^{-1}p_1)+(\mathrm{sgn}(h_0)p_0^\perp-\mathrm{sgn}(h_1)p_1^\perp)$は，自乗すると恒等写像になる同型であり，$F_0^0 \oplus F_1^1$と$F_0^1 \oplus F_1^0$とを入れ替える．

(4)　一般に$(E_0)_x, (E_1)_x$の次元が$x$に依存して変化する場合には，$(p_0)_x$, $(p_1)_x, (p_0^\perp)_x, (p_1^\perp)_x$は$x$に関して連続ではない．これらの不連続な$F_0 \oplus F_1$上の射影写像を1の分解を用いて連続なHermite自己準同型におきかえれば一般の場合の証明を得る．

[補題9.64の証明]　上の記号をそのまま使う．

半開区間$[0,\infty)$の開被覆$[0,\lambda)\cup(0,\infty)$に対する1の分割$\rho_0^2$, $\rho_\infty^2$を準備す

る．

すると，$(\rho_0(h_0^2))_x$ は $(F_0)_x$ 上の次数0の Hermite 自己準同型であり，像は $(E_0)_x$ に入っている．従って，合成 $(g)_x(\rho_0(h_0^2))_x$ は $(F_0)_x$ から $(F_1)_x$ への次数0の準同型として意味をもつ．しかもこの合成は $X$ の上で連続に動き，$F_0$ から $F_1$ への次数0の準同型を与えている．この準同型を $g\rho_0(h_0^2)$ とおく．

これと同様にして($p_0, p_1, p_0^{\perp}, p_1^{\perp}$ の代わりに $\rho_0(h_0^2)$, $\rho_0(h_1^2)$, $\rho_\infty(h_0^2)$, $\rho_\infty(h_1^2)$ を用いて)，$(g\rho_0(h_0^2)+g^{-1}\rho_0(h_1^2))+(\mathrm{sgn}(h_0)\rho_\infty(h_0^2)-\mathrm{sgn}(h_1)\rho_\infty(h_1^2))$ を考える．これが $F_0\oplus F_1$ 上の同型であることを示そう．$\rho_0$ を含む部分と $\rho_\infty$ を含む部分に分けて $\tilde{h}_0+\tilde{h}_1$ とおくと，

$$
\begin{aligned}
\tilde{h}_0^2 &= g\rho_0(h_0^2)g^{-1}\rho_0(h_1^2)+g^{-1}\rho_0(h_1^2)g\rho_0(h_0^2)\\
&= \rho_0(h_1^2)^2+\rho_0(h_0^2)^2,\\
\tilde{h}_1^2 &= (\mathrm{sgn}(h_0)\rho_\infty(h_0^2))^2+(\mathrm{sgn}(h_1)\rho_\infty(h_1^2))^2\\
&= \rho_\infty(h_1^2)^2+\rho_\infty(h_0^2)^2,\\
\tilde{h}_0\tilde{h}_1+\tilde{h}_1\tilde{h}_0 &= (g\rho_0(h_0^2)\,\mathrm{sgn}(h_0)\rho_\infty(h_0^2)-\mathrm{sgn}(h_1)\rho_\infty(h_1^2)g\rho_0(h_0^2))\\
&\quad +(\mathrm{sgn}(h_0)\rho_\infty(h_0^2)g^{-1}\rho_0(h_1^2)-g^{-1}\rho_0(h_1^2)\,\mathrm{sgn}(h_1)\rho_\infty(h_1^2))\\
&= 0
\end{aligned}
$$

が成立するので，

$$
\begin{aligned}
(\tilde{h}_0+\tilde{h}_1)^2 &= \rho_0(h_1^2)^2+\rho_0(h_0^2)^2+\rho_\infty(h_1^2)^2+\rho_\infty(h_0^2)^2\\
&= \mathrm{id}_{F_0\oplus F_1}
\end{aligned}
$$

となる．従って $\tilde{h}_0+\tilde{h}_1$ は同型である．この同型が $F_0^0\oplus F_1^1$ と $F_0^1\oplus F_1^0$ とを入れ替えることは構成から明らかであろう． ∎

補題 9.64 は，$X$ が局所コンパクト Hausdorff 空間であり，さらに Clifford 代数の係数をもつ場合にも次のように拡張することができる．

**補題 9.65**　$X$ が局所コンパクト Hausdorff 空間であるとする．$(W_0, h_0)$ と $(W_1, h_1)$ が同一の $\mathcal{K}_c(X, Cl(T))$ の要素の2通りの大域的表示であるとする．$W_1$ の $\mathbb{Z}_2$ 次数の $0,1$ を入れ替えたものを $W_1'$ とおき，$W_1'$ 上での $h_1$ を $h_1'$ と書く．このとき $(X,T)$ 上のペア $(W_0,[h_0])\oplus(W_1',[h_1'])$ は，台が空なペアと

(台がコンパクトな)ホモトピーで結ぶことができる.

［証明］ 補題 9.64 の証明は $\mathbb{Z}_2$ 次数 0 の部分と $\mathbb{Z}_2$ 次数 1 の部分を同等に扱っているので，Clifford 代数の係数をもつ場合にもそのまま成立する．証明の構成は，台がコンパクトなホモトピーを与えている. ∎

**注意 9.66**

(1) $X$ がコンパクト Hausdorff でないときには一般には $\mathcal{K}(X)$ の要素を大域的なデータによって表示はできない.（実際，$X$ が連結であり $(F)_x$ の次元が有界でないときには不可能である.）しかし，$X$ がコンパクト Hausdorff 空間と同じホモトピー型をもつときには，$K(X)$ の要素は大域的なデータによって表示される.

(2) Karoubi は本書とは別のやり方で Clifford 代数を係数とする $K$ 群を定義した [69]．その定式化によれば，係数付であっても任意の要素を有限次元の大域的なデータの同値類として表示することが可能である．この Karoubi による定義は，ベクトル空間の族を例 9.1(2) の方法で表示することと関係が深い.

(3) Clifford 代数を係数とする場合，大域的な表示を許す要素からなる $K$ 群の部分集合は部分加群となる．この部分加群(あるいはそれによる商加群)は位相不変量であるが，それが何であるかを著者は知らない.

## 《要約》

**9.1** $\mathbb{Z}_2$ 次数付 Hermite 一般ベクトル束の概念を定義した．そのホモトピー類の集合として $K$ 群を定義した.

**9.2** $K$ 群の変種として，コンパクトな台をもつ $K$ 群，局所係数付の $K$ 群などがあった．ここで，局所係数とは，Clifford 代数の作用によって定義される.

**9.3** Dirac 型作用素の族は，パラメータ空間上に $\mathbb{Z}_2$ 次数付 Hermite 一般ベクトル束を定める．これのホモトピー類が Dirac 作用素の族の指数である.

**9.4** 局所係数付でないとき，局所コンパクト空間の $K$ 群の要素は常に大域的表示をもつ．この場合，$K$ 群は Grothendieck 群として表示される.

# 10

# $K$ 群と指数定理

この章では，指数定理の証明に用いた Bott の周期性定理を証明する．翻って見直すと，指数定理の証明をも含め，指数の性質は $K$ 群の言葉を用いると簡明に整理される．一言でいえば，指数は積分と平行した性質をもつ．これを用いると，$K$ 群は，一般コホモロジー理論($K$ コホモロジー)の自然な一部とみなされる．このとき，Bott の周期性定理は，$K$ コホモロジー理論における Thom 同型定理へと拡張される．

本章以降では再び $X$ は多様体と仮定し，ベクトル束などの概念は滑らかなカテゴリーで考える．なお，補題 2.8 の直後の注意からわかるように，$K$ 群の定義は連続なカテゴリーで行っても滑らかなカテゴリーで行っても，出来上がるものは同一である．

## §10.1　指数定理の証明を $K$ 群を用いて記述する

第 7 章において指数定理の証明に使われた議論を，$K$ 群の性質の言葉を用いて整理してみよう．

### (a)　指数と $K$ 群

$\mathcal{K}_c(X, Cl(TX))$ の要素 $\mathcal{W}$ が大域的表示 $(W, h)$ をもつとき，指数 $\mathrm{ind}(W, [h])$ が定義された．

**補題 10.1**　指数 $\mathrm{ind}(W,[h])$ は $\mathcal{W}$ の大域的表示 $(W,h)$ のとり方に依存しない．

［証明］　$(W_0,h_0)$, $(W_1,h_1)$ が $\mathcal{W}$ の2通りの大域的表示であるとき，

$$\mathrm{ind}(W_0,[h_0]) = \mathrm{ind}(W_1,[h_1])$$

を示す．$W_1$ の $\mathbb{Z}_2$ 次数の $0,1$ を入れ替えたものを $W_1'$ とおき，$W_1'$ 上の自己準同型とみなした $h_1$ を $h_1'$ と書くと

$$\mathrm{ind}(W_0\oplus W_1',[h_0\oplus h_1']) = \mathrm{ind}(W_0,[h_0]) - \mathrm{ind}(W_1,[h_1])$$

が成立する．ここで補題9.65によって $h_0\oplus h_1'$ は台がコンパクトなホモトピーで動かして，台を空にすることができるから，左辺は0である．∎

すべての要素が大域的表示をもつ場合は簡明である．

**補題 10.2**　$X$ が偶数次元であり，$Spin^c$ 構造をもつとき準同型

$$\mathrm{ind}_X\colon K_c(X,Cl(TX)) \to \mathbb{Z}$$

が存在し，大域的表示 $(W,h)$ をもつ要素に対して指数 $\mathrm{ind}(W,[h])$ と一致する．□

［証明］　命題9.38によって $\mathcal{K}_c(X,Cl(TX))$ の任意の要素 $\mathcal{F}$ は大域的表示 $(W,h)$ をもつ．このとき指数は $\mathcal{K}_c(X,Cl(TX))$ から $\mathbb{Z}$ への写像を与えている．また，$\mathcal{K}_c(X,Cl(TX))$ の2つの要素の間のホモトピーは $\mathcal{K}_c(X\times[0,1],Cl(\pi^*_{X\times[0,1]}TX))$ の要素であり，やはり大域的表示をもつ．この大域的表示はペアの間のホモトピーを与える．定理3.20によってペアの指数はホモトピー不変である．（切除定理により，一般性を失わずに $X$ は境界のあるコンパクト多様体の内部と仮定してよい．このとき，$X\times[0,1]$ 上のベクトル束は $X$ 上のベクトル束の引き戻しであるから，$(W,h)$ のホモトピーとは $h$ のホモトピーに他ならない．）これは，指数を $\mathcal{K}_c(X,Cl(TX))$ から $\mathbb{Z}$ への写像と見なすとき，$K_c(X,Cl(TX))$ を経由することを意味している．∎

上の補題は一般の多様体 $X$ に対しても成立するのであるが，その証明は少し後で行う．

### (b)　超対称調和振動子の族との積

$\pi_\nu\colon \nu\to X$ を $X$ 上の Eulcid ベクトル束とする．ファイバーに沿った超対

称調和振動子の族に対応して，$\nu$ の全空間上で $\mathbb{Z}_2$ 次数付 $Cl(\pi_\nu^*\nu)$ 加群 $W_{\mathrm{fiber}}$ と，その上の次数1の Hermite 自己準同型 $h_{\mathrm{fiber}}$ が定義されていた．

$\nu$ がスピン構造をもつときには，対応するスピノル束を $S$ とおくとき，$W=\pi_\nu^*(S\otimes S)$ である．2つの $S$ には，各々 $Cl(\nu)$ 加群構造が入っており，両者を各々用いて $W$ 上に $Cl(\pi_\nu^*\nu)$ 加群構造と $h_{\mathrm{fiber}}$ とが定義されているのであった．(なお，$\nu$ が大域的にスピン構造をもたないときにも，局所的には上のように表示された．)

$h_{\mathrm{fiber}}$ の台は0切断と一致していた．特に台と各ファイバーとの共通部分は1点からなるコンパクト集合である．このような $(W,h)$ の居場所を定義しておく．

**定義 10.3**

(1)　$\mathcal{K}(\nu, Cl(\pi_\nu^*\nu))$ の要素 $\mathcal{F}$ であって，任意の $x$ におけるファイバー $(\nu)_x$ と台 $\mathrm{supp}\,\mathcal{F}$ との共通部分がコンパクトであるものの全体を $\mathcal{K}_{\mathrm{fiber}}(\nu, Cl(\pi_\nu^*\nu))$ とおく．

(2)　台と各ファイバーとの共通部分のコンパクト性を保つホモトピーによる同値類の全体を，$K_{\mathrm{fiber}}(\nu, Cl(\pi_\nu^*\nu))$ とおく．　□

$(W_{\mathrm{fiber}}, h_{\mathrm{fiber}})$ は $\mathcal{K}_{\mathrm{fiber}}(\nu, Cl(\pi_\nu^*\nu))$ に属するので，そのホモトピー類として $K_{\mathrm{fiber}}(\nu, Cl(\pi_\nu^*\nu))$ の要素 $[(W_{\mathrm{fiber}}, h_{\mathrm{fiber}})]$ が定義される．

$\pi_T\colon T\to X$ を別の Euclid ベクトル束とすると，テンソル積によって写像

$$\mathcal{K}_c(X, Cl(T))\times\mathcal{K}_{\mathrm{fiber}}(\nu, Cl(\pi_\nu^*\nu))\to\mathcal{K}_c(\nu, Cl(\pi_\nu^*(T\oplus\nu)))$$

が定義される．特に $T=TX$ であるとき $T\nu\cong\pi_\nu^*(T\oplus\nu)$ であるから $TX$ と $T\nu$ にこの表示と両立する Eulcid 計量を入れておくと

$$\mathcal{K}_c(X, Cl(TX))\times\mathcal{K}_{\mathrm{fiber}}(\nu, Cl(\pi_\nu^*\nu))\to\mathcal{K}_c(\nu, Cl(T\nu))$$

が定義される．

**定義 10.4**　$\nu$ を $X$ 上の実ベクトル束とする．$i_{\nu X}\colon X\to\nu$ を0切断とする．このとき $i_{\nu X!}$ を $(W_{\mathrm{fiber}}, h_{\mathrm{fiber}})$ の積によって定義される写像

$$i_{\nu X!}\colon\mathcal{K}_c(X, Cl(TX))\to\mathcal{K}_c(\nu, Cl(T\nu))$$

として定義する．また，それが誘導するホモトピー類の間の写像も同じ記号 $i_{\nu X!}$ で表わすことにする．

$$i_{\nu X!}\colon K_c(X, Cl(TX)) \to K_c(\nu, Cl(T\nu)).$$

後者は$TX, T\nu$上のEuclid計量のとり方によらずに定義されている． □

**命題 10.5**　$\mathcal{K}_c(X, Cl(TX))$の要素$\mathcal{W}$が大域的表示をもつとき$i_{\nu X!}(W, h)$も大域的表示をもち，次式が成立する．

$$\mathrm{ind}_\nu\, i_{\nu X!}\mathcal{W} = \mathrm{ind}_X\, \mathcal{W}.$$

［証明］　$i_{\nu X!}(W, h)$が大域的表示をもつことは，1つの大域的表示が$(W, h)$ $\otimes(W_{\mathrm{fiber}}, h_{\mathrm{fiber}})$によって与えられることから明らかである．$i_{\nu X!}$が指数を変えないことは§6.3(d)の補題6.12の言い換えである． ∎

特に$X$が偶数次元で$Spin^c$構造をもつ場合には補題10.2によって，

$$\mathrm{ind}_\nu\, i_{\nu X!} = \mathrm{ind}_X$$

が成立することがわかる．後で一般の$X$に対しても，この性質が成り立つように$\mathrm{ind}_X$（および$\mathrm{ind}_\nu$）が定義できることを示す．

## (c)　指数の切除定理と$K$群の切除定理

$Y$が偶数次元多様体で$Spin^c$構造をもつと仮定する．$U$が多様体$Y$の開部分集合であるとしよう．$i_{YU}\colon U \to Y$を開埋め込み写像とする．（実際に後で考えたいのは$Y$が偶数次元のEuclid空間の場合である．）

§6.2(c)では$(U, TU)$上のペア$(W_U, [h_U])$から$(Y, TY)$上のペア$(W_Y, [h_Y])$を構成する方法を与えた．思い出すと，まず，必要なら$U$を$h_U$の台を含む少し小さな開部分集合におきかえて，$U$は境界をもつコンパクト多様体の内部と微分同相であると仮定しておく．そして，次の条件をみたすように$(W_Y, h_Y)$を構成した．

（1）　$h_Y$の台は$h_U$の台と一致する．

（2）　$(W_Y, h_Y)$を$U$上に制限したとき

$$(W_Y, h_Y)|U' \cong (W_U, h_U) \oplus (W'_U, h'_U)$$

と分解し，$h'_U$の台が空となる．

一方命題9.43によって，$\mathcal{K}$のレベルにおける自然な写像

$$i_{YU!}\colon \mathcal{K}_c(U, Cl(TU)) \to \mathcal{K}_c(Y, Cl(TY))$$

が定義されていた．この写像は$K$群の切除定理（命題9.42）の定式化のため

に実質的に使われていた．

両者の構成は次の意味でちょうど対応している．

**補題 10.6**　上の記号を用いるとき次式が成立する．

$$i_{YU!}(W_U, h_U) = (W_Y, h_Y).$$

［証明］　構成の仕方から，つながり方もこめて

$$\mathrm{Ker}\, h_Y = \mathrm{Ker}\, h_U \oplus \mathrm{Ker}\, h'_U = \mathrm{Ker}\, h_U$$

が成立する． ∎

すると，指数に対する切除定理は，次のように定式化できる．

**命題 10.7**（**指数の切除定理**）　$Y$ が偶数次元で $Spin^c$ 構造をもち，$i_{YU}: U \to Y$ は開埋め込みであると仮定する．$\mathcal{K}_c(U, Cl(T|U))$ の要素 $\mathcal{W}$ が大域的表示をもつとき，$i_{YU!}\mathcal{W}$ にも大域的表示が存在し，次式が成立する．

$$\mathrm{ind}_Y\, i_{YU!}\mathcal{W} = \mathrm{ind}_U\, \mathcal{W}.$$

［証明］　§6.4で用いられた定理3.29(切除定理)の言い換えである． ∎

後で一般の $Y$ に対しても上の命題が成立することを示す．

## (d)　指数定理の $K$ 群を用いた定式化

第6章での議論を思い出そう：上の(b)と(c)とを組み合わせると，指数の計算は偶数次元の Euclid 空間の場合に，次のように帰着されるのであった．

多様体 $X$ を偶数次元の Euclid 空間 $E$ の閉部分多様体として埋め込んでおく．埋め込み写像を $i_{EX}$ とおく．

**定義 10.8**　一般に，閉埋め込み $i_{YX}: X \to Y$ に対して $X$ の管状近傍を $U$ とおくと，$U$ は $X$ の法束 $\nu$ と微分同相である．純粋に位相的な手続きのみから定義される次の合成写像

$$\mathcal{K}(X, Cl(TX)) \xrightarrow{i_{\nu X!}} \mathcal{K}(\nu, Cl(T\nu)) \cong \mathcal{K}(U, Cl(TU)) \xrightarrow{i_{YU!}} \mathcal{K}(Y, Cl(TY))$$

を $i_{YX!}$ とおく．また，対応する $K$ 群間の写像も同じ記号 $i_{YX!}$ で表わす． □

今は特に $Y$ として偶数次元 Euclid 空間 $E$ を考えている．$TE$ は偶数階数であり，$Spin^c$ 構造をもつ．

すると，第6章で証明した指数定理は，次のように要約される．

**定理 10.9**　$\mathcal{K}(X, Cl(TX))$ の要素 $\mathcal{W}$ が大域的表示をもつとき，$i_{EX!}\mathcal{W}$ も大域的表示をもち，次式が成立する．

$$\mathrm{ind}_X\, \mathcal{W} = \mathrm{ind}_E\, i_{EX!}\mathcal{W}.$$

[証明]　定理 6.1(指数定理)の言い換えである．実質的に命題 10.5 と命題 10.7 との組み合わせであった． ∎

上の定理では，指数を位相的に決定するまでには至っていない．指数の計算が，十分高い次元の偶数次元 Euclid 空間上の指数定理に帰着されることだけが主張されている．

偶数次元 Euclid 空間上の指数定理は Bott の周期性定理によって与えられた．そこで，Bott の周期性定理も $K$ 群の言葉で表わそう．それを用いると，指数の記述を完全に $K$ 群の言葉を用いて行える．

## (e)　Bott の周期性定理

Euclid 空間 $E$ は 1 点 pt 上のベクトル束とみなされる．pt を $E$ の原点に埋め込む写像を $i_{E\mathrm{pt}}\colon \mathrm{pt} \to E$ とおくと，写像 $i_{E\mathrm{pt}!}\colon K(\mathrm{pt}) \to K_c(E, Cl(TE))$ が定義される．

次の定理は Bott の周期性定理とほぼ同値な命題である．

**定理 10.10**　$E$ が Euclid 空間のとき，$i_{E\mathrm{pt}!}\colon K(\mathrm{pt}) \to K_c(E, Cl(TE))$ は同型である． □

次節で述べるように指数定理の証明のためには偶数次元の Euclid 空間に対して上を示せば十分である．

定理 10.10 の証明および Bott の周期性定理との正確な関係の説明は § 10.3 にまわす．

**系 10.11**　$E$ が偶数次元 Euclid 空間であるとき，

$$\mathrm{ind}_E:\ K_c(E, Cl(TE)) \to \mathbb{Z},$$
$$i_{E\mathrm{pt}!}:\ K(\mathrm{pt}) \to K_c(E, Cl(TE))$$

は，同型 $\mathrm{ind}_{\mathrm{pt}}\colon K(\mathrm{pt}) \to \mathbb{Z}$ を経由して互いの逆写像となっている．

[証明]　$E$ が偶数次元 Euclid 空間であるとき，$E$ はさらに $Spin^c$ 構造をもつので補題 10.2 によって $\mathrm{ind}_E\colon K(E, Cl(TE)) \to \mathbb{Z}$ が定義される．命題

10.5 によって $\mathrm{ind}_E\, i_{E\mathrm{pt}!}=\mathrm{ind}_{\mathrm{pt}}$ が成立する．ここで $\mathrm{ind}_{\mathrm{pt}}\colon K(\mathrm{pt})\to\mathbb{Z}$ は同型である．従って，定理 10.10 から $\mathrm{ind}_E$ と $i_{E\mathrm{pt}!}$ は互いの逆写像である． ∎

なお，次節で奇数次元の Euclid 空間 $E$ に対しても $\mathrm{ind}_E$ を定義する．しかるべく定義さえされれば，この奇数次元 Euclid 空間の場合にも上の系の成立を見るのは容易である．

### (f)　$K$ 群による指数の位相的表示

前節の形の Bott の周期性定理を認めることにすると，指数を次のように純トポロジー的に記述することが可能になる．

**定理 10.12**（**Atiyah–Singer の指数定理**：$K$ 群による記述）　多様体 $X$ を偶数次元 Euclid 空間 $E$ の閉部分多様体として埋め込んでおく：$i_{EX}\colon X\to E$．一方，1 点 pt を $E$ の原点に埋め込む写像を $i_{E\mathrm{pt}}\colon \mathrm{pt}\to E$ とおく．このとき写像

$$i_{E\mathrm{pt}!}^{-1} i_{EX!}\colon K_c(X, Cl(TX))\to K(\mathrm{pt})\cong\mathbb{Z}$$

を考えると，$\mathcal{K}_c(X, Cl(TX))$ の大域的表示可能な要素 $\mathcal{W}=(W,h)$ に対して次式が成立する．

$$\mathrm{ind}(W,[h])=i_{E\mathrm{pt}!}^{-1} i_{EX!}[\mathcal{W}].$$

［定理 10.10 を用いた定理 10.12 の証明］　系 10.11 より $i_{E\mathrm{pt}!}$ と $\mathrm{ind}_{\mathrm{pt}}$ とは互いの逆写像である．従って，$i_{EX!}$ を $\mathcal{K}_c(X, Cl(TX))$ から $\mathcal{K}_c(E, Cl(TE))$ への写像とみなすとき，定理 10.9 によって，

$$\mathrm{ind}(W,[h])=i_{E\mathrm{pt}!}^{-1} i_{EX!}(W,h)$$

が成立する．この写像は $K_c(X, Cl(TX))$ を経由するので主張を得る． ∎

この定理は，特に $\mathcal{W}=(W,h)$ に対して，指数 $\mathrm{ind}(W,[h])$ が，$\mathcal{W}$ のホモトピー類 $[\mathcal{W}]$ にのみ依存することを意味している．

## §10.2　$K$ 理論における積分としての指数

この節の第一の目標は，指数の概念を $K$ 群上のある公理をみたす写像

$$\mathrm{ind}_X\colon K_c(X, Cl(TX))\to K(\mathrm{pt})\cong\mathbb{Z}$$

として定義しなおすことである.

第二の目標は，その定義を Clifford 代数作用がある場合，族の指数に対応する場合，$KO$ 群の場合などに拡張することである.

## (a) 指数の公理的特徴づけ

閉埋め込み $i_{YX}\colon X\to Y$ に対して写像

$$i_{YX!}\colon K(X,Cl(TX))\to K(Y,Cl(TY))$$

が定義された(定義 10.8). これは次の合成則をみたす.

**命題 10.13** $i_{YX}\colon X\to Y$, $i_{ZY}\colon Y\to Z$ が2つの閉埋め込みであるとき，その合成を $i_{ZX}\colon X\to Y\to Z$ とおくと，次式が成立する.

$$i_{ZX!}=i_{ZY!}i_{YX!}\colon K(X,Cl(TX))\to K(Z,Cl(TZ)).$$

［証明］ $K$ のレベルで合成則が成立することを示せばよい. そのためには，$X$ 上の2つの実ベクトル束 $p_0\colon \nu_0\to X$, $p_1\colon \nu_1\to X$ が存在して，$Y$ が $\nu_0$ の全空間であり，$Z$ が $\nu_0\oplus\nu_1$ の全空間である場合に示せば十分である. このとき，$i_{ZX!}, i_{ZY!}, i_{YX!}$ は各々

$$p_0\oplus p_1\colon Z=\nu_0\oplus\nu_1\to X,$$
$$p_0^*p_1\colon Z=p_0^*\nu_1\to Y,$$
$$p_0\colon Y=\nu_0\to X$$

のファイバーに沿った超対称調和振動子に対応する $K$ の要素のテンソル積である. このとき求める合成則は超対称調和振動子の乗法性(命題 3.45)に帰着する. ∎

これを用いると，指数を次のように公理的に特徴づけることができる.

**定理 10.14** (Atiyah–Singer) すべての多様体 $X$ に対して一斉に写像

$$\mathrm{ind}_X\colon K_c(X,Cl(TX))\to\mathbb{Z}$$

を定義して次の性質をみたすようにすることができる.

(1) 開埋め込み $i_{YU}\colon U\to Y$ に対して $\mathrm{ind}_U=\mathrm{ind}_Y\, i_{YU!}$ が成立する.

(2) 閉埋め込み $i_{YX}\colon X\to Y$ に対して $\mathrm{ind}_X=\mathrm{ind}_Y\, i_{YX!}$ が成立する.

(3) 偶数次元 Euclid 空間 $E$ に対して $\mathrm{ind}_E\colon K_c(E)\to\mathbb{Z}$ は指数と一致する.

上の性質によって $\mathrm{ind}_X$ は完全に特徴づけられる.

さらに，この $\mathrm{ind}_X$ は次の性質をみたす: $K_c(X, Cl(TX))$ の要素 $[\mathcal{W}]$ が大域的表示 $[(W,h)]$ をもつとき，$\mathrm{ind}_X \mathcal{W}$ は，指数 $\mathrm{ind}(W,[h])$ と等しい. □

証明を存在と一意性の部分に分ける.

［一意性の証明］　まず，$X$ が偶数次元の Euclid 空間 $E$ へ閉多様体として埋め込まれる場合を考える. このとき，$\mathrm{ind}_X = \mathrm{ind}_E\, i_{EX!}$ が成立しなくてはならないので $\mathrm{ind}_X$ は与えられた性質から一意的に決定される.

次に一般の場合を考える. 任意の多様体が Euclid 空間の中に閉多様体として埋め込めることは§2.2では証明していなかった(実は正しいが). しかし，次のように議論すればよい(§3.3で一般の開多様体上で指数を定義したときと同様の議論である).

$K(X, Cl(TX))$ の個々の要素 $\mathcal{W}$ ごとに，$\mathcal{W}$ の台を含む $X$ の開部分集合 $U$ であって，境界のあるコンパクト多様体の内部と微分同相であるものが存在する. このとき $\mathcal{W}$ は $K_c(U, Cl(TU))$ のある要素 $\mathcal{W}_U$ によって $\mathcal{W} = i_{UX!}\mathcal{W}_U$ と書ける. 従って $\mathrm{ind}_X \mathcal{W} = \mathrm{ind}_U \mathcal{W}_U$ である. 一方，系2.4から，$U$ は偶数次元の Euclid 空間の中に閉部分多様体として埋め込むことができる. よってすでに示した場合に帰着し，$\mathrm{ind}\,\mathcal{W}$ は与えられた性質から一意的に決定される. ∎

存在の証明の方針を述べる.

$X$ をある偶数次元の $Spin^c$ 多様体 $Y$ の中へ閉多様体として埋め込む. すると，2つの写像

$$i_{YX!}\colon K_c(X, Cl(TX)) \to K_c(Y, Cl(TY)),$$
$$\mathrm{ind}_Y\colon K_c(Y, Cl(Y)) \to \mathbb{Z}$$

が定義されている. これの合成として $\mathrm{ind}_X$ を定義したい. 問題は，これが閉埋め込み $i_{YX}\colon X \to Y$ のとり方に依存せず定義されることを示さなくてはならないことである. $Y$ として，ある程度具体的なものをとることによってこれを解決する. 2通りの方法を述べる.

［存在の証明］　$Y = TX$ への閉埋め込みを考える. $TX$ の全空間は偶数次元で $Spin^c$ 構造をもつ. 実際，$TX$ の接空間は $p\colon TX \to X$ を射影とすると

$p^*(TX \oplus TX) = p^*TX \otimes \mathbb{C}$ と同型であり，複素ベクトル束としての構造が入る．このとき0切断 $i_{TX\,X}\colon X \to TX$ は閉埋め込みである．そこで

$$\mathrm{ind}_X := \mathrm{ind}_{TX}\, i_{TX\,X}$$

とおく．これが求める性質をもつことは次の事実からわかる．

（1） $X$ がもともと偶数次元の $Spin^c$ 多様体であるとき（特に偶数次元の Euclid 空間であるとき），定理10.9によって $\mathrm{ind}_X$ はもともとの指数と一致する．

（2） $X \to Y$ が閉埋め込みであるとき，$TX \to TY$ は偶数次元 $Spin^c$ 多様体の間の閉埋め込みであるから定理10.9により $\mathrm{ind}_X = \mathrm{ind}_Y\, i_{YX!}$ が成立する． ∎

［存在の別証］ 閉埋め込みとして $X$ の偶数次元 Euclid 空間の中へ閉埋め込みを考える．（厳密には一意性の証明と同様に，$K_c(X, Cl(TX))$ の各要素ごとに考察する．）

まず，$X$ から偶数次元の Euclid 空間 $E, E'$ への2通りの閉埋め込み $i_{EX}$, $i_{E'X}$ が与えられたとき，次式を示す．

$$\mathrm{ind}_E\, i_{EX!} = \mathrm{ind}_{E'}\, i_{E'X!}.$$

$E'' = E \times E'$ はやはり偶数次元の Euclid 空間である．$E, E'$ から $E''$ への閉埋め込み $v \mapsto (v, 0)$, $v' \mapsto (0, i_{E'X}v)$ を $i_{E''E}$, $i_{E''E'}$ とおくと，求める等式は次の3つの主張の帰結である．

（1） 合成 $i_{E''E}i_{EX}$ と $i_{E''E'}i_{E'X}$ はともに $X$ の $E''$ への閉埋め込みであり，線形に結ぶことによって閉埋め込みのホモトピーで結ぶことができる．従ってこれらが $K_c$ 上に引き起こす写像は等しい．

$$(i_{E''E}i_{EX})_! = (i_{E''E'}i_{E'X})_!\colon K_c(X, Cl(TX)) \to K_c(E'', Cl(TE'')).$$

（2） 命題10.13から次式が成立する．

$$(i_{E''E}i_{EX})_! = i_{E''E!}i_{EX!}, \quad (i_{E''E'}i_{E'X})_! = i_{E''E'!}i_{E'X!}.$$

（3） 定理10.9から次式が成立する．

$$\mathrm{ind}_{E''}\, i_{E''E!} = \mathrm{ind}_E, \quad \mathrm{ind}_{E''}\, i_{E''E'!} = \mathrm{ind}_{E'}\,.$$

これらを合わせると

$$\mathrm{ind}_E\, i_{EX!} = \mathrm{ind}_{E''}\, i_{E''E!}i_{EX!} = \mathrm{ind}_{E''}(i_{E''E}i_{EX})_!$$

$$= \mathrm{ind}_{E''}(i_{E''E'}i_{E'X})_! = \mathrm{ind}_{E''}\, i_{E''E'!}i_{E'X!} = \mathrm{ind}_{E'}\, i_{E'X!}$$

を得る．よって

$$\mathrm{ind}_X := \mathrm{ind}_E\, i_{EX!}$$

とおくと，これは$E$および閉埋め込み$i_{EX}$に依存せず定義されている．この$\mathrm{ind}_X$が求める性質をもつことは，命題10.7，定理10.9からわかる． ∎

**注意 10.15**

(1) $\mathrm{ind}_X$の存在の2つの証明法は，補題7.31におけるThom類の2通りの構成法と平行している．$\mathrm{ind}_X$の存在の証明法では指数をとる操作を考察し，補題7.31の構成法では積分する操作を考察する．これらの操作が，Euclid空間や$Spin^c$多様体の上では比較的簡明なので，それらの場合に帰着させるというのがアイディアである．

(2) 本書ではBottの周期性定理を指数の概念を利用して証明する．しかし純トポロジー的な証明も存在する．その方法を採用すれば，$\mathrm{ind}_X$は純トポロジー的に定義されることになる．

(3) 実は$K_c(X, Cl(TX))$と$K_c(TX)$とは$K$理論のThom同型によって同型である(定理10.32)．これらは多様体$X$の0次$K$ホモロジーの2通りの定義を与える(§10.4(c)参照)．

(4) $K_c(TX)$は**楕円型擬微分作用素**(elliptic pseudo-differential operator)の主表象のホモトピー類が属する加群である．(擬)微分作用素の指数を主表象から考察する立場をとるならば，$K$群に対する$\mathrm{ind}_X$を定義する際に，はじめから$K_c(TX)$を用いて定式化するのが自然である．

(5) Atiyah–Singer [24]による指数定理のもともとの定式化では$K_c(TX)$が使われ，指数定理の証明は次の2つのステップに整理されていた．

第一のステップでは指数を公理的に特徴づける．

第二のステップでは，位相的に定義される位相的指数と，(擬)微分作用素を用いて定義される解析的指数とが，共にこの公理をみたすことを示す．

すると指数定理は解析的指数と位相的指数の一致として記述される．しかも，Dirac型とは限らない高階の楕円型(擬)微分作用素に対する指数の公式も同じ手間で一挙に得られる．

(6) しかし一方，$K_c(TX)$を用いた0次$K$ホモロジーの定義と平行した方法で0次$KO$ホモロジーを定義するためには，$TX$の代わりに$TX$の7個の直和を使う必要がある．$K$ と $KO$ とでは(最終的な)Bott の周期性定理の形が異なるが，その違いがそのままここに反映している．

(7) それに対し，$\mathcal{K}_c(X, Cl(TX))$ を用いる $K$ ホモロジーの定義は $KO$ の場合にそのまま拡張できる．その点，指数と $K$ 理論との関係を考察する立場をとるならば，この定義が便利である．本書ではこちらを採用した．

(8) $\mathrm{ind}_X$ を Euclid 空間への埋め込みや $Spin^c$ 構造を経由せずに直接定義することも可能であるかもしれない．そのためには，大域的表示を用いずに，一般 Hermite ベクトル束に対して，直接指数を定義する必要がある．本書ではこの方法については追求しない*1．

**演習問題 10.16**　写像 $\mathrm{ind}_{S^1}\colon K(S^1, Cl(TS^1)) \to K(\mathrm{pt})$ は，次の意味でスペクトル流によって与えられることを示せ．$TS^1$ は自明なので $Cl(TS^1)$ 係数の $K$ 群は $Cl(\mathbb{R})$ 係数の $K$ 群と同一視される．$Cl(\mathbb{R})$ の既約な $\mathbb{Z}_2$ 次数付ユニタリ表現を $R$ とおく．$\mathcal{K}(S^1, Cl(\mathbb{R}))$ の要素は Hermite 一般ベクトル束 $\mathcal{F}$ によって $\mathcal{F} \otimes R$ と書くことができた．このとき

$$\mathrm{ind}_{S^1}[\mathcal{F} \otimes R] = \mathrm{sf}(\mathcal{F})$$

が成立することを示せ．(ヒント：$K(S^1, Cl(TS^1))$ は演習問題 9.55 によって $\mathbb{Z}$ と同型であった．よって生成元に対して示せば十分である．)　□

**注意 10.17**　$\mathrm{ind}_{S^1}$ がスペクトル流によって与えられることを，局所化の方法によって説明することも可能である(注意 11.49 参照)．

## (b)　係数をもつ場合

Euclid 計量の入った実ベクトル空間 $V$ を固定する．Riemann 多様体 $X$ に対し，$\mathcal{K}_c(X, Cl(TX \oplus V))$ の要素 $\mathcal{W}$ が大域的表示 $(W, h)$ をもったとする．$Cl(T)$ は $Cl(TX \oplus V)$ の部分代数であるから，$(W, [h])$ は $X$ 上のペアと見なすことができる．$W$ 上の 1 つの Dirac 型作用素を $D$ とする．

主表象 $\sigma(D)\colon TX \to \mathrm{End}(W)$ は，$Cl(TX)$ の作用によって与えられる．従って $V$ の要素 $v$ に対して $\sigma(D)c(v) + c(v)\sigma(D) = 0$ が成立する．この等式

*1　次数 0 の擬微分作用素の概念を $\mathcal{K}$ の要素に対して拡張すればよいと思われる．

を作用素のレベルに持ち上げることができる．

**補題 10.18**　上の記号を用いるとき，Dirac 型作用素 $D$ を，任意の $V$ の要素 $v$ に対して

$$(10.1)\qquad Dc(v)+c(v)D=0$$

をみたすようにとることができる．

［証明］　$V$ の 1 つの正規直交基底を $v_1, v_2, \cdots, v_d$ とする．$Cl(V)$ の有限部分集合 $G:=\{\pm v_1^{i_1}v_2^{i_2}\cdots v_d^{i_d}\}$ は乗法に関して群をなす．$g=\pm v_1^{i_1}v_2^{i_2}\cdots v_d^{i_d}$ に対して $\deg g=\sum_k i_k \bmod 2$ とおく．すると $g\mapsto(-1)^{\deg g}$ は $G$ から $\{\pm 1\}$ への準同型である．このとき

$$D':=\frac{1}{\#G}\sum_{g\in G}(-1)^{\deg g}c(g)Dc(g)^{-1}$$

は，任意の $g$ に対して $(-1)^{\deg g}c(g)D'c(g)^{-1}=D'$ をみたし，$D$ と同じ主表象をもつ．この $D'$ が求める性質をもつ Dirac 型作用素である．∎

この補題を用いると，$Cl(V)$ の作用がある場合に指数を拡張して定義することができる．これを説明しよう．

$\mathcal{K}_c(X, Cl(TX\oplus V))$ の要素 $\mathcal{W}$ が大域的表示 $(W,h)$ をもったとする．式(10.1)をみたす $D$ をとる．$D_t=D+th$ $(t\gg 0)$ に対して $\mathrm{Ker}\, D_t$ は $Cl(V)$ の $\mathbb{Z}_2$ 次数付ユニタリ表現である．$Cl(V)$ の $\mathbb{Z}_2$ 次数付ユニタリ表現の同型類の集合と，$\mathcal{K}(\mathrm{pt}, Cl(V))$ とが同一視されることに注意しよう．式 (10.1)をみたす $D$ は一意ではないが，そのような 2 つの $D$ は，式(10.1)をみたしたまま線形につなぐことができる．従って，$\mathrm{Ker}\, D_t$ のホモトピー類 $[\mathrm{Ker}\, D_t]$ は $D$ のとり方によらず，$(W,h)$ のみに依存して定まる $K_c(\mathrm{pt}, Cl(V))$ の要素である．同様の議論により，$t, h$ を($h$ の台がコンパクトで，$Cl(TX\oplus V)$ の作用と反可換であるまま)ホモトピーによって動かしても $[\mathrm{Ker}\, D_t]$ は不変である．$h$ のホモトピー類を $[h]$ と書くと，$[\mathrm{Ker}\, D_t]$ は $(W,[h])$ のみに依存している．これを $\mathrm{ind}(W,[h])$ を書く．補題 10.1 はこの場合にも成立し，証明は全く平行する．すなわち，指数 $\mathrm{ind}(W,[h])$ は $\mathcal{W}$ の大域的表示 $(W,h)$ のとり方に依存しない．よって次の定義が意味をもつ．

**定義 10.19**　$\mathcal{K}_c(X, Cl(TX\oplus V))$ の要素 $\mathcal{W}$ が大域的表示 $(W,h)$ をもつと

き,

$$\mathrm{ind}_X \mathcal{W} := \mathrm{ind}(W, [h]) \in K_c(\mathrm{pt}, Cl(V))$$

とおく. □

$KO$ 群に対しても全く同様である.

$Cl(V)$ の作用がある場合にも, 指数定理の証明の議論はほぼ平行して成立する. 以下, 議論のポイントだけを箇条書きにする.

(1) (補題 10.2 の拡張) $\dim X + \dim V$ が偶数であり, $X$ が $Spin^c$ 構造をもつとき準同型

$$\mathrm{ind}_X\colon K_c(X, Cl(TX \oplus V)) \to K(\mathrm{pt}, Cl(V))$$

が存在し, 大域的表示 $(W, h)$ をもつ要素に対して指数 $\mathrm{ind}(W, [h])$ と一致する.

(2) (定義 10.4 の拡張) $\nu$ を $X$ 上の実ベクトル束とする. $i\colon X \to \nu$ を $X$ の 0 切断とする. このとき $(W_{\mathrm{fiber}}, h_{\mathrm{fiber}})$ との積によって

$$i_{\nu X!}\colon \mathcal{K}_c(X, Cl(TX \oplus V)) \to \mathcal{K}_c(\nu, Cl(T\nu \oplus V)),$$
$$i_{\nu X!}\colon K_c(X, Cl(TX \oplus V)) \to K_c(\nu, Cl(T\nu \oplus V))$$

が定義される.

(3) (命題 10.5 の拡張) $\mathcal{K}_c(X, Cl(TX \oplus V))$ の要素 $\mathcal{W}$ が大域的表示をもつとき $i_{\nu X!}(W, h)$ も大域的表示をもち, 次式が成立する.

$$\mathrm{ind}_\nu\, i_{\nu X!} \mathcal{W} = \mathrm{ind}_X \mathcal{W}.$$

(4) (命題 10.7 の拡張) $\dim Y + \dim V$ が偶数であり, $Y$ が $Spin^c$ 構造をもつと仮定する. $i_{YU}\colon U \to Y$ を開埋め込みとする. $\mathcal{K}_c(U, Cl(T|U \oplus V))$ の要素 $\mathcal{W}$ が大域的表示をもつとき, $i_{YU!}\mathcal{W}$ も大域的表示をもち, 次式が成立する.

$$\mathrm{ind}_Y\, i_{YU!} \mathcal{W} = \mathrm{ind}_U \mathcal{W}.$$

(5) (定義 10.8 の拡張) 閉埋め込み $i_{YX}\colon X \to Y$ に対して $X$ の管状近傍を $U$ とおく. 純粋に位相的な手続きのみから定義される次の合成写像

$$\mathcal{K}(X, Cl(TX \oplus V)) \xrightarrow{i_{\nu X!}} \mathcal{K}(\nu, Cl(T\nu \oplus V)) \cong \mathcal{K}(U, Cl(TU \oplus V))$$
$$\xrightarrow{i_{YU!}} \mathcal{K}(Y, Cl(TY \oplus V))$$

を $i_{YX!}$ とおく．また，対応する $K$ 群間の写像も同じ記号 $i_{YX!}$ で表わす．

（6）（定理 10.9 の拡張）$E$ を $\dim E+\dim V$ が偶数である Euclid 空間とし，$X$ から $E$ への閉埋め込み $i_{EX}$ が与えられたとする．$K(X, Cl(TX\oplus V))$ の要素 $\mathcal{W}$ が大域的表示をもつとき，$i_{EX!}\mathcal{W}$ も大域的表示をもち，$\mathrm{ind}_X \mathcal{W} = \mathrm{ind}_E\, i_{EX!}\mathcal{W}$ が成立する．

（7）（命題 10.13 の拡張）$i_{YX}\colon X\to Y$, $i_{ZY}\colon Y\to Z$ が 2 つの閉埋め込みであるとき，その合成を $i_{ZX}\colon X\to Z$ とおくと，次式が成立する．

$$i_{ZX!} = i_{ZY!} i_{YX!}\colon K(X, Cl(TX\oplus V)) \to K(Z, Cl(TZ\oplus V)).$$

こうやって言葉を定義するだけで，$Cl(V)$ 作用がある場合の指数も，$K$ 群間の写像としてただちに定式化される．

**定理 10.20**　Euclid 計量の入った実ベクトル空間 $V$ を固定する．すべての多様体 $X$ に対して，一斉に写像

$$\mathrm{ind}_X\colon K_c(X, Cl(TX\oplus V)) \to K(\mathrm{pt}, Cl(V))$$

を定義して次の性質をみたすようにすることができる．

（1）開埋め込み $i_{YU}\colon U\to Y$ に対して $\mathrm{ind}_U = \mathrm{ind}_Y\, i_{YU!}$ が成立する．

（2）閉埋め込み $i_{YX}\colon X\to Y$ に対して $\mathrm{ind}_X = \mathrm{ind}_Y\, i_{YX!}$ が成立する．

（3）Euclid 空間 $E$ に対して，$E\oplus V$ が偶数次元のとき，$\mathrm{ind}_E\colon K_c(E, Cl(E\oplus V)) \to K(\mathrm{pt}, Cl(V))$ は指数と一致する．

上の性質によって $\mathrm{ind}_X$ は完全に特徴づけられる．

さらに，この $\mathrm{ind}_X$ は次の性質をみたす：$K_c(X, Cl(TX\oplus V))$ の要素 $[\mathcal{W}]$ が大域的表示 $[(W,h)]$ をもつとき，$\mathrm{ind}_X \mathcal{W}$ は，指数 $\mathrm{ind}(W,[h])$ と等しい．

［証明］　前節の議論はほとんどそのまま拡張できる．変更する部分だけを述べる．

第一の証明を拡張するには，$E$ として，$E\oplus V$ が偶数次元になる Euclid 空間を選べばよい．

第二の証明を拡張するには，$TX\oplus TX$ の代わりに $TX\oplus TX\oplus V$ を考えればよい．∎

**注意 10.21**

(1) この定理は $KO$ 群の場合についても同様に成立する．証明もほとんど同じ

である．

ただし，第一の証明において，$E$ は $E\oplus V$ の次元が 8 の倍数になるよう選ぶ．また第二の証明においては，$TX\oplus TX\oplus V$ の代わりに 8 個の $TX$ と 7 個の $V$ の直和を用いる．

(2) 群作用の対称性をもつ Dirac 型作用素に対しても，Clifford 代数の作用による対称性をもつ場合と同様に，指数定理の証明に使われた議論はほぼ平行して成立する．これについては次章でまとめて扱う．

### (c) 族の指数と $\boldsymbol{K}$ 群

§9.3 において Dirac 型作用素の族の指数を定義した．思い出すと，$X, Z$ が多様体であり，$\tilde{X}\to Z$ が $Z$ 上の $X$ をファイバーとするファイバー束であり，$(\tilde{W},[\tilde{h}])$ が $(\tilde{X},T_{\text{fiber}}\tilde{X})$ 上のペアであるとき，族の指数が $K_c(Z)$ の要素として定義された．ここで，$(\tilde{W},[\tilde{h}])$ は $K_c(\tilde{X},Cl(T_{\text{fiber}}\tilde{X}))$ の要素を定める．

この族の指数を，$K$ 群の間の写像

$$K_c(\tilde{X},Cl(T_{\text{fiber}}\tilde{X}))\to K_c(Z)$$

として拡張できることを示そう．

特に $Z$ が 1 点の場合が定理 10.14 である．それを族に拡張したい．

まず，開埋め込みと閉埋め込みに付随する $K$ 群間の写像を，族の場合に拡張できることを見る．これを見るには次の係数付の写像の存在に注意すればよい．

(1) $\tilde{T}_Y$ が $\tilde{Y}$ 上の実ベクトル束であり，$i_{\tilde{Y}\tilde{U}}\colon \tilde{U}\to\tilde{Y}$ が開埋め込みであるとする．$\tilde{T}_Y$ の $U$ への制限を $\tilde{T}_U$ とおくと，$K(\tilde{Y})$ 加群としての準同型

$$i_{\tilde{Y}\tilde{U}!}\colon K_c(\tilde{U},Cl(\tilde{T}_U))\to K_c(\tilde{Y},Cl(\tilde{T}_Y))$$

が定義される．

(2) $\tilde{T}_X$ が $\tilde{X}$ 上の実ベクトル束，$\tilde{T}_Y$ が $\tilde{Y}$ 上の実ベクトル束であり，$i_{\tilde{Y}\tilde{X}}\colon \tilde{X}\to\tilde{Y}$ が開埋め込みであるとする．$\nu\to\tilde{X}$ が法束であり，$\tilde{T}_Y$ を $X$ へ制限したものが直和分解

$$\tilde{T}_Y|X\cong\tilde{T}_X\oplus\nu \tag{10.2}$$

をもつと仮定する．このとき $K(\tilde{Y})$ 加群としての準同型

$$i_{\tilde{Y}\tilde{X}!}\colon K_c(\tilde{X}, Cl(T)) \to K_c(\tilde{Y}, Cl(T))$$

が定義される．（この写像は分解(10.2)にも依存している．）

いずれも前節の写像をそのまま拡張したものである．

開埋め込みに付随する写像はすでに命題9.43において構成されていた．閉埋め込みに付随する写像は，まず，$\tilde{Y}=\nu$ である場合に超対称調和振動子とのテンソル積を用いて定義される．一般には，さらに開埋め込みに付随する写像を合成することによって定義される．

さらに局所係数付の族の場合も全く同様である．この場合に定式化しておこう．定理10.14，定理10.20とほとんど同じ形の命題であるが，次の節でBottの周期性定理，$K$ 群のThom同型を証明する際にこの拡張された形を用いると見通しがよいので，重複をいとわず述べておく．

**定理10.22**　多様体間のファイバー束 $p\colon \tilde{X}\to Z$ と $Z$ 上の実ベクトル束 $T_Z$ に対して写像

$$\mathrm{ind}_{\tilde{X}\to Z}\colon K_c(\tilde{X}, Cl(T_{\mathrm{fiber}}\tilde{X}\oplus p^*T_Z)) \to K_c(Z, Cl(T_Z))$$

を定義して，次の性質をみたすようにすることができる．

（1）　$\tilde{U}\to Z$ と $\tilde{Y}\to Z$ が多様体 $Z$ 上の多様体をファイバーとするファイバー束であり，$Z$ 上の実ベクトル束 $T_Z$ と開埋め込み $i_{\tilde{Y}\tilde{U}}\colon \tilde{U}\to\tilde{Y}$ であってファイバーを保つものが与えられたとき，

$$\mathrm{ind}_{\tilde{U}\to Z} = \mathrm{ind}_{\tilde{Y}\to Z}\, i_{\tilde{Y}\tilde{U}!}$$

が成立する．

（2）　$\tilde{X}\to Z$ と $\tilde{Y}\to Z$ が多様体 $Z$ 上の多様体をファイバーとするファイバー束であり，$Z$ 上の実ベクトル束 $T_Z$ と閉埋め込み $i_{\tilde{Y}\tilde{X}}\colon \tilde{X}\to\tilde{Y}$ であってファイバーを保つものが与えられたとき，

$$\mathrm{ind}_{\tilde{X}\to Z} = \mathrm{ind}_{\tilde{Y}\to Z}\, i_{\tilde{Y}\tilde{X}!}$$

が成立する．

（3）　$K_c(\tilde{X}, Cl(T_{\mathrm{fiber}}\tilde{X}\oplus p^*T_Z))$ の要素 $[\mathcal{W}]$ が大域的表示 $[(W,h)]$ をもつとき，$\mathrm{ind}_{\tilde{X}\to Z}\mathcal{W}$ は，族の指数 $\mathrm{ind}(W,[h])$ と等しい．

［証明］　前節の議論を族に対してそのまま拡張すればよい．

第一の証明を拡張するには $\tilde{X}$ を $Z\times E$ の中にファイバーを保って埋め込

めればよい．ここで $E$ は $E\oplus V$ が偶数次元になる Euclid 空間である．

$\tilde{Z}$ がコンパクトであれば，このような埋め込みが存在することを示すのは難しくない(定理 2.2 の証明参照)．一般の場合は定理 10.14 の証明中の議論と同様に $\tilde{X}$ がコンパクトな場合に帰着される．

第二の証明を拡張するには $\tilde{X}$ を $T_{\mathrm{fiber}}\tilde{X}\oplus T_{\mathrm{fiber}}\tilde{X}\oplus p^*T_Z$ の全空間に 0 切断として埋め込めばよい． ∎

**注意 10.23**　$KO$ の場合についても同様である．ただし，第一の証明において，$E$ は $E\oplus V$ の次元が 8 の倍数になるよう選ぶ．第二の証明においては，$T_{\mathrm{fiber}}\tilde{X}\oplus T_{\mathrm{fiber}}\tilde{X}\oplus p^*T_Z$ の代わりに 8 個の $T_{\mathrm{fiber}}\tilde{X}$ と 7 個の $p^*T_Z$ の直和を用いる．

### (d)　族の指数の合成則

単独の Dirac 型作用素の指数では定式化できないが，族の指数に対して成立する特有の性質として，次の合成則が挙げられる．

**定理 10.24**　$p_{10}\colon X_0\to X_1$ と $p_{21}\colon X_1\to X_2$ が各々多様体をファイバーとするファイバー束であるとする．合成 $p_{21}p_{10}$ を $p_{20}$ とおく．$T_2$ を $X_2$ 上の実ベクトル束とすると，

$$\begin{aligned}
\mathrm{ind}_{p_{10}}:\ & K_c(X_0, Cl(T_{\mathrm{fiber}}X_0\oplus p_{01}^*T_{\mathrm{fiber}}X_1\oplus p_{02}^*T_2))\\
&\quad \to K_c(X_1, Cl(T_{\mathrm{fiber}}X_1\oplus p_{12}^*T_2))\\
\mathrm{ind}_{p_{21}}:\ & K_c(X_1, Cl(T_{\mathrm{fiber}}X_1\oplus p_{12}^*T_2))\to K_c(X_2, Cl(T_2))\\
\mathrm{ind}_{p_{20}}:\ & K_c(X_0, Cl(T_{\mathrm{fiber}}X_0\oplus p_{01}^*T_{\mathrm{fiber}}X_1\oplus p_{02}^*T_2))\to K_c(X_2, Cl(T_2))
\end{aligned}$$

が定義される．このとき合成則

$$\mathrm{ind}_{p_{20}} = \mathrm{ind}_{p_{21}}\,\mathrm{ind}_{p_{10}}$$

が成立する． □

証明には，次の節で示される $K$ 群の Thom 同型を用いる．

［証明］　これまで何度も出てきた Euclid 空間の中への埋め込みを用いる方法により，証明は，ファイバー束がいずれも Euclid 空間をファイバーとする自明なベクトル束である場合に帰着する．このとき次節で証明する $K$ 群の Thom 同型(注意 10.29(2))によると，$\mathrm{ind}_{p_{20}}, \mathrm{ind}_{p_{21}}, \mathrm{ind}_{p_{10}}$ はいずれも

同型写像であり，逆写像は超対称調和振動子の主表象の積によって与えられる．このことを用いると，求める合成則は超対称調和振動子の乗法性(命題3.45)から従う． ∎

合成則の特別な場合の解釈を演習問題としておく．

**演習問題 10.25** $\tilde{X}\to S^1$ をファイバーが閉多様体 $X$ であるファイバー束とする．2つの連続した固有写像 $\tilde{X}\to S^1\to \mathrm{pt}$ に伴う族の指数

$$K_c(\tilde{X}, Cl(T\tilde{X}))\to K(S^1, Cl(TS^1))\to K(\mathrm{pt})$$

の合成則を幾何学的に解釈したい．

各ファイバー $X_t$ 上に $S^1$ でパラメータ表示される $\mathbb{Z}_2$ **次数付でない** Dirac 型作用素 $\{D_t\}_{t\in S^1}$ が与えられ，滑らかな族をなしていたと仮定する．$\tilde{X}$ の全空間の上に $\mathbb{Z}_2$ 次数付の Dirac 型作用素 $\tilde{D}$ を

$$\tilde{D}=\begin{pmatrix} 0 & -\partial_t+D_t \\ \partial_t+D_t & 0 \end{pmatrix}$$

によって定義する．このとき，$\tilde{D}$ の指数が $\{D_t\}_{t\in S^1}$ のスペクトル流によって与えられることを族の指数の合成則を用いて説明せよ． □

**注意 10.26** 上の演習問題は局所化を用いた直接の検証も可能である．おもちゃのモデルにおける議論が[53]に説明してある．

# §10.3 Bott の周期性定理と $K$ 群の Thom 同型

## (a) Thom 同型の証明

証明の残されていた定理 10.10 は次のように精密化される．

**定理 10.27** (Bott の周期性定理 I，定理 10.10) $E$ が Euclid 空間のとき，$i_{E\mathrm{pt}!}\colon K(\mathrm{pt})\to K_c(E, Cl(TE))$ は同型である．逆写像は $\mathrm{ind}_E$ によって与えられる． □

定理 10.27 は次の定理の特別な場合($X$ が1点の場合)である．

**定理 10.28** ($K$ 群の Thom 同型 I) $p\colon T\to X$ が $X$ 上の Euclid 計量をもつ実ベクトル束であるとき，

$$\mathrm{ind}_p\colon K_c(T, Cl(p^*T))\to K_c(X)$$

は同型である．また，

$$\mathrm{ind}_p\colon K_{\mathrm{fiber}}(T, Cl(p^*T)) \to K(X)$$

も同型である．逆写像は，$T$ のファイバーに沿った超対称調和振動子の主表象の積によって与えられる．上の同型は $KO$ 群に対してもそのまま成立する．

［証明］　前半だけ示す．後半も同様である．以下の議論は Atiyah による証明 [8] を超対称調和振動子を用いて言い換えたものである．

$K_c(T, Cl(p^*T))$ の 2 つの要素 $[(W_0, h_0)], [(W_1, h_1)]$ をとる．$T\oplus T$ から左成分，右成分への射影を $p_0, p_1\colon T\oplus T \to T$ とおく．また，射影 $T\oplus T\to X$ を $\hat{p}$ とおく．次の積写像

$$K_c(T, Cl(p^*T)) \times K_c(T, Cl(p^*T)) \to K_c(T\oplus T, Cl(\hat{p}^*(T\oplus T)))$$

から $K_c(T\oplus T, Cl(\hat{p}^*(T\oplus T))$ の要素 $[(W, h)] = [(W_0, h_0)]\cdot[(W_1, h_1)]$ が得られる．一方，族の指数をとる写像が $p_0, p_1$ に対して定義される．それを

$$\mathrm{ind}_{p_i}\colon K_c(T\oplus T, Cl(\hat{p}^*(T\oplus T))) \to K_c(T, Cl(p^*T))$$

と書くことにする．$p_0$ と $p_1$ とはホモトピー $p_s = p_0\cos(s\pi/2) + p_1\sin(s\pi/2)$ $(0\leqq s\leqq 1)$ によって結ぶことができる．よって $\mathrm{ind}_{p_0}(W, h) = \mathrm{ind}_{p_1}(W, h)$ が成立し，両辺は各々次のように計算される．

$$\mathrm{ind}_{p_0}(W, h) = [(W_0, h_0)]\cdot(\mathrm{ind}(W_1, h_1)),$$
$$\mathrm{ind}_{p_1}(W, h) = (\mathrm{ind}(W_0, h_0))\cdot[(W_1, h_1)].$$

特に，$(W_1, h_1)$ として $T$ のファイバーに沿った超対称調和振動子に付随する $K(T, Cl(p^*T))$ の要素をとると，その指数 $\mathrm{ind}(W_1, h_1)$ は 1 であった．ここで 1 とは，$X$ 上の階数 1 の自明なベクトル束の定める $K(X)$ の要素である．従って，このとき $K(T, Cl(T))$ の中の等式

$$[(W_0, h_0)] = (\mathrm{ind}(W_0, h_0))\cdot[(W_1, h_1)]$$

が得られる．左辺は $K(T, Cl(p^*T))$ の任意に与えられた要素であり，$\mathrm{ind}(W_0, h_0)$ は $K(X)$ の要素であるから，$K(T, Cl(p^*T))$ は $K(X)$ 上の加群として，唯一の要素 $[(W_1, h_1)]$ から生成される．これによって，全射 $K(X)\to K(T, Cl(p^*T))$ が得られ，この全射は族の指数 $\mathrm{ind}_p$ の逆写像を与えている．∎

**注意 10.29**

(1) 上の定理は，de Rham コホモロジーに対する次の形の Thom 同型定理の$K$群版である：多様体$X$上の実ベクトル束$p\colon T\to X$に対して，$T$の向きの局所系を$\theta_T$とすると，

$$H_c^\bullet(X)\cong H_c^\bullet(T,p^*\theta_T)$$

が成立する．

(2) さらに$p'\colon T'\to X$が別に与えられたとき，

$$\mathrm{ind}_p\colon K_c(T,Cl(p^*(T\oplus T')))\to K_c(X,Cl(T'))$$

が同型であることも同様に示される．

## (b) Thom 同型の別の定式化の仕方

通常$K$理論における Thom 同型とは，$K$理論的に向き付けられたベクトル束(注意 9.41)に対する次の命題をさす．簡単のため，$X$がコンパクトな場合に限って述べる．

**定理 10.30** ($K$群の Thom 同型 II)　$p\colon T\to X$がコンパクト空間$X$上の Euclid 計量をもつベクトル束であり，さらに$T$の階数が偶数で$Spin^c$構造をもつとする．このとき$K(X)$加群としての同型

$$K(X)\cong K_c(T)$$

が存在する．より正確には，$T$のスピノル束を$(S,c)$とおくとき，$K_c(T)$は，唯一の要素$[(p^*S,c)]$で生成される$K(X)$上の自由加群である(Clifford 積を明示的に$c$と書いた)．また，実ベクトル束から作られる$K$群の場合には，$T$の階数が 8 の倍数で，スピン構造をもつときに同様の性質が成り立つ． □

複素ベクトル束に対する$K$群の場合には，上の条件をみたす典型的な$T$の例は，複素 Hermite ベクトル束の構造をもつ$T$である．

[証明]　定理 10.28 と命題 9.38 による． ∎

**注意 10.31**　上の定理は，de Rham コホモロジーに対する次の形の Thom 同型定理の$K$群版である：多様体$X$上の実ベクトル束$p\colon T\to X$に対して，$T$が向き付け可能であるならば，

$$H_c^\bullet(X)\cong H_c^\bullet(T)$$

が成立する．

上の形の Thom 同型は，次のように拡張される．

**定理 10.32**（$K$ 群の Thom 同型 III）　$T, T'$ をコンパクト空間 $X$ 上の Euclid 計量をもつ実ベクトル束とし，$T \oplus T'$ の階数が偶数であり，$Spin^c$ 構造をもつとする．このとき

$$K(X, Cl(T)) \cong K_c(T')$$

が成立する．

実ベクトル束に対する $K$ 群の場合には，$T \oplus T'$ の階数が 8 の倍数であり，スピン構造をもつときに，同様の性質が成り立つ．□

［証明］　注意 10.29(2)を用いて

$$K(X, Cl(T)) \cong K_c(T', Cl(p^*(T \oplus T'))) \cong K_c(T'). \qquad \blacksquare$$

複素ベクトル束に対する $K$ 群の場合には，上の条件をみたす典型的な $T, T'$ の例は，$T' = T$ によって与えられる．実ベクトル束に対する $KO$ 群の場合には，上の条件をみたす例として，$T$ が $T'$ の 7 個のコピーの直和によって与えられる場合がある．

**注意 10.33**

(1) 形式的には $T \oplus T'$ に対応するスピノル束を「核」として 2 つのカテゴリー間の**森田同値**(Morita equivalence)として上の定理を理解することができる[*2]．

(2) さらに形式的に述べるなら，Fourier 変換の類似の操作によってフェルミオンとボソンとの役割を互いに置き換えることが可能であることを意味している．

§12.2(b)において，必ずしも正定値でない非退化双一次形式をもつ実ベクトル空間(あるいは実ベクトル束)に対して，Clifford 代数(あるいは Clifford 代数束)を導入する．少し先走るが，$T$ には正定値計量，$T'$ には負定値計量を入れておくと，定理 10.32 の仮定が成立するとき，自然な同型 $K(X, Cl(T)) \cong K(X, Cl(T'))$ あるいは $KO(X, Cl(T)) \cong KO(X, Cl(T'))$ が存在する(注意 12.39(2))．これを用いるならば，定理 10.32 は次のように書き直せる．

**定理 10.34**（$K$ 群の Thom 同型 IV）　コンパクト空間 $X$ 上の実ベクトル

---

*2　この命題を厳密に述べるには作用素環による定式化が必要である．［72］参照．

束$T'$に負定値の計量が入っているとき，

$$K(X, Cl(T')) \cong K_c(T')$$

が成立する．$KO$群に対しても同様である． □

この同型は，$K$群に対しては，新しい主張ではなく，定理 10.32 において$T=T'$ととったものと同値である．というのは，$Cl(T')$に$\mathbb{C}$をテンソルしたものは，$T'$を正定値でみなしても(計量を$-1$倍して)負定値とみなしても，同型になるからである．しかし，$KO$群の場合には，新しい主張となっている．(また，$K$群の場合でも，定理 10.32 において$T'=T$とおいたものよりも，むしろ基本的であると考えられる．)

**注意 10.35**

(1) 定理 10.34 は，de Rham コホモロジーに対する次の形の Thom 同型定理の$K$群版である：閉多様体$X$上の実ベクトル束$p: T \to X$に対して，$T$の向きの局所系を$\theta_T$とすると，

$$H^\bullet(X, \theta_T) \cong H_c^\bullet(T)$$

が成立する．

(2) 定理 10.34 の同型写像は，Dirac 型作用素に対してその主表象を対応させる写像によって与えられる．

(3) 定理 10.34 のような Clifford 代数を用いた Thom 同型の定式化は Atiyah–Bott–Shapiro によって示唆され，Karoubi [69] によって実行された[*3]．

## (c)　Bott の周期性定理

定理 10.32 の系として(あるいは定理 10.30 を用いてもよい) Bott の周期性定理は次の形に定式化できる．

**定理 10.36** (Bott の周期性定理 II)

$$K_c(\mathbb{R}^n) \cong K_c(\mathbb{R}^{n+2}), \quad KO_c(\mathbb{R}^n) \cong KO_c(\mathbb{R}^{n+8}).$$

[証明]　$n+m$が偶数であり，$n+m'$が 8 の倍数であるとき，第一の式の両辺は$K(\mathrm{pt}, Cl(\mathbb{R}^m))$と同型であり，第二の式の両辺は$KO(\mathrm{pt}, Cl(\mathbb{R}^{m'}))$と同型である． ■

*3　本書の$K(X, Cl(T))$は，Karoubi の記号の$K^T(X)$に相当する．本書では Karoubi によるものとは異なる定義を採用しているが，結果的に同型になる．

定理10.32を用いると，Clifford代数の既約表現の分類によって，Euclid空間の$K$群あるいは$KO$群を計算することができる．結果のみ記そう．

**定理10.37**

（1）　$K_c(\mathbb{R}^0) \cong \mathbb{Z}$,　$K_c(\mathbb{R}) = 0$.

（2）　$KO_c(\mathbb{R}^0) \cong \mathbb{Z}$,　$KO_c(\mathbb{R}^1) \cong \mathbb{Z}_2$,　$KO_c(\mathbb{R}^2) \cong \mathbb{Z}_2$,　$KO_c(\mathbb{R}^3) = 0$,
$KO_c(\mathbb{R}^4) \cong \mathbb{Z}$,　$KO_c(\mathbb{R}^5) = 0$,　$KO_c(\mathbb{R}^6) = 0$,　$KO_c(\mathbb{R}^7) = 0$.　□

**注意10.38**　四元数体$\mathbb{H}$上のベクトル束を用いて$KSp$群が定義される．$KO$群と平行した考察により，$KSp_c(\mathbb{R}^n) \cong KSp_c(\mathbb{R}^{n+8})$等が示される．さらに，$Cl(\mathbb{R}^4) \cong \mathbb{H} \oplus \mathbb{H}$を利用すると次の同型

$$KSp_c(X) \cong KO_c(X, Cl(\mathbb{R}^4)) \cong KO_c(X \times \mathbb{R}^4)$$

が得られる．

**演習問題10.39**　Bottの周期性定理を用いて次を示せ．（ヒント：例9.63，定理10.37，注意10.38.）

$$\pi_{n-1}(U) \cong \begin{cases} \mathbb{Z} & n\text{が偶数のとき} \\ 0 & n\text{が奇数のとき} \end{cases}$$

$$\pi_{n-1}(O) \cong \begin{cases} \mathbb{Z}_2 & n \equiv 1 \bmod 8 \\ \mathbb{Z}_2 & n \equiv 2 \bmod 8 \\ 0 & n \equiv 3 \bmod 8 \\ \mathbb{Z} & n \equiv 4 \bmod 8 \\ 0 & n \equiv 5 \bmod 8 \\ 0 & n \equiv 6 \bmod 8 \\ 0 & n \equiv 7 \bmod 8 \\ \mathbb{Z} & n \equiv 8 \bmod 8 \end{cases} \qquad \pi_{n-1}(Sp) \cong \begin{cases} 0 & n \equiv 1 \bmod 8 \\ 0 & n \equiv 2 \bmod 8 \\ 0 & n \equiv 3 \bmod 8 \\ \mathbb{Z} & n \equiv 4 \bmod 8 \\ \mathbb{Z}_2 & n \equiv 5 \bmod 8 \\ \mathbb{Z}_2 & n \equiv 6 \bmod 8 \\ 0 & n \equiv 7 \bmod 8 \\ \mathbb{Z} & n \equiv 8 \bmod 8 \end{cases}$$

□

## §10.4 $K$ ホモロジー，$K$ コホモロジー

$K$ 群は，それを自然な一部として含む一般コホモロジー理論に拡張される．これは **$K$ コホモロジー**($K$-cohomology)とよばれ，その構成において，Bott の周期性定理が基本的重要性をもつ．

これらの事柄の一般論を展開するのは本書の目的ではない．本節では，コンパクト集合と同じホモトピー型をもつ多様体とそれらの間の滑らかな写像のなすカテゴリーに限定し，指数と関連する側面を説明することを目標とする．本節ではしばしば証明を略す．

族の指数は $K$ 群の間の写像として定式化することができた．これを整理すると，多様体上の多様体をファイバーとするファイバー束に伴う族の指数を，$K$ 理論の体系の中に自然に収めることができる． 2つの定式化を述べる．

(1) ファイバー束の射影写像を一般化して(多様体間の)任意の連続写像を考える．連続写像に対して Gysin 準同型とよばれる $K$ 群間の写像を定義し，共変関手を構成する定式化が可能である．Gysin 準同型の定義のために族の指数が使われる．

(2) ファイバー束として特に積束を考える．作用素の族の主表象が定める $K$ 群の要素を，底空間からファイバーへの射とみなすカテゴリーを構成する定式化が可能である．射の合成の定義に族の指数が使われる[*4]．

前者の方法における共変関手は(多様体に対する) $K$ ホモロジーの 1 つの定義を示唆している． これについては(b), (c)で説明する．

後者の方法において射の集合を与える $K$ 群は，ファイバー束の底空間成分についてはコホモロジー的であり，ファイバー成分についてはホモロジー的に振舞う．これについては(d)で説明する．

以下，$X$ はコンパクト集合と同じホモトピー型をもつ多様体とする．

---

*4 Kasparov の $KK$ 理論はこの立場を作用素環論において徹底したものである[72]．

## (a)　$K$ コホモロジー

自然数 $k$ を固定し，すべての $m,n$ に対する Thom 同型

$$K_{\text{fiber}}(X\times\mathbb{R}^m, Cl(\mathbb{R}^n)) \xrightarrow{\cong} K_{\text{fiber}}(X\times\mathbb{R}^{m+k}, Cl(\mathbb{R}^{n+k}))$$

をまとめて $\beta^k$ と書く．このとき，Thom 類の乗法性(あるいは Thom 同型の合成則)の特別な場合として，

$$\beta^k\beta^{k'} = \beta^{k+k'}$$

が成立する．従って，次の定義が意味をもつ．

**定義 10.40**　整数 $i$ に対して

$$K^i(X) := K_{\text{fiber}}(X\times\mathbb{R}^j, Cl(\mathbb{R}^{i+j})),$$
$$K^i_c(X) := K_c(X\times\mathbb{R}^j, Cl(\mathbb{R}^{i+j}))$$

と定義する．ただし，$j$ は $j,\ i+j\geqq 0$ をみたす任意の整数である．異なる $j$ たちに対して，右辺は同型の族 $\{\beta_k\}$ によって同一視するものとする．$KO^i$ も同様に定義する．　□

**注意 10.41**　§12.2(c)において導入される不定符号計量 Clifford 代数を係数とする $K$ 群を使うなら

$$K^i(X) \cong K(X, Cl(\mathbb{R}^{i+j,j})),$$
$$K^i_c(X) \cong K_c(X, Cl(\mathbb{R}^{i+j,j}))$$

が成立する．(定理 10.34 を $Cl(\mathbb{R}^{i,0})$ 係数付で $T'=X\times\mathbb{R}^{i+j}$ に対して適用せよ．)これを定義として採用することもできる．

$K$ 群のほかの変種についても $K^i$ の定義の仕方は明らかであろう．特に，

$$K^i(X, Cl(T)),\ KO^i(X, Cl(T)),\ K^i_c(X, Cl(T)),\ KO^i_c(X, Cl(T))$$

が同様に定義される．

$K^i, KO^i$ は，一種のコホモロジー理論をなしていることが知られている．すなわち，包含写像にともなう長完全系列(あるいは和集合に対する Mayer–Vietoris 完全系列)の存在が示される．本書ではこの完全系列は使われないので，以下の注意 10.42 において説明するにとどめる．

**注意 10.42**

(1) $i \leqq 0$ に対して $K^i(X)$ は，係数を用いずに $K_{\mathrm{fiber}}(X \times \mathbb{R}^{-i})$ として定義できる．このとき，$i \leqq 0$ の範囲における完全系列の存在は，定義だけを用いて比較的容易に示される．

(2) $i \geqq 0$ に対して $K^i(X)$ は，Euclid 空間との積を用いずに $K(X, Cl(\mathbb{R}^i))$ として定義できる．しかし，このとき，$i \geqq 0$ の範囲における完全系列の存在は，定義からただちには得られない．

(3) Thom 同型を用いて，(1), (2)を同時に拡張した定義 10.40 の形で $K^i(X)$ を定義しておくと，完全系列の存在をすべての整数 $i$ に渡って並行して示すことができる．

次の定理は $T$ の階数が何であっても成立する．証明は演習問題としておこう．

**定理 10.43** ($K$ コホモロジーの Thom 同型)　Euclid 計量をもつ実ベクトル束 $T' \to X$ と $Spin^c$ 構造をもつ実ベクトル束 $p\colon T \to X$ に対して

$$K^i(X, Cl(T')) \xrightarrow{\cong} K_{\mathrm{fiber}}^{i+\mathrm{rank}\,T}(T, Cl(p^*T')),$$
$$K_c^i(X, Cl(T')) \xrightarrow{\cong} K_c^{i+\mathrm{rank}\,T}(T, Cl(p^*T'))$$

が成立する．$T$ がスピン構造をもつときには $KO$ に対しても同様である．□

## (b) $K$ コホモロジーの Gysin 写像

2 つの多様体 $X_0, X_1$ の間の滑らかな写像 $f\colon X_0 \to X_1$ に対して，引き戻し $f^*\colon H^\bullet(X_1) \to H^\bullet(X_0)$ が定義されている．一方，これとは逆向きの写像

$$f_!\colon H_c^\bullet(X_0, \theta_{X_0}) \to H_c^\bullet(X_1, \theta_{X_1})$$

が定義され，**Gysin 準同型**(Gysin homomorphism)とよばれる．ただし，$\theta_X, \theta_Y$ は $X, Y$ の向きの局所系であり，$f_!$ は次数を $\dim X_0 - \dim X_1$ だけ減らす写像である．

Gysin 準同型の $K$ 群版は，指数定理の証明の方法と密接に関係している．

### de Rham コホモロジーの Gysin 準同型

その前に，準備として de Rham コホモロジーに対する $f_!$ の定義の仕方を

2通り述べる．

- Poincaré 双対性を用いる方法．

  ホモロジー群の間の写像 $H_\bullet(X_0) \to H_\bullet(X_1)$ を Poincaré 双対性 $H_c^\bullet(X_0, \theta_{X_0}) \cong H_\bullet(X_0)$，$H_c^\bullet(X_1, \theta_{X_1}) \cong H_\bullet(X_1)$ を経由して言い換えたものが $f_!$ である[*5]．$X_0, X_1$ に対する Poincaré 双対性の写像が，次数を各々 $k \mapsto \dim X_0 - k$，$l \mapsto \dim X_1 - l$ と変えることから，$f_!$ は，次数を $\dim X_0 - \dim X_1$ だけ減らす写像であるとわかる．

- Thom 同型を利用する方法．

  まず，$f\colon X_0 \to X_1$ を埋め込み $i\colon X_0 \to X$ と射影 $i\colon X \to X_1$ の合成として表わす．つまり，$X, i, p$ を適当に選んで，$X_0$ が $i$ を通じてある多様体 $X$ の閉部分多様体とみなし，$p\colon X \to X_1$ がファイバー束の構造をもつようにする．$i(X_0)$ の管状近傍を $U$ とおく．このとき，次の3つの写像の合成として $f_!$ を定義する．

  （1） Thom 同型 $H_c^\bullet(X_0, \theta_{X_0}) \cong H_c^\bullet(U, \theta_U)$（次数を $\dim X - \dim X_0$ 増やす）

  （2） 切除定理を経由する自然な写像 $H_c^\bullet(U, \theta_U) \to H_c^\bullet(X, \theta_X)$（次数を保つ）

  （3） $p$ のファイバーに沿った積分 $p_!\colon H_c^\bullet(X, \theta_X) \to H_c^\bullet(X_1, \theta_{X_1})$（次数を $\dim X - \dim X_1$ 減らす）

Thom 同型を用いた定義において，Thom 同型と，切除定理による自然な写像との合成を $i_!$ とおくと，$f_! := p_! i_!$ が定義である．$X, i, p$ としては，たとえば $X = X_0 \times X_1$，$i$ は $f$ のグラフ，$p$ は $X_1$ への射影ととることができる．$f_!$ が $X, i, p$ のとり方に依存しないことを証明する必要がある．1つの方法は Poincaré 双対性を用いた定義との一致を示すことである．しかし，本書ではこの議論は後で必要ないので省略する．そのかわりに，合成 $p_! i_!$ が $X, i, p$ のとり方に依存しないことの直接証明を与えておくことにする．

［Thom 同型を利用した定義により $f_!$ が一意的に定まることの証明］

---

*5　ホモロジーは，$\mathbb{R}$ 係数の特異ホモロジーとして定義しておく．

もう１つ別の $X', i', p'$ をとり，これから $f_!'$ が構成されたとする．$p\colon X\to X_1$ と $p'\colon X'\to X_1$ のファイバー積 $\tilde{p}\colon \tilde{X}:=X\times_{X_1}X'\to X_1$ を考える．$pi=p'i'$ なので埋め込み $(i,i')\colon X_0\to X\times X'$ の像は $\tilde{X}$ に入る．これによって埋め込み $\tilde{i}\colon X_0\to\tilde{X}$ を定義する．$p_!i_!=\tilde{p}_!\tilde{i}_!$ と $p_!'i_!'=\tilde{p}_!\tilde{i}_!$ を示せばよい．前者を考える．埋め込み $X\to\tilde{X}$ を $j$ とおき，射影 $\tilde{X}\to X$ を $q$ とおくとき，Thom 同型の合成則から $\tilde{i}_!=j_!i_!$，積分の合成則から $\tilde{p}_!=p_!q_!$ が成立する．また，$q_!j_!=\mathrm{id}$ が Thom 類の定義から得られる．これらを合わせると，求める等式を得る．∎

### $K$ コホモロジーの Gysin 準同型の定義

本書では，$K$ コホモロジーの Thom 同型を用いて $K$ コホモロジーの Gysin 準同型を定義することにする．

接束上の Clifford 代数を係数とする $K$ 群 $K_c(X, Cl(TX))$ に対して既に次の２種の構成を行った．

（１）（§10.2(a), (b)，定義 10.8）閉埋め込み $i$ に対して写像 $i_!$ が定義される．

（２）（§10.2(c)定理 10.22）ファイバー束の射影 $p$ に対して写像 $p_!$ が定義される．

両者は $Cl(\mathbb{R}^i)$ を係数とする場合にも定義され，従って $K_c^\bullet(X, Cl(TX))$ たちの間の写像へ拡張される．これらも同じ記号 $i_!$, $p_!$ で表わす．

(1)は指数定理の証明の要であり，(2)は本質的に族の指数であった．一般の写像 $f\colon X_0\to X_1$ に対してこれらの構成を拡張したい．

まず，$f\colon X_0\to X_1$ を閉埋め込み $i\colon X_0\to X$ と射影 $p\colon X\to X_1$ の合成として表わす．つまり，$X, i, p$ を適当に選んで，$X_0$ が $i$ を通じてある多様体 $X$ の閉部分多様体とみなし，$p\colon X\to X_1$ はファイバー束の構造をもつようにする．$i(X_0)$ の管状近傍を $U$ とおく．このとき $f_!:=p_!i_!$ と定義する．すなわち：

**定義 10.44**　次の３つの写像の合成として次数を変えない写像

$$f_!\colon K_c^\bullet(X_0, Cl(TX_0))\to K_c^\bullet(X_1, Cl(TX_1))$$

を定義する．

（1） Thom 同型 $K_c^\bullet(X_0, Cl(TX_0)) \cong K_c^\bullet(U, Cl(TU))$

（2） 切除定理を経由する自然な写像 $K_c^\bullet(U, Cl(TU)) \to K_c^\bullet(X, Cl(TX))$

（3） $p$ のファイバーに沿った族の指数 $p_!\colon K_c^\bullet(X, Cl(TX)) \to K_c^\bullet(X_1, Cl(TX_1))$ □

指数とは $X \to \mathrm{pt}$ に対する Gysin 準同型に他ならない．

**注意 10.45**

(1) de Rham 複体の場合と異なり $f_!$ は次数を保つ．多様体 $X$ の次元を $n$ とすると，正確には $K_c^{-i}(X, Cl(TX))$ は $H^{n-i}(X, \theta_X)$ と対応する．

(2) 不定符号の Clifford 代数を用いるなら，$H^k(X, \theta_X)$ と $K^k(X, Cl(TX \oplus \mathbb{R}^{0,n}))$ とが対応する．

(3) 従って，向きの局所系 $\theta_X$ の $K$ 群版にあたるのは，正確には $Cl(TX \oplus \mathbb{R}^{0,n})$ である．

$f_!$ が $X, i, p$ のとり方に依存しないことは，de Rham の場合と同じ筋道によって証明される．次の定理の証明において同様の議論が用いられるので，この証明は省略する．

**定理 10.46（Gysin 写像の合成則）**　$f\colon X_0 \to X_1$, $g\colon X_1 \to X_2$ が多様体間の滑らかな写像であるとき，

$$(gf)_! = g_! f_! \colon K_c^\bullet(X_0, Cl(TX_0)) \to K_c^\bullet(X_2, Cl(TX_2))$$

が成立する．

［証明］ $f_!$ を定義するために $X, i, p$ をとり，$g_!$ を定義するために $X', i', p'$ をとる．ここで $X = X_0 \times X_1$, $X' = X_1 \times X_2$ であり，$i, i'$ は各々 $f, g$ のグラフ，$p, p'$ は自然な射影であると仮定する．$\tilde{X} = X_0 \times X_1 \times X_2$ とおき，$j\colon X \to \tilde{X}$ を $j(x_0, x_1) = (x_0, x_1, g(x_1))$ によって定義する．また，$q\colon \tilde{X} \to X'$ を自然な射影によって定義する．すると $(gf)_!$ を定義するためのデータとして $\tilde{X}, \tilde{i}, \tilde{p}$ を $\tilde{i} := ji$, $\tilde{p} := p'q$ ととることができる．

Thom 同型の合成則から $\tilde{i}_! = j_! i_!$，族の指数の合成則（定理 10.24）から $\tilde{p}_! = p'_! q_!$ が成立する．また，$q_! j_!$ と $i'_! p_!$ とは，次の写像の合成を違う順序で行った

ものである．

（1） $X_0$ をファイバーとするファイバー束に対し，族の指数をとる写像．

（2） 埋め込み $X_1 \to X_1 \times X_2$ に付随する写像．

2つの写像が直積 $X_0 \times X_1 \times X_2$ の異なる成分に関する独立した操作であることを用いると，両者が可換であることが確かめられる．これらを合わせると，求める等式を得る． ∎

**注意 10.47** $f\colon X_0 \to X_1$ に対する Gysin 準同型の定義を $X_0$ から Euclid 空間への閉埋め込みを利用して行うこともできる．すると，合成則の証明は少し簡単になる．

## (c) $K$ ホモロジー群

Poincaré 双対性 $H_c^k(X, \theta_X) \cong H_{\dim X - k}(X, \mathbb{R})$ を用いるなら，Gysin 準同型は，写像 $f\colon X_0 \to X_1$ に付随するホモロジー群の間の次数を保つ写像 $f_*\colon H_\bullet(X_0, \mathbb{R}) \to H_\bullet(X_1, \mathbb{R})$ に他ならないことを述べた．

これを逆にいってみる：もし de Rham コホモロジーを利用して多様体の $\mathbb{R}$ 係数のホモロジーを定義したいとするならば，向きの係数をもつ de Rham コホモロジー Gysin 準同型を考えればよい．

本書では，この方針によって多様体の $K$ ホモロジーを記述しておく．

**定義 10.48** $C$ が $X$ の閉部分集合であるとき，

$$K_i(X, C) := K_c^{-i}(X, C, Cl(TX)), \quad KO_i(X, C) := KO_c^{-i}(X, C, Cl(TX))$$

とおく，特に $C = \varnothing$ であるとき $K_i(X) := K_i(X, \varnothing)$, $KO_i(X) := KO_i(X, \varnothing)$ と書く． □

この定義に基づき，$K_i, KO_i$ が一種のホモロジー理論をなしていること(包含写像にともなう長完全系列，あるいは和集合に対する Mayer–Vietoris 完全系列)が示される．[6], [77] 参照．

**注意 10.49** $K$ ホモロジーの本来の定義との関係を注意しておく．$K$ ホモロジーあるいは $KO$ ホモロジーの記述の仕方には次の方法がある．

(1) $K$ コホモロジーを表現する**スペクトラム**(spectrum)を利用する．これが一般コホモロジーの理論におけるもともとの定義の仕方である．$K$ スペクトラムの1つの実現は，（さまざまな次元の）Clifford 代数作用と反可換な Fredholm 作用素の全体の空間によって与えられる［26］．

(2)　$S$ 双対を利用する[*6]．$S$ 双対をとることによってホモロジーとコホモロジーが入れ替わる．これは Alexander 双対性の類似である．（大雑把にいって，$X$ を高い次元の球面 $S^N$ に埋め込むとき，その補空間 $S^N\backslash X$ が $X$ の $S$ 双対の1つの実現である．［6］参照．）

(3)　$X$ が閉多様体であるとき，$X$ 上の実ベクトル束であって，$TX\oplus\nu$ が自明になるものをとる．このとき $\nu$ の全空間のコンパクト台をもつ $K$ コホモロジーを用いる．

これらの定義の関係について注意しておく．

(1)　最初の3つの定義の同値性は一般コホモロジーの一般論である．

(2)　特に $\nu$ を用いた定義と $S$ 双対を用いた定義との同値性は一般コホモロジーの完全系列を用いて示すことができる．

(3)　$\nu$ を用いた定義と定義 10.48 との同値性は，Thom 同型（定理 10.32）に他ならない．

## (d)　対応による $K$ 群間の写像

Bott の周期性定理では $X\times X$ の上の $K$ 群の要素を考察した．そこで用いられた構成を再定式化しよう．ファイバー束に対する族の指数を，特にファイバー束が積に等しい場合に**対応**（correspondence）の観点から整理し直してみる．

**注意 10.50**

(1) 構造群がコンパクトであるファイバー束は，同変 $K$ 群を用いれば，積の考察に帰着する[*7]．

(2) この項の構成と平行した構成が de Rham コホモロジーなど他の一般コホモロジーにおいても可能である．

以下，空間はすべて多様体のみを考える．

---

*6　物理の用語の $S$ 双対性とは別物である．注意のこと．

*7　構造群がコンパクトでないときにも，$C^*$ 代数の枠組みを用いれば積として扱える場合がある．

積 $X \times Z$ をファイバー束 $X \times Z \to X$ とみなし，

$$KK(X,Z) = K_{\mathrm{fiber}}(X \times Z, Cl(TZ))$$

と略記する*8．ただし，$Cl(TZ)$ の $X \times Z$ 上への引き戻しを同じ記号で書いた．特に $KK(X,\mathrm{pt}) = K(X)$, $KK(\mathrm{pt},Z) = K_c(Z, Cl(TZ))$ であるから，$KK$ は $K$ コホモロジー，$K$ ホモロジーを合わせたようなものである．

もう少しこれをきちんと見てみる．

（1）

（a） $KK(X,Z)$ の要素 $g$ に対して，

$$g^* \colon K(Z) \to K(X)$$

を，積と族の指数をとる操作の合成

$$KK(X,Z) \times K(Z) \to K(X)$$

によって定義できる．これは次の意味で引き戻し写像の一般化になっている．

（b） 連続写像 $f_{ZX} \colon X \to Z$ に対して，$KK(X,Z)$ の要素 $[f_{ZX}]$ を，$f_{ZX}$ のグラフの法方向の超対称調和振動子から定義できる．このとき $[f_{ZX}]^*$ と引き戻し $f_{ZX}^*$ は一致する．

（2）

（a） $KK(X,Z)$ の要素 $g$ に対して $K$ ホモロジーの間の写像

$$g_! \colon K_c(X, Cl(TX)) \to K_c(Z, Cl(TZ))$$

を，積と族の指数をとる操作の合成

$$K_c(X, Cl(TX)) \times KK(X,Z) \to K_c(Z, Cl(TZ))$$

によって定義できる．これは次の意味で Gysin 写像の一般化になっている．

（b） 固有連続写像 $f_{XZ} \colon Z \to X$ に対して，$KK(X,Z)$ の要素 $[f_{XZ}]$ を $f_{XZ}$ のグラフの法方向の超対称調和振動子から定義できる．このとき $[f_{XZ}]_!$ と Gysin 写像 $f_{XZ!}$ は一致する．

従って，$KK$ を用いて引き戻しや Gysin 写像を記述することができる．族

*8 Kasparov の $KK$ 理論 [72] に示唆された記号である．この節でしか用いない．

の指数の合成則をこの言葉で整理したものが次の命題である．

**命題 10.51**

（1）　$K(X,Z)$ は，$X$ について共変，$Z$ について反変な関手である．

（2）　次の積

$$KK(X,Y)\times KK(Y,Z)\to KK(X,Z)$$

が定義され，共変性，反変性と両立する．

（3）　特に $KK(X,X)$ は(一般には非可換な)環となる．

［証明］　積は $K$ 群の積と $\mathrm{ind}_Y$ をとる操作の合成によって定義できる．共変性，反変性についての主張は，本質的に指数の合成則に帰着する．詳細は読者に委ねる． ∎

**注意 10.52**

(1) 以上の構成は $KO$ 群に対しても同様に定義される．

(2) $KK$ は，$K$ コホモロジーと $K$ ホモロジーのもつ完全系列に相当する完全系列をもつ．しかし本書の $KK$ の定義では，これは2種の完全系列を形式的に統合したものにすぎない．

(3) 本項の定式化はいずれも形式的な整理にすぎない．この定式化が本領を発揮するのは，$C^*$ 代数に対して $K$ 群を定義する Kasparov の理論においてである．

## §10.5　Chern 指標

第7章において，Chern 指標および相対 Chern 指標を定義した．その定義の拡張として，環としての準同型

$$\mathrm{ch}:\ K(X)\to H^\bullet(X), \tag{10.3}$$

$$\mathrm{ch}:\ K(X,C)\to H^\bullet(X,C) \tag{10.4}$$

が存在する．ただし，$X$ は多様体，$C$ はその閉部分集合とする．さらに $X\setminus C$ は相対コンパクト集合であると仮定する．すると，$K(X,C)$ の要素 $\mathcal{F}$ はすべてコンパクトな台をもつ．

これらの拡張の構成は，演習問題としておく．

**演習問題 10.53**　$K$ 群の要素の大域的表示を用いて次を示せ.

（1）　$K(X,C)$ の要素は常に大域的表示 $(F,h)$ を許す(定理 9.56). $h$ を($C$ 上で同型であるという条件を保ったまま)ホモトピーで動かして, $C$ のある開近傍上で $h^2=1$ となるようにできる(§6.2(c)参照).

（2）　§7.3(b)のように, $F$ の接続 $A=A_0\oplus A_1$ であって, $C$ の近傍上では $h$ によって $A_0$ と $A_1$ とが同一視されるものを任意にとる.

（3）　このとき, $\mathrm{ch}(A,h)$ の de Rham 類 $[\mathrm{ch}(A,h)]\in H^\bullet(X,C)$ は $K(X,C)$ の類 $[(F,h)]$ のみに依存し, 代表元 $(F,h)$ あるいは $A$ のとり方に依存しないことが示される.

（4）　Grothendieck 群としての $K(X,C)$ の表示を利用して, $[\mathrm{ch}(A,h)]$ が $[(F,h)]$ のみに依存することを証明せよ.　□

1つの多様体上で考える限り, Chern 指標は $K$ 群を, 積構造まで含めて de Rham コホモロジー群によって調べるためのよい手段を提供している.

**注意 10.54**

(1) Chern 指標は, $K^\bullet(X,C)$ から $H^\bullet(X,C)$ への環準同型に拡張される.

(2) Chern 指標によって, $K^0(X,C)\otimes\mathbb{C}$ と $(X,C)$ の偶数次元の de Rham コホモロジー群とは同型であることが知られている. また, $K^1(X,C)\otimes\mathbb{C}$ と $(X,C)$ の奇数次元の de Rham コホモロジー群とは同型であることが知られている. (たとえば, Mayer–Vietoris の議論からわかる.)

### (a)　Thom 同型の比較 I

しかし, Thom 同型については, $K$ 群と de Rham コホモロジーとでは, ずれがある. これを述べよう. 本小節に現われる写像たちの比較において, 符号の同定は省略することにする. すなわち, どの主張も符号を除いた主張である.

以下, 閉多様体 $X$ 上の実ベクトル束 $p\colon T\to X$ の階数が偶数であり, $Spin^c$ 構造をもつと仮定する. このときスピノル束 $S$ をテンソルする写像

$$\phi^K\colon K_c(T)\xrightarrow{\cong}K_c(T,Cl(p^*T))$$

は命題 9.38 によって同型である. また, $T$ には $Spin^c$ 構造から与えられた

向きがあるので次数を保つ同型

$$\phi^H\colon H_c^\bullet(T) \xrightarrow{\cong} H_c^\bullet(T, \theta(p^*T))$$

が定まる．一方，$K$ 理論および de Rham 理論における「ファイバーに沿った積分」

$$p_!^K\colon K_c(T, Cl(T)) \to K(X),$$
$$p_!^H\colon H_c^\bullet(T, \theta(T)) \to H^\bullet(X)$$

が定義され，同型である．$p_!^H$ は次数を $\dim X$ 下げる．(添字の $K, H$ は $K$ 理論と $H^\bullet$ 理論の意味である.) 各々の合成を

$$\int_{T\to X}^K := p_!^H \cdot \phi^H\colon K_c(T) \to K(X),$$
$$\int_{T\to X}^H := p_!^K \cdot \phi^K\colon H_c^\bullet(T) \to H^\bullet(X)$$

と書くことにする．

**定理 10.55**　各 $[\mathcal{F}] \in K_c(T)$ に対して，$H_c^\bullet(X)$ 内の等式

$$\mathrm{ch}\int_{T\to X}^K [\mathcal{F}] = \mathrm{td}(T)\int_{T\to X}^H \mathrm{ch}[\mathcal{F}]$$

が成立する．ただし $\mathrm{td}(T) = e^{c/2}\hat{A}(T)$ は $T$ の Todd 類(定義 8.42)である．

［証明］　ポイントは超対称調和振動子から定まるペアが $(\overline{S}\otimes S, [h_{\overline{S}}])$ と同型なことである．これから $K(X)$ の任意の要素 $[\mathcal{G}]$ に対して

$$\int_{T\to X}^K [(\overline{S}, h_{\overline{S}})][\mathcal{G}] = [\mathcal{G}]$$

が成立する．よって

$$\mathrm{ch}[\mathcal{G}] = \mathrm{td}(T)\int_{T\to X}^H \mathrm{ch}([(\overline{S}, h_{\overline{S}})][\mathcal{G}])$$

を示せばよい．これは ch の乗法性と Todd 類の定義(定義 8.42)からわかる．

∎

Atiyah–Singer の指数定理の特性類を用いた表示に Todd 類が現われる理由は，上に述べた Thom 同型のずれに起因している．

### (b) Thom 同型の比較 II

第8章において，Chern 指標を Clifford 加群に対して2通りに拡張した(定義8.18，定義8.26)．その拡張として

$$\mathrm{ch}(\bullet, Cl(T)): K(X, Cl(T)) \to H^\bullet(X, \theta_X)$$
$$\mathrm{ch}(\bullet/Cl(T)): K(X, Cl(T)) \to H^\bullet(X)$$

を定義することができる．ただし，$X$ は閉多様体，$T$ は $X$ 上の実ベクトル束であり，$\mathrm{ch}(\bullet/Cl(T))$ を定義するときには $T$ が偶数階数の向き付けられた実ベクトル束であると仮定する．

これらの拡張の構成は演習問題としておく．

**演習問題 10.56** 次の(1),(2)の議論を用いて上の拡張を構成せよ．

(1) $T$ がスピン構造をもち，階数が偶数であるときに上の $\mathrm{ch}(\bullet/Cl(T))$ および $\mathrm{ch}(\bullet, Cl(T))$ を定義せよ．

(2) $T \oplus T'$ がスピン構造をもち，階数が偶数であるように $T'$ をとる．Thom 同型 $\phi_{T'}: K(X, Cl(T)) \xrightarrow{\cong} K_c(T', Cl(T \oplus T'))$ に対して合成 $\mathrm{ch}(\bullet, Cl(T \oplus T')) \circ \phi_{T'}: K(X, Cl(T)) \to H^\bullet(X, \theta_X)$ はどのように $T'$ に依存するか． □

以下，$T$ が偶数階数でスピン構造をもつ場合を考える．このとき Thom 同型 $\phi: K(X, Cl(T)) \xrightarrow{\cong} K_c(T)$ が存在する(定理10.32)．$K$ 理論の Thom 同型と de Rham 理論の Thom 同型とは次の定理によって各々 $\mathrm{ch}(\bullet/Cl(T))$ と $\mathrm{ch}(\bullet, Cl(T))$ に対応していると考えられる．

**定理 10.57** 各 $[\tilde{\mathcal{F}}] \in K(X, Cl(T))$ に対して次が成立する．

(1) $\mathrm{ch} \int_{T \to X}^{K} \phi(\tilde{\mathcal{F}}) = \mathrm{ch}(\tilde{\mathcal{F}}/Cl(T))$.

(2) $\int_{T \to X}^{H} \mathrm{ch}\, \phi(\tilde{\mathcal{F}}) = \mathrm{ch}(\tilde{\mathcal{F}}, Cl(T))$. □

この定理の証明は読者に委ねよう．

《要約》

**10.1**　指数定理の証明の各ステップは $K$ 群の言葉を用いて表現できる.

**10.2**　指数は，$K$ 理論における積分に相当する.

**10.3**　$K$ 群からは，コホモロジー理論，ホモロジー理論を作ることができる.

**10.4**　Chern 指標によって $K$ 理論と de Rham 理論とを橋渡しすることができる．その際の Thom 同型のずれが Todd 類で与えられる.

# 11 指数の同境不変性と和公式

本章では境界をもつコンパクト多様体上の Dirac 型作用素を考察する．焦点は次の 2 つである．

- 指数の同境不変性：$K$ 理論的証明と，微分方程式論的証明を与える．
- 指数の和公式：$K$ 理論的定式化を許さない和公式の定式化を行う．

両者は無関係ではない．指数の和公式を援用して示される幾何学的情報は，指数の同境不変性の幾何学的精密化を与えている．模式的にいうなら次のように統一される．

- 指数の同境不変性の基礎になる情報はコンパクト多様体 $X$ 上の $K_1$ 的なものと境界 $\partial X$ 上の $K_0$ 的なものとの関係である．
- 指数の和公式の基礎になる情報はコンパクト多様体 $X$ 上の $K_0$ 的なものと境界 $\partial X$ 上に現われる $K_{-1}$ 的なものとの関係である．

ここで「$K_i$ 的なもの」とは，位相的不変量である $K$ ホモロジー群より精密な，線形シンプレクティック幾何の言葉で定式化される情報である[*1]．

---

*1　境界のあるコンパクト多様体 $X$ に対して，$X$ の「基本類」はホモロジー群のレベルでは定義されない．しかしなおもチェインのレベルでは意味をもつ．この事実の $K$ 理論版に相当する．

## §11.1　設　　定

Stokesの定理を思い出すことから始めよう．

$X$ を $n+1$ 次元Riemann多様体とする．$X$ 上に滑らかな固有写像

$$f\colon X \to \mathbb{R}$$

が与えられたとする．$f$ の正則値 $r$ を1つ固定し，$Y_r := f^{-1}(r)$ とおく．

$X$ 上の向きの局所系 $\theta_X$ の $Y_r$ への制限は，$Y_r$ 上の向きの局所系 $\theta_{Y_r}$ との間に標準的な同型がある．よって，$X$ 上の $\theta_X$ 係数の $n$ 次閉微分形式 $\omega$ が与えられたとき，$Y_r$ への制限 $\omega|Y_r$ は，$Y_r$ 上の $\theta_{Y_r}$ 係数の $n$ 次微分形式と見なせる．このとき，Stokesの定理とは，積分

$$\int_{Y_r} \omega|Y_r$$

が正則値 $r$ のとり方によらないことであった．

このように定式化されたStokesの定理は，$f\colon X \to \mathbb{R}$ が $Y_r$ をファイバーとするファイバー束の構造をもつとき，すなわち $X$ が $Y_r \times \mathbb{R}$ と微分同相であり，$f$ が $\mathbb{R}$ への射影と同一視されるときには，容易に示される．実際，de Rhamコホモロジーの言葉でいうなら，この場合のStokesの定理とは，積分

$$\int_{Y_r}\colon H^n(Y_r, \theta_{Y_r}) \to \mathbb{R}$$

のホモトピー不変性に他ならず，de Rhamコホモロジーのホモトピー不変性に帰着される．

本章では，指数の同境不変性を，Stokesの定理の $K$ 理論版として説明する．

**注意11.1**　ひとたび指数定理が確立されれば指数の同境不変性は容易に示される．しかし，本章では，より基本的なレベルでの説明(§11.2)およびより精密化された説明(定理11.16)を与える．

準備としてStokesの定理の1つの証明を与えておく．よく知られた証明に，1の分解を用いてEuclid空間上の命題に帰着する方法がある．しかしこ

こではこの方法ではなく，上に述べたホモトピー不変性に帰着させる議論を説明する．あとで述べる指数の同境不変性の議論は，この証明を $K$ 理論の場合に書き換えたものである．

証明は 2 つのステップからなる．

（1） 滑らかな関数 $\rho\colon X\to[0,1]$ を，$f(x)\gg 0$ のとき $\rho(x)=1$ となり，$f(x)\ll 0$ のとき $\rho(x)=-1$ となるようにとる．このとき

$$\int_X d\rho\wedge\omega$$

は $\rho$ のとり方に依存しない．

（2） $r$ を $f$ の正則値とすると，$r$ を含む十分小さな開区間 $(r^-,r^+)$ に対して $f^{-1}([r^-,r^+])$ の上で $f$ がファイバー束になっている．このとき，$\beta\colon\mathbb{R}\to[0,1]$ を，$t\leqq r^-$ に対して $\beta(t)=0$，$t\geqq r^+$ に対して $\beta(t)=1$ をみたす任意の滑らかな関数として $\rho(x)=\beta(f(x))$ を考える．すると，

$$\int_X d\rho\wedge\omega=\int_{Y_r}\omega$$

を示すことができる．よって右辺は $r$ のとり方に依存しない．

上の第一のステップにおいて積分のホモトピー不変性を用いている．第二のステップは Fubini の定理によって示される．

### （a） 複素ベクトル束の場合

$W_X$ を $X$ 上の($\mathbb{Z}_2$ 次数付でない) Hermite ベクトル束であって，$Cl(TX)$ 加群の構造が与えられたものとする．$W_X$ の $Y_r$ への制限を $W_r:=W_X|Y_r$ とおく．

$X$ の閉部分多様体 $Y_r$ に沿った単位法ベクトル場であって，$f$ の増加する方向を向いたものを $v_r$ とおく．$v_r$ に対応する Clifford 積

$$c(v_r)\in\mathrm{End}(W_r)$$

は，$c(v_r)^2=-1$ をみたす．$c(v_r)$ の固有値 $\pm i$ に従って固有分解し，

$$W_r=W_r^0\oplus W_r^1$$

とおく．すると，$W_r$ は $TY_r$ 上の $\mathbb{Z}_2$ 次数付 Clifford 加群となる．このとき，

指数の同境不変性とは次の命題である.

**命題 11.2**（指数の同境不変性 I）　$\mathrm{ind}\, W_r \in \mathbb{Z}$ の値は正則値 $r$ のとり方に依存しない. □

## (b)　実ベクトル束の場合

この小節から§11.2 にいたるまで，次章§12.2(b)定義 12.25 において導入される不定符号計量に対する Clifford 代数が利用される．複素ベクトル束に対する考察に限ればこれは不必要である．しかし実ベクトル束($KO$ 理論)へ拡張可能な形で定式化するためにはこの方がわかりやすい．(読者は§11.2 までの議論をスキップして§11.3 へと読み進めてもよい．命題 11.2 は定理 11.13 と同値であり，後者の証明は§11.4 以降に与えられる.)

$n_+$ を 0 以上の整数，$n_-$ を $-1$ 以上の整数とする．$X$ 上のベクトル束

$$(TX \oplus \mathbb{R}^{n_+}) \oplus (\mathbb{R}^{n_- +1})$$

に，不定値非退化計量を，次のように入れる.

（1）$TX$ には Riemann 計量から定まる正定値の計量を入れる.

（2）$\mathbb{R}^{n_+}$ には標準的な正定値の計量を入れる.

（3）$\mathbb{R}^{n_- +1}$ には標準的な負定値の計量を入れる.

$\tilde{W}_X$ を $X$ 上の $\mathbb{Z}_2$ 次数付 Euclid ベクトル束であって，次の Clifford 代数束

$$Cl((TX \oplus \mathbb{R}^{n_+}) \oplus \mathbb{R}^{n_- +1})$$

の上の $\mathbb{Z}_2$ 次数付加群の構造が与えられたものとする(次章の定義 12.25，定義 12.26 参照)．あるいは，$\tilde{W}_X$ は $\mathbb{Z}_2$ 次数の入っていない $Cl((TX \oplus \mathbb{R}^{n_+}) \oplus \mathbb{R}^{n_- +2})$ 加群であるといっても同じことである.

ここで，$\tilde{W}_X$ の $Y_r$ への制限を $\tilde{W}_r := \tilde{W}_X|Y_r$ とおく．すると，$\tilde{W}_r$ は

$$Cl((TY \oplus \mathbb{R}v_r \oplus \mathbb{R}^{n_+}) \oplus \mathbb{R}^{n_- +1}) \cong Cl((TY \oplus \mathbb{R}^{n_+ +1}) \oplus \mathbb{R}^{n_- +1})$$

の上の $\mathbb{Z}_2$ 次数付加群の構造をもつ．このとき，実ベクトル束に対する指数の同境不変性とは次の命題である.

**命題 11.3**（指数の同境不変性 II）　$\mathrm{ind}\, \tilde{W}_r \in KO(\mathrm{pt}, Cl(\mathbb{R}^{n_+ +1} \oplus \mathbb{R}^{n_- +1}))$ は正則値 $r$ のとり方に依存しない. □

複素ベクトル束に対しても，同じ形の命題が成立する.

### (c) 2つの命題の関係

命題 11.2 は，複素ベクトル束に対する命題 11.3 から導くことができる．これを説明する．

$n_+ = n_- = 0$ の場合，命題 11.3 は次のように述べることができる：

（1） $\tilde{W}_X$ を($\mathbb{Z}_2$ 次数の入っていない) $Cl(TX \oplus (\mathbb{R}e_0 \oplus \mathbb{R}e_1))$ 加群とする．ただし，$\mathbb{R}e_0 \oplus \mathbb{R}e_1$ は，負定値計量の入った 2 次元 Euclid 空間であり，$e_0, e_1$ は互いに直交するノルム $-1$ の基底である．

（2） $f$ の正則値 $r$ に対して，$\tilde{W}_r := \tilde{W}_X|Y_r$ とおくと，$\tilde{W}_r$ は($\mathbb{Z}_2$ 次数の入っていない) $Cl((TY_r \oplus \mathbb{R}v_r) \oplus (\mathbb{R}e_0 \oplus \mathbb{R}e_1))$ 加群の構造をもつ．

（3） $c(e_0)$ の固有値は $\pm 1$ である．それに従って $\tilde{W}_r$ を

$$\tilde{W}_r = \tilde{W}_r^0 \oplus \tilde{W}_r^1$$

と分解すると，$\tilde{W}_r$ は $\mathbb{Z}_2$ 次数付 $Cl((TY_r \oplus \mathbb{R}v_r) \oplus \mathbb{R}e_1)$ 加群とみなされる．

（4） このとき，指数 $\operatorname{ind} \tilde{W}_r$ が

$$K(\mathrm{pt}, Cl(\mathbb{R}v_r \oplus \mathbb{R}e_1))$$

の要素として定義される．この指数が正則値 $r$ のとり方によらないというのが主張である．

一方，示したい命題 11.2 は $X$ 上の($\mathbb{Z}_2$ 次数の入っていない) $Cl(TX)$ 加群 $W_X$ に関する主張であった．この主張を示すために補助の Clifford 表現 $V$ を次のようにとる．

2 次元 Euclid 空間 $\mathbb{R}e_0' \oplus \mathbb{R}e_0$ 上の不定符号二次形式を，$e_0$ と $e_0'$ とは互いに直交し，$e_0'$ のノルムが 1，$e_0$ のノルムが $-1$ であるように入れておく．すると，$Cl(\mathbb{R}e_0' \oplus \mathbb{R}e_0)$ の $\mathbb{Z}_2$ 次数付複素既約ユニタリ表現 $V = \mathbb{C} \oplus \mathbb{C}$ が

$$e_0' \mapsto \begin{pmatrix} 0 & -1 \\ 1 & 0 \end{pmatrix}, \quad e_0 \mapsto \begin{pmatrix} 0 & 1 \\ 1 & 0 \end{pmatrix}$$

によって与えられる(例 12.29 参照)．この $V$ をテンソルする操作に関して，次の 2 つのことに注意する．

第一に，$X$ 上の $Cl(TX)$ 加群 $W_X$ に対して，

$$\tilde{W}'_X = W_X \otimes V$$

とおくと，$\tilde{W}'_X$ は $Cl((TX \oplus \mathbb{R}e'_0) \oplus \mathbb{R}e_0)$ 加群である．

第二に，$[V]$ を掛ける写像

$$K(\mathrm{pt}) \to K(\mathrm{pt}, Cl(\mathbb{R}e'_0 \oplus \mathbb{R}e_0))$$

は単射である．実はさらに強く，次章の命題 12.38 によってこの写像は同型であり，

$$K(\mathrm{pt}, Cl(\mathbb{R}e'_0 \oplus \mathbb{R}e_0)) = \mathbb{Z}[V]$$

が成立している．

指数をとる操作と $V$ をテンソルする操作とは可換である．よって，命題 11.2 を示すには，次のことをいえば十分である：

（1）$\tilde{W}'_X$ を（$\mathbb{Z}_2$ 次数の入っていない）$Cl((TX \oplus \mathbb{R}e'_0) \oplus \mathbb{R}e_0)$ 加群とする．

（2）$f$ の正則値 $r$ に対して，$\tilde{W}'_r := \tilde{W}'_X|Y_r$ とおくと，$\tilde{W}'_r$ は（$\mathbb{Z}_2$ 次数の入っていない）$Cl((TY_r \oplus \mathbb{R}v_r \oplus \mathbb{R}e'_0) \oplus \mathbb{R}e_0)$ 加群の構造をもつ．

（3）$c(v_r)$ の固有値は $\pm i$ である．それに従って $\tilde{W}'_r$ を

$$\tilde{W}'_r = \tilde{W}'^0_r \oplus \tilde{W}'^1_r$$

と分解すると，$\tilde{W}'_r$ は $\mathbb{Z}_2$ 次数付 $Cl((TY_r \oplus \mathbb{R}e'_0) \oplus \mathbb{R}e_0)$ 加群とみなされる．

（4）このとき，指数 $\mathrm{ind}\, \tilde{W}_r$ が

$$K(\mathrm{pt}, Cl(\mathbb{R}e'_0 \oplus \mathbb{R}e_0)) = \mathbb{Z}[V]$$

の要素として定義される．この指数が正則値 $r$ のとり方によらないというのが主張である．

写像 $e'_0 \mapsto ie_1$ によって $\mathbb{Z}_2$ 次数付代数としての同型

$$Cl((TX \oplus \mathbb{R}e'_0) \oplus \mathbb{R}e_0) \otimes \mathbb{C} \cong Cl(TX \oplus (\mathbb{R}e_0 \oplus \mathbb{R}e_1)) \otimes \mathbb{C}$$

が存在する．この同型による同一視を行う．すると，求める主張において与えられた $\tilde{W}'_X$ は，（$n_+ = n_- = 0$ の場合の）命題 11.3 の仮定をみたしている．このとき，示したい命題と示されている命題との唯一の違いは，$\tilde{W}_r = \tilde{W}'_r$ に定義される $\mathbb{Z}_2$ 次数付構造である：一方は $c(v_r)$ の固有分解によって定義され，もう一方は $c(e_0)$ の固有分解によって定義される．しかし，

$$\mathbb{R}iv_r \oplus \mathbb{R}e_0$$

のノルム $-1$ の要素全体は弧状連結であるので，2 つの固有分解は，ホモトピーで結ぶことができる．よって，2 つの $\mathbb{Z}_2$ 次数付 Clifford 加群もホモトピーで結ぶことができ，互いに同型となっている．よってそれらの指数も等しく，証明は完結する．

## §11.2　指数の同境不変性(命題 11.3)の証明

Stokes の定理の証明は de Rham コホモロジーの言葉を使うと簡明に表現される．命題 11.3 の証明も，$K$ 群の言葉を使って次のように整理することができる．($K$ 群の言葉を使わず，第 4 章，第 6 章のような直接の記述で証明を言い換えることは読者に委ねる．)

$K(X, Cl((TX\oplus\mathbb{R}^{n_+})\oplus\mathbb{R}^{n_-+1}))$ の要素 $\alpha$ と $K_c(\mathbb{R}, Cl(\mathbb{R}))$ の要素 $\beta$ に対して，次の補題が成立する．

**補題 11.4**　固有写像 $f\colon X\to\mathbb{R}$ と，その正則値 $r$ に対して，$Y_r := f^{-1}(r)$ とおく．埋め込み $\iota_r\colon Y_r\to X$ に対して，$K(\mathrm{pt}, Cl(\mathbb{R}^{n_++1}\oplus\mathbb{R}^{n_-+1}))$ の要素としての次の等式

$$\mathrm{ind}(\alpha f^*\beta) = \mathrm{ind}(\iota_r^*\alpha)\ \mathrm{ind}\,\beta$$

が成立する．□

証明の前に，右辺と左辺の意味を説明しておく．$f^*\beta$ は $K_c(X, Cl(\mathbb{R}))$ の要素であることに注意する．よって，積 $\alpha f^*\beta$ は $K_c(X, Cl((TX\oplus\mathbb{R}^{n_++1})\oplus\mathbb{R}^{n_-+1}))$ の要素である．また，$TX|Y_r\cong TY_r\oplus\mathbb{R}$ を用いると，$\iota_r^*\alpha$ は $K(Y_r, Cl((TY_r\oplus\mathbb{R}^{n_++1})\oplus\mathbb{R}^{n_-+1}))$ の要素である．両者の指数はいずれも $K(\mathrm{pt}, Cl((\mathbb{R}^{n_++1})\oplus\mathbb{R}^{n_-+1}))$ の要素となる．一方，$\beta$ の指数は整数である．

[証明]　$X$ が $Y_r\times\mathbb{R}$ と微分同相であり，$f$ が射影 $Y_r\times\mathbb{R}\to\mathbb{R}$ と同一視されるときには，補題の主張は指数の積公式の特別な場合にすぎない．

一般の場合にも切除定理を用いて上の積公式に帰着させられることを示す．

十分小さな $\epsilon>0$ に対して，$Y_{(r^-,r^+)} := f^{-1}(r^-, r+\epsilon)$ は，$Y_r\times(r-\epsilon, r^+)$ と微分同相であり，$f$ は $(r^-, r^+)$ 成分への射影と同一視される．あるいは $K$ 群のホモトピー不変性により，ある $\beta'\in K_c((r^-, r^+), Cl(\mathbb{R}))$ が存在して，$\beta$ は自

然な写像

$$K_c((r^-,r^+),Cl(\mathbb{R}))\to K_c(\mathbb{R},Cl(\mathbb{R}))$$

による $\beta'$ の像として書ける．$f$ の $Y_{(r^-,r^+)}$ への制限を $f'$ とおき，開埋め込み $Y_{(r^-,r^+)}\to X$ による $\alpha$ の引き戻しを $\alpha'$ とおく．すると，$\alpha f^*\beta$ は，自然な写像

$$K_c(Y_{(r^-,r^+)},Cl((TY_{(r^-,r^+)}\oplus\mathbb{R}^{n_+})\oplus\mathbb{R}^{n_-+1}))$$
$$\to K_c(X,Cl((TX\oplus\mathbb{R}^{n_+})\oplus\mathbb{R}^{n_-+1}))$$

による $\alpha' f'^*\beta'$ の像として書ける．従って切除定理から

$$\mathrm{ind}(\alpha f^*\beta)=\mathrm{ind}(\alpha' f'^*\beta')$$

を得る．右辺は，先に述べた積公式により，

$$\mathrm{ind}(\iota_r^*\alpha')\,\mathrm{ind}\,\beta'=\mathrm{ind}(\iota_r^*\alpha)\,\mathrm{ind}\,\beta$$

に等しい．■

［命題11.3の証明］ $\mathbb{R}$ 上の超対称調和振動子の主表象を $\beta$ とするとき，$\mathrm{ind}\,\beta=1$ であった．このとき補題11.4は

$$\mathrm{ind}(\iota_r^*\alpha)=\mathrm{ind}(\alpha f^*\beta)$$

となる．右辺は $r$ のとり方に依存しないので，$\mathrm{ind}(\iota_r^*\alpha)$ は正則値 $r$ のとり方に依存しないことがわかる．これが証明したい指数の同境不変性に他ならなかった．■

**演習問題11.5**　Stokesの定理を次の4ステップの議論によって証明することができる．この証明にならって，指数の同境不変性の一証明を与えよ．

（1）与えられた固有写像 $f\colon X\to\mathbb{R}$ を，埋め込み $g\colon X\to X'$ とファイバー束の射影写像 $f'\colon X'\to\mathbb{R}$ との合成として表わしておく．たとえば，$X'=X\times\mathbb{R}$ として $g$ は $f$ のグラフ，$f'$ は $\mathbb{R}$ への射影をとる．

（2）$g(X)\subset X'$ の法束と $g(X)$ の管状近傍とを同一視する．これにより，法束のThom類の微分形式による代表元 $\tau$ は，$X'$ 上の閉微分形式であって，$g(X)$ の近傍に台をもつものと同一視される．

（3）このとき，$f$ の正則値 $r$ に対して $Y'_r:=f'^{-1}(r)$ とおくと，

$$\int_Y \omega|Y = \int_{Y_r} (\tau \wedge \omega)|Y_r'$$

が成立している.

(4)　これによって，ファイバー束 $f'\colon X' \to \mathbb{R}$ に対する命題に帰着することができる. □

**注意 11.6**

(1) 演習問題中の Stokes の定理の証明は,「ファイバーに沿った積分」をコホモロジーのレベルでは，ファイバー束とは限らない固有写像 $f\colon X \to Y$ にまで拡張して定義できることを意味している．これは Gysin 準同型に他ならない.

(2) 指数の同境不変性を示すこの節の議論では，指数の積公式と切除定理を用いる．従って指数定理の証明と本質的には同じ深さの議論である.

(3) 指数の同境不変性の完全に $K$ 理論的な定式化については定理 12.34 を参照のこと.

## §11.3　例

### (a)　符号数

$X$ が向きの与えられた $2m+1$ 次元の多様体であると仮定しよう．$W_X$ を $X$ 上の($\mathbb{Z}_2$ 次数の入ってない) $Cl(TX)$ 加群とする．定理 2.11 により vol の固有値は $\pm i^{m+1}$ のいずれかである．今 $W_X$ 上で $\mathrm{vol}=i^{m+1}$ が成立したとする．固有写像 $f\colon X \to \mathbb{R}$ の正則値 $r$ に対し，逆像 $Y_r := f^{-1}(r)$ には自然に向きが入る．$Y_r$ の次元が偶数なので，$TY_r$ 上の Clifford 加群には $\mathrm{vol}_r := \mathrm{vol}_{Y_r}$ の作用による $\mathbb{Z}_2$ 次数付構造を与えることができた(補題 2.16)．仮定からこれは $W_X|Y_r$ 上に単位法ベクトル場 $v_r$ の Clifford 積の固有分解から定義される $\mathbb{Z}_2$ 次数付構造と等しい．従って，命題 11.2 によって，$\mathrm{vol}_r$ によって $\mathbb{Z}_2$ 次数付構造を定義した Clifford 加群に対して，指数の同境不変性が成立する.

1つの典型例は次の命題である.

**命題 11.7** (符号数の同境不変性)　$X$ の次元が $4k+1$ であるときの $Y_r$ の符号数は正則値 $r$ のとり方によらない.

[証明]　補題 2.53 により，符号数を指数として与える $\mathbb{Z}_2$ 次数付 Clifford

加群は，$\bigwedge^{\bullet}T^*Y_r\otimes\mathbb{C}$ 上に $\mathrm{vol}_r$ による $\mathbb{Z}_2$ 次数付構造を与えたものである．この $\mathbb{Z}_2$ 次数付 Clifford 加群を $W_{\mathrm{sign}}$ とおく．ここで $W_X$ を $\bigwedge^{\bullet}T^*X\otimes\mathbb{C}$ の部分束であって vol の固有値 $i^{m+1}$ の固有空間をファイバーとするものとして定義する．このとき $W_r:=W_X|Y_r$ は $W_{\mathrm{sign}}$ と同型である．よって

$$\mathrm{ind}\,W_r=\mathrm{sign}\,Y_r$$

が得られる．左辺は命題 11.2 によって正則値 $r$ に依存しない．よって右辺も同様の性質をもつ．∎

**注意 11.8**　事実としては，Hirzebruch の符号数定理(定理 8.59)により，$\mathrm{sign}\,Y_r$ は $Y_r$ の Pontrjagin 類の多項式の積分として表示されることがわかっている．これを認めるなら，符号数の同境不変性は Stokes の定理から容易に示される．しかし，Hirzebruch の符号数定理は符号数の同境不変性よりもはるかに深い結果である．歴史的には，後者を用いて前者が証明された．

**演習問題 11.9**　符号数の同境不変性を，符号数の位相的な定義に戻って直接証明せよ．□

## (b)　Riemann 面上のスピン構造

2次元トーラス上には4個のスピン構造があり，そのうち1個が奇，残りの3個が偶のスピン構造であった(§4.3)．偶とは mod 2 指数が 0 であることに他ならない．トーラスは $S^1\times D^2$ の境界として表示される．1つの表示を固定しよう．$S^1\times D^2$ 上のスピン構造は2通りある．それらの境界への制限として，2通りのスピン構造が得られるが，それらはいずれも偶のスピン構造になっていることは直接確かめることができる．

この小節では次の命題の証明のあらすじを述べる．

**命題 11.10**　2次元スピン同境群は $\mathbb{Z}_2$ と同型である．さらに，その同型は，スピン構造の偶奇によって与えられる．

[証明のあらすじ]　次章§12.2で説明されるように，mod 2 指数は $KO$ 理論によって定式化される．従って命題 11.3 によってスピン構造の偶奇性はスピン同境不変である(定理 12.34 参照)．特に2次元スピン同境群から $\mathbb{Z}_2$

への写像がスピン構造の偶奇によって与えられる．この写像が準同型であることは，2次元スピン同境群の加法の定義から明らかである．全射は既に示してあるので，単射を示せばよい．命題4.36によって mod 2 指数は連結和に関して加法的であるので，トーラスに対して示せば十分である(なぜか?)．しかし，トーラスの場合には，トーラスが $S^1\times D^2$ の境界として表示されることを用いれば直接見ることができる．詳細は読者に委ねよう．∎

**演習問題 11.11**　閉曲面のスピン構造の mod 2 指数が連結和に関して加法的であることを，指数の同境不変性を用いて証明せよ．□

**演習問題 11.12**　定理1.18($S^1$ に対する mod 2 指数定理)を，指数の同境不変性の立場から考察せよ．□

## §11.4　同境不変性の精密化

これまでは指数の同境不変性を $K$ 理論の枠組みで定式化した．しかし，より微分方程式論的，幾何学的な Dirac 型作用素の性質(定理11.16)をまず示し，その系として同境不変性を直接示すことも可能である．本節では，同境不変性の別証を与える．

### (a)　シリンダー状の端をもつ多様体 I

指数の同境不変性を再定式化し，シリンダー状の端をもつ多様体上の Dirac 型作用素の性質として記述する．次の設定をおく．

(1)　$X$ をコンパクト Riemann 多様体とし，境界を $Y$ とおく．$Y$ の近傍で Riemann 計量は，ある正の実数 $a>0$ に対して積 $Y\times(-a,0]$ と等長である．

(2)　$W$ を $X$ 上の Clifford 加群，$D\colon \Gamma(W)\to\Gamma(W)$ を Dirac 型作用素とし，いずれも $Y$ の近傍で平行移動に関して不変である．

(3)　$Y$ の近傍 $Y\times(-a,0]$ で $D$ を

$$D=c\partial_r+D_Y$$

と書くとき $c$ と $D_Y$ 自身が反可換である．

$(-a,0]$ の座標を $r$ と書いた．$c$ は $\partial_r$ に対応する Clifford 積であり，$c^2=-1$ をみたす．

$W$ 上には $\mathbb{Z}_2$ 次数の存在は仮定していない．$W$ 上の Dirac 型作用素とよんだのは，主表象が Clifford 積で与えられる形式的自己共役作用素のことである．

$D$ が Dirac 型作用素であるから $D_Y$ の主表象は $c$ と反可換である．しかしより精密に，主表象をとる以前の $D_Y$ そのものが $c$ と反可換であると仮定している．$W_Y:=W|Y$ を $c$ の作用によって固有分解すると，$W_Y$ は $Y$ 上の $\mathbb{Z}_2$ 次数付 Clifford 加群の構造をもつ．$D_Y$ は $W_Y$ 上の Dirac 型作用素である．

以上の設定のもとで，指数の同境不変性(命題 11.2)を言い換えると次のようになる．

**定理 11.13** (指数の同境不変性 III)　$\mathrm{Ker}\, D_Y$ の上に $c$ が作用し $c^2=-1$ をみたしている．$c=+i$ の固有空間 $\mathrm{Ker}^{c=+i} D_Y$ の次元と $c=-i$ の固有空間 $\mathrm{Ker}^{c=-i} D_Y$ の次元は等しい．　□

特に，$\mathrm{Ker}^{c=+i} D_Y$ と $\mathrm{Ker}^{c=-i} D_Y$ とは同型な線形空間である．ただし，この時点では同型写像は具体的に与えられてはいない．

実は，この同型写像を，$D$ を利用して具体的に与えることができる．それを述べるためにもう少し記号の準備をする．

シリンダー状の端をもつ多様体 $\hat{X}:=X\cup Y\times[0,\infty)$ の上に $W,D$ を自然に拡張したものを $\hat{W},\hat{D}$ とおく．

$\hat{D}s=0$ となる $\hat{W}$ の切断であって，無限遠で 0 に収束するもの全体のなすベクトル空間を $\mathrm{Ker}\,\hat{D}$ とおく．また $\hat{D}s=0$ となる $W$ の切断であって，無限遠で有界なもの全体のなすベクトル空間を $\mathrm{Ker}_{\mathrm{bdd}}\,\hat{D}$ とおく．

**注意 11.14**　$Y$ は閉多様体なので $D_Y^2$ の固有値は離散的である．これから次がわかる．

(1)　$\mathrm{Ker}\,\hat{D}$ の要素は無限遠において指数関数的に減少する．

(2)　$\mathrm{Ker}_{\mathrm{bdd}}\,\hat{D}$ の要素は無限遠において収束し，極限値は $\mathrm{Ker}\, D_Y$ に属する．

(3)　特に，$\mathrm{Ker}\, D_Y=0$ のとき，$\mathrm{Ker}_{\mathrm{bdd}}\,\hat{D}=\mathrm{Ker}\,\hat{D}$ である．

§11.6(c)において次の有限性を示す.

**命題 11.15**　$\mathrm{Ker}_{\mathrm{bdd}}\,\hat{D}$ は(従って $\mathrm{Ker}\,\hat{D}$ も)有限次元である.　□

次の定理が指数の同境不変性の幾何学的精密化である.

**定理 11.16**　極限値をとる写像 $\mathrm{Ker}_{\mathrm{bdd}}\,\hat{D} \to \mathrm{Ker}\,D_Y$ の像を $L$ とおく. このとき $L$ と $cL$ とは $\mathrm{Ker}\,D_Y$ の中で互いの $L^2$ 直交補空間である.　□

**注意 11.17**

(1) $c$ は $c^2=-1$ をみたすので $\mathrm{Ker}\,D$ 上に複素構造を与える. $\mathrm{Ker}\,D$ 上の計量とこの複素構造によって $\mathrm{Ker}\,D$ 上にはシンプレクティック構造が入る. このシンプレクティック構造を用いれば, 定理 11.16 は $L$ が Lagrange 部分空間であることを意味している.

(2) $W$ が実 Clifford 加群であるとき, 定理 11.13 は, そのままの形では意味をなさない. しかし, 定理 11.16 はそのままの形で成立する. (実際, 複素化によって実 Clifford 加群に対する命題は複素 Clifford 加群に対する命題に帰着される. また, 後で与える証明は実 Clifford 加群に対してそのまま成立する.) この意味でも, 後者は前者より基本的な命題である.

実際, 定理 11.16 を用いると定理 11.13 の精密化である次の命題が示される.

**命題 11.18**　$L$ を直和 $\mathrm{Ker}^{c=+i}\,D_Y \oplus \mathrm{Ker}^{c=-i}\,D_Y$ の中の線形部分空間と見なす. このとき $L$ は $\mathrm{Ker}^{c=+i}\,D_Y$ と $\mathrm{Ker}^{c=-i}\,D_Y$ の間のある同型写像のグラフとなっている.　□

[定理 11.16 のもとでの命題 11.18 の証明]　$L\cap cL=0$ であるから, $L\cap \mathrm{Ker}^{c=\pm i}\,D_Y=0$ でなくてはならない. さらに $L$ は $\mathrm{Ker}^{c=+i}\,D_Y \oplus \mathrm{Ker}^{c=-i}\,D_Y$ の次元の半分であるから, $L$ は同型写像のグラフでなくてはならない.　■

**注意 11.19**　定理 11.13 は指数の同境不変性の最も簡単な場合である. $L$ が同型写像のグラフになることを用いれば, 指数の同境不変性を, 実数上の場合, 群作用がある場合, Clifford 代数の作用がある場合などに拡張することは容易である.

### (b)　同境不変性の精密化の証明 I

定理11.16の主張は次の2つの補題に分割することができる．

**補題11.20**　$L$ と $cL$ とは互いに直交する．　□

**補題11.21**　$\dim L = \dfrac{1}{2}\dim \operatorname{Ker} D_Y$．　□

ここではまず補題11.20を証明する．補題11.21の証明は，次節で説明する和公式を用いて§11.5(c)で行う．

［補題11.20の証明］　一般に，Riemann多様体 $X$ 上のEuclid計量が与えられたベクトル束 $W, W'$ と，その間の1階の微分作用素 $D\colon \Gamma(W)\to\Gamma(W')$ に対して，

$$\langle Ds, s'\rangle - \langle s, D^*s'\rangle = \operatorname{div}\langle\sigma_1(D)s, s'\rangle$$

が成立する．ここで $\sigma_1(D)\in\Gamma(T^*X\otimes \operatorname{Hom}(W,W'))$ は $D$ の主表象であり，$T^*X$ と $TX$ とをRiemann計量を用いて同一視した．これを確かめるには局所座標 $(x_1, x_2, \cdots, x_n)$ を用いて局所的に示せばよい．実際局所的に $d\mathrm{vol} = g(x)^{1/2}|dx_1\cdots dx_n|$，$D=\sum a_i(x)\partial_{x_i}$ と書くとき，

$$g^{1/2}\langle \textstyle\sum a_i\partial_{x_i}s, s'\rangle - g^{1/2}\langle s, -g^{-1/2}\sum\partial_{x_i}(g^{1/2}a_i^*s')\rangle = \sum\partial_{x_i}(g^{1/2}\langle a_is, s'\rangle)$$

となり，これを座標に依存しない形で書いたものが上の式である．

今考えている $D$ は形式的自己共役な1階の微分作用素であった．さらに $X$ の近傍で $D=c\partial_r + D_Y$ と表示され，$D_Y$ はそれ自身形式的自己共役であった．従って，上の補題の等式を $X$ 上で積分するとStokesの定理から

$$\int_X d\mathrm{vol}\{\langle Ds, s'\rangle - \langle s, Ds'\rangle\} = \int_Y \langle cs, s'\rangle$$

を得る．特に $s, s'$ を $\operatorname{Ker}_{\mathrm{bdd}}$ の要素とするとき，左辺は0なので右辺も0となる．

$X$ の代わりに $X\cup Y\times[0,r]$ に対して同様の議論を行い，$r$ を無限大に飛ばした極限をみると，

$$0 = \lim_{r\to\infty}\int_{Y\times r}(cs, s') = \int_Y (cs_\infty, s'_\infty)$$

を得る．ここで，$s_\infty, s'_\infty$ は $s, s'$ の $r\to\infty$ における極限である．これは $L$ と

$cL$ とが直交していることを意味している. ∎

**注意 11.22** 補題 11.20 を示す上の議論は §1.3 で 1 次元多様体上の指数定理を証明した議論(の一部)の拡張である.

## §11.5 指数の和公式

§3.3 では指数の局所化を切除定理として定式化した. $K$ 理論の枠組みを用いると切除定理は純粋に位相幾何学的な命題に翻訳可能である. 本節では, 指数の局所化には違いないが, 位相幾何学の枠におさまりきらないものを考察する. 本節では結果のみ記し, 証明は §11.6 で行う.

### (a) シリンダー状の端をもつ多様体 II

まず, シリンダー状の端をもつ多様体上において, Dirac 型作用素の指数の定義を一般化する.

§11.4(a)の冒頭の(1), (2), (3)の設定をおく. さらに $W$ が $\mathbb{Z}_2$ 次数をもち, $D$ が次数を入れ換えると仮定する. このとき, $\operatorname{Ker} D_Y$ の上に $c$ が次数 1 の同型として作用する. よって $\operatorname{Ker} D_Y$ の次数 0 の部分と次数 1 の部分とは線形同型である. この同型な線形空間の次元を $h(D_Y)$ とおく:

$$h(D_Y) := \dim(\operatorname{Ker} D_Y)^0 = \dim(\operatorname{Ker} D_Y)^1 = \frac{1}{2}\dim\operatorname{Ker} D_Y.$$

命題 11.15 の有限性から, 次の定義を行うことができる.

**定義 11.23**

$$\begin{aligned}\operatorname{ind}^+\hat{D} &:= \dim(\operatorname{Ker}_{\mathrm{bdd}}\hat{D})^0 - \dim(\operatorname{Ker}\hat{D})^1,\\ \operatorname{ind}^-\hat{D} &:= \dim(\operatorname{Ker}\hat{D})^0 - \dim(\operatorname{Ker}_{\mathrm{bdd}}\hat{D})^1.\end{aligned}$$

□

$\operatorname{ind}^\pm\hat{D}$ のことを, 記号を乱用して $\operatorname{ind}^\pm D$ とも書くことにする.

次の 2 つの例は, いずれも後の考察において基本的な役割を果たす.

**例 11.24** $Y_0$ を閉多様体とし, $X=Y_0\times[-1,1]$, $Y=Y_0\times\{0,1\}$ とする. このとき $\hat{X}$ は $Y_0\times\mathbb{R}$ と同一視される. $\hat{W},\hat{D}$ が $\hat{X}$ 全体の上で平行移動に関

して不変であると仮定する．$\hat{D}=c\partial_r+D_{Y_0}$ と書き，$\bar{D}_{Y_0}:=c^{-1}D_{Y_0}$ とおくと $\hat{D}=c(\partial_r+\bar{D}_{Y_0})$ となる．$\bar{D}_{Y_0}$ は次数を保ち $c$ と反可換な形式的自己共役作用素である．$\operatorname{Ker} D_{Y_0}=\operatorname{Ker}\bar{D}_{Y_0}$ であることに注意する．閉多様体 $Y$ 上の Dirac 型作用素 $\bar{D}_{Y_0}$ の固有値は離散的であり，固有関数たちは $L^2$ 空間の中で基底を成す．$\partial_r+\bar{D}_{Y_0}$ の解は，各 $r$ ごとに $Y_0$ 方向に $\bar{D}_{Y_0}$ 作用について固有分解すると見やすい．実際，各固有成分は $r$ とともに指数的に増減し，その増減の割合は固有値によって与えられる．従って，有界な解は，0 固有値をもつ固有成分しかもたない．これからただちに次がわかる．

$$\operatorname{Ker} D_Y \cong \operatorname{Ker} D_{Y_0} \oplus \operatorname{Ker} D_{Y_0},$$
$$\operatorname{Ker}\hat{D} = 0,$$
$$\operatorname{Ker}_{\mathrm{bdd}}\hat{D} \cong \operatorname{Ker} D_{Y_0}.$$

ただし，$\operatorname{Ker}_{\mathrm{bdd}}\hat{D}\cong\operatorname{Ker} D_{Y_0}$ は $\operatorname{Ker} D_Y\cong\operatorname{Ker} D_{Y_0}\oplus\operatorname{Ker} D_{Y_0}$ の中に対角的に埋め込まれている．特に，$h(D_Y)=\dim\operatorname{Ker} D_{Y_0}$ および

$$\operatorname{ind}^+ D = \frac{1}{2}h(D_Y), \quad \operatorname{ind}^- D = -\frac{1}{2}h(D_Y)$$

を得る． □

**例 11.25**　上の例の記号をそのまま用いる．実数 $t_-, t_+$ を固定する．滑らかな関数 $\rho\colon Y_0\times\mathbb{R}\to\mathbb{R}$ であって，$\mathbb{R}$ 成分 $r$ のみに依存し，$r\geqq 1$ に対して $\rho(r)=t_+r$ であり，$r\leqq -1$ に対して $\rho(r)=t_-r$ となる $\rho$ を 1 つ固定する．$\mathbb{Z}_2$ 次数を表現する次数 0 の自己写像を $\epsilon$ と書いたことを思い出そう．$\hat{W}=\hat{W}^0\oplus\hat{W}^1$ の上の次数 0 の Hermite 変換 $e^{\rho\epsilon}$ を考える．具体的には

$$e^{\rho\epsilon} := \begin{pmatrix} e^{\rho} & 0 \\ 0 & e^{-\rho} \end{pmatrix} \tag{11.1}$$

と表示される．$e^{\rho\epsilon}$ を用いて作用素 $\hat{D}_\rho$ を

$$\hat{D}_\rho := e^{\rho\epsilon}\hat{D}e^{\rho\epsilon} \tag{11.2}$$

によって定義する．$\hat{D}=c(\partial_r+D_{Y_0})$ を代入すると，

$$\hat{D}_\rho = e^{\rho\epsilon}c(\partial_r+D_{Y_0})e^{\rho\epsilon}$$

$$= ce^{-\rho\epsilon}(\partial_r + D_{Y_0})e^{\rho\epsilon}$$
$$= c(\partial_r + \bar{D}_\rho), \qquad \bar{D}_\rho = D_{Y_0} + \dot{\rho}\epsilon$$

となる．特に $\bar{D}_\rho$ は $c$ と反可換であり，シリンダー $Y_0 \times (-\infty, -1]$ 上では

$$\bar{D}^0_\rho = \bar{D}^0_{Y_0} + t_-, \quad \hat{D}^1_\rho = \bar{D}^1_{Y_0} - t_-$$

となり，シリンダー $Y_0 \times [1, \infty)$ 上では

$$\bar{D}^0_\rho = \bar{D}^0_{Y_0} + t_+, \quad \hat{D}^1_\rho = \bar{D}^1_{Y_0} - t_+$$

となる．

$\hat{D}$ の解空間と $\hat{D}_\rho$ の解空間とは，有界性の条件なしに比較すれば，$\mathbb{Z}_2$ 次数付空間として線形同型である．線形同型は $e^{\rho\epsilon}$ によって与えられる．しかし，$e^{\rho\epsilon}$ の作用によって，有界性の条件が変化する．

次数1の切断 $s$ が方程式 $\hat{D}s=0$ をみたすとき，$e^{-\rho\epsilon}s$ は方程式 $\hat{D}_\rho(e^{-\rho\epsilon}s)=0$ をみたす．このような $s$ であって $e^{-\rho\epsilon}s$ が有界であるものを枚挙したい．

$s=s(r,y)$ を各 $Y\times\{r\}$ の上で $\bar{D}^1_{Y_0}$ に関して固有分解すると，

$$s(y,r) = \sum_\lambda e^{-\lambda r} s_\lambda(y)$$

と展開される．ここで $s_\lambda(y)$ は固有値 $\lambda$ の固有関数であり $\bar{D}^1_{Y_0} s_\lambda = \lambda s_\lambda$ が成立する．$r \geqq 1$ において

$$e^{-\rho\epsilon}s = \sum_\lambda e^{-(\lambda - t_+)r} s_\lambda(y)$$

が成立する．右辺が $r \geqq 1$ において有界であるための条件は，「$\lambda < t_+$ に対して $s_\lambda = 0$」である．同様に $e^{-\rho\epsilon}s$ が $r \leqq -1$ において有界であるための条件は「$\lambda > t_-$ に対して $s_\lambda = 0$ 」である．これから，

$$(\mathrm{Ker}_{\mathrm{bdd}}\, \hat{D}_\rho)^1 \cong E_{[t_+, t_-]}(\bar{D}^1_{Y_0})$$

を得る．ただし $\bar{D}^1_{Y_0}$ は $\bar{D}_{Y_0}$ の次数1の部分への制限であり，$E_{[t_+,t_-]}(\bar{D}^1_{Y_0})$ は $\bar{D}^1_{Y_0}$ に関する固有値が $[t_+, t_-]$ に属する固有関数で張られる有限次元ベクトル空間である．同様に

$$(\mathrm{Ker}_0\, \hat{D}_\rho)^1 \cong E_{(t_+, t_-)}(\bar{D}^1_{Y_0}),$$

$$(\mathrm{Ker}_{\mathrm{bdd}}\,\hat{D}_\rho)^0 \cong E_{[-t_+,\,-t_-]}(\bar{D}^0_{Y_0}),$$
$$(\mathrm{Ker}_0\,\hat{D}_\rho)^0 \cong E_{(-t_+,\,-t_-)}(\bar{D}^0_{Y_0})$$

を得る．

簡単のため，$t_+ < t_-$ であり，$t_+, t_-$ は $(\hat{D}_\rho)^0$ の固有値ではないと仮定すると，

$$(\mathrm{Ker}_{\mathrm{bdd}}\,\hat{D}_\rho)^0 = (\mathrm{Ker}_0\,\hat{D}_\rho)^0 = 0,$$
$$(\mathrm{Ker}_{\mathrm{bdd}}\,\hat{D}_\rho)^1 = (\mathrm{Ker}_0\,\hat{D}_\rho)^1 \cong E_{(t_+,\,t_-)}(\bar{D}^1_{Y_0})$$

となる．このとき，

$$\mathrm{ind}^+\,\hat{D}_\rho = \mathrm{ind}^-\,\hat{D}_\rho = -\dim E_{(t_+,\,t_-)}(\bar{D}^1_{Y_0})$$

を得る． □

## (b) 指数の性質

上のように指数を定義する1つの理由はこれらが次の安定性をもつからである．

**定理 11.26**（指数の安定性 I）　$D$ を $X$ の内部で連続的に変形させても，$\mathrm{ind}^+ D$, $\mathrm{ind}^- D$ は不変である． □

証明は§11.5(g)で行う．

指数の定義として $\dim(\mathrm{Ker}\,\hat{D})^0 - \dim(\mathrm{Ker}\,\hat{D})^1$ あるいは $\dim(\mathrm{Ker}_{\mathrm{bdd}}\,\hat{D})^0 - \dim(\mathrm{Ker}_{\mathrm{bdd}}\,\hat{D})^1$ を採用してもよさそうに見えるが，これらは上のような安定性をもたない．

境界上のデータも含めて連続的に変形させる場合には，上の定理の拡張として，次の安定性が成立する．

**定理 11.27**　$\mathrm{Ker}\,D_Y$ の次元が一定であるまま $D$ を変形させても $\mathrm{ind}^+ D$, $\mathrm{ind}^- D$ は不変である． □

証明は§11.6(b)で行う．

この定理を用いると，例 11.24 を次のように一般化できる．

**例 11.28**　$Y_0$ を閉多様体とし，$X = Y_0 \times [-1, 1]$，$Y = Y_0 \times \{0, 1\}$ とす

る．$r \in [-1,1]$ に依存する $Y$ 上の Dirac 型作用素 $D_{Y_0}(r)$ によって $D = c\partial_r + D_{Y_0}(r)$ と書ける Dirac 型作用素を考える．すべての $r \in [-1,1]$ に対して $\mathrm{Ker}\, D_{Y_0}(r)$ の次元が一定であると仮定する．その値は自動的に $h(D_Y)$ と一致する．このとき

$$\mathrm{ind}^+ D = \frac{1}{2}h(D_Y), \quad \mathrm{ind}^- D = -\frac{1}{2}h(D_Y)$$

が成立することを示そう．

任意の $r_-, r_+ \in [-1,1]$ に対して，$\mathrm{ind}^\pm(r_-, r_+)$ を次のように定義する．まず，滑らかな写像 $f\colon [-1,1] \to [-1,1]$ を，$-1$ の近傍で常に値が $r_-$ であり，$+1$ の近傍で常に値が $r_+$ であるようにとる．このとき，定理 11.26 によって $X$ 上の Dirac 型作用素 $c\partial_r + D_{Y_0}(f(r))$ の指数は $D_{Y_0}(r_-), D_{Y_0}(r_+)$ のみに依存する．この指数を $\mathrm{ind}^\pm(r_-, r_+)$ と書くことにする(この例の中だけの記号である)．特に $\mathrm{ind}^\pm(-1,1) = \mathrm{ind}^\pm D$ が成立する．また，例 11.24 によって $r_- = r_+ = r$ のとき $\mathrm{ind}^\pm(r,r) = \pm h(D_Y)/2$ である．ここで定理 11.27 によって $\mathrm{ind}^\pm(r_-, r_+)$ は $r_-, r_+$ のとり方によらず一定値をとるので両者は等しくなければならない．　□

$\mathrm{Ker}\, D_Y = 0$ であれば定義から $\mathrm{ind}^+ D = \mathrm{ind}^- D$ となることがわかる(注意 11.14 参照)．より一般的に，両者の関係は次の通りである．

**定理 11.29**　$\mathrm{ind}^+ D - \mathrm{ind}^- D = h(D_Y)$.　□

証明は§11.5(g)で行う．

**系 11.30**　$\dim L = h(D_Y)$.

[証明]　定理 11.16 の中の記号を用いれば，指数の定義から

$$\mathrm{ind}^+ D - \mathrm{ind}^- D = \dim L$$

となる．一方，定理 11.29 によって左辺は $h(D_Y)$ に等しい．　■

## (c)　同境不変性の精密化の証明 II

指数の同境不変性の精密化(定理 11.16)の証明でやり残していた補題 11.21 を説明する．鍵となるのは上の系 11.30 である．

[系 11.30 のもとでの補題 11.21 の証明]　補題 11.21 をまず次の仮定のも

とで確かめよう：$W$ にもともと $\mathbb{Z}_2$ 次数が入っており，$D$ がその $\mathbb{Z}_2$ 次数について次数1の写像になっていると仮定する．$h(D_Y)=\dim \operatorname{Ker} D_Y/2$ を思い出す．すると，系11.30は補題11.21の主張そのものである．

次に，$W$ に $\mathbb{Z}_2$ 次数が与えられていない一般の場合には，$(W,D)$ の代わりに次の $(\tilde{W},\tilde{D})$ を考えれば，$\mathbb{Z}_2$ 次数付の場合に帰着される．

$$\tilde{W}:=W\otimes\mathbb{C}^2,\quad \tilde{D}:=D\otimes\begin{pmatrix}0&1\\1&0\end{pmatrix},\quad \epsilon:=\mathrm{id}_W\otimes\begin{pmatrix}1&0\\0&-1\end{pmatrix}.$$

**注意11.31**

(1) $\operatorname{Ker} D_Y$ 上の作用素 $\tilde{\epsilon}$ を

$$\tilde{\epsilon}(v)=\begin{cases}cv & (v\in L),\\ -cv & (v\in L^{\perp})\end{cases}$$

によって定義すると，定理11.16は $\tilde{\epsilon}$ が $c$ と反可換なHermite変換であり $\tilde{\epsilon}^2=1$ をみたすことを意味する．よって $c$ と $\tilde{\epsilon}$ とは $\operatorname{Ker} D_Y$ 上に不定計量のClifford代数の作用を与える．

(2) さらに $W$ が $\mathbb{Z}_2$ 次数付であるとする．$\operatorname{Ker} D_Y$ に入る $\mathbb{Z}_2$ 次数付構造は $c$ と反可換なHermite変換 $\epsilon$ であって $\epsilon^2=1$ をみたすものによって記述される．このとき，$c,\epsilon,\tilde{\epsilon}$ は互いに反可換であり，$\operatorname{Ker} D_Y$ 上に不定計量のClifford代数の作用を与える．

(3) $\epsilon$ だけでなく，$c,\tilde{\epsilon}$ の作用の構造を込めて $D_Y$ の指数を定義することができる．この指数を $\mathrm{ind}_D D_Y$ と書くとき，

$$\mathrm{ind}^+ D-\mathrm{ind}^- D=\mathrm{ind}_D D_Y$$

を示すことができる．これは $D$ がより大きなClifford代数の対称性をもつ場合にも成立する．

### (d)　和公式の定式化

$X$ が閉多様体であり，余次元1の閉部分多様体 $Y$ によって2つの部分 $X_-,X_+$ に分割されているとする．$X$ 上のRiemann計量であって，$Y$ の近傍で積 $Y\times(-a,a)$ と等長なものを固定する．$W$ を $X$ 上の $\mathbb{Z}_2$ 次数付Clifford加群，$D$ を $W$ 上のDirac型作用素であって，$Y$ の近傍で平行移動に関して

不変であり，

$$D = c\partial_r + D_Y$$

と書くとき，$c$ と $D_Y$ が反可換であるものとする．この設定のもとで次の和公式が成立する．

**定理 11.32**（指数の和公式 I）　$D$ の $X_-, X_+$ への制限を各々 $D_-, D_+$ とおく．

$$\begin{aligned}\operatorname{ind} D &= \operatorname{ind}^+ D_+ + \operatorname{ind}^- D_- \\ &= \operatorname{ind}^- D_+ + \operatorname{ind}^+ D_-\end{aligned}$$

が成立する． □

**注意 11.33**

(1) 左辺の $\operatorname{ind} D$ は $W$ のみに依存する位相不変量であり，Atiyah–Singer の指数定理から計算される．

(2)（まだ証明を述べていない）定理 11.29 を用いると，上の和公式は次のように言い換えられる．

$$\begin{aligned}\operatorname{ind} D &= \operatorname{ind}^+ D_+ - h(D_Y) + \operatorname{ind}^+ D_- \\ &= \operatorname{ind}^- D_+ + h(D_Y) + \operatorname{ind}^- D_-.\end{aligned}$$

## (e)　これまでの定義との関係

§3.2(c) において，シリンダー状の端をもつ多様体の上の平行移動に関して不変なペア $(W, [h])$ に対して指数を定義した．これと上の定義との関係を述べる．

前小節の記号をそのまま使う．$W$ 上にさらに次数 1 の Hermite 変換 $h$ であって，$W$ 上の Clifford 積と反可換であるものが与えられたとする．$h$ は，$Y$ の近傍上で平行移動に関して不変であり，そこで $W$ の同型を与えていると仮定する．このとき，ペア $(W, [h])$ に対して指数 $\operatorname{ind}(W, [h])$ の定義は次のとおりであった：十分大きな実数 $t>0$ に対して $D_t := D + th$ とおくとき

$$\operatorname{ind}(W, [h]) := \dim(\operatorname{Ker} \hat{D}_t)^0 - \dim(\operatorname{Ker} \hat{D}_t)^1$$

である．

$h$ の $Y$ 上への制限を $h_Y$ とすると，十分大きな $t$ に対して $\operatorname{Ker}(D_Y + th_Y) = 0$ がわかる（§3.2(c) 参照）．従って $\operatorname{ind}^+ D_t = \operatorname{ind}^- D_t$ であり，しかも

$$\mathrm{ind}(W,[h]) = \mathrm{ind}^+ \hat{D}_t = \mathrm{ind}^- \hat{D}_t$$

が成立している．

ペア $(W,[h])$ は $K_c(X, Cl(TX))$ の要素を与えていた．指数定理によると，$\mathrm{ind}(W,[h])$ は，$K_c(X, Cl(TX))$ から $\mathbb{Z}$ への位相的に定義可能な準同型によって与えられるのであった．

しかし，$D_t = D + th$ という形をしていない Dirac 型作用素に対しては，このような位相的な解釈を直接行うことはできない．

### (f) 境界が複数の連結成分をもつ場合

和公式(定理 11.32)の証明の前に，和公式を境界が複数の連結成分をもつ場合へ一般化しておく*2．

**指数の定義**

§11.4(a)と同じ設定を考える．$Y$ の連結成分全体のなす集合を $\pi_0(Y)$ とおく．各写像 $\sigma\colon \pi_0(Y) \to \{\pm\}$ に対して，$\mathrm{Ker}_\sigma \hat{D}$ を，次のような $s$ の全体として定義する：

(1) $\hat{D}s = 0$.

(2) $s$ は $Y \times [0,\infty)$ 上で有界．

(3) $\mathbb{Z}_2$ 次数に分けて $s = s^0 + s^1$ と書くとき，$Y$ の各連結成分 $Y_0$ に対して次が成立する．

　(a) $\sigma([Y_0]) = +$ のとき $s^1$ は $Y_0 \times [0,\infty)$ 上で $0$ に収束する．

　(b) $\sigma([Y_0]) = -$ のとき $s^0$ は $Y_0 \times [0,\infty)$ 上で $0$ に収束する．

このとき，各 $\sigma$ に対して

$$\mathrm{ind}^\sigma D := \dim(\mathrm{Ker}_\sigma \hat{D})^0 - \dim(\mathrm{Ker}_\sigma \hat{D})^1$$

と定義する．

*2　定理 11.29 の証明のためにこの一般化が必要である．

**指数の性質**

定理 11.26 と定理 11.27 を拡張した次の定理が成立する(証明は同様である).

**定理 11.34** (指数の安定性 II)　$D$ を $X$ の内部で連続的に変形させても，$\mathrm{ind}^{\sigma} D$ は不変である. □

**定理 11.35**　$Y$ のすべての連結成分 $Y_0$ に対して $\mathrm{Ker}\, D_{Y_0}$ の次元が一定であるまま $D$ を変形させても $\mathrm{ind}^{\sigma} D$ は不変である. □

$\sigma$ を取り替えたときの $\mathrm{ind}^{\sigma} D$ の変化は次のように記述される.

$(\mathrm{Ker}\, D_Y)^0$ の次元を $Y$ の連結成分ごとに数えたものを $h(D_Y)\colon \pi_0(Y) \to \mathbb{Z}$ とおく．2 つの写像 $\sigma, \sigma'\colon \pi_0(Y) \to \{\pm\}$ が与えられたとき，

$$\delta(\sigma,\sigma')([Y_0]) = \begin{cases} +1 & (\sigma([Y_0] = +,\ \sigma'([Y_0]) = -), \\ -1 & (\sigma([Y_0] = -,\ \sigma'([Y_0]) = +), \\ 0 & (\sigma([Y_0] = \sigma'([Y_0])) \end{cases}$$

とおく．このとき定理 11.29 の一般化として次の公式が成立する.

**定理 11.36**　$\mathrm{ind}^{\sigma} D - \mathrm{ind}^{\sigma'} D = \delta(\sigma,\sigma')\cdot h(D_Y)$. □

右辺のドット$(\cdot)$は内積である．証明は §11.5(g)で述べる.

**和 公 式**

$X$ が境界 $\partial X$ をもつコンパクト多様体であり，$Y$ を $X$ の余次元 1 の閉部分多様体 $Y$ とする．ただし，$Y$ は $\partial X$ とは交わらず，それ自身閉多様体であるが連結とは限らないと仮定する．$X'$ を $X\backslash Y$ の閉包とする．$X$ を $Y$ に沿って切断したものが $X'$ である．$X$ 上の Riemann 計量，$W, D, \hat{D}$ 等について，§11.5(d)と同様の設定を考える．定理 11.32 は，写像 $\sigma'\colon \pi_0(\partial X') \to \{\pm\}$ に対する次の和公式に拡張される.

**定理 11.37** (指数の和公式 II)　$D$ から定まる $X'$ 上の Dirac 型作用素を $D'$ とおく．$\partial X'$ の連結成分のうち，もともと $Y$ の同じ連結成分であったすべてのペア $Y_0, Y_1$ に対して $\sigma_-([Y_0])$ と $\sigma_+([Y_1])$ とが逆の符号であると仮定する．このとき

$$\operatorname{ind}^{\sigma} D = \operatorname{ind}^{\sigma'} D'$$

が成立する．ただし，$\sigma\colon \pi_0(\partial X) \to \{\pm\}$ は $\sigma'$ の $\pi_0(\partial X) \subset \pi_0(\partial X')$ への制限である． □

**注意 11.38** 上の設定では，境界の連結成分ごとに，プラスとマイナスの2通りの境界条件を与えた．さらに，もう1つのタイプの境界条件として，$h$ によって指定される位相的な境界条件を導入することも可能である．定式化は明らかであろう．

## (g) $\operatorname{ind}^{\pm} D$ の性質の証明

本節では一般化された和公式(定理11.37)の成立をひとまず認め，それを用いて指数の安定性(定理11.26，定理11.34)と境界条件を取り替えたときの指数の変換則(定理11.29，定理11.36)を示す．

[定理11.37のもとでの定理11.26，定理11.34の証明]　記号を簡単にするため定理11.27の仮定のもとで $\operatorname{ind}^{+} D$ の安定性を説明する．

$X$ 上の $\mathbb{Z}_2$ 次数付 Clifford 加群 $W$ とその上の Dirac 型作用素 $D$ が与えられ，境界 $Y$ の近傍で平行移動に関して不変である状況を考えていた．さらに，$Y$ の近傍では $D = c\partial_r + D_Y$ と書け，$c$ と $D_Y$ は反可換であった．

(1)　$X$ のコピーをとり，$X$ と区別するために $\bar{X}$ と名付ける．

(2)　$\bar{X}$ の境界の近傍は $Y \times (-a, 0]$ と等長である．$(a, 0]$ への射影を $\bar{r}$ と書くことにする．

(3)　$\bar{X}$ 上で $W$ のコピーを考え，$\mathbb{Z}_2$ 次数のつけ方を $W$ とは逆にしたものを $\bar{W}$ と書く．

(4)　$-D$ を $\bar{W}$ 上で考えたものを $\bar{D}$ とおく．

構成の仕方から

$$\operatorname{ind}^{+} D = -\operatorname{ind}^{-} \bar{D} \tag{11.3}$$

が成立する．

(1)　$X$ と $\bar{X}$ とを境界 $Y$ に沿って貼り合わせた閉多様体を $X_2$ とおく．

(2)　$W$ と $\bar{W}$ とを $Y$ に沿って $c\colon W|Y \to \bar{W}|Y$ によって貼り合わせたものを $W_2$ とおく．

（3）　$D$ と $\bar{D}$ とは，$\bar{r}+r=0$ によって座標 $r, \bar{r}$ をともに拡張しておくと貼り合う．実際，$cDc^{-1}=c\partial_r-D_Y=\bar{D}$ である．こうして得られる $W_2$ 上の Dirac 型作用素を $D_2$ とおく．

すると，定理 11.37 の和公式から

$$\operatorname{ind} D_2 = \operatorname{ind}^+ D + \operatorname{ind}^- \bar{D}$$

となる．関係式(11.3)によって右辺は 0 である．

$X_2=X\cup\bar{X}$ 上の Dirac 型作用素 $D_2$ を，$X$ の内部のみで変形し，この変形された Dirac 型作用素について再び和公式を考えよう．左辺の $\operatorname{ind} D_2$ は閉多様体上の Dirac 型作用素の指数なので，この変形によって不変である．また，右辺の第二項 $\operatorname{ind}^- \bar{D}$ は，$\bar{X}$ 上で $D_2$ を変形していないのでやはり不変である．従って，この変形によって，右辺の第一項 $\operatorname{ind}^+ D$ も不変でなくてはならない．これが求める主張であった．∎

［定理 11.37 のもとでの定理 11.29，定理 11.36 の証明］　定理 11.36 の証明は定理 11.29 の証明とほとんど同様であるが，記号の煩雑さを避けるため，前者のみ説明する．

§11.4(a)の設定を考える．$\hat{D}$ を $Y\times[0,1]$ に制限したものを $D_{[0,1]}$ とおく．$X$ と $Y\times[0,1]$ とを，$Y$ および $Y\times\{-1\}$ に沿って貼り合わせて得られる多様体に対して定理 11.37(和公式)を用いると，

$$\operatorname{ind}^- D + \operatorname{ind}^+ D_{[0,1]} = \operatorname{ind}^+ D$$

を得る．一方，例 11.24 によって $\operatorname{ind}^+ D_{[0,1]} = h(D_Y)$ である(今の $Y$ は例 11.24 における $Y_0$ にあたることに注意)．これから主張の成立がわかる．∎

## §11.6　和公式の証明

一般化された和公式(定理 11.37)の証明はその特殊な場合である定理 11.32 の証明の直接の拡張である．記号の煩雑さを避けるため，定理 11.32 の証明を述べる．

### (a)　和公式 I: $\operatorname{Ker} \boldsymbol{D_Y}=0$ の場合

この場合の和公式は，§5.1 の注意 5.6 に基づく定理 5.40 の拡張によってただちに示される．既に §4.3 の命題 4.35 においてこの拡張を利用した．実際，命題 4.36 は，定理 11.32 の，mod 2 指数版に他ならない．

### (b)　和公式 II: $\operatorname{Ker} \boldsymbol{D_Y}\neq 0$ の場合

$\operatorname{Ker} D_Y$ が 0 とは限らない場合の和公式を，$\operatorname{Ker} D_Y=0$ の場合に帰着させて証明しよう．

これまで通り §11.4(a)冒頭の(1), (2), (3)の設定を考え，その節の記号を用いる．

$X$ の境界 $Y$ の近傍で例 11.25 と同様の変形を以下のように行う．

$\hat{X}$ 上の滑らかな関数 $\rho\colon \hat{X}\to\mathbb{R}$ であって，$Y\times[-a,\infty)$ 上では $[-a,\infty)$ への射影と一致しているものを 1 つ固定する．$t$ を任意の実数とする．$\hat{W}=\hat{W}^0\oplus\hat{W}^1$ の上の次数 0 の Hermite 変換 $e^{t\rho\epsilon}$ によって $\hat{D}$ をひねって $\hat{D}_t:=e^{t\rho\epsilon}\hat{D}e^{t\rho\epsilon}$ とおく．例 11.25 と同様の計算によって次の補題が確かめられる．

**補題 11.39**　実数 $t$ によってパラメータづけされる $D$ の変形族 $D_t\colon \Gamma(E)\to\Gamma(W)$ は次をみたす．

(1)　シリンダー上で $D_t=c\partial_r+D_{Y,t}$ と書かれ，$c$ と $D_{Y,t}$ とは反可換である．

(2)　$\operatorname{Ker} D_{Y,t}\neq 0$ をみたす $t$ 全体は $\mathbb{R}$ の中で離散的である．

(3)　$|t|>0$ が十分小さく，$t>0$ であるとき

$$(\operatorname{Ker} D_t)^0=(\operatorname{Ker}_{\mathrm{bdd}} D)^0,$$
$$(\operatorname{Ker} D_t)^1=(\operatorname{Ker} D)^1$$

が成立する．

(4)　$|t|>0$ が十分小さく，$t<0$ であるとき

$$(\operatorname{Ker} D_t)^0=(\operatorname{Ker} D)^0,$$
$$(\operatorname{Ker} D_t)^1=(\operatorname{Ker}_{\mathrm{bdd}} D)^1$$

が成立する．　□

［定理 11.32 の証明］　§11.5(d)の冒頭の設定をおく．閉多様体 $X$ が余次元 1 の閉部分多様体 $Y$ によって 2 つの部分 $X_-, X_+$ に分割されている．滑らかな関数 $\rho\colon X \to \mathbb{R}$ であって，$Y$ の近傍で $Y \times (-a, a)$ においては $(-a, a)$ への射影と一致するものを固定する．$D_t = e^{t\rho_\epsilon} D e^{t\rho_\epsilon}$ を $X_-, X_+$ 上へ制限したものを各々 $D_{t,-}, D_{t,+}$ とおく．

補題 11.39(2)と，既に確立している $\mathrm{Ker}\, D_Y = 0$ の場合の和公式によって，$|t|$ が十分小さく $t \neq 0$ であるとき，

$$\mathrm{ind}\, D_t = \mathrm{ind}^{\pm} D_{t,-} + \mathrm{ind}^{\mp} D_{t,+}$$

が成立する．(右辺の $\pm, \mp$ は別々にいずれをとっても等しい．) 指数の安定性から左辺は $\mathrm{ind}\, D$ に等しい．$|t|$ が十分小さいとき，補題 11.39(3), (4)から $t > 0$ ならば

$$\mathrm{ind}^{\pm} D_{t,-} = \mathrm{ind}^{+} D_-, \quad \mathrm{ind}^{\mp} D_{t,+} = \mathrm{ind}^{-} D_+$$

となり，$t < 0$ ならば

$$\mathrm{ind}^{\pm} D_{t,-} = \mathrm{ind}^{-} D_-, \quad \mathrm{ind}^{\mp} D_{t,+} = \mathrm{ind}^{+} D_+$$

となる．これらを代入すると，求める和公式

$$\begin{aligned}\mathrm{ind}\, D &= \mathrm{ind}^{+} D_+ + \mathrm{ind}^{-} D_- \\ &= \mathrm{ind}^{-} D_+ + \mathrm{ind}^{+} D_-\end{aligned}$$

を得る．　■

### (c)　$\mathrm{Ker}_{\mathrm{bdd}}$ の有限次元性と指数の安定性の証明

補題 11.39 の構成を用いると命題 11.15($\mathrm{Ker}_{\mathrm{bdd}}$ の有限次元性)，定理 11.27 (指数の安定性)を示すことができる．

［命題 11.15 の証明］　まず $\mathrm{Ker}\, D_Y = 0$ である場合に $\mathrm{Ker}_{\mathrm{bdd}}\, \hat{D} = \mathrm{Ker}\, \hat{D}$ であり，その次元の有限性は§5.1 の注意 5.6 に基づく系 5.28 の拡張からただちに得られる．次に $\mathrm{Ker}\, D_Y \neq 0$ である場合を $\mathrm{Ker}\, D_Y = 0$ の場合に帰着させたい．このためには十分小さな $|t| > 0$ を選んで $D$ の代わりに補題 11.39 の $D_t$ を考えればよい．　■

［定理 11.27 の証明］　まず $\mathrm{Ker}\, D_Y = 0$ であったと仮定し，この条件をみたしながら $D$ を変形させたときに $\mathrm{ind}^{\pm} D$ が不変であることを見たい．これ

は注意5.6に基づく定理5.38の拡張からただちに得られる．次に $\mathrm{Ker}\,D_Y \neq 0$ である場合は，上と同様の手段によって $\mathrm{Ker}\,D_Y = 0$ の場合に帰着させることができる． ∎

## §11.7　スペクトル流

定理11.29は，スペクトル流の概念を用いて定式化することができる．より一般に，和公式はスペクトル流を利用すると簡明に理解される．従って，議論の順序として，まずスペクトル流についての性質を確立し，それを用いて和公式を示すことも可能である．しかし本書では逆に，既に確立されている和公式を用いてスペクトル流の性質を証明しよう．

**注意11.40**　既に§9.4では，$S^1$ 上の Hermite 一般ベクトル束に対してスペクトル流が定義されていた．思い出すと

(1)　$S^1$ によってパラメータ表示された($\mathbb{Z}_2$ 次数をもたない) Dirac 型作用素の族は，$S^1$ 上の Hermite 一般ベクトル束を定める．

(2)　よって，この Dirac 型作用素の族に対してスペクトル流を定義することができる．

(3)　スペクトル流は，$K(S^1, Cl(\mathbb{R})) = \mathbb{Z}$ に値をもつ族の指数の表示を与えていた．

本節では $\mathbb{R}$ でパラメータ表示される作用素に対してスペクトル流を考察する．このスペクトル流は，$K$ 群を利用して位相的に解釈することは直接にはできない[*3]．

### (a)　スペクトル流の加法性

$\mathbb{R}$ 内の閉区間でパラメータ表示された作用素の族に対してスペクトル流を定義しよう．

閉多様体 $Y$ 上の Clifford 加群 $W_Y$ に対して，$r \in [a_-, a_+]$ をパラメータと

*3　位相的解釈のためには，自己共役な Fredholm 作用素全体の空間を考察する必要がある．

するDirac型作用素の滑らかな族$\{D_r\}$であって，

$$\operatorname{Ker} D_{a_-} = 0, \quad \operatorname{Ker} D_{a_+} = 0$$

をみたすものが与えられたとする．

$D_r$のスペクトルは離散的である．それを$\{r\}\times\mathbb{R}$上にプロットし，すべての$r\in[a_-,a_+]$に対して集めて得られる$[a_-,a_+]\times\mathbb{R}$の部分集合をSpecとおく．Specは，直感的には平面上の帯状領域に描かれた1次元的な図形である．スペクトル流とは，直感的にいうなら，Specと$[a_-,a_+]\times\{0\}$との交叉数のことである．これを厳密に定義するには次のようにすればよい．

まず，$[a_-,a_+]\times\{0\}$を少し変形して，Specと横断的に交わるようにしたい．

（1） 任意の$s\in[a_-,a_+]$に対して，実数$\lambda$を$D_{r_0}$の固有値でないようにとることができる．すると，$s$のある開近傍に属する任意の$r$に対して$\lambda_0$は$D_r$の固有値ではない．

（2） これから，$[a_-,a_+]$上の有限個の点$r_0<r_1<r_2<\cdots<r_n$と適当な実数$\lambda_1,\lambda_2,\cdots,\lambda_n$が存在し，次の条件をみたすことがわかる．

$k=0,1,\cdots,n,n+1$に対して，$[r_{k-1},r_k]$に属する任意の$r$に対して$\lambda_k$は$D_r$の固有値ではない．ただし，$r_{-1}=a_-$，$r_{n+1}=a_+$，$\lambda_0=\lambda_{n+1}=0$とおく．

（3） 上の条件は次のように言い直せる．

次の線分の和集合は，$r$軸と平行な線分と$\lambda$軸と平行な線分とからなる平面上の折れ線となる．この折れ線は，$r$軸$\mathbb{R}\times\{0\}$とコンパクトな部分だけ異なる．

$$(r_{k-1},r_k)\times\{\lambda_k\} \qquad (k=0,1,\cdots,n,n+1),$$
$$\{r_k\}\times[\lambda_k,\lambda_{k+1}] \qquad (k=1,2,\cdots,n).$$

すると，この折れ線とSpecとは，折れ線が$\lambda$軸と水平である部分においてのみ交わる．

$r$軸とSpecとの交わりは横断的とは限らないが，上の折れ線とSpecとは直感的には，横断的に交わる．実際に交叉数を定義するには次のようにすればよい．

$k=1,2,\cdots,n$ に対して，$D_{r_k}$ の固有値であって，$\lambda_{k-1}$ と $\lambda_k$ との間にあるものの個数を $n_k$ とおく．$n_k$ は $r_k$ のとり方によらない．整数 $\tilde{n}_k$ を，$\lambda_k \leqq \lambda_{k+1}$ のとき $\tilde{n}_k := n_k$ とおき，$\lambda_k \geqq \lambda_{k+1}$ のとき $\tilde{n}_k := -n_k$ とおく．

**定義 11.41**　$\{D_r\}_{r\in[a_-,a_+]}$ のスペクトル流 $\mathrm{sf}(\{D_r\}_{r\in[a_-,a_+]})$ を，

$$\mathrm{sf}(\{D_r\}_{r\in[a_-,a_+]}) := \sum_{k=1}^{n} n_k$$

によって定義する．□

**演習問題 11.42**　スペクトル流が $I_k, \lambda_k$ のとり方によらないことを示せ．□

スペクトル流の定義から次の加法性が成立する．

**補題 11.43**（スペクトル流の加法性）　もし $a\in(a_-,a_+)$ に対して $\mathrm{Ker}\,D_{a_0}=0$ であれば，

$$\mathrm{sf}(\{D_r\}_{r\in[a_-,a_+]}) = \mathrm{sf}(\{D_r\}_{r\in[a_-,a_0]}) + \mathrm{sf}(\{D_r\}_{r\in[a_0,a_+]})$$

が成立する．□

**注意 11.44**　シリンダー上の Dirac 型作用素に対する指数の和公式は，§11.7(b)で証明する定理 11.48 のもとでは，スペクトル流の加法性と同値な命題である．

**基本的な例**

次の 2 つの例は，定義から明らかであるが，あとの議論で本質的に用いられる．

**例 11.45**　$D_r$ が任意の $r\in[a_-,a_+]$ に対して $\mathrm{Ker}\,D_r=0$ であるなら

$$\mathrm{sf}(\{D_r\}_{r\in[a_-,a_+]}) = 0$$

である．□

**例 11.46**　$D_Y$ を $W_Y$ の上の Dirac 型作用素とし，$t_-, t_+$ が $D_Y$ の固有値ではないと仮定する．$\dot{\rho}\colon [a_-,a_+]\to\mathbb{R}$ を滑らかな関数であって

$$\dot{\rho}(a_-) = -t_-, \quad -\dot{\rho}(a_+) = -t_+$$

となるものとし，

$$D_r := D_Y + \dot{\rho}(r)$$

とおくと $\mathrm{Ker}\, D_{a_-} = \mathrm{Ker}\, D_{a+} = 0$ である．簡単のため，$t_+ < t_-$ であったとしよう．このとき，

$$\mathrm{sf}(\{D_r\}_{r\in[a_-,a_+]}) = -\dim E_{(t_+,t_-)}(D_Y)$$

が成立する．ただし $E_{(t_+,t_-)}(D_Y)$ は $D_Y$ の固有関数であって固有値が開区間 $(t_+,t_-)$ に含まれるもの全体によって張られるベクトル空間である． □

## (b) スペクトル流と指数

$[a_-,a_+]$ 上の自明束 $[a_-,a_+]\times\mathbb{R}^2$ 上には平行移動に関して不変な $\mathbb{Z}_2$ 次数付 Clifford 束の構造が

$$c = \begin{pmatrix} 0 & 1 \\ -1 & 0 \end{pmatrix}, \qquad \epsilon = \begin{pmatrix} 1 & 0 \\ 0 & -1 \end{pmatrix}$$

によって入る．この自明束と $W$ との外部テンソル積 $W_{[a_-,a_+]}$ は，$[a_-,a_+]\times Y$ 上の Clifford 加群である．$W_{[a_-,a_+]}$ 上には $\epsilon\otimes\mathrm{id}_W$ によって $\mathbb{Z}_2$ 次数付構造が入る．$W_{[a_-,a_+]}$ 上の Dirac 型作用素 $D_{[a_-,a_+]}$ を式

$$D_{[a_-,a_+]} = c\partial_r\otimes\mathrm{id}_W + \epsilon\otimes D_r$$

によって定義することができる．

**注意 11.47** 逆に，$[a_-,a_+]$ 上の $\mathbb{Z}_2$ 次数付 Dirac 型作用素は，必ず上の $D_{[a_-,a_+]}$ の形に書ける．

この記号のもとで，次の定理が成立する．

**定理 11.48**

$$\mathrm{sf}(\{D_r\}_{r\in[a_-,a_+]}) = \mathrm{ind}\, D_{[a_-,a_+]}.$$

［証明］ まず，例 11.45 と例 11.46 に対する主張の成立は，例 11.28 および例 11.25 において右辺が直接計算されていることからただちにわかる．次に，指数の和公式とスペクトル流の加法性を用いて，一般の場合を例 11.45 と例 11.46 とに帰着させたい．以下，スペクトル流の定義に用いた小節(a)の記号

$$a_- = r_{-1} < r_0 < r_1 < r_2 < \cdots < r_n < r_{n+1} = a_+$$

および

$$\lambda_0(=0), \lambda_1, \lambda_2, \cdots, \lambda_n, \lambda_{n+1}(=0)$$

をそのまま用いる.

2つのステップに分ける.

ステップ1: 次の仮定「各 $k=-1,0,\cdots,n+1$ に対して, $D_r$ は $r=r_k$ の近くで $D_{r_k}$ と一致している」をみたす場合に帰着させたい. そのために, $[a_-,a_+]$ から $[a_-,a_+]$ への単調増加かつ滑らかな関数 $f(r)$ であって, 次の条件をみたすものをとる: 各 $k=-1,0,\cdots,n+1$ に対して, $r=r_k$ の近くで $f(r)=r_k$ が成立する. このとき, $\{D_{f(r)}\}$ は上の仮定をみたしている. $\{D_r\}$ を $\{D_{f(r)}\}$ に置き換えてもスペクトル流は変わらない. また, スペクトル流と等しくなるべき指数も, 定理11.26によって不変である. よって上の仮定をみたしている場合に主張を示せば十分である. 十分小さな $\delta>0$ をとって, $|r-r_k|<\delta$ ならば $D_{f(r)}=D_{r_k}$ と仮定しておく.

ステップ2: 滑らかな関数 $\dot{\rho}$: $[a_-,a_+]\to\mathbb{R}$ であって $|r-a_\pm|<\delta$ に対して $\dot{\rho}(r)$ をみたし, 各 $k=0,1,\cdots,n$ に対して

$$\dot{\rho}(r)=-\lambda_k \qquad (r\in[r_{k-1}+\delta, r_k-\delta])$$

となるものをとる. この $\dot{\rho}$ を用いて

$$D_r' := D_{f(r)}+\dot{\rho}(r)$$

とおく. $\dot{\rho}(a_-)=\dot{\rho}(a_+)=0$ と仮定したので, $\{D_{f(r)}\}$ を $\{D_r'\}$ に置き換えてもスペクトル流も指数も変わらない. しかも $\dot{\rho}$ のとり方から, $D_r'$ は, $[r_{k-1}+\delta, r_k-\delta]$ 上では例11.45の状況であり, $[r_k-\delta, r_k+\delta]$ においては例11.46の状況である. 従って, 指数の和公式(定理11.37)とスペクトル流の加法性(補題11.43)によって, 求める等式はこれらの部分区間上の主張に帰着される. ∎

**注意 11.49**　指数の和公式は局所化の方法によって証明された. 局所化の方法を直接用いて定理11.48を示すことも可能である. (両者は同じ深さの議論である.) そのためには $t\gg 1$ に対して

$$D_{[a_-,a_+],t}=c\partial_r\otimes \mathrm{id}_W+\epsilon\otimes tD_r$$

を考察する.

## 《要約》

**11.1**　指数の同境不変性を，2 通り与えた．第一の証明は Stokes の定理の一証明に倣ったコホモロジカルなものである．第二の証明は,「解の極限値全体が境界上の解空間の Lagrange 部分空間になる」ことによる．

**11.2**　第二の証明の過程では，$X$ 上の Dirac 型作用素に境界 $Y=\partial X$ の近傍で 2 通りの変形を与え，両者の指数の差が $Y$ 上の作用素の指数と一致することを示した．この一致は，$Y$ 上の作用素の指数を定義する際に，$Y$ の法方向に対応する Clifford 積と，解の極限値のなす空間 $L$ から定まる Clifford 積 $\tilde{\epsilon}$ の作用を込めて初めて成立する[*4]．

**11.3**　境界の近傍で Dirac 型作用素を 2 通りに変形したときの指数の変化は，指数の和公式を援用して計算される．

**11.4**　特にシリンダー上では，スペクトル流によって指数を表示できる．

**11.5**　$4k$ 次元の有向閉多様体の符号数は同境不変である．

**11.6**　Riemann 面上のスピン構造の偶奇は，2 次元のスピン同境群と $\mathbb{Z}_2$ との同型を与えている．

---

*4　注意 11.31 参照．$\tilde{\epsilon}$ 作用を忘れた本来の指数は 0 である．

# 12 指数と指数定理の変種

指数にはいくつかの変種がある．それに伴って指数定理にもいくつかの変種がある．

**同変指数**においてはコンパクト Lie 群 $G$ の作用が付与された Dirac 型作用素を考える．また，**mod 2 指数**では Clifford 代数作用の付与された Dirac 型作用素を考える．

群作用は $\mathbb{Z}_2$ 次数を保つが，Clifford 代数作用は $\mathbb{Z}_2$ 次数をずらす．その意味で，群作用は「偶」な(あるいはボソン的な)作用であるが，Clifford 代数作用は「奇」な(あるいはフェルミオン的な)作用である．

**族に対する指数**においては，Dirac 型作用素の族を対象とする指数を扱う．

これらの変種に対して，互いの構造が組み合わさったような拡張を考えることもできる．また，適当な条件の下では，これらの変種は互いに無関係ではない．

## §12.1 群作用のある場合：同変指数

### (a) 同変 $K$ 群

$K$ 群を用いた指数の定式化を，コンパクト Lie 群の作用がある場合に拡張する．

Clifford 代数が作用する場合，すなわち局所係数 $Cl(T)$ をもつ場合については，実ベクトル束 $T$ が偶数次元で $Spin^c$ をもつとき，$K(X, Cl(T))$ は $K(X)$ と同型であった．群作用がある場合に，これに相当するのは次の補題である．

**補題 12.1**　$G$ が $X$ に自明に作用するとき，自然な写像 $K_G(\mathrm{pt}) \otimes K(X) \to K_G(X)$ は同型である．

[証明]　$G$ の既約表現の全体を $R_\alpha$ $(\alpha \in A)$ とおく．$G$ の有限次元表現 $V$ に対して，$V' := \sum_{\alpha \in A} R_\alpha \otimes \mathrm{Hom}^G(R_\alpha, V)$ とおく．ここで $\mathrm{Hom}^G$ は $G$ 同変線形写像全体を表わす．$V'$ は $R_\alpha$ への $G$ 作用によって $G$ の表現空間となる．Schur の補題によって，自然な準同型 $V' \to V$ は同型になる．（実際，$V$ は既約表現の有限個の直和であり，よって既約表現の場合に示せば十分である．そして $V = R_{\alpha_0}$ の場合には $\mathrm{Hom}^G(V, R_\alpha)$ は $\alpha = \alpha_0$ のときに 1 次元，その他の場合には 0 となる．）すなわち，$V'$ を定義する式は，$V$ の既約分解を与えている．

同様にして，$K_G(X)$ の要素 $\mathcal{E}$ が与えられたとき，各ファイバーごとに $\mathcal{E}$ を定義するデータを既約分解することによって，$K(X)$ の要素 $\mathrm{Hom}(R_\alpha, \mathcal{E})$ が定義される．この対応は，準同型 $K_G(X) \to K_G(\mathrm{pt}) \otimes K(X)$ を誘導する．上の注意によって，この準同型は，自然な写像 $K_G(\mathrm{pt}) \otimes K(X) \to K_G(X)$ の逆を与えている．∎

$KO$ 群では対応する命題は成立しない．実既約表現の自己同型が実定数倍とは限らないからである．

**補題 12.2**　コンパクト Lie 群の有限次元表現について，次の条件は同値である．

（1）　任意の実既約表現の複素化が複素表現としても既約である．

（2）　実既約表現の自己同型は定数倍に限る．

このとき $KO_G(X) \cong KO_G(\mathrm{pt}) \otimes KO(X)$ が成立する．□

$G = \mathbb{Z}_2$ はこの条件をみたす．$G = S^1$ はみたさない．

**注意 12.3**　作用が $\mathbb{Z}_2$ 次数を入れ換える場合も同様の議論が成立する．Clifford 代数が作用する場合，すなわち局所係数 $Cl(T)$ をもつ場合については，実ベクトル束 $T$ の階数が 8 の倍数でスピン構造をもつとき，$KO(X, Cl(T))$ は $KO(X)$ 群と同型であった(注意 9.41)．これは，$Spin(8n)$ の $\mathbb{Z}_2$ 次数付(実)既約直交表現の複素化が $\mathbb{Z}_2$ 次数付(複素)既約ユニタリ表現である事実に対応している．

第 9 章，第 10 章，第 11 章の諸定理は，$G$ 作用がある状況に自然に拡張される．特に $K$ 理論の Thom 同型は $G$ 作用がある場合に拡張することができる．証明は $G$ 作用がない場合と同様である．

**注意 12.4**　$K$ 理論の Thom 同型に対して，指数を用いない純位相的な証明法が何通りも知られている．それらは(本質的に) $K_c(X) \cong K_c(X \times \mathbb{C})$ を示すものである．$G$ が可換である場合には，任意の複素既約表現は 1 次元であることを利用すると，それらの証明法が適用できる場合がある．しかし，$G$ が非可換であれば 2 次元以上の複素既約表現が存在する．この場合には，本質的に指数を用いた証明しか知られていない．

## (b)　同変指数定理

$X$ がコンパクト Lie 群 $G$ の作用をもつとき，$X$ 上の $G$ 同変なペアの指数を §4.4 で定義した．記号の煩雑さをふせぐため，$X$ は閉多様体であると仮定しよう．すると，群作用がないときと同様に，指数は写像

$$\mathrm{ind}_G\colon K_G(X, Cl(TX)) \to R(G)$$

を定める．また，$g$ を $G$ の任意の要素とすると，$g$ 作用に関するトレース(つまり $g$ における指標の値)をとる写像 $R(G) \to \mathbb{C}$ の合成により，写像

$$\mathrm{ind}_g\colon K_G(X, Cl(TX)) \to \mathbb{C}$$

が得られる．

§4.4 では，同変指数の計算が，群作用がない場合に比べて簡易化される場合があることを例示した．その議論を以下 $K$ 群の言葉を用いて整理し，一般化してみよう．

鍵となるのは，環と加群に対する代数的な**局所化**の操作である．簡単のために次の状況を考えることにする: 閉多様体 $X$ 上に可換コンパクト Lie 群 $G$ が作用している．また，$g$ が $G$ の要素であって，固定点集合 $X^g$ は，$G$ 全体の固定点集合 $X^G$ と一致すると仮定する．

$T$ を $X$ 上の $G$ 同変(実)ベクトル束とすると，$K_G(X, Cl(T))$ は整域 $R(G)$ 上の加群である．従って $R(G)$ の素イデアルが与えられたとき $K_G(X, Cl(T))$ をその素イデアルで局所化すると，新たな加群をつくることができる．この代数的な局所化の概念を用いると議論を整理するのに便利である．後で実際に考えるのは $T$ が $TX$ に等しい場合である．

$R(G)$ の素イデアルとして具体的に考えるのは，$G$ の要素 $g$ に対して次のように定義される $I_g$ である：$I_g$ は $\mathrm{trace}(g|R^0) = \mathrm{trace}(g|R^1)$ となる 2 つの表現空間 $R^0, R^1$ に対する差 $[R^0]-[R^1]$ の全体として定義する．$g$ において 0 をとる指標の全体からなるイデアルといってもよい．$g$ における指標の値は，可換環 $R(G)$ から体 $\mathbb{C}$ への環準同型を与える．$I_g$ はこの環準同型の核なので素イデアルである．$I_g$ によって整域 $R(G)$ を局所化して得られる環を $R(G)_g$ とおく．すなわち，$R(G)_g$ は，$R(G)$ の 2 つの要素 $\chi_0, \chi_1$ であって，$\mathrm{trace}(\chi_1) \neq 0$ となるものに対して形式的な比 $\chi_0/\chi_1$ を考えるとき，そのような比の全体のことである．同様に，$V$ が $R(G)$ 加群であるとき $V_g := V \otimes_{R(G)} R(G)_g$ とおく．

以下の議論は，次のステップからなる．

- $X$ 上の考察から $X^g$ の近傍の考察への帰着：局所化と切除定理．
- $X^g$ の近傍の考察から $X^g$ 上の考察への帰着：Thom 同型の逆の構成．
- $X^g$ 上の考察を群作用がない場合へ帰着：補題 12.1．

### 局 所 化

補題 4.39 を $X$ が閉多様体のときに言い換えると次のようになる．

**補題 12.5**　閉多様体 $X$ 上に可換コンパクト Lie 群 $G$ が作用しているとする．$g$ を $G$ の要素とし，$K$ を $X$ の $G$ 不変なコンパクト部分集合とする．さらに $K$ が $g$ の固定点を含まないと仮定すると，$K_G(X, K)$ の要素 $\alpha$ と，$R(G)\backslash I_g$ の要素 $\chi$ であって，$\alpha$ の $K_G(X, K) \to K_G(X)$ による像と，$\chi$ の $R(G) \to K_G(X)$ による像とが一致するものが存在する．

［証明］　補題 4.39 の記号で $\alpha = [(F, h_F)]$，$\chi = [R^0 \oplus R^1] = [R^0]-[R^1]$ とおくと，これが求める性質をもつ．∎

**注意 12.6**　補題 4.39 の証明の原理を $K$ 群を用いて述べるならば，次のようになる: $G$ 不変コンパクト部分集合 $K$ を適当な有限個の $G$ 不変開集合 $U_1, U_2, \cdots, U_n$ で覆い，各 $U_k$ に対して，$K_G(X, \overline{U}_k)$ の要素 $\alpha_k$ と，$R(G) \backslash I_g$ の要素 $\chi_k$ であって，$\alpha_k$ の $K_G(X, \overline{U}_k) \to K_G(X)$ による像と，$\chi_k$ の $R(G) \to K_G(X)$ による像とが一致するものを構成する．(これは，$U_k$ が $G$ 軌道の管状近傍であって，$g$ の固定点をもたなければ，具体的につくることができる．補題 4.39 の証明の中の記号を用いるなら $\alpha_k = [(F_k, h_k)]$，$\chi_k = [R_k]$ である)．このとき，次の積

$$K_G(X, \overline{U}_1) \times K_G(X, \overline{U}_2) \times \cdots \times K_G(X, \overline{U}_n) \to K_G(X, \bigcup_{k=1}^{n} \overline{U}_k) \to K_G(X, K)$$

を用いて，$\alpha := \prod_k \alpha_k$ とおけば，これは $\chi := \prod_k \chi_k$ に対して求める性質をもつ．

§4.4 で補題 4.39 を適用したとき，実際に用いたのは次の性質である．

**補題 12.7**　閉多様体 $X$ 上に可換コンパクト Lie 群 $G$ が作用しているとする．$g$ を $G$ の要素とし，$K$ を $X$ の $G$ 不変なコンパクト部分集合とする．このとき $K$ が $g$ の固定点を含まないならば，自然な写像 $p$: $K_G(X, K) \to K_G(X)$ は $I_g$ で局所化すると同型になる:

$$p_g\colon K_G(X, K)_g \xrightarrow{\cong} K_G(X)_g.$$

また，$X$ 上の任意の $G$ 同変実ベクトル束 $T$ に対して，$Cl(T)$ を係数とする $K$ 群に対しても同様の同型が成立する．

［証明］　積 $K_G(X, K)_g \otimes K_G(X)_g \to K_G(X, K)_g$ の存在に注意する．補題 12.5 の性質をみたす $\alpha, \chi$ と $K_G(X)_g$ の任意の要素 $\beta$ に対して $p_g(\alpha\beta) = p_g(\alpha)\beta = \chi\beta$ であるから，$p_g$ は全射である．また，$K_G(X, K)_g$ の要素 $\gamma$ が $p_g(\gamma) = 0$ をみたすと仮定すると，$\chi\gamma = p_g(\alpha)\gamma = \alpha\gamma = \alpha p_g(\gamma) = 0$ であるから $p_g$ は単射である．係数付の場合も同様である．　■

### 切除定理

上の補題 12.7 は次のように $G$ 同変指数の計算に利用できる: $G$ 同変指数の $g$ における指標を $\mathrm{ind}_g\colon K_G(X, Cl(TX)) \to \mathbb{C}$ と書くと，$\mathrm{ind}_g$ は $R(G)_g$ 加群としての準同型である．従って，補題 12.7 によって，これを計算する

には $\mathrm{ind}_g\colon K_G(X,K,Cl(TX))\to\mathbb{C}$ がわかれば十分である．

さらに先に進むために，記号を準備する．閉多様体 $X$ 上に可換コンパクト Lie 群 $G$ が作用しているとする．$g$ を $G$ の要素とし，$X^g$ を $g$ によって固定される点の全体とする．$X^g$ の管状近傍を $U$ とすると，$K=X\backslash U$ に対して上の補題を適用することができる．$\nu^g$ を $X^g$ の法束とすると，切除定理によって同型

$$\begin{aligned}K_G(X,K,Cl(TX))&\cong K_G(\bar U,\partial U,Cl(TX)|\bar U)\\&\cong K_G(D(\nu^g),S(\nu^g),Cl(TD(\nu^g)))\\&\cong K_{cG}(\nu^g,Cl(T\nu^g))\end{aligned}$$

が存在する．この同型は $G$ 同変指数を保つ．また，$g$ で局所化しても同型が成立している．

### $G$ 同変 Thom 同型の逆

ここで $G$ 同変 Thom 同型によって，$G$ 同変指数を保つ同型

$$K_G(X^g,Cl(TX^g))\xrightarrow{\cong}K_{cG}(\nu^g,Cl(T\nu^g))$$

が存在する．左辺から右辺への写像は $\nu^g$ のファイバーに沿った超対称調和振動子の族に付随するペア $(W_{\mathrm{fiber}},[h_{\mathrm{fiber}}])$ の類を掛ける操作である．この操作の逆は，族の指数をとる操作なので，一般には直接書き下すことは難しい．しかし，今の状況では，$g$ に局所化するとこの操作の逆を書き下すことができることを説明する．

逆に近い操作として，0 切断への制限と，$Cl(T\nu^g)$ の部分代数 $Cl(TX^g)$ に作用を制限する写像の合成

$$K_{cG}(\nu^g,Cl(T\nu^g))\to K_G(X^g,Cl(D(\nu^g)))\to K_G(X^g,Cl(TX^g))$$

を考える．これは逆そのものではない．実際，$[(W_{\mathrm{fiber}},[h_{\mathrm{fiber}}])]$ を掛ける操作とこの写像とを合成して得られる写像

$$K_G(X^g,Cl(TX^g))\to K_G(X^g,Cl(TX^g))$$

は恒等写像ではなく，$[W_{\mathrm{fiber}}]\in K_G(X^g)$ を掛ける操作である．しかし，$g$ で局所化すると，これは次の補題の意味で恒等写像に近い写像になっている．まず，定義から $W_{\mathrm{fiber}}$ は $G$ 同変 $\mathbb{Z}_2$ 次数付複素ベクトル束として

$$W_{\text{fiber}} = \left( \bigoplus_{k\equiv 0(2)} \bigwedge^k \nu^g \otimes \mathbb{C} \right) \oplus \left( \bigoplus_{k\equiv 1(2)} \bigwedge^k \nu^g \otimes \mathbb{C} \right)$$

と書かれたことを思い出そう（定義3.37，定義3.39）．右辺を略記して $\bigwedge_{-1}\nu^g\otimes\mathbb{C}$ と書くことにする．

**補題12.8**　$[\bigwedge_{-1}\nu^g\otimes\mathbb{C}]\in K_G(X^g)$ は，$g$ において局所化すると可逆である．従って，これを掛ける操作は $K_G(X^g)_g$ において逆をもつ．

［証明］　$X^g$ が連結である場合に示せば十分である．このとき，$X^g$ の各点 $x$ への制限は，$x$ によらない $R(G)$ の要素となる．この要素を $\rho$ とおくと，$\rho$ の $g$ における指標は $\det(1-g|(\nu^g)_x\otimes\mathbb{C})$ となる．$(\nu^g)_x$ 上で $g$ の固有値は $0$ をとらないので，この値は $0$ でない．よって $\rho$ は $R(G)_g$ の中で可逆である．従って，主張を示すには，$\rho_0 := \rho-[\bigwedge_{-1}\nu^g\otimes\mathbb{C}]$ がベキ零であることを見れば十分である．$X^g$ の各点 $x$ に対して，$x$ のある開近傍 $U_x$ が存在し，$\overline{U}_x$ に制限すると $\rho_0$ はゼロである．従って，ある $\rho_x\in K(X,\overline{U}_x)$ が存在して自然な写像 $K_G(X,U_g)\to K_G(X_g)$ に関して $\rho_x\mapsto\rho_0$ と写る．$X_g$ をこのような有限個の $U_{x_i}$ で覆うと，

$$0 = K_G(X_g, \bigcup_i U_{x_i}) \ni \prod_i \rho_{x_i} \mapsto \rho_0^n \in K_G(X_g)$$

となる．ただし $n$ は $U_{x_i}$ の個数である．　■

**系12.9**　Thom 同型の $g$ における局所化

$$K_G(X^g, Cl(X^g))_g \xrightarrow{\cong} K_{cG}(\nu^g, Cl(T\nu^g))_g$$

の逆写像は，

$$\alpha \mapsto \frac{\alpha|(X^g, Cl(TX^g))}{[\bigwedge_{-1}\nu^g\otimes\mathbb{C}]}$$

によって与えられる．　□

### $X^g$ 上の指数

$X^g$ 上には $G$ は自明に作用するので

$$K_G(X^g, Cl(TX^g)) \cong K(X^g, Cl(TX^g))\otimes R(G)$$

である．（$X^g = X^G$ と仮定してあった．）従って，左辺の上の同変指数 $\mathrm{ind}_g$：

$K_G(X^g, Cl(TX^g)) \to \mathbb{C}$ は，群作用がない指数と，$g$ における指標の値をとる操作

$$\mathrm{ind}\colon K(X^g, Cl(TX^g)) \to \mathbb{Z}$$
$$\mathrm{trace}_g\colon R(G) \to \mathbb{C}$$

のテンソル積によって与えられる．

### ま と め

以上の考察をまとめ，$X$ が閉多様体でない場合にも成立する形で書くと，次のようになる．

**定理 12.10**（指数の Lefschetz 公式　Atiyah–Segal [23]）$K_{cG}(X, Cl(TX))$ の要素 $\alpha$ に対して次式が成立する．

$$\mathrm{ind}_g\,\alpha = (\mathrm{ind}\otimes\mathrm{trace}_g)\frac{\alpha|(X^g, Cl(X^g))}{[\bigwedge_{-1}\nu^g\otimes\mathbb{C}]}.$$ □

上の定理 12.10 を定理 8.54 によって書き換えたい．準備として記号 $\mathrm{ch}_g(\,\bullet\,, Cl(TX^g))\colon K_{cG}(X^g, Cl(TX^g)) \to H_c^\bullet(X^g)\otimes\mathbb{C}$ を

$$\mathrm{ch}(\,\bullet\,, Cl(TX^g))\colon K_c(X^g, Cl(TX^g)) \to H_c^\bullet(X^g)$$
$$\mathrm{trace}_g\colon R(G) \to \mathbb{C}$$

のテンソル積により定義する（§10.5(b)参照）．$X^g$ の次元を $n_g$ とおく．

**定理 12.11**

（1）以上の設定のもとで次式が成立する．

$$\mathrm{ind}_g\,\alpha = (-1)^{n_g(n_g+1)/2}\int_{X^g}\frac{\mathrm{ch}_g(\alpha|(X^g, Cl(TX^g)), Cl(TX^g))}{\mathrm{ch}_g(\bigwedge_{-1}\nu^g\otimes\mathbb{C})}\mathrm{td}(TX^g\otimes\mathbb{C}).$$

（2）特に，$X^g$ が向き付けられ偶数次元であるとき，次式が成立する．

$$\mathrm{ind}_g\,\alpha = \int_{X^g}\frac{\mathrm{ch}_g(\alpha|(X^g, Cl(TX^g))/Cl(TX^g))}{\mathrm{ch}_g(\bigwedge_{-1}\nu^g\otimes\mathbb{C})}\hat{A}(TX^g).$$ □

上の定理 12.11 の特別な場合として，$X$ と $X^g$ が $Spin^c$ 構造あるいはスピン構造をもつ場合を述べておく．$X$ が偶数次元で向きと $Spin^c$ 構造をもち，$G$ 作用はその向きと $Spin^c$ 構造を保つと仮定する．さらに，$X^g$ も偶数次元で向きと $Spin^c$ 構造をもつと仮定する．このとき $\nu^g$ には自然に $G$ 不変な向

きと $Spin^c$ 構造が入る．記号 $\mathrm{ch}_g: K_{cG}(X^g) \to H_c^\bullet(X^g) \otimes \mathbb{C}$ を

$$\mathrm{ch}: K_c(X^g) \to H_c^\bullet(X^g)$$
$$\mathrm{trace}_g: R(G) \to \mathbb{C}$$

のテンソル積により定義する．

**定理 12.12**　上の設定のもとで，$X$ のスピノル束を $S_X$ とおき，$\nu^g$ に付随するスピノル束を $S(\nu^g)$，その複素共役を $\overline{S}(\nu^g)$ とおく．$\mathbb{Z}_2$ 次数付 $G$ 同変 Hermite ベクトル束 $F$ と，$F$ 上の次数 1 の $G$ 不変 Hermite 自己準同型 $h_F$ であって台がコンパクトなものに対して

$$\mathrm{ind}_g((F,[h_F]) \otimes S_X) = \int_{X^g} \frac{\mathrm{ch}_g(F,[h_F])}{\mathrm{ch}_g(\overline{S}(\nu^g))} \mathrm{td}(TX^g)$$

が成立する．ただし $\mathrm{td}(TX^g)$ は $Spin^c$ 構造の Todd 類である．特に $X^g$ および $\nu^g$ の上の $Spin^c$ 構造がスピン構造である場合には，$\nu^g$ の階数を $n^g$ とおくと

$$\mathrm{ind}_g((F,[h_F]) \otimes S_X) = (-1)^{n^g/2} \int_{X^g} \frac{\mathrm{ch}_g(F,[h_F])}{\mathrm{ch}_g(S(\nu^g))} \hat{A}(TX^g)$$

となる．　□

例として，$\alpha$ が $X$ の de Rham 複体に付随する $K_G(X, Cl(TX))$ の要素である場合を考えよう．$X$ は閉多様体としておく．$\alpha|X^g$ は，$X^g$ の接方向に由来する成分と法方向に由来する成分との積に分解する．前者は $X^g$ の de Rham 複体に付随する $K(X^g, Cl(TX^g))$ の要素に他ならず，後者は $\bigwedge_{-1}\nu^g \otimes \mathbb{C}$ と一致する．従って定理 12.11(1)の表示を用いると分母分子の $\mathrm{ch}_g(\bigwedge_{-1}\nu^g \otimes \mathbb{C})$ が相殺し，右辺は $X^g$ の de Rham 複体の指数の公式と一致する．これからただちに古典的な Lefschetz の固定点定理（の特別な場合）が導かれる．（次の演習種問題 12.13 参照.）

**演習問題 12.13**（Lefschetz の固定点定理）　有限群 $G$ が閉多様体 $X$ に作用しているとき，任意の $g \in G$ に対して

$$\sum_{k=0}^{\dim X} (-1)^k \,\mathrm{trace}(g|H^k(X)) = \chi(X^g)$$

が成立することを示せ．　□

**演習問題 12.14**　トーラス $T$ が閉多様体 $X$ に作用しているとき，$\chi(X)=\chi(X^T)$ が成立する．これを同変指数定理を用いて示せ．また，直接示してみよ．(ヒント：固定点以外のどの軌道も Euler 数が 0 である．)　□

## (c)　同変指数の計算例

### 複素射影空間へのトーラス作用

$\mathbb{C}^n$ には $U(1)^n$ が対角的に作用する．この作用は $\mathbb{CP}^{n-1}$ 上の作用に落ちる．$U(1)^n$ 作用は $\mathbb{CP}^{n-1}$ の複素構造を保つので，Dolbeault 複体に対応する Dirac 型作用素 $D=\overline{\partial}+\overline{\partial}^*$ は $U(1)^n$ 同変である．このとき $U(1)^n$ 同変指数 $\mathrm{ind}_{U(1)^n} D$ を求めてみよう．

その前に注意しておくと，成分がすべて同じ要素からなる部分群を $U(1)_\Delta$ とおけば，$U(1)_\Delta$ は $\mathbb{CP}^{n-1}$ 上自明に作用する．従って，実際には $U(1)^n/U(1)_\Delta$ が $\mathbb{CP}^{n-1}$ へ効果的に作用する．しかし，後の計算の都合上 $U(1)^n$ 作用のまま扱うことにする．

$U(1)^n$ 作用の固定点は

$$
\begin{aligned}
p_1 &:= [1,0,\cdots,0,0] \\
p_2 &:= [0,1,\cdots,0,0] \\
&\cdots \\
p_n &:= [0,0,\cdots,0,1]
\end{aligned}
$$

の $n$ 点である．$p_k$ 上の $T\mathbb{CP}^{n-1}$ のファイバーには，$U(1)^n$ が作用している．

$U(1)^n$ の要素 $g=(t_1,t_2,\cdots,t_n)$ の成分 $t_1,t_2,\cdots,t_n$ が全部異なるとき，$g$ 作用の固定点はこの $n$ 点のみとなる．このような $g$ は $U(1)^n$ の中に稠密に存在するので，固定点が $n$ 点 $p_1,p_2,\cdots,p_n$ からなるような $g$ に対して $\mathrm{ind}_g D$ を求めれば，$\mathrm{ind}_{U(1)^n} D$ は決定される．

定理 4.43 により，このような $g$ に対して次の公式が成立する．

$$
\mathrm{ind}_g D = \sum_{k=1}^{n} \frac{\sum_{l=0}^{n-1}(-1)^l \,\mathrm{trace}(g|\textstyle\bigwedge^l \overline{T^*_{\mathbb{C}}\mathbb{CP}^{n-1}})_{p_k}}{\det(1-g|(T\mathbb{CP}^{n-1})_{p_k})}
$$

$$= \sum_{k=1}^{n} \frac{\det(1-g|T_{\mathbb{C}}\mathbb{CP}^{n-1})_{p_k}}{\det(1-g|(T_{\mathbb{C}}\mathbb{CP}^{n-1})_{p_k})\det(1-g|(\overline{T_{\mathbb{C}}\mathbb{CP}^{n-1}})_{p_k})}$$

$$= \sum_{k=1}^{n} \frac{1}{\det(1-g|(\overline{T_{\mathbb{C}}\mathbb{CP}^{n-1}})_{p_k})}.$$

最後の項は次のようにして求められる．$p_1$ の近傍における $g=(t_1,t_2,\cdots,t_n)$ の作用は

$$\begin{aligned}[1,z_2,z_3,\cdots,z_n] &\mapsto [t_1,t_2z_2,t_3z_3,\cdots,t_nz_n] \\ &= \left[1,\frac{t_2}{t_1}z_2,\frac{t_3}{t_1}z_3,\cdots,\frac{t_n}{t_1}z_n\right]\end{aligned}$$

によって与えられるので，$p_1$ における接空間 $(T_{\mathbb{C}}\mathbb{CP}^{n-1})_{p_1}$ は $U(1)^n$ の表現空間として $n-1$ 個の複素 1 次元の表現空間の直和であり，各々の成分の指標は $t_2/t_1,t_3/t_1,\cdots,t_n/t_1$ となる．これから，

$$\det(1-g|(\overline{T_{\mathbb{C}}\mathbb{CP}^{n-1}})_{p_1}) = \prod_{l\neq 1}\left(1-\frac{\overline{t_l}}{\overline{t_k}}\right) = \prod_{l\neq 1}\left(1-\frac{t_k}{t_l}\right)$$

となる．これの逆数が，$p_1$ から $\operatorname{ind}_g D$ への寄与である．他の点 $p_k$ についても同様の計算が成立する．これから

$$\begin{aligned}\operatorname{ind}_g D &= \sum_{k=1}^{n}\prod_{l\neq k}\left(1-\frac{t_k}{t_l}\right)^{-1} \\ &= \sum_{k=1}^{n}\frac{\prod_{l\neq k} t_l}{\prod_{l\neq k}(t_l-t_k)}\end{aligned}$$

がわかる．右辺に $\Delta := \prod_{1\leqq a<b\leqq n}(t_a-t_b)$ を掛けて分母を払うと，各項 $f_k$ は $\Delta$ と同じ次数の同次多項式になる．従って，それらの総和 $\sum_k f_k$ も $\Delta$ と同じ次数をもつ同次多項式である．一方，$\operatorname{ind}_g D$ は，$U(1)^n$ の指標なので，$t_1,t_2,\cdots,t_n$ の Laurent 多項式である．すなわち，$t_1t_2\cdots t_n$ の適当なベキを掛けると多項式になる．これから，$\sum_k f_k$ は，多項式として $\Delta$ で割り切れなくてはならないことがわかる．次数が同じであるから，商は定数である．一方，$t_1=0$ を代入すると $f_1/\Delta=1$，$f_k=0$ $(k\neq 1)$ となるので，この定数は 1 でな

くてはならない．従って，

$$\mathrm{ind}_g D = 1$$

を得る．Lefschetz 公式の適用のために，$g$ は成分 $t_1, t_2, \cdots, t_n$ がすべて相異なると仮定した．しかし，$\mathrm{ind}_g D$ の $g$ に関する連続性によって，任意の $g$ に対してこの式の成立がわかる．すなわち $\mathrm{ind}_{U(1)^n} D = 1$ である．特に，$g$ が単位元のときを考えると，群作用を忘れた普通の意味での $D$ の指数が 1 であることをも意味している．

**演習問題 12.15**

（1）　定義にもどって

$$\int_{\mathbb{CP}^{n-1}} \mathrm{td}(T_{\mathbb{C}}\mathbb{CP}^{n-1}) = 1$$

を確かめよ．なお，指数定理によって，左辺は Dolbeault 作用素 $D$ の指数 $\mathrm{ind}\, D$ を表わしている．

（2）　$\mathbb{C}^3 \setminus \{0\} \times \mathbb{C}$ への $\mathbb{C}^* \times U(1)^3$ 作用を

$$(u, (u_0, u_1, u_2)) : ((z_0, z_1, z_2), w) \mapsto (uu_0 z_0, uu_1 z_1, uu_2 z_2, uw)$$

によって定義する．部分群 $\mathbb{C}^* \times (1,1,1) \subset \mathbb{C}^* \times U(1)^3$ の作用による商として $\mathbb{CP}^2$ 上の $U(1)^3$ 同変複素直線束 $L_0$ を定義する．整数 $a$ に対して，$L_0^a$ を係数とする Dolbeault 作用素（に対応する Dirac 型作用素）を $D_{L_0^a}$ とおく．このとき

$$\mathrm{ind}\, D_{L_0^a} = \frac{(a+1)(a+2)}{2}$$

である．

(i)　これを Lefschetz 公式（定理 12.10）の応用として示せ．

(ii)　また指数定理を用いて直接示せ．　□

### Atiyah–Hitchin–Singer 複体

$X$ を 4 次元スピン多様体とし，$X$ 上に Riemann 計量を 1 つ固定する．$S = S^0 \oplus S^1$ をスピン構造に対応するスピノル束とすると，$S \otimes S^0$ は，$S$ の Clifford 加群構造を用いることによって，自然に Clifford 加群となる．$\bigwedge^2 T^* X$

上で Hodge の $*$ 作用素は $*^2=1$ をみたす．固有値 $1,-1$ に対応する固有空間のなす階数 3 の実ベクトル束を各々 $\bigwedge^+, \bigwedge^-$ とおき，さらにその複素化を $\bigwedge^+_{\mathbb{C}}, \bigwedge^-_{\mathbb{C}}$ とおく．このとき自然な同型

$$S^0\otimes S^0 \cong \mathbb{C}\oplus\bigwedge^+_{\mathbb{C}},$$
$$S^1\otimes S^0 \cong T^*X\otimes\mathbb{C}$$

が存在する（実際，$Spin(4)$ の表現空間のレベルで同型が存在している）．この Clifford 加群に伴う（1 つの）Dirac 型作用素 $D_{AHS}$ は，

$$D_0 := d+p^+d:\ \Omega^0(X)\oplus\Omega^+(X)\to\Omega^1(X)$$

の複素化 $D_0\otimes\mathbb{C}$ およびその随伴写像 $(D_0\otimes\mathbb{C})^*$ の和 $D_{AHS}=(D_0\otimes\mathbb{C})\oplus(D_0\otimes\mathbb{C})^*$ として実現される．ここで，$\Omega^+(X)$ は $\bigwedge^+$ の切断全体であり，$p^+$ は射影 $\bigwedge^2(X)\to\bigwedge^+$ から誘導される写像 $\Omega^2(X)\to\Omega^+(X)$ である．$D$ は de Rham 複体を途中で切り落とした楕円型複体

$$0\to\Omega^0(X)\xrightarrow{d}\Omega^1(X)\xrightarrow{p^+d}\Omega^+(X)\to 0$$

と関係している．実際，この複体のコホモロジーを $H^0(X), H^1(X), H^+(X)$ とおくと，上の Dirac 型作用素 $D_{AHS}$ の解空間は

$$\mathrm{Ker}\, D_{AHS} = ((H^0(X)\oplus H^+(X))\otimes\mathbb{C})\oplus(H^1(X)\otimes\mathbb{C})$$

によって与えられることが Stokes の定理から示される．

**注意 12.16**　この Dirac 型作用素は，$X$ がスピン多様体でなくとも，$X$ が 4 次元の向きの指定された Riemann 多様体であれば意味をもつ．

4 次元球面 $S^4$ を $\mathbb{C}^2$ の 1 点コンパクト化とみると，2 点 $0,\infty$ を固定する $U(1)^2$ 作用がある．この作用で不変な複体の指数は簡単に計算される．

$U(1)^2$ の要素 $g=(s,t)$ に対して，単純な計算から

$$\mathrm{trace}_g(\bigwedge^+)_0 = 1+st+s^{-1}t^{-1},\quad \mathrm{trace}_g(\bigwedge^+)_\infty = 1+st^{-1}+s^{-1}t,$$
$$\mathrm{trace}_g(\bigwedge^-)_0 = 1+st^{-1}+s^{-1}t,\quad \mathrm{trace}_g(\bigwedge^-)_\infty = 1+st+s^{-1}t^{-1}$$

がわかる．一方

$$\det(1-g|(TS^4)_0) = \det(1-g|(TS^4)_\infty) = (1-s)(1-s^{-1})(1-t)(1-t^{-1})$$

である．従って

$$\begin{aligned}\operatorname{ind}_g D_{AHS} &= \frac{1-(s+t+s^{-1}+t^{-1})+(1+st+s^{-1}t^{-1})}{(1-s)(1-s^{-1})(1-t)(1-t^{-1})}\\ &\quad+\frac{1-(s+t+s^{-1}+t^{-1})+(1+st^{-1}+s^{-1}t)}{(1-s)(1-s^{-1})(1-t)(1-t^{-1})}\\ &= \frac{1+st}{(1-s)(1-t)}-\frac{s+t}{(1-s)(1-t)}\\ &= 1\end{aligned}$$

を得る．これは，Hodge 理論によって直接求めることもできる．すなわち，$X=S^4$ のとき，

$$H^0(S^4)\cong\mathbb{R},\quad H^1(S^4)=0,\quad H^+(S^4)=0$$

であり，$H^0(S^4)$ の上に $U(1)^2$ は自明に作用するので，これから $\operatorname{ind}_g D_{AHS}=1$ が得られる．

次に，上の Clifford 加群に複素ベクトル束 $E$ をテンソルしたものを考えてみよう．ここで $E$ は，$S^4$ 上の $U(1)^2$ 同変な複素ベクトル束である．以下，$E$ が階数 3 のベクトル束 $\bigwedge_{\mathbb{C}}^-$ である場合に計算を行う．

$$\begin{aligned}\operatorname{ind}_g D_{AHS}\otimes\bigwedge^- &= (1+st^{-1}+s^{-1}t)\frac{1+st}{(1-s)(1-t)}\\ &\quad-(1+st+s^{-1}t^{-1})\frac{s+t}{(1-s)(1-t)}\\ &= -(1+s+s^{-1}+t+t^{-1}).\end{aligned}$$

特に，$s,t\to 1$ の極限をとると

$$\operatorname{ind} D_{AHS}\otimes\bigwedge_{\mathbb{C}}^- = -5$$

を得る．ここで，

$$\int_{S^4}c_2(\bigwedge_{\mathbb{C}}^-) = -\int_{S^4}p_1(\bigwedge^-) = -4$$

に注意すると，これは次の命題の特別な場合とみなすことができる．

**命題 12.17**　$X$ が向き付けられた 4 次元閉多様体，$E$ が $X$ 上の複素ベクトル束であって $\bigwedge^2 E$ が自明な複素直線束であるものとする．このとき，

$$\operatorname{ind} D_{AHS} \otimes E = -2\int_X c_2(E) + (1 - b_1(X) + b_2^+(X)) \operatorname{rank} E$$

が成立する．ただし，$b_2^+(X) = \dim H^+(X)$ である．□

**注意 12.18**　$\bigwedge^2 E$ が自明な複素直線束であるという条件は，$E$ が $X$ から 1 点を除いたところに制限すると自明になるということと同値である．

これまでの計算と切除定理を用いて，命題 12.17 を示すことができる．

［証明］　概略のみ記す．

上のような $E$ の同型類は，$\operatorname{rank} E$ と $c_2(E)$ のみで決まることが知られている．また，任意の rank と $c_2$ を実現する $E$ が存在することも知られている．すると，加法性

$$\operatorname{ind} D_{AHS} \otimes (E \oplus E') = \operatorname{ind} D_{AHS} \otimes E + \operatorname{ind} D_{AHS} \otimes E'$$

に注意すると，$E$ に依存しない定数 $A(X), B(X)$ が存在して指数は

$$\operatorname{ind} D_{AHS} \otimes E = A(X)\int_X c_2(E) + B(X) \operatorname{rank} E$$

と書けることがわかる．

すでに行った議論から，次のことがわかる．

（1）　$E$ として自明なベクトル束をとると，$B(X) = 1 - b_1(X) + b_2^+(X)$ が得られる．

（2）　$X = S^4$, $E = \bigwedge_{\mathbb{C}}^-$ の場合を考えると $A(S^4) = -2$ が得られる．($B(S^4) = 1$ を用いる．)

従って，$A(X) = A(S^4)$ が示されれば証明は終わる．

$E^0$ と $E^1$ の階数が等しいとき，$X$ から 1 点 $p$ を除いた補集合に制限すると，ともに自明なので両者は同型である．このとき，$\mathbb{Z}_2$ 次数付ベクトル束 $E^0 \oplus E^1$ によって代表される $K(X)$ の要素は，$K(X, X \setminus U)$ のある要素 $\alpha$ の像となっている．$p$ を含む開円板 $U$ をとる．$U$ の外を 1 点につぶす操作は $X$ から $S^4$ への連続写像とみなすことができる．つぶされた 1 点を $\infty$ とおくと，同型

$$K(X, X \setminus U) \cong K(S^4, \{\infty\})$$

が成立している．$\alpha$ に対応する $K(S^4,\{\infty\})$ の要素を $\alpha'$ とおく．$\alpha'$ を $K(S^4)$ へ移した像を $F^0 \oplus F^1$ と書くと，切除定理(定理3.29)によって

$$\begin{aligned}\operatorname{ind} D_{AHS} \otimes E^0 - \operatorname{ind} D_{AHS} \otimes E^1 &= \operatorname{ind} D_{AHS} \otimes \alpha \\ &= \operatorname{ind} D_{AHS} \otimes \alpha' \\ &= \operatorname{ind} D_{AHS} \otimes F^0 - \operatorname{ind} D_{AHS} \otimes F^1\end{aligned}$$

を得る．これは $A(X)=A(S^4)$ を意味している． ∎

### (d)　接束の部分束 I

コンパクト Lie 群 $G$ が閉多様体 $X$ に自明に作用するとき，Lefschetz 公式は同変指数に対して何の情報も与えない．しかし，この場合にも同変指数の考察から幾何学的な帰結が得られる例を Atiyah に従って述べる．

具体的には，接束の部分束を利用して de Rham 複体に対応する実 Clifford 加群上に群作用を定義し，同変指数を考察する．同変指数定理を応用する必要はなく，解析的考察のみからなる直接的な議論である．

$X$ を $n$ 次元閉多様体とする．de Rham 複体に対応する実 Clifford 加群 $W=\bigwedge^{\bullet}T^*X$ は，$Cl(TX)$ より大きな対称性をもつ．実際，接ベクトル $u,v$ に対して

$$c_1(v)=v^{\wedge}-v^{\lrcorner},\quad c_2(u)=u^{\wedge}+u^{\lrcorner}$$

とおくと，両者は反可換であり，

$$c_1(v)^2=-|v|^2,\quad c_2(u)^2=|u|^2$$

が成立する．$c_1(v)$ たちの作用によって生成されるのが $Cl(TX)$ の作用であった．一方，$c_2(u)$ たちの作用は，§12.2(b)で行う定義を先取りして述べるなら，「$TX$ の Riemann 計量の向きを変えた負定値計量に関する Clifford 代数」の作用を生成している．これについては次節で改めて説明する．さしあたって必要なのは次の注意であり，これを直接確かめるのは容易である：$V$ を $(T^*X)_x$ の向き付けられた $r$ 次元部分空間とする．

（1）　$(e_1,e_2,\cdots,e_r)$ を $V$ の向きと両立する正規直交基底とするとき，積 $c_2(e_1)c_2(e_2)\cdots c_2(e_r)$ は，$V$ とその向きのみに依存する．この積を $\mathrm{vol}_V$ と書き，$V$ の体積要素とよぶことにする．

（2） $r$ が偶数であれば，$\mathrm{vol}_V$ の作用は $Cl(TX)$ の作用と可換であり，その自乗は

$$(\mathrm{vol}_V)^2 = (-1)^{r(r-1)/2} = (-1)^{r/2}$$

に等しい．

$TX$ が階数 $r$ の向き付けられた部分束 $E$ をもつと仮定しよう．ただし $r$ は偶数とする．$X$ に Riemann 計量を1つ固定すると，$E$ には自然に Euclid 内積が入る．この内積と $E$ に与えられた向きから $E$ の体積要素 $\mathrm{vol}_E$ が(各点で)定義され，$\mathrm{vol}_E$ は，$Cl(TX)$ の作用と可換であり，$(\mathrm{vol}_E)^2=(-1)^{r/2}$ をみたす．

**$r\equiv 2 \bmod 4$ のとき**

$r\equiv 2 \bmod 4$ であれば $(\mathrm{vol}_E)^2=-1$ となる．このとき $W$ 上に巡回群 $\mathbb{Z}_4$ の作用を $\mathbb{Z}_4$ の生成元 $g_0$ に対して $g_0(\alpha):=\mathrm{vol}_E\alpha$ によって定義できる．この $\mathbb{Z}_4$ 作用を直接考えるよりも，これによって $W$ 上に定義される複素ベクトル束の構造を考えたほうがわかりやすいかもしれない．$g_0$ を $i$ の作用とみなすわけである．de Rham 複体に由来する $\mathbb{Z}_2$ 次数を $W$ に入れるとき，$W$ は $\mathbb{Z}_2$ 次数付複素 Clifford 加群となる．従って，その指数 $\mathrm{ind}(W)$ は，実次元では偶数になる．

この実次元で勘定した指数は，定理 2.48 によって $X$ の Euler 標数 $\chi(X)$ に等しかった．以上で次の定理が得られた．

**定理 12.19**（Atiyah）　閉多様体 $X$ の接束が階数 $r$ の向き付けられた部分束をもつとする．もし $r\equiv 2 \bmod 4$ であれば，$\chi(X)$ は偶数である．　□

**$r\equiv 0 \bmod 4$ のとき**

$r\equiv 0 \bmod 4$ であれば $(\mathrm{vol}_E)^2=1$ となる．このとき $W$ 上に巡回群 $\mathbb{Z}_2$ の作用を $\mathbb{Z}_2$ の生成元 $g_0$ に対して $g_0(\alpha):=\mathrm{vol}_E\alpha$ によって定義できる．de Rham 複体に由来する $\mathbb{Z}_2$ 次数を $W$ に入れるとき，$W$ は $\mathbb{Z}_2$ 同変な $\mathbb{Z}_2$ 次数付実 Clifford 加群となる．従って，その同変指数 $\mathrm{ind}_{\mathbb{Z}_2}(W)$ は，$RO(\mathbb{Z}_2)\cong\mathbb{Z}\oplus\mathbb{Z}$ の要素を定める．すなわち，Dirac 型作用素 $D$ を $\mathbb{Z}_2$ 作用に関して平均化し，

$\mathbb{Z}_2$ 同変に選んでおく．すると，$\mathbb{Z}_2$ 次数付ベクトル空間 $\mathrm{Ker}\, D$ を各次数ごとに $g_0$ の固有値 $+1, -1$ に対応する固有空間に直和分解することができる．固有空間ごとに次数の次元の差をとり，各々 $a_+(E), a_-(E)$ とおくと，$a_+(E)$ は指数の自明な既約表現の成分を表わし，$a_-(E)$ は指数の非自明な既約表現の成分を表わす．これらは部分束 $E$ のホモトピー類の不変量である．群作用を忘れると関係式

$$a_+(E)+a_-(E) = \chi(X)$$

が得られるので，両者は独立ではない．

**演習問題 12.20**　$a_\pm(E)$ を，$E$ および $TX$ の特性類を用いて積分表示せよ． □

**注意 12.21**

(1) $X$ が向き付けられた閉多様体であり，$\dim X \equiv 0 \mod 4$ であるときには，符号数を定義する $\mathbb{Z}_2$ 次数を $W$ に導入することによって平行した議論が可能である．このとき，上の 2 つの定理において $\chi(X)$ の代わりに $\mathrm{sign}(X)$ を用いた命題が得られる．さらに，同一の仮定のもとで，Atiyah–Hitchin–Singer 複体に相当する Clifford 加群を考えると，さらに強く，$(\chi(X)\pm\mathrm{sign}(X))/2$ を用いた命題が得られる．

(2) $TX$ が $E_1\oplus E_1\oplus\cdots\oplus E_k$ を部分束としてもつ場合にも，平行した考察が可能である．ただし，$E_i$ は向き付けられた偶数階数の実ベクトル束とする．このとき $W$ は($k$ に応じて)より大きな有限群の対称性をもつ．

(3) $E_i$ が(向き付けられた)奇数階数の実ベクトル束であるとき，de Rham 複体に対応する次数を用いたのでは $W$ を群作用のある $\mathbb{Z}_2$ 次数付 Clifford 加群と直接見なすことはできない．しかし $X$ に向きが与えられ，$\dim X \equiv 0 \mod 4$ であるときには符号数作用素を用いれば，可能である．実際，Atiyah は [10] Theorem (3.3) において，すべての $E_i$ の階数が 1 mod 4 であるときに，ある有限群*1の作用を利用して，$X$ の符号数が 2 のあるベキで割り切れることを示している．特別な場合として，一次独立なベクトル場の最大値に依存して，$X$ の符号数が 2 のあるベキで割り切れることがわかる．

---

*1　その群環が $\mathbb{Z}_2$ 次数付の Clifford 代数とみなされるもの．定理 2.11 の証明に用いたものとほぼ等しい．

(4) さらにある実ベクトル束 $F$ に対して $TX \oplus F$ がある $E$ を部分束としてもつ状況にも考察を拡張できることが知られている．典型的な場合として $X$ がある次元の Euclid 空間にはめ込まれている状況がある [81], [82].

この節では，$W$ 上の有限群の作用であって Clifford 代数の作用と本質的に関連するものが現われた．この Clifford 代数の作用は次数を保つ．

一方，§9.2 において，次数を保たない Clifford 代数の作用を $K$ 群の拡張的定義において導入してあった．次節では，このように群作用への帰着が不可能な Clifford 代数の作用を考察する．

## §12.2 Clifford 代数の作用がある場合: mod 2 指数

反対称変換の核の次元の偶奇を利用して，$\mathbb{Z}_2$ に値をもつ指数の変種が定義されることは第1章の例 1.6 と注意 1.7 で述べた．こうした mod 2 指数の計算例を，1 次元，2 次元の多様体上の作用素に対して §1.3(d)，§4.3 で紹介したが，まだ一般的な枠組みは与えていなかった．

この節では，**mod 2 指数**を Clifford 代数作用を利用して定式化する．Bott の周期性定理あるいは $K$ 群の Thom 同型の証明においてすでに Clifford 代数作用が用いられたが，この節では負定値(あるいはさらに不定符号)の計量に対応する Clifford 代数を考える．

**注意 12.22** (ボソン的な)群作用と(フェルミオン的な) Clifford 代数作用を同時に考え，さらに拡張したような「超作用」を定義することもできる[*2]．本書では「超作用」の一般論は展開しないが，1つの例を後で扱う(§12.2(d))．

この節では，実ベクトル束のみを扱う．複素ベクトル束は，実ベクトル束上に，自乗すると $-1$ になる自己同型が付与されている実ベクトル束として扱う．

*2 「超作用」の付与された $K$ 群の典型例に $\boldsymbol{KR}$ 群とよばれるものがある．

### (a)　反対称変換と Clifford 代数

mod 2 指数の有限次元のおもちゃのモデルとして，次の 2 つの場合を考えることにする．

（1）　$V$ を Euclid 計量の入った(有限次元の)実ベクトル空間，$f\colon V\to V$ を実線形写像とする．Euclid 計量を用いて $V=V^*$ と同一視するとき，$f$ からつくられる双線形写像 $V\times V\to\mathbb{R}$ が反対称であれば，$\dim_{\mathbb{R}}\operatorname{Ker} f\equiv\dim_{\mathbb{R}}V \bmod 2$ が成立する．

（2）　$V$ を Hermite 計量の入った(有限次元の)複素ベクトル空間，$f\colon V\to V$ を実線形写像とする．$f$ が $\mathbb{C}$ 上反線形(つまり，$f\colon V\to\bar{V}$ とみなすと複素線形写像)であり，しかも Hermite 計量を用いて $\bar{V}=V^*$ と同一視するとき，$f$ からつくられる双線形写像 $V\times V\to\mathbb{C}$ が反対称であれば，$\dim_{\mathbb{C}}\operatorname{Ker} f\equiv\dim_{\mathbb{C}}V \bmod 2$ が成立する．

これらのモデルを，$\mathbb{Z}_2$ 次数付ベクトル空間 $\hat{V}:=V\oplus V$ を用いて言い換えたい．

まず，$V$ が実ベクトル空間の場合を考える．

$\dim_{\mathbb{R}}V \bmod 2$ を，$\hat{V}$ を用いて理解したい．$\hat{V}$ 上の次数 1 の同型 $c_1$ を $c_1(u,v)=(v,u)$ によって定める．$c_1$ は自乗すると恒等写像になる．

**補題 12.23**

（1）　$V$ 上の実線形変換 $f$ に対して $\hat{V}$ 上の次数 1 の対称変換 $\hat{f}$ を

$$\hat{f}=\begin{pmatrix}0&f^*\\ f&0\end{pmatrix}$$

によって定めると，「$f$ が反対称であること」と「$\hat{f}$ と $c_1$ が反可換であること」とは同値である．

（2）　$\dim_{\mathbb{R}}V$ が偶数であるための 1 つの必要十分条件は，$c_1$ と反可換な次数 1 の対称変換 $\hat{f}\colon\hat{V}\to\hat{V}$ であって，同型であるものが存在することである．

［証明］　前半は明らかであろう．後半を示す．$\dim_{\mathbb{R}}\operatorname{Ker} f\equiv\dim_{\mathbb{R}}V \bmod 2$ に注意すると，$\hat{f}$ 従って $f$ が同型であれば $V$ が偶数次元である．逆に，$V$

が偶数次元であり，従って複素構造を許すときには，$f: V \to V$ として複素構造に対応する $f^2=-1$ をみたす直交変換をとれば，これが求める $\hat{f}$ を与えている．∎

Euclid 計量をもつ $\mathbb{Z}_2$ 次数付ベクトル空間 $\hat{V}$ から出発すると，上の補題を次のように言い換えることができる．

（1）　$\hat{V}$ 上には，次数 1 の直交変換 $c_1$ であって $c_1^2=1$ となるものが与えられていると仮定する．

（2）　また，次数 1 の対称変換 $\hat{f}$ であって $c_1$ とは反可換なもののホモトピー類 $[\hat{f}]$ が与えられていると仮定する．

（3）　この対象 $(\hat{V},[\hat{f}],c_1)$ において $\hat{f}$ は，ホモトピーで動かすといつでも 0 にできるので，本質的な情報ではない．

（4）　しかし，ホモトピーで動かすとき，$\hat{f}$ として同型写像をとれるかどうかは，$\dim_{\mathbb{R}} V=\dim_{\mathbb{R}} \hat{V}/2$ の偶奇と同等の情報を担っている．

次に，$V$ に複素ベクトル空間の構造が入る場合を考える．

$\dim_{\mathbb{C}} V \bmod 2$ を，$\hat{V}$ を用いて理解したい．$\hat{V}$ 上の次数 1 の同型 $c_1$ を $c_1(u,v)=(v,u)$ によって定める．また，$V$ の複素構造 $J: V \to V$ を用いて $\hat{V}$ 上の次数 1 の同型 $c_2$ を $c_2(u,v)=(-Jv,Ju)$ によって定める．すると，$c_1, c_2$ は

$$c_1^2=c_2^2=1, \quad c_1c_2+c_2c_1=0$$

をみたす．

**補題 12.24**

（1）　$V$ 上の実線形変換 $f$ に対して $\hat{V}$ 上の次数 1 の対称変換 $\hat{f}$ を

$$\hat{f}=\begin{pmatrix} 0 & f^* \\ f & 0 \end{pmatrix}$$

によって定めると，「$f$ が反線形であり，しかも，対応する $V$ 上の複素双線形写像が反対称であること」と「$\hat{f}$ と $c_1, c_2$ が反可換であること」とは同値である．

（2）　$\dim_{\mathbb{C}} V$ が偶数であるための 1 つの必要十分条件は，$c_1, c_2$ と反可換な次数 1 の対称変換 $\hat{f}: \hat{V} \to \hat{V}$ であって，同型であるものが存在することである．

[証明]　前半は形式的な言い換えである．後半を示す．$\dim_{\mathbb{C}} \operatorname{Ker} f \equiv \dim_{\mathbb{C}} V \bmod 2$ に注意すると，$\hat{f}$ 従って $f$ が同型であれば $V$ の複素次元は偶数である．逆に，$V$ の複素次元が偶数であり，従って四元数体 $\mathbb{H}$ 上のベクトル空間の構造を許すときには，$f\colon V \to V$ として $j \in \mathbb{H}$ の掛け算に対応する直交変換をとれば，これが求める $\hat{f}$ を与えている． ∎

Euclid 計量をもつ $\mathbb{Z}_2$ 次数付ベクトル空間 $\hat{V}$ から出発すると，上の補題を次のように言い換えることができる．

（1）　$\hat{V}$ には，次数 1 の直交変換 $c_1, c_2$ であって $c_1^2 = c_2^2 = 1$, $c_1c_2 + c_2c_1 = 0$ となるものが与えられていると仮定する．

（2）　さらに，次数 1 の対称変換 $\hat{f}$ であって $c_1, c_2$ とは反可換なもののホモトピー類 $[\hat{f}]$ が与えられていると仮定する．

（3）　この対象 $(\hat{V}, [\hat{f}], c_1, c_2)$ において $\hat{f}$ は，ホモトピーで動かすといつでも 0 にできるので，本質的な情報ではない．

（4）　しかし，ホモトピーで動かすとき，$\hat{f}$ として同型写像をとれるかどうかは，$\dim_{\mathbb{C}} V = \dim_{\mathbb{R}} \hat{V}/4$ の偶奇と同等の情報を担っている．

以上をまとめると，$\mathbb{Z}_2$ 次数付の実ベクトル空間 $\hat{V}$ 上に付加的な構造として($V$ が実ベクトル空間のときには $p=1$ に対し，また $V$ が複素ベクトル空間のときには $p=2$ に対して)次数 1 の直交変換 $c_k$ $(1 \leqq k \leqq p)$ であって，$c_k^2 = 1$, $c_kc_l + c_lc_k = 0$ $(k \neq l)$ をみたすものが与えられているのが定式化のための基本的な設定である．これは Clifford 代数の作用に他ならない．ただし，§2.3 の定義 2.9 で与えられる Clifford 代数とは，関係式の符号が異なる．複素数体上で考えるのならば，$c_k$ のかわりに $ic_k$ を考えれば，符号の違いは重要ではない．しかし，今のように実数体上で考える場合は，この違いは本質的である．

### (b)　不定符号計量に対する Clifford 代数

Clifford 代数の関係式の符号の違いは，Clifford 代数を構成するもとになる二次形式の符号の違いと理解することができる．

**定義 12.25**

（1） $p+q$ 次元 Euclid 空間に，次の非退化二次形式

$$Q(x_1,x_2,\cdots,x_p,y_1,y_2,\cdots,y_q)=(x_1^2+x_2^2+\cdots+x_p^2)-(y_1^2+y_2^2+\cdots+y_q^2)$$

を付与したものを，$\mathbb{R}^{p,q}$ とおく．

（2） $\mathbb{R}^{p,q}$ 上の Clifford 代数 $Cl(\mathbb{R}^{p,q})$ とは，$\mathbb{R}^{p,q}$ から生成され，以下の関係式をもつ最も一般的な $\mathbb{R}$ 上の代数である: $\mathbb{R}^{p,q}$ の要素 $u,v$ に対して，

$$uv+vu=-Q(u+v)+Q(u)+Q(v).$$ □

特に $Cl(\mathbb{R}^{p,0})$ は，定義 2.9 で定義され，これまで用いてきた $Cl(\mathbb{R}^p)$ と一致している．

**定義 12.26**　$Cl(\mathbb{R}^{p,q})$ の $\mathbb{Z}_2$ 次数付直交表現とは，Euclid 計量をもつ $\mathbb{Z}_2$ 次数付実ベクトル空間 $R$ と $\mathbb{R}$ 代数としての準同型 $c_R\colon Cl(\mathbb{R}^{p,q})\to \mathrm{End}_{\mathbb{R}} R$ の組であって，$\mathbb{R}^{p,0}\subset\mathbb{R}^{p,q}$ の各要素 $u$ に対しては $c_R(u)$ が次数 1 の反対称写像であり，$\mathbb{R}^{0,q}\subset\mathbb{R}^{p,q}$ の各要素 $v$ に対しては $c_R(v)$ が次数 1 の対称写像であるもののことである． □

この定義を一般化し，$E$ が $X$ 上のベクトル束であり，各ファイバーに不定符号の計量が入っているものであるとき，$Cl(E)$ および $Cl(E)$ の $\mathbb{Z}_2$ 次数加群の概念を定義することができる．さらに $KO(X,Cl(E))$ の定義も，正定値の場合と平行して行うことができる．

**注意 12.27**　$Cl(\mathbb{R}^{p,q})$ と $Cl(\mathbb{R}^{p+q})$ とは，複素化すれば $\mathbb{Z}_2$ 次数付代数として同型である．従って，両者の複素表現は本質的に同じ対象である．両者の差は，実数上の表現を考えるときに現われる．

補題 12.23, 12.24 は，$KO$ を用いると次のように言い直すことができる．

**補題 12.28**

$$KO(\mathrm{pt},Cl(\mathbb{R}^{0,1}))\xrightarrow{\cong}\mathbb{Z}_2,\qquad [E]=[E^0\oplus E^1]\mapsto \dim_{\mathbb{R}}E^0 \bmod 2,$$

$$KO(\mathrm{pt},Cl(\mathbb{R}^{0,2}))\xrightarrow{\cong}\mathbb{Z}_2,\qquad [E]=[E^0\oplus E^1]\mapsto \frac{1}{2}\dim_{\mathbb{R}}E^0 \bmod 2.$$ □

例を与える．

**例 12.29**　$R=\bigwedge^{\bullet}\mathbb{R}^p$ は，次のように $Cl(\mathbb{R}^{p,p})$ の $\mathbb{Z}_2$ 次数付直交表現の構造をもつ: $u\in\mathbb{R}^{p,0}\cong\mathbb{R}^p$ および $v\in\mathbb{R}^{0,p}\cong\mathbb{R}^p$ に対して

$$c_R(u) = u^\wedge - u^\lrcorner, \quad c_R(v) = v^\wedge + v^\lrcorner$$

と定義すればよい. □

**例 12.30**　$\Delta(\mathbb{R}^{8k+2})$ を $Cl(\mathbb{R}^{8k+2,0})$ 上のスピノル表現とする. このとき, $\Delta(\mathbb{R}^{8k+2})$ を実ベクトル空間とみなすと, 与えられた $Cl(\mathbb{R}^{8k+2,0})$ 作用を拡張することによって, これを $Cl(\mathbb{R}^{8k+2,2})$ の $\mathbb{Z}_2$ 次数付直交表現とみなすことができる.

まず, $k=0$ の場合には, $\bigwedge^\bullet \mathbb{R}^2$ が $\Delta\mathbb{R}^2$ と同型であることから(いずれも実次元が4である)例 12.29 によってこれは $Cl(\mathbb{R}^{2,2})$ 加群となる.

一般の場合は演習問題とする. □

**演習問題 12.31**　$k>0$ の場合を次の順序で考察せよ.

(1)　$\mathbb{Z}_2$ 次数付既約ユニタリ表現の分類(定理 2.15(1))により, $\Delta(\mathbb{R}^{8k+2})$ の複素共役は $\Delta(\mathbb{R}^{8k+2})$ の次数の偶奇を入れ換えたものと同型である.

(2)　この次数1の反線形自己同型写像を $c_1$ とおくと, $c_1$ は絶対値1の複素数の定数倍を除いて一意である. $c_1^2=1$ を示せばよい. ($c_2 := \epsilon c_1$ とおけばよい.)

(3)　$\Delta(\mathbb{R}^{8k+2})$ は $\Delta(\mathbb{R}^2)$ を $4k+1$ 個テンソルしたものと同型である.

(4)　考察を $\Delta(\mathbb{R}^2)$ の場合に帰着せよ. □

**例 12.32**　$\Delta(\mathbb{R}^{8k+1})$ を $Cl(\mathbb{R}^{8k+1,0})$ 上のスピノル表現とする. このとき, $\Delta(\mathbb{R}^{8k+1})$ を実ベクトル空間とみなすと, 与えられた $Cl(\mathbb{R}^{8k+1,0})$ 作用を拡張することによって, これを $Cl(\mathbb{R}^{8k+1,1})$ の $\mathbb{Z}_2$ 次数付直交表現とみなすことができる.

まず, $k=0$ の場合には, $\bigwedge^\bullet \mathbb{R}^1$ が $\Delta\mathbb{R}^1$ と同型であることから(いずれも実次元が2である)例 12.29 によってこれは $Cl(\mathbb{R}^{1,1})$ 加群となる.

一般の場合には, $\Delta(\mathbb{R}^{8k+1}) = \Delta(\mathbb{R}^{8k+2})^0$ を利用して例 12.29 に帰着することができる. (詳細は読者に委ねる.) □

### (c)　Clifford 代数作用付の指数定理

次の定理は, これまでの議論と全く平行して示される.

**定理 12.33**　多様体 $X$ に対して解析的指数

$$\mathrm{ind}^{p,q}\colon KO_c(X, Cl(TX\oplus\mathbb{R}^{p,q}))\to KO(\mathrm{pt}, Cl(\mathbb{R}^{p,q}))$$

と位相的な指数が定義され，両者は一致する． □

実際に，解析的指数と位相的指数を別々に同定してそれが等しいとおいて幾何学的な帰結を得ることは一般には難しい．しかし，指数のもつ性質を利用して，幾何学的な帰結を得ることはなおも可能である．

**$4k+1$ 次元多様体**　$4k+1$ 次元の向き付けられた閉多様体 $X$ に対して，写像

$$KO(X, Cl(TX))\to KO(X, Cl(TX\oplus\mathbb{R}^{0,1}))$$

を次のように構成することができる．

まず簡単のため，$W$ を任意の $\mathbb{Z}_2$ 次数付 $Cl(TX)$ 加群とする．$X$ は奇数次元なので，$TX$ の体積要素 vol は $W$ 上に次数 1 で作用し，$Cl(TX)$ の作用と可換である．また，$n=4k+1$ とすると

$$\mathrm{vol}^2=(-1)^{n(n+1)/2}=-1$$

である．よって $c=\epsilon\mathrm{vol}$ とおくと，$c$ は $Cl(TX)$ の作用と反可換であり，

$$c\epsilon+\epsilon c=0,\quad c^2=1$$

をみたす．よって，$c$ の作用を別に立てることにより，$W$ は $\mathbb{Z}_2$ 次数付 $Cl(TX\oplus\mathbb{R}^{0,1})$ 加群の構造をもつ．

$W$ が大域的に $\mathbb{Z}_2$ 次数付 $Cl(TX)$ 加群の構造をもたず，$KO(X, Cl(TX))$ の要素であるときにも，同様の議論が成立する．

特に，de Rham 複体に対応する $KO(X, Cl(TX))$ の要素がある．この要素から，$KO(X, Cl(TX\oplus\mathbb{R}^{0,1}))$ の要素がつくられることになる．その指数は $KO(\mathrm{pt},\mathbb{R}^{0,1})\cong\mathbb{Z}_2$ の要素である．具体的には Kervaire 準特性数(Kervaire semicharacteristic)とよばれる $\mathbb{Z}_2$ 値の不変量

$$k(X):=\sum_p H^{2p}(X)\mod 2$$

と一致する．(定義によって確かめよ．)

**$8k+2$ 次元スピン多様体**　$X$ がスピン $8k+2$ 次元閉多様体であるとき，例 12.29 によって，$X$ のスピノル束 $S$ は $KO(X, Cl(TX\oplus\mathbb{R}^{0,2}))$ の要素を定める．これから

$$\mathrm{ind}^{0,2} S \in KO(\mathrm{pt}, \mathbb{R}^{0,2}) \cong \mathbb{Z}_2$$

が定義される．具体的には定義を振り返ると，Dirac 作用素 $D_S$ を用いて

$$\mathrm{ind}^{0,2} S \equiv \dim_{\mathbb{C}} \mathrm{Ker}\, D_S \mod 2$$

と定義される．

§4.3 の Riemann 面のスピン構造の mod 2 指数とは，これの $8k+2=2$ の場合である．

**8$k$+1 次元スピン多様体**　$X$ がスピン $8k+1$ 次元閉多様体であるとき，例 12.32 によって，$X$ のスピノル束 $S$ は $KO(X, Cl(TX \oplus \mathbb{R}^{0,1}))$ の要素を定める．これから

$$\mathrm{ind}^{0,1} S \in KO(\mathrm{pt}, \mathbb{R}^{0,1}) \cong \mathbb{Z}_2$$

が定義される．具体的には定義を振り返ると，Dirac 作用素 $D_S$ を用いて

$$\mathrm{ind}^{0,1} S \equiv \dim_{\mathbb{R}} \mathrm{Ker}\, D_S \mod 2$$

と定義される．

§1.3(d)の 1 次元多様体上の mod 2 指数とは，これの $8k+1=1$ の場合と本質的に同値である．

**同境不変性**　位相的指数に対して次の性質は §11.2 の議論と平行してただちに得られる．

**定理 12.34**（指数の同境不変性 IV）　閉多様体 $Y$ がコンパクト多様体 $X$ の境界として表わされているとき，

$$\begin{aligned} KO(X, Cl(TX \oplus \mathbb{R}^{n_+, n_- +1})) &\to KO(Y, Cl(TX|Y \oplus \mathbb{R}^{n_+, n_- +1})) \\ &\cong KO(Y, Cl(TY \oplus \mathbb{R}^{n_+ +1, n_- +1})) \\ &\to KO(\mathrm{pt}, Cl(\mathbb{R}^{n_+ +1, n_- +1})) \end{aligned}$$

の合成は 0 である．　□

すると，$8k+1, 8k+2$ 次元のスピン閉多様体に対する上の例は，$\mathbb{Z}_2$ に値をもつ**スピン同境不変量**を与えていることがわかる（§11.3(b)参照）．

### (d)　接束の部分束 II

§12.1 (d)では $\mathbb{Z}$ 値の指数に対して接束の部分束によって付与される構造

を考察した．$\mathbb{Z}_2$ 値の指数に対する同様の考察は，群作用と Clifford 代数作用を同時に考えることに相当する．この節では，Atiyah の "Vector Fields on Manifolds" [10] の内容をこのような立場から紹介する．

$X$ を $4k+1$ 次元閉多様体とする．de Rham 複体に対応する実 Clifford 加群 $W=\bigwedge^\bullet T^*X$ は，$\mathbb{Z}_2$ 次数付実 $Cl(TX\oplus TX)$ 加群の構造をもつのであった．しかも，この次元では体積要素の作用を考えると前項(c)に述べたように，さらに余分の対称性をもつ．これによって，$W$ は $\mathbb{Z}_2$ 次数付実 $Cl(TX\oplus TX\oplus\mathbb{R}^{0,1})$ 加群の構造をもつ．

$TX$ が階数 $r$ の向き付けられた部分束 $E$ をもつと仮定しよう．ただし $r$ は偶数とする．$E$ の体積要素 $\mathrm{vol}_E$ を $Cl(0\oplus TX\oplus\mathbb{R}^{0,1})$ の要素として $W$ に作用させると，$\mathrm{vol}_E$ は，$Cl(TX)$ の作用と可換であり，$(\mathrm{vol}_E)^2=(-1)^{r/2}$ をみたすのであった．

**$r\equiv 2 \bmod 4$ のとき**

$r\equiv 2 \bmod 4$ であれば $(\mathrm{vol}_E)^2=-1$ となる．このとき $W$ 上に巡回群 $\mathbb{Z}_4$ の作用を $\mathbb{Z}_4$ の生成元 $g_0$ に対して $g_0(\alpha):=\mathrm{vol}_E\alpha$ によって定義すると，$W$ は $\mathbb{Z}_4$ 同変な $\mathbb{Z}_2$ 次数付実 $Cl(TX\oplus\mathbb{R}^{0,1})$ 加群の構造をもつ．群作用と Clifford 代数の作用を同時に考えることは容易であり，$W$ の指数は $KO_{\mathbb{Z}_4}(\mathrm{pt},Cl(\mathbb{R}^{0,1}))$ の要素となる．正式には $KO$ のこのような変種は定義していないが，その定義の仕方は明らかであろう．すなわち $W$ の指数 $\mathrm{ind}^{0,1}_{\mathbb{Z}_4}W$ の代表元 $E=E^0\oplus E^1$ は，$\mathbb{Z}_4$ と $Cl(\mathbb{R}^{0,1})$ とが同時に可換な作用をする $\mathbb{Z}_2$ 次数付実ベクトル空間である．$W$ 上で $g_0^2=-1$ であったから，$E$ 上でも $g_0^2=-1$ である．すなわち，$E^0,E^1$ は複素ベクトル空間の構造をもつ．従って $\mathbb{Z}_4$ 作用を忘れる写像

$$KO_{\mathbb{Z}_4}(\mathrm{pt},Cl(\mathbb{R}^{0,1}))\to KO(\mathrm{pt},Cl(\mathbb{R}^{0,1}))$$

による $\mathrm{ind}^{0,1}_{\mathbb{Z}_4}W$ の像 $k(X)=\dim_{\mathbb{R}}E^0 \bmod 2$ は，0 となる．以上で次の定理が得られた．

**定理 12.35**（Atiyah）　$4k+1$ 次元閉多様体 $X$ の接束が階数 $r$ の向き付けられた部分束をもつとする．もし $r\equiv 2 \bmod 4$ であれば，$\sum_p \dim_{\mathbb{R}} H^{2p}(X)$ は

偶数である. □

**$r\equiv 0 \mod 4$ のとき**

$r\equiv 0 \mod 4$ であれば $(\mathrm{vol}_E)^2=1$ であり，$W$ 上に巡回群 $\mathbb{Z}_2$ の作用を $\mathbb{Z}_2$ の生成元 $g_0$ に対して $g_0(\alpha):=\mathrm{vol}_E\alpha$ によって定義できた．従って，その指数 $\mathrm{ind}^{0,1}_{\mathbb{Z}_2}W$ が $KO_{\mathbb{Z}_2}(\mathrm{pt}, Cl(\mathbb{R}^{0,1}))$ の要素として定義される．$g_0$ の作用による固有分解から

$$KO_{\mathbb{Z}_2}(\mathrm{pt}, Cl(\mathbb{R}^{0,1}))\cong KO(\mathrm{pt}, Cl(\mathbb{R}^{0,1}))\oplus KO(\mathrm{pt}, Cl(\mathbb{R}^{0,1}))\cong \mathbb{Z}_2\oplus\mathbb{Z}_2$$

と分解することができる．$\mathrm{ind}^{0,1}_{\mathbb{Z}_2}W$ の各々の成分を $a_+(E)$, $a_-(E)\in\mathbb{Z}_2$ とおくと，これらは部分束 $E$ のホモトピー類の不変量である．群作用を忘れると関係式

$$a_+(E)+a_-(E)=k(X)\in\mathbb{Z}_2$$

が得られるので，両者は独立ではない．

$E$ の向きを変えたものを $-E$ とおくと，$-E$ に対する $g_0$ は $E$ に対する $g_0$ の符号を変えたものであるから

$$a_+(-E)=a_-(E),\quad a_-(-E)=a_-(E)$$

が成立する．これから応用として次の定理が得られる．

**定理 12.36** (Atiyah)　$4k+1$ 次元閉多様体 $X$ の接束が階数 $r$ の向き付けられた部分束 $E$ をもつとする．もし $r\equiv 0 \mod 4$ であり，$\sum_p \dim_{\mathbb{R}} H^{2p}(X)$ が奇数であれば，$E$ と $-E$ とは $TX$ の部分束のままホモトピーによって移り合うことは不可能である． □

## (e)　*KO* 群の Thom 同型

$\mathbb{R}^p$ 上の超対称調和振動子の構成は，$\bigwedge^\bullet\mathbb{R}^p$ が $Cl(\mathbb{R}^{p,p})$ の $\mathbb{Z}_2$ 次数付直交表現であることに直接依存していた．

超対称調和振動子は，$K$ 理論において「単位」の役割を果たした．実は $KO$ 理論においてもそうである．すなわち，次の補題が成立する．

**補題 12.37**　$Cl(\mathbb{R}^{p,p})$ の任意の $\mathbb{Z}_2$ 次数付直交表現は，ある $\mathbb{Z}_2$ 次数付ベクトル空間 $E=E^0\oplus E^1$ に対して $\bigwedge^\bullet\mathbb{R}^p\otimes E$ と同型である．

[証明] 概略のみ述べる. 次数による帰納法から $Cl(\mathbb{R}^{p,p}) = \mathrm{End}(\bigwedge^{\bullet}\mathbb{R}^p)$ が示される. これから一般論によって $\mathbb{Z}_2$ 次数を忘れたとき, 既約表現は $\bigwedge^{\bullet}\mathbb{R}^p$ に限ることがわかる. $\mathbb{Z}_2$ 次数が 2 通り入るとすると, それらの $\epsilon$ の積は, $Cl(\mathbb{R}^{p,p})$ の作用と可換なので $\pm 1$ のいずれかである. これから $\mathbb{Z}_2$ 次数付既約表現がちょうど 2 通りあり, それらは次数の入れ換えによって対応していることがわかる. $Cl(\mathbb{R}^{p,p})$ の表現の完全可約性から求める命題が示される. ∎

これからただちに次の命題が得られる.

**命題 12.38** $T$ を $X$ 上の Euclid 計量をもつ実ベクトル束とする. $\bigwedge^{\bullet}T$ をテンソルによって同型

$$KO(X) \xrightarrow{\cong} KO(X, Cl(T \oplus T))$$

が得られる. ただし, 左成分の $T$ には Euclid 計量から決まる非退化二次形式を入れ, 右成分の $T$ にはそれの符号を変えた非退化二次形式を入れておく. 同様の同型が $KO_c$ および局所係数付の場合に対しても成立する. □

混乱を避けるため, $T$ に符号を変えた負定値二次形式を付与したものを $T^-$ とおく. すなわち, 上で $T \oplus T$ と書いていたものを $T \oplus T^-$ と書くことにする. $p\colon T^- \to X$ を射影とする. $X$ が閉多様体のとき, $T$ のファイバーに沿って指数をとる写像

$$\mathrm{ind}\colon KO_c(T^-, Cl(p^*T \oplus p^*T^-)) \to KO(X, Cl(T^-))$$

が定義され, 同型になることが, 第 10 章と平行した議論からわかる. 一方, 上の命題によって, $KO_c(T^-, Cl(p^*T \oplus p^*T^-)) \cong KO_c(T^-)$ である. これから定理 10.34 の $KO$ 版

$$KO_c(T^-) \cong KO(X, Cl(T^-))$$

がただちに得られる.

**注意 12.39**

(1) 第 10 章では, 定理 10.34 は, いくつかの等式の組み合わせによって示した. しかし, 理論的には, $KO$ 群の Thom 同型を上の道筋によって示すことがもっとも直接的である.

(2) $T \oplus T'$ は階数が 8 の倍数でありスピン構造をもつとする. $T$ に正定値, $T'$ に負定値の計量を入れるとき

$$KO(X, Cl(T')) \cong KO(X, Cl(T))$$

が成立する．実際，両辺共に $KO(X, Cl(T \oplus T^- \oplus T'))$ と同型である．

## §12.3　楕円型作用素の族に対する指数定理

族に対する指数は，Bott 周期性をはじめ，$K$ 群に対する考察の基礎となっていた．§9.3(b)において族の指数の例をいくつかあげた．この節では，族の指数に対する指数定理を述べる．

第10章の考察において，すでに族に対する指数は位相的データのみに依存することは明らかである．ここでは，族の指数を特性類を用いて表示する公式を述べておく．

$X, Z$ を多様体，$\tilde{X}$ を $Z$ 上の $X$ をファイバーとするファイバー束とする．$\tilde{X}$ のファイバーに沿った接束を $T_{\mathrm{fiber}}\tilde{X}$ と書いたことを思い出す．族の指数は写像

$$\mathrm{ind}:\ K_c(\tilde{X}, Cl(T_{\mathrm{fiber}}\tilde{X})) \to K_c(Z)$$

として定式化された．ind の定義域の要素 $[\tilde{\mathcal{W}}]$ に対して，次の公式が成立する．

**定理 12.40** (Atiyah–Singer)

(1)

$$\mathrm{ch}(\mathrm{ind}[\tilde{\mathcal{W}}]) = \int_{T_{\mathrm{fiber}}\tilde{X} \to Z} \mathrm{ch}([\tilde{\mathcal{W}}], Cl(T_{\mathrm{fiber}}\tilde{X}))\, \mathrm{td}(T_{\mathrm{fiber}}\tilde{X} \otimes \mathbb{C}).$$

(2)　特に $T_{\mathrm{fiber}}\tilde{X}$ が向き付けられ偶数次元であるとき，次式が成立する．

$$\mathrm{ch}(\mathrm{ind}[\tilde{\mathcal{W}}]) = \int_{\tilde{X} \to Z} \mathrm{ch}([\tilde{\mathcal{W}}]/Cl(T_{\mathrm{fiber}}\tilde{X}))\hat{\mathcal{A}}(T_{\mathrm{fiber}}\tilde{X}).$$

□

基本的に第9章の議論と平行した証明であるので，概略のみ述べる．

[証明]　形式的には単一の Dirac 型作用素に対する指数の公式と同一の形をしていることに注意する．ただ，左辺の指数と右辺の積分とが共に数ではなく，$Z$ の de Rham コホモロジー群の要素を与えていることが違いである．

第6章の議論と平行した議論が適用できることを思い出す．切除定理を用

いると，一般性を失わずに $X, Z$ が共にコンパクト多様体から境界を除いた内部であると仮定できる．このとき，十分大きな自然数 $N$ に対して，埋め込み $\tilde{X} \to Z \times \mathbb{R}^N$ であって，$Z$ への射影と可換であるものが存在する．第6章の議論をこの枠組みで遂行すると，$\tilde{X}$ 上のペアの指数の計算が $Z \times \mathbb{R}^N$ 上のペアの指数の計算に帰着する．

次に第9章の議論を用いると，上の公式を $Z \times \mathbb{R}^N$ 上のペアに対して示すことに帰着する．(むしろ，そうなるべく上の公式の右辺は定められていた．)

第9章の残りの議論を今の場合に適用すると次のようになる：超対称調和振動子をテンソルする写像 $K(Z) \to K(Z \times \mathbb{R}^N, Cl(\mathbb{R}^N))$ の像に対して上の公式は直接示すことができる．Thom 同型定理は，この写像が同型であることを保証する． ∎

定理 12.40 を用いた計算例は第13章(§13.2(c)，§13.3(b))において紹介する．

**注意 12.41**

(1) $Z$ を多様体と仮定した理由は，本書がコホモロジー理論として de Rham コホモロジーを採用したからである．$\mathbb{Q}$ 係数の特異コホモロジーを用いれば，$Z$ をたとえば局所コンパクト Hausdorff 空間としてかまわない．

(2) それに対して $\tilde{X}$ のファイバー方向には多様体の構造が入っている必要がある．(しかし，切除定理を考慮すると，全空間 $\tilde{X}$ は必ずしもファイバー束でなくてもよい[*3].)

## 《要約》

**12.1** 指数と指数定理の変種を3種類あげた．

**12.2** 群作用がある場合．Lefschetz 公式により，固定点のなす部分多様体の考察に帰着させることができる．

**12.3** Clifford 代数の作用がある場合．群作用がある場合と平行に扱うことができる．さらに，両者の作用が同時にある場合も扱うことができる．

---

*3 だが，そのような一般化にはよい応用が(今のところ)見当たらない．

**12.4**　族の場合．指数を特性類のレベルで与える公式が，族でない単一のDirac型作用素の場合と平行して与えられる．

# 13 指数定理の応用例

指数定理の応用例として，次のものを紹介する.

（1） $K$ コホモロジーと de Rham コホモロジーの比較によって得られる整数性定理.

（2） Riemann 面上の Dolbeault 作用素の族の指数定理の適用例.

（3） 指数定理を，正のスカラー曲率をもつ Riemann 計量に対する消滅定理と合わせて使う議論.

## §13.1 整数性定理とその応用

閉多様体 $X$ に対して，最も基本的な指数

$$\mathrm{ind}\colon K(X, Cl(TX)) \to \mathbb{Z}$$

を考える．この指数の値は整数になる．一方，指数定理によって，この値は特性類を用いて表示することができる．特性類による表示が整数になることは，それ自体が非自明な主張となる．特に，$X$ が $Spin^c$ である場合にこの整数性定理を述べると，次のようになる.

**命題 13.1**（整数性定理） 閉多様体 $X$ が $Spin^c$ 構造をもつとき，$X$ 上の任意の複素ベクトル束 $E$ に対して

$$\int_X \mathrm{ch}(E)\,\mathrm{td}(TX)$$

は整数である. □

整数性定理は，$K$ 理論の Thom 同型を de Rham コホモロジーによって表示することによって得られる．論理的には必ずしも，$K$ 理論の Thom 同型と Dirac 型作用素の指数との関係を用いる必要はない.

### (a) 球面上の複素構造

上の命題の応用を述べよう．$2m$ 次元球面 $S^{2m}$ はスピン構造をもつ．$TS^{2m}$ は，自明な実直線束を直和すると自明な実ベクトル束になるので，$TS^{2m}$ の Pontrjagin 類はすべて消える．よって $\mathrm{td}(TS^{2m})=\hat{A}(TS^{2m})=1$ である．従って，上の命題から，$S^{2m}$ 上の複素ベクトル束 $E$ に対して，

$$\int_{S^{2m}} \mathrm{ch}(E)$$

は必ず整数になる．これは Bott の周期性定理の帰結としても直接得られる式であった.

特に，$E$ の階数が $m$ であるときにこれを計算してみよう．Newton の公式を思い出す:

$$\sum_{k=0}^{m} c_k = \prod_{l=1}^{m}(1+x_l)$$

とおくと，各 $x_l$ は

$$\sum_{k=0}^{m}(-1)^k c_k x_l^{m-k} = 0$$

をみたす．これをすべての $x_l$ について加え，

$$\mathrm{ch}_{m-k} = \frac{1}{(m-k)!}\sum_{l=1}^{m} x_l^{m-k}$$

を代入すると，

$$\sum_{k=0}^{m}(-1)^k (m-k)!\, c_k \mathrm{ch}_{m-k} = 0$$

を得る．これから，階数 $m$ の複素ベクトル束 $E$ に対して

$$\sum_{k=0}^{m}(-1)^k(m-k)!\,c_k(E)\,\mathrm{ch}_{m-k}(E)=0$$

を得る．$S^{2m}$ の上では

$$m!\,\mathrm{ch}_m(E)+(-1)^m c_m(E)\,\mathrm{ch}_0(E)=0$$

となる．ここで，$E$ の階数が $m$ なので $\mathrm{ch}(E)=m$，$c_m(E)=e(E)$ が成立しており，代入すると

$$\mathrm{ch}_m(E)=(-1)^{m+1}\frac{1}{(m-1)!}e(E)$$

を得る．すなわち，$e(E)$ の積分は，必ず $(m-1)!$ で割り切れる．

これを利用して，$S^{2m}$ が複素構造をもつような $m$ の可能性について考察することができる．もし複素構造をもてば，$E=TS^{2m}$ は階数 $m$ の複素ベクトル束であり，$e(E)=e(TS^{2m})$ の積分は $\chi(S^{2m})=2$ に等しい．従って，$2/(m-1)!$ は整数でなくてはならない．これは，$m=1,2,3$ を意味している．すなわち，偶数次元の球面で，複素構造をもつ可能性があるものは，$S^2, S^4, S^6$ に限る．

**注意 13.2**　$S^2$ に複素構造が入ることはすぐにわかる．$TS^4$ には複素ベクトル束の構造が入らず，従って $S^4$ には複素構造が入らないことがわかる(下の演習問題参照)．一方，$TS^6$ には複素ベクトル束の構造が入ることが知られている．しかし，$S^6$ に複素構造が入るかどうかは未解決問題である．

**演習問題 13.3**　$TS^4$ が複素ベクトル束の構造をもたないことを示せ．(ヒント：背理法を用い，公式 $p_1(E)=c_1(E)^2-2c_2(E)$ の両辺を $E=TS^4$ に対して計算せよ．)　□

### (b)　群作用があるとき

閉多様体 $X$ 上にコンパクト Lie 群 $G$ の作用があり，Dirac 型作用素 $D$ が $G$ 同変である場合には，指数 $\mathrm{ind}_G\,D$ は $G$ の表現環 $R(G)$ の要素として定義され，Lefschetz 公式によって計算された．この場合にも一種の整数性定理が成立する．

（1） $G$ の要素 $g$ の位数が有限であるとき $\mathrm{ind}_G D$ の指標 $\mathrm{ind}_g D$ は代数的整数である(実際，$g$ の位数が $m$ であるとき，1 の $m$ 乗根たちの整数係数一次結合として表わせる)．Lefschetz 公式は，$X^g$ の近傍の情報によって $\mathrm{ind}_g D$ が決定されることを意味している．従って，$\mathrm{ind}_g D$ が代数的整数であることは，$X^g$ の近傍の幾何学的な情報に翻訳される．

（2） さらに，すべての $g$ に対して Lefschetz 公式を用いると $\mathrm{ind}_G D$ が計算できるが，これが実際に $R(G)$ の要素になっていることは，やはり自明でない幾何学的情報に翻訳される．

(1)よりも(2)の方が徹底した方法である．(2)については第14章で例を示す．ここでは(1)の性質を用いた例をあげる．

$\mathbb{C}^n$ には $U(1)^n$ が対角的に作用する．この作用は $\mathbb{CP}^{n-1}$ への作用に落ちる．$U(1)^n$ の位数 $m$ の巡回部分群 $G$ と，$\mathbb{CP}^{n-1}$ 上の $G$ 同変な複素直線束 $L$ が与えられたとしよう．$G$ の1つの生成元を $g_0$ とする．

$g_0=(t_1,t_2,\cdots,t_n)$ と書くとき，成分 $t_1,t_2,\cdots,t_n$ が全部異なると仮定する．このとき，$g_0$ による固定点は

$$\begin{aligned} p_1 &:= [1,0,\cdots,0,0] \\ p_2 &:= [0,1,\cdots,0,0] \\ &\cdots\cdots \\ p_n &:= [0,0,\cdots,0,1] \end{aligned}$$

の $n$ 点である．$p_k$ 上の $L$ のファイバーには，$g_0$ は定数倍で作用する．この定数を $\zeta_k$ とおく．$\zeta_k$ は1の $m$ 乗根の1つである．これらの数 $\zeta_1,\zeta_2,\cdots,\zeta_n$ には，互いになんらかの制約条件があるのだろうか．それとも，1の $m$ 乗根を $n$ 個勝手にとって $\zeta_1,\zeta_2,\cdots,\zeta_n$ とおくとき，これを実現するような $G$ 同変複素直線束 $L$ は必ず存在するのだろうか．

$L$ を係数とする Dolbeault 作用素を $D_L$ とおき，$\mathrm{ind}_{g_0} D_L$ を Lefschetz 公式で求めてみる．定理4.43により，$X=\mathbb{CP}^{n-1}$ に対して

$$\mathrm{ind}_{g_0} D_L=\sum_{k=1}^n \frac{\sum_{l=0}^{n-1}(-1)^l \operatorname{trace}(g_0|\bigwedge^l(\overline{T^*_{\mathbb{C}}X})_{p_k}\otimes(L)_{p_k})}{\det(1-g_0|(TX)_{p_k})}$$

$$= \sum_{k=1}^{n} \frac{\det(1-g_0|(T_{\mathbb{C}}X)_{p_k} \operatorname{trace}(g_0|(L)_{p_k})}{\det(1-g_0|(T_{\mathbb{C}}X)_{p_k})\det(1-g_0|(\overline{T_{\mathbb{C}}X})_{p_k})}$$

$$= \sum_{k=1}^{n} \frac{\operatorname{trace}(g_0|(L)_{p_k})}{\det(1-g_0|(\overline{T_{\mathbb{C}}X})_{p_k})}$$

$$= \sum_{k=1}^{n} \frac{\zeta_k}{\prod_{s\neq k}\left(1-\dfrac{t_s}{t_k}\right)}.$$

この値は，代数的整数でなくてはならない．

たとえば $n=m=3$ のとき，$\omega=e^{2\pi i/3}$ に対して $g_0=(1,\omega,\omega^2)$ である場合を考えよう．このとき，上の式は

$$\frac{\zeta_1}{(1-\omega)(1-\omega^2)}+\frac{\zeta_2}{(1-\omega^{-1})(1-\omega)}+\frac{\zeta_3}{(1-\omega^{-1})(1-\omega^{-1})}=\frac{\zeta_1+\zeta_2+\zeta_3}{3}$$

となる．これが代数的整数であるためには，$\{\zeta_1,\zeta_2,\zeta_3\}$ は，$\{1,1,1\}$, $\{\omega,\omega,\omega\}$, $\{\omega^2,\omega^2,\omega^2\}$ あるいは $\{1,\omega,\omega^2\}$ のいずれかでなくてはならない．実際，たとえば，$\{\zeta_1,\zeta_2,\zeta_3\}$ がもし $\{1,1,\omega\}$ であったとすると，これは $\alpha:=(2+\omega)/3$ となるが，$\alpha$ のノルム $(2+\omega)(2+\omega^2)/9=1/3$ が有理整数ではないので $\alpha$ は代数的整数ではない．

**演習問題 13.4**　$L_0=\mathbb{CP}^2\times\mathbb{C}$ に対して適当に $G$ 作用の持ち上げを定義して，$(\zeta_1,\zeta_2,\zeta_3)$ が，$(1,1,1)$, $(\omega,\omega,\omega)$ あるいは $(\omega^2,\omega^2,\omega^2)$ となるようにできることを示せ．また，$\mathbb{CP}^2$ 上のトートロジカル直線束とその双対に対して適当に $G$ 作用の持ち上げを定義することにより，$\{\zeta_1,\zeta_2,\zeta_3\}$ が $\{1,\omega,\omega^2\}$ となるいかなる $(\zeta_1,\zeta_2,\zeta_3)$ もが実現できることを示せ．　□

**注意 13.5**

(1) $\mathbb{CP}^{n-1}$ 上の $G$ 同変複素直線束 $L$ のかわりに，階数の高い $G$ 同変ベクトル束に対しても同様の考察ができる．

(2) $G$ 同変複素直線束 $L$ の $p_k$ 上での $G$ 作用の可能性については Lefschetz 公式(あるいは同変 $K$ 理論)を用いずに，特異コホモロジーだけを用いた初等的なアプローチも可能である(次の演習問題参照)．

(3) しかし，階数の高い $G$ 同変ベクトル束に対しては，Lefschetz 公式(あるい

は同変 $K$ 理論の Thom 同型)から得られる情報は強力である．

**演習問題 13.6**　上の結果(と演習問題 13.4)は，$(\zeta_1,\zeta_2,\zeta_3)$ の可能性が 9 通りであることを意味している．このことを Lefschetz 公式を用いずに，次の方針で初等的に証明してみよ：$\mathbb{CP}^2$ の中で $p_1,p_2,p_3$ を中心とする $g_0$ 不変な開球体を $U_1,U_2,U_3$ とおく．これらは互いに交わらないようにとっておく．$\mathbb{CP}^2\backslash\{U_1,U_2,U_3\}$ を $g_0$ で生成される位数 3 の巡回群 $G$ で割ると，境界が 3 個の連結成分 $Y_k:=\partial U_k/G$ $(k=1,2,3)$ からなるコンパクト多様体 $X$ を得る．

(1)　$U_k$ 上の $G$ 不変な直線束の $G$ 同変な同型類と，$H^2(Y_k,\mathbb{Z})$ の要素とが一対一に対応することを示せ．

(2)　問題を，完全系列

$$H^2(X,\mathbb{Z})\to\bigoplus_{k=1}^{3}H^2(Y_k,\mathbb{Z})\to H^3(X,\coprod_k Y_k,\mathbb{Z})$$

における左の写像の像の決定(像が 9 個の要素からなること)に帰着せよ．

(3)　Poincaré 双対性によって，自然な写像 $H^2(Y_k,\mathbb{Z})\to H^3(X,\coprod_k Y_k,\mathbb{Z})$ は $H_1(Y_k,\mathbb{Z})\to H_1(X,\mathbb{Z})$ と書き換えられる．いずれの項も $\mathbb{Z}_3$ と同型であり，この自然な写像が同型写像であることを示せ．これを用いて，上の完全系列の右の写像の核が 9 個の要素からなることを見よ．　□

## (c)　Rochlin の定理

Rochlin の定理は 4 次元トポロジーの基本的な定理である．これは整数性定理の一種と考えることができる．

**定理 13.7** (Rochlin の定理)　4 次元閉多様体 $X$ がスピン多様体であるとき，$X$ の符号数 $\mathrm{sign}(X)$ は 16 で割り切れる．

[証明]　Hirzebruch の符号数定理により，

$$\mathrm{sign}(X)=\int_X L(X)=\frac{1}{3}\int_X p_1(X)$$

である．一方，スピン構造に対応する Dirac 型作用素 $D$ に対して，その指数は

$$\operatorname{ind} D = \int_X \hat{A}(X) = -\frac{1}{24}\int_X p_1(X)$$

である．比べると $\operatorname{sign}(X) = 8 \operatorname{ind} D$ であるから，$\operatorname{ind} D$ が偶数であることを示せばよい．

例2.19により，4次元多様体のスピン構造に対応するスピノル束のファイバーは四元数体上の(右側からの積に関する)ベクトル空間の構造をもつ．あるいは同じことであるが，大きさが1の四元数全体のなすコンパクトLie群を $Sp(1)$ とおくと，Clifford積は右側からの $Sp(1)$ 作用と可換である．Clifford積を主表象とする $\mathbb{Z}_2$ 次数が1の1階の微分作用素がDirac型作用素であった．Dirac型作用素をまず任意にとり，次にそれを $Sp(1)$ の作用による平均によって置き換える．すると，主表象は $Sp(1)$ の作用で不変なので再びDirac型作用素を得る．このDirac型作用素は，$Sp(1)$ の作用と可換である．従って，$\operatorname{Ker} D$ は，四元数体上のベクトル空間の構造をもつ．それを複素数体上のベクトル空間とみなすとき，次元は偶数である．$\mathbb{Z}_2$ 次数のいずれの成分においても次元は偶数であるから，それらの差の $\operatorname{ind} D$ も偶数である． ∎

**注意13.8**　微分可能多様体とは，その上で微分方程式を考察できるような舞台である．次の例は，Rochlinの定理が，微分可能性と本質的にかかわる結果であることを示している．

**例13.9**　整数を成分とする8次対称行列であって，

（1）　対角成分はすべて偶数，

（2）　行列式は1，

（3）　負定値(とくに，符号数は $-8$ である)

をみたすものは，共役を除いて一意に存在することが知られている．(1つの行列表示は $E_8$ とよばれるものである．)単連結な4次元スピン閉多様体 $X$ であって，交叉形式 $H^2(X,\mathbb{Z})\times H^2(X,\mathbb{Z})\to\mathbb{Z}$ が，この行列によって表示されるものは，Rochlinの定理によって存在しない．この非存在は，微分可能多様体の範疇における主張である．Freedmanによって，位相多様体の範疇で

は存在することが知られている. □

**注意 13.10**

(1) より一般に $8k+4$ 次元のスピン閉多様体に対して Dirac 作用素は無限次元四元数ベクトル空間の間の線形写像とみなされ，その指数は偶数になる.

(2) Rochlin の定理を，指数定理を用いずに証明することもできる. 指数定理の証明において，多様体の高次元 Euclid 空間への埋め込みを用いたことを思い出そう. 4 次元スピン閉多様体を Euclid 空間へ埋め込み，その埋め込みを直接位相的に調べることによって証明する方法が知られている(松本幸夫 [91], Kirby [75]).

(3) 一般に $8k+4$ 次元のスピン閉多様体の符号数が 16 で割り切れることが知られている. (Ochanine [112]. [65] も参照のこと.)

## §13.2 Riemann 面上の複素直線束の族

閉 Riemann 面上の階数 2 の正則ベクトル束がどんな複素直線束を正則部分ベクトル束としてもつか，という問題を考える. 最初に Riemann–Roch の定理の簡単な応用として，1 つの結果を導く(命題 13.12). 次に，族の指数定理*1を用いて，その結果を改良できることを説明する.

### (a) 単一の作用素の考察

$M$ を種数 $g$ の閉 Riemann 面，$F$ を $M$ 上の階数 2 の正則ベクトル束とする. $L$ が正則な複素直線束であって $\mathrm{ind}\, c_1(L)=d$ であるとき，Riemann–Roch の定理から

(13.1)
$$\dim H^{0,0}(\mathrm{Hom}(L,F))-\dim H^{0,1}(\mathrm{Hom}(L,F)) = \int c_1(F)-2d+2-2g$$

となる.

**演習問題 13.11**　複素直線束に対する Riemann–Roch の定理と指数の位

*1　この場合は Riemann–Roch–Grothendieck の定理である.

相不変性を用いてこれを示せ．（ヒント：複素直線束の直和を考えよ．）　□

まず，この等式から次の命題が得られることに注意しよう．

**命題 13.12**　$M$ が閉 Riemann 面，$F$ が $M$ 上の階数 2 の正則ベクトル束であるとき，$F$ は

$$\int c_1(L') \geqq \frac{1}{2}\int c_1(F) - g$$

をみたす正則部分直線束 $L'$ をもつ．

［証明］（13.1）の右辺が正になる最小の整数 $d$ を $d_0$ とおく．$L$ を $\int c_1(L) = d_0$ となる $M$ 上の任意の正則複素直線束とする．（たとえば自明な複素直線束を $M$ のある 1 点のまわりで「$d_0$ 回ひねる」ことによって構成される．）

（13.1）の左辺が正であるから，$\dim H^{0,0}(\mathrm{Hom}(L,F))$ は正になる．すなわち $L$ から $F$ への 0 でない正則準同型写像が存在する．この準同型の像の閉包を $L'$ とおく．$L'$ が $F$ の正則な部分直線束となることは演習問題として読者に委ねる（演習問題 13.13 参照）．この $L'$ が求める性質をもつことを示そう．

$d_0$ はその選び方から

$$\frac{1}{2}\int c_1(F) - g$$

を（もし整数でないときには）整数に切り上げた値に等しい．一方 $L$ から $L'$ への自明でない正則準同型が存在するので

$$\int c_1(L) \leqq \int c_1(L') = d_0$$

となる．両者をあわせると，求める不等式を得る．　■

**演習問題 13.13**　Riemann 面上の 2 つの正則ベクトル束 $F_0, F_1$ の間の正則な準同型 $f\colon F_0 \to F_1$ に対して，像 $f(F_0)$ の $F_1$ の中での閉包が $F_1$ の正則な部分ベクトル束になることを示せ．（ヒント：局所座標と Taylor 展開と行列の基本変形による標準形を用いよ．1 変数の収束ベキ級数環が単項イデアル整域であることに注意する．特に $L'$ が複素直線束である場合には議論はやさしい．）　□

次節との比較のため，命題13.12の証明を，背理法による証明として言い直しておこう．

（1） $d=\int c_1(L)$ がある不等式をみたすと仮定するとき，$\mathrm{Hom}(L,F)\neq 0$ となることを背理法で証明したい．

（2） $H^{0,1}(M,\mathrm{Hom}(L,F))$ の次元を $D$ とおく．

（3） 背理法の仮定によって $H^{0,0}(M,\mathrm{Hom}(L,F))=0$ であった．従って $\mathrm{Hom}(L,M)$ を係数とする Dolbeault 作用素の指数は $-D$ に等しい．

（4） すると Riemann–Roch の定理によって $D$ は $d$ を用いて表示される．

（5） よって $D\geqq 0$ は $d$ がある不等式をみたすことを意味している．

（6） この不等式が仮定の不等式と矛盾していることがわかり，命題13.12が証明される．

## (b) Dolbeault 作用素の族の考察

上の議論の中心は，$\int c_1(L)$ がある不等式をみたすとき，そのような任意の $L$ に対して $\mathrm{Hom}(L,F)\neq 0$ となることであった．

しかし議論を見直すと，結論を得るためには $\mathrm{Hom}(L,F)\neq 0$ である $L$ が少なくとも1つ存在すれば十分である．

このことに注意すると，上の評価は次のように改善できる．

**定理13.14** $M$ が閉 Riemann 面，$F$ が $M$ 上の階数2の正則ベクトル束であるとき，$F$ は

$$\deg L' \geqq \frac{1}{2}\int c_1(F)-\frac{1}{2}g$$

をみたす正則部分直線束 $L'$ をもつ． □

証明のためには，可能なすべての正則直線束 $L$ を一斉に考察する．すなわち，正則直線束の族に対し，族の指数定理を適用する．

［証明］ 背理法によって証明する．$F$ を $M$ 上の階数2の正則な複素ベクトル束とする．整数 $d$ を固定する．$\int c_1(L)=d$ をみたす任意の正則な複素直線束 $L$ に対して $H^{0,0}(M,\mathrm{Hom}(L,F))=0$ であると仮定し，$d$ がある不等式をみたすことを示すのが方針である．

$M$ 上の $\int c_1 = d$ をみたす正則な複素直線束の族であって，多様体 $J$ によってパラメータ表示されるものが1つ与えられたと仮定する．具体的には $M\times J$ 上の複素直線束 $\tilde{L}_d$ であって次の条件をみたすものが与えられたとする：$J$ の各点 $p$ に対して $M\times\{p\}$ への制限を $L_p$ とおくと，$L_p$ は $\int_M c_1(L_p) = d$ をみたし，正則構造が付与されている．

このとき，$\tilde{L}_d = \coprod_{p\in J} \mathrm{Hom}(L_p, F)$ を係数として $J$ でパラメータ表示される Dolbeault 作用素の族を考える．仮定によって $H^{0,0}(M, \mathrm{Hom}(L_p, F))$ は任意の $p$ に対して $0$ である．従って $H^{0,1}(M, \mathrm{Hom}(L_p, F))$ は常に次元が $D$ であり，$p\in J$ に連続的に依存するベクトル空間となる．このベクトル空間の族が作る $J$ 上のベクトル束を $E$ とおく．

すると，Dolbeault 作用素の族の指数は $K(J)$ の要素であり，$-[E]$ に等しい．族の指数の Chern 指標 ch は族の指数定理を用いて表示することができる．従って，$E$ の Chern 類を表示することができる．

実際に必要になるのは次の主張である．

**主張**　適当に族 $\tilde{L}_d$ を構成すると，上のように定義される $E$ の $g$ 次 Chern 類 $c_g(E)$ は $0$ でない．

この主張の証明は次節の補題 13.16 で行う．この主張をみたす族に対しては，$E$ の階数 $D$ は $g$ 以上でなくてはならない．すると，$D = -\int c_1(F) + 2d - 2 + 2g$ であるから不等式 $D \geqq g$ は

$$-\int c_1(F) + 2d - 2 + 2g \geqq g$$

となる．ここで，整数 $d_1$ を次の値

$$\frac{1}{2}\int c_1(F) - \frac{1}{2}g$$

の(もし整数でないときには)整数値への切り上げとして定義する．すると $d = d_1$ はこの不等式をみたさない．よって $d = d_1$ であれば矛盾が生じる．これは定理の成立を意味している．∎

**注意 13.15**

(1) 命題 13.12，定理 13.14 は，代数幾何の範疇で定式化することができる．

(2) この節では Riemann 面上の階数 2 のベクトル束の族であって，非常に特別なもの(複素直線束の族に帰着されるもの)を利用した．他の族に対して同様の議論を行うことも可能である．例: 安定ベクトル束の族の考察から，安定ベクトル束のモジュライ空間のコホモロジー環の情報が得られる(Mumford)．

(3) この節では Riemann 面を固定して，その上の正則ベクトル束の族を考察した．Riemann 面をも動かして，Riemann 面とその上の正則ベクトル束の組の族に対して同様の議論を行うこともできる．例: 種数 $g$ の Riemann 面の族において，接束に付随する Dolbeault 作用素の族の指数を $\alpha$ とすると，$1-\alpha$ は階数 $g$ の複素ベクトル束になる．従って，関係式 $c_{g+1}(1-\alpha)=0$ は，この族の位相的な性質を意味している．

(4) 代数幾何の範疇外における，平行した議論の例としては，[66], [19] があげられる．これらの論文では，この節と類似の存在定理と，消滅定理とを組み合わせることによって，正のスカラー曲率をもつ計量のなすモジュライ空間や，自己双対接続のなすモジュライ空間のトポロジーについての性質を導いている．

## (c) 族の指数の計算

上の証明中の主張を，本小節(c)と次の小節(d)で示す．族の構成は次の小節で行う．その族に対する族の指数の計算を本小節で行う．

以下，まず次小節で構成される族の性質を述べる．

$M$ が種数 $g$ の Riemann 面であるとき，$H^1(M)$ の基底 $\alpha_1, \beta_1, \alpha_2, \beta_2, \cdots, \alpha_g, \beta_g$ を

$$\int_M \alpha_k \alpha_l = \int_M \beta_k \beta_l = 0, \quad \int_M \alpha_k \beta_l = \delta_{kl}$$

となるようにとれる．ただし $\delta_{kl}$ は Kronecker のデルタである．

### $d=0$ の場合

$d=0$，すなわち $c_1=0$ である正則な複素直線束について述べる．

$J$ を $2g$ 次元トーラスとすると，次の小節の補題 13.18 から，$J$ によってパラメータ表示される次のような族が構成される: $M\times J$ 上の複素直線束 $\tilde{L}$ と $\tilde{L}$ 上の接続 $\tilde{A}$ であって，次の条件をみたすものが存在する．

（1）　$H^1(J)$ の適当な基底 $\check{\alpha}_1, \check{\beta}_1, \check{\alpha}_2, \check{\beta}_2, \cdots, \check{\alpha}_g, \check{\beta}_g$ をとると，

$$c_1(\tilde{L}) = \sum_{k=1}^{g} (\alpha_k \check{\alpha}_k + \beta_k \check{\beta}_k)$$

が成立する．

（2）　$J$ の任意の点 $p$ に対して，$\tilde{A}$ の $M \times \{p\}$ への制限は平坦である．

$\tilde{L}$ の $M \times \{p\}$ への制限には自然に正則ベクトル束の構造が入ることが次のようにわかる．一般に，複素多様体上の複素ベクトル束に平坦接続が与えられたとする．各点の近傍でこのベクトル束の局所自明化を水平な切断からなる基底によって与えておく．すると2つの局所自明化の間の変換は行列値関数として定数である．定数関数は正則関数であるから，このベクトル束には自然に正則ベクトル束としての構造が入る．

### 一般の $d$ の場合

次に $d$ を任意の整数として，$\int_M c_1 = d$ となる正則な複素直線束の族を構成したい．$d=0$ の場合には上のようにして $J$ でパラメータ表示される族が存在した．$\int_M c_1 = d$ となる正則な複素直線束 $L_d$ を任意に1つとる．$\pi_M$ を $M \times J$ から $M$ への射影とするとき，$M \times J$ 上の複素直線束

$$\tilde{L}_d := \tilde{L} \otimes \pi_M^* L_d$$

が，求める族を与え，これは再び $J$ によってパラメータ表示される[*2]．$H^2(M)$ の要素 $\gamma$ を $\int_M \gamma = 1$ となる生成元とすると，

$$c_1(\tilde{L}_d) = d\gamma + \sum_{k=1}^{g} (\alpha_k \check{\alpha}_k + \beta_k \check{\beta}_k)$$

である．ここで $\pi_M^* \alpha_k$ を $\alpha_k$ と書くなどの略記を行った．

### 族の指数定理の計算

$\tilde{L}_d$ を係数とし $J$ でパラメータ表示される Dolbeault 作用素の族の指数を計算する．

---

*2　実はすべての正則な複素直線束がこの族の中に現われることが，定理 13.14 の証明と同様の議論によって確かめられる．

$d_F := \int c_1(F)$ とおくと $c_1(F) = d_F\gamma$ である．$M$ の3次以上のコホモロジーは消えているので，$c_1(\tilde{L}_d)^3 = 0$ となることに注意すると，

$$
\begin{aligned}
&\mathrm{td}(T_{\mathbb{C}}M)\,\mathrm{ch}\left(\coprod_{p\in J}\mathrm{Hom}((\tilde{L}_d)_p, F)\right)\\
&= \mathrm{td}(T_{\mathbb{C}}M)\,\mathrm{ch}(\mathrm{Hom}(\tilde{L}_d, \pi_M^* F))\\
&= (1+(1-g)\gamma)\,\mathrm{ch}(F)e^{-c_1(\tilde{L}_d)}\\
&= (1+(1-g)\gamma)(2+d_F\gamma)\left(1-c_1(\tilde{L}_d)+\frac{1}{2}c_1(\tilde{L}_d)^2\right)\\
&= 2-2\sum_k(\alpha_k\check{\alpha}_k+\beta_k\check{\beta}_k)+\gamma(d_F-2d+2-2g-2\sum_k\check{\alpha}_k\check{\beta}_k)
\end{aligned}
$$

と計算される．これから，族の指数定理によって $\mathrm{ch}(E)$ を計算すると，

$$
\begin{aligned}
\mathrm{ch}(E) &= \mathrm{ch}\left(-\mathrm{ind}\,\bar{\partial}\left(\coprod_{p\in J}\mathrm{Hom}((\tilde{L}_d)_p, F)\right)\right)\\
&= -\int_M \mathrm{td}(T_{\mathbb{C}}M)\,\mathrm{ch}\left(\coprod_{p\in J}\mathrm{Hom}((\tilde{L}_d)_p, F)\right)\\
&= d_F-2d+2-2g-2\sum_k\check{\alpha}_k\check{\beta}_k\\
&= D+\omega
\end{aligned}
\tag{13.2}
$$

となる．ただし，$\omega = -2\sum\check{\alpha}_k\check{\beta}_k$ とおいた．

**補題 13.16**　上の記号のもとで，

$$
c(E) = e^\omega = \sum_i \frac{\omega^i}{i} \in H^\bullet(J)
$$

となる．特に

$$
c_g(E) = \frac{\omega^g}{g!} = (-2)^g\prod_{k=1}^{g}\check{\alpha}_k\check{\beta}_k
$$

は0でない．

［証明］　より一般に，複素ベクトル束 $F$ に対して

$$
c(F) = \exp\sum_{i=1}^{\infty}(-1)^{i-1}(i-1)!\,\mathrm{ch}_i(F)
$$

を示そう．ここで $\mathrm{ch}(F)$ を次数に分けて $\mathrm{ch}(F)=\mathrm{ch}_0(F)+\mathrm{ch}_1(F)+\cdots$ と書いた．$c(F)=1+(c_1(F)+c_2(F)+\cdots)$ を形式的ベキ級数 $\log(1+x)=x-x^2/2+\cdots$ に代入したものを $\log c(F)$ とおくと，上の式は

$$\log c(F)=\sum_{i=1}^{\infty}(-1)^{i-1}(i-1)!\,\mathrm{ch}_i(F)$$

と同値である．$F$ が複素直線束である場合には，$\mathrm{ch}_i(F)=c_1(F)^i/i!$ から直接確かめられる．一般の場合には分裂原理から従う． ∎

**演習問題 13.17** $D\geqq g$ のとき，$2g$ 次元トーラス $J$ の上の階数 $D$ の複素ベクトル束 $E$ であって，補題 13.16 の式をみたすものが存在することを示せ． □

## (d) 平坦 $U(1)$ 接続の族の構成

前小節で $d=0$ の場合に用いられた族の構成は，次の補題によって与えられる．

**補題 13.18** $X$ を第一 Betti 数が $m$ である多様体，$J$ を $m$ 次元トーラスとする．このとき $X\times J$ 上の Hermite 計量の入った複素直線束 $\tilde{L}$ と $\tilde{L}$ 上の計量を保つ接続 $\tilde{A}$ であって次の 2 つの条件をみたすものが存在する．

（1） $H^1(X,\mathbb{Z})$ のある基底(あるいは任意の基底) $\alpha_1,\alpha_2,\cdots,\alpha_m$ と $H^1(J)$ のある基底(あるいはそれに対して選ばれた適当な基底) $\check{\alpha}_1,\check{\alpha}_2,\cdots,\check{\alpha}_m$ をとると，

$$c_1(\tilde{L})=\sum_k\alpha_k\check{\alpha}_k\in H^1(X,\mathbb{Z})\otimes H^1(J,\mathbb{Z})\subset H^2(X\times J,\mathbb{Z})$$

が成立する．

（2） $J$ の各点 $p$ に対して，$\tilde{A}$ の $X\times\{p\}$ への制限は平坦である．

［証明］ まず，$X=S^1$ の場合を示す．$J$ を($X$ とは別の) $S^1$ とする．$X\times J=S^1\times S^1$ の上の複素直線束 $\tilde{L}$ であって，$\int c_1(\tilde{L})=1$ となるものをとり，任意に Hermite 計量を入れると条件(1)をみたしている．$\tilde{L}$ 上の任意の Hermite 接続を $\tilde{A}$ とおく．1 次元多様体上の接続は必ず平坦であるから，$\tilde{A}$ は条件(2)をもみたす．

次に$X$が高次元トーラス$T^m$である場合に示す．$X$が$S^1$の積であることに注意すると，次のことを示せば十分である：$X_1, X_2$に対して条件(1)，(2)をみたす$(J_1, \tilde{L}_1, \tilde{A}_1)$，$(J_2, \tilde{L}_2, \tilde{A}_2)$が存在するとき，直積$X = X_1 \times X_2$に対しても(1)，(2)をみたす$(J, \tilde{L}, \tilde{A})$が存在する．実際，$J = J_1 \times J_2$と射影$\pi_1\colon X \times J \to X_k \times J_k$ $(k = 1, 2)$による引き戻しを用いて$(\tilde{L}, \tilde{A}) = \pi_1^*(\tilde{L}_1, \tilde{A}_1) \otimes \pi_2^*(\tilde{L}_2, \tilde{A}_2)$とおけばよい．

最後に任意の$X$を考える．次元が$m = \dim H^1(X)$である高次元トーラス$T^m$に対しては，(1)，(2)をみたす$(J, \tilde{L}, \tilde{A})$が存在するのであった．次の事実を用いる：$X$から$T^m$への滑らかな写像$f$であって，誘導写像$H^1(T^m, \mathbb{Z}) \to H^1(X, \mathbb{Z})$が同型であるものが存在する．この事実を認めると，$X$に対しては$(J, (f \times \mathrm{id}_J)^*(\tilde{L}, \tilde{A}))$が(1)，(2)をみたす．

$H^1$の同型を誘導する$f$の存在は演習問題としておく． ∎

**演習問題 13.19**

（1）　多様体間の写像$f_1\colon X_1 \to Y_1$，$f_2\colon X_2 \to Y_2$が$H^1$の同型を誘導しているとする．$X_1, X_2$が同じ次元であり，向きが与えられているとき，連結和$X_1 \# X_2$から直積$Y_1 \times Y_2$への滑らかな写像であって$H^1$の同型を誘導するものが存在することを示せ．（有向閉曲面は有限個のトーラスの連結和であるから，上の補題を有向閉曲面に対して示すにはこれで十分である．）

（2）　$X$を$H^1(X)$が$m$次元である連結な多様体とする．$H^1(X, \mathbb{Z})$の基底をde Rhamコホモロジーによって表示したものを$[\alpha_1], [\alpha_2], \cdots, [\alpha_m]$とおく．$X$の点$p_0$を固定し，写像$f_k\colon X \to \mathbb{R}/\mathbb{Z}$を，点$p$に対して，$p_0$から$p$に至る道に沿って$\alpha_k$を積分した値(の$\mathrm{mod}\ \mathbb{Z}$)を対応させる写像とする．このとき，$\prod_k f_k\colon X \to (\mathbb{R}/\mathbb{Z})^m$は$H^1$の同型を誘導することを示せ．（これによって上の補題は一般の多様体に対して示される．） □

## §13.3　正のスカラー曲率をもつRiemann計量

指数がDirac型作用素の解空間を用いて定義される解析的量であることを

直接利用した応用を紹介する.

## (a) Lichnerowicz の定理

Dirac 型作用素 $D$ が，適当な微分幾何的条件の下では 0 以外の解をもたないことがある．このとき $D$ の指数は 0 であり，この性質は指数定理を経由して位相的な帰結を導く.

スピノル束に対する(本来の) Dirac 作用素に対して，こうした微分幾何的条件がスカラー曲率によって与えられることが知られている.

Riemann 多様体のスカラー曲率の定義を思い出そう．直観的には，$X$ 上の関数であって各点 $x$ において次のように定義されたものである．すなわち，$(TX)_x$ の各 2 次元部分空間の曲率を考え，それをすべての 2 次元部分空間にわたって積分したものである．より正確には次のように定義される. Riemann 多様体 $X$ の Levi-Civita 接続の曲率は，$\bigwedge^2 T^*X \otimes \mathfrak{so}(TX)$ の切断である．Riemann 計量を用いると，$\bigwedge^2 TX$ と $\mathfrak{so}(TX)$ との間には自然な同型が存在する．従ってこの曲率は $\mathrm{End}(\bigwedge^2 TX)$ の切断とみなすことができる．こうみなすとき，曲率のトレースは $X$ 上の滑らかな関数となる．これがスカラー曲率であった*3.

$X$ がスピン構造をもつと仮定する.

**命題 13.20** スピノル束を $S$ とおき，Levi-Civita 接続から誘導される $S$ 上の接続を $\nabla$, $S$ 上の Clifford 積を $c$ と書く.

(1) 合成

$$D\colon \Gamma(S) \xrightarrow{\nabla} \Gamma(T^*X \otimes S) \xrightarrow{c} \Gamma(S)$$

は $D^* = D$ をみたす．特に，$D$ は Dirac 型作用素である.

(2) **Weitzenböck 公式**(Weitzenböck formula) Riemann 計量のスカラー曲率を $\kappa$ とおくとき，$\Gamma(S)$ 上の微分作用素としての等式

$$D^*D = \nabla^*\nabla + \frac{\kappa}{4}$$

---

*3 厳密な定義のためには，$\bigwedge^2 TX$ と $\mathfrak{so}(TX)$ との間の同型を定数(と符号)まで込めて与えておく必要があり，§13.4 において与えられる.

が成立する． □

$X$ 上に Riemann 計量が与えられたとき，スカラー曲率 $\kappa$ は $X$ 上の滑らかな関数である．スカラー曲率の定義と，命題 13.20 の証明は § 13.4 の補遺で行う．

**注意 13.21**

(1) スピン多様体 $X$ 上に平坦接続をもつベクトル束 $F$ が与えられたとき，同様にして $S\otimes F$ 上に Levi-Civita 接続とその平坦接続から誘導される接続 $\nabla_F$ を用いて $S\times F$ 上の Dirac 型作用素 $D_F$ が定義される．これらに対して同様の関係式 $D_F^*D_F=\nabla_F^*\nabla_F+\dfrac{\kappa}{4}$ が成立する．

(2) $F$ 上に平坦でない接続が与えられたときには，右辺に $F$ の曲率に依存する項が付け加わる．

(3) スピン Riemann 多様体上のスピノル束に対して定義される上の Dirac 型作用素が，本来の **Dirac 作用素**である．

命題 13.20 と指数定理とを合わせて得られる帰結をまず述べる．

**定理 13.22** (Lichnerowicz)　$X$ が，正のスカラー曲率をもつ Riemann 計量をもつスピン多様体であれば，

$$\int_X \hat{A}(TX)=0$$

となる． □

**注意 13.23**　仮定は少し弱められて，スカラー曲率はいたるところ 0 以上であり，しかもある点で本当に正になっている Riemann 計量に対しても以下の証明がそのまま成立する．

[証明]　正のスカラー曲率をもつ計量に対して，スピン構造に対応する Dirac 型作用素 $D$ を考える．命題 13.20 により，$Ds=0$ のとき

$$0=\|Ds\|^2=\|\nabla s\|^2+\int_X(s,\kappa s)$$

であり，$\kappa$ がいたるところ正値なので，これは $s=0$ を意味する．これから $D$ の指数は 0 であることがわかる．一方，Atiyah–Singer の指数定理から，

指数は $\hat{A}(TX)$ の積分と一致する． ∎

**例 13.24**　$\mathbb{CP}^n$ 上の Fubini–Study 計量は正のスカラー曲率をもつ．(この主張はたとえば次のようにしてわかる．球面の標準的計量は正のスカラー曲率をもつ．複素射影空間は，奇数次元球面を $S^1$ 作用で割った商として得られる．この作用は標準的計量を保ち，商の上に自然に誘導される計量が Fubini–Study 計量である．商をとる操作によってスカラー曲率は減らないことが知られている．)

一方，$\mathbb{CP}^n$ がスピン構造をもつのは $n$ が奇数のときに限る．(この主張は次のようにしてわかる．自然な準同型 $U(n)\to SO(2n)$ と $Spin(2n)\to SO(2n)$ のファイバー積は $\{(g,z)\in U(n)\times U(1)\mid \det g=z^2\}$ によって得られる．これは，「階数 $n$ の複素ベクトル束 $E$ がスピン構造をもつ必要十分条件は $\bigwedge^n E$ がある複素直線束の自乗の形をしていることである」ことを意味している．$\bigwedge^n T\mathbb{CP}^n=L^{n+1}$ となる複素直線束が存在し，$c_1(L)$ が $H^2(\mathbb{CP}^n,\mathbb{Z})$ の生成元を与えていることに注意すると主張が得られる．)

従って，上の定理 13.22 は $\mathbb{CP}^n$ に対しては，何も意味のあることはいっていない． □

**注意 13.25**

(1) mod 2 版の指数に対しても，上の定理はただちに拡張される．逆に，これらのすべての定理の結論が成立しているとき単連結スピン閉多様体には曲率正の Riemann 計量が入ることが知られている [100], [129].

(2) $Spin^c$ 構造に対しても，複素直線束 $\det S^+=\det S^-$ の上に接続 $A$ が与えられると，同様の Weitzenböck 公式が成立する．ただし，公式を書き下すためには，$X$ の Riemann 計量の曲率とともに，$A$ の曲率も必要となる．

(3) (一般化された) Weitzenböck 公式を用いると，種々の**消滅定理** (vanishing theorem) が導かれる．小平の消滅定理もその一例である．

(4) $X$ が 4 次元であるとき，Dirac 型方程式を非線形化した形をしたある種の非線形微分方程式 (Seiberg–Witten のモノポール方程式) を利用して，やはり，微分幾何的な条件から位相幾何的帰結を導ける場合がある (たとえば [111] 参照)．消滅定理を族の指数に適用することも可能である (注意 13.15 参照)．

### (b) 族の指数定理との併用

トーラスには平坦な Riemann 計量が入る．この Riemann 計量に対して，スカラー曲率はいたるところ 0 である．では，恒等的には 0 でない 0 以上のスカラー曲率をもつ Riemann 計量は存在するであろうか？　平坦な Riemann 計量を少し変形してそのような Riemann 計量を構成することを試みると，1 箇所で正に曲げようとすればその周囲で負に曲がってしまうので，直観的には難しそうである．

トーラスはスピン多様体である．しかし前小節の定理 13.22 および注意 13.23 だけからは，非存在をいうことはできない．かりに存在したとしても，トーラスの接束は自明なので $\int \hat{A}=0$ となってこれらと矛盾しないからである．

しかし，族の指数を利用すると，非存在を示すことができる．

**定理 13.26** (Gromov–Lawson [61])　トーラスには恒等的には 0 でない 0 以上のスカラー曲率をもつ Riemann 計量は存在しない．　□

実際に示すのは，次の定理である．

**定理 13.27** (Gromov–Lawson [61])　$X$ を偶数次元のスピン多様体とする．$X$ 上に恒等的には 0 でない 0 以上のスカラー曲率をもつ Riemann 計量が存在するとき，次が成立する：$X$ の第一 Betti 数を $m$ とし，$J$ を $m$ 次元トーラスとする．$H^1(X,\mathbb{Z})$ の基底 $\alpha_1,\alpha_2,\cdots,\alpha_m$ と $H^1(J)$ の基底 $\check{\alpha}_1,\check{\alpha}_2,\cdots,\check{\alpha}_m$ に対して，

$$\int_X \hat{A}(TX)e^{\sum_k \alpha_k \check{\alpha}_k} = 0 \in H^\bullet(J)$$

が成立する．　□

［定理 13.27 を用いた定理 13.26 の証明］　トーラスの次元が奇数のときには，標準的な計量が入った $S^1$ を直積したものに置き換えて考える．するとはじめからトーラスの次元は偶数次元と仮定しても一般性を失わない．このとき $X=T^{2n}$, $J=T^{2n}$ に対して直接計算から

$$\int_X \hat{A}(TX)e^{\sum_k \alpha_k \check{\alpha}_k} = \prod_k \check{\alpha}_k \neq 0$$

を得る．よって定理 13.27 から定理 13.26 がわかる． ∎

上の議論はトーラスのみならず $T^4 \# S^2 \times S^2$ など，トーラスと任意のスピン多様体との連結和に対しても適用される．

［定理 13.27 の証明］ 補題 13.18 によって与えられる $X \times J$ 上の複素直線束 $\tilde{L}$ とその上の接続 $\tilde{A}$ は次の 2 つの条件をみたした．

（1） $c_1(\tilde{L}) = \sum_k \alpha_k \beta_k$.

（2） $J$ の各点 $p$ に対して，$\tilde{A}$ の $X \times \{p\}$ への制限は平坦である．

$\tilde{L}$ を係数とする $J$ でパラメータ表示される Dirac 作用素の族を考える．定理 13.22 および注意 13.21 によってこの族の指数は 0 である．よって族の指数定理によって

$$\int_X \hat{A}(TX)\,\mathrm{ch}(\tilde{L}) = 0$$

となる． ∎

**注意 13.28**

(1) $X \times J$ 上のベクトル束 $E$ は，$X$ 上の無限階数のベクトル束と見立てることができる．実際，$X$ の各点 $x$ に対して，$E$ の $\{x\} \times J$ 上の切断全体のなす無限次元ベクトル空間 $\Gamma(E \,|\, \{x\} \times J)$ を $\mathcal{E}_x$ とおくとき，$\mathcal{E} := \coprod_x \mathcal{E}_x$ は $X$ 上の無限階数のベクトル束となる．

従って，族の指数および指数定理は，形式的には無限階数のベクトル束に対する指数および指数定理と理解することができる．

(2) 作用素環の枠組みを用いると，この形式的な理解を正当化し，無限階数のベクトル束に対する指数を定義することができる．そして，無限次元のベクトル束を利用して，定理 13.26 を拡張することができる [98], [67], [99], [122].

## §13.4 補遺: Weitzenböck 公式の証明

§13.3 において用いた Weitzenböck 公式(命題 13.20)の証明を与える．証

明の前に，スピノル束とその上の接続に関する準備をしておく．

### (a) スピノル束上の接続の局所表示

**$\mathfrak{so}(n)$ 作用と Clifford 積**

ベクトル空間 $\mathbb{R}^n$ の標準的な基底を $e_1, e_2, \cdots, e_n$ とし，その双対基底を $\check{e}_1, \check{e}_2, \cdots, \check{e}_n$ とおく．$SO(n)$ の Lie 代数 $\mathfrak{so}(n)$ は歪対称行列全体からなり，次の $e_k^l$ たち

$$e_k^l := e_k \otimes \check{e}_l - e_l \otimes \check{e}_k$$

によって生成される．一方 $Spin(n)$ の Lie 環 $\mathfrak{spin}(n)$ は $\mathfrak{so}(n)$ と同一視される．従って，$Spin(n)$ の表現空間 $\Delta(\mathbb{R}^n)$ には $\mathfrak{so}(n)$ が作用している．この作用を $c\colon \mathfrak{so}(n) \to \mathrm{End}\,\Delta(\mathbb{R}^n)$ と書くことにする．一方，$\Delta(\mathbb{R}^n)$ には $Cl(\mathbb{R}^n)$ が作用していた．両者の作用の関係は補題 2.31 によって(定数部分を除いて)述べられていた．補題 2.31 は，次のように厳密化される．

**補題 13.29**　$k \neq l$ のとき，$\Delta(\mathbb{R}^n)$ への作用として

$$c(e_k^l) = \frac{1}{2} c(e_l) c(e_k)$$

が成立する．　□

この補題は $n=2$ の場合に証明すれば十分であり，このときは直接計算によって容易に確かめられる．ここでは証明に代えて，両辺の作用が Lie 括弧の同じ関係式をみたしていることを $n=3$ の場合に確かめてみよう．まず，Lie 括弧が 0 にならないのは，本質的に次の場合のみである．

$$[e_2^3, e_1^2] = e_2^3 e_1^2 - e_1^2 e_2^3 = e_3^1$$

一方

$$\begin{aligned}
&\frac{c(e_3)c(e_2)}{2}\frac{c(e_2)c(e_1)}{2} - \frac{c(e_2)c(e_1)}{2}\frac{c(e_3)c(e_2)}{2} \\
&= \frac{c(e_2)^2 c(e_3) c(e_1) - c(e_2)^2 c(e_1) c(e_3)}{4} \\
&= \frac{c(e_1)c(e_3)}{2}
\end{aligned}$$

であるから，同じ関係式をみたしている．

**Levi-Civita 接続の曲率の性質**

Riemann 多様体 $X$ の Levi-Civita 接続とは，$TX$ 上の計量を保つ接続 $\nabla$ であって，任意のベクトル場 $V,W$ に対して

$$(V,\nabla W)-(\nabla W,V)=[V,W]$$

をみたすものであった．この条件を $\nabla$ の**対称性**とよぶ．

まず，$X$ 上の任意の実ベクトル束上 $F$ に計量を保つ接続 $\nabla$ が任意に与えられたと仮定し，曲率 $F_\nabla$ の局所表示を定式化しよう．

$X$ の 1 点 $p$ を固定する．$F$ の $p$ の近傍における正規直交枠 $(e_1,e_2,\cdots,e_r)$ を，$p$ において $(\nabla e_k)_p=0$ となるようにとることができた．$r$ は $V$ の階数である．$p$ を原点とする任意の局所座標 $(x_1,x_2,\cdots,x_n)$ を導入する．$n$ は $X$ の次元である．

接続 $\nabla$ を接続形式 $\Gamma$ によって $\nabla=d+\Gamma$, $\Gamma=\sum\Gamma_i dx_i$ と表示する．$\Gamma$ は滑らかな $\mathfrak{so}(r)$ 値関数であり，原点において 0 をとる．従って，$\mathfrak{so}(r)$ の要素 $\Gamma_{i;j}$ を用いて $\Gamma_i=x_j\Gamma_{i;j}+O(|x|^2)$ と表示できる．まとめると

$$\nabla s=\sum dx_i\otimes\partial_i s+\sum x_j dx_i\otimes\Gamma_{i;j}s+O(|x^2|) \tag{13.3}$$

となる．

曲率 $F_\nabla$ は

$$\begin{aligned}F_\nabla&=d\Gamma+\frac{1}{2}[\Gamma\wedge\Gamma]\\&=\sum\Gamma_{i;j}dx_j\wedge dx_i+O(|x|)\\&=\sum\frac{1}{2}(\Gamma_{i;j}-\Gamma_{j;i})(dx_j\wedge dx_i)+O(|x|)\end{aligned}$$

と書ける．

一方，曲率を次のように成分表示しておく．

$$\begin{aligned}F_\nabla&=\sum F^l_{kji}(e_k\otimes\check{e}_l)\otimes(dx_j\otimes dx_i)\\&=\frac{1}{4}\sum F^k_{lji}e^l_k\otimes(dx_j\wedge dx_i).\end{aligned}$$

ここで $dx_j\wedge dx_i=dx_j\otimes dx_i-dx_i\otimes dx_j$ という同一視を採用した．

$F^l_{kji}$ は(曲率が $\mathfrak{so}(r)$ 値なので) $l,k$ について反対称であり，(曲率が 2 次微

分形式なので）$j,i$ についても反対称である．

2つの式を比較して原点における等式

$$\Gamma_{i;j}-\Gamma_{j;i}=\frac{1}{2}\sum F_{lji}^{k}e_{k}^{l}$$

を得る．

次に，$\nabla$ が $V=TM$ 上の接続であると仮定する．このとき $\nabla$ のスカラー曲率を次のように定義する：まず，点 $p$ に対して上のように $(e_1,e_2,\cdots,e_n)$ が与えられたとする．これに対して $p$ を原点とする座標 $(x_1,x_2,\cdots,x_n)$ を点 $p$ において $e_k=\partial_k:=\partial/\partial x_k$ となるようにとっておく．すると，$(\bigwedge^2T^*X)_p$ と $\mathfrak{so}(n)$ との同型を $dx_j\wedge dx_i$ を $e_j^i$ に写す線形写像によって定義することができる．この同型は局所枠や局所座標のとり方に依存せず，Riemann 計量のみに依存して定まる．この同型を利用して定義される曲率のトレースがスカラー曲率である．成分表示を用いると次のようにいってもよい．

**定義 13.30**　点 $p$ におけるスカラー曲率 $\kappa(p)$ とは，$p$ における $\sum F_{lkl}^{k}$ の値である． □

さらに $\nabla$ が Levi-Civita 接続であるとしよう．このとき $\nabla$ は対称である．この対称性から次の性質が従うことは Riemann 幾何でよく知られている．

**補題 13.31**　点 $p$（すなわち原点）において次が成立する．

（1）　$F_{lji}^{k}+F_{jil}^{k}+F_{ilj}^{k}=0$　（Bianch の第一恒等式）

（2）　$F_{lji}^{k}=F_{ikl}^{j}$　すなわち，曲率 $F_0$ は $\bigwedge^2TX$ 上の線形作用素として対称変換である． □

この補題の証明は Riemann 幾何の本に委ねる．

### スピノル束上の接続

以下，上の表示を用いる．$\nabla$ の表示式(13.3)から，スピノル束上の切断 $s$ に対して

$$\nabla s=\sum dx_i\otimes\partial_i s+\sum dx_i\otimes x_j c(\Gamma_{i;j})s+O(|x^2|)$$

となる．これから

$$\nabla^*\sum dx_i\otimes s_i=-\sum\partial_i s_i+O(|x|)$$

を得る．Weitzenböck 公式で必要になるのは次の合成

$$\nabla^*\nabla s = -\sum \partial_i\partial_i s + \sum c(\Gamma_{i;i})s + O(|x|)$$

である．

## (b)　Dirac 作用素の形式的自己共役性

［命題 13.20(1)の証明］　Dirac 作用素が形式的自己共役であることを示そう．局所座標を用いると，スピノル束上の Dirac 作用素は

$$\begin{aligned} Ds &= c\nabla s \\ &= c(\sum dx_i \otimes (\partial_i, \nabla s)) \\ &= \sum c(dx_i)\partial_i s + \sum c(dx_i)c(\Gamma_i)s \\ &= \sum c(e_i)\partial_i s + O(|x|) \end{aligned}$$

と表示される．これまでは局所座標の性質として，1 点 $p$ の近傍で $e_k = \partial_k + O(|x|)$ となることだけを要求してきた．しかし，局所座標をうまくとると，$e_k = \partial_k + O(|x|^2)$ となるようにできる．

**演習問題 13.32**　局所座標をうまくとると，$e_k = \partial_k + O(|x|^2)$ となることを証明せよ．(ヒント: 1 つのとり方は，測地座標を用いることである.)　□

このとき，$c(dx_i) = c(e_i) + O(|x|^2)$ に対して $\partial_i c(dx) = O(|x|)$ が成立する．以下，この座標を用いて計算する．

$\partial_k$ の形式的共役は $-\partial_k$ であり，$c(dx_k)$, $c(\Gamma_k)$ は歪対称なので，

$$\begin{aligned} D^*s &= \sum \partial_k(c(dx_k)s) + \sum c(\Gamma_k)c(dx_k)s \\ &= \sum\{(\partial_k c(dx_k))s + c(dx_k)\partial_k s\} + O(|x|) \\ &= \sum c(e_k)\partial_k s + O(|x|) \end{aligned}$$

となり，$Ds = D^*s$ が点 $p$ で成立する．よって任意の点において $Ds = D^*s$ となる．

上の議論は局所的な考察なので，平坦接続を係数とする場合も同様の議論が成立する．　■

## (c)　Weitzenböck 公式の証明

以上の準備のもとで Weitzenböck 公式を証明しよう．$e_k = \partial_k + O(|x|^2)$ と

なる座標を用いる．

［命題13.20(2)の証明］ $\{dx_m\}$ は原点において正規直交基底を与えている．従って，Clifford積とその随伴写像は

$$c(\sum dx_m \otimes s_m) = \sum c(e_m)s_m + O(|x|),$$
$$c^*s = -dx_m \otimes c(e_m)s + O(|x|)$$

によって与えられる．その積 $c^*c$ は

$$c^*c \sum dx_i \otimes s_i = -dx_m \otimes c(e_m)c(e_i)s_i + O(|x|).$$

すると $D^2 = \nabla^* c^* c \nabla$ から

$$\begin{aligned} D^2 = \nabla^* c^* c \nabla &= \nabla^* \sum dx_m \otimes c(e_m)c(e_i)\partial_i s \\ &\quad + \nabla^* \{\sum dx_m \otimes c(e_m)c(e_i)x_j c(\Gamma_{i;j})s + O(|x^2|)\} + O(|x|) \\ &= \sum c(e_m)c(e_i)\partial_m \partial_i s \\ &\quad + \sum c(e_m)c(e_i)c(\Gamma_{i;m})s + O(|x|). \end{aligned}$$

これから点 $p$ において

$$\begin{aligned} D^2 - \nabla^*\nabla &= \frac{1}{2}\sum c(e_j)c(e_i)c(\Gamma_{i;j}) - c(\Gamma_{j;i}) \\ &= \frac{1}{4}\sum c(e_j)c(e_i)c(F^k_{lji}e^l_k) \\ &= \frac{1}{8}\sum_{i\neq j} F^k_{lji}c(e_j)c(e_i)c(e_l)c(e_k). \end{aligned}$$

$l, j, i$ が相異なるときは，これらを巡回的に入れ換えても $c(e_j)c(e_i)c(e_l)$ は符号を変えない．一方 $F^k_{lji}$ は，巡回的に入れ換えたものの総和が0になるのであった．これから，上の和は $l=i$ あるいは $l=j$ の場合のみを考えればよい．従って

$$\begin{aligned} D^2 - \nabla^*\nabla &= \frac{1}{8}\sum(-F^k_{ljl}c(e_j)c(e_k) + F^k_{lli}c(e_i)c(e_k)) \\ &= -\frac{1}{4}\sum F^k_{ljl}c(e_j)c(e_k) \\ &= \frac{1}{4}\sum F^k_{lkl} = \frac{\kappa}{4}. \end{aligned}$$

ここで $F^k_{lli} = -F^k_{lil}$ と $F^k_{ljl} = F^j_{lkl}$ を用いた． ∎

《要約》

**13.1**　整数性定理は指数の位相的側面のみを利用して得られる.

**13.2**　Lichnerowicz の定理は指数の解析的側面を本質的に利用した応用である.

**13.3**　族の指数定理の応用により，単一の微分作用素の考察による結果を強められることがある.

# 14 群作用のある場合の応用

コンパクト Lie 群の作用がある場合に同変指数定理の応用例を示す．特に4次元トポロジーへ応用するため，巡回被覆空間への被覆変換を考察する．そこからは，指数が，多様体のいわば「アーベル的な情報」を抽出しているが，「非アーベル的な情報」までには届かないことが窺われる．

## §14.1　有限群作用と巡回分岐被覆

有限群作用と巡回分岐被覆についての基本事項をまとめておく．

群 $G$ が多様体 $X$ に効果的に作用しているとき，商空間 $\bar{X} := X/G$ は作用が自由でない限り特異点をもつ．そのとき $\bar{X}$ 上の de Rham 複体を直接考えることはできない．

（1）　しかし，$\bar{X}$ の(実数係数の)特異コホモロジーを考えることはできる．

（2）　また，特別な場合には $\bar{X}$ 上に滑らかな多様体の構造を導入可能であり，その場合には de Rham コホモロジーをも考えられる．

上の2つの状況で，$\bar{X}$ のコホモロジーを $X$ のコホモロジーから計算する方法を与えることが目標である．

## (a)　巡回分岐被覆

$\bar{X}$ が多様体の構造をもつのはどんな場合かを考察する．

一般にはそうはならない．少なくとも割る前の多様体の構造から自動的に商空間の多様体の構造を定めることはできない．典型的な例は，$G$ が $\mathbb{Z}_2$，$X$ が直線 $\mathbb{R}$ であり，$G$ の $X$ への作用が原点に関する線対称によって与えられる場合である．このとき，商空間は半直線 $[0,\infty)$ と同相であり，(境界のない)多様体の構造は決して入らない．

一方，自由な作用でないにもかかわらず，$\bar{X}$ が多様体の構造をもつ典型的な例は，$G$ が $\alpha_0$ によって生成される位数 $m$ の巡回群，$X$ が複素平面 $\mathbb{C}$ であり，$X$ への $\alpha_0$ の作用が原点を固定する角度 $2\pi/m$ の回転によって与えられる場合である．このとき，商空間 $\mathbb{C}/G$ は原点に特異点をもつ．同相写像 $\mathbb{C}/G \to \mathbb{C}$ を $z \bmod G \mapsto z^m$ によって定義すると，これは原点以外では微分同相を与えている．そこで $\mathbb{C}/G$ の多様体構造をこの同相写像を通じて $\mathbb{C}$ の多様体構造として改めて定義すると，商写像 $\mathbb{C} \to \mathbb{C}/G$ は滑らかな写像になっている．

これを一般化する．次の状況を考える．

(1)　$G$ は $\alpha_0$ によって生成される位数 $m$ の巡回群である．

(2)　固定点集合 $X^G$ の外では $G$ は自由に作用する．このような群作用を，**半自由**(semifree)な作用という．

(3)　$X^G$ は余次元2の閉部分多様体であり，$\alpha_0$ は法束 $\nu$ 上に角度 $2\pi/m$ の回転によって作用する．ただし $\nu$ 上には向きが入るものとする．

**補題 14.1**　上の仮定の下で，商空間 $\bar{X} := X/G$ の上には $X \to \bar{X}$ が滑らかな写像となるような多様体構造が入る．

［証明］　同相写像 $\nu/G \to \nu^{\otimes m}$ を $z \mod G \mapsto z^{\otimes m}$ によって定義する．$X^G$ の $\bar{X}$ における像を $\bar{X^G}$ とおく．$X$ の中で $X^G$ の近傍は $D(\nu)/G$ と微分同相であり，$\bar{X}$ の中で $\bar{X^G}$ の近傍は $D(\nu^{\otimes m})$ と同相である．後者の同相を用いて $\bar{X}$ を $\bar{X} \setminus \bar{X^G}$ と $D(\nu^{\otimes m})$ の和集合として表示しておくと，各々には自然に多様体の構造が入り，それは貼り合って $\bar{X}$ 上の多様体構造を定める． ∎

**定義 14.2**　上の状況のとき，$X$ は $\bar{X}$ の $X^G$ において分岐する**巡回分岐被覆**(cyclic branched covering)であるという． □

巡回分岐被覆の場合には de Rham コホモロジーを比較することができる．

**補題 14.3**　上の仮定の下で，de Rham コホモロジーの間の写像 $H^\bullet(\bar{X}) \to H^\bullet(X)^G$ は同型である．ここで，$H^\bullet(X)^G$ とは，$H^\bullet(X)$ の $G$ 不変部分空間である．

［証明］　まず，$G$ 作用が自由な場合を考える．このとき $\Omega^\bullet(X)^G$ と $\Omega^\bullet(X^G)$ とは引き戻しによって同型である．$G$ 作用による平均をとる写像 $\mathrm{Av}_G\colon \Omega^\bullet(X) \to \Omega^\bullet(X)^G$ を

$$\mathrm{Av}_G(\omega) := \frac{1}{m}\sum_{\alpha\in G}\alpha^*\omega$$

によって定義すると，これは外微分を保ち，コホモロジーの間の写像 $H^\bullet(X)^G \to H^\bullet(\bar{X})$ を誘導する．これが引き戻し写像の逆写像であることはすぐに確かめられる．

次に，固定点集合 $X^G$ が空でない場合を考える．和集合としての表示

$$X = (X\setminus X^G)\cup D(\nu), \quad \bar{X} = (\bar{X}\setminus \bar{X}^G)\cup D(\nu^{\otimes m})$$

に対応する 2 つの Mayer–Vietoris 完全系列を考える．$X$ の分割に対する完全系列には $G$ が作用しており，$G$ 不変部分に限っても完全である．$\bar{X}$ の分割に対する完全系列からこの $G$ 不変部分への写像がある．それを $\phi$ とおく．$\phi$ と完全系列とは可換である．$X\setminus X^G$ には $G$ が自由に作用するので，この部分の $\phi$ は同型である．また $D(\nu)$ と $D(\nu^{\otimes m})$ とは共に $X^G$ とホモトピー同値なのでこの部分の $\phi$ も同型である．従って，5 項補題により，$X$ と $\bar{X}$ とにおける $\phi$ も同型になる． ∎

## (b)　有限群作用

$\mathbb{R}$ 係数(あるいは $\mathbb{Q}$ 係数)の特異コホモロジーを用いると，商空間 $\bar{X} = X/G$ が多様体にならないより一般の場合にも上の補題は次のように拡張される．

**補題 14.4**　有限群 $G$ がコンパクト多様体に作用するとき，引き戻しの誘

導する写像 $H^\bullet(\bar{X},\mathbb{R})\to H^\bullet(X,\mathbb{R})^G$ は同型である.

［証明］　半自由な場合の議論の直接の拡張である．ただし，$X^G$ を $G$ 軌道のタイプに応じてより多くの開集合の和集合として表示し，その個数に関する帰納法を用いる．要点のみ記す．

(1)　まず，特別な場合を考える．$G$ の部分群 $G_0$ と，$G_0$ のある有限次元表現空間 $V$ と，$V$ の中の $G_0$ 不変な凸開集合 $U$ に対して，$X=(G\times U)/G_0$ である場合に示す．このとき，$H^\bullet(X,\mathbb{R})^G$ は $H^\bullet(U,\mathbb{R})^{G_0}$ と等しい．$U$ が可縮なので，$G_0$ 作用は自明であり，これは1点のコホモロジーと等しい．$U$ の1つの点の $G_0$ 軌道を $V$ の中で平均したものを $x_0$ とおくと，$x_0$ は $U$ の凸性から再び $U$ の中に入る．$U$ の各点を $x_0$ と線形に結ぶことにより，$X/G$ が可縮であることがわかる．従って $H^\bullet(X/G,\mathbb{R})$ も1点のコホモロジーと等しい．よって，この場合に主張は成立している．

(2)　$X$ が $G$ 不変な有限個の開集合 $U_1,U_2,\cdots,U_n$ で覆われ，それらのうち任意の有限個の共通部分に対して，主張が成立したと仮定する．このとき，Mayer–Vietoris 完全系列を有限回用いると，(半自由な場合の議論と同様にして) $X$ に対する主張を示すことができる．

(3)　$X$ に $G$ 不変な Riemann 計量を1つ固定し，$X$ の各点 $x$ に対して，$x$ を中心とする十分小さな開球体 $B(x)$ をとる．このとき，$\alpha B(x)$ が $B(x)$ と共通部分をもつのは $\alpha$ が $x$ を固定するときに限る．有限個の $x_1,x_2,\cdots,x_n$ を選んで $U_i:=GB(x_i)$ が $X$ を覆うようにすると，これが求めるものであることを示したい．

(4)　実際，$U_1,U_2,\cdots,U_n$ のうち任意の有限個の共通部分は，もし空でなければ，ある部分群 $G_0$ と，$G$ の表現空間 $V$ と，$V$ の凸開集合 $U$ に対して，$(G\times U)/G_0$ の形をしている．■

**注意 14.5**

(1) 整数係数コホモロジーに対して上は成立しない．$S^2$ 上の自由な $\mathbb{Z}_2$ 作用が反例である．平均をとる作用素 $\mathrm{Av}_G$ が定義できないからである．$G$ の位数 $m$ が逆元をもつ可換和 $R$ を係数とするコホモロジーにおいては $\mathrm{Av}_G$ を定義できるので，この $R$ を係数とするコホモロジーに対しては上の補題は成立する．

(2) 有限群作用による商空間のもつ特異点の特異性を公理的にとりだして，そのような特異点のみをもつ空間を公理化したものを，**V–多様体**(V-manifold)，あるいは**軌道体**(orbifold)とよぶ．V–多様体は，局所的には有限群作用による商空間の形をしているが，大域的には商空間の形をしているとは限らない．典型的な例は，$S^2$ の1点が特異点である場合である．V–多様体上で微分形式，$K$ 群などの概念を多様体上の場合と平行して扱うことができる．V–多様体としての de Rham コホモロジーを $H_V^\bullet$ と表わすと，$H^\bullet(X)^G \cong H_V^\bullet(X/G)$ は定義から(定義を述べていないが)ただちに得られる．従って，補題14.4は「V–多様体 $\hat{X}$ に対して de Rham コホモロジー $H_V^\bullet(\hat{X})$ は特異コホモロジー $H^\bullet(\hat{X}, \mathbb{R})$ と同型である」という事実の特別な場合である．

## §14.2 Lefschetz の固定点公式

### (a) Lie 群論への応用 I

Lefschetz の固定点定理(演習問題12.13)を Lie 群論へ応用する．まず，次の補題を準備する．

**補題 14.6** $G$ を連結なコンパクト Lie 群，$T$ を1つの極大トーラスとする．$T$ の正規化群を $N_G(T)$ とおくと，剰余群 $N_G(T)/T$ は有限群である．

[証明] $N_G(T)$ はコンパクトなので，$N_G(T)$ の Lie 代数が $T$ の Lie 代数と一致することを見ればよい．概略のみ示す．ポイントは，トーラス $T$ の自己同型群が不連続群になることである．従って，$N_G(T)$ の単位元を含む連結成分の共役による $T$ への作用は自明でなくてはならない．もし $N_G(T)$ の Lie 代数の要素であって $T$ の Lie 代数に含まれないものが存在すれば，それを $\alpha$ とするとき，$T$ と $\exp t\alpha$ によって生成される群の閉包は $T$ を真に含むトーラスとなる．これは $T$ の極大性に反する． ∎

有限群 $W := N_G(T)/T$ は，$G$ の **Weyl 群**とよばれる．

次の議論は [2] による．

**定理 14.7** $G$ を連結なコンパクト Lie 群，$T$ を1つの極大トーラスとする．$G$ の任意の要素は $T$ のある共役に含まれる．

[証明]　$G/T$ には左から $G$ が作用している．$g$ の作用によって $hT$ が固定される必要十分条件は，$g$ が $hTh^{-1}$ に属することである．従って，主張は任意の要素 $g$ に対して固定点集合が空でないことである．

$G$ は連結なので，任意の要素は単位元と連続的に結べる．従って，$G/T$ のコホモロジーへの作用は自明である．すると，Lefschetz 公式によって，$G$ の任意の要素に対して固定点集合の Euler 数は $G/T$ の Euler 数と一致し，特に一定の値となる(演習問題 12.14)．もし固定点集合の Euler 数が正であることがわかれば，固定点集合は空ではありえないので証明が終わる．

固定点集合の Euler 数が正であることを示そう．$T$ の一般の要素に対して固定点集合は，$T$ 全体による固定点集合と一致する．それは $T$ の正規化群 $N_G(T)$ による剰余群 $N_G(T)/T$ である．補題 14.6 によってこれは有限集合であるので，Euler 数は $N_G(T)/T$ の要素の個数と一致し，正であることがわかる．∎

上の証明の系として，次が得られる．

**系 14.8**　連結なコンパクト Lie 群 $G$ の Weyl 群の位数は，$T$ を極大トーラスとするとき $G/T$ の Euler 数と一致する．□

また，この定理 14.7 から次の系がただちに従う．

**系 14.9**　連結なコンパクト Lie 群のすべての極大トーラスは互いに共役である．□

**注意 14.10**

(1) コンパクト Lie 群 $G$ の有限次元の複素表現は，すべての共役類における指標の値によって完全に特徴づけられる(既約指標の直交性による)．$G$ が連結であるとき，極大トーラス $T$ を 1 つ固定すると，定理 14.7 によって，任意の共役類は $T$ の要素を含む．従って，有限次元の複素表現は，$T$ への制限によって完全に特徴づけられる．

(2) 系 4.42 によって，トーラス作用に対する同変指数は，トーラスの固定点集合のまわりの情報によって決定される．従って，$G$ 作用に関する同変指数が極大トーラスの固定点のまわりの情報だけから決定される．

### (b)　有限群の作用

**定理 14.11**　閉多様体 $X$ 上に位数 $m$ の群 $G$ が半自由に作用しているとする．

（1）　$K_G(\mathrm{pt})$ の中の等式

$$\sum_{k=0}^{\dim X}(-1)^k[H^k(X)] = \chi(X^G)[\rho^0]+\frac{1}{m}(\chi(X)-\chi(X^G))\mathbb{C}[G] \tag{14.1}$$

が成立する．ここで $\rho^0$ は $G$ の自明な 1 次元表現であり，$\mathbb{C}[G]$ は正則表現である．

（2）　商空間を $\bar{X}=X/G$ とおくと，次の等式が成立する．

$$m\chi(\bar{X}) = \chi(X)+(m-1)\chi(X^G)$$

特に $\chi(X)\equiv\chi(X^G) \mod m$ である．

［証明］　(1) 作用が半自由なので Lefschetz の固定点定理(演習問題 12.13)から，

$$\sum_{k=0}^{\dim X}(-1)^k\,\mathrm{trace}(\alpha_0^l|H^k(X)) = \begin{cases}\chi(X^G) & (l\neq 0 \mod m)\\ \chi(X) & (l\equiv 0 \mod m)\end{cases}$$

となる．これを表現の言葉で書き換えたい．実際，$\mathrm{trace}(\alpha_0^l|\rho^0)=1$ および

$$\mathrm{trace}(\alpha_0^l|\mathbb{C}[G]) = \begin{cases}0 & (l\neq 0 \mod m)\\ m & (l\equiv 0 \mod m)\end{cases}$$

の一次結合として右辺を表わすと，式(14.1)が得られる．

(2) 補題 14.4 によって，$\chi(\bar{X})$ は式(14.1)の左辺の $G$ 不変部分の次元に等しい．正則表現は既約表現 $\rho^0$ を重複度 1 で含む．よって，$[\rho^0]$ の係数と $[\mathbb{C}[G]]$ の係数を加えたものが $\chi(\bar{X})$ と等しい．∎

**注意 14.12**

(1) 上の定理の後半は，次のように初等的にも示すことができる．

単体分割を用いると，Euler 数は，偶数次元の単体の個数から奇数次元の単体の個数を引いた差と一致する．$X$ の単体分割であって，$X^G$ の単体分割を $G$ 不変

に拡張したものを用いるなら，半自由な作用においては $X^G$ の外の単体は，必ず $m$ 個ずつ $G$ の軌道として現われる．このとき，等式 $m(\chi(\bar{X})-\chi(X^G))=\chi(X)-\chi(X^G)$ は明らかであろう．単体分割の代わりに，Morse関数を用いても同様の議論ができる．

(2) これまで $\mathbb{R}$ を係数とするコホモロジーを $G$ の表現空間としか考えてこなかった．しかし，コホモロジー環の構造や整数係数のコホモロジーまで考慮すると，定理14.11よりも良い結果が得られる場合がある．$G$ 符号数定理を合わせて用いるのは1つの方法であり，次の小節において $X$ が4次元の場合に考察する．また，整数係数のコホモロジーを考慮する考察については，次の演習問題を参照のこと．

**演習問題 14.13**

(1)　$G$ の位数が素数 $p$ であると仮定する．$b_k(\bar{X})=0$ であるとき $b_k(X)$ は $p-1$ で割り切れることを示せ．

(2)　さらに，$X$ が $4n$ 次元の向き付けられた閉多様体であり，$G$ の位数 $p$ は奇素数であって $G$ 作用は向きを保ち，しかも $k$ が中間次元 $2n$ に等しいと仮定する．このとき $b_{2n}(X)-b_{2n}(X^G)$ は $2p$ で割り切れることを次の順序で示せ．

(a)　$\zeta$ を1の原始 $p$ 乗根とするとき，等号成立の下で $H^{2n}(X,\mathbb{Z})/\{$ねじれ元$\}$ は $\mathbb{Z}[\zeta]$ 上の加群となり，$\mathbb{Z}[\zeta]$ の $s$ 個のイデアル $I_1, I_2, \cdots, I_s$ に対して直和 $\bigoplus I_i$ と同型になる．ここで $s=b_{2n}(X)/(p-1)$ である．

(b)　$\bigoplus I_i$ 上の $G$ 作用で不変な $\mathbb{Z}$ 値二次形式 $B$ は，$\mathbb{Q}(\zeta)$ の要素を成分とするHermite行列 $(\alpha_{ij})$ によって $B((a_i),(b_i))=\mathrm{trace}\sum_{ij}\alpha_{ij}a_i\bar{b_j}$ と書ける．ここで trace は体の拡大 $\mathbb{Q}(\zeta)/\mathbb{Q}$ に関するトレースである．

(c)　$\mathfrak{p}$ を $(1-\zeta)$ によって生成される $\mathbb{Z}[\zeta]$ の素イデアルとする．$B$ がユニモジュラーであるとすると，$\prod_i(\mathfrak{p}I_i\bar{I}_i)=(\det(\alpha_{ij})^{-1})$ が成立する．ただし，$\bar{I}_i$ は $I_i$ の複素共役である．

(d)　上の等式の両辺の(体の拡大 $\mathbb{Q}(\zeta)/\mathbb{Q}$ に関する)ノルムを比較すると，$s$ が偶数であるとわかる．　□

**4 次元の場合**

上の一般論の特別な場合として，4 次元閉多様体に巡回群が半自由に作用している場合を 2 通り考える．

$G$ を，$\alpha_0$ を生成元とする位数 $m$ の巡回群とする．$G$ の複素 1 次元の表現は $k=0,1,\cdots,m-1$ に対して

$$\rho^k\colon \alpha_0 \mapsto e^{2\pi ki/n} \tag{14.2}$$

と表示される．

**命題 14.14**　$X$ は 4 次元の向き付けられた閉多様体であり，$\Sigma$ は埋め込まれた種数 $g$ の閉曲面であって次の条件が成立すると仮定する．

（1）　$X$ には位数 $m$ の巡回群 $G$ が向きを保って半自由に作用し，固定点集合は $\Sigma$ である．

（2）　$b_1(X)=b_3(X)=0$ をみたす．

このとき，$G$ の表現空間として

$$[H^2(X)\otimes\mathbb{C}] = \left(\frac{b_2(X)+2g}{m}-2g\right)\rho^0 \oplus \frac{b_2(X)+2g}{m}\sum_{k=1}^{m-1}\rho^k$$

が成立する．

［証明］　$\Sigma$ の Euler 数が $2-2g$ であることと，正則表現 $\mathbb{C}[G]$ が和 $\sum_{k=0}^{m-1}\rho^k$ と同型であることからわかる．∎

**命題 14.15**　$X$ は 4 次元の向き付けられた閉多様体であり，次の条件が成立すると仮定する．

（1）　$X$ には位数 $m$ の巡回群 $G$ が向きを保って半自由に作用し，固定点集合は有限個の点である．

（2）　$b_1(X)=b_2(X)=b_3(X)=0$ をみたす．このとき $X$ を**有理ホモロジー 4 球面**(rational homology 4-sphere)という．

このとき，固定点集合は 2 点からなる．

［証明］　固定点集合の Euler 数が $X$ の Euler 数と等しいことからわかる．∎

命題 14.14 の方は，本質的に巡回分岐被覆に関する命題である．ただし，

仮定としておかれる条件は，巡回分岐被覆の全空間 $X$ の Betti 数に関するものである．

**注意 14.16**　補題 14.3 により，各 $k$ に対して，もし $b_k(X)=0$ であれば $b_k(\bar{X})=0$ となる．

### 商空間上のデータによる表示

定理 14.11 を書き換えると次のようになる．

**命題 14.17**　閉多様体 $X$ 上に位数 $m$ の群 $G$ が半自由に作用しているとする．$\bar{X}=X/G$ とおくと，$K_G(\mathrm{pt})$ の中の等式

$$\sum_{k=0}^{\dim X}(-1)^k[H^k(X)]=\chi(X^G)[\rho^0]+(\chi(\bar{X})-\chi(X^G))\mathbb{C}[G] \tag{14.3}$$

が成立する．　□

これの特別な場合として，命題 14.14，命題 14.15 と類似するが少々それらを変形した命題を述べておく．

**命題 14.18**　$X$ は 4 次元の向き付けられた閉多様体であり，$\Sigma$ は埋め込まれた種数 $g$ の閉曲面であって次の条件が成立すると仮定する．

（1）　$X$ には位数 $m$ の巡回群 $G$ が向きを保って半自由に作用し，固定点集合は $\Sigma$ である．$\bar{X}=X/G$ とおく．

（2）　$b_1(\bar{X})=b_3(\bar{X})=0$ をみたす．

このとき，$K_G(\mathrm{pt})$ の要素として

$$\sum_{k=0}^{4}(-1)^k[H^k(X)\otimes\mathbb{C}]=(b_2(\bar{X})+2)\rho^0+(b_2(\bar{X})+2g)\sum_{k=1}^{m-1}\rho^k$$

が成立する．　□

**命題 14.19**　$X$ は 4 次元の向き付けられた閉多様体であり，次の条件が成立すると仮定する．

（1）　$X$ には位数 $m$ の巡回群 $G$ が向きを保って半自由に作用し，固定点集合は有限個の点である．$\bar{X}=X/G$ とおく．

（2）　$b_1(\bar{X})=b_2(\bar{X})=b_3(\bar{X})=0$ をみたす．このとき $X$ を**有理ホモロジー 4 球面**(rational homology 4-sphere)という．

さらに固定点集合がちょうど2点からなるとき，$K_G(\mathrm{pt})$ の要素として

$$\sum_{k=0}^{4}(-1)^k[H^k(X)\otimes\mathbb{C}]=2\rho^0$$

が成立する． □

**注意 14.20**

(1) 命題14.18は本質的に，巡回分岐被覆に関する命題である．ただし，仮定としておかれる条件は，巡回分岐被覆の底空間 $\bar{X}$ の Betti 数に関するものである．

(2) 命題14.19は本質的に，同型な基本群をもつ2つのレンズ空間の同境に関する命題である．

## §14.3　$G$ 符号数定理とその応用

$X$ が $4k$ 次元の向き付けられた閉多様体上であるとき，$H^{2k}(X)$ 上にはカップ積と $X$ 上の積分によって非退化二次形式 $Q\colon H^{2k}(X)\times H^{2k}(X)\to\mathbb{R}$ が定義されていた．$X$ にコンパクト Lie 群 $G$ が向きを保って作用するとき，$G$ 不変な分解 $H^{2k}(X)=H^+\oplus H^-$ が存在し，$H^+$ 上で $Q$ は正定値，$H^-$ 上で $Q$ は負定値となる．$[H^+]-[H^-]$ を $K_G(\mathrm{pt})$ の要素として与える公式は **$G$ 符号数定理**（$G$-signature theorem）とよばれる．

具体的には $G$ の各要素 $g$ に対して $\mathrm{trace}(g|H^+)-\mathrm{trace}(g|H^-)$ は次のように計算される．簡単のため，固定点集合 $X^g$ が向き付け可能であると仮定する．このとき $X^g$ の法束 $\nu_g$ も向き付け可能である．両者に，$X$ の向きと両立する向きを固定しておく．以下の計算の過程において，$X$ の接束 $TX$ と $X^g$ の接束 $TX^g$ および法束 $\nu^g$ がいずれも階数が偶数でスピン構造をもち，$g\in G$ の作用がスピン構造に持ち上がっていると仮定する．なお，計算の結論の式を Pontrjagin 類を使って書き下すとスピン構造に依存しない形になる．実は，このように定式化しておくとスピン構造をもたない場合にも結論が成立することが，§8.2と同様の議論からわかる．

符号数作用素は，$X$ のスピノル束 $S(X)=S^0(X)\oplus S^1(X)$ を係数とする

Dirac 作用素とみなすことができた．従って，群作用がない場合の指数(符号数)は，$\mathcal{L}(X)=\hat{A}(X)\,\mathrm{ch}(S(X))$ の積分として表わされた(定理 8.59, Hirzebruch の符号数定理)．スピノル束の乗法性により，

$$[S^0(X)\pm S^1(X)]|X^g=[S^0(\nu^g)\pm S^1(\nu^g)][S^0(X^g)\pm S^1(X^g)]$$

であった．従って定理 12.12 により，$\nu^g$ の階数を $n^g$ とすると

$$\begin{aligned}\mathrm{trace}(g|H^+)-\mathrm{trace}(g|H^-)&=(-1)^{n^g/2}\int_{X^g}\frac{\mathrm{ch}_g(S(X))}{\mathrm{ch}_g(S^0(\nu^g)-\mathrm{ch}_g(S^1(\nu^g))}\hat{A}(X^g)\\&=(-1)^{n^g/2}\int_{X^g}\frac{\mathrm{ch}_g(S^0(\nu^g))+\mathrm{ch}_g(S^1(\nu^g))}{\mathrm{ch}_g(S^0(\nu^g))-\mathrm{ch}_g(S^1(\nu^g))}\mathcal{L}(X^g)\end{aligned}$$

となる．$\nu^g$ が(上の計算で用いたスピン構造とは別に)$g$ 不変な $Spin^c$ 構造をもつとき，この $Spin^c$ 束に対応するスピノル束を $W^0(\nu^g)\oplus W^1(\nu^g)$ とおくと，$k=0,1$ に依存しない同一の複素直線束 $L$ に対して $W^k(\nu^g)=S^k(\nu^g)\otimes L$ と書くことができた(命題 2.38)．従って，$S^k(\nu)$ の代わりに $W^k(\nu)$ を用いても，上の最後の式の分母分子の $\mathrm{ch}_g(L)$ が相殺するので結果は同じになる．

**定理 14.21** (*G* 符号数定理，Atiyah–Singer [25])　$\nu^g$ が $g$ 不変な $Spin^c$ 構造をもち，対応するスピノル束が $W^0(\nu^g)\oplus W^1(\nu^g)$ であるとき，次式が成立する．

$$\begin{aligned}&\mathrm{trace}(g|H^+)-\mathrm{trace}(g|H^-)\\&\quad=(-1)^{n^g/2}\int_{X^g}\frac{\mathrm{ch}_g(W^0(\nu^g))+\mathrm{ch}_g(W^1(\nu^g))}{\mathrm{ch}_g(W^0(\nu^g))-\mathrm{ch}_g(W^1(\nu^g))}\mathcal{L}(X^g).\end{aligned}$$

□

たとえば，$\nu^g$ が複素ベクトル束の構造をもち，$g$ がその構造を保つとき，$\nu^g$ を複素ベクトル束とみなしたものを $\nu^g_{\mathbb{C}}$ と書くなら

$$\mathrm{ch}_g(W^0(\nu^g))\pm\mathrm{ch}_g(W^1(\nu^g))=\mathrm{ch}_g(\wedge_{\pm1}\nu^g_{\mathbb{C}})$$

を利用することができる．

**注意 14.22**　$\nu^g$ が $Spin^c$ 構造をもたない場合，さらに向きすらもたない場合についての議論は [25] を参照のこと．

以下，$X$ が 4 次元で $G$ が巡回群で，作用が半自由な場合について $G$ 符号数定理からの帰結を考察する．

このとき固定点集合 $X^G$ の連結成分は 0 次元か 2 次元のいずれかである($x$ を $X^G$ の 1 点とするとき，$x$ における $X^G$ の法方向への $G$ 作用が向きを保ち，0 以外に固定点をもたないことからわかる).

これらの典型的な場合を考察する.

### (a)　dim $\boldsymbol{X}=4$, dim $\boldsymbol{X}^G=0$ の場合

$X$ が向きの与えられた 4 次元閉多様体であり，有理数係数のホモロジーが 4 次元球面のものと同型であるとき，$X$ を**有理ホモロジー 4 球面**(rational homology 4-sphere)という．条件は

- $b_1(X)=b_2(X)=b_3(X)=0$,
- de Rham コホモロジー $H^\bullet(X)$ が $H^\bullet(S^4)$ と同型であること

のいずれとも同値である.

また，整数係数のホモロジーが 4 次元球面のものと同型であるとき，$X$ を**ホモロジー 4 球面**(homology 4-sphere)という．条件は，有理ホモロジー球面であってしかも $H_1(X,\mathbb{Z})$ にねじれ元がないことと同値である.

$X$ が有理ホモロジー 4 球面であり，位数 $m$ の巡回群 $G$ が向きを保って作用していたとする．$G$ の生成元 $\alpha_0$ に対して，固定点集合 $X^{\alpha_0}$ は $X^G$ と一致する．$G$ は $X$ のコホモロジーには自明に作用する．従って，Lefschetz の固定点定理から，$X^G$ の Euler 数は $X$ の Euler 数 2 と一致する．特に，もし $X^G$ が有限個の点からなる場合には，その個数は 2 でなくてはならない.

さらに $G$ 作用が半自由であると仮定して，2 つある固定点のまわりでの $G$ 作用を調べることにする.

まず，典型的な例を挙げる.

**例 14.23**　$S^3$ 上の自由な巡回群作用の懸垂によって $S^4$ 上の作用を作る．$\mathbb{C}^2$ の 2 つのコピー $\mathbb{C}^2_0, \mathbb{C}^2_\infty$ を，写像 $\phi\colon \mathbb{C}^2_0\setminus\{(0,0)\}\to\mathbb{C}^2_\infty\setminus\{(0,0)\}$,

$$\phi(re^{i\theta_0}, re^{i\theta_1}) = (r^{-1}e^{i\theta_0}, r^{-1}e^{i\theta_1})$$

によって貼り合わせたものを $X$ とおくと，$X$ は $S^4$ である．$\phi$ は向きを逆にする写像であるが，$X$ の向きは $\mathbb{C}^2_0$ の向きによって定義しておく．$G$ を $\omega^m=1$ となる複素数 $\omega$ の全体のなす位数 $m$ の巡回群とする．$a,b$ を $m$ と素な整

数とする．$\mathbb{C}_0^2, \mathbb{C}_\infty^2$ 上の $G$ 作用を，いずれも

$$\omega \cdot (z, w) = (\omega^a z, \omega^b w)$$

によって定義すると，これは $\phi$ によって貼り合って $X$ 上の半自由な $G$ 作用を定める． □

一般の場合にも，2つの固定点のまわりの $G$ 作用が同様の性質をもつことを証明しよう．

**定理 14.24** (Atiyah–Bott)　$X$ が有理ホモロジー4球面であり，位数 $m$ の巡回群 $G$ が半自由に作用し，$X^G$ が2点 $x_0, x_\infty$ からなると仮定する．このとき，向きを逆にするある線形同型 $(TX)_{x_0} \to (TX)_{x_\infty}$ が存在して，$G$ の実表現空間としての同型を与えている．

［証明］　$\omega^m = 1$ をみたす複素数 $\omega$ のなす乗法群と $G$ との同型を1つ固定して同一視する．

向きを保つ適当な線形同型 $(TX)_{x_0} \cong \mathbb{C}^2$ を用いて $(TX)_{x_0}$ 上の $G$ 作用を

$$\omega \cdot (z, w) = (\omega^{a_0} z, \omega^{b_0} w)$$

と書く．同様に，向きを逆にする適当な線形同型 $(TX)_{x_\infty} \cong \mathbb{C}^2$ を用いて $(TX)_{x_0}$ 上の $G$ 作用を

$$\omega \cdot (z, w) = (\omega^{a_\infty} z, \omega^{b_\infty} w)$$

と書く．このとき，$G$ 作用が半自由であることから，$a_0, b_0, a_\infty, b_\infty$ は $m$ と素な整数である．

このとき $G$ 符号数定理から，$\omega \neq 1$ に対して

$$\mathrm{trace}(\omega | [H^+] - [H^-]) = \frac{1+\omega^{a_0}}{1-\omega^{a_0}} \frac{1+\omega^{b_0}}{1-\omega^{b_0}} - \frac{1+\omega^{a_\infty}}{1-\omega^{a_\infty}} \frac{1+\omega^{b_\infty}}{1-\omega^{b_\infty}}$$

が成立する．$X$ が有理ホモロジー4球面であるので左辺は0である．定理の主張は $\mathbb{Z}_m \times \mathbb{Z}_m$ の要素として

$$(a_\infty, b_\infty) = (a_0, b_0),\ (b_0, a_0),\ (-a_0, -b_0),\ (-b_0, -a_0) \mod m$$

のいずれかが成立することである．これは次の補題からわかる． ∎

**補題 14.25**　$0 < a_0, b_0, a_\infty, b_\infty < m$ を $m$ と互いに素な整数とする．$\omega^m = 1$ をみたすすべての $\omega \neq 1$ に対して

$$\frac{1+\omega^{a_0}}{1-\omega^{a_0}}\frac{1+\omega^{b_0}}{1-\omega^{b_0}}=\frac{1+\omega^{a_\infty}}{1-\omega^{a_\infty}}\frac{1+\omega^{b_\infty}}{1-\omega^{b_\infty}}$$

が成立したとする．このとき，次の4通りの可能性

$$(a_\infty,b_\infty)=(a_0,b_0),\ (b_0,a_0),\ (m-a_0,m-b_0),\ (m-b_0,m-a_0)$$

のいずれかである．

［証明］ $m=2$ のときには結論は自明である．以下 $m>2$ と仮定する．$\alpha=a_0+b_0+a_\infty+b_\infty$ とおく．必要ならば，$a_0,b_0,a_\infty,b_\infty$ を $m-a_0,m-b_0,m-a_\infty,m-b_\infty$ に置き換えることにより，一般性を失わずに $\alpha\leqq 2m$ と仮定できる．多項式 $f(x)$ を

$$\begin{aligned}(14.4)\qquad f(x)&=\frac{1}{2}\{(1+x^{a_0})(1+x^{b_0})(1-x^{a_\infty})(1-x^{b_\infty})\\&\qquad-(1+x^{a_\infty})(1+x^{b_\infty})(1-x^{a_0})(1-x^{b_0})\}\\&=x^{a_0}+x^{b_0}-x^{a_\infty}-x^{b_\infty}+x^{b_0+a_\infty+b_\infty}\\&\qquad+x^{a_0+a_\infty+b_\infty}-x^{a_0+b_0+b_\infty}-x^{a_0+b_0+a_\infty}\end{aligned}$$

とおくと，仮定から $f(x)$ は $\omega^m=1$ となる $\omega$ に対して0となる．($x=1$ も零点であることに注意せよ.) 従って，$f(x)$ は $1-x^m$ で割り切れる．

このとき $f(x)$ の次数は $2m$ 未満である．すると，$f(x)$ が $1-x^m$ で割り切れるので，$f(x)=\sum_{0\leqq i<2m}A_ix^i$ とおくとき，$0\leqq i<m$ に対して $A_i+A_{i+m}=0$ となる．

$A_{a_0}$ に注目する．

$A_{a_0}\leqq 0$ の場合．式(14.4)の最右辺において，$+x^{a_0}$ はマイナスの項と相殺しなくてはならない．$-x^{a_0+b_0+b_\infty}$ と $-x^{a_0+b_0+a_\infty}$ は次数が $a_0$ より大きいので相殺し得ない．従って，$-x^{a_\infty}$ または $-x^{b_\infty}$ と相殺するしかない．

$A_{a_0}\geqq 1$ の場合．$A_{a_0+m}\leqq -1$ となるので，式(14.4)の最右辺の項として $-x^{a_0+m}$ が現われなくてはならない．$-x^{a_\infty}$ と $-x^{b_\infty}$ は次数が $m$ より小さいのでこの形をしていない．従って，$-x^{a_0+b_0+b_\infty}$ または $-x^{a_0+b_0+a_\infty}$ がこの形をしているはずである．

まとめると，$a_0=a_\infty$, $a_0=b_\infty$, $a_0+m=a_0+b_0+b_\infty$, $a_0+m=a_0+b_0+a_\infty$ の

いずれかが成立している．たとえば最後の場合を考察しよう．

このとき $a_\infty = m - b_0$ であり，

$$f(x)-(1-x^m)(x^{a_0}-x^{b_\infty}) = x^{b_0} - x^{m-b_0} + x^{a_0+m-b_0+b_\infty} - x^{a_0+b_0+b_\infty}$$

となる．これが $1-x^m$ で割り切れることから，$A_{b_0}$ について同様の考察をすると，$b_0 = m-b_0$ あるいは $b_0+m = a_0+b_0+b_\infty$ のいずれかが成立することがわかる．もし前者が成立すると仮定すると，$2<m=2b_0$ と $b_0$ とは互いに素であることになり，矛盾する．従って，後者，すなわち $b_\infty = m-a_0$ が成立しなくてはならない．

他の3通りの場合も同様である． ∎

**注意 14.26**　上の定理 14.24 は，やはり $G$ 符号数定理を用いて高次元に拡張される．[15] 参照．

### レンズ空間の分類

定理の系として，2つのレンズ空間が微分同相になる条件がわかる．

**定義 14.27**

（1） $m$ を自然数，$a, b$ を $m$ と素な整数とする．(実は $a \mod m$，$b \mod m$ だけが必要である．) このとき $G$ を，$\omega^m = 1$ をみたす複素数のなす乗法群とし，$G$ の $\mathbb{C}^2$ への半自由な作用を

$$\omega\cdot(z,w) = (\omega^a z, \omega^b w) \tag{14.5}$$

によって定義する．このとき，$S^3 = \{(z,w) \mid |z|^2+|w|^2 = 1\}$ の商空間 $S^3/G$ は3次元多様体となる．それを $L(m;a,b)$ と書き**レンズ空間**(lens space)とよぶ．レンズ空間には，$S^3$ の向きから決まる自然な向きが存在する．ただし，$S^3$ の向きは，$D^4 = \{(z,w) \mid |z|^2+|w|^2 \leqq 1\}$ の境界としての向きをとる．

（2） 特に $L(m;a,1)$ を $L(m,a)$ と書く． □

$L(m;a,b)$ は，$c$ を $a \equiv bc \mod m$ となるようにとると，$L(m,c)$ と微分同相である．

位数 $m$ の巡回群 $G$ が4次元多様体 $X$ に向きを保って半自由に作用しているとき，孤立固定点のまわりで群作用は，必ず式(14.5)の形をしている．従

って，孤立固定点しかもたない場合には，$X$ から孤立固定点のまわりの開円板を除いたものを $\hat{X}$ とおくと，$\hat{X}/G$ は，孤立固定点の個数だけのレンズ空間を境界とする, 境界付多様体となっている.

**定理 14.28**　$L(m_0; a_0, b_0)$, $L(m_\infty; a_\infty, b_\infty)$ が向きを保って微分同相であるための必要十分条件は次の 2 つの条件が成立することである.

（1）　$m_0 = m_\infty$,

（2）　$a_0b_0 \equiv a_\infty b_\infty \mod m_0$ または $a_0b_\infty \equiv a_\infty b_0 \mod m_0$.

［証明］　十分であることは，$a, b, c$ が $m$ と素であるとき，$L(m; a, b)$ と $L(m; ca, cb)$，$L(m; cb, ca)$ が向きを保って微分同相であることから明らかである.

必要であることを証明する. $\phi\colon L(m_0; a_0, b_0) \to L(m_\infty; a_\infty, b_\infty)$ が向きを保つ微分同相であるとする. $L(m_0; a_0, b_0)$, $L(m_\infty; a_\infty, b_\infty)$ の基本群を $G_0$, $G_\infty$ とおくと，これらの間に $\phi$ から誘導される同型 $G_0 \to G_\infty$ が定まる. 特に，それらの位数 $m_0, m_\infty$ は等しい. また普遍被覆間の微分同相 $\tilde{\phi}\colon S^3 \to S^3$ が定まる. この $\tilde{\phi}$ によって 2 つの $D^4$ を貼り合わせたものを $X$ とおく. すると，$X$ はホモロジー 4 球面であり，$G_0(\cong G_\infty)$ が半自由に作用している. 従って，定理 14.24 により，同型 $G_0 \to G_\infty$, $\omega_0 \mapsto \omega_\infty$ を経由して，2 つの 4 次元実表現

$$\omega_0 \to \begin{pmatrix} \omega_0^{a_0} & 0 \\ 0 & \omega_0^{b_0} \end{pmatrix}, \quad \omega_\infty \to \begin{pmatrix} \omega_\infty^{a_\infty} & 0 \\ 0 & \omega_\infty^{b_\infty} \end{pmatrix}$$

の間には向きを保つ同型が存在する. これを言い換えると求める主張になる.

∎

### (b)　レンズ空間の間のホモロジー同境

これまでは，多様体に有限群作用がある設定を出発点として考察してきた. これから，有限群作用の商にあたる設定を出発点として考えてみる.

$\bar{X}$ を，境界のあるコンパクト 4 次元多様体であって，境界が 2 つのレンズ空間 $L(m; a_0, b_0)$, $L(m; a_\infty, b_\infty)$ からなるものとする. さらに次の仮定をおく.

（1）　$\bar{X}$ には向きが与えられており，この向きに関して

$$\partial \bar{X} = L(m; a_0, b_0) \coprod -L(m; a_\infty, b_\infty)$$

が成立する.

（2）　ホモロジーの間の写像

$$H_\bullet(L(m; a_0, b_0), \mathbb{Z}) \to H_\bullet(\bar{X}, \mathbb{Z}),$$
$$H_\bullet(L(m; a_\infty, b_\infty), \mathbb{Z}) \to H_\bullet(\bar{X}, \mathbb{Z})$$

はいずれも同型である.

**定義 14.29**　上の条件がみたされるとき，$\bar{X}$ を $L(m; a_0, b_0)$, $L(m; a_\infty, b_\infty)$ の間の**ホモロジー同境**(homology cobordism)という．また，整数係数のホモロジーを有理数係数のホモロジーに置き換えた条件をみたすものを**有理ホモロジー同境**(rational homology cobordism)という. □

典型的な例は，有理ホモロジー4球面 $X$ に，巡回群 $G$ が2点の孤立固定点のみをもって半自由に作用しているとき，$X$ から孤立固定点のまわりの開円板を除いたものを $\hat{X}$ とおくと，$\bar{X} := \hat{X}/G$ は2つのレンズ空間の間の有理ホモロジー同境である.

しかし，すべての有理ホモロジー同境がこのようにして得られるわけではない．さらに強く，ホモロジー同境であると仮定しても，このように得られるとは限らない.

試みに，$\bar{X}$ がレンズ空間の間のホモロジー同境であるとして，上と逆の構成をたどって $X$ を再現しようとしてみる．まず，$H_1(\bar{X}, \mathbb{Z})$ は巡回群であるから，その位数を $m$ とおくとき，$\bar{X}$ の $m$ 重巡回被覆 $\hat{X}$ が存在する．$\hat{X}$ の境界は2つの $S^3$ からなり，そこに各々 $D^4$ を貼りつけたものを $X$ とおく. $X$ は自然な向きをもつ4次元閉多様体であり，位数 $m$ の巡回群が半自由に作用し，固定点は貼りつけた2つの $D^4$ の中心の2点である.

問題は，$X$ が有理ホモロジー4球面かどうかが不明である点である. Lefschetz 公式から $X$ の Euler 数が4次元球面の Euler 数と同じであることはわかる．従って，$X$ が有理ホモロジー4球面であるための必要十分条件は $b_1(\hat{X}) = 0$ である．しかし，これは $\bar{X}$ を出発点として見る立場からは，次の意味で非アーベル的な条件である:

$\bar{X}$ の基本群を $\Gamma$ とおく．$\Gamma$ の交換子群を $\Gamma'$ とおき，さらに $\Gamma'$ の交換子

群を $\Gamma''$ とおくと,

$$\Gamma/\Gamma' = H_1(\bar{X}), \quad \Gamma'/\Gamma'' = H_1(\hat{X})$$

である. $\Gamma/\Gamma'$ はいわば「アーベル的な情報」であるが, $\Gamma'/\Gamma''$ は「非アーベル的な情報」である.

特別な場合には, この「非アーベル的な情報」を直接考察することによって, $X$ が有理ホモロジー 4 球面になることを示せる. 次の定理はこのような議論によって示される.

**定理 14.30** (Gilmer–Livingston [58])　2 つのレンズ空間の間にホモロジー同境があり, そのレンズ空間の基本群の位数が素数のベキであるとする. このときその 2 つのレンズ空間は微分同相である.

[証明]　上の構成において $X$ が有理ホモロジー球面であることがわかれば, 定理 14.24 を適用することができる. 結局, $\bar{X}$ の基本群を $\Gamma$ とおくとき, $\Gamma'/\Gamma''$ がねじれ元だけからなることを示せばよい. 一般に, $\Gamma$ が有限生成の群であり, $\Gamma/\Gamma'$ が素数のベキを位数とする巡回群であるとき, $\Gamma'/\Gamma''$ がねじれ元だけからなることが次に述べる補題からわかる. ∎

非アーベル的な情報に関する補題を, 上の定理の証明に必要な形より少々強い形で示しておく.

**補題 14.31** ([120], [68])　群 $\Gamma$ の交換子群を $\Gamma' = [\Gamma, \Gamma]$ とおく. $p$ を素数とする.

(1)　$\Gamma/\Gamma'$ が巡回群であると仮定する. $\Gamma'$ を含む部分群 $N$ に対して, 剰余群 $\Gamma/N$ が $p$ ベキ位数の巡回群であったとする. このとき $\Gamma'/N'$ の上で $p$ 乗写像は全射である.

(2)　さらに $\Gamma$ が有限生成であり, $\Gamma/\Gamma'$ が有限巡回群であると仮定する. このとき $N/N'$ は有限可換群となる.

[証明][*1]　$p$ 乗写像が全射であるような有限生成可換群の位数が有限であることに注意すると, 第二の主張は第一の主張からただちに出る($\Gamma/\Gamma'$ が有限巡回群で $\Gamma$ が有限生成なら $\Gamma'/\Gamma''$ も有限生成である).

---

*1　ここに述べる証明の定式化は, Kotschick の問に応えて筆者が与えたものである [78].

第一の主張を示す．

$N, N'$ は $G$ の正規部分群であることに注意する（$N$ は特性部分群である）．$\Gamma''$ は $N'$ に含まれるので $M := \Gamma'/N'$ は可換である．$M$ の演算を以後加法的に書くことにする．主張は $M/pM = 0$ となることである．

$\Gamma/\Gamma'$ の生成元を $g \mod \Gamma'$ とおくと，$\Gamma$ は $\Gamma'$ と $g$ によって生成される．$\Gamma/N$ の位数が $p^k$ であったとすると，$N$ は $\Gamma'$ と $g^{p^k}$ によって生成される．$g$ に関する共役によって加群 $M$ の自己準同型が誘導される．それを $A$ とおくと $A^{p^k} = 1$ となる（$g^{p^k} \in N$, $\Gamma' \subset N$ による）．一方，$\Gamma/N'$ の交換子群 $\Gamma'/N'$ は，$A-1$ の像 $\mathrm{Im}(A-1)$ と一致する（$h \in \Gamma'$ のとき，$ghg^{-1} \equiv h \mod \mathrm{Im}(A-1)$ である．一方，$\Gamma$ の任意の要素は $g^m h$, $h \in \Gamma'$ と書ける）．従って，$B := A-1$ とおくと，$B$ は全射である．$A, B$ は $M/pM$ 上の自己準同型 $\bar{A}, \bar{B}$ を誘導する．$\bar{A}$ は $\bar{A}^{p^k} = 1$ をみたし，$\bar{B}$ は全射となる．すると，$M/pM$ 上の自己準同型の等式として

$$0 = \bar{A}^{p^k} - 1 = (1 + \bar{B})^{p^k} - 1 = (1^{p^k} + \bar{B}^{p^k}) - 1 = \bar{B}^{p^k}$$

が成立し，右辺は全射なので，$M/pM = 0$ でなくてはならない．∎

**注意 14.32**　特に，$\Gamma$ が有限生成であり，$\Gamma/\Gamma'$ が素数ベキ位数巡回群であるとき，$\Gamma'/\Gamma''$ は有限可換群となる．この命題は，「素数ベキ」の条件を落とすと成立しない．実際，次のようにして反例を構成できる．$\zeta$ を 1 の原始 $n$ 乗根とすると，$\mathbb{Z}[\zeta]$ は階数 $\phi(n)$ の自由加群である（$\phi(n)$ は Euler 関数である）．加法群 $\mathbb{Z}[\zeta]$ と，それに乗法的に作用する有限巡回群 $\langle\zeta\rangle$ との半直積を $\Gamma$ とおく．$n$ が素数のベキではないとき，$\zeta-1$ は単数であることが知られている（$\zeta$ を解とする円分多項式に 1 を代入すると $\pm 1$ になるということである）．このとき，$\Gamma' = \mathbb{Z}[\zeta]$, $\Gamma'' = 0$ となる．

**注意 14.33**　補題 14.31 を十分に用いるなら，定理 14.30 の仮定は少し弱めることができる．正確な定式化は読者に委ねよう．

### (c)　dim $X = 4$, dim $X^G = 2$ の場合

4 次元の向き付けられた閉多様体 $X$ 上に位数 $m$ の巡回群 $G$ が（向きを保って）半自由に作用し，固定点集合が閉曲面 $\Sigma$ であったとする．$\Sigma$ の自己交叉数を $\Sigma \cdot \Sigma$ とおく．

$\Sigma$ の法束 $\nu$ を複素直線束とみなすとき，$G$ は $\nu$ 上に 1 の $m$ 乗根の全体の積として作用する． $\exp(2\pi i/m)$ の積に対応する要素を $\alpha_0$ とおく．

式(14.2)の記号を用いると，$K_G(\mathrm{pt})$ の要素として $[H^+]-[H^-]$ は，

$$[H^+]-[H^-]=\sum_{k=0}^{m-1}a_k\rho_k$$

と表わすことができる．ここで $a_0, a_1, \cdots, a_{m-1}$ は整数である．商空間を $\bar{X}:=X/G$ とおく．

**命題 14.34**

(1)
$$\mathrm{sign}(\bar{X})=\frac{1}{m}\,\mathrm{sign}(X)+\frac{m^2-1}{3m}\Sigma\cdot\Sigma,$$

(2)
$$a_k=\mathrm{sign}(\bar{X})-\frac{2k(m-k)}{m}\Sigma\cdot\Sigma.$$
□

証明の前に，命題の内容について少し説明をしておく．

$\mathrm{sign}(\bar{X})$, $a_k$ が整数になることは，$\mathrm{sign}(X)$, $\Sigma\cdot\Sigma$, $m$ に関する自明でない条件となる．また，明らかに不等式

$$\sum_{k=0}^{m-1}|a_k|\leqq b_2(X)$$

が成立しなくてはならないが，これも自明でない不等式である．

［証明］　まず，補題 14.3 から $a_0=\mathrm{sign}(\bar{X})$ がわかる．

$G$ 符号数定理(定理 14.21)を適用すると $l\neq 0 \mod m$ であるとき

$$\mathrm{trace}(\alpha_0^l|[H^+]-[H^-])=\mathrm{cosec}^2(\pi l/m)\int_\Sigma c_1(\nu)$$

となることがわかる．右辺の積分は，$\Sigma$ の自己交叉数に等しい．また $l=0$ のときには左辺は定義から $\mathrm{sign}(X)$ と等しい．上の命題は本質的にこれらの言い換えにすぎない．指標の直交関係を用いると(すなわち，有限可換群 $G$ の上の関数に対して Fourier 変換を行うと)

$$a_k=\frac{1}{m}\sum_{l=0}^{m-1}e^{-2\pi kl}\,\mathrm{trace}(\alpha_0^l|[H^+]-[H^-])$$

$$= \frac{\mathrm{sign}(X)}{m} + \frac{\Sigma\cdot\Sigma}{m}\sum_{l=1}^{m-1} e^{-2\pi kl}\operatorname{cosec}^2(\pi l/m)$$
$$= \frac{\mathrm{sign}(X)}{m} - \frac{4\Sigma\cdot\Sigma}{m}\sum_{\omega^m=1,\,\omega\neq 1}\frac{\omega^{1-k}}{(\omega-1)^2}.$$

ここで，$\omega=e^{i\theta}$ のとき $\operatorname{cosec}^2(\theta/2)=-4\omega/(\omega-1)^2$ であることを使った．右辺に現われる総和は，後で述べる補題によって $k(m-k)/2-(m^2-1)/12$ に等しい．これを代入した式から求める表示を得る．∎

証明の途中で出てきた計算を完結させよう．

**補題 14.35**　$k=0,1,\cdots,m-1,m$ に対して次式が成立する．

$$\sum_{\omega^m=1,\,\omega\neq 1}\frac{\omega^{1-k}}{(1-\omega)^2} = \frac{k(m-k)}{2} - \frac{m^2-1}{12}.$$
□

計算の1つの方法は，変数 $r$ を導入して，$\omega^{1-k}/(1-r\omega)^2$ の総和を $|r|<1$ に対して Taylor 展開によって求め，$r\to 1$ の極限をとることである．ここではそうではなく，有理1次微分形式の留数を利用して計算してみよう．

［証明］　$f=z^{1-k}/(z-1)^2$ とおく．$\omega^m=1$ をみたすすべての $\omega\neq 1$ に対する $f(\omega)$ の総和が求めるものである．

$\omega^m=1$, $\omega\neq 1$ となる $\omega$ に留数1の1位の極をもって，無限遠点に留数 $-(m-1)$ の1位の極をもつ有理1次微分形式が一意に存在する．これを $\phi$ とおくと，具体的には

$$\phi = d\log\frac{z^m-1}{z-1} = \sum_{\omega^m=1,\,\omega\neq 1}\frac{1}{z-\omega}dz$$

と書ける．$\omega\neq 1$ が $\omega^m=1$ をみたすとき，その点における $f\phi$ の留数は $f(\omega)$ に等しく，これらの総和が求めるものである．$f\phi$ は(1も含めて) $\omega^m=1$ となる $\omega$ と0にのみ極をもつ可能性がある．無限遠点は $f$ の零点であるから $f\phi$ は正則となる．すべての留数の和は0である．従って，$f\phi$ の0と1における留数の和のマイナスが求める値である．

$f\phi$ を $0,1$ のまわりで展開してみる．

(1)　$z=0$ のまわりの展開．まず，

$$f\phi = \frac{z^{1-k}}{(z-1)^2} d\log\frac{z^m-1}{z-1} = -\frac{mz^{m-k}}{(1-z)^2(1-z^m)}dz + \frac{z^{1-k}}{(1-z)^3}dz$$

と 2 つの項に分ける．右辺の第一項は $z=0$ で正則なので留数への寄与はない．第二項の $dz$ の係数が

$$\frac{z^{1-k}}{(1-z)^3} = \frac{z^{1-k}}{2}\left(\frac{d}{dz}\right)^2 \frac{1}{1-z} = \frac{z^{1-k}}{2}\sum_{i=2}^{\infty} i(i-1)z^{i-2}$$

と展開されることに注意すると，第二項の留数は $k(k-1)/2$ に等しい．

（2）　$z=1$ のまわりの展開．$z=1+w$ とおく．まず $\phi$ を展開してはじめの 2 項を求めると次のようになる．

$$\begin{aligned}
\phi &= d\log\frac{(1+w)^m-1}{mw} \\
&= d\log\left(1+\frac{m-1}{2}w+\frac{(m-1)(m-2)}{6}w^2+O(w^3)\right) \\
&= \frac{m-1}{2}\frac{1+\{2(m-2)/3\}w+O(w^2)}{1+\{(m-1)/2\}w+O(w^2)}dw \\
&= \frac{m-1}{2}\left(1+\frac{m-5}{6}w+O(w^2)\right)dw.
\end{aligned}$$

一方，$f$ を展開すると次のようになる．

$$f = \frac{(1+w)^{1-k}}{w^2} = \frac{1}{w^2}+\frac{1-k}{w}+O(1).$$

両者の積をとると

$$f\phi = \frac{m-1}{2}\left(\frac{1}{w^2}+\frac{m-6k+1}{6w}+O(1)\right)dw$$

となり，これの留数は $(m-1)(m-6k+1)/12$ である．

すると，$0,1$ における留数の和は

$$\frac{k(k-1)}{2}+\frac{(m-1)(m-6k+1)}{12} = -\frac{k(m-k)}{2}+\frac{m^2-1}{12}$$

となる．∎

Lefschetz の固定点定理と $G$ 符号数定理の情報をあわせると，次の定理がわかる．

**定理 14.36**　4次元の向き付けられた閉多様体 $X$ が $b_1(X)=b_3(X)=0$ をみたしていたと仮定する．$X$ 上に位数 $m$ の巡回群 $G$ が(向きを保って)半自由に作用し，固定点集合が種数 $g$ の連結な閉曲面は $\Sigma$ であったとする．$\Sigma$ の自己交叉数を $\Sigma\cdot\Sigma$ とおく．このとき $(b_2(X)+2g)/m$ は次の3個の値以上である．

$$\left|\frac{\mathrm{sign}(X)}{m}+\frac{m^2-1}{3m}\Sigma\cdot\Sigma\right|+2g,$$

$$\left|\frac{\mathrm{sign}(X)}{m}+\left(\frac{m^2-1}{3m}-\frac{2(m-1)}{m}\right)\Sigma\cdot\Sigma\right|,$$

$$\left|\frac{\mathrm{sign}(X)}{m}+\left(\frac{m^2-1}{3m}-\frac{m^2-\delta_m}{2m}\right)\Sigma\cdot\Sigma\right|.$$

ただし，$\delta_m$ は $m$ が偶数のとき0，$m$ が奇数のとき1とおく．さらに，これら4個の数はいずれも整数であり，偶奇が等しい．

［証明］　$K_G(\mathrm{pt})$ の要素として

$$[H^+]+[H^-]=\sum_{k=0}^{m-1}A_k\rho_k,\quad [H^+]-[H^-]=\sum_{k=0}^{m-1}a_k\rho_k$$

とおくと，$A_k\geqq|a_k|$ が成立し，両辺の差は偶数になる．$k=0,1,(m+\delta_m)/2$ に対して命題14.14と命題14.34からわかる $A_k, a_k$ を代入したものが定理である．∎

**注意 14.37**

上の証明では，群作用のある指数定理を de Rham 複体と符号数作用素に対して用いた結果を比べ合わせた．群作用のある指数定理の使用を一度ですます方法もある．そのためには，**Atiyah–Hitchin–Singer 複体**(Atiyah-Hitchin-Singer complex)(の特別な場合である)

$$0\to\Omega^0\to\Omega^1\to\Omega^+\to 0$$

を用いる．ただし，$\Omega^+$ は，「自己双対2次微分形式」の全体である．この方法は直接的であるが，実質的にはこれまでの議論の言い換えにすぎない．しかし，Atiyah–Hitchin–Singer 複体をいわば非線形化して得られる非線形微分作用素の考察は，きわめて強力な方法であることが知られている(反自己双対方程式，Seiberg–Witten 方程式)．

### (d)　埋め込まれた曲面の種数

上の定理 14.36 は，$b_2(X)$, $\mathrm{sign}(X)$, $\Sigma\cdot\Sigma$, $m$, $g$ を含む複雑な不等式であり，このままでは何をいっているのかわかりにくい．

もし，商空間 $\bar{X}$ だけの言葉で不等式を書き下せれば，もっとはっきりした命題になる．

だが，$\bar{X}$ の「アーベル的な情報」しか使わないとしたら，一般には難しい．というのは，$b_1(X)$ は $\bar{X}$ から見ると，「非アーベル的な情報」とみなされるからである．

しかし，補題 14.31 が適用できる状況であれば，$b_1(X)$ が消えていることがいえるので，具体的な結論が得られることが推測されるだろう．

実際，この方針により，Rochlin, Hsiang–Szczarba は 4 次元閉多様体に埋め込まれた曲面の種数の評価を行った*2．特にその評価はホモロジー $\mathbb{CP}^2$ に対して比較的見やすい形になる．

ホモロジー $\mathbb{CP}^2$ とは，整数係数ホモロジーが $\mathbb{CP}^2$ と同型である 4 次元の向き付けられた多様体である．そのような多様体は無限個ある．（実際，1 つのホモロジー $\mathbb{CP}^2$ にホモロジー 4 球面を連結和したものは再びホモロジー $\mathbb{CP}^2$ である．そしてホモロジー 4 球面の中には基本群が自明でないものがあると知られているので，$\mathbb{CP}^2$ から出発して次々そうした連結和をつくれば，基本群の異なるホモロジー $\mathbb{CP}^2$ の列ができあがる．）

$X$ がホモロジー $\mathbb{CP}^2$ である場合に結論を述べる．

**定理 14.38**（Rochlin, Hsiang–Szczarba）　$\bar{X}$ がホモロジー $\mathbb{CP}^2$ であり，$\bar{X}$ の中に埋め込まれた向き付けられた閉曲面 $\bar{\Sigma}$ の基本ホモロジー類 $[\Sigma]$ が生成元の $n$ 倍であったとする．このとき，$n$ の因子となっている任意の奇素数ベキ $m=p^k$ に対して，$\Sigma$ の種数 $g$ の次のような評価が成立する．

$$g \geqq \frac{n^2}{4}\left(1-\frac{1}{m^2}\right)-1.$$

□

---

*2　原論文では $\bar{X}$ の単連結性を仮定して述べられていた．Rochlin の評価は Hsiang–Szczarba のものより少し強かった．

方針は，$\bar{\Sigma}$ で分岐する $p^k$ 重の巡回分岐被覆 $X \to \bar{X}$ を構成し，$X$ に対して定理14.36を適用することである．

巡回分岐被覆は次のように構成する．

$\bar{X}$ に埋め込まれた曲面 $\Sigma$ は $\bar{X}$ 上のある複素直線束 $L$ の横断的な切断 $s$ の零点集合と一致する．$L$ の同型類は，ホモロジー類 $[\bar{\Sigma}]$ のみに依存して定まることが知られている．

**注意14.39**　一般に $m$ 次元の向き付けられた閉多様体 $Z$ に対して，加群 $H_{m-2}(Z,\mathbb{Z})$ は $Z$ 上の複素直線束の同型類全体がテンソルに関してなす可換群と同型である．これは，第一に，Poincaré 双対性による同型 $H_{m-2}(Z,\mathbb{Z}) \cong H^2(Z,\mathbb{Z})$，第二に，$H^2(Z,\mathbb{Z})$ が複素直線束の同型類の全体と(整数係数の第一 Chern 類を通じて)同一視されることの2つからの帰結である．

$s$ の像 $s(\bar{X})$ は $L$ の閉部分多様体であり，射影を通じて $X$ と同一視される．仮定から $L$ はある複素直線束 $L_0$ の $n$ 乗と同型である．$n$ 乗写像 $L_0 \to L$ による $s(\bar{X})$ の逆像を $X$ とおくと $X$ は $L_0$ の閉部分多様体の構造をもつ．$s(\Sigma)$ の逆像を $\tilde{\Sigma}$ とおくと，射影を通じて $\tilde{\Sigma}$ は $\Sigma$ と微分同相な $X$ の閉部分多様体である．$n$ 乗して1になる複素数の全体を $\mathbb{Z}_n$ とおくと，$\mathbb{Z}_n$ の $L_0$ への乗法的作用によって $X$ は不変である．商空間は $s(\bar{X}) \cong \bar{X}$ と同一視される．この作用は $\tilde{\Sigma}$ を不変にし，残りの部分に自由に作用する．要するに，射影 $X \to \bar{X}$ は $\Sigma$ で分岐する $n$ 重巡回被覆になっている．あるいは $n$ の約数 $p^k$ についても同様にして $p^k$ 重巡回被覆が構成される．

**注意14.40**　$L$ の具体的な構成の仕方は次の通りである．

(1) $\Sigma$ の管状近傍 $N$ は法束 $\nu$ の円板束 $D(\nu)$ と同一視しておく．

(2) $\pi\colon N \to \Sigma$ によって $\nu$ を引き戻したものは，$N = D(\nu)$ 上でトートロジカルな切断をもつ．その切断の零点は $\Sigma$ と一致している．零点以外の点で切断は複素直線束の自明化を与えている．

(3) 上の $N$ 上の複素直線束と $\bar{X}\backslash\Sigma$ 上の自明な直線束とを $N\backslash\Sigma$ 上の自明化を用いて貼り合わせ，$\bar{X}$ 上の複素直線束 $L$ を定義する．

［定理 14.38 の証明］　定理 14.30 と平行した議論である．定理 14.36 を適用する．そのために必要な $b_1(X\setminus\Sigma)=0$ は，補題 14.31 を $\Gamma=\pi_1(\bar{X}\setminus\Sigma)$, $N=\pi_1(X\setminus\Sigma)$ に対して適用すれば得られる． ∎

**注意 14.41**

(1) 定理 14.38 はホモロジーが $\mathbb{CP}^2$ と同型である任意の 4 次元多様体に対して成り立つ．しかし上の定理の評価は(一般には)最善ではない．

(2) 本当の $\mathbb{CP}^2$ に対しては，Kronheimer–Mrowka, Morgan–Szabó–Taubes によって今では最善の評価 $g \geqq (n-1)(n-2)/2$ が知られている．それを示すには Seiberg–Witten 方程式が必要であった．

## §14.4　その他の応用

これまで，de Rham 複体と符号数作用素に対して同変指数定理の応用例を述べた．最後に，複素多様体上の Dolbeault 複体とスピン多様体上の Dirac 作用素に対して同変指数定理の応用例を簡単に紹介する．

### (a)　Lie 群論への応用 II

コンパクト Lie 群の既約表現の指標を表示する Weyl の指標公式は，Borel–Weil 理論によれば Dolbeault 作用素の同変指数の公式として理解される．この小節ではこの議論に現われる微分作用素の構成を紹介する．

$G$ を連結なコンパクト Lie 群，$T$ をその極大トーラスとする．$G/T$ には $G$ が左から作用していた．作用を $T$ に制限すると，補題 14.6 によって固定点は有限個であった．従って，注意 14.10 によって，$G/T$ 上の $G$ 同変な Dirac 型作用素の同変指数は，これらの有限個の点のまわりの情報だけで書くことができる．

$G/T$ 上の $G$ 同変なベクトル束は，$T$ の有限次元表現 $V$ を用いて $(G\times V)/T$ の形に常に書かれることは容易にわかる．

$G/T$ の接束には次のように複素ベクトル束としての構造を入れることができる．$G,T$ の単位元における接空間(すなわち Lie 代数)を $\mathfrak{g},\mathfrak{t}$ とおく．$G/T$

の接束は実ベクトル束として $(G\times(\mathfrak{g}/\mathfrak{t}))/T$ と同型である．$\mathfrak{g}/\mathfrak{t}$ に複素ベクトル空間としての構造を入れる．ポイントは，$\mathfrak{g}/\mathfrak{t}$ を共役によって $T$ の表現空間とみるとき，自明な表現を含まないことである(これは補題14.6からわかる).

**補題 14.42**　トーラス $T$ の実表現空間 $V$ が自明な表現を含まないとき，$V$ には複素ベクトル空間としての構造であって，それによって $V$ が $T$ の複素表現空間となるものが存在する．(このような複素ベクトル空間としての構造は一意ではない.)

[証明]　自明でない実の既約表現に対して証明すればよい．トーラスの実既約表現は，自明な表現以外はすべて2次元であり，トーラスの作用は $SO(2)=U(1)$ の作用を経由していることからわかる．∎

この補題から，$G/T$ の接束に複素ベクトル束としての構造が入ることがわかる．それは一意ではなく，$\mathfrak{g}/\mathfrak{t}$ の上のような複素ベクトル空間としての構造のとり方に依存している．自然なとり方については後の注意14.43で述べるが，とりあえず1つの構造を選んで固定し，この複素ベクトル空間を $V_{\mathbb{C}}$ とおく．対応する複素ベクトル束を $\tilde{V}_{\mathbb{C}}$ とおく．

$G/T$ の接束を複素ベクトル束 $\tilde{V}_{\mathbb{C}}$ と同一視することに伴って，$Spin^c$ 構造が定まる．対応するスピノル束を $S$ とおくと，同型

$$S\cong\bigwedge{}^{\bullet}\tilde{V}_{\mathbb{C}}$$

が存在する．

$T$ の複素1次表現 $\rho$ を任意にとり，対応する $G/T$ 上の $G$ 同変複素直線束を $L_\rho$ とおく．このとき，$\mathbb{Z}_2$ 次数付 $G$ 同変 Clifford 加群 $S\otimes L_\rho$ の同変指数を求めることができる．詳細はたとえば[29]に譲る．

**注意 14.43**

(1) 実はさらに強く，$G/T$ には複素構造が入ることが知られている．これは次のようにしてわかる．$G$ の複素化とよばれる複素 Lie 群 $G_{\mathbb{C}}$ が存在し，$G_{\mathbb{C}}$ の複素 Lie 群としての極大可解部分群(**Borel 部分群**とよばれる)を適当にとり，それを $B$ とおくと，$T=G\cap B$ が成立し，$G/T=G_{\mathbb{C}}/B$ と同一視できる．右辺には自然な複素構造が入っている．

(2) $L_\rho$ は正則ベクトル束の構造が入る．これは，$\rho$ が $B$ の複素 Lie 群としての複素 1 次表現に拡張されることを用いて示される．

(3) $\tilde{V}_{\mathbf{C}}$ の複素ベクトル束としての構造が，$G/T$ の上のような複素構造から定まるものと一致しているとき，$S\otimes L_\rho$ の同変指数は Dolbeault 作用素に関する同変指数と等しい．

## (b)　Atiyah–Hirzebruch の定理

**定理 14.44** (Atiyah–Hirzebruch の定理)　$X$ がスピン閉多様体であり，自明でない $S^1$ 作用をもつとき，

$$\int_X \hat{\mathcal{A}}(X) = 0$$

が成立する．

［証明］　$X$ の次元が 4 の倍数でないときには結論の式は自動的に成立する．$X$ が $4k$ 次元のスピン閉多様体であるとき，スピンの定義から $TX$ の構造群を $Spin(4k)$ に持ち上げることができる．持ち上げ方は一意とは限らないが，以下 1 つ固定する．そうして得られる $Spin(4k)$ 束には $S^1$ 作用は自然に持ち上がるかどうかはわからない．しかし，必要なら $S^1$ 作用の仕方を次のように取り替えると，はじめから $S^1$ 作用が $Spin(4k)$ 束に持ち上がるものと仮定しても一般性を失わない: $S^1$ の各要素に対して，持ち上げ方の可能性は 2 通りあり，その可能性の全体を $S^1$ のすべての要素に対して集めてくると，$S^1$ の(連結とは限らない)二重被覆が得られる．もし，この二重被覆が連結ではないならば，$S^1$ の 2 つのコピーからなり，その 2 つのうち，恒等写像を含む連結成分を $S^1_1$ とおくと，$S^1_1$ は $Spin(4k)$ 主束に作用しており，はじめに与えられた $S^1$ と射影によって同型である．従って，$S^1$ 作用は $Spin(4k)$ 主束に持ち上がる．また，二重被覆が連結であるときには，それを $S^1_2$ とおくと，$S^1_2$ は $Spin(4k)$ 束に作用している．よってはじめから $S^1$ 作用は $Spin(4k)$ 束に持ち上がっていると仮定する．

$g$ を，$S^1$ の要素であって，$X^g = X^{S^1}$ となる任意のものとする(有限個の要素を除いてこの条件をみたすことを確かめてみよ)．$S^1$ の固定点集合 $X^{S^1}$ は

一般には様々な次元の連結成分をもっている．しかし簡単のため，固定点集合が有限集合である場合について説明する．固定点 $p$ において，$(TX)_p$ を $S^1$ 作用によって，

$$(TX)_p \cong \bigoplus_{i=1}^{2k} \mathbb{C}_{m_i}$$

と向きを保って分解されたとする．ここで $\mathbb{C}_m$ は $S^1$ が重み $m$ で作用する1次元複素ベクトル空間である．

このときスピン構造に対応する Dirac 型作用素 $D$ の指数は Lefschetz 公式を用いると

$$\mathrm{ind}_g D = \sum_{p \in X^{S^1}} \prod_{i=1}^{2k} \frac{g^{-m_i/2}}{1-g^{-m_i}}$$

と計算される．両辺は $g$ の有理関数であるから，連続性によって両辺は有理関数として等しい．ここで右辺を見ると，$g \to 0$ および $g \to \infty$ のとき0に収束する．一方左辺を見ると，これは Laurent 多項式である．このような Laurent 多項式は，恒等的に0でなくてはならない．よって特に $g=1$ のとき，この式は0である．$g=1$ のとき，この式は $\hat{A}(X)$ の積分に等しいので，求める消滅定理を得る．固定点集合が次元が正の連結成分をもつときにも，同様の議論が成立している．詳細は読者に委ねる．∎

**注意 14.45**　Atiyah–Hirzebruch の定理の拡張として，**楕円種数**(elliptic genus)に対する消滅定理(あるいは剛性)が Witten によって予見され，数学的には Taubes [132] によって最初に証明され，Bott–Taubes [37], Liu [87] によって証明は簡易化された．楕円種数とは，形式的にはループ空間上の Dirac 型作用素の指数と見なされる不変量である．これらの議論は，**楕円コホモロジー**(elliptic cohomology)の $S^1$ 同変版における Thom 同型の構成として理解されることが知られている [59], [60], [123]．

## §14.5　指数定理の適用の1つの限界

定理 14.30 において，レンズ空間の基本群が素数ベキ位数巡回群であると

仮定したが，これは技術的な仮定であって，落とすことができるのだろうか．つまり，レンズ空間の間では，ホモロジー同境は微分同相を意味するのだろうか．同様の問いは定理14.38に対しても提示することができる．

Lefschetzの固定点公式と$G$符号数定理だけを用いる方法では，この問いに答えることは困難に思われる．

その1つの理由は，指数定理が本質的に「アーベル的な情報」に関する定理であることによる．コホモロジーは「アーベル的な情報」である．それが通常のコホモロジーであるにせよ，$K$理論のコホモロジーであるにせよ．

しかし，上の問いは，4次元多様体の「非アーベル的な性質」と本質的に関わっているのである．

もう少し議論の中身に踏み込むならば，次のようにもいえる．まず，これまでの議論を振り返ってみよう．

4次元において，de Rham複体と符号数作用素とを足して2で割ったものと，引いて2で割ったものは，各々

$$[H^0(X)]-[H^1(X)]+[H^+(X)],\quad [H^0(X)]-[H^1(X)]+[H^-(X)]$$

を与えるDirac型作用素となっている．$[H^0]$の部分はよくわかっているので，事実上，差$[H^1(X)]-[H^\pm(X)]$が指数定理によって決定される．

指数とは，ベクトル空間の形式的な差であるが，その形式的な差が，幾何学的に本当のベクトル空間として実現されているときには，たとえば，次元が正になる，などの不等式が得られる．

もし$[H_1(X)]=0$が成立すれば，指数定理によって決定される部分は，$[H^\pm(X)]$になり，これは幾何学的な本当のベクトル空間となっている．従って，$[H_1(X)]=0$のもとで，不等式が結論として得られる．定理14.38では，その不等式がそのまま定理の内容になっている．定理14.30の場合には，逆の向きをもつ2つの不等式が得られるので，結論として等式が得られているとも考えることができる．

しかし，$[H_1(X)]$が消えていない場合には，どうしたらよいのか．もし，差$[H^1(X)]-[H^\pm(X)]$自体が何らかの意味で幾何学的に実現されるならば，それと指数定理を組み合わせると，$[H_1(X)]$が消えていない場合にも，不等

式を得ることができるかもしれない．だが，そのためにはアーベル的なコホモロジーの範囲を越えた幾何学的な対象を見出す必要がある．

結局，レンズ空間の間のホモロジー同境に関する問いはR. FintushelとR. Sternによって肯定的に解決された．そのために，彼らは非アーベル的な道具立てを用いた．それが**ゲージ理論**(gauge theory)である．「幾何学的な対象」とはある種の非線形なDirac型作用素の解の**モジュライ空間**(moduli space)である．

一方，定理14.38に対しては，ゲージ理論を用いる方法はそのままではうまくいかない．幾何学的な対象を見出したあと，それをどう使って議論すべきなのか難しいのである．素数ベキに関する条件を落とせるかどうかは知られていない．

しかし，たとえば，単にホモロジー$\mathbb{CP}^2$であるだけではなく，本当の$\mathbb{CP}^2$であれば，定理14.38において素数ベキの条件を落としたものよりもさらに良い評価が成立することが知られている．それはSeiberg–Witten方程式の解のモジュライ空間を用いる議論であり，Kronheimer–Mrowka [79]，Morgan–Szabó–Taubes [103]による．

《要約》

**14.1**　同変指数定理の応用例を述べた．

**14.2**　Lefschetz公式の応用として，コンパクトLie群の極大トーラスの基本的性質を示すことができた．

**14.3**　4次元多様体への有限巡回群作用の応用として，固定点集合とその法束への群作用が制限を受けることが示された．

**14.4**　逆に，ある場合には素ベキ位数巡回群による巡回被覆を構成でき，位相的な帰結を得られる場合もあった．

**14.5**　他に，正則Lefschetz公式の応用として幾何学的に構成されるコンパクトLie群の表現の指標公式を与えることができる．また，Dirac作用素を正のスカラー曲率をもつRiemann計量を許すスピン多様体$X$上で考察することにより，$\hat{\mathcal{A}}(X)$の消滅定理を得る(Atiyah–Hirzebruchの定理)．

# 15 奇数次元多様体の不変量

閉多様体 $X$ が余次元 1 の閉部分多様体 $Y$ によって二分されたとする．それに応じて $X$ 上の積分は分割され，2 つの項の和として書かれる．このような公式を一般に「和公式」とよぼう．de Rham 理論における本来の積分のみならず，$K$ 理論における積分としての指数をも考える．通常は和公式を定式化する補助手段として $Y$ に付加構造が必要となる．本章では，2 通りの補助手段が与えられ 2 通りの和公式が存在する状況を考察する．2 通りの和公式のずれは，$Y$ とその上の付加構造のみに依存する．具体的には次の状況を考察する．

- Atiyah–Singer の指数定理は，指数を本来の積分によって表示する等式である．等式の両辺は各々の和公式をもつ．2 通りの和公式のずれは $\mathbb{R}$ 値の不変量を与える($\eta$ 不変量とその変種)．
- $X$ 上に 2 つの微分作用素が幾何学的に定義され，たまたま指数が等しい状況を仮定する．この等式の両辺は各々の和公式をもつ．2 通りの和公式のずれは $\mathbb{Z}$ 値の不変量を与える(スペクトル流と関係する不変量)．

閉多様体上で指数が 0 でないのは偶数次元の場合のみである．よってこの方法により，付加構造をもった奇数次元閉多様体の不変量が構成される．

上の状況の等式において，もし左辺あるいは右辺が必ず整数 $N$ の倍数になっていることがわかっているならば，両辺を $\bmod N$ すると，より単純な不変量が構成される．不変量としては元のものより弱いが，同境関係に関して簡明な性質をもちうる．

- Atiyah–Singer の指数定理の公式を mod 1 することから整数性定理が得られた．この状況は $e$ 不変量とその変種を与える．
- 4 次元スピン閉多様体上で符号数作用素と Dirac 作用素の「$-8$ 倍」を比較すると，後者の指数が 16 で整除されることから Rochlin の定理が得られた．この状況は $\mu$ 不変量を与える．

平坦接続を係数とする符号数作用素は，解空間の次元が Riemann 計量に依存しない．この特殊性を用いて構成される不変量は位相不変性をもつ．$\rho$ 不変量はその例であり，群作用の不変量と関係している．

## §15.1　和 公 式

指数がみたす和公式については §11.5 において説明した．この節ではそれと形式的に類似した次の 2 種の和公式を説明する．

（1）　特性数の和公式

（2）　符号数の和公式(Novikov の和公式)

指数の和公式と異なり，これらの和公式は初等的に示すことができる．本章のほとんどの部分ではこの 2 つの和公式と Atiyah–Singer の指数定理しか用いない．

**注意 15.1**

(1) 和公式の中で最も簡単なのが Euler 数の和公式である．$n$ 次元閉多様体 $X$ が余次元 1 の閉部分多様体 $Y$ によって 2 つの部分 $X_-$ と $X_+$ とに二分されたと仮定する．このとき，Euler 数の和公式

$$\chi(X) = \chi(X_-) + (\chi(X_+) - \chi(Y))$$

が成立する．

(2) 左辺は Euler 類 $e(TX) \in H^n(X, \theta_X)$ の積分と一致する．

(3) $Y$ の上で定義された $X_-$ から $X_+$ へ向かういたるところ 0 でないベクトル場を $v$ とおく．すると，$v$ は $TX|Y$ 上のいたるところ 0 でない切断である．このとき，相対 Euler 類 $e(TX_\pm, v) \in H^n(X_\pm, Y, \theta_{X_\pm})$ が定義され，和公式

$$\int_X e(TX) = \int_{X_+} e(TX_+, v) + \int_{X_-} e(TX_-, v)$$

が成立する．

(4) 2つの和公式は，項別に同一であることを示すことができる．この意味で2つの和公式にずれはない．

## (a) 特性数の和公式

$C$ を Chern 類の任意の多項式とする．多様体 $X$ 上の複素ベクトル束 $F$ とその上の任意の接続 $\nabla$ に対して，$C$ を表示する閉微分形式 $C(\nabla)$ が $\nabla$ の曲率から定義された．$X$ が有向閉多様体であれば，積分 $\int_X C(\nabla)$ が定義され，$\nabla$ のとり方に依存せずに定まった．これが特性数 $\int_X C(F)$ である．

多様体 $X$ が閉でない場合にも特性数を拡張して定義したい．

**補題 15.2** $X$ が境界 $Y$ をもつ有向コンパクト多様体であるとする．$F$ を $X$ 上の複素ベクトル束とし，$\nabla, \nabla'$ を $F$ 上の接続とする．$Y$ 上に制限したとき $\nabla, \nabla'$ が一致すれば，

$$\int_X C(\nabla) = \int_X C(\nabla')$$

が成立する．すなわち，積分 $\int_X C(\nabla)$ は $\nabla$ の $Y$ 上への制限のみに依存する．

[証明] 射影 $\pi\colon X\times[0,1]\to X$ による $F$ の引き戻しを $\tilde{F}$ とおく．$\tilde{F}$ 上の接続 $\tilde{\nabla}$ を $t\pi^*\nabla+(1-t)\pi^*\nabla$ によって定める．ここで $t$ は $[0,1]$ 成分の座標を表わす．$X\times[0,1]$ は角をもつ多様体である．境界のうち，$Y\times[0,1]$ 上では $\tilde{\nabla}$ は $Y$ 上のある接続の引き戻しと一致している．従って，$Y\times[0,1]$ 上では $C(\tilde{\nabla})$ は $Y$ 上のある閉微分形式の引き戻しと一致している．とくに $Y\times[0,1]$ 上でこの閉微分形式の積分は 0 である．このとき Stokes の定理によって

$$0 = \int_{\partial(X\times[0,1])} C(\tilde{\nabla}) = \int_X C(\nabla') - \int_X C(\nabla)$$

を得る． ∎

$\nabla$ の $Y$ 上への制限を $\nabla_Y$ とおき，

$$\int_X C(F,\nabla_Y) := \int_X C(\nabla)$$

と書くことにする．すると，次の和公式が成立する．

**補題 15.3**　$X$ が有向閉多様体であり，余次元1の閉部分多様体 $Y$ によって2つの部分 $X_-, X_+$ に分割されているとする．$F$ を $X$ 上の複素ベクトル束とし，$F$ の $X_-, X_+, Y$ への制限を各々 $F_-, F_+, F_Y$ とおく．$\nabla_Y$ を $F_Y$ 上の接続とするとき，

$$\int_X C(F) = \int_{X_-} C(F_-,\nabla_Y) + \int_{X_+} C(F_+,\nabla_Y)$$

が成立する．　□

実ベクトル束と Pontrjagin 類の多項式に対しても同様の性質が成立する．

**注意 15.4**　$C$ が次の性質をみたす場合を考える．$C$ の0次の項が1であり，乗法性 $C(\nabla\oplus\nabla') = C(\nabla)C(\nabla')$ をみたすと仮定する．このとき，$F$ 上に直接接続 $\nabla$ が与えられるかわりに同型 $F\oplus E^1 \cong E^0$ および $E^0, E^1$ 上の接続 $\nabla^0, \nabla^1$ が与えられたときにも上の考察は拡張される．実際，$C(\nabla)$ の代わりに比 $C(\nabla^0)/C(\nabla^1)$ を用いればよい．

## (b)　符号数の和公式

多様体 $X$ が閉でない場合にも符号数 $\operatorname{sign} X$ の定義を拡張し，その性質を述べる．

$X$ が境界 $Y$ をもつ $4k$ 次元コンパクト有向多様体であるとき $\operatorname{sign} X$ を次のように定義する．相対 de Rham コホモロジー $H^\bullet(X,Y)$ は，台が $Y$ と交わらない微分形式からなる複体のコホモロジーとして定義されていた．

**定義 15.5**　$X$ を境界 $Y$ をもつ $4k$ 次元有向コンパクト多様体とする．$H^{2k}(X,Y)$ 上に対称二次形式

$$H^{2k}(X,Y)\times H^{2k}(X,Y) \to \mathbb{R}, \quad ([a],[b]) \mapsto \int_X a\wedge b$$

を考える．$\operatorname{sign} X$ をこれの符号数と定義する．すなわち $\operatorname{sign} X$ は $H^{2k}(X,Y)$ の極大正定値部分空間の次元から極大負定値部分空間の次元を引いた差であ

る. □

上の定義は次のように言い換えられる.

**補題 15.6** $X$ を, 境界 $Y$ をもつ $4k$ 次元有向コンパクト多様体とする. $\hat{H}^{2k}(X) := \mathrm{Im}(H^{2k}(X,Y) \to H^{2k}(X))$ に対して

$$\hat{H}^{2k}(X,Y) \times \hat{H}^{2k}(X,Y) \to \mathbb{R}, \quad ([a],[b]) \mapsto \int_X a \wedge b$$

が定義され非退化である. これの符号数は $\mathrm{sign}\, X$ と一致する.

[証明] Poincaré 双対性により $H^{2k}(X,Y) \times H^{2k}(X) \to \mathbb{R}$ が非退化であることから従う. ∎

次の性質が基本的である.

**定理 15.7** (Novikov の和公式) $X$ が $4k$ 次元有向閉多様体であり, 余次元 1 の閉部分多様体 $Y$ によって 2 つの部分 $X_-, X_+$ に分割されているとする. このとき, $\mathrm{sign}\, X = \mathrm{sign}\, X_- + \mathrm{sign}\, X_+$ が成立する. □

Novikov の和公式は, Poincaré 双対性とコホモロジーの長完全系列を利用して初等的に証明可能である([135] において一般化されている). ここでは, 必ずしも初等的とはいえないが, 指数の和公式を利用した説明を与える.

$X$ が境界をもつ $4k$ 次元コンパクト多様体であるとき, 符号数作用素 $D_{\mathrm{sign}}$ の指数に対して次が成立する.

**定理 15.8**

$$\mathrm{sign}\, X = \frac{1}{2}(\mathrm{ind}^+ D_{\mathrm{sign}} + \mathrm{ind}^- D_{\mathrm{sign}})$$

が成立する. □

[定理 15.7(Novikov の和公式)の証明] 指数の和公式(定理 11.32)を定理 15.8 に適用せよ. ∎

定理 15.8 は, より精密な次の等式の帰結である.

**命題 15.9** ([20]) $X$ が境界をもつ $4k$ 次元コンパクト多様体であるとき, 符号数作用素 $D_{\mathrm{sign}}$ に対して次が成立する.

$$\mathrm{sign}\, X = \dim(\mathrm{Ker}\, \hat{D}_{\mathrm{sign}})^0 - \dim(\mathrm{Ker}\, \hat{D}_{\mathrm{sign}})^1,$$

$$\dim(\operatorname{Ker}_{\mathrm{bdd}} \hat{D}_{\mathrm{sign}})^0 - \dim(\operatorname{Ker} \hat{D}_{\mathrm{sign}})^0$$
$$= \dim(\operatorname{Ker}_{\mathrm{bdd}} \hat{D}_{\mathrm{sign}})^1 - \dim(\operatorname{Ker} \hat{D}_{\mathrm{sign}})^1.$$

[証明]　概要のみ記す．詳しくは[20]を参照のこと．

第一の等式は，$Y=\varnothing$ すなわち $X$ が閉多様体上であるときには命題2.54において示されていた．その証明をシリンダー状の端をもつ多様体 $\hat{X}$ にそのまま拡張すると，一般の場合の第一の等式を得る．

$\operatorname{Ker}_{\mathrm{bdd}} \hat{D}$ の極限値の空間を $L=L^0 \oplus L^1$ とおく．第二の等式は $\dim L^0 = \dim L^1 = h(D_Y)/2$ を主張している．系11.30によって $\dim L = h(D_Y)$ であったから，不等式 $\dim L^0$, $\dim L^1 \leqq h(D_Y)/2$ を示せば十分である．これは，次のようにして示される．

（1）　$L^0, L^1$ は各々 $(\operatorname{Ker} D_Y)^0$, $(\operatorname{Ker} D_Y)^1$ の部分空間であった．

（2）　$\operatorname{Ker} D_Y$ は，$Y \times \mathbb{R}$ 上の平行移動に関して不変な調和形式全体の空間と同一視される．

（3）　上の同一視を用いる．$Y \times \mathbb{R}$ 上の微分形式を $Y \times \{0\}$ に制限する写像によって，$(\operatorname{Ker} D_Y)^0$ および $(\operatorname{Ker} D_Y)^1$ は各々 $Y$ 上の調和形式全体の空間と同一視される．従ってそれらの次元 $h(D_Y)$ は，$\dim H^\bullet(Y)$ に等しい．

（4）　さらに上の同一視を用いる．このときStokesの定理から $L^i$ と $cL^i$ とが $H^\bullet(Y)$ の中で直交していることが示される．従って，$\dim L^i \leqq h(D_Y)/2$ である．　∎

## §15.2　$\eta$ 不変量，符号不足数

$X$ が $4k$ 次元有向閉多様体であるとき，Hirzebruchの符号数定理(定理8.59)

$$\operatorname{sign} X = \int_X \mathcal{L}(TX) \tag{15.1}$$

が成立していた．$X$ が余次元1の閉部分多様体 $Y$ によって2つの部分 $X_-, X_+$ に分割されたとする．このとき，上の等式の各々の辺を，$X_-$ か

らの寄与と $X_+$ からの寄与に分割することはできるだろうか．この節ではまず次のことを説明する．

- 左辺の $\operatorname{sign} X$ についてはNovikovの和公式(定理15.7)によって，$X_-$, $X_+$ から位相的に定義される $\operatorname{sign} X_-$, $\operatorname{sign} X_+$ の和に分割できる．
- 右辺の積分については，$Y$ 上で $TX$ の接続が与えられればその接続に応じて分割できる．

右辺の分割は位相的には定義されないことに注意しよう．左辺の分割と右辺の分割とは一般には同一ではなくずれがある．しかしすぐあとで説明されるように，そのずれは分割に用いた $Y$ およびその上の接続のみに依存していることが，まさに等式(15.1)の帰結として得られる．こうして，$Y$ 上の接続に依存した $Y$ の不変量が定義される．

## (a) 符号不足数の定義

2つの和公式の帰結として次の補題が得られる．

**補題15.10** $Y$ を $4k-1$ 次元有向閉多様体，$\partial_Y$ を $TY$ 上の接続とする．$Y$ を境界とする $4k$ 次元コンパクト有向多様体 $X$ が存在するとき，

$$\operatorname{sign} X - \int_X \mathcal{L}(TX, \nabla_Y) \in \mathbb{R}$$

は $X$ のとり方に依存しない．

［証明］ $Y = \partial X = \partial X'$ であったと仮定する．$X$ の向きを逆にしたものと $X'$ とを $Y$ に沿って貼り合わせて得られる有向閉多様体を $\tilde{X}$ とおく．Novikovの和定理と特性類の和公式から

$$\operatorname{sign} \tilde{X} = -\operatorname{sign} X + \operatorname{sign} X',$$
$$\int_{\tilde{X}} \mathcal{L}(T\tilde{X}) = -\int_X \mathcal{L}(TX, \nabla_Y) + \int_{X'} \mathcal{L}(TX', \nabla_Y)$$

が成立する．そしてHirzebruchの符号数定理から上の2つの式の値は等しい．これから

$$\operatorname{sign} X - \int_X \mathcal{L}(TX, \nabla_Y) = \operatorname{sign} X' - \int_{X'} \mathcal{L}(TX', \nabla_Y)$$

が成立する． ∎

任意の $(Y, \nabla_Y)$ から出発して議論するために，次の定理を利用する．

**定理 15.11** (Thom．たとえば[131]参照)　有向閉多様体 $Y$ の次元 $n$ が4で割り切れないと仮定する．このとき自然数 $N$ と $n+1$ 次元コンパクト有向多様体 $X$ が存在し，$X$ の境界は $N$ 個の連結成分をもち，どの連結成分も $Y$ のコピーである． □

**注意 15.12**

(1) 定理15.11は有向多様体の同境群の計算からわかる．「理論の概要と展望」のp. x(第1分冊)参照．

(2) 定理15.11の使用を避けることも可能である．§15.2(b)を参照のこと．

**定義 15.13**　$4k-1$ 次元有向閉多様体 $Y$ と $TY$ 上の接続 $\nabla_Y$ に対して，$\sigma(Y, \nabla_Y) \in \mathbb{R}$ を

$$\sigma(Y, \nabla_Y) = \frac{1}{N}\left(\operatorname{sign} X - \int_X \mathcal{L}(TX, \coprod_N \nabla_Y)\right)$$

と定義する．ここで自然数 $N$ と $4k$ 次元コンパクト有向多様体 $X$ は，定理15.11の条件をみたすものとする． □

この定義が意味をもつためには，定理15.11の条件をみたすものが2つ与えられたとき，両者から定義される $\sigma(Y, \nabla_Y)$ が等しいことを確かめておく必要がある．その2つを $(N, X), (N', X')$ とおく．このとき，$X$ を $X$ の $N'$ 個のコピーの合併で置き換え，$X'$ を $X'$ の $N$ 個のコピーの合併で置き換えることにより，はじめから $N=N'$ と仮定しても一般性を失わない．このとき求める等式は補題15.10の帰結である．

$\sigma(Y, \nabla_Y)$ は**符号不足数**(signature defect)とよばれる．この用語が意味しているのは次の命題の等式である．

**命題 15.14**　$4k$ 次元コンパクト有向多様体 $X$ の境界 $Y$ の連結成分を $Y_1, Y_2, \cdots, Y_l$ とする．$TY$ 上の接続 $\nabla_Y$ の $Y_i$ への制限を $\nabla_i$ とおく．このとき

$$\operatorname{sign} X = \int_X \mathcal{L}(TX, \nabla_Y) + \sum_{i=1}^{l} \sigma(Y_i, \nabla_i)$$

が成立する．

［証明］ コピーの合併をとるテクニックによって，はじめからすべての $Y_i$ があるコンパクト有向多様体 $X_i$ の境界であると仮定しても一般性を失わない．このときは $\sigma(Y_i, \nabla_{Y_i})$ の定義からただちに従う． ∎

次の補題は定義から明らかであるが，引用の都合上ここで述べておく．

**補題 15.15**

（1） $4k-1$ 次元有向多様体 $Y$ 上の向きを逆にしたものを $-Y$ と書くとき，$\sigma(-Y, \nabla_Y) = \sigma(Y, \nabla_Y)$ である．

（2） $TY$ 上のバンドル写像 $f\colon TY \to TY$ が恒等写像とホモトピックであるとする．このとき $\sigma(Y, f^*\nabla_Y) = \sigma(Y, \nabla_Y)$ が成立する． □

**例 15.16** $4k-1$ 次元トーラス $T^{4k-1}$ は Lie 群であり，その上に $T^{4k-1}$ 自身が作用している．この作用によって接束の自明化が与えられる．この自明化が定める接続を $\nabla_0$ とおく．（これは自明化の定める Riemann 計量 $g_0$ の Levi-Civita 接続といっても同じことである．）このとき $\sigma(T^{4k-1}, \nabla^0) = 0$ である[*1]．実際，$T^{4k-1}$ 上の向きを逆にする微分同相であって $\nabla^0$ を保つものが存在するので補題 15.15(1) から $\sigma(T^{4k-1}, \nabla^0) = -\sigma(T^{4k-1}, \nabla^0)$ が成立する． □

**注意 15.17**

(1) 定義 15.13 において $\mathcal{L}$ の代わりに $L$ を用いてもよい．

(2) $TY$ に接続 $\nabla_Y$ が与えられる代わりに次のデータが与えられたときにも定義 15.13 は拡張される：同型 $TY \oplus E^1 \cong E^0$ および $E^0, E^1$ 上の接続 $\nabla^0, \nabla^1$．これは注意 15.4 および $L$ 多項式の乗法性の帰結である．

以下の小節(b), (c)では $TY$ 上の接続が自然に与えられる状況を 2 通り紹介する．

## (b) Levi-Civita 接続と $\eta$ 不変量

**定義 15.18** (Atiyah–Patodi–Singer) $Y$ を $4k-1$ 次元有向閉多様体とし，$g_Y$ を $Y$ 上の Riemann 計量とする．$g_Y$ の Levi-Civita 接続を $\nabla(g_Y)$ とする

*1 定義 15.18 の記号を使えば $\eta(T^{4k-1}, g_0) = 0$ ともいえる．

とき，$(Y,g)$ の $\eta$ 不変量を

$$\eta(Y,g) := -\sigma(Y,\nabla(g_Y))$$

と定義する． □

定義におけるマイナス符号は慣習による．$\eta$ 不変量は Riemann 計量の不変量である[*2]．

$Y$ 上の Riemann 計量 $g$ が与えられたとき，$Y$(あるいは $Y$ のコピーの合併)を境界とする $X$ を用いずに $\eta(Y,g_Y)$ を直接表示することはできるだろうか．これを行うのが Atiyah–Patodi–Singer の理論である．結論として $Y$ 上の符号数作用素のスペクトルデータのみによって $\eta(Y,g_Y)$ を表示できることが知られている．具体的には，$Y$ 上の符号数作用素を無限次元対称行列と見立てるとき，それの正の固有値の個数(＝無限大)から負の固有値の個数(＝無限大)を引いた差を，正規化して定義した量と一致している．これについては本書の範囲を超える．なお，この表示の「おもちゃのモデル」としては $\mathbb{R}$ 上の指数定理(定理 1.15)を参照せよ．

**注意 15.19**　$\eta(Y,g_Y)$ は $Y$ 上の微分形式の積分としての表示をもたない．しかし，$g_Y$ の無限小変形に関する $\eta(Y,g_Y)$ の変化は $Y$ 上の微分形式の積分として表示される．

**演習問題 15.20**　$Y$ 上の Riemann 計量の族 $g_t$ が与えられたとき，$\eta(Y,g_t)$ の $t$ に関する微分を $Y$ 上の積分を用いて表示せよ．(ヒント：$X = Y\times[t_0,t_1]$ の上に族 $g_t$ から決まる計量を入れ，命題 15.14 の関係式を $t_1$ について微分せよ．) □

### (c)　接束の安定自明化の符号不足数

$TY$ の自明化 $f\colon TY \cong \mathbb{R}^{4k-1}$ が与えられたとする．$f$ が与える $TY$ の自明な接続を $\nabla(f)$ とおく．補題 15.15(2)によって $\sigma(Y,\nabla(f))$ は $f$ のホモトピー類のみによって定まる．

**定義 15.21**　自明化 $f\colon TY \to \mathbb{R}^{4k-1}$ のホモトピー類に依存する不変量

*2　実は共形構造の不変量である．

$\sigma(Y,f)$ を

$$\sigma(Y,f) := \sigma(Y,\nabla(f))$$

と定義する．　□

**注意 15.22**　注意 15.17 によって，$TY$ 自身に自明化が与えられていなくとも，ある自然数 $N$ に対して $TY\oplus\mathbb{R}^N$ 上に自明化が与えらえていれば，同様の構成が可能である．$TY\oplus\mathbb{R}^N$ 上の自明化を**安定自明化**とよぶ．

**例 15.23**　$S^1$ の接束の安定自明化を 2 通り考える．1 つは $D^2$ の接束の自明化の境界への制限として得られるものであり，もう 1 つは $S^1$ の回転に関して不変な自明化である．$T^{4k-1}$ は $S^1$ の積であるから，$TS^1$ の安定自明化の積として $TT^{4k-1}$ の $2^{4k-1}$ 通りの安定自明化を得る．そのうちの任意の 1 つを $f$ とおくと $\sigma(T^{4k-1},f)=0$ である．実際 $T^{4k-1}$ 上の向きを逆にする微分同相であって $f$ が定める接続を保つものが存在するので例 15.16 と同様に補題 15.15(1)から得られる．　□

**例 15.24**　写像 $\phi\colon \mathbb{C}^3\setminus\{0\}\to\mathbb{C}$ を $\phi(x,y,z)=x^2+y^3+z^5$ によって定め，$Y:=\phi^{-1}(0)\cap S^5$ とおく．ただし $S^5$ は $\mathbb{C}^3$ の中の単位球である．すると $Y$ は 3 次元有向閉多様体である．自然な同型

$$TY\oplus\mathbb{R}\cong T(\phi^{-1}(0))\mid Y,$$

$$T(\phi^{-1}(0))\oplus(T\mathbb{C})_0\cong T\mathbb{C}^3\mid T(\phi^{-1}(0))$$

によって $TY$ には安定自明化 $f\colon TY\oplus\mathbb{R}^3\cong\mathbb{R}^6$ が入る．このとき $\sigma(Y,f)$ を求めよう．0 に十分近い点 $p\in\mathbb{C}\setminus\{0\}$ に対して $Y_p:=\phi^{-1}(p)\cap S^5$ とおくと，$Y_p$ は $Y$ と微分同相であり，$Y$ と同様に安定自明化 $f_p$ が入る．よって $\sigma(Y_p,f_p)(=\sigma(Y,f))$ を求めればよい．$X_p=\phi^{-1}(p)\cap D^5$ とおくと，$X_p$ は $Y_p$ を境界とするコンパクト有向多様体であり，**Milnor ファイバー**とよばれる [96]．$Y_p$ の安定自明化は $X_p$ の安定自明化に拡張されている．よって $\sigma(Y_p,f_p)=\mathrm{sign}(X_p)$ となる．今の例の場合，$\mathrm{sign}(X_p)=-8$ が知られている（[96] 参照）．これから $\sigma(Y,f)=-8$ を得る．　□

**例 15.25**　$Y$ が 3 次元有向閉多様体である場合を考察する．$TY$ の自明化の全体は，粗くいうなら $Y$ 上のスピン構造と整数との組全体と一対一に対応

することを示す.

$TY$ の自明化 $f$ が与えられたとき，自然に $Y$ のスピン構造を与える．逆にスピン構造が与えられたとき，それに対応する自明化がどれだけあるかを考察しよう.

（1）逆にスピン構造が与えられたとき，$TY$ の構造群は $Spin(3) \cong SU(2)$ への持ち上げが与えられている．$\pi_1(Spin(3)) = \pi_2(Spin(3)) = 0$ に注意すると，3 次元多様体上の $Spin(3)$ 主束は常に自明である(3 次元多様体を三角形分割しておくと，低い次元の単体の上から順番に自明化を構成することができるから)．従って，与えられたスピン構造に対応する自明化は少なくとも 1 つ存在する.

（2）与えられたスピン構造に対応する 2 つの自明化を考える．すると，両者は $Y$ の 1 点の外ではホモトピーで結ぶことができる(2 次元以下の単体上ではホモトピーを構成できる．3 次元単体の全体といくつかの 2 次元単体との合併をとったものは可縮である)．1 点での $f$ の改変の可能性は，$\pi_3(Spin(3)) \cong \mathbb{Z}$ によって与えられる.

すなわち，1 つの自明化 $f_0$ を固定すると，$f_0$ と同じスピン構造を与えるほかのすべての自明化は，$f_0$ を $\pi_3(Spin(3)) \cong \mathbb{Z}$ の要素によって 1 点のまわりで改変することによって得られる．以上の準備のもとで，正確な主張は次のとおりである:

（1）$3\sigma(f_0)$ は整数である.

（2）$f_0$ を $\pi_3(Spin(3)) \cong \mathbb{Z}$ の要素 $n$ で改変したものを $f_n$ とおくと，

$$3\sigma(f_n) - 3\sigma(f_0) = \pm 4n$$

が成立する.

[第一の主張の証明]　$Y$ はある 4 次元コンパクト多様体 $X$ の境界であることが知られている(定理 15.27 参照)．すると，$L$ 多項式の 4 次の項は $p_1/3$ であったから

$$\sigma(f_0) = \operatorname{sign} X - \frac{1}{3}\int_X p_1(X, \nabla(f_0))$$

と書ける．右辺の第一項は整数である．第二項の被積分項は，$H^4(X, Y, \mathbb{Z})$

の要素に対応する閉微分形式であることが知られている(次に述べる議論と平行して $S^4$ 上の考察に帰着させて示すこともできる). よって左辺の 3 倍は整数である. ∎

[第二の主張の証明] さまざまな方法が可能であるが, 1 つの筋道の概略を述べる.

(1) 1 点のまわりの改変による効果を知るためには $Y=S^3$ の場合に考察すれば十分である.

(2) $Spin(3)\cong SU(2)$ であり, この対応によって $p_1=-4c_2=4\mathrm{ch}_2$ となることが分裂原理から確かめられる.

(3) $S^3\times[0,1]$ 上の自明な $SU(2)$ 束に対して, 2 つの境界上で自明化が与えられ, 両者の差が $n\in\pi_3(SU(2))\cong\mathbb{Z}$ によって与えられたと仮定する. このとき, 相対 $c_2$ 類あるいは相対 $\mathrm{ch}_2$ 類の積分が $\pm n$ であることを示せばよい.

(4) これは $S^4$ 上の $SU(2)$ 束が $c_2$ あるいは $\mathrm{ch}_2$ によって分類される事実に帰着される. ∎

## §15.3 $e$ 不変量

前小節では符号数作用素に関する Hirzebruch の定理を基本的な道具として用いて $4k-1$ 次元閉多様体の不変量を構成してきた. 構成上の鍵は, 境界のあるコンパクト多様体上においても符号数が位相的不変量として定義され, Novikov の和公式をみたすことであった.

この小節ではスピン構造に対応する Dirac 型作用素を用いて同様の定式化を行う.

### (a) $e$ 不変量の定義

$8m+4$ 次元有向コンパクト多様体 $X$ の上にスピン構造 $s_X$ が与えられたとする. $X$ が閉多様体であるときには整数性定理

$$\int_X \hat{\mathcal{A}}(TX) \equiv 0 \mod 2$$

が成立した(注意13.10(1)参照).

$X$ が境界 $Y$ をもつとき，この等式はもはや成立しない．$X$ のスピン構造 $s_X$ が誘導する $Y$ のスピン構造を $s_Y$ とおく．この状況を簡単に $\partial(X, s_X) = (Y, s_Y)$ と書こう．

**補題15.26**　$Y$ を $8m+3$ 次元スピン閉多様体，$s_Y$ を $Y$ 上のスピン構造，$\nabla_Y$ を $TY$ 上の接続とする．$\partial(X, s_X) = (Y, s_Y)$ であるとき，

$$\int_X \hat{\mathcal{A}}(TX, \nabla_Y) \mod 2 \in \mathbb{Q}/2\mathbb{Z}$$

は $(Y, s_Y, \nabla_Y)$ のみに依存する．

［証明］　$(Y, s_Y) = \partial(X, s_X) = \partial(X', s_{X'})$ であったと仮定する．$X$ の向きを逆にしたものを $-X$ と書き，その上に $s_X$ から自然に誘導されるスピン構造を $-s_X$ とおく(スピノルの偶奇が逆になったものである)．このとき，$-X$ と $X'$ とを $Y$ に沿って貼り合わせて得られる有向閉多様体 $\tilde{X}$ の上には $-s_X$ と $s_{X'}$ の貼り合わせによってスピン構造が存在する．従って，整数性定理(注意13.10(1))から

$$-\int_X \hat{\mathcal{A}}(TX, \nabla_Y) + \int_{X'} \hat{\mathcal{A}}(TX', \nabla_Y) = \int_{\tilde{X}} \hat{\mathcal{A}}(T\tilde{X}) \equiv 0 \mod 2$$

を得る．　∎

逆に $(Y, s_Y)$ から出発して議論するために，次の定理を利用する．

**定理15.27**（[130]参照）　任意の $4k-1$ 次元閉多様体 $Y$ とその上の任意のスピン構造 $s_Y$ に対して，$\partial(X, s_X) = (Y, s_Y)$ となる $4k$ 次元コンパクト多様体 $X$ と $X$ 上のスピン構造 $s_X$ が存在する．　□

**定義15.28**　$8m+3$ 次元閉多様体 $Y$ とその上のスピン構造 $s_Y$ に対して，$e(Y, s_Y, \nabla_Y) \in \mathbb{R}/2\mathbb{Z}$ を

$$e(Y, s_Y, \nabla_Y) \equiv \int_X \hat{\mathcal{A}}(TX, \nabla_Y) \mod 2$$

と定義する．ここで $(X, s_X)$ は $\partial(X, s_X) = (Y, s_Y)$ をみたす $8m+4$ 次元スピ

ン閉多様体である． □

**注意 15.29**

(1) $\hat{A}$ 類は，Pontrjagin 類の有理数係数の多項式であった．この多項式の $8m+4$ 次元の部分の係数の分母の最小公倍数を $N_{2k+1}$ とおく．すると，$8m+4$ 次元コンパクト有向多様体 $X$ が閉多様体であるとき，$X$ 上の任意の実ベクトル束 $F_X$ に対して，$\hat{A}(F_X)$ の $X$ 上での積分は $N_{2k+1}$ 倍すると整数になる．整数性定理の主張は，$X$ がスピンであり，$F_X$ が接束 $TX$ であるときには $N_{2k+1}$ 倍する以前に偶数になっているということであった．

(2) $X$ が $Y$ を境界とするコンパクト有向多様体であるとき，$X$ 上の任意の実ベクトル束 $F_X$ と $F_Y := F_X|Y$ 上の任意の接続 $\nabla_{F_Y}$ に対して

$$\int_X \hat{A}(F, \nabla_{F_Y}) \mod \frac{1}{N_{2k+1}}$$

は $(Y, F_Y, \nabla_Y)$ のみに依存する．これは **Chern–Simons 不変量**(Chern-Simons invariant)とよばれる不変量の特別な場合である．(後で§15.5(a)においてこれと無関係ではないが正確には別の Chern–Simons 不変量を扱う．) $e$ 不変量は，スピン多様体の接束に対して，この Chern–Simons 不変量を因子 $2N_{2k+1}$ の分だけ改良したものである．

## (b) 接束の安定自明化の同境不変量

$TY$ の自明化 $f$ が与えられたとする．$f$ から誘導されるスピン構造を $s(f)$ とおき，$f$ から誘導される接続を $\nabla(f)$ とおく．

**定義 15.30** ([133], [1])　$e(Y, s(f), \nabla(f))$ の値は $\mathbb{Q}/2\mathbb{Z}$ に属し，$f$ のホモトピー類のみに依存する位相不変量となる．これを $e(Y, f) \in \mathbb{Q}/2\mathbb{Z}$ と書き，$f$ の **$e$ 不変量**($e$-invariant)とよぶ． □

**注意 15.31**

(1) 注意 15.17 によって，$TY$ 上の安定自明化が与えられたときにも同様の定義が可能である(注意 15.22 参照)．

(2) 普通の文献では $e_{\mathbb{R}}(f) := e(f)/2 \in \mathbb{Q}/\mathbb{Z}$ を $e$ 不変量($e_{\mathbb{R}}$ 不変量)とよぶので注意のこと．

(3) 奇数次元閉多様体に対しては $Spin^c$ 構造を用いて平行した構成が可能であ

る．この場合，偶数次元閉多様体上で指数は整数なので，$\mathbb{Q}/\mathbb{Z}$ 値の不変量が得られる．これも $e$ 不変量の一種で，$e_{\mathbb{C}}$ 不変量とよばれる．

$e$ 不変量は同境不変量である．すなわち次の性質が成り立つ．

**補題 15.32**　$8m+4$ 次元コンパクト有向多様体 $X$ の境界が2つの閉多様体 $Y_0$ と $Y_1$ からなっていたとする．$Y_0$ には $X$ の境界としての向き，$Y_1$ にはそれとは逆の向きを入れる．$TX$ の安定自明化 $f$ が与えられたとする．$f$ の $Y_0, Y_1$ への制限を $f_i$ とおくと，

$$e(Y_0, f_0) = e(Y_1, f_1) \in \mathbb{Q}/2\mathbb{Z}$$

が成立する．

［証明］　$f$ から定まる $\hat{A}$ の0次を超える部分は恒等的に0である．よってそれの $X$ 上の積分も0である． ∎

**注意 15.33**　符号不足数は同境不変量ではない．

## (c)　$T^3$ の安定自明化の $e$ 不変量

$Y$ が3次元である場合を考察する．$TY$ の各安定自明化は $Y$ 上のスピン構造と符号不足数 $\sigma$ の組によって分類された(例15.25)．

**補題 15.34**　2つの安定自明化 $f_1, f_2$ が同じスピン構造 $s_Y$ を定めるとき，

$$e(Y, f_1) - e(Y, f_2) \equiv -\frac{1}{8}(\sigma(Y, f_1) - \sigma(Y, f_2)) \mod 2$$

が成立する．

［証明］　$X = Y \times [0,1]$ 上に $s_Y$ の引き戻しによってスピン構造を与える．$\operatorname{sign} X = 0$ に注意し，$\hat{A} = 1 - p_1/24 + \cdots$，$L(TX) = 1 + p_1/3 + \cdots$ を用いて両辺を比較せよ． ∎

特に $T^3$ に対しては，例15.23で構成された安定自明化は，各スピン構造ごとに1つの代表元を与えている．

**例 15.35**　$T^3$ に対して接束の $2^3 = 8$ 個の安定自明化を例15.23で構成した．そのうち7個の安定自明化の $e$ 不変量が $0 \mod 2$ であり，残りの1個の安定自明化の $e$ 不変量が $1 \mod 2$ である． □

本節では上の主張の証明を与える．

まず8個のうち7個の $f$ は，$TS^1$ の安定自明化の積として表示するとき，少なくとも1つの成分が $TD^2$ の自明化の境界となっている．このとき $f$ は，$D^2\times S^1\times S^1$ 上の接束の安定自明化の境界への制限である．これからただちに $e(T^3,f)\equiv 0$ を得る．

残った1つの場合は $T^3$ 上の平行移動に関して不変な安定自明化である．これを $f_0$ と書くとき，$e(T^3,f_0)\equiv 1 \mod 2$ を示そう．そのためには，$T^3$ の安定自明化であって，$e\equiv 1$ となるものの存在を示せばよい．次の補題を用いる．

**補題 15.36**　4次元コンパクトスピン多様体 $X$ とその上のスピン構造 $s$ であって $\partial(X,s)=(T^3,s(f_0))$ および $\operatorname{sign} X\equiv 8 \mod 16$ をみたすものが存在する[*3]．　□

この補題の証明は次節の例15.44の中で与えられる．

ここでは補題を認めて主張を示そう．$X$ 上の $Spin(4)$ 束は常に自明である．よって，$X$ の与えられたスピン構造を誘導するような $TX$ の自明化が存在する．この自明化の境界への制限は $TT^3$ の安定自明化を与える．これを $f_1$ とおくと

$$e(T^3,f_1)\equiv 0\in\mathbb{Q}/2\mathbb{Z},$$
$$\sigma(T^3,f_1)=\operatorname{sign}X\equiv 8 \mod 16$$

である．$X':=T^3\times[0,1]$ の上のスピン構造を $f_0$ の誘導するスピン構造の引き戻しとする．仮定によって，$f_0,f_1$ の誘導するスピン構造は等しい．よって，$X'=T^3\times[0,1]$ の両端の境界に安定自明化 $f_0,f_1$ を付与することによって等式

$$\int_{X'}\hat{\mathcal{A}}(TX')(f_0,f_1)\equiv -e(T^3,f_0)+e(T^3,f_1)=-e(T^3,f_0)$$

を得る．一方，4次元においては

---

*3　次節の記号を使うなら主張は $\mu(T^3,s(f_0))\equiv 8$ である．

$$\int_{X'} \hat{A}(TX')(f_0, f_1) = -\frac{1}{8}\int_{X'} \mathcal{L}(TX')(f_0, f_1) = -\frac{1}{8}(-\sigma(T^3, f_0) + \sigma(T^3, f_1))$$

となる．例15.16によって$\sigma(T^3, f_0) = 0$であったから，

$$\equiv -\frac{1}{8}(-0+8) \equiv 1 \mod 2$$

となる．これから主張$e(T^3, f_0) \equiv 1 \mod 2$を得る．

**注意 15.37**

(1) 安定自明化の与えられた$n$次元閉多様体は，Pontrjagin–Thom構成によって，球面の安定ホモトピー群$\pi_n^S$の要素を定める．補題15.32によって，$e$不変量は$\pi_{8m+3}^S$から$\mathbb{Q}/2\mathbb{Z}$への準同型を与えている．(あるいは奇数$n$に対して$\pi_n^S$から$\mathbb{Q}/\mathbb{Z}$への準同型を与えている．) 上の例は$(T^3, f_0)$が$\pi_3^S$の非自明な要素に対応していることを意味する．[1]参照．

(2) $\eta_1\colon S^3 \to S^2$をHopf写像とし，$\eta_2\colon S^4 \to S^3$を$\eta_1$の懸垂，$\eta_3\colon S^5 \to S^4$を$\eta_2$の懸垂とする．このとき，合成$\eta_1\eta_2\eta_3$の代表元をうまくとると，1点の逆像として$(T^3, f_0)$が得られる．これは$[\eta_1\eta_2\eta_3]$が$\pi_5(S^2)$の非自明な要素であって$\pi_3^S$への写像で0に写らないことを意味している．(なお$\pi_5(S^2) \to \pi_3^S$は単射$\mathbb{Z}/2 \to \mathbb{Z}/24$と同型であることが知られている．)

## (d)　$e$不変量の$\mathbb{R}$への持ち上げ

Novikovの和公式を利用すると符号数作用素から$\mathbb{R}$値の符号不足数，あるいは$\eta$不変量を定義することができた．同様に，Dirac作用素の指数の和公式を利用すると$e$不変量も，$\mathbb{R}$値の不変量に持ち上げることができる．

$X$を境界$Y$をもつ$8m+4$次元コンパクトスピン多様体とする．$Y$上のスピン構造$s_Y$を境界への制限によって定義する．境界$Y$の近傍で$Y \times (-\epsilon, 0]$と等長なRiemann計量$g_X$をとる．$g_X$の$Y$への制限を$g_Y$とおく．$D$を$X$上のDirac作用素とする．

このとき，符号不足数，あるいは$\eta$不変量の定義と全く平行して次の性質によって特徴づけられる不変量$\eta_{\mathrm{Dirac}}$を定義することができる．

**命題 15.38**　$TY$の接続$\nabla_Y$に対して，$Y, s_Y, g_Y, \nabla_Y$にのみ依存する$\mathbb{R}$値不変量$\eta_{\mathrm{Dirac}}(Y, s_Y, g_Y, \nabla_Y)$が存在して

$$\frac{1}{2}(\mathrm{ind}^+ D+\mathrm{ind}^- D)=\int_X \hat{A}(TX,\nabla_Y)-\eta_{\mathrm{Dirac}}(Y,s_Y,g_Y,\nabla_Y)$$

をみたす. □

$e$ 不変量との関係は, $h(D_Y)=\dim(\mathrm{Ker}\, D_Y)^0$ とおくとき

$$e(Y,s_Y,g_Y,\nabla_Y)\equiv\eta_{\mathrm{Dirac}}(Y,s_Y,g_Y,\nabla_Y)+\frac{1}{2}h(D_Y)\quad \mathrm{mod}\ 2$$

によって与えられる(定理11.29参照).

$\nabla_Y$ が $g_Y$ から決まる Levi-Civita 接続であるとき, 単に $\eta_{\mathrm{Dirac}}(Y,s_Y,g_Y)$ と書くことにする.

**注意 15.39** $Y$ の近傍で $D=c(\partial_r+\bar{D}_Y)$ と書くとき $\bar{D}_Y=\bar{D}_Y^0+\bar{D}_Y^1$ と分解され $\bar{D}_Y^i$ は $\Gamma(W_Y^i)$ 上の形式的自己共役作用素であった. このとき, $\bar{D}_Y^i$ のスペクトルデータから定義される $\mathbb{R}$ 値不変量 $\eta(\bar{D}_Y^i)$ が存在し,

$$\eta(\bar{D}_Y^0)=-\eta(\bar{D}_Y^1)=\eta(Y,s_Y,g_Y)$$

をみたすことが知られている[20], [21]. このとき, $\eta(\bar{D}_Y)=\eta(\bar{D}_Y^0)-\eta(\bar{D}_Y^1)$ に対して

$$\mathrm{ind}^- D=\int_X \hat{A}(\nabla(g_X))-\frac{\eta(\bar{D}_Y)+h(D)}{2},$$

$$\mathrm{ind}^+ D=\int_X \hat{A}(\nabla(g_X))-\frac{\eta(\bar{D}_Y)-h(D)}{2}$$

が成立する.

符号数作用素や Dirac 作用素だけでなく, 任意の Dirac 型作用素に対して平行した構成が可能であることは明らかであろう.

## §15.4 $\mu$ 不変量

この節では対象を 3, 4 次元スピン多様体に限定し, 符号数作用素と Dirac 作用素が共に関わって定義される不変量を考察する.

## (a)　$\mu$ 不変量の定義

$X$ を4次元有向コンパクト多様体であってスピン構造 $s_X$ が与えられたものとする．$X$ が閉多様体であるときには Rochlin の定理から $\operatorname{sign} X \equiv 0 \mod 16$ が成立した．$X$ が境界 $Y$ をもつときには，もはやこの等式は成立しない．

**補題 15.40**　$\partial(X, s_X) = (Y, s_Y)$ であるとき，$\operatorname{sign} X \mod 16$ は $(Y, s_Y)$ のみに依存する．

［証明］ $(Y, s_Y) = \partial(X, s_X) = \partial(X', s_{X'})$ であったと仮定する．$\operatorname{sign} X \equiv \operatorname{sign} X' \mod 16$ を示せばよい．$-X$ と $X'$ とを $Y$ に沿って貼り合わせて得られる有向閉多様体 $\tilde{X}$ の上にはスピン構造が存在する．従って，Rochlin の定理から $\operatorname{sign} \tilde{X} \equiv 0 \mod 16$ となる．一方 Novikov の和定理によって $\operatorname{sign} \tilde{X} = -\operatorname{sign} X + \operatorname{sign} X'$ であるから $\operatorname{sign} X \equiv \operatorname{sign} X' \mod 16$ が成立する． ∎

逆に $(Y, s_Y)$ から出発して議論するためには定理 15.27 を利用すればよい．

**定義 15.41**　3次元閉多様体 $Y$ とその上のスピン構造 $s_Y$ に対して，$\mu(Y, s_Y) \in \mathbb{Z}_{16}$ を

$$\mu(Y, s_Y) \equiv \operatorname{sign} X \mod 16$$

と定義する．ここで $(X, s)$ は $\partial(X, s) = (Y, s_Y)$ をみたす4次元スピン閉多様体である． □

**注意 15.42**

(1) 3次元有向閉多様体の接束は常に自明であり，必ずスピン構造をもつことが知られている．

(2) $Y$ が $H_1(Y, \mathbb{Z}_2) = 0$ をみたすときには $Y$ 上のスピン構造は一意である．このとき $\mu(Y, s_Y)$ を単に $\mu(Y)$ と書く．

(3) $Y$ が $H_1(Y, \mathbb{Z}) = 0$ をみたすときには，$\mu(Y) \in \mathbb{Z}_{16}$ は $0, 8 \mod 16$ のいずれかになる．(これは，$\partial X = Y$ となるスピン多様体 $X$ の交叉形式が，ユニモジュラーかつ偶になることの帰結である．) このとき，$\mu(Y)/8 \in \mathbb{Z}_2$ のことを $\mu(Y)$ と書く文献が多いので注意のこと．

以上の構成は3次元スピン閉多様体に対するものであった.

これを高次元に拡張するためには，整数性定理が必要である.

**注意 15.43**

(1) Ochanine によって，$8m+4$ 次元スピン閉多様体の符号数は16で割り切れることが証明されている[112], [65]. これから，$8m+3$ 次元スピン閉多様体に対して $\mu$ 不変量を形式的にそのまま拡張することが可能である.

(2) $4k$ 次元閉多様体の接束が1点を除いて安定自明化をもつとき，その符号数は Bernoulli 数と関係した数 $a_k$ で割り切れることが知られている. これから，$4k-1$ 次元閉多様体 $Y$ が，もし安定自明化をもつ $4k$ 次元コンパクト多様体 $X$ の境界となっているならば，$\operatorname{sign} X \mod a_k$ は $\mu$ 不変量と類似の位相不変量を与える. この不変量は，エキゾチック球面の分類に用いられた[74], [131].

## (b)　$T^3$ のスピン構造の $\mu$ 不変量

例をあげる.

**例 15.44**　3次元トーラス $T^3$ は8個のスピン構造をもつ. そのうち7個のスピン構造の $\mu$ が0であり，残りの1個のスピン構造の $\mu$ が8である. □

本小節ではこの主張の証明を与える.

前半は次のようにすぐわかる.

(1)　$T^3=S^1\times S^1\times S^1$ と分解するとき各 $S^1$ は2通りのスピン構造をもち，それらの積として $2^3=8$ 個のスピン構造が得られる.

(2)　$S^1$ の2個のスピン構造の1つは $D^2$ のスピン構造の境界への制限として得られるものであり，もう1つは $S^1$ の回転に関して不変なスピン構造である.

(3)　$T^3$ 上のスピン構造 $s$ を3個の $S^1$ のスピン構造の積として表示するとき，少なくとも1つの $S^1$ 成分のスピン構造が $D^2$ のスピン構造の境界であったと仮定する. このとき $s$ は，$D^2\times S^1\times S^1$ 上のスピン構造の境界への制限である. すると $\operatorname{sign} D^2\times S^1\times S^1=0$ から，$\mu(T^3,s)\equiv 0\in\mathbb{Z}_{16}$ を得る.

残った1つのスピン構造は $T^3$ 上の平行移動に関して不変なスピン構造である. これを $s_0$ と書くとき，$\mu(T^3,s_0)\equiv 8\in\mathbb{Z}_{16}$ を示そう.

そのためには，$T^3$ のスピン構造であって，$\mu \equiv 8$ となるものを構成すれば十分である．構成の概略のみ示そう．

（1） $\mathbb{CP}^2$ の中の非特異 $k$ 次代数曲線を 1 つとり $C_k$ とおく．これは次の性質をみたす．

（a） $k$ が奇数のとき $C_k$ は $w_2(\mathbb{CP}^2)$ の 1 つの Poincaré 双対を与える．

（b） $[C_k]$ の自己交叉数は $k^2$ である．

（c） $C_1$ は球面であり $C_3$ はトーラスである．

（2） $\mathbb{CP}^2$ の向きを変えたものを $\overline{\mathbb{CP}^2}$ とおき，その中の $C_k$ を $\overline{C_k}$ と書く．$\mathbb{CP}^2$ と 9 個の $\overline{\mathbb{CP}}^2$ との連結和を $\hat{X}$ とおく．$\hat{X}$ の内部で $C_3$ と 9 個の $\overline{C_1}$ との連結和をとったものを $\hat{C}$ とおく．これらは次の性質をみたす．

（a） $\operatorname{sign}\hat{X} = \operatorname{sign}\mathbb{CP}^2 + 9\operatorname{sign}\overline{\mathbb{CP}^2} = 1+9(-1) = -8$

（b） $\hat{C}$ は $w_2(\hat{X})$ の 1 つの Poincaré 双対を与える．

（c） $[\hat{C}]$ の自己交叉数は $3^2-9\cdot 1 = 0$ である．

（d） $\hat{C}$ はトーラスである．

（3） $\hat{X}$ から $\hat{C}$ の管状近傍を除いたものを $X$ とおき，その境界を $Y$ とおく．上の性質から $w_2(X)=0$, $\operatorname{sign}X=-8$, $Y \cong T^3$ が得られる．従って，$X$ にはスピン構造が入る．それの制限として $Y \cong T^3$ に入るスピン構造を $s_Y$ とおくと，$\mu(Y, s_Y) \equiv 8 \mod 16$ である．

### （c） $\mu$ 不変量の $\mathbb{Z}$ への持ち上げ

もともと Rochlin の定理の証明の鍵は符号数作用素の指数と Dirac 作用素の指数との比較であった．この節でこれまでは Rochlin の定理の結論のみを用いて議論してきた．しかしより根本的に Rochlin の定理の証明自体を境界のある多様体上で議論するとどうなるだろう．

結論を述べると，$Y$ のスピン構造 $s_Y$ とともに Riemann 計量 $g_Y$ に依存する $\mathbb{Z}$ 値不変量 $\tilde{\mu}(Y, s_Y, g_Y)$ であって，次のように定義されるものが現われる．

$$\tilde{\mu}(Y, s_Y, g_Y) := -\eta(Y, g_Y) - 8\eta_{\mathrm{Dirac}}(Y, s_Y, g_Y) - \frac{1}{2}h(D_{Y,\mathrm{Dirac}}). \tag{15.2}$$

右辺はとりあえずは $\mathbb{R}$ に値をとる．しかし，次の命題が成立する．

**命題 15.45**　$\tilde{\mu}(Y,s_Y,g_Y)$ は $\mathbb{Z}$ に値をとり，$\mu(Y,s_Y)\equiv\tilde{\mu}(Y,s_Y,g_Y) \mod 16$ が成立する．すなわち $\tilde{\mu}$ は $\mu$ の Riemann 計量を用いた $\mathbb{Z}$ への持ち上げである．

［証明］　$\partial(X,s)=(Y,s_Y)$ となる $(X,s)$ をとり，$X$ 上に $Y$ の近傍でシリンダー状の Riemann 計量 $g$ を固定する．$g$ の $Y$ への制限を $g_Y$ とおく．$X$ 上で符号数作用素 $D_{\mathrm{sign}}$ と Dirac 作用素 $D_{\mathrm{Dirac}}$ の指数を考える．

(15.3)
$$\mathrm{ind}^- D_{\mathrm{sign}} = \frac{1}{3}\int_X p_1(\nabla(g))-\eta(Y,g_Y)-\frac{1}{2}h(D_{Y,\mathrm{sign}}),$$

(15.4)
$$\mathrm{ind}^- D_{\mathrm{Dirac}} = -\frac{1}{24}\int_X p_1(\nabla(g))-\eta_{\mathrm{Dirac}}(Y,s_Y,g_Y)-\frac{1}{2}h(D_{Y,\mathrm{Dirac}})$$

これらと

$$\mathrm{sign}\,X = \mathrm{ind}^- D_{\mathrm{sign}}+\frac{1}{2}h(D_{Y,\mathrm{sign}}) \tag{15.5}$$

とから，

$$\mathrm{sign}\,X+8\,\mathrm{ind}^- D_{\mathrm{Dirac}} = -\eta(Y,g_Y)-8\eta_{\mathrm{Dirac}}(Y,s_Y,g_Y)-\frac{1}{2}h(D_{Y,\mathrm{Dirac}})$$

を得る．ここで $\mathrm{ind}^0 D_{\mathrm{Dirac}}$ は偶数であるから左辺は $\mu(Y,s_Y)\in\mathbb{Z}_{16}$ の $\mathbb{Z}$ への持ち上げである．∎

証明を逆にたどれば，$\tilde{\mu}(Y,s_Y,g_Y)$ を

$$\tilde{\mu}(Y,s_Y,g_Y) = \mathrm{sign}\,X+8\,\mathrm{ind}^- D_{\mathrm{Dirac}} \tag{15.6}$$

と定義してもよい．この表示から $g_Y$ を連続的に動かすとき，ある $g_Y$ において 16 の倍数だけジャンプすることがわかる．ジャンプが生じる $g_Y$ は，$Y$ 上の対応する Dirac 作用素が 0 でない解をもつものである．

**注意 15.46**

(1) $\mu$ の $\mathbb{Z}$ への持ち上げであって，Riemann 計量に依存しない位相不変量も次のような状況があれば定義可能である：$\tilde{\mu}$ とは別の $\mathbb{Z}$ 値不変量 $\tilde{\mu}'$ が，やはり Riemann 計量に依存するが，ジャンプの仕方が $\tilde{\mu}$ と同一であったとする．この

とき $\tilde{\mu}-\tilde{\mu}'$ は，Riemann 計量に依存しない位相不変量となる．もし $\tilde{\mu}'$ が常に 16 の倍数であれば，この位相不変量は $\mu$ の $\mathbb{Z}$ への持ち上げになっている．

(2) 実際，$Y$ としてホモロジー 3 球面に限定するとき，Riemann 計量に依存する不変量 $\tilde{\mu}'$ を，(3 次元) **Seiberg–Witten 方程式**の(適当に正則化して勘定した)既約な解の個数の 16 倍と定義すれば，この性質をもつことが知られている．こうしてホモロジー 3 球面の位相不変量が定義され，構成の仕方から $\mu$ 不変量の $\mathbb{Z}$ への持ち上げになっている．この不変量は，**Casson 不変量**とよばれる不変量と(定数倍を除いて)一致することが知られている [85]．

(3) このジャンプの一致は偶然ではなく，可約な解から既約な解が分岐する現象として(つまり線形方程式を扱う指数定理の範疇と非線形方程式を扱うゲージ理論の境に現われる現象として)幾何学的に捉えられる．標語的にいえば，非線形方程式の解の分岐は，線形化された方程式のスペクトル流によって統御される．同様の現象について [76], [62] も参照のこと．

## § 15.5　$\rho$ 不変量

前節で $\mu$ 不変量の $\mathbb{Z}$ への持ち上げを Riemann 計量に依存する不変量として定義した．基本的な道具は 2 つの作用素の指数に関する 2 つの関係式(15.3)であった．両者の一次結合をとると，右辺の積分項が完全に相殺される．これが議論の鍵であった．結果として，$\tilde{\mu}$ は 2 通りの表示式(15.2), (15.6)をもつ．

この節では，2 つのベクトル束上に 2 つの平坦接続が与えられたとき，両者を係数とする符号数作用素を用いて同様の議論を行う．やはり指数に関する 2 つの関係式の一次結合を考察する．これから定義されるのが $\rho$ 不変量である*4．

ベクトル束の階数が等しいときには一次結合はただの差に他ならない．しばらくこの場合を説明する．

*4　この節の内容は複素ベクトル束上の平坦接続を用いれば任意の奇数次元有向閉多様体に対しても意味をもつ．注意 2.55 参照．

## (a) 同一ベクトル束上の平坦接続

### Chern–Simons 不変量

$Y$ を $4k-1$ 次元の有向閉多様体，$F_Y$ を $Y$ 上の実ベクトル束とする．$F_Y$ 上に 2 つの平坦接続 $\nabla^0, \nabla^1$ が与えられたとする．このとき，$\mathrm{cs}(\nabla^0, \nabla^1) \in \mathbb{R}$ を次のように定義する：まず，$X = Y \times [0,1]$ 上に $F_Y$ を引き戻したものを $F_X$ とおく．$F_X$ 上の接続 $\nabla_X$ を，$Y \times \{0\}$ の近傍では $\nabla^0$ の引き戻し，$Y \times \{1\}$ の近傍では $\nabla^1$ の引き戻しとなっている任意の接続とする．このとき，$\mathrm{ch}(\nabla_X)$ は $H^\bullet(X, Y)$ の要素を定める．標準的な議論により(§7.2 参照)この de Rham コホモロジー要素は $\nabla_X$ のとり方によらない．一方，$\mathcal{L}(TX)$ は $H^\bullet(X)$ の要素であるから積分

$$\mathrm{cs}(\nabla^0, \nabla^1) := \int_X \mathrm{ch}(\nabla_X)\mathcal{L}(TX)$$

は，$\nabla_X$ のとり方に依存せずに定まる．これを **$\mathbb{R}$ 値 Chern–Simons 不変量**とよぶことにしよう．

### スペクトル流

同じ設定のもとで別の $\mathbb{Z}$ 値不変量 $\mathrm{sf}(\nabla^0, \nabla^1)$ を次のように定義する．$X = Y \times [0,1]$ 上の符号数作用素の作用する $\mathbb{Z}_2$ 次数付 Clifford 加群を $W$ とし，$W \otimes F_X$ 上の Dirac 型作用素 $D$ を次のような任意のものとする：$Y \times \{0\}$ の近傍では $\nabla^0$ の引き戻しを係数とする符号数作用素と一致し，$Y \times \{1\}$ の近傍では $\nabla^1$ の引き戻しを係数とする符号数作用素と一致する．このとき

$$\mathrm{sf}(\nabla^0, \nabla^1) := \frac{1}{2}(\mathrm{ind}^- D + \mathrm{ind}^+ D) = \mathrm{ind}^- D + \frac{1}{2}h(D_{\partial X}) \tag{15.7}$$

と定義する．定理 11.34 によって $\mathrm{ind}^\pm D$ は境界でのデータのみで決まり，$X$ の内部における $D$ の選び方に依存しない．定理 11.48 によりこの sf は本質的に $Y$ 上の平坦接続係数の符号数作用素の間のスペクトル流である．

式(15.7)の右辺は半奇数ではなく，本当に整数になることを確かめよう．2 つの境界からの寄与に分けて $\mathrm{Ker}\, D_{\partial X} = \mathrm{Ker}_0 \oplus \mathrm{Ker}_1$ と書くと，$\mathrm{Ker}_i$ は $Y \times$

$\mathbb{R}$ 上の $\nabla_i$ を係数とする平行移動で不変な調和形式の全体と一致する．よって $\mathrm{Ker}_i$ は Riemann 計量に依存しない位相的な解釈 $H^\bullet(Y,\nabla_i)\oplus H^\bullet(Y,\nabla_i)dr$ を許す．これから

$$h(D_{Y\times\{0,1\}})=\sum_{i=0,1}\dim H^\bullet(Y,\nabla_i)$$

であるが，Poincaré 双対性により各々の $H^\bullet(Y,\nabla_i)$ は偶数次元である．

さらに，上の位相的解釈から次の補題が得られる．

**補題 15.47**　$\mathrm{sf}(\nabla^0,\nabla^1)$ は $Y$ の Riemann 計量のとり方に依存しない位相不変量である．

［証明］　定理 11.35 による．∎

**注意 15.48**　Floer ホモロジー理論とよばれる 3 次元多様体上のゲージ理論において，この sf は重要な役割を果たす．直観的にいうと，無限次元 Morse 理論における 2 つの臨界点の Morse 指数の差にあたるものを定義するのに用いられる．

## (b)　異なるベクトル束上の平坦接続

**2 つの問い**

$\mathbb{R}$ 値 Chern–Simons 不変量，スペクトル流の 2 つの不変量の各々に対して，互いに関連した 2 つの問いを考えよう．どちらも同様であるので $\mathbb{R}$ 値 Chern–Simons 不変量に対して問いを述べる．

(I)　$F_Y$ 上の平坦接続 $\nabla_Y$ にのみ依存する $\mathbb{R}$ 値位相不変量 $\widetilde{\mathrm{cs}}(\nabla_Y)$ を定義できて，$\mathrm{cs}(\nabla^0,\nabla^1)=-\widetilde{\mathrm{cs}}(\nabla^0)+\widetilde{\mathrm{cs}}(\nabla^1)$ と表示できるか？

(II)　$F^0,F^1$ が $Y$ 上の互いに同型なベクトル束であり，各々の上に平坦接続 $\nabla^0,\nabla^1$ が与えられたとする．このときにも $\mathbb{R}$ 値位相不変量 $\mathrm{cs}(\nabla^0,\nabla^1)$ に相当するものを定義できるか？

結論から述べると，あらかじめある自然数 $N$ について $\bmod N$ した $\mathbb{R}/N\mathbb{Z}$ 値不変量を考えるなら上の問いはいずれも肯定的である．スペクトル流についても同様であり，$\mathbb{Z}/N\mathbb{Z}$ 値不変量を考えるなら上の問いはいずれも肯定的である．以下この小節ではこれを説明する．

### 整数性定理との関係

$\mathbb{R}$ 値 Chern–Simons 不変量についての考察は，$e$ 不変量の $\mathbb{R}$ への持ち上げの考察とほぼ平行する．この場合に問題のポイントを説明しておこう．

(I)について．もし $Y$ がコンパクト多様体 $X$ の境界であり，$F_Y$ が $X$ 上の実ベクトル束 $F_X$ の境界への制限となっているとき，とりあえず次のような方法を考えることができる．平坦接続 $\nabla_Y$ を $F$ 上に任意に平坦とは限らない接続として拡張したものを $\nabla_X$ とおく．このとき，$\int_X \mathrm{ch}(\nabla_X)\mathcal{L}(TX, \nabla(g_X))$ は $Y$ の計量に依存しているが，$\widetilde{\mathrm{cs}}(\nabla_Y)$ の 1 つの候補を与える．問題は，$(X, F_X)$ のとり方が(存在する場合でも)一意ではないことである．

(II)について．$F^0$ と $F^1$ の同型 $f\colon F^0 \to F^1$ を 1 つ固定すると $\mathbb{R}$ 値 Chern–Simons 不変量 $\mathrm{cs}(\nabla^0, f^*\nabla^1)$ を定義することができる．これは $f$ のホモトピー類のみに依存する．問題はホモトピー類が一意でないことである．

いずれの問題も，補助のデータを利用すれば一見解決されるが，その補助のデータへの依存性のため，位相不変量ではなくなってしまうのが困難の所在である．その依存性は整数性定理によって与えられる．

(I)について．$(X, F_X)$ の 2 通りのとり方が与えられたとき，それらを $(Y, F_Y)$ に沿って貼り合わせたものを $(\tilde{X}, F_{\tilde{X}})$ とおく．$\tilde{X}$ は閉多様体である．このとき，$\widetilde{\mathrm{cs}}(\nabla_Y)$ の候補の不定性は整数

$$\int_{\tilde{X}} \mathrm{ch}(F_{\tilde{X}} \otimes \mathbb{C})\mathcal{L}(T\tilde{X}) \tag{15.8}$$

によって与えられる．

(II)について．$f$ の 2 通りのとり方が与えられたとする．それらの比 $f'$ は，$F_Y$ の自己同型を与えている．$Y \times S^1$ 上のベクトル束 $F_Y(f')$ を，次の貼り合わせ

$$F_Y(f') = F_Y \times [0,1]/\sim, \quad (v,1) \sim (f'v, 0)$$

によって定義する．$\mathrm{cs}(\nabla^0, \nabla^1)$ の候補の不定性は整数

$$\int_{Y \times S^1} \mathrm{ch}(F_Y\tilde{(}f') \otimes \mathbb{C})\mathcal{L}(T(Y \times S^1)) \tag{15.9}$$

によって与えられる．

以上は $\mathbb{R}$ 値 Chern–Simons 不変量の場合の説明であった．スペクトル流の場合も全く平行した議論が成立する．

ここで上の不定性を集約する整数 $N, N_{F_Y}$ を次のように導入しよう．

（1）　$\tilde{X}$ として $X$ と同次元のすべての有向閉多様体を動かし，$F_{\tilde{X}}$ として $F_X$ と同じ階数のすべての $\tilde{X}$ 上のベクトル束を動かすとき，整数(15.8)全体の最大公約数を $N$ とおく．

（2）　$f'$ として $F_Y$ のすべての自己同型を動かすとき，整数(15.9)全体の最大公約数を $N_{F_Y}$ とおく．

定義により，$N_{F_Y}$ は $N$ の倍数である．

すると結論として次がわかった．

（1）　$\widetilde{\mathrm{cs}}(\nabla_Y)$ は $\mathbb{R}/N\mathbb{Z}$ の要素としては定義可能である．

（2）　$\widetilde{\mathrm{sf}}(\nabla_Y)$ は $\mathbb{Z}/N\mathbb{Z}$ の要素としては定義可能である．

（3）　$\mathrm{cs}(\nabla^0, \nabla^1)$ は $\mathbb{R}/N_{F_Y}\mathbb{Z}$ の要素としては定義可能である．

（4）　$\mathrm{sf}(\nabla^0, \nabla^1)$ は $\mathbb{Z}/N_{F_Y}\mathbb{Z}$ の要素としては定義可能である．

**例 15.49**　$Y$ を 3 次元有向ホモロジー球面，$F$ を $Y$ 上の自明な実ベクトル束 $Y\times\mathbb{R}^r$ であると仮定する．このとき $N_{F_Y}$ を計算しよう．

**注意 15.50**　ホモロジー 3 球面上の任意の実ベクトル束 $F$ は必ず自明になる：$w_1(F)\in H^1(Y,\mathbb{Z}_2)=0$，$w_2(F)\in H^2(Y,\mathbb{Z}_2)=0$ であるから $F$ は向きとスピン構造をもち，構造群が $Spin(r)$ に持ち上がる．すると $\pi_i(Spin(r))=0$ が $i\leqq 2$ に対して成立することから，$Y$ を三角形分割しておくと，次元の低い単体の上から順番に $F$ の自明化を構成できる．

$Y$ の接束は自明なので，$Y\times S^1$ の Pontrjagin 類は 0 である．これから $\mathcal{L}(T(Y\times S^1))=4$ となる．

$Y\times S^1$ の上の実ベクトル束 $F_Y(f')$ に対して整数(15.9)は

$$\int_{Y\times S^1}\mathrm{ch}(F(\tilde{f'})\otimes\mathbb{C})\mathcal{L}(T(Y\times S^1)) = 4\int_{Y\times S^1}p_1(F(f'))$$

となる．$H^2(Y\times S^1,\mathbb{Z}_2)=0$ より $F(f')$ がスピン構造をもつことに注意する．すると例 15.25 の中の計算は右辺の積分の値が 4 の倍数の全体を渡ることを

意味している．これから $N_{F_Y}=4\cdot 4=16$ がわかる．　□

**注意 15.51**　符号数作用素のかわりに Atiyah–Hitchin–Singer 複体に付随する作用素を用いて類似の考察ができる．このとき $N_{F_Y}$ にあたる数は半分になる．(標語的にいえば，符号数作用素と de Rham 複体とを足して 2 で割ったものが Atiyah–Hitchin–Singer 複体であった．注意 15.1 は de Rham 複体からの寄与が恒等的に 0 であることを意味している．) $Y$ がホモロジー 3 球面のときには $N_{F_Y}/2=8$ である．これはホモロジー 3 球面上で(インスタントンから定義される) **Floer ホモロジー**(Floer homology)の上に，ゲージ変換の作用が次数を 8 の倍数ずらすことの根拠となっている．スペクトル流は本質的に無限次元的現象であった．変換群がホモロジーの次数を変えてしまうのも頗る無限次元的な現象であり，両者は同じ深さにある．

### $\mathbb{R}$ 値不変量と $\mathbb{Z}$ 値不変量との差

これまでは $\mathbb{R}$ 値 Chern–Simons 不変量と $\mathbb{Z}$ 値不変量であるスペクトル流とを別々に考察してきた．すると構成の不定性に起因して $\mathrm{mod}\, N$ あるいは $\mathrm{mod}\, N_{F_Y}$ の不定性が生じるのであった．しかし，2 つの不変量の差を考察するとこれらの不定性が相殺することがわかる．先の 2 つの問いを考えると，$\mathrm{mod}\, N$ をとる以前に肯定的であることになる．本節の目的はこれを説明することであるが，結論を先に述べよう．

(1)　(I)はそのままでは否定的であるが $Y$ の Riemann 計量にも依存する不変量としてなら定義可能である．実はこれは先に行った $\eta$ 不変量，あるいは $e$ 不変量の $\mathbb{R}$ への持ち上げと平行した構成である．こうして構成される不変量は**平坦接続を係数とする $\eta$ 不変量**である．

(2)　(II)は肯定的であり，$\mathbb{R}$ 値位相不変量として定義される．不変量が Riemann 計量に依存しない点が(1)との顕著な違いである．こうして構成される不変量が $\rho$ 不変量である．

## (c)　平坦接続を係数とする $\eta$ 不変量

$4k$ 次元コンパクト有向多様体 $X$ の境界が $Y$ であり，$X$ の上に Euclid 計量をもつ実ベクトル束 $F_X$ が与えられたとする．$F_X$ の上に計量を保つ平坦

接続 $\nabla_{F_X}$ が与えられたとき，局所系 $(F_X, \nabla_{F_X})$ を係数とするコホモロジー $H^\bullet(X, \nabla_{F_X})$, $H^\bullet(X, Y, \nabla_{F_X})$ が定義される．このとき，§15.1(b)と平行した議論により，$(F_X, \nabla_{F_X})$ を係数とする $X$ の符号数 $\mathrm{sign}(X, \nabla_{F_X})$ が定義される．さらに，$X$ 上に境界 $Y$ の近傍で直積の形をした Riemann 計量 $g_X$ が与えられ，$g_X$ の $Y$ への制限を $g_Y$ とするとき

$$\mathrm{sign}(X, \nabla_{F_X}) = \int_X \mathcal{L}(TX, \nabla(g_X)) - \eta(Y, g_Y, \nabla_{F_Y})$$

をみたす実数 $\eta(Y, g_Y, \nabla_{F_Y})$ が，$\nabla_{F_X}$ の $F_Y := F_X|Y$ への制限に依存する不変量として定義される．

この議論を一般化したい．$(X, g_X, F_X, \nabla_{F_X})$ が最初に与えられるのではなく，まず $4k-1$ 次元の閉 Rieamnn 多様体 $(Y, g_Y)$ とその上の平坦接続 $(F_Y, \nabla_{F_Y})$ が与えられたとき，$\eta(Y, g_Y, \nabla_{F_Y})$ を定義したい．

§15.2(a)と同様の工夫により，$Y$ のかわりに $Y$ のコピーをいくつも考えれば，最初から $Y$ はある $X$ の境界であると仮定して定義できればよい．問題は，ベクトル束 $F_Y$ や，平坦接続 $\nabla_{F_Y}$ が一般には $X$ 上に拡張できないことである．

次の定理は定理15.11の拡張である．

**定理 15.52**　有向閉多様体 $Y$ の次元 $n$ が4で割り切れないと仮定する．このとき自然数 $N, N'$ および $n+1$ 次元コンパクト有向多様体 $X$ と $X$ 上の実ベクトル束 $F_X$ が存在し，次が成立する．

（1）　$X$ の境界は $N$ 個の連結成分をもち，どの連結成分も $Y$ のコピーである．

（2）　$F_X$ を境界の連結成分上に制限したものは，$F_Y \oplus \mathbb{R}^N$ と同型である．

□

**注意 15.53**　定理15.52の証明の方針を述べる．この定理を代数的トポロジーの言葉で言い換えると $MSO_n(BO)\otimes\mathbb{Q}=0$ となる．これは，有向同境群に対する Atiyah–Hirzebruch スペクトル系列を考えると，定理15.11と $BO$ の有理コホモロジー群が4の倍数以外の次数で消えていることに帰着する．

上の定理を用いると，はじめから $F_Y$ は $X$ 上のベクトル束 $F_X$ に拡張されていると仮定してもよい．だが，平坦接続 $\nabla F_Y$ を $F_X$ 上に拡張できるかどうかはわからない．

しかし，平坦でない接続としてなら $F_X$ 上に拡張できることに注目しよう．さらにいえば，$W$ を符号数作用素が定義されている $X$ 上の $\mathbb{Z}_2$ 次数付 Clifford 加群とするとき，$W\otimes F_X$ の上の Dirac 型作用素 $D_{\mathrm{sign}}(F_X)$ であって，$Y$ の近傍では局所係数付の符号数作用素となっているものはいつでも存在する．しかも(sf の定義の際と同様に)定理 11.34 によって $\mathrm{ind}^{\pm} D_{\mathrm{sign}}$ は $D_{\mathrm{sign}}(F_X)$ のとり方に依存しない．そこで

$$\begin{aligned}\frac{1}{2}&(\mathrm{ind}^{+} D_{\mathrm{sign}}(F_X)+\mathrm{ind}^{-} D_{\mathrm{sign}}(F_X))\\&=\int_X \mathrm{ch}(F,\nabla_F)\mathcal{L}(TX,\nabla(g))-\eta(Y,g_Y,\nabla_{F_Y})\end{aligned}$$

をみたすように $\eta(Y,g_Y,\nabla_{F_Y})$ を定義すればよい．この定義は $e$ 不変量の持ち上げと平行した構成である．しかし $e$ 不変量の持ち上げと異なり次の補題が成立する．

**補題 15.54**　$\eta(Y,g_Y,\nabla_{F_Y})$ は $g_Y$ に連続に依存する．

[証明]　補題 15.47 の証明と同様である．符号数作用素が平坦接続係数の場合に位相的解釈を許すことによる．∎

## (d)　$\rho$ 不変量の定義

$Y$ 上の計量付実ベクトル束 $F^0,F^1$ の階数が等しかったと仮定する．それらの上に計量を保つ平坦接続 $\nabla^0,\nabla^1$ が与えられたとしよう．

$\nabla^0,\nabla^1$ の $\mathbb{R}$ 値不変量 $\rho(Y,\nabla^0,\nabla^1)$ を次のように定義する．

$$\rho(Y,\nabla^0,\nabla^1):=-\eta(Y,g_Y,\nabla^0)+\eta(Y,g_Y,\nabla^1).$$

右辺はとりあえず Riemann 計量 $g_Y$ に依存している．しかし，次の命題が成立する．

**命題 15.55**　$\rho(Y,\nabla^0,\nabla^1)$ は Riemann 計量に依存しない位相不変量である．

［証明］ $g_0, g_1$ を $Y$ の2つの Riemann 計量とする．$X = Y \times [0,1]$ の上の Riemann 計量 $g_X$ を，境界の近傍では積の形であり，$Y \times \{0\}$ に制限すると $g_0$ と一致し，$Y \times \{1\}$ に制限すると $g_1$ と一致するようにとる．$\nabla^0, \nabla^1$ の $X$ への引き戻した平坦接続を同じ記号で表わすことにする．すると，2つの等式

$$\operatorname{sign}(X, \nabla^0) = \int_X \operatorname{ch}(\nabla^0)\mathcal{L}(TX, g_X) + \eta(Y, g_0, \nabla^0) - \eta(Y, g_1, \nabla^0),$$

$$\operatorname{sign}(X, \nabla^1) = \int_X \operatorname{ch}(\nabla^1)\mathcal{L}(TX, g_X) + \eta(Y, g_0, \nabla^1) - \eta(Y, g_1, \nabla^1)$$

を得る．$\nabla^i$ は平坦なので左辺は位相的に計算される．実際 $H^\bullet(Y \times [0,1], Y \times \{0,1\}, \nabla^i)$ のカップ積は恒等的に0であるから左辺は0となる．$\nabla^i$ の平坦性を再び用いると，$\operatorname{ch}(\nabla^i) = r$ を得る．ここで $r$ は $F^0, F^1$ の階数である．よって，2式の差をとると，右辺の第一項は相殺し，

$$0 = (\eta(Y, g_0, \nabla^0) - \eta(Y, g_1, \nabla^0)) - (\eta(Y, g_0, \nabla^1) - \eta(Y, g_1, \nabla^1))$$

を得る．これは $\rho(Y, \nabla^0, \nabla^1)$ が Riemann 計量のとり方に依存しないことを意味している． ∎

$F^0$ と $F^1$ が同型であるとき，同型写像 $f \colon F^0 \to F^1$ を1つ固定する定義からただちに関係式

$$\rho(Y, \nabla^0, \nabla^1) = \operatorname{sf}(\nabla^0, f^*\nabla^1) - \operatorname{cs}(\nabla^0, f^*\nabla^1) \tag{15.10}$$

がわかる．

**注意 15.56**　$F^0, F^1$ が同型であるときには，等式(15.10)を初めに確立しておくと，命題15.55の成立を次のように見ることもできる：等式(15.10)の左辺はとりあえずは Riemann 計量を用いて定義され，右辺はとりあえずは $f$ を用いて定義されている．しかし，右辺は Riemann 計量に依存せず，左辺は $f$ に依存しない．よってこの量は，Riemann 計量にも $f$ にも依存しない位相不変量であることがわかる．

$\rho$ 不変量は位相不変量であるから，解析を使わずに求められることが望ましい．次の演習問題はそれが可能な1つの例を与える．

**演習問題 15.57**　$X$ が境界 $Y$ をもつ $4k$ 次元コンパクト有向多様体，$F_X^0$,

$F^1_X$ が $X$ 上の実ベクトル束，$\nabla^0_X, \nabla^1_X$ がその上の平坦接続であるとする．$\nabla^0_X, \nabla^1_X$ の $Y$ 上への制限を $\nabla^0, \nabla^1$ とおくとき，

$$\rho(Y, \nabla^0, \nabla^1) = \mathrm{sign}(X, \nabla^0_X) - \mathrm{sign}(X, \nabla^1_X)$$

が成立することを示せ．（ヒント：命題 15.55 の証明において $Y \times [0,1]$ の代わりに $X$ を用いよ．）□

## (e) $\boldsymbol{\sigma}_\gamma$ 不変量，有限群作用

$4k-1$ 次元有向閉多様体 $\tilde{Y}$ に有限群 $\Gamma$ が向きを保って自由に作用したとする．商空間 $Y := \tilde{Y}/\Gamma$ は同じ次元の有向閉多様体である．$\Gamma$ の有限次元直交表現 $R\colon \Gamma \to O(r)$ に対して，$Y$ 上の実ベクトル束 $F(R)$ を

$$F(R) := (\tilde{Y} \times \mathbb{R}^r)/\sim, \quad (p, v) \sim (\gamma p, R(\gamma)v)$$

によって定義する．$F(R)$ の上には自然な計量と自然な平坦接続 $\nabla(R)$ が存在する．

$\Gamma$ の 2 つのユニタリ表現 $R^0, R^1$ が与えられたとき，$\rho(Y, \nabla(R^0), \nabla(R^1))$ を計算したい．

本節の目標は次の状況の下で計算方法を与えることである．

（1）$\tilde{Y}$ はあるコンパクト有向多様体 $\tilde{X}$ の境界であり，$\Gamma$ の作用は $\tilde{X}$ の上にまで拡張されている．

（2）$\Gamma$ の $\tilde{X}$ 上への作用は向きを保つが，自由であるとは限らない．

もし $\Gamma$ 作用が $\tilde{X}$ 上も自由であれば，商空間を $X$ とおくと $X$ もコンパクト有向多様体である．このとき $\nabla(R^0), \nabla(R^1)$ は平坦接続として $X$ の上に自然に拡張され，演習問題 15.57 の方法によって $\rho$ 不変量を位相的に計算可能である．

結論からいうと，$\Gamma$ 作用が $\tilde{X}$ 上自由でないときには，固定点集合から寄与する項が現われる．

$\gamma \in \Gamma$ が単位元でないとき，固定点集合 $\tilde{X}^\gamma$ は境界と交わらない閉部分多様体である．

もし境界が空集合であり $\tilde{X}$ 自身が閉多様体である場合には，$G$ 符号数定理（符号数作用素に対する Lefschetz 公式）により，$D_{\mathrm{sign}}(\nabla(R^i))$ の $\Gamma$ 同変指

数の $\gamma$ における指標の値は固定点集合上の積分として表示できる．この等式を略記して

$$\operatorname{sign}_\gamma \tilde{X} = \int_{\tilde{X}^\gamma} L(\tilde{X}^\gamma)$$

と書いておく．

境界が $\tilde{Y}$ であるときにも，この両辺は意味をもつ．しかし，等式は一般には成立しない．この章で幾度も述べてきた議論から，両辺の差が境界 $\tilde{Y}$ の不変量となることは明らかであろう．

**定義 15.58**　$\gamma \neq 1$ に対して

$$\sigma_\gamma(\tilde{Y}) := \operatorname{sign}_\gamma \tilde{X} - \int_{\tilde{X}^\gamma} L(\tilde{X}^\gamma) \in \mathbb{R}$$

とおく．　□

コピーを用いる議論によって実は有限群 $\Gamma$ が向きを保って自由に作用する任意の $4k-1$ 次元有向閉多様体 $\tilde{Y}$ に対して $\sigma_\gamma(\tilde{Y})$ の定義を拡張することができる．次の定理を引用する．

**定理 15.59**（Conner–Floyd [45]）

（1）　向きを保つ $\Gamma$ 作用があるコンパクト有向多様体 $\tilde{X}$ と自然数 $N$ が存在して，$\tilde{X}$ の境界は(向きと $\Gamma$ 作用もこめて) $\tilde{Y}$ の $N$ 個のコピーを合わせたものと一致する．

（2）　さらに，$\tilde{X}$ への $\Gamma$ 作用が自由であるようにとることもできる．　□

この定理を使って $\sigma_\gamma$ の定義を拡張できることはこれまでと同様の議論であるので省略する．

**演習問題 15.60**　$\rho(Y, \nabla(R^0), \nabla(R^1))$ は有理数である（Atiyah–Patodi–Singer）．（ヒント：定理 15.59 の後半と演習問題 15.57 を用いよ．）　□

結論から述べると，上に定義された $\sigma_\gamma$ 不変量と $\rho$ 不変量とは，（平坦接続として $\Gamma$ の実直交表現から得られるものに限って考察するなら）同じ情報量を与えており，両者の関係は一種の Fourier 変換によって与えられる．具体的には，次の関係式が成立する．

**定理 15.61**（Atiyah–Patodi–Singer）　$R^0, R^1$ を $\Gamma$ の直交表現であって次

元の等しいものとすると，

$$\rho(Y, \nabla(R^0), \nabla(R^1)) = \frac{1}{\#\Gamma} \sum_{\gamma \neq 1} \sigma_\gamma(\tilde{Y})(\mathrm{trace}(\gamma | R^0) - \mathrm{trace}(\gamma | R^1)).$$

［証明］ 概略のみ述べる．定理 15.59 の後半を用いると，$\tilde{X}$ 上でも $\Gamma$ 作用は自由であると仮定しても一般性を失わない．このときは演習問題 15.57 に帰着する． ∎

## §15.6 まとめ

本章の構成された不変量についてまとめておく．特に，Riemann 計量が変化したときに不変量がどう振舞うかを述べる．

（1） 奇数次元閉多様体 $Y$ を境界とする偶数次元コンパクト多様体 $X$ が固定され，Riemann 計量を用いて定義される Dirac 型作用素を $X$ 上で考える．$Y$ の不変量は

$$\text{指数項} - \text{積分項} = \text{不変量}$$

と定義される．左辺の 2 項は $X$ 上のデータに依存するが右辺は $Y$ 上のデータのみに依存する．

（2） 指数項は Riemann 計量を用いて定義される．

- 一般の Dirac 型作用素を用いるとき，指数項は Riemann 計量の変形とともに整数だけジャンプしうる．
- しかし，特別な場合として(平坦接続を係数とする)符号数作用素が使われるとき，Riemann 計量が変形しても指数項は不変である．

（3） 積分項は $TM$ 上の接続を用いて定義される．

- 接続として Levi-Civita 接続を用いるとき，積分項は Riemann 計量の変形とともに連続的に変化する．
- 接続として自明化から決まる平坦接続を用いるとき，自明化の連続変形によって積分項は不変である．
- 特別な相殺が生じている場合には，接続として何をとっても値は不変である．

(4)　積分項が完全に相殺し 0 となる場合には不変量は指数項と一致し，$\mathbb{Z}$ 値となる.

これらをまとめて本章で紹介された不変量について整理したのが次の表である.

| | Dirac 型作用素 | 指数項 | 接続 | 積分項 | 不変量 |
|---|---|---|---|---|---|
| $\eta$ | $D_{\text{sign}}$ | 不変 | L.-C. | 連続 | $\mathbb{R}$ 値連続 |
| $\sigma$ | $D_{\text{sign}}$ | 不変 | 自明化 | 不変 | $\mathbb{Q}$ 値不変 |
| $\eta_{\text{Dirac}}$ | $D_{\text{Dirac}}$ | ジャンプ | L.-C. | 連続 | $\mathbb{R}$ 値不連続 |
| $\tilde{e}$ | $D_{\text{Dirac}}$ | ジャンプ | 自明化 | 不変 | $\mathbb{Q}$ 値ジャンプ |
| $\tilde{\mu}$ | $D_{\text{sign}}+8D_{\text{Dirac}}$ (4 次元) | ジャンプ | * | 0 | $\mathbb{Z}$ 値ジャンプ |
| $\rho$ | $D_{\text{sign}}(\nabla^0)-D_{\text{sign}}(\nabla^1)$ | 不変 | * | 不変 | $\mathbb{R}$ 値不変 |

**注意 15.62**

(1) $\eta, \eta_{\text{Dirac}}$ の項には $TY$ 上の接続として Levi-Civita 接続を用いる場合を記した.（通常の定義ではそうである.）

(2) $\nabla^0, \nabla^1$ は同じ階数をもつ計量付実ベクトル束の平坦接続である.

(3) $\sigma$ の項には，$TY$ 上の接続として自明化から定まる平坦接続を用いる特別な場合のみを記した.

(4) $\tilde{e}$ と記した項には，$TY$ 上の接続として自明化から定まる平坦接続を用いた場合の $\eta_{\text{Dirac}}$ を記した.（通常定義される $e$ 不変量の $\mathbb{R}$ への持ち上げである.）

(5) Dirac 作用素を用いるものはスピン多様体上で考える. $\tilde{\mu}$ は 3 次元スピン多様体上で考える.

(6) $\rho$ の項において，$\nabla^0, \nabla^1$ が平坦接続として $X$ 上に拡張する場合には，積分項は完全に相殺し 0 となる.

(7) ジャンプする不変量 $\tilde{e}, \tilde{\mu}$ は，ジャンプする量を mod することによって忘れると，$TY$ の(安定)自明化の不変量 $e$ および $Y$ のスピン構造の不変量 $\mu$ となっている.

(8) より一般にこれらすべての不変量は，指数項を mod することによって忘れると，Chern–Simons 不変量を整数性定理によって改良したものになっている.

(9) $TY$ 上の接続として Levi-Civita 接続を用いる場合，不変量はスペクトルデータを用いた記述を許す(Atiyah–Patodi–Singer 理論).

《要約》

**15.1**　境界のない多様体上成立する等式が境界のある多様体上では不成立であるとき，左辺と右辺の差は境界となっている多様体の不変量を定義できることがある．このようにして，奇数次元多様体の種々の不変量が定義される．

**15.2**　$4k$ 次元有向閉多様体において符号数作用素の指数定理は $\mathbb{R}$ 値の数の等式である．これを利用すると，$4k-1$ 次元有向閉多様体に対して符号不足数が定義される．符号不足数は接束の接続に依存し，$\mathbb{R}$ に値をとる．特に Riemann 計量の不変量として $\eta$ 不変量が定義される．$\eta$ 不変量は Riemann 計量に連続的に依存する $\mathbb{R}$ 値不変量である．

**15.3**　$4k$ 次元スピン閉多様体において Dirac 作用素の指数の整数性定理は $\mathbb{R}/2\mathbb{Z}$ 内(あるいは $\mathbb{R}/\mathbb{Z}$ 内)の等式である．これを利用すると，$4k-1$ 次元スピン閉多様体に対して不変量が定義される．この不変量は接束の接続に依存し，$\mathbb{R}/2\mathbb{Z}$ (あるいは $\mathbb{R}/\mathbb{Z}$)に値をとる．特に接束の安定自明化の位相的不変量が定義される．これが(本来の) $e$ 不変量であり $\mathbb{Q}/\mathbb{Z}$ に値をとる．

**15.4**　4 次元スピン閉多様体において符号数作用素の指数と Dirac 作用素の指数の関係は $\mathbb{Z}$ 内の等式を与える．これを利用すると，3 次元スピン閉多様体に対して不変量が定義される．この不変量は Riemann 計量に依存し，$\mathbb{Z}$ に値をとる．特にこの不変量の mod 16 は Riemann 計量に依存せず，スピン構造の位相不変量となる．これが $\mu$ 不変量であり $\mathbb{Z}_{16}$ に値をとる．

**15.5**　偶数次元有向閉多様体上に，2 つのベクトル束とその上の平坦接続の組が与えられたとする．両者を係数とする符号数作用素の指数の関係は $\mathbb{Z}$ 内の等式を与える．これを利用すると，奇数次元有向閉多様体上の 2 つのベクトル束とその上の平坦接続の組に対して位相不変量が定義される．これが $\rho$ 不変量であり，$\mathbb{R}$ に値をとる．$\rho$ 不変量は $\mathbb{R}$ 値 Chern–Simons 不変量をスペクトル流 sf と関係した指数で補正して定義される．特に平坦接続として有限 Galois 被覆から得られるものをすべて考えるとき，$\rho$ 不変量は $\alpha$ 不変量の Fourier 変換と一致する．

# 今後の方向と課題

## §1　本書で述べられなかった話題

指数定理の関連事項は多岐にわたる．本書とほぼ同じかすぐあとに続くレベルにありながら紙数の関係で触れられなかった重要事項として次のものが挙げられる．

（1）　Hirzebruch の符号数定理の微分位相幾何への応用.

（2）　指数定理の証明の熱核による方法.

（3）　$\eta$ 不変量とスペクトルデータとの関係.

（4）　Atiyah–Bott の Lefschetz 公式，その交点理論としての扱い.

（5）　シンプレクティックカットおよびシンプレクティック商における Dolbeault 作用素の指数の振舞い.

（6）　楕円種数とその剛性.

（7）　$K$ ホモロジー.

(1)については[131]の第11章および第12章を参照のこと．$J$ 準同型の情報とあわせてエキゾチック球面等を分類する方法，Rochlin の定理の $J$ 準同型の情報を用いた証明などが紹介されている．

(2)については[145]に解説がある．Dirac 型作用素 $D$ に対して，その「熱核」とは，形式的には $e^{-tD^2}$ と書かれる作用素である．ただし，$t$ は正の実数とする．$D^2$ の固有関数は $e^{-tD^2}$ の固有関数でもあるが，固有値が異なる．$D^2$ に関する固有値が $\lambda$ であれば，$e^{-tD^2}$ に関する固有値は $e^{-t\lambda}$ である．前者が大きくなるにつれて後者は 0 に近づく[20], [22], [29], [56].

(3)は熱核の方法に基づいて示される．参考文献には原論文[20]のほか，[56], [94]などがある．$\eta \bmod \mathbb{Z}$ はスペクトルデータによる記述と Chern–

Simons 不変量による記述がある．この一致はセカンダリーな指数定理と考えられ，$\mathbb{R}/\mathbb{Z}$ 係数の $K$ 群を用いて定式化される [21], [22].

(4)については原論文 [14], [15] のほか，[80] に擬微分作用素の応用としての紹介がある.

(5)は切除定理と関係が深い．[39], [92], [93], [141] などが参考文献である.

(6)については [37], [59], [60], [87], [132], [138] などが参考文献である．指数の概念は，無限次元を有限次元で近似するのが基本であった．いわば，1 次元方向に広がる無限自由度を 0 次元方向に広がる(つまり広がらない有限の)自由度で近似するのである．これに対して，楕円種数とは，2 次元方向に広がる無限自由度を 1 次元方向に広がる無限自由度で近似するときに現われるものと考えられる.

(7)は $C^*$ 代数の $K$ 理論へと発展した重要な項目であるが，本書では触れられなかった.

## §2　非線形微分方程式

当初の予定では，非線形微分方程式の入門のための 2 章が本書に含まれるはずであったが諸々の理由で果たせなかった.

非線形微分方程式の考察において線形微分方程式が現われるのは，線形化，すなわち無限小変形の考察においてである．解全体のなす空間(モジュライ空間)の言葉でいえば，モジュライ空間の各点での接空間が，線形化方程式の解空間にあたる.

従って指数の概念，特に族の指数の概念は，陰に陽にいたるところで現われる:

(1)　モジュライ空間の次元: 指数定理によって計算される.

(2)　モジュライ空間の向きの局所系: 族の指数の "det" をモジュライ空間上に制限したものとして記述される.

(3)　モジュライ空間の $K$ 群の要素，あるいはコホモロジー要素の構成:

族の指数とその特性類によって具体的に構成可能である.

(4) モジュライ空間のコホモロジー環の関係式: 族の指数と消滅定理の併用によって関係式が得られることがある.

また, モジュライ空間をより具体的に考察するとき, 必ずその考察の線形化は, 指数についての考察に対応している. 代表的な状況を例示しよう. (括弧内は, 対応する線形化の考察である.)

(1) モジュライ空間の局所的な記述(倉西写像の定義域と地域の差は指数によって与えられる).

(2) シリンダー状の空間上での解(シリンダー状の空間上での作用素とその指数の考察が必要になる).

(3) 解の貼り合わせ(指数の和公式).

(4) 可約解から既約解が分岐する現象(解の無限小変形の空間によって規定される).

(5) 摂動による横断性の実現(解の無限小変形の空間によって規定される).

(6) 有限次元近似としての不変量(有限次元近似としての指数).

## §3 指数定理のその後の展開

指数定理と関連したいくつかの展開の方向を列挙する.

(1) 局所指数定理. 熱核の方法, 境界のある多様体についての Atiyah–Bott–Patodi の理論, 族の指数定理の定式化のための Quillen の超接続.

(2) 算術的 Riemann–Roch の定理, 代数的 $K$ 理論を用いた拡張 [49].

(3) 解析的ねじれ(analytic torsion) [116], [117] と Franz–Reidemeister ねじれ(Franz-Reidemeister torsion) [51], [118] との一致および代数的 $K$ 理論を用いたその拡張.

(4) Atiyah の $\Gamma$ 指数定理, $C^*$ 代数の指数定理, Course 幾何における Roe の指数定理など [32], [104], [121].

（5） ホロノミック系の指数定理[70], [71], [124].

（6） 確率論による指数定理の証明[31]. 熱核の証明の一歩手前を直接みる. 伊藤の公式が基本解を期待値として構成するための出発点である.

次に，指数あるいは指数定理が物理と関係する場面をいくつか，ややランダムに挙げよう.

（1） 超対称量子力学による指数定理の証明[3], [106].

（2） 種々のアノマリー[30], [107].

（3） 3次元Euclid空間上でモノポールを背景としてゼロモードの個数を計算し，量子化したときに必要な場の種類を考察する. 電磁双対性の半古典的考察[36], [42], [101].

（4） ループ空間上のシンプレクティック幾何による指数定理の説明*1 [12].

（5） 楕円種数の共形場理論による考察[138].

（6） 4次元の$N=2$超対称性Yang–Mills理論における$\beta$関数の挙動. アノマリーとの関係がつくので指数定理によって計算可能である.

最後に，物理において基本的な「低エネルギー有効理論」(low energy effective theory)という概念そのものが，指数の概念と密接に関係することを注意しておく*2.

---

*1 ループ空間上の積分を利用する. なお，無限次元空間上の積分を用いる数学的に厳密な議論としては，確率論によるもの以外にも，有限体上の代数曲線に対するRiemann–Rochの定理の証明(adele上の積分を用いる)が知られている[136].

*2 さらにいえば指数の概念の拡張を示唆している.

# 文献案内

本書の各部分と直接関連する文献，また本書を執筆するために参考にした文献を挙げる．本書の議論と他の文献の議論との関係を述べるのが目的であり，文献の網羅を目指すものではない．

### 全般について

指数定理の証明を述べた本には以下のようなものがある．

本書と同様の，Euclid 空間へ埋め込む方法について紹介してある文献として，[127] は例が比較的豊富である．[82] は Clifford 代数とその表現の詳しい解説が載っている．[34] では非線形方程式への応用も紹介されている．

熱核の方法に関しては，日本語では [145] がある．他に [29], [56], [94], [121], [147] などがある．[49] のはじめの方の章にも熱核の方法が紹介してある．

同境を用いる方法の成書はない．[43], [114] が証明の完備した文献である．族の指数を同境によって扱った文献には [128] がある．逆に指数が同境理論においてはたす役割の指摘が [28] にある．なお [53] には指数と同境とについての若干の紹介がある．

本書では Clifford 代数作用と局所化の原理とが密接に関係することを強調する立場をとった．さらにいえば，スペクトルの自由度に関する局所化こそが指数の概念に他ならない．本書の定式化は Witten の論文 [137] に刺激され，この論文を理解しようとした筆者の 1985 年頃の試みに基づいている．

### 第 1 章

指数についての考え方は [145] のはじめの章，あるいは [146] を参照．符号数定理，Riemann–Roch–Hirzebruch の定理の元の証明は [64] を参照のこと．なお，同境群の計算に関する日本語の文献として[131]を挙げておく．$\mathbb{R}$上の指数定理(定理1.15)の証明は[53]にある．注意1.16で述べたAtiyah–Patodi–Singerの仕事については[20]，[21]，[22]参照．脚注で述べた吉田朋好氏の仕事については[142]，[144]参照．

## 第2章

§2.1：微分形式とそれを用いたde Rhamコホモロジー理論については[38]に丁寧に説明してある．

§2.2：多様体をEulcid空間に埋め込んだり，ベクトル束を自明なベクトル束に埋め込む操作は時に人為的な印象を与える．しかし，無限次元の対象を用いることを許せば，カノニカルな埋め込みが存在する．定理2.2，定理2.5ではこれを強調する証明を述べた．

§2.3：定理2.11，定理2.15の，Clifford代数の表現を有限群の表現に帰着させる方法は[121]によった．有限群の表現に帰着させる方法は補題10.18の証明においても使われている．

なお，有限群の表現論の参考文献としては[126]を挙げておく．

§2.5：物理との関連を強調するために，「超対称調和振動子」という名称を用いたが，本書の範囲では特にそれ以上の意味はない．de Rham複体との関係はWitten [137]の指摘である．

## 第3章

本書では開多様体上でコンパクトな台をもつ$\mathbb{Z}_2$次数付Clifford加群の概念を定義し，それに伴うDirac型作用素を対象として指数を定義した．この概念は，Wittenの[137]の議論にヒントを得た．

なお，言及する余裕がなかったが，本書のような開多様体上での定式化は，[13]で扱われている境界のある多様体に対する指数定理と関係がある．

## 第4章

§4.1：WittenによるMorse不等式の扱いの原論文は[137]である．それを数学的に記述した本には[46], [121]がある.

なお，言及する余裕がなかったが，Kähler 構造をもつ場合にも群作用の下で Dolbeault 作用素に対して類似の不等式を得ることができ，**正則 Morse 不等式**(holomorphic Morse inequality)とよばれる．これについても上記[137]に議論されている.

正則 Morse 不等式の議論は，Hamilton 的群作用をもつシンプレクティック多様体に対する Dolbeault 作用素の指数の議論と関連する．[113]に解説がある.

§4.2: 古典的な Riemann–Roch の定理の証明は何通りも知られている．なお，本書の扱いは Maslov 指数と密接に関係する.

§4.3: 閉 Riemann 面上のスピン構造の偶奇について，本書では連結和を使った議論を行ったが，$K$ 理論の立場から根底的に論じたものに[10]がある.

§4.4: 群作用がある場合の指数の局所化に関する議論は，[23]の議論を，$K$ コホモロジーの使用を避け，初等的に書き換えたものである.

## 第5章

解析の予備知識が解説してある本のうち，指数定理との関わりをも説明してあるものに[34], [121]などがある.

本書のシリンダー状の端の上での解析は[46]の方法に近い．一方，本書では述べられなかったが，非線形理論でもシリンダー状の端の上での解析が必要になることを睨み，その議論への入門をも意図した．これについては[47], [52], [111]を参照してほしい.

§5.2: 一般の開多様体上で指数的減衰の exponential の係数を厳密に評価するのは Schrödinger 作用素論に属する深い問題である(「Agmon 距離」の決定)．本書で必要なのは，高々指数的に減衰することのみである．これだけなら補題 5.9 の証明で述べたように簡単に示すことができる.

§5.5: 後で族の指数を考察する準備として，固有値だけでなく，固有空間そのものの摂動を考察した．専門家には周知のことだと思うが，筆者には予備知識をあまり仮定しない適当な文献を見つけられなかった.

### 第6章

本書での指数定理の証明は[24]の方針に従った. ただし, 本書ではDirac型作用素の場合に限り, 必要最小限の議論しか行っていない. たとえば, 同変 $K$ 群に関する議論を避けている.

### 第7章

特性類全般についての標準的な教科書は[97]であろう.

§7.3: ここでの相対Chern類の扱いは[115]の超接続の特別な場合である. ただし, この特別な場合に限ってであるが, 相対Chern類の乗法性を一般的に示しておいた.

§7.4: de Rhamコホモロジーの Thom類の存在について, 本書では2通りの証明を与えた. 第一の証明は簡単なものであるが, 筆者は文献を知らない. 第二の証明は[90]の構成に示唆されたものである. (日本語では[145]に紹介がある.)

### 第8章

Clifford加群の特性類 $\mathrm{ch}(W/Cl(T))$ は[29], [145]において $\mathrm{ch}(W/S)$ と書かれるものと本質的に同じである. もう1つの特性類 $\mathrm{ch}(W, Cl(T))$ は, 特に名前は付いていないが, Dirac型作用素の指数を扱うときに事実上必ず現われるものである.

### 第9章

本書での $K$ 群の扱いは標準的なものとは異なる. 標準的な扱いについては[9], [35], [77]を参照のこと.

なお, [4], [5]は日本語で書かれたよくまとまった $K$ 理論の概説である. Bott周期性の証明, 指数定理の紹介もしてある. 概要を知るためにはお勧めである[*1].

$K$ 群の定義において Clifford 代数を係数として用いる方法は Karoubi による [69]. ただし，そこでの方法と本書での定義とは異なる.

### 第10章

Bott の周期性定理，$K$ 群，$KO$ 群の Thom 同型の証明は，族の指数を用いる Atiyah [8] の方法に従った. ただし，本書では超対称調和振動子を利用して Clifford 代数の役割を露わにし，一種の Fourier–向井変換として定式化した.

族の指数を見かけ上隠した「初等的証明」については [9], [35] を参照. なお $KO$ 群の周期性を導くために，前者(の付録に収録された文献)では対合写像を伴う $KR$ 理論を用いており，後者では $K$ 群の周期性に帰着させる方法をとっている.「初等的証明」を日本語で紹介してある文献としては [6] を挙げておく.

Clifford 代数と Bott の周期性との関係は [17]([35] の付録としても収められている)において指摘され，[26], [69], [140] では，Clifford 代数を用いて証明が定式化されている. $C^*$ 代数の立場からは Clifford 代数と $C_c(\mathbb{R}^n)$ の上の加群のカテゴリー間の森田同値として定式化できるであろう.

Bott の周期性の Morse 理論を用いた証明は [95] を参照のこと. なお，この本での定式化にも Clifford 代数が見えている.

なお，等質空間のコホモロジーの計算を経由して Bott の周期性を示す方法もある. 日本語の文献として [134] の上巻を挙げておく. なお，これの下巻には Morse 理論による扱いも紹介してある.

### 第11章

§11.2: 指数の同境不変性の $K$ コホモロジー的な証明は [40] に示唆された.

---

*1　この [4] が載ったのと同じ雑誌の号に 1969 年函数解析学国際会議の記録があり，Atiyah の講演記録等もあって興味深い.

§11.4: 指数の同境不変性の微分方程式論的証明は，Agranovič–Dynin の定理([33] 参照)を用いる Atiyah–Singer の最初の議論 [43], [114] にまで遡る*2. 本書では指数の和公式を用いてこれを示した. 本書の定式化は [63], [83], [110] に近い.

§11.5〜11.7: 指数の和公式およびそれとスペクトル流との関係は [20], [21] において熱核の方法を基盤に確立された. しかし，現象としては本章で述べたように，熱核の方法とは独立に論じることができる.

## 第12章

§12.1, 12.3: 指数定理の変種の扱いにおいて，群作用がある場合の指数と族の指数については各々 [23], [27] に従った.

§12.2: mod 2 指数定理については本書では Clifford 代数を用いて論じた. それとは別に $KR$ 理論を用いる方法がある [28]. Clifford 代数作用付の指数は [69], [81], [82] において扱われている. また [99] では $C^*$ 代数の作用が扱われている. 接束の部分束の Clifford 代数作用による考察は [10] の紹介である.

作用がある場合の指数定理は，(固定点が有限個の場合に)作用がコンパクト群の作用に拡張されない場合も [14] において擬微分作用素を用いて扱われている. そこではさらに，作用自体が擬微分作用素で与えられる場合にも言及されている. 日本語では [80] に解説がある.

## 第13章

§13.1: 整数性定理のうち，符号数の整数性の微分トポロジーへの代表的な応用は，Milnor によるエキゾチック球面の存在である. これとその後の発展 [74] についてはすでに和書の読みやすい解説 [131] がある*3. 符号数の整数性は，指数定理を直接用いなくとも同境理論の範囲内で証明される

*2 この章の議論を出発点にして指数定理の証明を代数トポロジー(同境理論)に帰着させることも可能である.

*3 だから本書では述べるのを避けた.

(Hirzebruch の元の証明である).

§13.2: Riemann–Roch の定理を族で考察した定理 13.14 は[143]からの引用である.

§13.3: 指数定理を本質的に用いた幾何学への応用として, Weitzenböck 公式を用いた議論を紹介した[61], [84]. ここでも族の考察がきわめて有効であった.

同様に, 単一の作用素のかわりに作用素の族の指数を考察してより強い結論を得る議論として[88]がある.

## 第14章

§14.2: コンパクト Lie 群の極大トーラスの性質への Lefschetz 公式の応用は[2]に従った.

§14.3: 4次元多様体に対する群作用の考察は, [15], [58], [68], [120]の一部の紹介である.

§14.4: Atiyah–Hirzebruch の定理については[18]参照のこと. これは[138]において楕円種数に対して一般化されて物理的に「証明」された. [37], [65], [132]に数学的な証明がある.

## 第15章

本章の多くの部分は, [25], [21], [22], [44]の奇数次元多様体の不変量に関する部分を, 熱核の議論を用いずに定式化したものである.

3次元トーラスの $e$ 不変量と Rochlin 不変量の計算は[75]の議論を参考にした. 同書には, Rochlin の定理の初等的証明も紹介してある.

# 参考文献


[ 1 ] J. F. Adams, On the groups $J(X)$, IV, *Topology* **5**(1966), pp. 21–71.

[ 2 ] J. F. Adams, *Lectures on Lie groups*, Benjamin, 1969.

[ 3 ] L. Alvarez-Gaumé, Supersymmetry and the Atiyah-Singer index theorem, *Comm. Math. Phys.* **90**(1983), pp. 161–173.

[ 4 ] 荒木捷朗, 位相的 $K$ 理論 I, 数学 **22**(1)(1970), pp. 60–76.

[ 5 ] 荒木捷朗, 位相的 $K$ 理論 II, 数学 **23**(4)(1971), pp. 272–292.

[ 6 ] 荒木捷朗,『一般コホモロジー』(紀伊國屋数学叢書 4), 紀伊國屋書店, 1975.

[ 7 ] M. F. Atiyah, *Collected workes*, Clarendon Press, 1988.

[ 8 ] M. F. Atiyah, Bott periodicity and the index of elliptic operators, *Quart. J. of Math.* **17**(1966), pp. 165–193.

[ 9 ] M. F. Atiyah, *K-theory*, Benjamin, 1967.

[10] M. F. Atiyah, *Vector fields on manifolds*, Arbeitsgemeinschaft für Forschung des Landes Nordrhein-Westfalen, 1969.

[11] M. F. Atiyah, Riemann surfaces and spin structures, *Ann. Sci. École Norm. Sup.* **4**(1971), pp. 47–62.

[12] M. F. Atiyah, Circular symmetry and stationary phase approximation, *Astérisque* **131**(1985), pp. 43–59.

[13] M. F. Atiyah and R. Bott, "The index problem for manifolds with boundary", in *Bombay Colloquium on Differential Analysis*, 1964, pp. 175–186.

[14] M. F. Atiyah and R. Bott, A Lefschetz fixed point formula for elliptic complexes I, *Ann. of Math.* **86**(1967), pp. 374–407.

[15] M. F. Atiyah and R. Bott, A Lefschetz fixed point formula for elliptic complexes II, *Ann. of Math.* **88**(1968), pp. 451–491.

[16] M. F. Atiyah, R. Bott and V. K. Patodi, On the heat equation and the index theorem, *Invent. Math.* **19**(1973), pp. 279–330. Errata, *Invent. Math.*

**28**(1975), pp. 277–280.

[17] M. F. Atiyah, R. Bott and A. Shapiro, Clifford modules, *Topology* **3**(1964), pp. 3–38.

[18] M. F. Atiyah and F. Hirzebruch, Riemann-Roch theorems for differentiable manifolds, *Bull. Amer. Math. Soc.* **65**(1959), pp. 276–281.

[19] M. F. Atiyah and J. D. S. Jones, Topological aspects of Yang-Mills theory, *Comm. Math. Phys.* **61**(1978), pp. 97–118.

[20] M. F. Atiyah, V. K. Patodi and I. M. Singer, Spectral asymmetry and Riemannian geometry I, *Math. Proc. Camb. Phil. Soc.* **77**(1975), pp. 43–69.

[21] M. F. Atiyah, V. K. Patodi and I. M. Singer, Spectral asymmetry and Riemannian geometry II, *Math. Proc. Camb. Phil. Soc.* **78**(1975), pp. 405–432.

[22] M. F. Atiyah, V. K. Patodi and I. M. Singer, Spectral asymmetry and Riemannian geometry III, *Math. Proc. Camb. Phil. Soc.* **79**(1976), pp. 71–99.

[23] M. F. Atiyah and G. B. Segal, The index of elliptic operators II, *Ann. of Math.* **87**(1968), pp. 531–545.

[24] M. F. Atiyah and I. M. Singer, The index of elliptic operators I, *Ann. of Math.* **87**(1968), pp. 484–530.

[25] M. F. Atiyah and I. M. Singer, The index of elliptic operators III, *Ann. of Math.* **87**(1968), pp. 546–604.

[26] M. F. Atiyah and I. M. Singer, Index theory for skew-adjoint Fredholm operators, *Publ. Math. IHES* **37**(1969), pp. 5–26.

[27] M. F. Atiyah and I. M. Singer, The index of elliptic operators IV, *Ann. of Math.* **93**(1971), pp. 119–138.

[28] M. F. Atiyah and I. M. Singer, The index of elliptic operators V, *Ann. of Math.* **93**(1971), pp. 139–149.

[29] N. Berline, E. Getzler and M. Vergnue, *Heat Kernels and Dirac Operators*, Grundlehren der mathematische Wissenschaften 298, Springer, 1992.

[30] R. A. Bertlemann, *Anomalies in quantum field theory*, Oxford Univ. Press, 1996.

[31] J. M. Bismut, "Probability and geometry", in *Probability and analysis* (Varenna, 1985), Lecture Notes in Math. 1206, Springer, 1986, pp. 1–60.

[32] B. Blackadar, *K-theory for operator algebras*, Mathematical Sciences Re-

search Institute Publications, 1998.

[33] B. Booss-Bavnbek and K. P. Wojciechowski, *Elliptic Boundary Problems for Dirac Operators*, Birkhäuser, 1993.

[34] B. Booss and D. D. Bleecker, *Topology and analysis: the Atiyah-Singer index formula and gauge theoretic physics*, Springer, 1985.

[35] R. Bott, *Lectures on* $K(X)$, Harvard Univ. Press, 1963.

[36] R. Bott and R. Seeley, Some remarks on the paper of Callias: "Axial anomalies and index theorems on open spaces", *Comm. Math. Phys.* **62**(1978), pp. 235–245.

[37] R. Bott and C. Taubes, On the rigidity theorems of Witten, *J. Amer. Math. Soc.* **2–1**(1989), pp. 137–186.

[38] R. Bott and L. W. Tu, *Differential forms in algebraic topology*, Springer, 1982. (邦訳)『微分形式と代数トポロジー』, 三村護 訳, シュプリンガー東京, 1996.

[39] M. Braverman, Symplectic cutting of Kähler manifolds, *J. Reine Angew. Math.* **508**(1999), pp. 85–98.

[40] N. Braverman, New proof of the cobordism invariance of the index, *Proc. Amer. Math. Soc.* **130**(2002), pp. 1095–1101.

[41] E. Brieskorn, Beispiele zur Differentialtopologie von Singularitäten, *Invent. Math.* **2**(1966), pp. 1–14.

[42] C. Callias, Axial anomalies and index theorems on open spaces, *Comm. Math. Phys.* **62**(1978), pp. 213–234.

[43] H. Cartan, *Théorème d'Atiyah-Singer sur l'index d'un opérateur differentiel*, Séminaire Cartan-Schwartz, 16$^e$ année, 1963/64, Sécrétariat mathématique, 1965.

[44] A. J. Casson and C. McA. Gordon, On slice knots in dimension three, in *Algebraic and geometric topology* (Proc. Sympos. Pure Math., Stanford Univ., 1976), Part 2, Proc. Sympos. Pure Math. XXXII, Amer. Math. Soc., 1978, pp. 39–53.

[45] P. Conner and E. E. Floyd, *Differentiable periodic maps*, Springer, 1964.

[46] H. L. Cycon, R. G. Froese, W. Kirsch and B. Simon, *Schrödinger operators, with applications to quantum mechanics and global analysis*, Springer,

1987.

[47] S. Donaldson and P. Kronheimer, *The geometry of four-manifolds*, Clarendon Press, 1990.

[48] B. Eckmann, Gruppentheoretische Beweis des Satzes von Hurwitz-Radon über die Komposition quadratischer Formen, *Comm. Math. Helv.* **15**(1942), pp. 358–366.

[49] G. Faltings, *Lectures on the arithmetic Riemann-Roch theorem*, Annals of Mathematics Studies 127, Princeton Univ. Press, 1992.

[50] R. Fintushel and R. Stern, Rational homology cobordisms of spherical space forms, *Topology* **26**(1987), pp. 385–393.

[51] W. Franz, Über die Torsion einer Überdeckung, *J. Reine Angew. Math.* **173**(1935), pp. 245–254.

[52] 深谷賢治,『ゲージ理論とトポロジー』, シュプリンガー東京, 1995.

[53] 古田幹雄, 積分としての指数, 数学のたのしみ **16**(1999), 日本評論社, pp. 28–48.

[54] E. Getzler, Pseudodifferential operators on supermanifolds and the index theorem, *Comm. Math. Phys.* **92**(1983), pp. 163–178.

[55] E. Getzler, A short proof of the Atiyah-Singer index theorem, *Topology* **25**(1986), pp. 111–117.

[56] P. B. Gilkey, *Invariance, the heat equation and the Atiyah-Singer index theorem*, Publich or Perich, 1984.

[57] H. Gillet and C. Soulé, Analytic torsion and the arithmetic Todd genus, *Topology* **30**(1991), pp. 21–54.

[58] P. Gilmer and C. Livingston, On embedding 3-manifolds in 4-space, *Topology* **22**(1983), pp. 241–252.

[59] V. Ginzburg, M. Kapranov and E. Vasserot, Elliptic algebras and equivariant elliptic cohomology, preprint, 1995(q-alg/9505012).

[60] I. Grojnowski, Delocalized elliptic cohomology, Yale Univ. preprint, 1994.

[61] M. Gromov and B. Lawson, Positive scalar curvature and the Dirac operator on complete Riemannian manifolds, *Publ. Math. IHES* **58**(1983), pp. 295–408.

[62] C. M. Herald, Flat connections, the Alexander invariant, and Casson's

invariant, *Comm. Anal. Geom.* **5**(1997), pp. 93–120.

[63] N. Higson, A note on the cobordism invariance of the index, *Topology* **30**(1991), pp. 439–443.

[64] F. Hirzebruch, *Topological methods in algebraic geometry*, 3rd ed., Grundlehren der mathematische Wissenschaften 131, Springer, 1966. (邦訳)『代数幾何における位相的方法』(数学叢書 12), 竹内勝 訳, 吉岡書店, 1970.

[65] F. Hirzebruch, T. Berger and R. Jung, *Manifolds and modular forms*, Aspects of Mathematics E20, Kluwer, 1992.

[66] N. Hitchin, Harmonic spinors, *Adv. in Math.* **14**(1974), pp. 1–55.

[67] W. C. Hsiang and H. D. Rees, "Miscenko's work on Novikov's conjecture", in *Operator algebras and K-theory* (San Francisco, Calif., 1981), Contemp. Math. 10, Amer. Math. Soc., 1982, pp. 77–98.

[68] W. C. Hsiang and R. H. Szczarba, "On embedding surfaces in four-manifolds", in *Algebraic topology* (Proc. Sympos. Pure Math. XXII, Univ. of Wisconsin, Madison, Wis., 1970), Amer. Math. Soc., 1971, pp. 97–103.

[69] M. Karoubi, *K-theory, an introduction*, Grundlehren der mathematische Wissenschaften 226, Springer, 1978.

[70] M. Kashiwara, Index theorem for constructible sheaves, *Astérisque* **130**(1985), pp. 193–209.

[71] M. Kashiwara and P. Schapira, *Sheaves on manifolds*, Grundlehren der Mathematischen Wissenschaften 292, Springer, 1990.

[72] G. G. Kasparov, The operator $K$-functor and extensions of $C^*$-algebras (ロシア語), *Izv. Akad. Nauk SSSR Ser. Mat.* **44**(1980), pp. 571–636, 719.

[73] 川久保勝夫,『変換群論』, 岩波書店, 1987.

[74] M. A. Kervaire and J. W. Milnor, Groups of homotopy spheres I, *Ann. of Math.* **77**(1963), pp. 504–537.

[75] R. C. Kirby, *The topology of* 4-*manifold*, Lecture Notes in Math. 1374, Springer, 1989.

[76] P. A. Kirk and E. P. Klassen, The spectral flow of the odd signature operator and higher Massey products, *Math. Proc. Camb. Phil. Soc.* **121**(1997), pp. 297–320.

[77] 河野明・玉木大,『一般コホモロジー』, 岩波書店, 2008.

[78] D. Kotschick and G. Matić, Embedded surfaces in four-manifolds, branched covers, and SO(3)-invariants, *Math. Proc. Camb. Phil. Soc.* **117**(1995), pp. 275–286.

[79] P. Kronheimer and T. Mrowka, The genus of embedded surfaces in the projective plane, *Math. Res. Lett.* **1**(1994), pp. 797–808.

[80] 熊之郷準,『擬微分作用素』, 岩波書店, 1974.

[81] B. Lawson and M.-L. Michelsohn, Clifford bundles, immersions of manifolds and vector field problem, *J. Diff. Geom.* **15**(1980), pp. 237–267.

[82] B. Lawson and M.-L. Michelsohn, *Spin geometry*, Princeton Univ. Press, 1989.

[83] M. Lesch, Deficiency indices for symmetric Dirac operators on manifolds with conic singularities, *Topology* **32**(1993), pp. 611–623.

[84] A. Lichnerowicz, Spineurs harmoniques, *C. R. Acad. Sci. Paris* **257**(1963), pp. 7–9.

[85] Y. Lim, The equivalence of Seiberg-Witten and Casson invariants for homology 3-spheres, *Math. Res. Lett.* **6**(1999), pp. 631–643.

[86] X. S. Lin, A knot invariant via representation spaces, *J. Diff. Geom.* **35**(1992), pp. 337–357.

[87] K. Liu, On elliptic genera and theta-functions, *Topology* **35**(1996), pp. 617–640.

[88] G. Lusztig, Novikov's higher signature and families of elliptic operators, *J. Diff. Geom.* **7**(1972), pp. 229–256.

[89] W. S. Massey, Proof of a conjecture of Whitney, *Pacific J. Math.* **31**(1969), pp. 143–156.

[90] V. Mathai and D. Quillen, Superconnections, Thom classes and equivariant differential forms, *Topology* **25**(1986), pp. 85–110.

[91] Y. Matsumoto, "An elementary proof of Rochlin's signature theorem and its application by Guillou and Marin", in *À la recherche de la topologie perdue*, Progr. Math. 62, Birkhäuser, 1986, pp. 119–139.

[92] E. Meinrenken, On Riemann-Roch formula for multiplicities, *J. Amer. Math. Soc.* **9**(1996), pp. 373–389.

[93] E. Meinrenken, Symplectic surgery and the Spin$^c$ Dirac operator, *Adv. in*

*Math.* **134**(1998), pp. 240–277.

[94] R. B. Melrose, *The Atiyah-Patodi-Singer index theorem*, A. K. Peters, 1993.

[95] J. W. Milnor, *Morse thoery*, Princeton Univ. Press, 1963. (邦訳) 『モース理論』(数学叢書 8), 志賀浩二 訳, 吉岡書店, 1968.

[96] J. W. Milnor, *Singular points of complex hypersurfaces*, Annals of Mathematics Studies 61, Princeton Univ. Press, 1968.

[97] J. W. Milnor and J. D. Stasheff, *Characteristic classes*, Annals of Mathematics Studies 76, Princeton Univ. Press, 1974.

[98] A. S. Mishchenko, "$C^*$-algebras and $K$-theory", in *Algebraic topology, Aarhus 1978* (Proc. Sympos., Univ. Aarhus, Aarhus, 1978), Lecture Notes in Math. 763, Springer, 1979, pp. 262–274.

[99] A. S. Miščenko and A. T. Fomenko, The index of elliptic operators over $C^*$-algebras(ロシア語), *Izv. Akad. Nauk SSSR Ser. Mat.* **43**(1979), pp. 831–859, 967.

[100] T. Miyazaki, Simply connected spin manifolds with positive scalar curvature, *Proc. Amer. Math. Soc.* **93**(1985), pp. 730–734.

[101] C. Montonen and D. Olive, Magnetic monopoles as gauge particles?, *Phys. Lett.* **B72**(1977), pp. 117–120.

[102] J. W. Morgan, *The Seiberg-Witten equations and applications to the topology of smooth four-manifolds*, Math. Notes 44, Princeton Univ. Press, 1996. (邦訳) 『サイバーグ・ウィッテン理論とトポロジー』, 二木昭人 訳, 培風館, 1998.

[103] J. W. Morgan, Z. Szabó and C. Taubes, A product formula for the Seiberg-Witten invariants and the generalized Thom Conjecture, *J. Diff. Geom.* **44**(1996), pp. 706–788.

[104] 森吉仁志, 非可換幾何学と指数定理, 数学のたのしみ **16**(1999), 日本評論社, pp. 49–57.

[105] 森吉仁志, 非可換幾何学と指数定理, 数学メモワール, 第2巻第II部, 日本数学会, 2001.

[106] 中原幹夫, 経路積分とその応用, 東京大学数理科学セミナリーノート 15, 1998.

[107] 中原幹夫，理論物理学のための幾何学とトポロジーII，ピアソン・エデュケーション，2001.

[108] 夏目利一，トポロジストのための作用素環論入門，数学メモワール，第2巻第I部，日本数学会，2001.

[109] L. I. Nicolaescu, The Maslov index, the spectral flow and decompositions of manifolds, *Duke Math. J.* **80**(1995), pp. 485–533.

[110] L. I. Nicolaescu, On the cobordism invariance of the index of Dirac operators, *Proc. Amer. Math. Soc.* **125**(1997), pp. 2797–2801.

[111] L. I. Nicolaescu, *Notes on Seiberg-Witten theory*, Graduate Studies in Mathematics 28, Amer. Math. Soc., 2000.

[112] S. Ochanine, *Signature modulo 16, invariants de Kervaire généralisés et nombres caractéristiques dans la K-théorie réelle*, Mém. Soc. Math. France(N. S.) 5, 1980/81.

[113] 小野薫，シンプレクティック幾何と指数定理，数学のたのしみ **16**(1999)，日本評論社，pp. 58–66.

[114] R. S. Palais(ed.), *Seminar on the Atiyah-Singer index theorem*, Annals of Mathematics Studies 57, Princeton Univ. Press, 1965.

[115] D. Quillen, Superconnection and the Chern character, *Topology* **24**(1985), pp. 89–95.

[116] D. B. Ray and I. M. Singer, R-torsion and the Laplacian on Riemannian manifolds, *Adv. in Math.* **7**(1971), pp. 145–210.

[117] D. B. Ray and I. M. Singer, Analytic torsion for complex manifolds, *Ann. of Math.* **98**(1973), pp. 154–177.

[118] K. Reidemeister, Homotopieringe und Linsenräume, *Abh. Math. Sem. Univ. Hamburg* **11**(1935), pp. 102–109.

[119] V. A. Rochlin, New results in the theory of 4-dimensional manifolds(ロシア語), *Dokl. Akad. Nauk SSSR* **84**(1952), pp. 221–224.

[120] V. A. Rochlin, Two-dimensional submanifolds of four-dimensional manifolds(ロシア語), *Funktsional. Anal. i Prilozhen.* **5**(1971), pp. 48–60. (英訳) *Functional Anal. Appl.* **5**(1971), pp. 39–48.

[121] J. Roe, *Elliptic operators, topology and asymptoric methods*, Pitman Res. Notes in Math. Series 179, Longman Scientific and Technical, 1988.

[122] J. Rosenberg, $C^*$-algebras, positive scalar curvature, and the Novikov conjecture, *Inst. Hautes Études Sci. Publ. Math.* **58**(1983), pp. 197–212.

[123] I. Rosu, Equivariant elliptic cohomology and rigidity, *Amer. J. Math.* **123**(2001), pp. 647–677.

[124] P. Schapira and J.-P. Schneiders, "Index theorems for **R**-constructible sheaves and for $\mathcal{D}$-modules", in *D-modules, representation theory, and quantum groups*, Lecture Notes in Math. 1565, Springer, 1993, pp. 141–156.

[125] G. B. Segal, Equivariant K-theory, *Publ. Math. IHES* **34**(1968), pp. 129–151.

[126] J. P. Serre, *Représentations linéaires des groupes finis*, Hermann, 1978.（邦訳）『有限群の線型表現』，岩堀長慶・横沼健雄 訳，岩波書店，1974.

[127] P. Shanahan, *The Atiyah-Singer index theorem*, Lecture Notes in Math. 638, Springer, 1978.

[128] W. Shih, Fiber cobordism and the index of family of elliptic differential operators, *Bull. Amer. Math. Soc.* **72**(1966), pp. 984–991.

[129] S. Stolz, Simply connected manifolds of positive scalar curvature, *Ann. of Math.* **136**(1992), pp. 511–540.

[130] R. E. Stong, *Notes on cobordism theory*, Mathematical Notes, Princeton Univ. Press, 1968.

[131] 田村一郎,『微分位相幾何学』，岩波書店，1992.

[132] C. Taubes, $S^1$ actions and elliptic genera, *Comm. Math. Phys.* **122**(1989), pp. 455–526.

[133] 戸田宏，ホモトピー概論，数学 **15**(1963/1964)，pp. 144–155.

[134] 戸田宏・三村護,『リー群の位相 上・下』(紀伊國屋数学叢書 14–A, 14–B)，紀伊國屋書店，1978，1979.

[135] C. T. C. Wall, Non-additivity of the signature, *Invent. Math.* **7**(1969), pp. 269–274.

[136] A. Weil, *Basic number theory*, Die Grundlehren der mathematischen Wissenschaften 144, Springer, 1967.

[137] E. Witten, Supersymmetry and Morse theory, *J. Diff. Geom.* **17**(1982), pp. 197–229.

[138] E. Witten, Elliptic genera and quatum field theory, *Comm. Math. Phys.*

**109**(1987), p. 525; "The index of the Dirac operator on loop space", in *Elliptic curves and modular forms in algebraic topology*, P. S. Landweber(ed.), Lecture Notes in Math. 1326, Springer, 1988, pp. 216–224.

[139] E. Witten, Monopoles and 4-manifolds, *Math. Res. Lett.* **1**(1994), pp. 764–796.

[140] R. Wood, Banach algebras and Bott periodicity, *Topology* **4**(1965), pp. 371–389.

[141] S. Wu and W. Zhang, Equivariant holomorphic Morse inequalities III, *Geom. Funct. Anal.* **8**(1998), pp. 149–178.

[142] T. Yoshida, Floer homology and splittings of manifolds, *Ann. of Math.* **134**(1991), pp. 277–323.

[143] M. Yoshida, On the number of apparent singularities of the Riemann-Hilbert problem on Riemann surface, *J. Math. Soc. Japan* **49**(1997), pp. 145–159.

[144] 吉田朋好，Spectral flow and the Maslov index(日本語)，数学 **46**(1)(1994)，pp. 11–22.

[145] 吉田朋好，『ディラック作用素の指数定理』，共立出版，1998.

[146] 吉田朋好，指数定理とは何だろう？，数学のたのしみ **16**(1999)，日本評論社，pp. 17–27.

[147] Y. Yu, *The index theorem and the heat equation method*, World Scientific, 2001.

# 欧文索引

# 和文索引

## ア 行



## カ 行

## サ 行



## タ 行

## ナ 行



## ハ 行



## マ 行



## ヤ 行



## ラ 行

■岩波オンデマンドブックス■

指数定理

2008年8月7日　第1刷発行
2010年3月5日　第2刷発行
2018年6月12日　オンデマンド版発行

著　者　古田幹雄（ふるたみきお）

発行者　岡本　厚

発行所　株式会社　岩波書店
〒101-8002　東京都千代田区一ツ橋2-5-5
電話案内　03-5210-4000
http://www.iwanami.co.jp/

印刷／製本・法令印刷


ISBN 978-4-00-730769-0　Printed in Japan